黄河水利委员会治黄著作出版资金资助出版图书

# 黄河治理科学研究与实践

## ——《人民黄河》创刊"70 年 70 篇"经典论著选编


主　　编　李文学

执行主编　江恩慧



黄 河 水 利 出 版 社

·郑 州·

**图书在版编目(CIP)数据**

黄河治理科学研究与实践:《人民黄河》创刊“70 年 70 篇”经典论著选编/李文学主编. —郑州:黄河水利出版社,2020.8

ISBN 978-7-5509-2749-0

Ⅰ.①黄… Ⅱ.①李… Ⅲ.①黄河-河道整治-文集 Ⅳ.①TV882.1-53

中国版本图书馆 CIP 数据核字(2020)第 134401 号

出 版 社:黄河水利出版社　　网址:www. yrcp. com

地址:河南省郑州市顺河路黄委会综合楼 14 层　　邮政编码:450003

发行单位:黄河水利出版社

发行部电话:0371-66026940、66020550、66028024、66022620(传真)

E-mail:hhslcbs@126. com

承印单位:河南瑞之光印刷股份有限公司

开本:890 mm×1 240 mm　1/16

印张:27.25

字数:844 千字　　印数:1—1 000

版次:2020 年 8 月第 1 版　　印次:2020 年 8 月第 1 次印刷

定价:300.00 元

# 《黄河治理科学研究与实践——〈人民黄河〉创刊“70年70篇”经典论著选编》编辑人员


| | | | |
|---|---|---|---|
| 主　　编 | 李文学 | | |
| 副 主 编 | 王道席 | 张　松 | 郜国明 |
| 执行主编 | 江恩慧 | | |
| 编写人员 | 马广州 | 张智民 | 赵宏伟 |
| | 翟戌亮 | 张华岩 | 吕艳梅 |
| | 许立新 | 张华兴 | 张　帅 |

# 前　言

2019年9月18日，习近平总书记在郑州主持召开黄河流域生态保护和高质量发展座谈会并发表重要讲话，擘画和部署黄河流域生态保护和高质量发展重大国家战略，对黄河治理、保护、发展具有重要的里程碑意义。为了贯彻落实习近平总书记重要讲话精神，在《人民黄河》创刊70周年之际，杂志社组织开展了以“黄河治理保护科学研究与实践”为主题的“70年70篇”经典论著遴选活动，旨在系统疏理总结人民治黄70年来科学治黄方略演变和治黄发展历程、传播优秀治黄学术成果、传承和弘扬科学治黄精神，为推动黄河流域生态保护和高质量发展重大战略的实施作出应有的贡献。

《人民黄河》是新中国成立后创办的第一批期刊之一和创刊最早的水利科技期刊之一，1949年11月1日出版发行的创刊号刊名为《新黄河》，1958年更名为《黄河建设》，1961年和1966年曾两度停刊，1979年复刊后易名《人民黄河》。70年来，伴随着波澜壮阔的人民治黄实践，《人民黄河》始终坚持“传播治黄科技成果，开展学术讨论，为科学治黄服务”的办刊宗旨，在历届编委会的关心指导下，在广大作者、读者的支持和帮助下，共出版570多期、发表各类文章15 000多篇，出版重要专刊专辑40多期、重要技术专栏上百组，形成了蕴含丰富治黄论述、记录不同时期科学治黄方略、汇集众多治黄科技成果和治黄技术手段的科学治黄文献库。

本次遴选的70篇论著，按学科专业分为黄河自然地理、黄河治理方略、洪水灾害防治、河床演变与河道整治、泥沙研究、水资源利用与保护、水土保持等7个方面，遴选时主要考虑作者学术成就、论著的学术技术价值、对学科领域或治黄实践的推动作用、社会影响力（引用下载次数）等。这70篇论著都是对黄河治理保护影响较大的高水平经典之作，如张含英撰写的《黄河治本论》（1949年第1期）、谢鉴衡撰写的《关于黄河下游河床演变问题》（1957年第6、7期）、钱宁撰写的《高含沙水流运动的几个问题》（1981年第4期）、龚时旸等撰写的《黄河泥沙来源和地区分布》（1979年第1期）、胡春宏等撰写的《黄河水沙过程调控与塑造下游中水河槽》（2005年第9期）、王浩等撰写的《从黄河演变论南水北调西线工程建设的必要性》（2015年第1期）等等。这些作者既有老一辈水利专家和治黄专家，也有当代的治黄学者，都是为黄河治理、开发、保护作出较大贡献的专家，这些论著都是他们治黄研究的代表作，凝聚了他们长期从事黄河治理科学研究的心血。有不少长期致力于治黄研究的著名专家学者，在《人民黄河》发表论著多篇甚至数十篇，由于本书容量有限，入选论著不足《人民黄河》已刊出论著的百分之一，可谓真正的挂一漏万，因此对于同一作者有多篇重要论著的，遴选原则为择其一篇代表性重要论著纳入本书，而非学术技术论著或职务作品不作为遴选对象。70年来在《人民黄河》发表重要论著的著名水利专家、治黄专家远远多于70位，囿于我们对治黄历史和治黄涉及的多学科及复杂问题认识的不足，在遴选文章时难免考虑不周，使重要的经典论著未能纳入本书，对此，恳请作者、读者原谅。需要说明的是，遴选出的70篇论著时间跨度较长，不同时期的出版规范不同，为保持黄河科技发展的“时代烙印”和论著的“原汁原味”，我们在此次编辑出版时秉持尊重原文的原则，未刻意修改统一。如本书中长度表达有“米”“公尺”，流量表达有“立方米每秒”“立方公尺每秒”等；论著摘要的名称有“摘要”“文摘”；不同年代的图表公式的体例也不尽相同；参考文献的著录项目与格式不尽相同；作者及单位信息不统一；分级标题编号不统一，等等。此外，对于原文在文字表达、图表、公式推导及排印等方面存在的明显差错，我们力求予以核对并纠正，但由于知识与水平所限，难免处理不当，因此也敬请读者原谅。

本书的出版不仅是对这些重要经典论著的治黄思想和治学精神的传承弘扬，而且是对科学治黄作出重要贡献和开创性成果的几代治黄专家的最好纪念，更是对当代治黄工作者科学、求实、创新开展治黄研究工作的激励。在此向长期从事治黄科学研究的前辈和广大作者致敬！同时，我们期望本书可为从事黄河治理、开发、保护和研究的广大科技工作者，关心和支持黄河治理保护的社会人士，有关高等院校水利及相关专业的师生等提供有益的参考和借鉴。

**编　者**

2020 年 6 月

# 目 录

## 第4篇　河床演变与河道整治



## 第5篇　泥沙研究



## 第6篇　水资源利用与保护

## 第7篇 水土保持

# 第 1 篇　黄河自然地理

# 黄河泥沙来源和地区分布*

龚时旸，熊贵枢

## 前　言

泥沙问题是治黄的症结所在。研究黄河泥沙的产生、输送和沿程冲淤变化的过程，弄清不同地区的产沙量和颗粒组成，是研究解决黄河泥沙问题的一个基本前提。前几年进行治黄规划工作的过程中，对这方面作了一些探索，虽然所得到的结果是初步的，但还可以得出一些值得注意的新的概念。因此，整理出来供讨论和进一步研究的参考。

人类活动对径流泥沙的影响，具体到黄河中游水土保持和支流治理对减少入黄泥沙的作用，是大家长期以来关心的一个问题。这次在调查研究和统计的基础上作了一些分析，提出了初步的看法。

## 一、黄河中游黄土丘陵沟壑区土壤侵蚀量与河流输沙量的关系

由于降雨径流的侵蚀作用，泥沙从坡面被冲起，然后随水流沿着坡面，经过毛沟、支沟、干沟，再进入支流和干流，在输送过程中还会发生泥沙的冲淤变化。因此，通过河流某一断面的输沙量与这一断面以上的流域土壤侵蚀量（或称流域产沙量）不一定是相等的。两者之比，通常称为泥沙递送比。国外一些学者，根据他们所研究的流域和河道的特征以及试验观测资料，一般认为泥沙递送比往往小于 1/2 或 1/3，甚至更小。也就是说，从流域面上冲蚀 2 ~ 3 吨泥沙（或更多），只有一吨进入河流。反过来说，必须在流域面上拦截 2 ~ 3 吨泥沙（或更多），才能使河流的输沙量减少 1 吨。

黄河的情况是怎么样的呢？为了解答这个问题，进行了一些探索性的分析。根据黄河流域和河道的自然特征，已知河口镇以上干流的多年平均来沙量只占全河总沙量的 9% 左右；龙（门）、华（县）、河（津）、洑（头）四站以下的干流，区间加沙很少，基本上是河道演变的问题。所以对这两个区域未作分析，而重点研究了黄河的主要来沙地区——河口镇至龙、华、河、洑四站之间的流域产沙和河道输沙的关系。

这个区域的流域面积约 26.6 万平方公里。流域内除有侵蚀轻微的石山区、风沙区和林区外，主要是黄土丘陵沟壑区和黄土高原沟壑区。由于资料和时间所限，这次只重点研究了这一区域内面积最大，侵蚀最严重的黄土丘陵沟壑区的产沙、输沙和沿程冲淤变化。

这里的黄土丘陵沟壑区是由很多流入一、二、三级支流或直接流入黄河干流的大小不等的沟道小流域所组成（流域面积为 10 ~ 200 平方公里）。这些沟道小流域，虽然由于降雨量、土质、坡度等自然因素有所差异，土壤侵蚀量有所不同，但是，在地形组成、侵蚀方式、产沙输沙过程等方面是基本相同的。每个沟道小流域都可以看作是一个独立的基本单元，因此可以从分析典型的沟道小流域来反映进入支流以前的流域面上的产沙、输沙和冲淤变化的过程，然后再分别分析支流和黄河干流河道的冲淤变化，从而得出这一地区流域产沙与河道输沙的总概念。以下的分析就是按照这个次序进行的。

### （一）沟道小流域泥沙的产生、输移和沿程冲淤变化

#### 1. 坡面土壤侵蚀图形

对坡面泥沙的产生和运动规律，国外学者一般认为是有冲有淤的。例如：Horton 认为，可将分水岭

---

* 参加资料统计和分析的还有贾华芳、方守信、赵蔚静、孟庆枚、缪凤举等同志。

至沟床的整个坡面分为三个带（见图1）。

（1）不侵蚀带。本带接近分水岭，地面平坦，汇集的流量小，水流没有足够的冲刷和挟带能力，坡面土壤不发生外移。

（2）强烈冲刷带。本带属坡面中部，坡面较陡，水流集中，土壤流失最多。

（3）泥沙沉积带。本带接近坡脚，坡度由陡转缓，泥沙反有淤积。

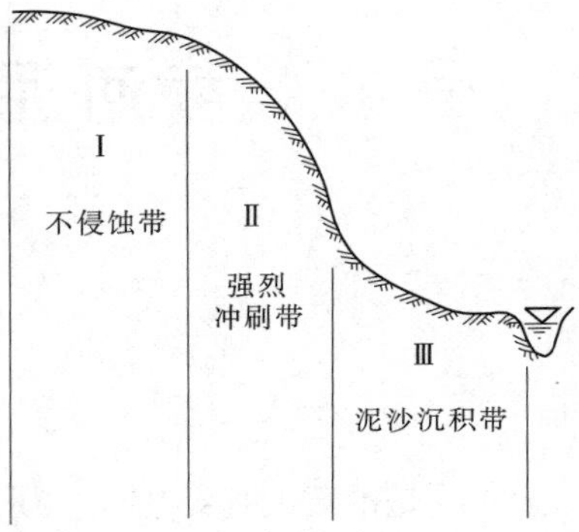


图1　Horton 坡面土壤侵蚀图

根据黄河中游黄土丘陵沟壑区的实地观测，上述图形在这里是不适用的，这里的坡面产沙过程可以概括如下：

（1）质地松散的黄土，经过雨水击溅和浸泡就会引起崩解与离散。

（2）随着地表径流的产生和雨水的击溅作用，泡湿离散的黄土就会逐渐融合于径流之中随水流动（土壤泡湿在先，产生径流在后）。

（3）挟沙水流在坡面流动的过程中，随着流程的增加，流量越来越集中，不断在流动的过程中造成浅沟和切沟，侵蚀作用一直延续到水流的挟沙能力达到饱和为止。

（4）由于现代沟谷发育的结果，这里的地面坡度上缓下陡，所以从上部侵蚀的泥沙不可能在下部坡脚沉积下来，相反，坡脚附近的陡坡悬崖的崩塌、滑塌等重力侵蚀作用很强烈，其侵蚀量平均可达沟道小流域总侵蚀量的1/4，所以坡面、坡脚泥沙越来越多。

以上特征，从实测资料中也得到了反映。如子洲径流站1964年和1967年两年同步观测资料求得，分水岭附近的峁顶侵蚀模数为247吨/公里$^2$，峁坡侵蚀模数为13 800吨/公里$^2$，峁边线以下的沟谷侵蚀模数为21 100吨/公里$^2$。

所以，黄土丘陵沟壑区坡面的土壤侵蚀图形可以概括为如图2所示。

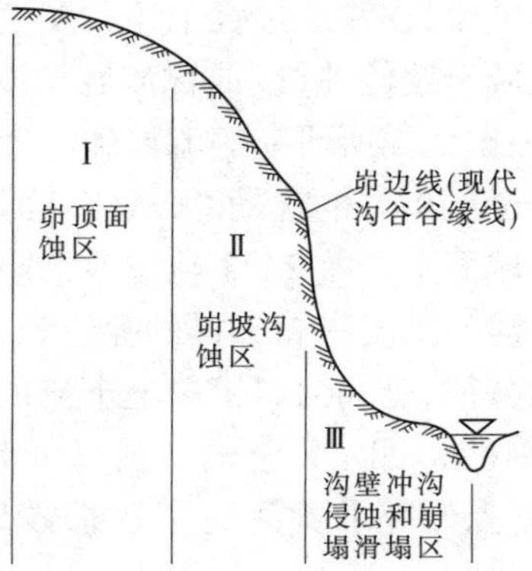


图2　黄河中游黄土丘陵沟壑区坡面土壤侵蚀图

（1）峁顶面蚀区：本区全为耕地，地面坡度平缓，一般在10°以下，产生径流较少，以面蚀为主，侵蚀较轻微。

（2）峁坡沟蚀区：本区基本上都已垦种，地面坡度在10°～35°范围内，除面蚀外，沟蚀强烈，且多陷穴等潜蚀，土壤侵蚀严重。

（3）沟壁冲沟侵蚀和崩塌滑塌区：本区地形复杂，有35°以上的陡坡和50°～70°的悬崖，还有少量的平缓的塌地和台地。集流线上多冲沟，并常常出现崩塌、滑塌和沟头前进，侵蚀作用最为强烈。

2. 沟道的侵蚀和输沙

由于长期强烈侵蚀的结果，流域内已形成纵横的沟壑网，而且坡陡流短。干沟一般长5～40公里，沟底比降1%～3%，大部已切入基岩。一些支毛沟的比降更大，可达20%以上。暴雨期间往往发生沟床的侧蚀、下切和沟头前进。所以在天然情况下，这里的沟道都是输送泥沙的渠道，很少有淤积的可能。图3是子洲县岔巴沟流域一次暴雨后，从坡面到干沟各级汇流区的流量、含沙量的实测过程线。从流量过程线可以看出，由于汇流和槽蓄的作用，流量模数过程线随着集水面积的增加逐渐坦化。但从含沙量过程线可以看出，产流开始就产生极高的含沙量，而且随着水流从坡面到支毛沟到干沟的流动过程中，含沙量始终维持在一个基本相等的极高的峰值上，这说明，泥沙从坡面进入沟壑后，不但不在沟壑沉积，相反由于沟谷的侵蚀，沙量还有所增加。

从不同流域面积的实测多年平均侵蚀模数的比较，也说明了上述现象（如表1）。

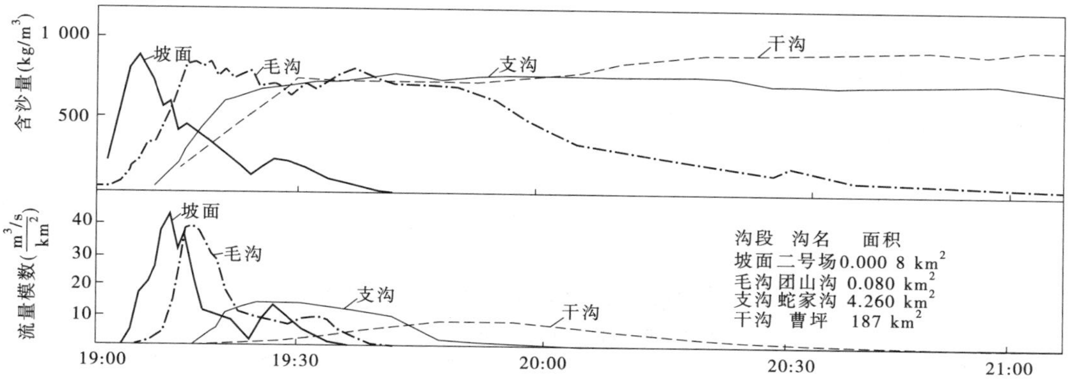


图3　一九六六年八月十五日岔巴沟流域流量含沙量沿程变化图

表1　岔巴沟不同流域面积平均侵蚀模数比较表

| 站名 | 流域面积（平方公里） | 平均输沙量（万吨） | 年平均侵蚀模数（吨/平方公里） | $S_i/S_{曹坪}$ | 备注 |
|---|---|---|---|---|---|
| 团山沟 | 0.18 | 0.353 | 19 600 | 0.91 | 统计年限为1959—1969，$S_i/S_{曹坪}$为各站的平均侵蚀模数与曹坪站的比例 |
| 蛇家沟 | 4.26 | 7.88 | 18 500 | 0.86 | |
| 三川口 | 21.0 | 35.4 | 16 800 | 0.78 | |
| 西庄 | 49.0 | 106.6 | 21 700 | 1.00 | |
| 杜家沟岔 | 96.1 | 247.0 | 25 600 | 1.18 | |
| 曹坪 | 187.0 | 406.0 | 21 700 | 1.00 | |

从表可见，在黄河中游黄土丘陵区沟道小流域内，不同流域面积的平均侵蚀模数是基本相等的，也就是说泥沙从坡面被侵蚀后，通过毛沟、支沟、干沟直到沟口都没有显著的淤积。实地调查的结果也是如此。

综合以上，我们认为黄河中游黄土丘陵沟壑区，从坡面和沟谷的土壤侵蚀量与进入各级支流的泥沙量是基本相等的，即泥沙的递送比接近于1，而且与流域面积的大小无关。这一点与国外和其他地区的结论是不同的。

**（二）黄河中游各级支流的泥沙输送和冲淤变化**

河口镇至龙、华、河、洑四站之间有大小一级支流（流域面积1 000平方公里以上）30余条，除少数如渭河、汾河、无定河等大支流以外，大多是流短坡陡。河道的纵比降一般是上游大（7‰~16‰）、中游小（2‰~4‰）、下游又大（3‰~6‰）。二、三级支流的比降更陡。各条支流中下游的河床组成大多为沙卵石层或者上部覆盖着薄沙层，在临近入黄的下游段大多已切入基岩，形成跌水和急滩，都未发现有大量的淤积。少数支流的局部河段有淤积抬高现象，但数量均不大。所以，在天然情况下，黄河中游的各级支流也都是输送泥沙的渠道，即从坡面经过沟道输入支流的泥沙基本上可以输送入黄河干流。当然，这是就多年平均情况而言。河道在年际内仍有冲淤变化。有些支流还有强烈的揭底现象（1974年无定河在绥德县附近就发生过一次揭底现象），而从长时段看则基本是冲淤平衡的。图4是无定河丁家沟站历年同流量的水位变化过程，正反映了这一现象。

在几条支流中，根据同一侵蚀类型区内不同流域面积控制站的多年平均侵蚀模数的对比，也可以证明上述的结论。从表2的数值对比可以看出，支流站大面积的多年平均侵蚀模数与各级大小不等的沟道小流域的多年平均侵蚀模数基本相等，这说明从多年平均情况看，各级支流控制站的输沙量基本等于各级沟道小流域的土壤侵蚀量的总和，支流河道基本上没有冲淤变化。也就是说，从沟道小流域冲刷下来的泥沙都可以经过各级支流输送到黄河干流。

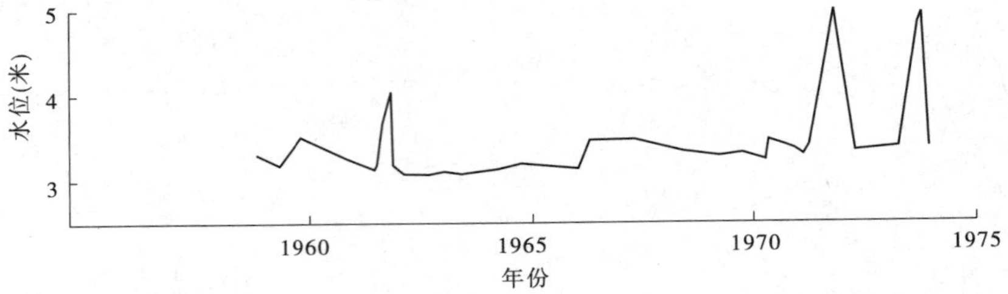


**图4　无定河丁家沟站历年同流量($Q=50\ m^3/s$)水位变化过程**

**表2　支流不同流域面积年平均侵蚀模数比较表***

| 河系 | 河名或沟名 | 站名 | 流域面积（平方公里） | 年平均侵蚀模数（吨/平方公里） | 备注 |
|---|---|---|---|---|---|
| 大理河（1959—1969年）（无定河的一级支流） | 团山沟 | 团山沟 | 0.18 | 19 600 | 毛沟 |
| | 蛇家沟 | 蛇家沟 | 4.26 | 18 500 | 支沟 |
| | 曹坪 | 曹坪 | 187.0 | 21 700 | 干沟 |
| | 小理河 | 素家河 | 807 | 15 700 | 大理河的一级支流 |
| | 大理河 | 青阳岔 | 662 | 16 100 | 大理河的上游段 |
| | 大理河 | 绥德 | 3 893 | 16 300 | 大理河出口站 |
| 无定河（1959—1969年） | 无定河 | 绥德 | 6 061 | 14 750 | 赵石窑至绥德干流区间 |
| | 团园沟 | 团园沟口 | 0.491 | 平均16 850 | 毛沟 |
| | 李家寨 | 李家寨 | 0.823 | | 毛沟 |
| | 桑坪则 | 沟口 | 4.92 | | 支沟 |
| 延河（1959—1967年） | 延河 | 甘谷驿 | 4 606 | 10 550 | 招安至甘谷驿区间 |
| | 小砭沟 | 小砭沟口 | 3.8 | 9 850 | 延河的二级沟道 |

* 团园沟、李家寨沟和桑坪则沟为无定河一级干沟韭园沟的毛沟和支沟。

**(三)河口镇至龙门黄河干流的冲淤情况**

泥沙从各条支流进入黄河干流以后的变化如何？为了分析这个问题，我们点绘了观测历史较长、断面固定的义门、吴堡、龙门三个水文站每年汛后1 000立方米/秒的水位过程线，如图5。

由图可知，这三个水文站多年间是有冲淤变化的，但从多年平均情况看，是趋于冲淤平衡的。其中龙门站的冲淤变化最大，而在连续淤积后，通过强烈的揭底冲刷达到平衡。因此，河、龙区间各支流的泥沙进入黄河干流后，从多年平均情况看，都可以输经龙门站。根据相同水文系列的沙量统计，也说明了这一点，如表3。

造成表列的差值(8 000万吨左右)的原因，可能有二。一是在各支流的沙量统计中，有一部分小支流(流域面积共22 888平方公里，占区间总面积的20%左右)没有实测资料，是采取邻近较大支流的平均侵蚀模数推算的。这些小支流都紧邻黄河干流，很多已是基岩裸露，侵蚀量比邻近大支流要小一些，所以其推算的侵蚀量是偏大一些。二是龙门站测验条件困难，泥沙测验一般是在主流边0.5水深处取样，代表性较差，测验结果可能偏小。但是，即使如此，这个差值也只占河、龙区间多年平均总沙量(10.4亿吨)的8%左右，不致影响上述结论。

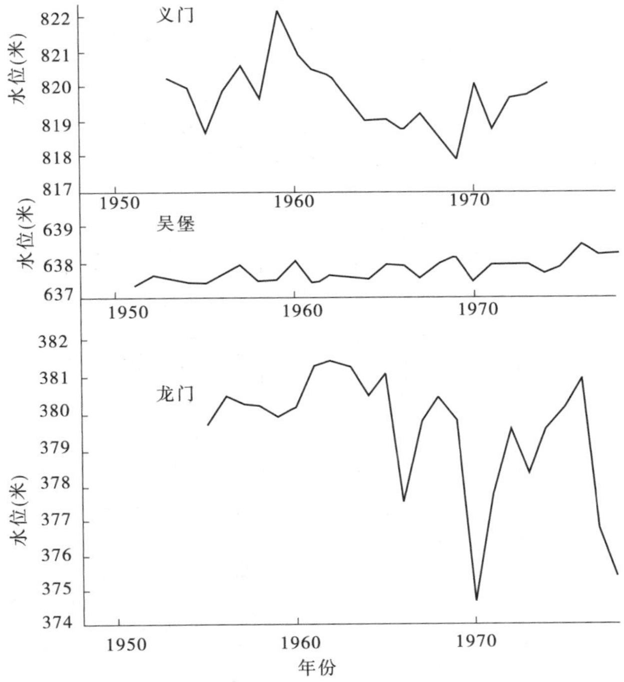


**图 5　义门等三站汛后 1 000 $m^3/s$ 的水位过程线**

**表 3　河口镇至龙门区间沙量平衡对照表**

| 站名或区间名称 | 集水面积（平方公里） | 平均年沙量（亿吨） | | | 1965—1974 年系列各级粒径沙量（亿吨） | | | | | | | |
|---|---|---|---|---|---|---|---|---|---|---|---|---|
| | | 1950—1959 年平均 | 1950—1974 年平均 | 1965—1974 年平均 | $d<0.025$（mm） | | $d>0.025$（mm） | | $d>0.05$（mm） | | $d>0.10$（mm） | |
| | | | | | % | 沙量 | % | 沙量 | % | 沙量 | % | 沙量 |
| 河口镇 | 385 966 | 1.476 | 1.473 | 1.238 | 40.1 | 0.222 | 57.9 | 1.716 | 31.7 | 0.394 | 3.41 | 0.421 |
| 龙门 | 497 559 | 11.888 | 10.953 | 10.628 | 27.7 | 2.94 | 72.3 | 7.688 | 49.2 | 5.238 | 13.7 | 1.458 |
| 支流站已控面积 | 88 705 | 8.467 | 7.824 | 7.673 | 29.0 | 1.945 | 71.0 | 4.758 | 55.5 | 4.261 | 21.4 | 1.643 |
| 支流站未控面积 | 22 888 | 2.689 | 2.478 | 2.491 | 27.6 | 0.658 | 72.4 | 1.803 | 51.3 | 1.274 | 11.4 | 0.414 |
| 河龙区间　干流相减 | 111 593 | 10.412 | 9.48 | 9.39 | 25.7 | 2.418 | 74.3 | 5.972 | 51.3 | 4.845 | 15.1 | 1.416 |
| 河龙区间　支流相加 | 111 593 | 11.156 | 10.302 | 10.164 | 25.6 | 2.603 | 74.4 | 6.561 | 50.4 | 5.535 | 20.2 | 2.047 |
| 河龙区间沙量差值 | | 0.744 | 0.822 | 0.774 | | 0.185 | | 0.589 | | 0.69 | | 0.631 |

我们还作了整个河口镇至龙、华、河、洑区间各地区的平均年沙量与四站总输沙量的对比，如表 4。在相同的水文系列情况下，两者也是基本相等的，而且不仅全沙量如此，粗颗粒泥沙（$d>0.05$ mm）也如此。

通过以上的分析，总起来可以说：黄河泥沙的主要来源区——河口镇至龙、华、河、洑四站之间的流域——基本属于侵蚀地貌，各级沟道和支流，以及河、龙之间的黄河干流，在天然情况下，都是输送泥沙的渠道。流域的土壤侵蚀量与龙、华、河、洑四站的输沙总量（扣除河口镇以上来沙量），从多年平均的情况看，两者基本相等，即泥沙输移比接近于 1。因此，在这一地区的流域面上增减一吨泥沙，将使进入龙、华、河、洑四站以下的黄河干流的沙量增减一吨。

表4　黄河中游分省沙量与龙、华、河、洑四站沙量平衡表

| 地区 | 流域或区间名称 | 面积（平方公里） | 全沙（万吨） | | | 1965—1974 年粗沙（万吨） | | | | 占全河全沙百分比（%） | | | 1965—1974 年系列占全河粗沙百分比（%） | | | |
|---|---|---|---|---|---|---|---|---|---|---|---|---|---|---|---|---|
| | | | 1950—1959 年 | 1950—1974 年 | 1965—1974 年 | $d<$ 0.025 mm | $d>$ 0.025 mm | $d>$ 0.05 mm | $d>$ 0.10 mm | 1950—1959 年 | 1950—1974 年 | 1965—1974 年 | $d<$ 0.025 mm | $d>$ 0.025 mm | $d>$ 0.05 mm | $d>$ 0.10 mm |
| 内蒙古 | 河口镇以下部分 | 15 558 | 13 656 | 12 986 | 13 426 | 2 884 | 10 542 | 9 058 | 5 816 | 7.28 | 7.80 | 8.10 | 5.52 | 9.43 | 13.3 | 25.7 |
| 山西 | 晋西北地区 | 30 456 | 25 794 | 24 056 | 25 947 | 8 269 | 17 627 | 11 474 | 2 300 | 13.8 | 14.4 | 15.6 | 15.9 | 15.6 | 15.6 | 10.15 |
| | 汾河流域 | 38 728 | 6 994 | 4 548 | 2 593 | 1 095 | 1 498 | 825 | 111 | 3.74 | 2.73 | 1.56 | 2.10 | 1.32 | 1.13 | 0.49 |
| | 合计 | 69 183 | 32 788 | 28 604 | 28 540 | 9 364 | 19 170 | 12 299 | 2 411 | 17.5 | 17.2 | 17.3 | 18.0 | 16.9 | 16.7 | 10.6 |
| 陕西 | 榆林地区 | 47 394 | 51 419 | 44 526 | 41 943 | 9 493 | 32 441 | 25 245 | 10 098 | 27.5 | 26.7 | 25.3 | 18.2 | 28.6 | 34.4 | 44.5 |
| | 延安地区 | 35 368 | 21 875 | 22 253 | 23 205 | 6 392 | 16 812 | 10 404 | 2 107 | 11.6 | 13.3 | 14.0 | 13.2 | 14.8 | 14.2 | 9.28 |
| | 关中（宝咸渭） | 35 502 | 6 083 | 4 448 | 3 974 | 876 | 3 099 | 2 046 | 483 | 3.25 | 2.67 | 2.40 | 1.67 | 2.74 | 2.79 | 2.13 |
| | 合计 | 118 264 | 79 377 | 71 227 | 69 112 | 16 761 | 52 352 | 37 695 | 12 688 | 42.4 | 42.8 | 41.7 | 32.0 | 46.4 | 51.6 | 56.0 |
| 甘肃 | 泾河部分 | 37 134 | 23 022 | 23 367 | 23 985 | 9 370 | 14 615 | 6 454 | 502 | 12.3 | 14.0 | 14.5 | 18.0 | 12.9 | 8.8 | 2.11 |
| | 渭河部分 | 26 240 | 13 383 | 15 368 | 17 995 | 8 597 | 9 398 | 3 709 | 827.7 | 7.15 | 9.24 | 10.9 | 16.5 | 8.3 | 5.08 | 3.64 |
| | 合计 | 63 374 | 36 405 | 38 735 | 41 980 | 17 967 | 24 013 | 10 163 | 1 330 | 19.4 | 23.3 | 25.4 | 34.5 | 21.2 | 13.9 | 5.86 |
| 以上总计 | | 266 379 | 162 226 | 151 552 | 153 058 | 46 976 | 106 077 | 69 215 | 22 245 | 86.5 | 91.0 | 92.6 | 90.0 | 93.9 | 94.5 | 98.0 |
| 河口镇以上部分* | | 385 966 | 1.476 | 1.433 | 1.238 | 0.522 | 0.776 1 | 0.393 1 | 0.042 1 | 7.9 | 8.85 | 7.5 | 10.0 | 6.2 | 5.39 | 1.85 |
| 总计* | | 652 345 | 17.70 | 16.63 | 16.54 | 5.22 | 11.32 | 7.32 | 2.27 | 100 | 100 | 100 | 100 | 100 | 100 | 100 |
| 龙华河洑总计* | | 667 939 | 17.783 | 16.558 | 16.134 | 5.282 | 10.855 | 6.648 | 1.649 | | | | | | | |
| 上列两行差值* | | 15 594 | 0.083 | -0.072 | -0.406 | 0.062 | -0.465 | -0.672 | -0.621 | | | | | | | |

注：带 * 号行内全沙和粗沙两项的单位为亿吨。

需要指出，以上分析是一种近似的概念，因为既没有加入风沙区、石山区、林区的情况，也没有考虑黄土高原沟壑区的产沙和输沙特点，以及黄土丘陵沟壑区本身的一些小的地区差异。但是，考虑到风沙区、石山区和林区的土壤侵蚀量很微，不至于因之引起结论的变化。黄土高原沟壑区中，塬面面积占57%，而且比较平坦，它的土壤侵蚀、泥沙输移的沿程冲淤与黄土丘陵沟壑区有很大的不同，它的产沙量只占整个黄土高原沟壑区的16%；而黄土高原沟壑区中，沟壑面积虽然只占43%，产沙量却占84%，这些沟壑的特征与黄土丘陵沟壑区基本雷同。所以，从所研究的问题的角度出发，不考虑黄土高原沟壑区的产沙输沙特点，也不致造成过大的偏差。当然，在今后还应作进一步探讨。

## 二、黄河泥沙来源的地区分布

黄河下游河道的泥沙淤积量每年平均约4亿吨，其中粒径小于0.025毫米的细颗粒泥沙只占16%，而粒径大于0.05毫米的粗颗粒泥沙却占69%。从1965—1974年的实测资料还说明，由三门峡、黑石关、小董三站进入黄河下游河道的细颗粒泥沙每年平均为5.22亿吨，其中85%能够输送到利津以下；而每年平均排入下游河道的6.1亿吨粗颗粒泥沙中，只有43%可以输送到利津以下，即下游河道排泄细颗粒泥沙的能力要比排泄粗颗粒泥沙的能力大一倍。鉴于以上情况，有的同志设想，如果能够探明黄河粗颗粒泥沙的产地，并进行集中治理，黄河下游的淤积问题可能得到较大的缓和。为此，黄委会在1965年就进行了黄河流域粗、细泥沙来源的调查和分析工作。1975—1977年进行治黄规划时，我们又用1965—1977年的同步观测资料，对黄河流域的全沙、粗颗粒泥沙、细颗粒泥沙的来源分布重新进行了统计分析，作出了表4和图6～图9。

**图6　黄河中游全沙模数图**

从这些图表可以看出：

(1)根据不同系列年的统计，黄河多年平均来沙量为16亿～17亿吨，其中河口镇以上来沙只占全河的9%左右。河口镇至龙、华、河、洑四站之间的流域是黄河的主要产沙区，来沙占全河的90%以上。

在16多亿吨泥沙中，粗颗粒泥沙共7.3亿吨，占全河的43%。其中来自河口镇以上共0.39亿吨，只占全部粗沙的5.4%。所以，河口镇至龙、华、河、洑四站区间也是黄河粗颗粒泥沙的主要来源区，其

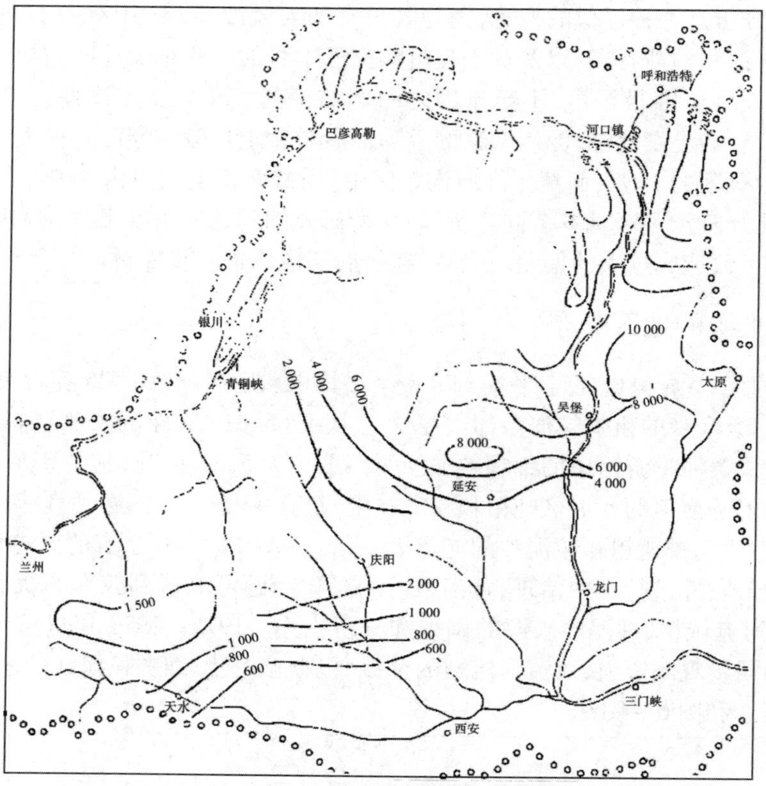


图 7　黄河中游粗沙（$d>0.05$ 毫米）模数图

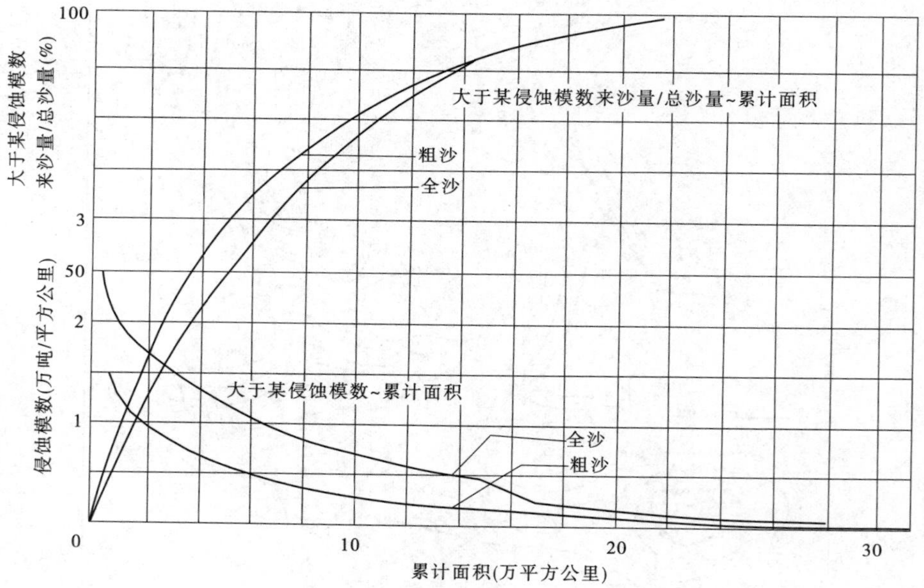


图 8　黄河中游来沙分配图

粗颗粒泥沙量占全河的 94.6%。

（2）在黄河泥沙主要来源区的河口镇至龙、华、河、洑区间，泥沙又集中来自其中的一部分地区。从来沙分配图可以看到，这一区间所产生的 15.3 亿吨全沙和 6.92 亿吨粗颗粒泥沙中，有 80%（即全河泥沙的 74%）的全沙和粗颗粒泥沙集中来自 11 万和 10 万平方公里；有 50%（即全河泥沙的 46.5%）的全沙和粗颗粒泥沙集中来自 5.1 万和 3.8 万平方公里。即在只占全河水土流失面积 43 万平方公里的 1/4 左右的地区内，产生了占全河沙量 70% 以上的全沙和粗颗粒泥沙。这种产沙地区集中的特点是很值得

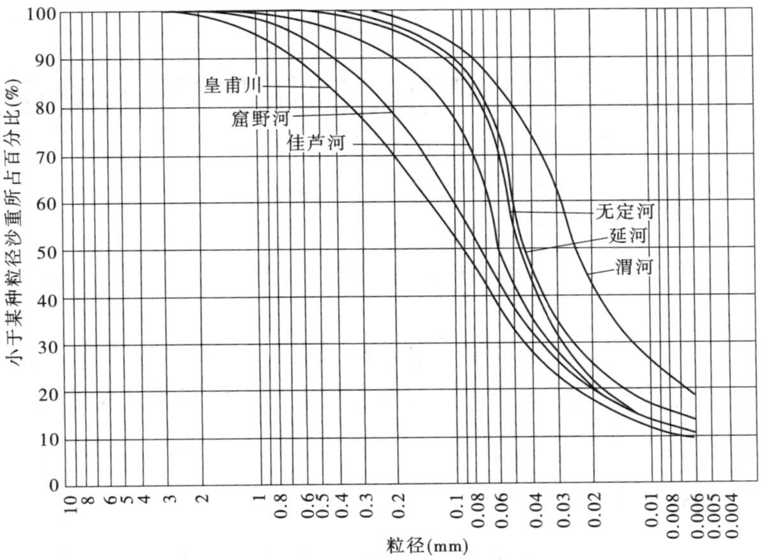


**图9　泥沙粒径的地区变化图**

注意的。

(3)从泥沙来源的地区分布看,全沙和粗颗粒泥沙的主要产区基本是一致的,即陕北、内蒙古东部山区、晋西北临近黄河的地区和陇中泾、渭河的河源地区。其中,又以陕北的榆林地区为最多,这一地区产生的全沙和粗颗粒泥沙分别占全河的25.3%和34.4%。

在以上全沙和粗颗粒泥沙主要产区内有以下主要支流:皇甫川、窟野河、秃尾河、无定河、清涧河、延河、红河、湫水河、三川河以及泾河的马莲河和蒲河,渭河的葫芦河,北洛河永宁山以上河段等。

(4)黄河中游的泥沙,有从南向北逐渐变粗的地理分布。图9为北起皇甫川南包渭河各支流多年平均泥沙颗粒级配曲线,这组曲线明显地反映出,各河泥沙粒径的大小和各条支流在地理上的变化次第是一致的。这种变化和黄河中游地表黄土的粒径变化趋势也是一致的。

## 结　语

根据实测资料的分析和实地调查,说明从多年平均情况看,黄河中游的主要产沙地区——黄土丘陵沟壑区的土壤侵蚀量与进入河流的泥沙量是基本相等的,即泥沙递送比接近于1。河口镇至龙、华、河、洑四站区间流域的多年平均产沙量与扣除河口镇以上来沙量以后的四站的多年平均输沙总量也是基本相等的。这样就为估算中游治理的减沙作用提供了一个前提,即经过治理,在黄河中游地区拦截一吨泥沙,就可以使进入四站以下黄河干流的泥沙减少一吨。

通过统计分析还说明,黄河流域虽有43万平方公里的水土流失面积,多年平均沙量达16亿~17亿吨,但是其中80%是集中来自13万平方公里,50%集中来自5.8万平方公里。面对造成黄河下游河道淤积影响极大的粗颗粒泥沙($d>0.05$毫米)中,有80%集中来自11万平方公里,50%集中来自4.3万平方公里,这一情况可以作为解决黄河泥沙问题、选择重点治理地区的一个重要线索。

(本文原载于《人民黄河》1979年第1期)

# 黄河冲积扇形成模式和下游河道演变

叶青超，杨毅芬，张义丰

（中国科学院地理研究所）

华北平原主要为黄河南北迁徙、泛滥沉积所建造的，其泥沙来自黄土高原。造陆的同时，也给下游河道带来了不利的影响，即易淤、易决、易徙。本文旨在研究它们之间的形成过程及其演变规律，有助于黄河下游河道治理途径的对比研究。

## 一、黄河冲积扇形成模式

黄河冲积扇西起孟津，西北沿太行山麓与漳河冲积扇交错，西南沿嵩山东部与淮河上游相接，东临南四湖，呈放射状向平原展布。冲积扇形成模式比较复杂（见图1）。

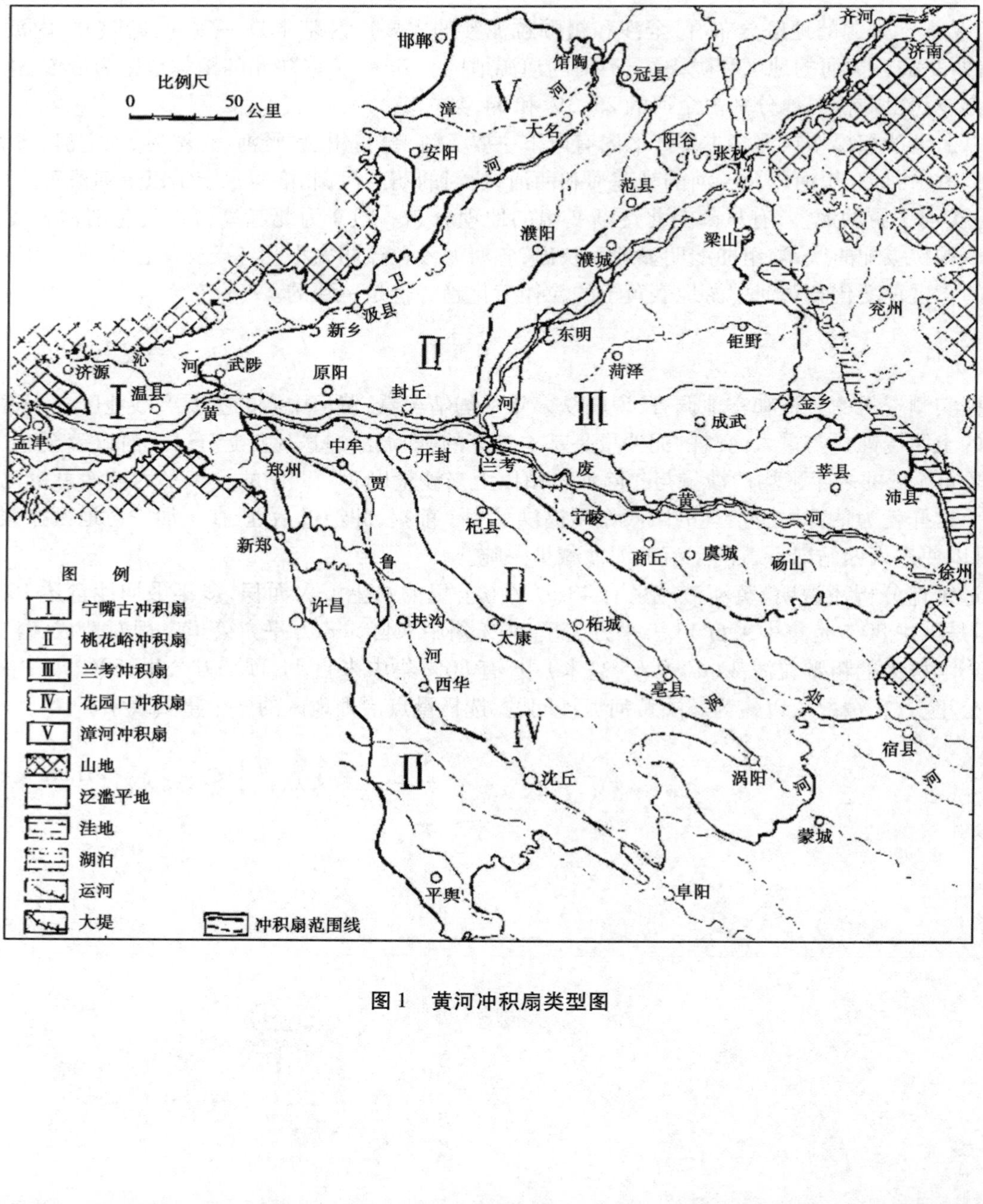


图1 黄河冲积扇类型图

1. 由于地壳上升而抬高的冲积扇

郑州以西的古黄河冲积扇,形成于晚更新世末期。其最大特点是,境内地貌结构极不对称。黄河北岸沁河冲积扇倾向东南,沉积物质为粘砂土、砂粘土和砂砾石,这些物质不仅表明沁河在冲积扇上经常泛滥改道,而且还迫使黄河河道向南移动。

黄河南岸发育三级河流阶地。其中,第三级阶地即为晚更新世古冲积扇面的地貌标志,岩性多为疏松的黄土。岸坡崩塌和后退的现象较为严重。

2. 由于地壳下沉而埋藏的冲积扇

据地质剖面揭露[1-2],全新世早期由于地壳下沉而埋藏的砂层,平面分布范围较小,由郑州到东明附近。其中,开封以西的颗粒较粗并夹有少量砾石,以东逐渐过渡为粉砂、粘砂土(图 2)。新乡至封丘多为粉细砂和中细砂;然后向东南延伸至宁陵附近以粉细砂为主呈楔形分布,逐步过渡为厚层粘土(图 3)。全新世中期埋藏的砂层分布范围较大,由郑州向东延至东平湖附近,其中,开封以西多含小砾石,粒径 2 ~ 15 毫米,向东过渡为细砂;北区砂层由西南向东北可达冠县、阳谷一带;南区砂层从西北向东南可延至徐州附近,说明冲积扇形成有了较大的发展。从表 1 来看,全新世中期冲积扇地区的平均含沙比都超过 30% 这个临界值,表明水流动态以河流洪水为主要动力*。同时,北区、中区、南区的含沙比具有递减的规律性,可见昔日黄河流经北区泛道的次数要比流经南区多。

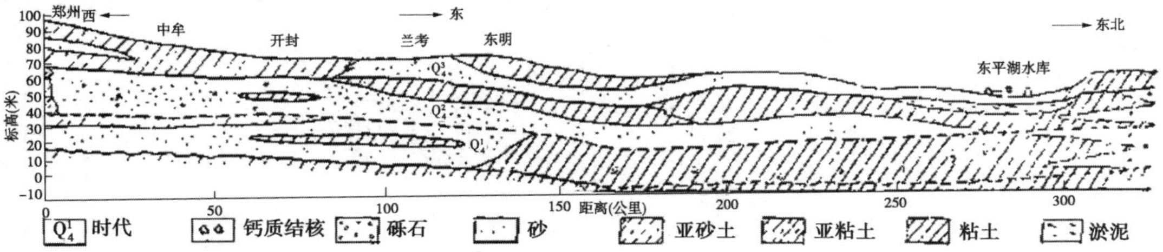


图 2　郑州—东平黄河冲积扇地质纵剖面图

(据黄委会勘测设计院的资料编绘)

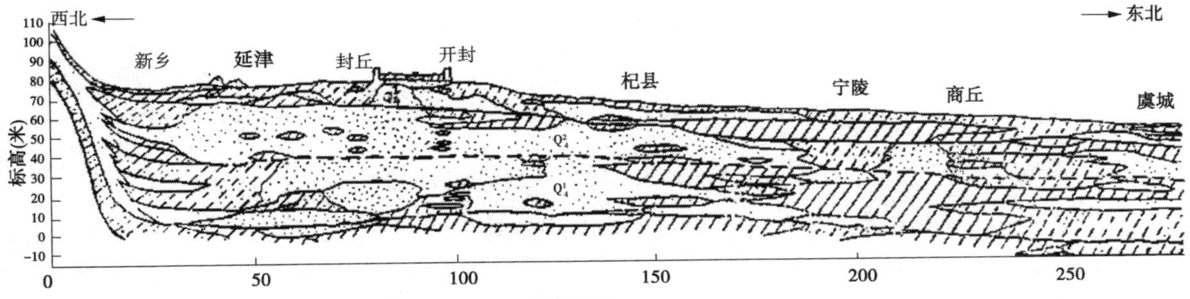


图 3　新乡—虞城黄河冲积扇地质纵剖面图

(据河南省水文地质工程地质队的资料编绘)

表 1　黄河冲积扇不同时期沉积物平均厚度和平均含沙比

| 冲积扇 | | 全新世晚期 | | 全新世中期 | | 全新世早期 | |
|---|---|---|---|---|---|---|---|
| 区 | 地段 | 平均厚度(米) | 平均含沙比(%) | 平均厚度(米) | 平均含沙比(%) | 平均厚度(米) | 平均含沙比(%) |
| 北区 | 新乡—封丘 | 11.3 | 29.8 | 25.6 | 83.0 | 33.0 | 69.1 |
| | 内黄—范县 | 12.3 | 52.3 | 18.0 | 61.1 | 30.9 | 89.0 |

* 含沙比是指砂粒在同一时期沉积的地层中的含量百分比,可代表水流动态的性质。平均含沙比大于 30% 者为河流洪水冲积的,小于 30% 者为面状洪水泛滥沉积的。

**续表 1**

| 冲积扇 | | 全新世晚期 | | 全新世中期 | | 全新世早期 | |
|---|---|---|---|---|---|---|---|
| 区 | 地段 | 平均厚度（米） | 平均含沙比（%） | 平均厚度（米） | 平均含沙比（%） | 平均厚度（米） | 平均含沙比（%） |
| 中区 | 郑州—兰考 | 17.0 | 30.8 | 26.0 | 81.6 | 23.3 | 70.2 |
| | 兰考—东平湖 | 12.0 | 79.1 | 26.0 | 44.7 | 23.8 | 27.6 |
| 市区 | 西华—园头 | 12.3 | 27.7 | 20.1 | 63.0 | 32.4 | 41.2 |
| | 杞县—虞城 | 10.8 | 22.1 | 10.3 | 47.3 | 28.8 | 89.7 |

**3. 现代冲积扇复合体**

郑州以东，黄河冲积扇复合体是全新世晚期建造的。冲积扇区河道泥沙堆积比重大，约占下游河道总淤积量的80%～95%。

（1）桃花峪冲积扇是公元1194年以前的黄河冲积扇，地势西高东低，顶坡段（标高90～60米）的坡度介于0.2～0.6度，前坡段（标高60米以下）的坡度逐渐变小，介于0.1～0.2度，愈向下游坡度愈小，上凹形的纵剖面很明显，与现行河道纵剖面的形态近似（图4），反映冲积扇的发育与黄河下游河道演变的关系是很密切的。

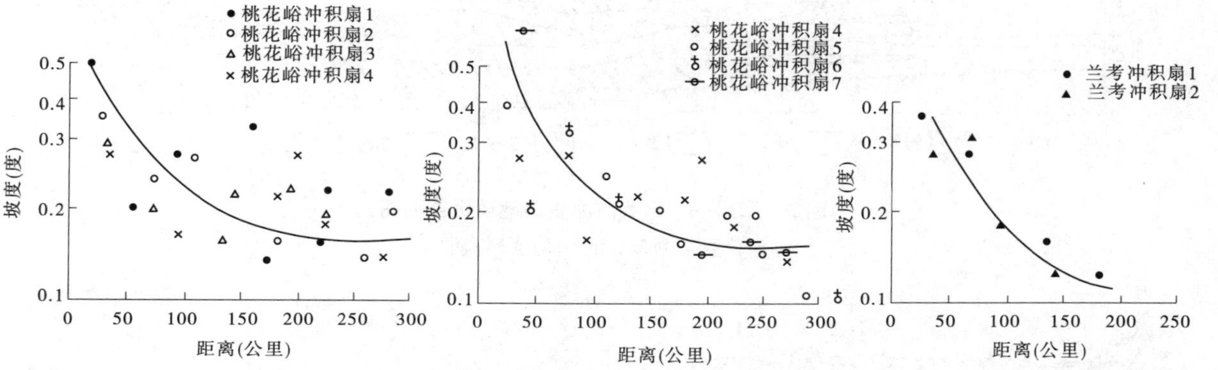


(a)桃花峪冲积扇　　(b)兰考冲积扇

**图4　现代黄河冲积扇坡度、纵剖面形态曲线图**

冲积扇北区和中区是历史时期黄河决口泛滥最频繁的地区，它有三个特点：①境内古河道分布众多，且多数连成一片。②顶坡段沉积的岩性较为复杂，地表多为细砂和粘砂土，下部夹有粉砂或中细砂的透镜体。③全新世晚期北区和中区沉积物的平均含沙比大于或接近30%（表1），表明这些物质主要是河流洪水沉积的。开封在战国时期是魏都大梁，十三世纪初黄河开始在这里泛滥，其中1642年、1841年两年最严重，城内堆积泥沙7～15米，开封东郊地下7米处还发现了明代石人[3]。

冲积扇南区是公元1194年以后黄河的泛区，除一些岗地零星点缀外，地表比较平坦。这个区的地貌形态简单，沉积物除局部地方有粉细砂外，主要为粘砂土，其平均含沙比小于30%（表1），这说明沉积体属面状洪水造成的泛滥相，河道是极不稳定的。

（2）兰考冲积扇是1494年以后沉积建造的三角地带，它超覆于桃花峪冲积扇的前坡地区（图1）。三角地带内为黄河南北决口改道分溜的中心，岩性细砂居多，砂粘土和粘土次之。冲积扇前缘地带原系湖沼地，由于黄河泛滥的影响，不断地遭到黄河泥沙的复盖，迫使湖沼面积不断退缩。从图2看，东平、梁山一带地面以下4.9米处有一层湖相淤泥层，厚6～7米，分布范围比现在东平湖大，东西宽约60公里，南北长约90公里，岩性为灰黑色淤泥质粘土及砂粘土，顶部并有0.5～1.5米厚的黑色粘土层。在梁山黑虎庙附近地层中挖出过宋代的战船；巨野东关还发现元代高达8米的石碑被埋在地下7米深，出露地面仅1米许[4]。表明本区自宋、元两代以来，沉积厚度至少有4～7米。

（3）花园口冲积扇是 1938 年人为扒口迫使黄河流向东南，泛滥于贾鲁河、颍河和涡河之间的地域内，宽 30 ~ 80 公里，形成最新超覆的冲积扇体（图 1），泛道河槽内多为砂，接近河槽的为粉砂，远离河槽的泛区平地为粘土[5]。泛区淤积厚度平均约 2 米，最薄的地方不足 1 米，最厚的地方达 4 米，河槽以内可能超过 4 米[6]。

从以上不同时期冲积扇发育的过程来看，靠近山地的古冲积扇体，随着太行山和嵩山山地上升的带动而抬升；平原冲积扇随着华北坳陷而缓慢沉降，老冲积扇体被新冲积体所埋藏。现代冲积扇的形成是先从坳陷较深的开封坳陷开始，在河流加积旺盛，频繁决口改道的作用下，扇面不断抬高，逐渐向南区坳陷较浅的太康隆起和周口坳陷发展；以后当南区扇面加积作用完成后，河流改道又向北区摆动，形成一个互相叠覆的冲积扇体。在此过程中，冲积扇顶点随着构造运动和河流决口位置的下移而移动，促使冲积扇不断向前扩展。

黄河以北的冲积扇外围，由于平原地域宽阔，且无壁垒阻隔，河流自由摆动范围大，因此，河流经过的时间较长，近五千年来黄河流经北区的时间最长，水流动态以河流洪水为主，扇面地形起伏大；以南地区由于平原地域相对于北区为窄，徐州以南丘陵分布众多，对于河流摆动起了很大的限制，因此，河流经过的时间较短，约 661 年，加之面状洪水泛滥沉积的作用，扇面地形起伏也较小。

## 二、黄河下游河道的演变过程

关于黄河下游近五千来年迁徙的次数，各家的意见不一致。我们按照一次河流改道要出现夺大溜或二流并行，决口点发生改变和入海地点有改变等三个原则，认为下游河道发生了七次大的迁徙，即公元前 602 年，公元 11 年，公元 1048 年，公元 1194 年，公元 1494 年，公元 1855 年，公元 1938 年（表 2）。其演变规律有下列四点：

**表 2　黄河下游河道迁徙变化**

| 改道次序 | 年份 | 决口地点 | 入海地点 | 分流状况 | 改道原因 |
|---|---|---|---|---|---|
| 禹河故道 | 前 2278 年 | | 由天津北入渤海 | 上段单支<br>下段分流 | 自然、人为 |
| 第一次改道 | 前 602 年 | 宿胥口（滑县以西） | 由天津南入渤海 | 近海口分流 | 自然 |
| 第二次改道 | 11 年 | 魏郡（滑县东） | 由滨县、利津入渤海 | 近海口分流 | 自然、人为 |
| 第三次改道 | 1048 年 | 商胡埽（濮阳） | 北支由天津入渤海<br>南支由无棣入渤海 | 常分流 | 自然 |
| 第四次改道 | 1194 年 | 阳武 | 北支入渤海<br>南支入黄海 | 分两支 | 人为、自然 |
| 第五次改道 | 1494 年 | 塞张秋，黄陵冈，荆隆口 | 经徐州入黄海 | 先分支<br>后单支 | 人为 |
| 第六次改道 | 1855 年 | 铜瓦厢 | 由利津入渤海 | 先分支<br>后单支 | 自然 |
| 第七次改道 | 1938 年 | 花园口 | 夺淮入长江 | 分流 | 人为 |

（1）黄河出峡谷后直到桃花峪，受制于两岸地形不对称的影响，南岸高而北岸低，加之南岸邙山阻隔，成为黄河主要流向为东和北的原因。如禹河故道是沿地形较低的地带流动，表明当时太行山前由于山地上升，山前坳陷。后来随着漳河冲积扇的发育，迫使河道南迁，正是公元前 602 年河流改道的一个重要原因。

（2）黄河在各区内决溢改道的规律不尽相同。北流区河流呈舌状向海推进，决口点以下移为主，近海口段多为散流，河流入海比较畅通，三角洲向海推进迅速。中流区河流呈条带状向海推进。因受鲁西南山地的阻碍,经常分二支入海,张秋镇为河流卡口和分流点,卡口以下河道,因地形约束,泄流不畅,卡口以上河道位于冲积扇的脊部,河道极不稳定。南流区上段分支、散流,下段集中,在徐州以上呈倒扇状,决口点上下移动。

河流从一个区流到另一个区,决溢点有上移的现象。如1194年黄河南迁时,决溢点上移至阳武。它一方面与河流流经的地貌部位有关,当河道经过冲积扇顶坡段时,因纵比降陡,加之北区为前期泥沙堆积区,与南区相比地面高差大,容易决口;另一方面与溯源淤积上延有关,当河道经中区和南区时,因张秋镇和徐州卡口作用,对上游河道起着局部侵蚀基准作用,引起溯源淤积影响长度的上延,以致决口点也相应地上移。

(3)河流决溢点有上下决溢之分。前者大多位于冲积扇顶坡段,引起主流大改道,后者多位于冲积扇以外的河口段。河口段的决溢有的是因河口无堤防,河流散流入海,如禹河故道和公元前602年的河道;有的虽有堤防,但因淤积严重,迫使河道另寻出海口,如公元11年和1048年的河口段的分流。

(4)黄河开始决溢时,河流处于散流,经人工控制后,河流趋于集中。历史上,下游有两个散乱期,一是348年改道后,河流分北流和东流,在东西高而中间低的滏阳河与南运河之间摆动了80~90年;二是河流进入南区后(1194年以后),河流散流分支,西自颍河,东至泗水故道均分杀黄河之水,直到1494年经人工治理后,河流主槽相对稳定了300年。总的来说,集流的时间长,散流的时间短。

## 三、黄河冲积扇发育与下游河道演变的关系

### 1. 冲积扇发育对下游河道演变的影响

冲积扇是黄河历代河道溃决改道集中的地区(图1)。其中,位于桃花峪至兰考半圆形的顶坡段最为突出,因为这里是武陟隆起、内黄隆起和开封拗陷交错的地带,是黄河流经时间较长的地区。因此,泥沙堆积强度往往大于地体下降的速率,如花园口附近黄河泥沙堆积厚度和开封拗陷下沉量之比约16比1,而且沉积的粒径较粗,使得扇顶地区地势高而陡,标高为90~60米,坡度在0.2度以上,最大达0.5~0.6度,水流速度也大,相对于下游广大平原来说,这里的河道摆动范围较小,以致河道在这里易于产生溃决和改道。同时与张秋镇局部侵蚀基准引起的溯源淤积的作用亦很密切。

冲积扇的不同地貌部位对于河型发育有较大的影响。一般说冲积扇的顶坡段和前坡段,由于泥沙淤积旺盛,地势陡,比降大,粗颗粒泥沙沉积比重大,是游荡河道发育的有利条件。如现行河道郑州至东坝头段,沉积物多为细砂和粉砂,河床平均比降2.04‱,东坝头至高村段平均比降1.92‱,所以,河床极不稳定,汊道与心滩分布众多。前缘缓坡段则不同,地势较平缓,河床比降较小,细颗粒泥沙居多;如高村至陶城埠段,沉积物多系粘砂土和砂粘土,河床比降1.48‱,除了两岸滩地发育一些串沟外,河道是比较稳定的,弯曲率1.18,属于微弯顺直的河道。

### 2. 下游河道的改道趋势

历史上黄河走北区的时间最长(3 326年),中区最短(146年),南区居中(661年)。1855年以后又回归中区,现已行水126年(包括入淮9年),黄河下游花园口至高村段平均每十年淤高1米。对历史河道演变分析可知:当河道运行趋向衰亡时,河道有可能改道北流。据此,我们对黄河下游治理提出如下看法。

现行黄河河道由于淤积日趋加重,河床抬高十分明显,凡遇洪水期,大水漫滩偎堤,南北两岸大堤都存在决口改道的危险。因此,必须采取积极有力的措施,加固和防护好两岸堤防,尤其是对北岸的堤坝更需注意。

如果一旦黄河不能维持现行河道而需要进行人工改道时,以北迁为宜,这是因为:(1)地质构造对黄河北流有利,因太行山上升,山前相对拗陷较深,从长时段看可以抵消一部分泥沙的堆积;(2)从演变规律看,目前黄河处在由南向北横扫的阶段之中,将来有可能继续向北流;(3)从堤背地形剖面来看,南岸高仰,北岸偏低(图5)。表3为花园口至夹河滩段两岸堤背地面高程,可以看出南岸背河地面高程高于北岸2~5米,显然,这有利于北流;(4)从河口排沙条件来说,渤海以下沉为主。11万年以来沧州地区年平均沉降量0.5毫米,滦河与下辽河平原约1毫米[7],而徐州以东的黄海基本稳定。所以,黄河向

渤海排沙的条件比较有利。

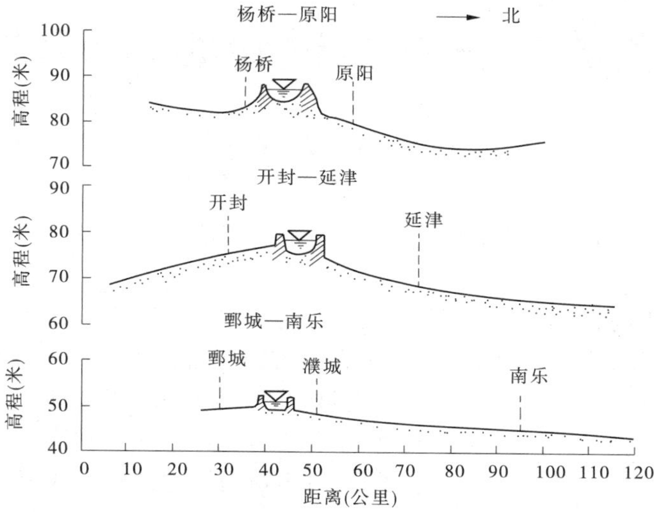


**图 5　黄河下游两岸地形剖面图**

**表 3　黄河两岸堤背的地面高程**

| 断面 | 南岸(米) | 北岸(米) | 高程差(南减北)(米) |
| --- | --- | --- | --- |
| 花园口 | 89.8 | 88.0 | +1.9 |
| 八堡 | 87.3 | 84.0 | +3.3 |
| 来童寨 | 84.3 | 81.0 | +2.0 |
| 辛寨 | 84.0 | 79.1 | +4.9 |
| 苇城 | 77.8 | 74.4 | +3.4 |
| 黑岗口 | 75.9 | 73.8 | +2.1 |
| 古城 | 70.7 | 68.9 | +1.8 |
| 曹岗 | 69.9 | 67.8 | +2.1 |
| 夹河滩 | 68.2 | 68.8 | -0.6 |
| 禅房 | 69.9 | 69.7 | +0.2 |

## 参考文献

[1] 黄委会勘测设计院,黄河下游沿岸地带综合性地质——水文地质普查报告,1962 年。
[2] 河南省地质局水文地质工程地质队,河南省豫东豫北地区地下水储量初步评价,1966 年。
[3] 史念海,历史时期黄河流域的侵蚀与堆积,1979 年。
[4] 山东省水利科学研究所,湖西地貌图说明书,1965 年。
[5] 罗来兴,1938—1947 年间的黄河南泛,地理学报,19 卷 2 期,1953 年。
[6] 夏开儒,豫东贾鲁河流域黄泛沉积,地理学报,19 卷 2 期,1953 年。
[7] 王靖泰等,中国东部晚更新世以来海面升降与气候的关系,地理学报,35 卷 4 期,1980 年。

(本文原载于《人民黄河》1982 年第 4 期)

# 从河源的划分依据试论黄河河源问题

孙仲明[1],赵苇航[2]

(1.中国科学院地理研究所;2.扬州师范学院)

黄河是我国的一条大河,关于黄河河源问题,历来为人们所关注。

1978年水利部组织南水北调西线查勘,以及青海省组织省内外有关人员对黄河河源问题进行调查,取得了有关河源地区的许多新情况、新资料,对科学研究与资源开发是非常有益的。同时,对黄河河源问题又重新提出了讨论,先后发表了多篇论著,主要的有:贾玉江等的"再探黄河源"(1979年)[1];董坚峰的"关于黄河河源问题"(1979年)[2];赵济的"对于黄河河源的一些认识"(1979年)[3];黄盛璋的"黄河上源的历史地理问题与测绘的地图新考"(1980年)[4];尤联元、景可的"何处黄河源"(1980年)[5];田尚的"黄河河源探讨"(1981年)[6]。这些论著除董坚峰主张仍以玛曲(约古宗列渠)为正源外,其他的都认为约古宗列渠不够黄河正源的条件,黄河正源应改为发源于巴颜喀拉山北麓各姿各雅山下的卡日曲。他们主要的理由是卡日曲比约古宗列渠长度长,水量大,而且历史上就是以卡日曲为河源的等等。1979年出版的《辞海》也将黄河源更改为卡日曲。然而由于目前国内外还缺乏统一的划分河源的标准,而河源的划分涉及的因素又很多,包括自然因素和社会因素,情况也比较复杂,并不是几项水文、地理指标所能决定的。所以,对于黄河河源更改一事,迄今仍有争议。笔者在已往工作中,涉及到一些河源问题,搜集到一些河源划分依据的资料,现就河源划分的各种论说及黄河河源提出初浅看法,籍供讨论参考。

## 一、河源的划分依据及其问题

河源的含义是河流的发源地,即河流开始的地方。但河源的词义直至五十年代才正式被提出来。1953年苏联大百科全书(卷18)最先摄入河源条目,指出:"河源是河流开始的地方,河源可能发源于泉源、沼泽、冰川、湖泊或溪涧……"。我国1961年出版的《辞海》试行本和1963年出版的《辞海》未定稿,以及1979年新版的《辞海》也简略地收入这个条目,认为"河源,河流补给的源头,通常是溪涧、泉水、冰川、溶雪、沼泽或湖泊,在河流溯源侵蚀作用下,河源可不断向上移动或改变位置。"由此可见,河源的含义只是一个笼统的概念。至于河源的起点,是从冰川、湖泊、沼泽、溪涧的前缘算起,还是从末端算起,都没有明确的规定。

由于河源的概念很笼统,这也是引起当前河源争议的原因之一。在一条河流有数条支流的情况下,那么哪条支流的源头才算该条河流的正源呢?也就是如何来区分主河源的问题。过去并没有专门的著作进行论述,在很少几本谈及如何区分河源主次问题的书里,各家的依据还是很不一致的,即便同一作者在同一本书中,对河源的划分也有几种说法,大体上有以下五种观点:

(1)按河流的长度来区分河源的主次。例如苏联的A·И·切波达列夫[7]、我国的施成熙、梁瑞驹[8]都认为应该把其中较长的那条支流作为河源。

(2)按长度和水量来确定河源。《苏联大百科全书》(1953年版,卷18)和苏联《简明地理学百科全书》(1961年)是把"距离河口最远和水量最大的支流认为是主河源"。

(3)按河谷形态地质结构来确定河源。苏联Б·А·阿波洛夫[9]认为"干河这个概念并没有严格的根据,因为河源往往是看条件而定的,河流的起端可以根据河谷的地质构造及其位置来决定,因为两条支流会合时有一个河谷的自然延长,所以它就应当算是干河河谷的延长"。《汉江流域地理调查报告》认为可以把河流宽广、谷坡平缓的中源作为河流的正源。[10]

(4)按照多种因素来确定河源。苏联Г·Н·维索茨基曾提出最完善的定义,他认为只靠一种特征——长度、水量、宽度、深度、方向——不足以决定河系中的干河,要解决这个问题,必需考虑到所有的特征,在决定干河的时候,也应以此为根据[9]。而武汉水利电力学院在其所编的教材中认为"关于判断干流的条件,应该从河流的水量、河长、流域面积、河谷地质年代以及河流的宽度、深度、方向等标准去考虑[11]。

(5)按历史传统习惯来确定河源。苏联А·В·奥基也夫斯基认为"干河及其支流的概念不是十分明确的,有这样的一些情况,即被认为作为干河的河源,事实上若按长度来说或按泄水量来说都不如它的某一条主要支流。例如,按水量丰沛与否来判断,则可将伏尔加河认作喀马河的支流,而不应把喀马河认作是伏尔加河的支流;从客观特征的观点看来,下面的问题也正是值得争辩的。即真正的干河是否的确是叶尼塞河而不是安加拉河;是多瑙河,而不是其支流菌尼河;是密西西比河而不是密苏里河等等。因此,在这一方面,有时问题的解决要从习惯出发,而非从客观科学的前提出发"[12]。

苏联Б·А·阿波洛夫认为"干河这个概念并没有严格的根据,因为河源往往是看条件而定的。如果以长度作为干河的主要标准,那么俄喀河到它与伏尔加河会合的地方为止,长达1 466公里,而伏尔加河只有1 340公里;喀马河到它与伏尔加河会合的地方为止长达1 882公里,而伏尔加河只有1 850公里。""如果以水量为标准,则伏尔加河的水量不及喀马河,密西西比河在水量上小于且在长度上短于其支流密苏里河"[9]。

苏联Л·К·达维道夫认为:"河源的确定往往是假定的,因为有时河流在上游会接触在水量或大小上都超过它的支流,同时支流汇入处以下的干流河谷是支流河谷的天然延续。例如,莫克河河谷就是其支流(次纳河)河谷的延续"[13]。

武汉水院所著教材还认为"判断干流的条件……有时根据历史习惯来决定,例如汉水的干流沔水比褒水短,淮河的干流比颍河短,都与历史习惯上的称呼有关"[11]。

南京大学、中山大学地理系合著的教材认为"干流与支流往往依河流水量的大小、河道长度、流域面积和河流发育程度来决定,但有时也可根据习惯来决定"[14]。

综上所述,关于主河源的划分标准,还是很不统一的,其中河流的长度和水量也并不是划分河源的唯一依据,目前国内外实际应用的河源许多都不是最长的那条支流,而是根据它的习惯用法。鉴于划分河源的依据很多,因此,在具体确定某一条河源或更改某一条河流的河源时,应根据不同的具体情况来确定。它既要考虑到自然因素,又要兼顾到社会因素。在考虑自然因素方面,既要注意到河流的长度、水量,却又不能忽视它的方向、宽度、流域面积、形态、形成年代等诸因素;在考虑社会因素方面,既要考虑历史上对河源的认识,又不能不顾及近代和现代对河源的习惯沿用,以及当地群众传统称呼等等。因此,这是一项慎重而又细致的工作。

## 二、关于"河源唯远"的问题

我国地理、水利部门不少学者虽然倾向于以"河源唯远"来作为划分河源的依据,但是这一点尚未得到国内外的一致公认。有人说国外许多河流都是把最长的支流作为河源的,事实也并非如此。上节已经提到,许多河流都不是以长度来作为依据的。如美国的密西西比河,全长3 950公里,若按其发源于落基山区的黄石公园附近的密苏里河河源计为6 020公里,其支流远比干流长,然而美国实际上仍以中北部的伊塔斯卡湖为密西西比河的河源(有时长度按6 020公里,其干流仍是密西西比河而不是密苏里河)。苏联的伏尔加河全长3 530公里,其左岸支流喀马河远比干流为长,但在实际使用上却仍以苏联互尔代丘陵为伏尔加河的源头。又如苏联的鄂毕河,源出阿尔泰山的卡通河,而其支流额尔齐斯河远比干流为长,然而卡通河仍作为鄂毕河的河源。类似的例子还有很多,由此可见,国外也并不都是以最长的支流作为河源[15]。

我国有许多河流,也不是以长度、流量来划分河源的,而是沿用历史传统习惯。如淮河的支流颍河,发源于河南的鲁山,在正阳关入淮,长557公里,而淮河干流,源出河南省的桐柏山,至正阳关长360多公里。按其长度,干流比颍河要短约200公里,但习惯上地理、水利部门都是以淮河干流为正源的。

华北平原上的卫河,历史上经引丹济卫后与丹河相通,丹河源出晋东南高原,源远流长,但历史上却习惯于把河南辉县苏门山下的百泉河作为卫河的正源[15]。

岷江支流大渡河,其长度、水量远比岷江为大,但习惯上却都以岷江为大渡河的干流。

不以长度、水量作为河源划分依据的例子还有很多,这里不再赘述。因此,实际上国内外许多河流都不是以“河源唯远”来作为划分河源依据的。

卡日曲位于约古宗列渠的右侧,在长度上两者差别并不很显著(仅十几公里之差),所以没有必要把黄河源从约古宗列渠改为卡日曲。如果要以“河源唯远”来强求一致,那么中国有许多河源势必都要更改,这是很不现实的。

如果一定要把黄河源改为卡日曲,那么论长度卡日曲也不是最长的,最长的应是卡日曲的支流拉郎情曲,但该支流有个向东的大弯曲,方向不顺,也是不宜作为河源的。

## 三、关于黄河源的历史与传统习惯问题

黄河源很早就为人们所注意,早在战国时期,《尚书·禹贡》就有“导河积石”的记载,之后《汉书·西域传》有“一出葱岭,一出于阗(今新疆和田一带)”纯属谬误的重源说。大约到了晋朝已有黄河源“出星宿”的初步认识,至于黄河源出星宿海以上哪条支流,都缺乏具体记载。

自唐朝以来,去河源的人日趋频繁,关于河源的记载和论述也随之增多。唐代的侯君集、李道宗于贞观九年(公元635年)奉命征讨吐谷浑而战转星宿海,曾观河源所出(《旧唐书·吐谷浑传》卷198),后来在贞观十五年(641年)唐太宗令礼部尚书李道宗送文成公主去吐蕃到达河源(《旧唐书·吐蕃传》卷196)。唐刘元鼎于穆宗长庆二年(822年)奉使入蕃,道经河源(《新唐书·吐蕃传》卷216)。元代的都实于至元十七年(1280年)奉命探求河源(潘昂霄《河源记》,《元史·河渠志》);明朝僧人宗泐出使西藏返回,于洪武十五年(1382年)途经河源(万斯同《昆仑河源考·河源志序》);清代的拉锡、舒兰在康熙四十三年(1704年)也曾奉命去青海探寻河源;在乾隆四十七年(1782年)阿弥达又奉命前往河源告祭河神,他们对于河源的叙述都是实地所闻,但他们到达河源的目的、路线和季节是不同的,因此所描述的河源景象也就各异了,这就引起了历史上对黄河源位置所在的众说纷纭了。

黄河源是一条多源河流,在扎陵湖以上可以分为多支,自北而南,有扎曲、马涌曲、玛曲(约古宗列渠)、卡日曲、拉郎情曲等。玛曲位于正中。以上到过黄河源的人是否经过或到达的河源就是卡日曲,入藏通道古今是否都沿此曲,还缺乏考古上的证据。因此在史学界还有很大的争议,这只能留待今后讨论解决。而以上到过黄河源的人,都没有同时去过三条支流的源头,也从未进行过各条支流的对比,这一点史学界和地学界都是公认的。卡日曲与玛曲长度相差不过一二十公里,除了较正确的地图外,靠步行是很难区分出长短的,所以前人所指河源,并非确知卡日曲就比玛曲要长、水量要大,而是以自己到达的那条支流描述为黄河河源,并不完全根据长度、水量的科学道理来抉择河源。因此,认为“一千三百多年以前,我国有人把卡日曲定为黄河源头,是有充分的科学依据的”,这是不符合史实的。即使古籍记载的河源指的就是卡日曲,也只能作为一种参考,而不能作为划分河源的绝对依据。《尚书·禹贡》的“岷山导江”记载的长江河源历史最早,我们却不能去把长江的河源从金沙江上游的沱沱河改为岷江的源头。

既然卡日曲在古代是否认作为黄河河源还是一个悬案,那么近代和现代对黄河源又是怎样认识的呢?这要从清康熙实测的《皇舆全览图》谈起。公元1717年(康熙五十六年)清皇朝曾派人去河源调查,这才初步弄清了河源的三条支流,在《皇舆全览图》上表明中间的那条为黄河河源。清齐召南的《水道提纲》明确指出中支阿尔坦河是黄河的河源。后来福克司复制的《皇舆全览图》(16号图)*,把南支标为“阿尔坦河”,但仍把“黄河源”三字标在中支的河流上,说明他们都是把正中的那条支流作为河源的。

道光十二年(1832年)董方立绘制的《皇清地理图》(图1)是一册“流布海内廿余年”具有重要影响

---

*该图现藏北京图书馆,黄盛璋先生在“论黄河河源问题”(载地理学报,1955年,3期)时已复制转引。

的地图。这幅图也是把正中一条支流标为黄河“河源”的，河名为“阿克坦河”。

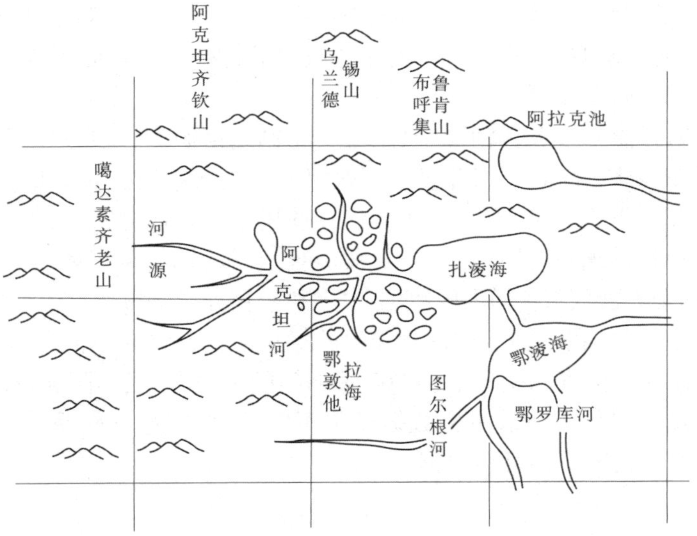


图 1　皇清地理图(道光十二年)

又如 1863 年(同治二年)邹世诒编制的《大清一统舆图》(图 2)采用经纬度与“计里画方”并用的方法，流传甚广，其“河源”两字也明确地标在中支河流上，注明为“阿克坦河”。

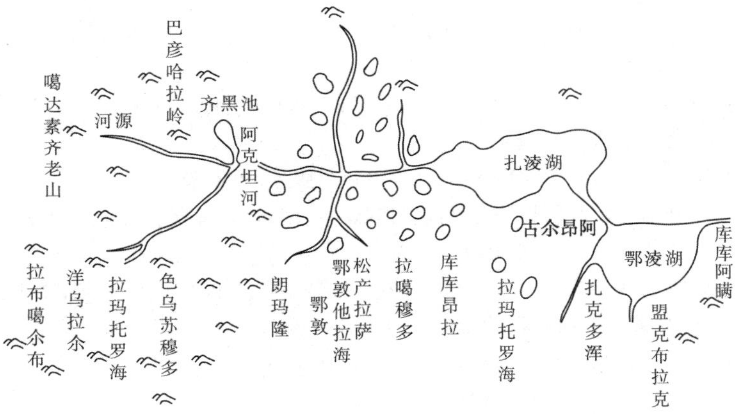


图 2　大清一统舆图(同治二年)

其次在清末的一些地图上，如《大清帝国全图》(1905 年)，《中外舆地全图》(1907 年)，《中国地图》(英国编，1908 年)等都把“黄河源”三字标在中支的“马楚河”上。“马楚”与“玛曲”音十分相近，而且又在正中间，无疑是现今的玛曲(约古宗列渠)了。这里我们无需考证阿尔坦河指的是卡日曲还是玛曲，自康熙五十六年实测《皇舆全览图》以来，尽管河名上有所差别，但中外地图大多是把正中的那条支流标为“黄河源”的，即取中支河流为正源。并且为了要突出中支是黄河正源，有些地图还故意把中支河流绘得长一些，这就是近代黄河源所在的历史事实。

项立志、董在华在 1953 年《黄河河源查勘报告》(摘要)[16]中确定以约古宗列渠(玛曲)为黄河正源，实际上只是历史传统的沿用。

我国目前还有一些河流也是以中支为河源的。例如汉江上游有三源，南源南河(即玉带河)，北源褒水，中源漾水(沔水源头)，发源于宁强嶓冢山。中源漾水其流域面积、长度和水量均比南河、褒水要小，但漾水河谷远比南河、褒水顺直宽广，而且位于南北两源之间，故习惯上都把中源漾水作为汉水正源。

又如钱塘江，上游主要有三条支流，北源徽江(即新安江)，发源于安徽黄山南麓，南源婺港，中源衢江。北源新安江最长，但实际上都以中源衢江为正源，衢江是钱塘江的干流。

玛曲(约古宗列渠)位于多源河流的正中,河谷宽坦顺直,上下段自然延续,早在康熙年间实测《皇舆全览图》时,就被列为黄河河源,现代史上也习惯于沿用,迄今已经沿袭了200多年。更何况当地人民一直把玛曲看成是黄河的发源地,称约古宗列盆地流出的这条河为玛曲[2]。所以玛曲(约古宗列渠)可以继续作为黄河的正源,而毋需更改。

综上所述,河源的划分依据很多,"河源唯远"并不是制定河源的唯一原则,更改河源不但涉及到自然因素,而且还涉及到许多社会因素。因此对于更改河源总起来我们有如下几点看法:

(1)要尊重主管该条河流部门的意见,因为他们在使用上关系最为密切,影响也最大。

(2)过去已经习惯沿用的河源,要尊重历史习惯传统。在新资料数据还不很充足以前,不宜轻易更改,因为更改河源(特别是大河河源),在国内外学术界和教育界影响颇大。

(3)一旦河源发生争议时,我们同意黄盛璋先生的意见,"河源是学术问题,应通过讨论来解决"[4]。在确定新河源之前,应在深入调查的基础上协同有关部门的不同专业、不同观点的学者慎重讨论。

(4)黄河河源的长度、水量等地理、水文数据还很不完善,特别是不同季节的流量,还很不清楚,应该做一些基础工作,求得比较统一的可靠数据。

## 参考文献

[1] 贾玉江、刘启俊《人民画报》,1979年5月,4-9.
[2] 董坚峰《人民黄河》,1979年3期,79-84.
[3] 赵济《北京师范大学学报》(自然版),1979年1期,93-97.
[4] 黄盛璋《历史地理论集》,人民出版社,1982年,332-362.
[5] 尤联元、景可《自然杂志》卷3,1980年,2期.
[6] 田尚《地理学报》卷3,1981年3期.
[7] A·И·切波达列夫《陆地水文学》,杨显明译,水利出版社,1959年,110,115.
[8] 施成熙、梁瑞驹《陆地水文学原理》,1964年,42.
[9] Б·A·阿波洛夫《河流学》,天津大学水利系译,高等教育出版社,1956年,45-47.
[10] 中国科学院地理所,水利部长江水利委员会汉江工作队《汉江流域地理调查报告》,科学出版社,1957年,24.
[11] 武汉水利电力学院《河川水文学》,上册,1960年,20.
[12] A·B·奥基也夫斯基《陆地水文学》,天津大学水利系译,财政经济出版社,1954年,20-21.
[13] Л·K·达维道夫《普通水文学》,杨显明译,商务印书馆1963年,244.
[14] 南京大学等地理系合编《普通水文学》,人民教育出版社,1978年.
[15] 钮仲勋.百泉水利的历史研究《历史地理》1982年,创刊号.
[16] 项立志、董在华《新黄河》,1953年,元、二月号合刊,1-19.

(本文原载于《人民黄河》1983年第4期)

# 黄河的形成与发育简史

戴英生

（陕西省地质局第二水文地质队）

黄河，系我国的第二大河。流经我国腹地，自古以来对中华民族经济文化的发展，起了极其重要的推动作用。全程5 464公里，流域面积752 443平方公里。大致可划分三个阶梯：西段为青藏高原（东部），海拔高度超过3 000米；中段为黄土高原，海拔1 000～2 000米；东段为华北平原，海拔低于100米。

了解黄河的形成与发展历史，对认识黄河改造黄河不无意义。有鉴及此，作者不揣冒昧，特作此文。

## 一、黄河水系形成的区域地质构造环境

黄河自发源地东流，穿越西域、华北陆块（见图1），两陆块的性质与形成时代很不一致。华北陆块为古老的刚性体，系古大洋历经多次构造变动而最终成陆于吕梁运动（距今约17亿年）；西域陆块刚度较低，活动性强，系古特提斯洋块（即古地中海）经加里东（距今约4亿年）、海西及印支（距今约1.8亿年）等造山运动褶皱回返圈闭而成。华北陆块具脆性，经晚期断裂构造错动形成一系列的张性裂谷，如银川——河套、汾渭及华北等盆地。西域陆块具柔性，在强大的北东向推力挤压下，形成一系列的巨型褶皱带，如巴颜喀拉、阿尼玛卿、昆秦（中）及祁秦（北）等带。

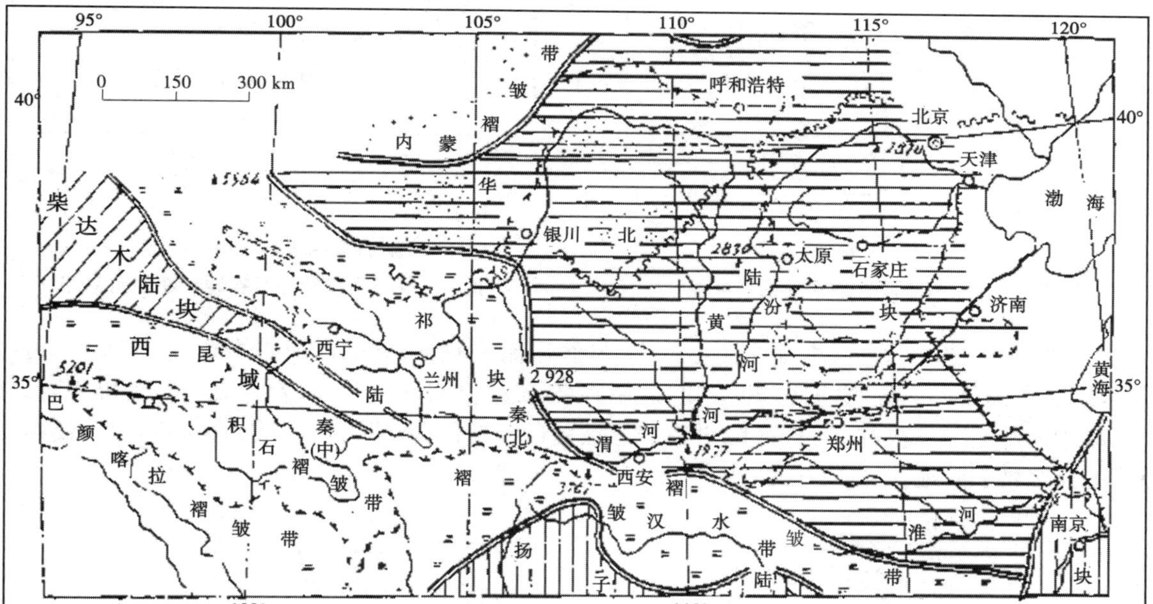


图1　黄河流域主要地质构造单元略图

由于早期构造的控制及西太平洋与东印度洋两板块漂移活动的影响，流域内的近代构造应力场大体以六盘山西侧的深断裂为界：其西，为压应力场；其东，为张应力场。此两种不同性质的构造应力场对黄河的发育起着极其重要的控制作用。例如：西段（黄河上游流域），为强烈上升区，岩层褶皱强烈，冲断层发育，河流多沿构造线发育，并且山高谷深，河流纵比降大，侵蚀力强，多峡谷。东段（黄河中、下游流域），沉降带与抬升区相间。沉降者为盆地，谷宽而河流纵比降小，属淤积型，抬升者为峡谷，河谷窄

狭深邃，河流纵比降较大，系侵蚀型。此外，西段褶皱上升区，支流多沿次级构造线侵蚀而成，支系不发育，河流短促，以直角状水系为主。东段，则随区域地质构造变化而异。盆地区，因下降为主，水流深向侵蚀能力弱，支流短小，且不发育，多呈羽毛状，称羽状水系；抬升或隆起区，因系大面积的间歇性的缓慢垂直上升，水流不但进行深向侵蚀，而且水平方向的侧蚀也很强烈，故支流水系发育，多呈树枝状，称枝状水系。

## 二、黄河河谷地貌结构的基本特征

黄河自河源至海口，因流经的地质构造单元及近代构造应力场的不同，河流的形成与河谷的地貌结构有明显的差异。上、中游段为天然河床，河流发育主要受地质构造等因素的控制。而下游系平原型河流，河床摆动幅度大，靠筑堤防护，为人工河。由于河流的成因与控制机制的不同，各段河流的特性与河谷形态及结构亦大相径庭，特简述之。

**（一）河源至青铜峡**

黄河，自黄河滩始，沿北西向构造线发育，流经巴颜喀拉与阿尼玛卿两山脉之间，至积石山东端，受岷山阻挡（即扬子陆块的推挤），折向西北，穿越昆秦（中）及祁秦（北）褶皱带而进入黄土高原。因流经崇山峻岭河谷窄狭，河流坡降大，水流湍急，深向侵蚀强烈，河谷呈 V 型，谷坡陡峻，两侧阶地不发育，为典型侵蚀型河谷（见图 2、图 3）。

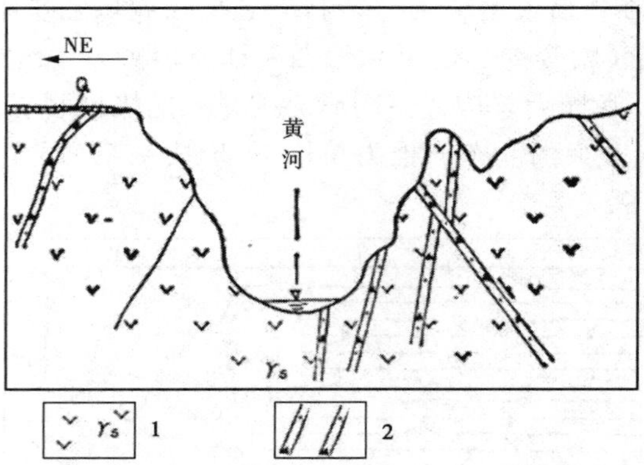


1. 中生代花岗石；2. 断层及破碎带

图 2　黄河龙羊峡河谷地貌断面示意图

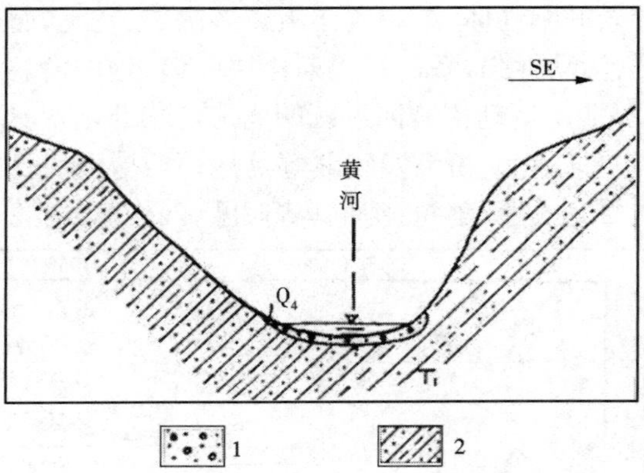


1. 近代河流冲积砂砾岩；2. 下三叠纪砂岩夹板岩

图 3　黄河下日呼寺河谷地貌断面示意图

然而，黄河出刘家峡后，河流特性变化甚大，虽然还流经峡谷，总的说河谷增宽，且阶地发育良好。以兰州段为例，河谷不对称，宽度近 20 公里，北岸谷坡较缓，共有四级阶地，除一级（$T_1$）为堆积阶地外，其余三级均属基座型，宽数百至千余米，并有黄土被覆（见图 4）；南岸谷坡陡峻，阶地不发育，仅存宽五公里许的低级堆积阶地。

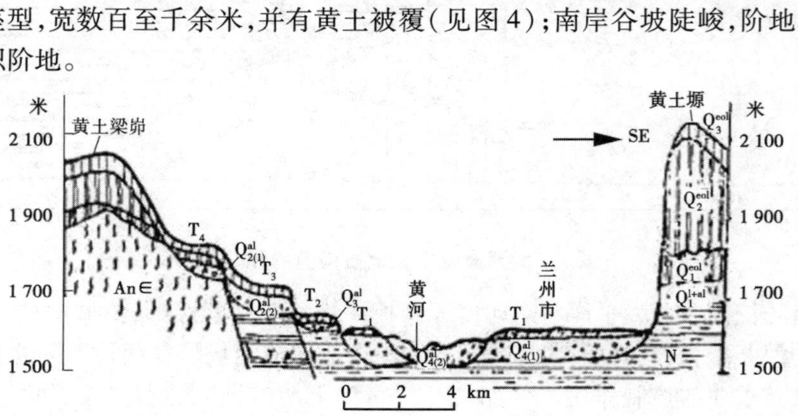


图 4　兰州黄河河谷地貌断面图

**（二）青铜峡至桃花峪**

本段黄河，系盆地与峡谷相间。因盆地早先为湖泊，更新世时先后干涸消亡，现仍继续下沉接受堆积。可是，河流却在湖泊的基础上发育而成，故河谷宽阔，阶地发育，主要为上迭或内迭式（见图5、图6）。因河流纵比降小，水流滚动幅度大，多汊流，侧向侵蚀强烈。

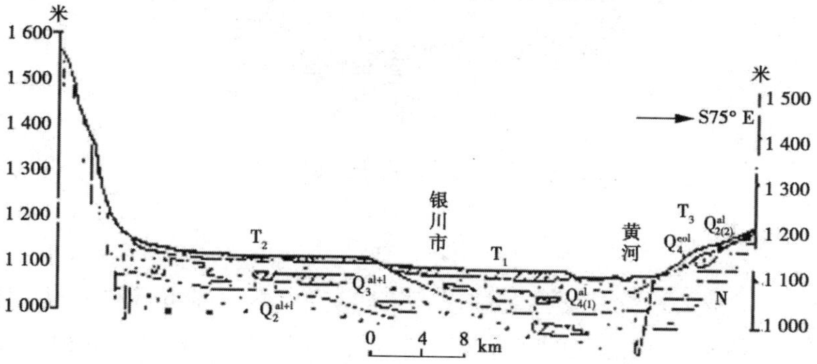


图5　银川盆地黄河河谷地貌断面图

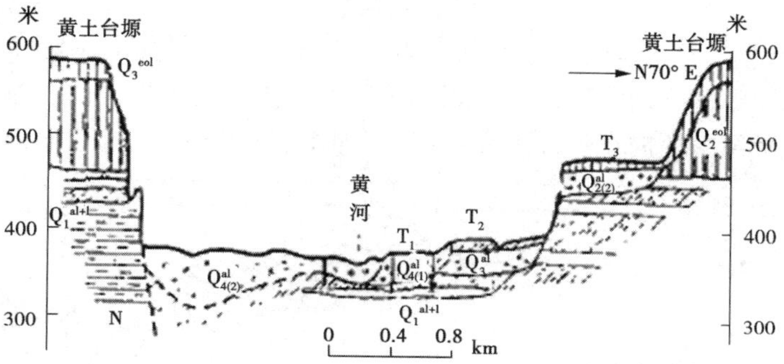


图6　汾渭盆地黄河河谷地貌断面图

峡谷则有托（托克托）龙（龙门）及三（三门峡）小（小浪底）两段，河流弯曲度大，两岸阶地不对称。凹岸谷坡陡峻，阶地不发育。凸岸谷坡平缓，常保存多级基座阶地。如碛口，西岸仅残存四级基座阶地（$T_4$），而东岸除一级阶地（$T_1$）外，尚有二、三两级基座阶地（$T_2$、$T_3$），但三级阶地（$T_3$）的堆积层已剥蚀殆尽（图7）。又如小浪底，河谷不对称，南岸谷坡平缓，阶地发育较好，除一级堆积阶地（$T_1$）外，尚有二、三两级基座阶地（$T_2$、$T_3$）。而北岸阶地不发育，仅有一、四两级，前者为堆积型，后者为基座型（图8）。

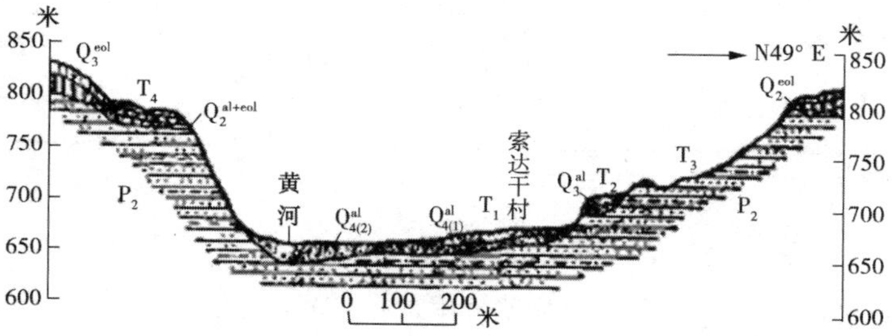


图7　碛口黄河河谷地貌断面图

**（三）桃花峪至海口**

河流纵比降甚小，水流缓慢，挟砂能力低，粗泥砂大量沉淀，造成河道的严重淤积。据资料统计，黄河下游河床年均淤高10～20厘米。

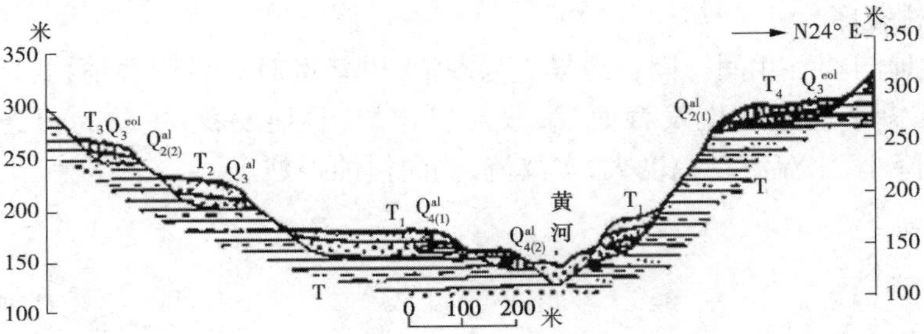

图8　小浪底黄河河谷地貌断面图

## 三、黄河发育简史

第三纪时,本区大小湖泊众多,后不断萎缩。至第四纪早、中更新世,尚保存的湖盆有:共和、银川、河套、汾渭及华北等(见图9)。而这些湖盆除华北外,均为内陆型,且各自形成独立的集水系统,控制了当地水系的发育,其萎缩消亡又先后不一。共和湖,为中更新世末,银川、河套湖,为晚更新世末,汾渭湖(即三门湖),为早中更新世末。唯独华北湖的情况与众不同,第四纪期间数度遭到海水入侵,最大的一次海侵发生在中全新世(距今8 500—5 500年),西界达通县—任丘—献县—聊城—位山一带。最近的一次海侵出现于中全新世末至晚全新世(距今5 000—3 500年),即发生在夏代之前,而结束于商代早期。但范围较小,西界大致达宁河—天津—沧州—乐陵—广饶一线附近。由于海水的进进退退,直接影响湖泊的消长,故华北湖系由西向东逐渐退缩,西部萎缩干涸于晚更新世末,东部则消亡于晚全新世。

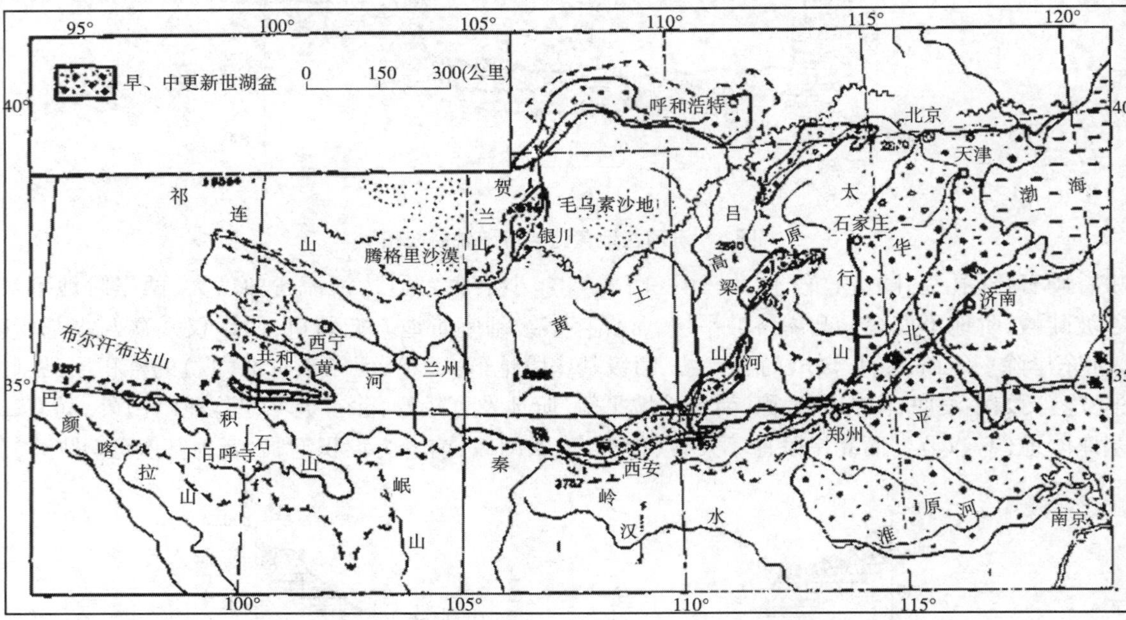


图9　黄河流域早、中更新世湖盆及近代水系分布略图

湖泊的存亡对黄河水系的发育有着极其重要的影响。当湖泊存在时,地表水汇集其中,且盆地不断下沉,使侵蚀基准面不断变化,成为当地区域性地表径流的侵蚀中心,控制该区河系发育。因此,黄河水系在早、中更新世期间存在几个独立的水文网系统。随着河流的溯源侵蚀袭夺,各河段渐渐连通,湖水通过出口排泄而干涸,终于形成统一的大河——黄河。可是,黄河各段的连通,并非同时,湖泊完全疏干而变成河流,则以共和至银川、龙门至桃花峪为最早,其时代为早中更新世末至晚中更新世早期。青铜峡至龙门比较晚,大概在晚更新世末。下游,随着海陆的变迁,河流时进时退,黄河河道也不固定,不断迁徙。据传禹河于天津稍南入渤海。近三千年来多次大改道,频繁泛滥于华北平原,其迁徙规律是:南宋之前(公元一一二七年前),改道泛滥于现行河道之北;南宋至清咸丰五年(公元一八五五年),则迁徙

改道于淮河流域而入黄海；铜瓦厢决口后（清咸丰五年），黄河又大改道，夺大清河于利津县境内复入渤海。那么，下游入海段现行河道的形成，仅百余年而已。

关于黄河的形成年代，可根据其对黄土的侵蚀切割状况及阶地堆积层的时代去确定。以晋陕峡谷为例，该段黄河形成最早，并侵蚀切割早更新世黄土，故其形成晚于早更新世。但四（$T_4$）、三（$T_3$）两级阶地分别堆积中更新世及晚中更新世黄土，则其形成当早于中更新世。因此，峡谷段黄河的形成始于早更新世末至中更新世初。然而盆地段的形成时代较晚，均只发育三级阶地，最高级阶地（$T_3$）的最老堆积层为晚中更新世黄土，或层位相当的河流相地层。那么，盆地段黄河的形成，最早不超过晚中更新世。

根据黄土地层新近的古地磁测试资料，中更新世黄土底界距今约一百二十万年，其上段黄土（晚中更新世黄土）底界距今约五十万年，晚更新世黄土底界距今约十万年，全新世地层底界距今约一万年。由此可知，峡谷段黄河的形成始于距今约一百二十万年，盆地段最早不超过五十万年。据此观之，黄河各段发育历史之长短是极为悬殊的。

## 四、问题的探讨

### （一）黄河河段的划分

黄河上、中、下游的分段，地学与水利界不尽一致。地学工作者根据“区域地质环境和河谷地貌特征”，先后有如下两种划分：

（1）以龙羊峡（下口）、花园口为界：河源至龙羊峡为上游；龙羊峡至花园口为中游；花园口以下为下游。

（2）以刘家峡（洮河口）、花园口为界：河源至刘家峡为上游；刘家峡至花园口为中游；花园口以下为下游。

水利工作者根据“河流特性”亦有两种划分：

（1）以河口镇、桃花峪为界：河源至河口镇为上游；河口镇至桃花峪为中游；桃花峪以下为下游。

（2）以河口镇、三门峡为界：河口镇以上为上游；河口镇至三门峡为中游；三门峡以下为下游。

上述两种分段各有所侧重，惜两家未结合进行。然而，黄河的形成与发育有其独特的规律，不同于一般河流。首先是流域范围内地质构造复杂，近代区域构造应力场又有明显的不同。如青铜峡之西的西域陆块，在强大的北东向推力驱动下，向华北陆块俯冲。因此，青铜峡为黄河流域构造应力场的转折点，同时也是黄河发育的主要构造裂点。另外，桃花峪位于太行深断裂的南延段，之东为下降盘，之西为抬升盘，故桃花峪为黄河发育的又一关键性构造裂点。这两个构造裂点，不但控制黄河的发育，而且以“点”为界，上、下游段的河流特性有着本质的不同。其次是，流域内在更新世期间展布的一系列湖盆，自成系统地控制黄河各段的发育，使黄河的形成无统一的侵蚀基准面，而是多中心（图 10）。因此，黄河各级阶地的发育是非连续性的。基于上述认识，并考虑河流的特性，作者对黄河河段的划分提出下列新方案，与读者研究。

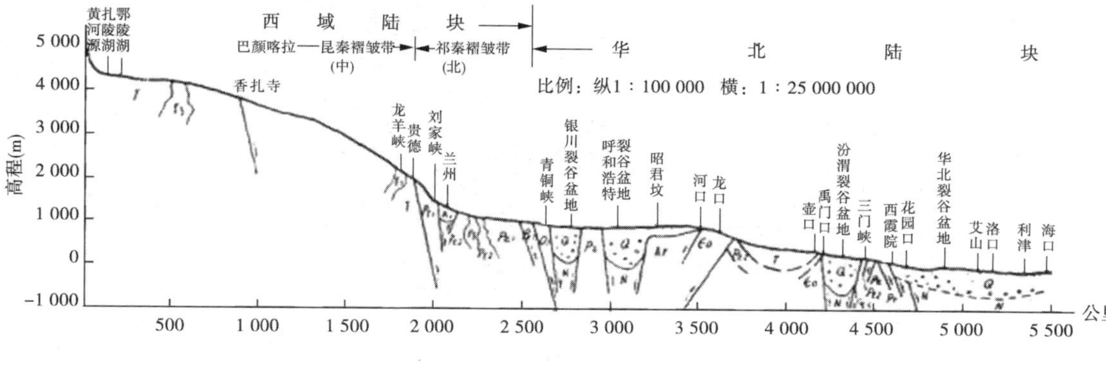


**图 10　黄河河床地质纵剖面简图**

*上游*　河源至青铜峡。除河源段外主要为峡谷，流向为南东（区域构造线为北西向），平均纵比降

1.57‰,为侵蚀型河流。基本特点是,水多砂少,落差大,适于建高坝,开发水能。

中游　青铜峡至桃花峪。系峡谷与裂谷盆地相间,峡谷为上升段,河流平均纵比降0.82‰~0.84‰,属侵蚀型;裂谷盆地段下降,河流平均纵比降0.17‰~0.32‰,属淤积型。其主要特点:

(1)侵蚀与淤积型河段交互出现,峡谷与宽谷相间,河流的成因、形成时代、河谷结构与特性也不一致;

(2)流域内暴雨场集中,砂源丰富(黄土高原产砂);

(3)洪峰流量大,含砂量高,为多泥砂河流。除害兴利,为治河的主要任务。

下游　桃花峪至海口。河床不稳定,迁徙改道频繁,泛滥于冲积平原。现行河道平均纵比降0.12‰,属淤积型。且河床高于地面,已成悬河,靠人工筑堤约束。

纵观上述,黄河各段的特点是:上游,整段处于构造上升期,为侵蚀型河段;中游,盆地段处于下降期,峡谷段为上升期,因而河流淤积与侵蚀段并存,属于过渡性质河段;下游,全段处于构造急剧下降期,为淤积型河段。

此外,根据次级构造裂点及各段河流发育史,尚可再划分次级河段,上游以香扎寺、贵德为界,中游以龙口、三门峡为界,分别划分上、中、下三段。下游以位山为界,划分上、下两段。

**(二)黄河下游河道频繁迁徙的地质基因**

总的说来,华北平原虽为下沉性盆地,但基底却隐伏一系列的呈北东向展布的活动性隆起与断陷(见图11)。所传禹河,系沿天津隆起东缘北流而入渤海,因受隆起抬升的影响,迫使河道向东迁移,故南宋之前的古黄河,频繁改道于黄河断陷中。由于黄河泛滥,其挟带的大量泥砂倾泻于盆地北部,使地势增高。而南部相对低洼,加之南宋之际,战祸连年,河防不力,黄河决口而入淮。元、明、清诸朝代,黄河频繁迁徙于淮河断陷中。在盆地东南部隐伏隆起抬升的影响下,河道又不断北徙,终于复迁归原来的断陷而再入渤海。总之,黄河下游改道迁徙的范围,基本上未超越近代强烈下沉的断陷盆地(见图12),故其改道迁徙的控制基因,主要为盆地基底隐伏块断构造的继续活动。

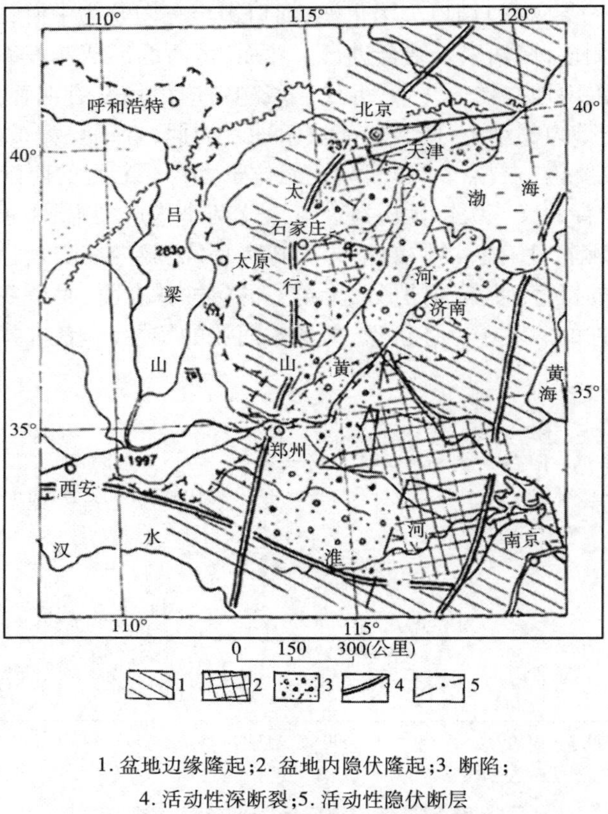


1. 盆地边缘隆起;2. 盆地内隐伏隆起;3. 断陷;
4. 活动性深断裂;5. 活动性隐伏断层

**图11　华北盆地新生代地质构造略图**

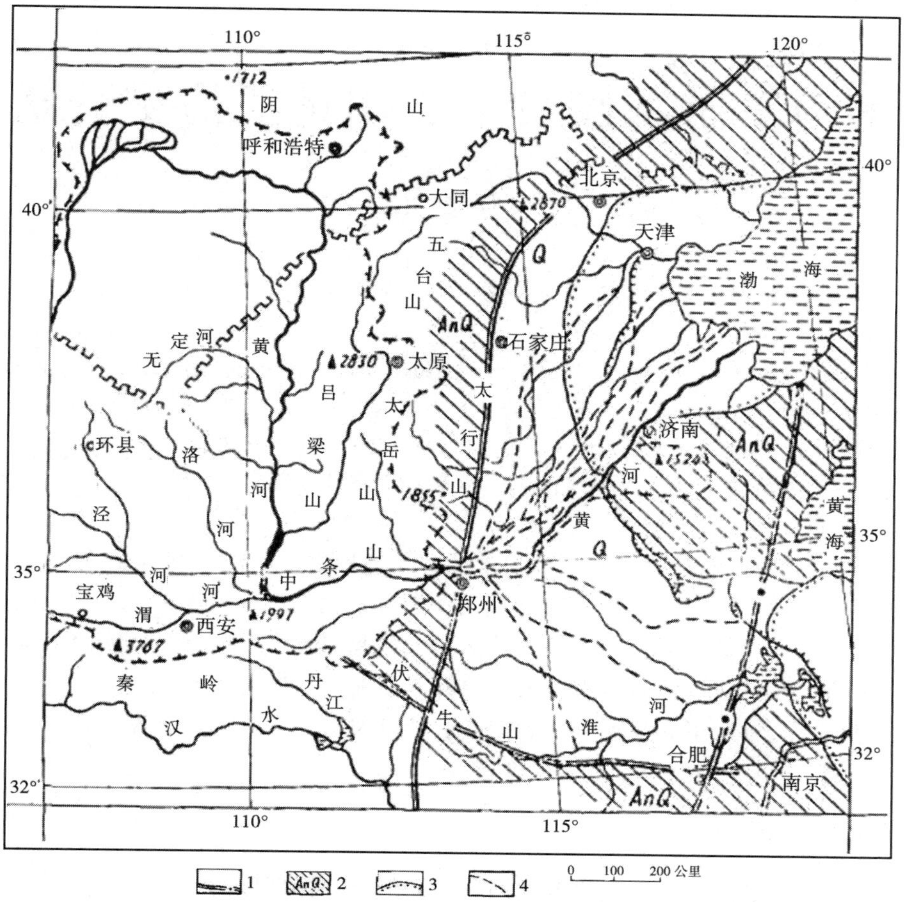


1. 深断裂(带点者系隐伏);2. 前第四系;3. 全新世最大海侵范围;4. 黄河古河道

**图12　黄河古河道展布及全新世海侵(渤海)最大范围略图**

(本文原载于《人民黄河》1983年第6期)

# 黄河下游持续淤积原因地质历史分析

师长兴

（中国科学院/国家计委 地理研究所，北京 100101）

**文　摘：**本文依据全新世以来影响黄河下游纵剖面发育的河口延伸、构造运动和来水来沙因素的变化事实，分析认为黄河下游持续淤积是由于地质历史时期华北平原不断的地壳下沉及河口延伸，在过去的来水来沙条件下塑造的黄河下游地势面不能适应现代恶劣的来水来沙条件而产生的淤积。

**关键词：**输沙平衡纵剖面；河口延伸；构造运动；水沙变化；黄河下游

黄河下游在历史上处于不断的淤积抬升和改道摆动过程中。明清黄河河道在形成统一堤防后，约280年间淤积抬高十几米，在1855年被废弃。现黄河至今也已淤高9~15 m，在大堤束范下高出两岸地面3~7 m，甚至10 m，但仍淤积不止。黄河为什么会长期持续淤积？这个问题是黄河研究中一个争论已久的焦点，许多研究人员通过地质地貌及水力学的方法对此进行过分析研究。本文依据前人对全新世以来我国沿海贝壳堤发育、华北平原沉积和构造运动以及水沙变化大量研究结果，对这一问题作出如下分析。

## 1　黄河下游输沙平衡比降

河流可以通过调整比降，也可以通过调整河床断面形态和糙率以达到输沙平衡，但就黄河来水来沙过程、来沙组成和边界来说，为输沙平衡而自然调整断面形态和糙率的余地已不大，所以将主要通过调整比降以达到输沙平衡。因此要想弄清下游河道持续淤积的原因，得先了解下游河道输沙平衡比降要比现在的比降大多少，然后分析这种比降产生的原因。

贾亚非曾用1973—1980年保持冲淤平衡的花园口断面为标准，利用最低能量原理，计算在该阶段平均来水来沙条件下，在河口稳定、下游河道横断面形态不变情况下的黄河下游输沙平衡纵剖面*。这一纵剖面上端比1977年的主槽平均纵剖面高出20~30 m。尹学良也曾以花园口的比降作为不淤平衡比降，按河流不淤平衡比降与河道摆动宽度成正相关，估得黄河下游各段不淤平衡比降。由此而得到的纵剖面比现剖面在铁谢至花园口段高55 m[1]。

我们利用水流连续方程、曼宁公式、挟沙能力方程（$S = k\dfrac{V^3}{gh\omega}$）以及河相关系（$B = bH^a$），在假定河床形态和糙率不变的情况下，利用输沙平衡河道的输沙量应等于实际河道输沙量与河道中的泥沙冲淤量之和这一约束条件，得到输沙平衡比降与实际河床比降的关系，即：

$$J_1 = \left(\frac{Q_s + Q_d}{Q_s} \cdot \frac{\omega_1}{\omega_0}\right)^{\frac{6a+10}{9a+12}} \cdot J_0 \tag{1}$$

式中　$J_1$、$\omega_1$——输沙平衡比降和泥沙沉速；$J_0$、$\omega_0$——实际比降和河段末端泥沙沉速；$Q_s$——河段末端输沙量；$Q_d$——河段内沉积量；$a$——河相关系指数。该式是在实际河道比降不变的情况下的关系，可用于计算动态平衡剖面发育过程。如纵剖面发育过程中比降发生变化，则应对$J_0$作出修正。

用公式(1)，利用1985年汛末测量断面，我们计算了1962—1984年平均来水来沙条件下的下游输沙平衡比降。计算中将下游分为5段（铁谢—花园口，花园口—高村，高村—艾山，艾山—利津，利津—西河口）。其中，铁谢—花园口段用断面法得到的淤积量很小，因此可认为该段的输沙平衡比降即为目

---

＊贾亚非，黄河下游河床剖面的调整，1984。

前的比降;利津以下到西河口无输沙率资料,考虑到该段与艾山—利津边界条件相近,故输沙平衡比降采用同一比降。计算得到的下游输沙平衡纵剖面比1985年纵剖面在铁谢—花园口段高出36 m。

上述贾亚非、尹学良及本文得到的结果都说明下游输沙平衡纵剖面比降要比1985年纵剖面比降大许多。而自1855年铜瓦厢改道现代黄河下游河道发育以来,河口总延伸不过55 km左右,其所造成的基面抬升约5.5 m[2],即现代黄河河口延伸量还不能解释下游持续淤积势头。河道的目前状况不能与其发育历史割裂开来。显然,黄河下游巨大的淤积势头的形成原因只能到其发育历史中去寻找。

## 2　纵剖面形成的历史原因

我们认为在地质历史时间尺度上对黄河下游河床纵剖面造成影响的因素不仅有河口延伸,而且构造运动及水沙条件作用不能忽视。因为,近两千年来黄河的活动范围已遍及其地质历史上的活动范围,即几乎整个黄淮海平原,河口不稳定,造成长时间尺度上某条流路河口延伸作用变得微弱;而地质构造运动作用范围大,持续时间长,因此在长时间尺度上地壳运动的累积将相对十分明显;同时在地质历史的时间尺度上,黄河下游来水来沙条件将不是一个常量。下面对近一万年来即进入全新世以来影响纵剖面发育的各因素的变化作一分析。

### 2.1　河口延伸

一般认为,末次冰期鼎盛时期的低海面位于现代海面100多米以下。如杨怀仁等估计最低海面为-120 m[3]。随着冰期向间冰期的推进,世界海面逐渐上升。至一万年前,古海面高度在-25～-60 m[4]。渤海在11 000年前还处于河湖堆积环境,到大约8 000年前,海岸线推进到目前海岸带位置[4-6]。大约在6 000 BP,海面达到现在高度[4]。由于从末次冰期至大约6 000 BP年前,海面一直处于上升过程,15 000 BP～7 000 BP年间上升速度达1.67 mm/a[7]。上升速度如此之快,因此不存在河口延伸问题。大约6 000 BP以来,海平面在现在海面上下波动,基本上趋于稳定。那么,在现在海平面高度上,历史上黄河河口延伸了多少呢?中国东部沿海所发现的多条贝壳堤可帮助我们回答这一问题。

贝壳堤是淤泥质或粉沙质海岸所特有的一种特殊类型的滩脊[7]。它们形成于高潮线以上,贝壳堤所在位置代表了贝壳堤形成时的高潮线位置[8]。目前,在渤海湾西岸发现五条[5]或六条[8]贝壳堤,现在黄河三角洲发现两条[9],苏北废黄河口发现有五条沙堤[5]。研究认为,渤海湾西岸贝壳堤的发育与黄河的摆动[8,10]或黄河入海泥沙量的变化[5]有关。渤海湾西岸黄骅沿岸第六条贝壳堤是该区迄今为止被发现的年龄最老的贝壳堤,位于东孙村的该贝壳堤底部$C^{14}$测年为6 150 BP±65年[8]。该贝壳堤距海岸约28 km,其中,23 km是在4 700 BP至2 500 BP大约2 200年间,由河流三角洲淤进出来的。苏北沿岸所发现的最老的沙堤是西岗,其形成年代为6 500 BP左右,距目前海岸约60 km。其中,西岗至新岗,海岸仅推进20～24 km。新岗是弘治七年(公元1494年)黄河全流入淮时才停止发育的[10]。所以,新岗外近40 km是全黄入淮后淤积形成的。黄河三角洲第二道贝壳堤向北可与渤海湾西岸黄骅附近的第六道贝壳堤相接,向南与郭井子贝壳堤相连。该堤开始形成于6 250 BP[9],距现代海岸最远约75 km。至2 000 BP,黄河三角洲处的岸线仍在这个位置[10,11]。公元69—1034年,东汉河道由利津附近入海,使海岸向东推进。至1855年时的海岸恰是第一道贝壳堤所在的位置,海岸推进最大约33 km。1855年以来,黄河三角洲推进最大约42 km,平均约32 km。由此可见,虽然短时间内,黄河河口沙嘴的推进每年可达几公里,但在几千年的时间尺度上,黄河入海海岸的推进速率要小得多。如现代黄河三角洲地区6 000多年来的平均推进速率只有12 m/a。这是由于黄河历史上经常摆动,入海口横跨渤海湾西岸及苏北沿岸,加以海洋动力对三角洲岸的侵蚀破坏,如1855—1970年废黄河口蚀退18 km[5],以及历史时期来沙量可能比目前少(见下面分析)等多种原因造成的。所以自世界海平面上升到目前海平面高度以来,黄河三角洲的推进量不大是可以理解的。

黄河三角洲地面坡降约1.4‰,按海岸推进75 km计,由于海岸推进,使黄河相对基面抬升约10.5 m,每年平均约1.68 mm。将这一抬升量与下游平衡与不平衡纵剖面高差36 m相比,可以看出,河口延伸只是造成目前黄河下游的地势面过于平缓的部分原因。

## 2.2 构造运动

在新构造运动中,黄淮海平原不断下沉。黄河自晚更新世形成统一的大河进入下游平原以来就成为黄淮海平原塑造的主要沉积物来源,她是以频繁迁徙泛滥方式冲填下游广大的沉陷平原的。开封凹陷第四纪沉积厚度达到400～500 m[12]。黄淮海平原不同构造单元的下沉量是不等的,有许多沉陷中心,沿现代黄河下游河道就有济源凹陷、开封凹陷、济阳凹陷等[12]。在黄河冲积扇部位,地壳下沉量较大,导致下游地势面比降降低。附图所示为黄河下游目前的地势面、根据钻孔资料所得的全新统底板剖面以及将1951—1982年的平均地壳形变率作为全新世的平均下沉速率,恢复出来的全新世初期的地势面。可见,部分河段全新世初期的地势面比现代的地势面还要高,比降也大。用30多年的形变值代替全新世的地壳升降值可信度如何呢?吴忱等研究认为晚冰期是古河道发育时期,河流相沙体占该期地层厚度的60%以上,由粗砂砾石至粉砂组成[13]。因此晚冰期末期全新世初期黄河下游的地势面应比现代更陡,而不会如附图中的全新统底板那么平缓。另外,黄淮海平原全新世沉积厚度大部分是20多米,而在黄河冲积扇部位,厚度达30多米[14],这种堆积厚度差异本身也说明上述平均沉降值有一定的可信度。所以,目前黄河下游的地势面与地质历史上地质构造运动有很大关系。因此,不同构造单元地壳下沉速率最大差值5 mm/a与上述河口延伸造成的平均基面抬升量在一个数量级。陆中臣在探讨下游发育阶段时,根据平缓而起伏不平的沉积地层面得到所谓黄河发育构造控制阶段[12],如果考虑了后期构造运动对沉积层的改造作用,不知是否还有这种阶段划分。贾绍凤得到构造运动对黄河下游河流纵剖面(包括形态和高程)并不影响的结论[15]。显然他所指的构造运动是流路行水时期的构造运动,而没考虑流路未行水时期的构造运动累积,但流路行水之前的构造运动累积对流路的纵剖面形态和高程是有深刻影响的。这正是某一流路范围沉积作用只发生在行水期,而构造运动则持续发生作用的结果。如对于1855年以来下游河道来说,不同构造单元构造运动引起的最大下沉速率差值不过0.5 cm/a,而下游沉积速度在5 cm/a以上,显然这时期的构造运动作用不大。但从全新世初以来,现在下游所在的地面下沉速率最大差值仍是0.5 cm/a,而平均沉积速率却降低为不足0.4 cm/a,两者相近,构造运动的作用是显而易见的。

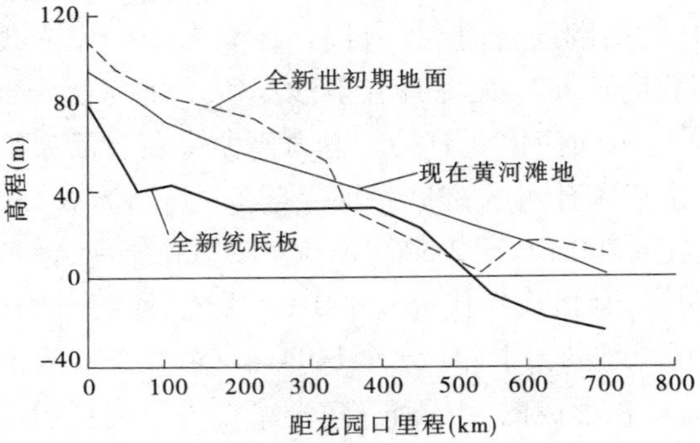


**附图 黄河下游纵剖面变化图**

## 2.3 来水来沙变化

来水来沙决定在一定的河流比降下河流是冲还是淤,对比降作出调整。近年来,人们对黄河中游古环境演变、人类活动、黄土高原土壤侵蚀的历史过程、黄河下游河患所反映的下游水沙条件变化等方面做了大量研究[16-19]。研究结果反映出,进入全新世以来,随着黄河中游气候波动,黄河下游来水来沙可能也发生过起伏变化。总的来说,来水来沙在气候干冷期搭配不好,在气候温湿期相对较好。晚全新世以来,随着寒冷期的加长、加强,黄土高原降雨变幅增大,天然植被退化,唐宋以来现代新黄土粉尘沉积(雨土)强化,加以人类对黄土高原植被破坏越来越大,使得黄河中游土壤侵蚀增强,下游河道来水来沙条件恶化。文献[18]根据下游堆积量得到,自全新世中期以来,黄河下游来沙量逐渐增加,从10.75亿t增加到目前的约16亿t,且增加速率越来越大。这样,早期来水来沙条件好,河流将塑造一个相对平缓的地势面,随着晚近时期水沙条件恶化,原来的地势面就不能适应改变了的水沙条件。所以说,目前相对平缓的地势面与早期的来水来沙条件好是分不开的。

## 3 结　论

从上面的分析可见，现在黄河下游持续淤积是由于地质历史时期华北平原不断的地壳下沉及河口延伸，在过去的下游来水来沙条件下塑造的下游地势面不能适应现代恶劣的来水来沙条件而产生的淤积。在长时间尺度上，基面抬升和地壳下沉在黄河下游纵剖面塑造中起到了相近的作用。由于黄河下游的淤积是河道比降不能适应现在的水沙条件，因此流域综合治理减沙是黄河治理的根本。而在中游治理短期不见成效的条件下，应当进行河道整治，以加大河道输沙能力；其次，两岸放淤用沙除减少入海泥沙外，还特别使下游中、上段淤积抬高后的临背差减小，这样才能达到短期内维持河道稳定，长期固定流路的目的。

### 参 考 文 献

[1] 尹学良，陈金荣. 黄河下游河道纵剖面形成概论及持续淤积的原因. 人民黄河，1993，(2).
[2] 师长兴. 黄河三角洲演变所引起的基面变化及其对下游河道影响. 见：地貌过程与环境. 北京：地震出版社，1993. 33-39.
[3] 杨怀仁，韩同春，杨达源. 第四纪气候变化与海面升降. 见：海岸河口区动力、地貌、沉积过程论文集. 北京：科学出版社，1985. 9-19.
[4] 赵希涛，杨达源等. 全球海面变化. 北京：科学出版社，1992. 47-55，71-75.
[5] 高善明，李元芳，安凤桐等. 黄河三角洲与沉积环境. 北京：科学出版社，1989. 84-85，209-210，214-227.
[6] 高凤岐. 渤海和北黄海地区泥碳的形成与晚玉木冰期以来海面升降的关系. 地理科学，1986，(1).
[7] 赵希涛. 中国贝壳堤发育及其对海岸线变迁的反映. 地理科学，1986，(4).
[8] 徐家声. 渤海湾黄骅沿海贝壳堤与海平面变化. 海洋学报，1994，(1)
[9] 李绍全，李广雪. 黄河三角洲上的贝壳堤. 海洋地质与第四纪地质，1987，增刊.
[10] 钮仲勋，杨国顺，李元芳等. 历史时期黄河下游河道变迁图及图说. 北京：测绘出版社，1994.
[11] 杨国顺. 东汉黄河下游河道研究. 见：黄河流域环境演变与水沙运行规律研究文集，第一集. 北京：地质出版社，1991. 27-34.
[12] 叶青超，陆中臣，杨毅芬等. 黄河下游河流地貌. 北京：科学出版社，1990. 21-39，108-110.
[13] 吴忱等. 华北平原古河道的形成研究. 中国科学，B 辑. 1991，(2).
[14] 邵时雄，王明德. 中国黄淮海平原第四纪岩相古地理图(1:2 000 000). 北京：地质出版社，1989.
[15] 贾绍凤. 构造运动影响河流纵剖面及河道冲淤的数学模型. 地理学报，1994，(4).
[16] 杨国顺. 历史时期黄河中游环境演变与下游河道变迁的关系. 见：黄河流域环境演变与水沙运行规律研究文集，第四集. 北京：地质出版社，1993.
[17] 陈家其. 黄河中游地区近 1500 年水旱变化规律及其趋势分析. 见：黄河的研究与实践. 北京：水利电力出版社，1986. 150-157.
[18] 叶青超，景可，杨毅芬等. 黄河下游河道演变和黄土高原侵蚀的关系. 见：第二次河流泥沙国际学术讨论会论文集. 北京：水利电力出版社，1983. 597-607.
[19] 李元芳. 历史时期(春秋战国—北宋末年)的黄河口及海岸线变迁. 见：黄河流域环境演变与水沙运行规律研究文集，第一集. 北京：地质出版社，1991. 35-44.

(本文原载于《人民黄河》1997 年第 2 期)

# 黄河流域三维仿真系统的构想与实现

王光谦,刘家宏,孙金辉

(清华大学 水沙科学教育部重点实验室, 北京 100084)

**摘　要:**黄河流域三维仿真系统因其涉及的范围广、数据量大、仿真精度要求高而变得异常复杂,为此,系统的总体框架在设计上将需要仿真的三维场景分成两个层次:主窗体层和子窗体层。主窗体层用来仿真全流域大范围的地物信息,子窗体用来仿真局部地区的详细信息以及计算结果的查询演示。主窗体和子窗体的分层解决了当前硬件条件下显示范围大与显示精度高之间很难协调的矛盾,实现了大到黄河全流域整体漫游,小到小浪底电站厂房内的一台机组的全方位、多层次、高精度的三维立体仿真。

**关键词:**虚拟现实;三维仿真;数字黄河;黄河流域

随着流域信息化技术的发展以及“数字黄河”工程的启动,大流域的三维仿真系统建设也提上议事日程。祝烈煌等[1]分析了数字流域三维可视化的实现和数字流域基本要素提取算法的应用;袁艳斌等[2]结合“数字清江”工程探索了流域地理景观的GIS数据三维可视化方法;宋友历等[3]给出了一种在微机上实现大地形三维仿真系统的设计方法;肖金城等[4]针对大规模地形场景三维实时漫游显示中存在的技术问题进行了比较深入的研究。这些探索和研究为大流域三维仿真系统的建设打下了坚实的基础,本文结合“数字黄河”一期工程——黄河水量调度管理决策支持系统的三维仿真子系统的建设实际,提出了一种建设黄河全流域三维仿真系统的总体构想,并用VRMap2软件及VB语言进行了技术实践。

## 1　黄河流域三维仿真系统总体构想

黄河水量调度虚拟仿真系统首先要实现虚拟环境的构建,包括动态环境建模和静态环境建模。动态环境建模包括水面波纹、流动的水体、水位的变动等,静态环境建模包括地表要素、地理要素、水利工程和设施等。其次,要实现用户与大型虚拟环境的实时交互。

图1所示的水量调度虚拟仿真系统总体框架将需要仿真的三维场景分成两个层次:主窗体层和子窗体层。主窗体层用来仿真显示整个黄河流域的地形地貌及主要山脉的地理位置、走向等,同时用注记点的方式标注重要的水利枢纽和断面的地理位置,用小球(或其他符号)抽象地标出各引水节点和来(退)水节点;子窗体层用来显示重要枢纽的详细地形、水工建筑物和库区景观。主窗体仿真的范围广,细部显示精度可以比较低,主要给人以黄河流域的整体印象,同时用注记点的点击事件(或其他事件)为子场景和水调方案的结果显示提供接口;子窗体仿真的面积小,可以做得非常精致,显示精度可以细到每一个出水口、电站厂房内的每一台机组。

采用两级窗口显示符合认识上由远及近、由粗略到细致的规律,解决了三维大场景精细显示计算量太大的困难,同时可以用事件触发机制与动态数据库相配合实现动态环境建模。也就是说,两级窗口将“粗、细”和“动、静”划分开来,使建模更加简单。用两级窗口显示在系统构建过程中也表现出一些优点,例如子窗体和子窗体之间相对独立,可以分别构建,这样模型建设时分工容易,集成时也很简单。

## 2　黄河流域三维仿真的实现

### 2.1　黄河流域主场景建设

黄河流域三维仿真是主窗体的主要内容,主要包括地形精确建模、遥感地面纹理贴图和添加注记三方面的工作。

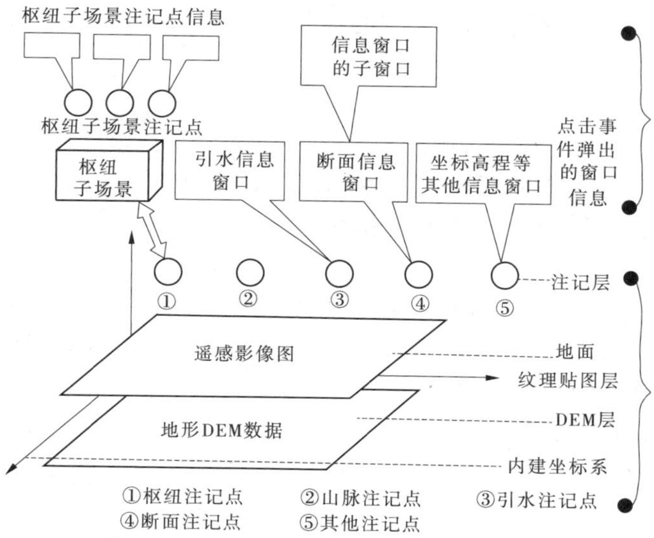


**图 1　水量调度虚拟仿真系统总体框架**

(1)地形精确建模。数字三维地形建模的数据源分为矢量型数据和栅格型数据。矢量型数据一般分为点、线、面三类,都包含有点数、属性和坐标串,其主要指等高线矢量、地形特征线矢量、地物要素矢量以及用线框或离散点阵表示的 DEM;栅格型数据主要指纹理图像数据和用纹理方式表示的 DEM[5]。姚建新等[6]研究了由等高线地形数据采用 Delaunay 三角网生成 Tin 型 DEM 的一种实现方法。在 VRMap2 中,DEM 采用的则是 Grid(规则网格)的组织形式。Grid 型 DEM 的数据结构较 Tin 型 DEM 的更简单,处理速度更快,适合进行大范围场景的三维地形建模。本文的地形建模所用的 DEM 数据由黄河流域 1∶250 000 等高线数据转换得来,Grid 的行列数为 2 500 × 5 000。需要强调的是:在用等高线数据生成 DEM 的时候,一定要进行后处理,否则得到的 DEM 就会有一些"黑斑",反映在三维地形上就是有一些"深井"。图 2 中的(a)和(b)是处理前和处理后的 DEM 效果图。

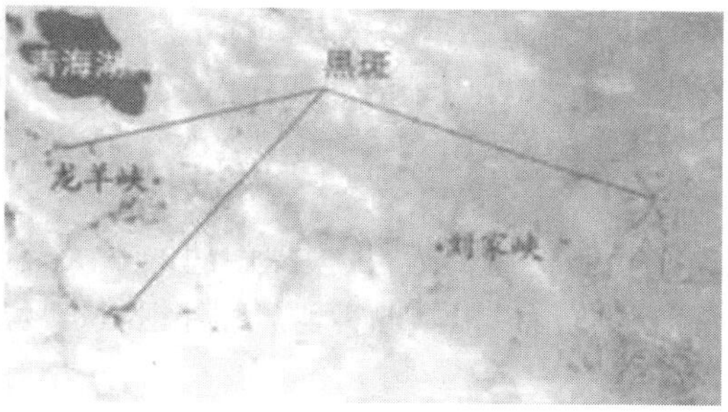


(a)处理前

(b)处理后

**图 2　处理前后 DEM 效果图比较**

(2)地面纹理贴图。地形精确建模实际上就是采用某种算法使 DEM 格网具有封闭"面"的特征,纹理贴图则是对这些封闭面进行像素填充和 RGB 图像映射,以达到不同的仿真效果。纹理贴图的基本方法是寻找目标区的纹理图像,根据地形与图像间的对应关系,将其"贴"到三维地形表面。实际运用中的差别主要在于采用何种纹理图像源。获取纹理图像的途径通常有以下几种:①以目标区的地形图或其他专题图的扫描影像作为纹理图像;②将目标区的矢量数据与地貌纹理复合生成纹理图像;③从各类专业摄影图库中取材,编辑生成纹理图像;④实地摄影获取目标区的纹理图像;⑤从航天、航空遥感影像中获取目标区的纹理图像[5]。本仿真系统的地面纹理贴图采用两幅 MODIS 卫星影像拼接而成,贴图影像分辨率为 2 100 × 4 200 像素,文件大小 32 M。

(3)添加注记。注记层用不同颜色的小球表示不同类型的注记点,用文字标示牌注记山脉、海洋及各小球注记点代表的节点名称。在主窗体中可以进行黄河流域的全景漫游、查询任意点的高程坐标、浏览各个断面和引(退、来)水节点的位置等。同时也可以通过鼠标点击事件进入枢纽场景、节点信息窗口等其他子窗口。

### 2.2　水利枢纽子场景建设

水利枢纽模拟仿真是为满足水调过程中需要了解重要水利枢纽的运行情况的要求而设计的。它属于总体框架(如图1)中的子窗体层面,独立于主窗体,可以单独构建,集成时只需要连接上就可以了。枢纽子场景可以不只一个,在数量上可以根据要求随意扩展。下面以小浪底水利枢纽为例,介绍一个枢纽子场景的建设过程。

(1)三维体建模。枢纽子场景需要较高的显示精度,要进行大坝、厂房、开关站等水工建筑物的三维建模。这些模型的建立要借助计算机辅助设计软件和三维建模渲染软件(如3DSMax),通过竣工或设计图纸及实地测量参数实现单个实体的建模,最后在虚拟场景中装配完成。

(2)地形精确建模。由于三维模型需要与地形匹配,因此对地形的精度要求也较高。为了得到高精度的地形资料,我们将小浪底地区1:5 000的等高线进行处理转换成满足要求的DEM数据,进行小浪底地区的三维地形建模。

(3)地面纹理贴图。与黄河流域三维场景的构建过程一样,枢纽子场景的构建也需要地面纹理贴图,只是这里的地面纹理贴图的空间分辨率要求较高,要达到1 m精度甚至更高,并且要求是真彩色图像。目前能够满足此要求的遥感卫星影像有IKONOS(1 m)和Quick Bird(0.61 m)两种,再就是航片。IKONOS和Quick Bird比较难找,已经找到的一幅航片是小浪底建库以前的,与建库后的差别较大,因此最后采取实地拍照的方法,将拍摄的照片做正射校正后进行分区组合得到地面纹理贴图。

(4)动态水面建模。与黄河流域三维场景的构建不同的是,枢纽子场景要对水面进行三维造型。对于水这种流体的模拟相对要困难一些,一方面要考虑模拟水体的真实性,同时又要考虑水体在地表流动的物理特性。采用VRMap内置的动作自由度描述技术、实体变形技术、纹理和贴图技术以及自定义的运动模型可以很好地解决这一问题,模拟出的水面纹理清晰、波光鳞鳞,十分接近真实水面。此外,利用VRMap2的对象控制技术还可以控制水位高低,模拟水库蓄水和放水过程。

(5)地表植被建模。地表植被的建模是一个比较困难的问题,目前多数要借助高分辨率的影像来表现地表植被,例如草地和农田。对于树木和大型灌木的建模可采用标示牌技术。标示牌是一个简单的柱状物体。将真实物体的照片贴于该柱状物体上,贴图是多面的,可以是前后或左右,也可以是上下的照片。该标牌在虚拟环境中可以始终对着观察者,跟一个真实的模型是一样的,但它的复杂程度要远低于真实模型。

(6)人机交互界面。枢纽子场景要求由人机交互界面来控制枢纽的运行、模拟闸门的开关及放水过程,这一点利用VRMap SDK强大的二次开发功能结合VB编程可以很好地实现。此外枢纽子场景还可以提供一些工程参数和运行参数的查询功能。

### 2.3　信息查询窗口建设

黄河流域水调系统对三维仿真的一个很重要的要求就是要能够对方案计算结果进行显示。方案计算结果主要有:①过流断面参数:水位、流量、断面形状等;②水库参数:入库流量、出库流量、库存水量等;③引水节点参数:引水总量、引水过程线等。这些计算结果都是随方案的不同而变动的,需要与水调模型的数据库相连,实时读取库中的数据。VRMap2支持与Access、SQL Server和Oracle数据库的动态实时连接,很好地满足了这一需求。在设计中采用鼠标点击事件弹出窗口的方式进行方案计算结果的显示。

## 3　讨论与展望

黄河流域水调系统的三维仿真是将黄河全流域三维场景"搬入"计算机的首次尝试,在实践的基础上提出了一种构建黄河流域三维仿真系统的总体构想。主窗体和子窗体分层的构建思路有诸多优点:①解决了当前硬件条件下显示范围大与显示精度高之间很难协调的矛盾;②主场景与子场景相对独立,可以分别构建,场景的集成、升级都很容易;③子场景可以根据需要扩展其功能和数量;④信息窗口与数据库相连接，可以实时显示模型计算的结果，实现模型与三维仿真系统的完美融合；⑤采用 VRMap2 构建三维场景，其强大的二次开发功能可以满足人机交互、对象控制等多项用户需求。随着"数字黄河"工程的逐步推进，黄河流域的三维仿真系统的研究和建设必将受到越来越多的重视，同时黄河流域三维仿真系统的建设也会不断丰富"数字黄河"概念的内涵。

## 参 考 文 献


[1] 祝烈煌，周洞汝. 数字流域的三维可视化及基本要素提取[J]. 计算机应用，2000，20(增刊).

[2] 袁艳斌，张勇传，王乘，等. 流域地理景观的 GIS 数据三维可视化[J]. 地球科学进展，2002，17(4).

[3] 宋友历，李辉，王丹霞，等. 大地形三维可视化系统设计与关键技术方案[J]. 四川大学学报(自然科学版)，2002，39(3).

[4] 肖金城，李英成. 大规模地形场景三维实时漫游显示技术研究[J]. 遥感信息，2002(2).

[5] 张柯. 数字三维地形技术[J]. 湖南地质，2002，21(2).

[6] 姚新建，冯秀兰. 等高线的三维地形建模与实现[J]. 林业资源管理，2002(4).


(本文原载于《人民黄河》2003 年第 11 期)

# 黄河主要产沙区近百年产沙环境变化

刘晓燕[1],高云飞[2],王　略[2]

(1. 黄河水利委员会,河南 郑州 450003; 2. 黄河上中游管理局,陕西 西安 710021)

**摘　要**:以来沙量占入黄总沙量90%的黄河主要产沙区为重点研究对象,通过文献检索、实测降雨和水沙数据分析、遥感调查、统计数据采集和实地调查等,分析了过去近百年产沙环境变化情况。研究认为,产沙环境在20世纪70年代以前持续恶化、70年代以后逐渐好转、1998年以后显著改善。目前,包括林草、梯田和坝地在内的综合覆盖率已经由70年代的20.6%提高到50.9%,其中黄河中游地区达到54.1%,综合覆盖率不足30%的面积占比由70年代的81.0%减少至3.5%。林草植被改善和梯田建设是研究区产沙环境改变的主要驱动力。

**关键词**:产沙区;植被;梯田;产沙环境;黄河

气候和下垫面是决定河流水沙情势的关键因素,其中下垫面因素包括地形、土壤和植被等,林草植被、梯田、小型水保设施、淤地坝、水库等工程建设是现阶段导致下垫面变化的主要因素。黄土高原的“土壤”要变成黄河“泥沙”,需经历侵蚀、产沙和输沙三个环节,淤地坝、水库和引水主要在输沙环节起作用,而土壤、地形、植被是影响侵蚀和产沙的关键下垫面因素,因此本文将土壤、地形和植被称为产沙环境要素。

输沙量是产沙环境变化在流域出口断面的水文响应指标。20世纪80年代以来,黄河年输沙量明显减少,其中2000—2015年和2010—2015年潼关断面年均来沙量较天然时期(1919—1960年)的年均16亿t分别减少84%和90%。在此背景下,考虑到坝库拦沙有很强的时效性,过去近百年来流域产沙环境变化情况成为近年倍受关注的热点。本文以黄河潼关以上主要产沙区为重点研究对象,分析近百年来林草植被和梯田的发展过程,以揭示该区产沙环境变化过程与特点。

## 1　研究区概况及基础数据

### 1.1　研究区概况

研究区主要涉及黄河中游河口镇至龙门区间(简称河龙间)、北洛河刘家河以上(简称北洛河上游)、泾河景村以上(简称泾河上中游)、渭河拓石以上(简称渭河上游)、汾河上游,以及黄河上游的祖厉河、清水河和十大孔兑等地区(见图1),总面积约22万$km^2$。

研究区内不同地区多年平均降水量为300～600 mm,年降水量的66%～77%集中在6—9月。土质疏松、坡陡沟深、植被稀疏是天然时期该区下垫面的基本特征。据实测水文数据,该区天然时期入黄沙量约占潼关以上支流入黄总沙量的90%,因此本文将其称为黄河主要产沙区。

### 1.2　基础数据采集

林草地面积数据可以通过统计渠道获取,但统计数据不仅没有盖度信息,而且只是部分行业植树种草和封禁的成绩,不包括自然生长植被信息。因此,近十几年来,越来越多的研究者采用遥感影像作为植被信息源。

基于遥感信息,有的研究者关注了黄土高原植被变化,但采用的植被盖度均未剔除耕地上农作物的影响,而且没有林草地面积信息;有的通过土地利用分析,关注了黄土高原高、中、低盖度等级的林草地面积变化,但高、中、低盖度分别指盖度大于50%、20%～50%、小于20%,等级跨度过大,难以满足流域水沙变化原因分析的要求。

为克服上述弊端,笔者首先通过土地利用分析,获知林草地的位置信息和面积数据($A_v$);然后提取

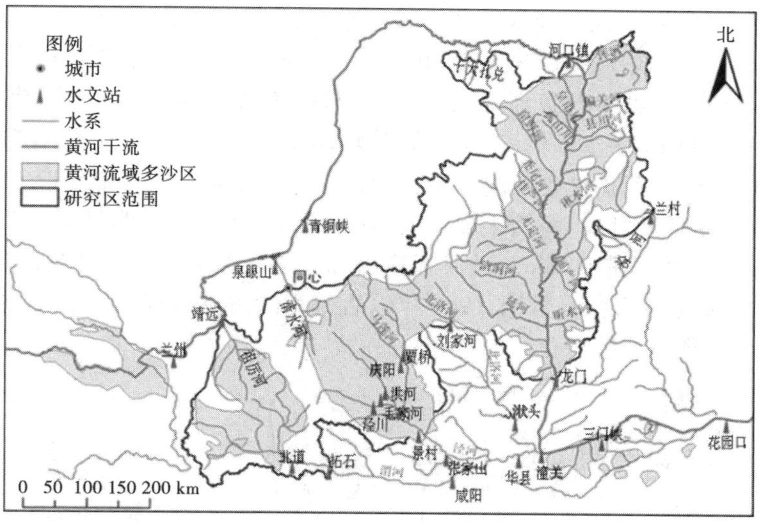


**图 1　研究区范围示意**

林草地的植被盖度($V_c$,%),以反映林草地被植物叶茎保护的程度。采用的林草植被数据全部采集自 7—9 月的卫星遥感影像,成像时间分别为 1978 年、1998 年、2010 年和 2014 年,空间分辨率为 30 ~ 56 m。

为准确反映林草地的面积及其植被盖度的变化,引入"易侵蚀区"和"易侵蚀区林草覆盖率"的概念。易侵蚀区是指流域内剔除河川地、建设用地、平原区和石山区后的土地,其面积用 $A_e$ 表示,林草植被覆盖状况和坡耕地梯田化程度是影响侵蚀产沙的关键因素;易侵蚀区林草覆盖率($V_e$,%)是指林草叶茎正投影面积占易侵蚀区土地面积的比例,反映易侵蚀区被林草植被保护的程度,计算公式为

$$V_e = V_c A_v / A_e \tag{1}$$

为准确掌握现状梯田的面积及其空间分布,利用 2012 年遥感影像(空间分辨率为 2.1 m),提取了研究区 80% 地区的梯田面积。同时,利用 2011 年水利普查数据和 2011—2014 年水土保持统计年报,获取了其他区域 2012 年梯田面积,以及各地 2013—2014 年新增梯田面积。2011 年以前的梯田面积数据主要来自统计渠道,并利用 2012 年遥感调查成果进行了修正。

## 2　20 世纪前中期产沙环境宏观分析

在 20 世纪 70 年代以前的数千年中,人类很难改变黄土高原的地表土壤。尽管 600 a 前就出现了梯田,但受生产力水平限制,直至 20 世纪 50 年代末,黄土高原的梯田面积只有目前的 1.7%。因此,过去数千年人类对产沙环境的影响,主要是通过开荒或弃耕而改变植被状况,其中 20 世纪前中期的产沙环境改变主要是毁林毁草扩耕。

1922—1932 年,黄土高原经历了重现期为 200 a 的连续 11 a 干旱,其中 1928—1931 年旱情最严重,干旱遍及陕、甘、宁、晋等省(区)[1]。严重干旱使庄稼颗粒无收、百姓十室九空[2],因此植被在遭受干旱之扰的同时,也成为人们的食物。

20 世纪 30 年代末至 40 年代,由于人口增加,因此陕北和陇东部分地区不得不扩大垦荒。1940 年,延安自然科学院乐天宇等对边区森林进行了长达 47 d 的实地查勘,其查勘报告指出,在洛河、延河、葫芦河、清涧河、大理河等流域,因人口增加而对森林进行着扫荡性的砍伐,不仅砍伐数量大,而且集中于一点砍伐,造成森林面积缩小、林区孔状破坏、沙漠越过米脂向绥德推进[3]。与此呼应,流域产沙强度大幅提高,其中主要产沙区位于吴起县和志丹县的北洛河,1940—1949 年汛期平均含沙量高达 281 kg/m$^3$,分别比 20 世纪 30 年代和 1950—1969 年均值高 69% 和 29%。

新中国成立以后,国家有关部门大力开展植树种草。安定的社会环境使黄土高原人口由 1949 年的 3 640 万增至 1990 年的 9 030 万,从而增加了对耕地的需求,因此在植树种草的同时,毁林开荒并未停止。据中国科学院黄土高原综合科学考察队调查[4],1949—1985 年黄土高原耕地面积增加了 30.6%,

增量的69%分布在黄土丘陵区,新增耕地主要靠毁林毁草、开垦荒地,如榆林地区开荒和毁林毁草面积达24.13万$hm^2$,延安地区仅1977—1979年就开荒12万$hm^2$,至20世纪80年代末多地已无荒可开;唐克丽等[5]认为,黄土丘陵区有两个开荒高峰期,一是1959—1962年,二是1977—1981年,其开荒强度分别是多年均值的2~5倍和1.2~2.2倍;王斌科等[6]对陕北安塞、神木等6县的实地调查表明,从新中国成立到20世纪80年代,开荒扩种现象连年不断,有增无减,多年平均开荒增地1%~2%。

与持续不断的毁林垦荒相呼应,黄河干支流典型断面的汛期含沙量明显增大(见图2,图中:"龙河咸张洑"为黄河龙门、汾河河津、渭河咸阳、泾河张家山和北洛河洑头断面含沙量的加权平均值;"陕县/潼关"1960年以前采用陕县站含沙量数据,1960年以后采用潼关站数据),并在20世纪70年代达到最大值,反映出流域的产沙环境持续恶化。

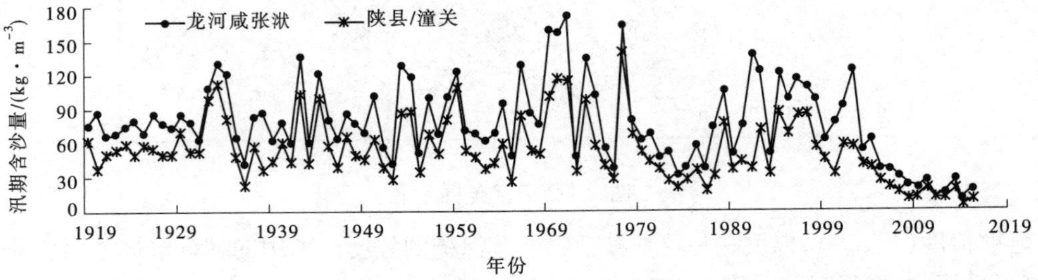


**图2　黄河干支流典型断面汛期含沙量变化**

从黄河干支流典型断面来沙量变化情况也可以大体了解不同时期的植被状况。还原坝库拦沙量后,对1919年以来96 a陕县(潼关)年来沙量进行降序排序,前10名分别为1933年、1958年、1959年、1977年、1964年、1954年、1937年、1967年、1940年、1966年。为区分降雨和下垫面对以上10个年份来沙的贡献,利用李庆祥等插补延长和网格化处理后的数据[7],分析了研究区1919—2009年6—9月降雨量的宏观变化情况(见图3),结果表明,1933—1940年和1954—1967年是汛期降雨最丰的时段,偏丰16%~23%,因此有9个大沙年份出现在这个时段是可以理解的。然而,20世纪70年代在降雨偏枯4%~8%、流域内已经建成4 000~4 500 $km^2$梯田情况下,黄河年均来沙量仍达16.2亿t,说明该时段植被状况比1919—1960年的平均状况更差。

上述分析表明,从20世纪初至70年代末,毁林毁草不断、坡耕地持续增加,黄土高原大部分地区林草植被处于日益遭到破坏的过程,20世纪60—70年代很可能是林草植被最差的时段。

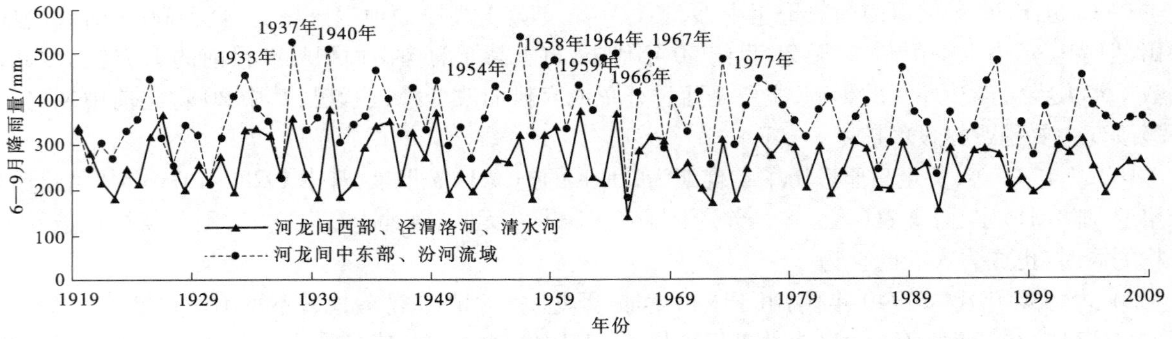


**图3　研究区1919—2009年6—9月降雨量变化情况**

## 3　近40 a产沙环境变化

近几十年来,人类对地表土壤的扰动主要反映在建设用地变化,其中2000年以来黄土高原基础设施建设飞速发展,通车里程已达20世纪80年代以前的几十倍,城镇规模大幅扩张。不过,对研究区的土地利用分析表明,目前建设用地面积仍只有土地面积的1.2%~1.3%,因此本研究重点考虑林草植被和地形变化。

### 3.1　林草植被变化

表 1 为研究区不同时期的林草地面积变化情况。由表 1 可见,2014 年林草地面积为 115 768 $km^2$,较 1978 年增加 11 255 $km^2$,增幅为 10.8%。林草地面积的增加主要发生在北洛河上游、河龙间黄丘区和祖厉河上中游,增幅分别为 35%、14%和 13%,十大孔兑黄丘区、渭河上游和泾河上中游变化很小。

表 1　研究区不同盖度等级的林草地面积　$km^2$

| 区域 | 易侵蚀区面积 | 全部林草地 | | 盖度≥30% | | 盖度≥50% | | 盖度≥70% | |
|---|---|---|---|---|---|---|---|---|---|
| | | 1978 年 | 2014 年 | 1978 年 | 2014 年 | 1978 年 | 2014 年 | 1978 年 | 2014 年 |
| 河龙间黄丘区 | 78 326 | 48 821 | 55 718 | 20 580 | 53 457 | 12 023 | 42 385 | 7 105 | 20 027 |
| 北洛河上游 | 7 192 | 4 374 | 5 912 | 2 410 | 5 887 | 1 800 | 5 511 | 610 | 2 861 |
| 泾河上中游 | 34 581 | 20 884 | 21 851 | 14 044 | 21 487 | 5 182 | 14 688 | 2 181 | 8 569 |
| 渭河上游 | 22 405 | 10 008 | 10 424 | 5 683 | 10 097 | 2 503 | 8 047 | 941 | 4 514 |
| 汾河上游黄丘区 | 5 548 | 3 669 | 3 997 | 2 045 | 3 284 | 1 464 | 3 084 | 925 | 2 351 |
| 十大孔兑黄丘区 | 5 680 | 5 272 | 5 270 | 324 | 5 087 | 100 | 3 635 | 46 | 151 |
| 清水河上中游 | 9 243 | 5 908 | 6 301 | 3 085 | 6 062 | 357 | 1 605 | 34 | 381 |
| 祖厉河上中游 | 8 983 | 5 577 | 6 295 | 3 661 | 6 167 | 14 | 1 322 | 0 | 46 |
| 合计 | 171 958 | 104 513 | 115 768 | 51 832 | 111 528 | 23 443 | 80 277 | 11 842 | 38 900 |

**注:**表中数据均不包括水土流失轻微的风沙区和土石山区,下同。

不过,表 1 中的“全部林草地”包括了植被盖度小于 30%的低覆盖林草地,因此其面积变化虽可以反映山丘区退耕面积,但难以反映林草地的植被盖度。事实上,与 20 世纪 70 年代末相比,目前各区域有效林草地面积均明显增加,植被盖度大于 50%和大于 70%的高盖度林草地面积分别占林草地总面积的 70%和 34%,而在 70 年代分别只有 22%和 10%;70 年代以来,林草地的植被盖度一直呈增大态势,其中 1998 年以来更为突出(见图 4,图中:“泾河高塬区”指泾河庆阳、贾桥、毛家河、洪河和泾川水文站至景村水文站区间,“泾河残塬区”指泾河毛家河、洪河和泾川水文站以上地区,“泾河黄丘区”指泾河庆阳和贾桥水文站以上地区)。20 世纪 70 年代末,研究区林草地植被盖度平均为 29.9%,而 1998 年和 2014 年分别达 35.7%和 58.5%,提高 19.4%和 95.7%。植被盖度提高幅度最大的区域主要分布在北洛河上游、河龙间和十大孔兑,其他地区的植被盖度增幅一般为 50% ~80%。

综合分析易侵蚀区林草地面积及其植被盖度变化,结果表明:1978—1998 年大部分地区易侵蚀区林草覆盖率只提高了 1 ~4 个百分点,渭河上游地区甚至下降,但 1998 年以来各地林草覆盖率增幅均远远超过 1978—1998 年(见图 5)。统计表明,截至 2014 年,研究区林草覆盖率平均为 34.9%,较 20 世纪 70 年代提高近 1 倍,提高幅度最大的是十大孔兑(340%),其次是河龙间和北洛河上游(107%),渭河上游提高幅度最小(16%)。

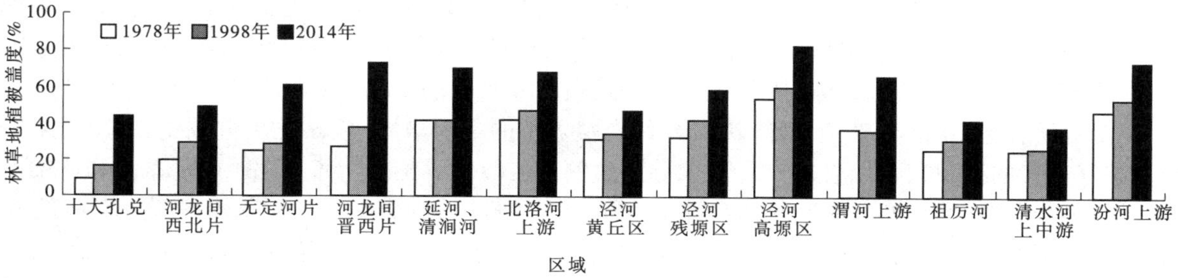


图 4　林草地植被盖度变化情况

### 3.2　地形变化

修建梯田、水平沟、水平阶、鱼鳞坑等是现阶段人类可能显著改变地形的主要活动。不过,水平阶、

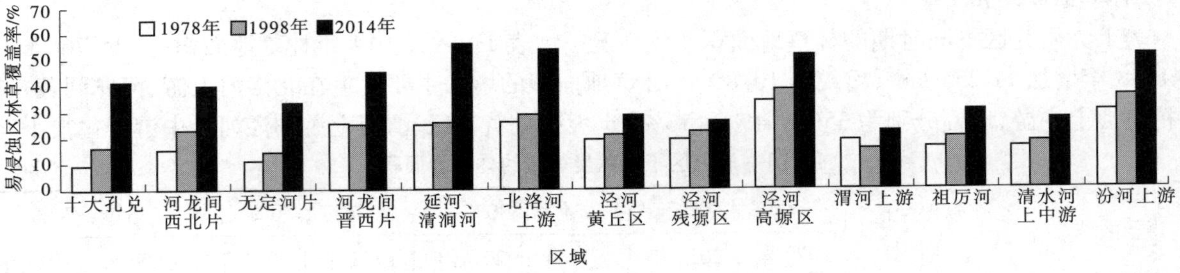


**图 5　易侵蚀区林草覆盖率变化情况**

水平沟和鱼鳞坑的面积已经计入林草地面积,且它们对地形的改变程度远不及梯田,其土坎(台)一般在 5 ~ 10 a 就重新变为坡地,因此最值得关注的地形变化因素是梯田和坝地。

黄土高原大规模修建梯田始于 20 世纪 60 年代后期,图 6 为 1959 年以来研究区梯田面积变化情况,可以看出 20 世纪 60 年代以来各区域梯田面积不断增大,尤其 1996 年以来梯田建设明显加速。

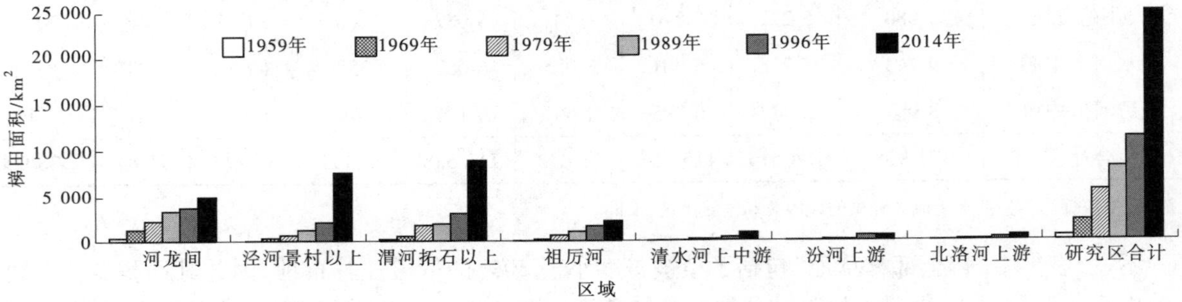


**图 6　研究区不同时期的梯田面积**

统计表明:截至 2014 年,研究区共有梯田 2.57 万 $km^2$,其中 74% 分布在泾渭河和祖厉河;现状梯田约 51% 建成于 1997 年以后,新增梯田 86% 分布在泾河、渭河和祖厉河。

坝地是淤地坝拦沙形成的可耕作土地,其所改变的是沟道地形。据第一次全国水利普查,研究区现有坝地约 800 $km^2$,其中 93% 分布在河龙间。

## 4　现状产沙环境综合分析

以上分析表明,研究区近百年产沙环境的变化主要体现在林草植被、梯田和坝地等要素变化。为综合反映易侵蚀区土地被林草植被、梯田和坝地的保护程度,引入易侵蚀区综合覆盖率(即林草梯田坝地覆盖率,用 $P_e$ 表示,%),计算公式为

$$P_e = V_e + 100A_t/A_e \tag{2}$$

式中　$A_t$ 为梯田和坝地面积之和。

统计表明,20 世纪 70 年代研究区综合覆盖率为 20.6%;70—90 年代,大部分地区综合覆盖率缓慢提高,至 1998 年达到 28.8%;1998 年以后,研究区进入产沙环境的快速改变期,2014 年综合覆盖率达 50.9%,较 70 年代提高近 1.5 倍,其中黄河中游地区由 70 年代的 20.1% 提高到 2014 年的 54.1%。

图 7 为研究区 20 世纪 70 年代和 2012 年综合覆盖率的空间格局(因缺乏矢量数据,制图时未考虑坝地和 70 年代的梯田),可以看出:70 年代,除周边的子午岭和黄龙次生林区,秦岭、六盘山和吕梁山等天然林区外,研究区绝大部分地区的林草覆盖率都在 30% 以下;到 2012 年,林草梯田覆盖率不足 30% 的地方只出现在西北部的局部地区,涉及清水河下游、祖厉河下游、十大孔兑西部和无定河上游。

统计表明,至 2014 年,综合覆盖率小于 30% 的面积占研究区总土地面积的 3.5%,基本分布在年降水量小于 300 mm 的地区,而 20 世纪 70 年代该比例高达 81.0%,见表 2。2014 年综合覆盖率大于 70% 的面积为 4.51 万 $km^2$,占总土地面积的 20%,主要由梯田、天然林和坝地组成,而梯田和坝地的“前身”全部是综合覆盖率不足 30% 甚至不足 15% 的地块。

表2　研究区不同综合覆盖率的面积变化

| 综合覆盖率(%) | 面积/万 km² | |
|---|---|---|
| | 20世纪70年代 | 2014年 |
| <15 | 6.97 | 0 |
| 15~30 | 11.37 | 0.8 |
| 30~40 | 1.46 | 5.08 |
| 40~50 | 0.83 | 5.2 |
| 50~60 | 0.71 | 4.09 |
| 60~70 | 0.37 | 2.94 |
| >70 | 0.91 | 4.51 |
| 合计 | 22.62 | 22.62 |

总体上看,与20世纪70年代相比,2014年综合覆盖率增量的75%发生在1998年以后,其中林草和梯田对产沙环境(综合覆盖率)改善的贡献率分别为53.5%和46.0%。不过,各区产沙环境变化的驱动力有一定差别(见表3),十大孔兑、河龙间大部、北洛河上游和清水河主要驱动力是林草植被改善,而渭河上游、泾河上中游和祖厉河主要驱动力是梯田建设。

目前,仍需进一步改善产沙环境的区域主要分布在河龙间中部、皇甫川流域、马莲河上游、汾河上游部分地区和清水河流域等。

表3　林草和梯田对现状综合覆盖率的贡献

| 区域 | 林草贡献/% | 梯田贡献/% | 区域 | 林草贡献/% | 梯田贡献/% |
|---|---|---|---|---|---|
| 十大孔兑 | 100 | 0 | 清水河上中游 | 58.8 | 40.9 |
| 河龙间 | 84.6 | 12.4 | 祖厉河 | 36.7 | 63.3 |
| 北洛河上游 | 82.1 | 17.8 | 泾河上中游 | 35.2 | 64.8 |
| 汾河上游 | 70.0 | 29.4 | 渭河上游 | 8.2 | 91.8 |

## 5　结　论

(1)文献检索、实测水沙和降雨数据分析表明,从20世纪初到70年代末,研究区林草植被总体上处于破坏过程,因此产沙环境持续恶化,至六七十年代达到低谷。

(2)20世纪70年代以来产沙环境变化主要表现为林草植被改善、梯田和坝地建设。与70年代相比,目前林草地总面积的增量虽只有10%,但中高盖度林草地面积大幅度增加,林草地植被盖度改善程度最大的区域主要分布在北洛河上游、河龙间和十大孔兑。至2014年,研究区林草覆盖率较20世纪70年代提高1倍,提高幅度最大的是十大孔兑、河龙间和北洛河上游,渭河上游提高幅度最小。2014年研究区梯田面积达到2.57万 km²,其中74%分布在泾渭河和祖厉河。研究区现有坝地约800 km²,其中93%分布在河龙间。

(3)综合考虑林草、梯田和坝地因素,20世纪70年代研究区的综合覆盖率为20.6%;至2014年,研究区综合覆盖率达到50.9%,其中黄河中游地区达到54.1%,综合覆盖率不足30%的面积占比由70年代的81.0%减少至3.5%,现状综合覆盖率增量的75%发生在1998年以后。

(4)各地产沙环境改善的驱动因素有所不同,十大孔兑、河龙间大部、北洛河上游和清水河流域主要驱动因素是林草植被改善,而渭河上游、泾河上中游和祖厉河主要驱动因素是梯田建设。

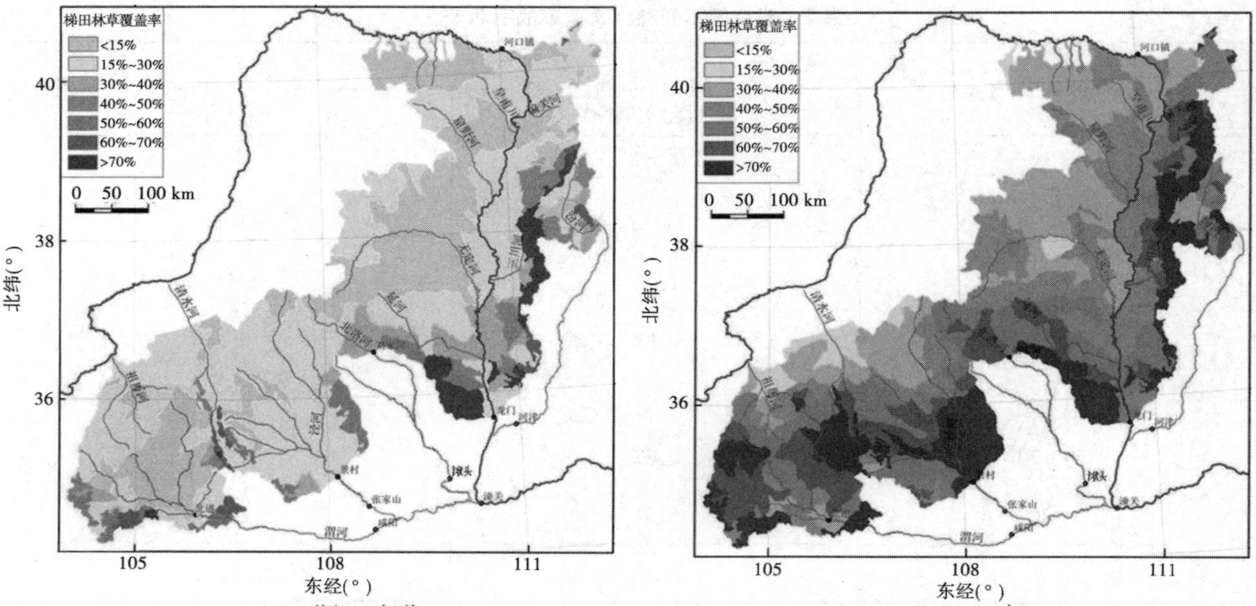


(a)20世纪70年代　　(b)2012年

**图 7　研究区综合覆盖率的空间格局**

## 参 考 文 献


[1] 史辅成,王国安,高治定,等. 黄河 1922—1932 年连续 11 年枯水段的分析研究[J]. 水科学进展,1991,2(4):258-263.

[2] 黄河流域及西北片水旱灾害编委会. 黄河流域水旱灾害[M]. 郑州:黄河水利出版社,1996:273-275.

[3] 乐天宇. 陕甘宁边区森林考察团报告书(1940 年)[G]//《延安自然科学院史料》编辑委员会. 延安自然科学院史料. 北京:中共党史资料出版社,1985:204-215.

[4]中国科学院黄土高原综合科学考察队. 黄土高原地区资源环境社会经济数据集[M]. 北京:中国经济出版社,1992:269-277.

[5] 唐克丽,王斌科,郑粉莉,等. 黄土高原人类活动对土壤侵蚀的影响[J]. 人民黄河,1992,14(2):13-16.

[6] 王斌科,唐克丽. 黄土高原区开荒扩种时间变化的研究[J]. 水土保持学报,1992,6(2):63-67.

[7] 李庆祥,彭嘉栋,沈艳. 1900—2009 年中国均一化逐月降水数据集研制[J]. 地理学报,2012,67(3):301-311.


(本文原载于《人民黄河》2016 年第 5 期)

# 第 2 篇　黄河治理方略

# 黄河治本论

张含英

治本与治标原属相对名词,本无严格之定义。以黄河而论,每谓下游之治理属标,上中游之治理属本。然修堤防洪为主要工程之一,焉得因其在下游而称为治标?兰州之护岸工程,仅保城厢之坍塌,又焉得因其在上游而称为治本?又每谓有临时性工程属标,永久性质之工程属本。然于各沟壑中修柴坝以拦淤,原为减少河水含沙之根本办法,何得因其为临时性而称为治标?潼关之石护岸工程,主要目的在于保护县城与陇海路基,又焉得因其有永久性而称为治本?又每谓工程之关系局部者属标,关系整体者属本。然以上述之拦淤柴坝论,虽为局部设施,何得称为治标?旧属山东段之黄河,往年几全以楷埽控制整个河道之形势,有焉得称为治本?又每谓头痛医头,脚痛医脚者属标,根理病源者属本,虽近似之,而仍未尽合也。如堤卑增高为当然之设施,何得以头痛治头而称为治标?堤决堵口,亦为必然之措置,又焉得以根治泛区,而称为治本?凡上游与下游,临时与永久,局部与整体,标治与根除,皆有相对之意义,以之名各项工程,皆有其恰当之处所。例如开封柳园口之石护岸,可称为黄河下游之局部工程,又可称为较永久性之护堤治本工程。例如荆峪沟之柴坝可称为渭河支流之防冲治本之临时工程,惟以一连串之形容词冠于一件工程,每为一般人所不惯,且其意义反欠显明,故治本与治标二词,依然为社会一般所沿用。

又如和合建筑用之混凝土,其原料为石块、沙子、洋灰与水四者,缺一不可。设渭水为混凝土之本,则不免偏于主观看法。盖以无水固不能和成,缺洋灰亦属不可,岂得谓洋灰为标?欲得优良之混凝土,第一、四样之本质必合乎标准;第二、四者之数量必得适当之配合。治河之法亦若是。第一,各项工程必合乎安全适用、简单与经济之条件;第二、各项工程又必得适当之配合。如是则难以分其标本与宾主也。然治标与治本二词既为社会上一般所沿用,故特就其意以申论之。

苟客有问曰:“黄河治本之法为何?”曰:“掌握五百亿公方之水流,使能有最大之利用,为最小之祸患耳!”若欲达此“最大”与“最小”之目的,不论工程之在上游与下游,临时与永久,局部与整体,标治与根除,但须有最适当之配合,而又各能最“合乎安全、适用、简单与经济”之条件。综合此一切有关之工程,统称之为“掌握五百亿公方水流”之工具,所以如此作答者,盖深知客非欲推敲治本之名词,而意在不以治河之现状为满足,追求更进一步之解决耳。

五百亿公方之水流,为黄河在陕县全年下泄之平均流量。惟流量之变化在一年之各季中极不均匀。大体言之,每年以十二月或一月为最小,其升降变化亦少。三四月间雪山解冻,流量增加。五月间复现低水,常有小于冬季者。七八月为雨季,最大流量出现,而水流之升降迅速,变化亦大。九十月雨量渐小,惟以土壤中饱含水份,苟遇暴雨,洪流可再现。惟自十月下旬水即消落。今仍以陕县为例,一九四二年八月最大流量为二万九千秒公方;一九二七年一月最小流量为一百五十秒公方。二者相比成一百九十三对一。由此可见黄河高低水位相差之大,并足以说明自然形态之水流,既难得利用,而为害且甚也。

水之利用,约略言之可分三种,即灌田、利运与发电是也。欲利河水以灌田,则必于农产需水之时有最大之水流,始可得最大之利用。而黄河大水之时适为多雨之季,亦即在于夏季与早秋。余时水流低落。是以自晚秋以至来年初夏,可用之水颇少。为以数字说明,今特统计黄河在陕县二十七年(一九一九年至一九四五年)水文记载,得知流量按月分布之情形。下表为各月流量占全年流量百分数之平均值:

| 月份 | 一月 | 二月 | 三月 | 四月 | 五月 | 六月 | 七月 | 八月 | 九月 | 十月 | 十一月 | 十二月 | 全年 |
|---|---|---|---|---|---|---|---|---|---|---|---|---|---|
| 百分数 | 2.99 | 3.30 | 5.04 | 5.02 | 5.28 | 6.69 | 13.95 | 18.93 | 15.20 | 13.13 | 7.11 | 3.36 | 100 |

七、八、九、十等四个月之水流占全年者百分之六一·二一。换言之,以全年三分之一之时间,得全年三分之二之水流也。在此时期虽植物繁茂,而正值多雨之时,农田需水较少。流水如逝,毫无可用。迨夫田野干旱,又当河水枯涸之时,无多可用。是故欲得灌田最大之利用,必须掌握全年之水流,听候调遣,使多者蓄之,涸时济之。

再则一般天然河道,最利航运之季,为中水之时。洪水时期,水流汹涌湍急,率多停航。低水时期,沙滩横生拦阻,载重难行。是故航运对于水流所要求之调节,又与灌田者不同。换言之,河槽之内须有经常不断之最惠水流,俾四季可以畅行无阻也。然此非一般天然河道之所常能者,是则又有赖于施以掌握之工具矣。然以黄河乏流量较少,而下游又经冲积平原,滩浅散漫,若仅事掌握水流,尚不能达利运之最大效能,故又须从事河道之调整。换言之,尚须掌握河槽听人指使,不令其任意变动之也。(阅者对上称黄河之流量较少一句,请勿误解。盖以黄河流域七十七万平方公里,年平均流量得五百亿公方,实不为多。而黄河为患之一因,为由于升降变化之倏忽,请参阅下文。苟将来水利大兴,必又感黄河水之不足分配也。)

欲利用河水以发电,最惠之水流为四季相同。此点与利运所需者颇相似。盖以发电之多寡与流量成正比例。而水机之最大效率又有一定限度,苟水流变化不常,效率低减,甚为不利。且供电出售最应一律,否则供给不常,用户对于用电无从计划,必不敢赖以从事工业之开发,因而影响销路,难得最大之利用。关于发电一项,除掌握水流之外,又须兼顾河势。盖以发生电力之多寡,又因水头而变也。所谓水头,即水面降落之多寡。解说水头之显明事例为瀑布,如瀑布落十公尺,则称其水头为十公尺,落二十公尺,则称其水头为二十公尺。近代发电之法,多为人造水头,即于河中筑坝,拦水抬高,则可利用之也。然河道之形势不一,地质之构造不同,各项利用之目的须兼筹,施工之便利须并顾,未必尽为发电最有利之条件。是以如何善用河道每尺下降之坡度,俾发生最大之电力,则又在于善为掌握之也。

黄河为患之天然原因,为水流之变化倏忽,与大小悬殊。冬季水小,难以维持适当之河道。迨水流高涨,河势遂改,险工与平工时有变迁,防守困难。历年决口多在平工,盖由是也。至于所谓升降倏忽者,乃指洪峰之来也突兀,去也倏忽。来时漫滩薄堤,淘底冲岸;去时底尚未淤,而水面骤落于一般应有者之下,岸边尤湿,又失去顶托拥靠之力。于是淘根坍岸,险象环生。即一般所称之险工在落水也。是故无论为涨为落皆属危险。固不仅在于水大难容,因而漫溢也。(参阅拙著《河患之原因》。)欲防制漫溢与溃决之危险,必须能掌握水流,使其储洩得宜。当洪水之涨也,则节储之,或分洩之。如是则下游河道内之最大水流,可在最大安全限度以内。再于此限度以内,从事下游河道之整理,与堤防之修筑,则水患可除矣。

谈未竟而客已不耐,频以泥沙问题相询。是亦诚为黄河为患之天然原因之一,为人人所关怀,而难以解决之者。今仍以陕县为例,依据二十五年(一九二〇年至一九四四年)观测之结果,平均每年输送之泥沙约为十九亿公吨(平均约为每秒六十公吨);换言之,平均每年约为十三亿公方(平均约为每秒四十公方)。黄河最大之含沙量在一九四二年,以重量计为百分之四六·一四。(干泥沙之重量,除以水与泥之总重量。)兹再将二十五年间平均各月占全年含沙量之百分数,列表如次:

| 月份 | 一月 | 二月 | 三月 | 四月 | 五月 | 六月 | 七月 | 八月 | 九月 | 十月 | 十一月 | 十二月 | 全年 |
|---|---|---|---|---|---|---|---|---|---|---|---|---|---|
| 百分数 | 0.82 | 0.98 | 1.74 | 1.65 | 1.93 | 4.56 | 18.66 | 39.86 | 16.16 | 9.64 | 3.03 | 0.97 | 100 |

自此即可见七、八、九等三个月之泥沙,占全年者百分之七四·六八,七、八、九、十等四个月者占全年百分之八四·三二。换言之,以全年三分之一之时间,约得六分之五之泥沙。四个月中之泥沙数量,较之水流数量,所占之成数尤大,亦可自以上二表见之。其中尤以八月为甚,盖水流占百分之一八·九三,而泥沙占百分之三九·八四也。由是可知泥沙为害之巨在于八月,其次为七与九月。

泥沙之来源为何?以包头五年(一九三六与一九三七年,及一九四一至一九四三年。)之统计言之,平均每年约为二·二亿公吨,亦即约为一·五亿公方。其量仅当陕县者百分之一一·六耳。可知下游泥沙之来源,在于托克托以下。上游之泥沙,或淤积于宁绥高原上也。龙门五年之统计得平均每年约为一一亿公吨,亦即七·四亿公方,约当陕县者百分之五七·九。潼关五年之统计得平均每年约为一二亿公吨，亦即约为八·一亿公方，约当陕县者百分之六三·二。由此可见托克托以上之泥沙，为患下游者则极轻微也。

河中之泥沙由何而来？一由于田野沟壑之冲刷，一由于河槽岸底之坍淘。二者所占之成分，现尚难确知。其来自田野者则由于雨水冲击地面，土随水流，及水势渐大，冲地成沟，崩溃坍陷，土质益增，辗转而入于河。盖以黄河流域多黄壤，质轻性松，最易冲刷，是以河中泥沙特甚也。其来自河道之本身者，则以水势之涨落，冲力与挟力亦随之变化，故因水流挟带泥沙之多寡，或冲或积。冲则坍岸淘底，淤则造滩淀河。至于二种来源之多寡，作者于《黄河沙量质疑》一文中，曾估计来自田野沟壑之泥沙，约当陕县沙量百分之二七。换言之，全年泥沙之来自坍岸与田野之比，约为三与一也。然以资料短少，尚未敢剧作定论，姑存之以为来日参考之一助耳。

根治泥沙之法当为防制土壤之冲刷，并掌握河槽之变化，以减少河内泥沙之来源，与夫河槽之冲积。然泥沙之为患，由于水之冲积，故根本上欲掌握泥沙，仍在于掌握水流也。

然则水流之来源为何？今先论洪水。一九四二年陕县之最大流量二万九千秒公方，其百分之七十五来自包头至龙门一带（包头至潼关间之流域面积为一八三·八〇〇平方公里。）而来自包头以上者仅占百分之七·二，一九三三年陕县最大流量二万二千六百秒公方，其百分之七十二来自泾渭区，（泾渭等流域面积为一三六·七九〇平方公里）而来自包头以上者仅占百分之九·七，一九三七年陕县最大流量一万六千五百秒公方，其百分之五十二来自潼关至陕县一带，（流域面积仅五·四〇〇平方公里；惟根据一九四九年洪水之研究，推测一九三七年潼关之记载或有错误，不可置信。）而来自包头以上者仅占百分之十六；一九三五年陕县最大流量一万八千二百六十秒公方，其来自上述三面积者约相若，而来自包头以上者仅占百分之十。更就包头九年间水文之统计言之，包头之最大流量在一九四三年七月二十四日，为四千三百一十秒公方。其涨水时期，又不与其他三面积者相重也。由此可见下游之水患，受托克托以上水流之影响者无几。

然托克托以上之水流，对于洪水之供给虽属微鲜，而于下游全年之接济则极丰盛。盖以上游富有蓄水作用，源远流长，使下游冬季不涸，中水将济，利莫大焉。今就沿河各地平均之全年总流量择要列表如后，由此可见皋兰水流对于全河之重要性：

| 水文站名 | 皋兰 | 包头 | 龙门 | 潼关 | 陕县 | 泺口 |
|---|---|---|---|---|---|---|
| 统计之年数 | 6 | 9 | 4 | 4 | 27 | 9 |
| 全年平均流量（秒公方） | 1.071 | 0.858 | 1.356 | 1.672 | 1.357 | 1.562 |
| 全年总流量（亿公方） | 338.90 | 271.94 | 429.31 | 529.64 | 429.91 | 494.47 |

陕县水文记载起自一九一九年，初数年间之水流较低，近几年者较高。其他各站除泺口之记载始于一九一九年，三年后即中断外，余多起自近年，如皋兰自一九三八年，包头龙门潼关皆自一九三四年。是以上表中陕县之数字较低。至若论及近十一年之陕县流量，平均全年流量当在五百亿公方以上，可以下表见之：

| 年份 | 1933 | 1934 | 1935 | 1936 | 1937 | 1938 | 1939 | 1940 | 1941 | 1942 | 1943 |
|---|---|---|---|---|---|---|---|---|---|---|---|
| 全年平均流量（秒公方） | 1.561 | 1.440 | 2.066 | 1.435 | 1.956 | 2.071 | 1.447 | 1.757 | 0.968 | 1.590 | 2.254 |
| 全年总流量（亿公方） | 489 | 457 | 655 | 445 | 620 | 655 | 458 | 557 | 306 | 504 | 712 |

自此可见陕县流量，近年较往年为略高，或以观测之精确程度不同，或因周期性使然。惟自此十一年之统计论，全年平均流量约为一·六五〇秒公方，全年总流量约为五二二亿公方。以此为准，皋兰全年流量占陕县者百分之六十五，包头者占百分之五十二。包头虽在皋兰下游，然以灌田用水，及流缓荡漾，蒸发渗漏较多，数量较低自属可能。然上游水源几占陕县者近七成，亦可见其重要矣。为更显明其重要性起见，又可自每月之平均流量比较之。下表为得自皋兰六年，包头九年，与陕县二十七年之统计，

用以表示各该站每月之平均流量,以秒公方计,以及皋兰与包头占陕县流量之百分数:

| 月份 | 一月 | 二月 | 三月 | 四月 | 五月 | 六月 | 七月 | 八月 | 九月 | 十月 | 十一月 | 十二月 |
|---|---|---|---|---|---|---|---|---|---|---|---|---|
| 陕县 | 480 | 580 | 811 | 833 | 849 | 1 109 | 2 240 | 3 039 | 2 519 | 2 107 | 1 177 | 540 |
| 皋兰 | 423 | 401 | 498 | 603 | 812 | 1 584 | 1 928 | 1 643 | 1 939 | 1 624 | 850 | 490 |
| 兰当陕之百分数 | 88 | 69 | 61 | 72 | 96 | 143 | 88 | 54 | 77 | 77 | 72 | 91 |
| 包头 | 284 | 283 | 399 | 479 | 595 | 723 | 1 432 | 1 659 | 1 832 | 1 576 | 739 | 300 |
| 包当陕之百分数 | 59 | 49 | 49 | 60 | 70 | 65 | 64 | 55 | 73 | 75 | 63 | 56 |

陕县二十七年之统计较近年为低,前已言之。然为一般讨论计,此表姑仍引用之。自此可见皋兰水流之丰盛。冬季与初夏之供给与下游有特殊之利益。包头所占陕县水流之百分数较为均匀,一般皆在半数以上,尤为下游低水之所赖。故上游之水流,除无碍于洪水外,复为下游济涸之源泉。

黄河水流与泥沙之情况既已略得梗概,则欲"掌握五百亿公方之水流",应从何处入手可以知之矣。盖以为防洪计,则必能节蓄托克托以下三区之水流,平抑暴涨,保持三区之土壤,减低冲刷。所谓三区者,托克托至潼关一带,泾渭流域,及潼关至郑县一带是也。至于水流与泥沙之输于下游者,对水流必能掌握之使安全泄流于河槽之内,或作局部之分泄;对泥沙必能掌握之使冲积得宜,而无淤淀淘坍之危。为兴利计,则必能掌握本支各流及上中下三游之水流及河坡,使滴滴之水尽归于用,寸寸之坡皆能生利。如是始可"使能有最大之利用,为最小之祸患"也。

然则掌握五百亿水流之工具为何?今先以掌握为患之洪水论。黄河中游之托克托至孟津峡中,可以建筑水库,节蓄洪水,但将洪峰节除,便可无害于下游。如是,可以根据下游现有之河道,计算其安全容量,而定节蓄之限度。或先计算中游各库对洪水之节蓄量,而定下游河槽之容量,苟下洩之量仍不安全,再作分洩计划。亦可同时从事各游与各种计算,而比较之,俾得安全、适用、简单与经济之安排。至于掌握下游之河槽,则为于规定适合之断面后而固定之,是则有赖于护岸与巩堤之工事矣。

至于掌握为患之泥沙,则须将工作推展于流域之田野上。土壤冲刷对于农产之为害,及其防制办法,作者曾为专书论之(土壤之冲刷与控制)。此等工作不只与防患有关,且为保持田野富源,增加农业生产之重要措施。治理之法,约略言之,对田野为土地之善用,(农作、草原与森林三者,须按地形与土壤划分使用,不可乱为。)地形之改变,(采用新式阶田之法。)农作方法之改良。(采用等高种,轮种等法。)对沟壑则先行阻止其扩大,渐而恢复其生产。(建设临时性或永久性之截土坝,并计划种草植树。)对河槽之防御,则为使之固定。(护岸与巩堤。)

以言利用,则三种目标——灌田,利运,发电——皆须先使水流有节。达此目的之有效方法为储蓄。掌握之范围不仅在于中游,且须及上游及各支流,是则上中游与各支流之水库尚矣。此等水库与防洪水库可以合并为一,相互运用。至于灌田或以地高水低,不能自由灌注,则可用所发之电力以升高之。而利运又须调整河槽,施以适当之工程,则又可与防洪之固定河槽工事联合举办也。(二者之目标与需求皆有不同,但因同在下游,工程上必有以连系之也。)

至各掌握工具之计划,以及各计划之配合,则千头万绪,非本文之所尽,亦非作者今日之所尽知也。然黄河确有此天赋之适合环境,并可能掌握此天赋之资源,则敢断言。拙著《黄河治理纲要》会列举之,黄河治本研究团之《黄河上中游考察报告》亦论及之。今者各有关机关,及关心人士所从事之计划与研究,颇多属于黄河治本工作之全部或一部,且亦为国人所早欲得而解决之者。是故吾人对于黄河应深加认识,以计划"掌握五百亿公方之水流"之方案,俾黄河能早日改善,得获"有最大之利用,为最小之祸患"之成果。今特揭其梗概,布其远景,以为进一步研究与计划之发凡耳。

总之,欲根治黄河,必具有各工程之计划,经济之计划,以及其配合之总计划,再按步逐年实施,始克有成。非可以一件工程便能奏效,亦非可以一劳而永逸者也。换言之"治理黄河应上中下三游统筹,本流与支流兼顾,以整个流域为对象,而防制其祸患,开发其资源,俾得安定社会,增加农产,便利交通,改进工业,因而改善人民之生活,并提高其文化之水准。"此黄河治本之原则也。

(本文原载于《新黄河》1949 年创刊号)

# 黄河三门峡水利水力枢纽工程的重大意义

王化云

（黄河水利委员会主任，黄河三门峡工程局副局长）

自从第一届全国人民代表大会第二次会议上，同意了国务院邓子恢副总理的“关于根治黄河水害和开发黄河水利的综合规划”报告，并通过了关于“根治黄河水害和开发黄河水利的综合规划”的决议以后，两年来在中央领导和有关部、省、市领导下，在黄河流域展开了为实现黄河综合规划中第一期工程的各项工作。在这些工作中，三门峡水利水力枢纽工程的准备工程，有着极为重要的意义，这是因为三门峡枢纽工程在整个根治黄河的规划中，是一项巨大的、关键性的、我们从来还没有举办过的大工程。现在各项准备在紧张地进行，初步设计将于1957年1月完成，如果不发生特殊的情况，将于1957年正式开工。为了使关心三门峡工程的人们，能够及时地了解一些情况，特根据“初步设计要点报告”，分为下列三个问题介绍一下三门峡工程的轮廓和这个巨大工程对根治黄河的作用。

## 一、三门峡水利水力枢纽作为开发黄河的第一期工程是合理的

三门峡是我国自古以来就很有名的地方，古籍所载大禹治水，“凿龙门，劈砥柱”的所谓中流砥柱就在三门峡的脚下。从地质学的观点来看，三门峡的岩石是一种质量很好，很坚硬的闪长斑岩，抗压强度达2 000公斤/平方公分，作为水利枢纽的基础，是天然的极为优良的条件；也正是由于这里的岩石很坚硬，黄河凶猛的洪流虽然日日夜夜地经过若干万年的冲击，直到今天河心里依然屹立着三座石岛，把河流分而为三，障碍着航行，这就是鬼门、神门、人门三门峡名称的由来。

选定三门峡作为第一期开发黄河的水利枢纽的坝址，地质优良固然是一个很重要的条件，但黄河有优良的地质条件的地方还很多，为什么选定三门峡作为第一期工程中首先举办的工程呢？这是因为三门峡在黄河上不仅地质条件优良，而且它的安置也是一个最适合于解决开发黄河任务的。从整个黄河来看，三门峡位于黄河中游的下部，距河源3 800余公里，距海口1 000余公里，在河南陕县下游23公里处，居于豫、晋之间，它的下游连系着豫、鲁、冀、苏、皖（苏北皖北）等省的广大平原，是历史上水患最为严重的地方之一，古代所谓“洪水横流泛滥于天下”大概就指的是这个“天下”吧！它的上游有很大的水库库址可以利用，它的周围有丰富的各种矿藏，与西安、太原、郑州、洛阳等工业城市距离也不远。由于有上述的优越的自然条件，所以在这里建筑高大的水坝和大水库，就成了一个最为理想的地方。这个水利枢纽工程建成后，将能实现黄河流域规划中给它确定的下列四项任务：

第一是防洪，能解除下游居民受洪水的威胁和危害；第二是灌溉；第三是保证工业区供电（即在发电容量及电量两方面满足工业需要）；第四是达到水库通航，并为下游通航以及全河通航创造有利的条件。除了这四项主要的任务外，利用水库发展水产，也是要注意进行的一个问题。所有上述目标实现后，必然就会把黄河水害变为水利，大大有利于黄河流域工农业和交通运输业的发展，给人民带来巨大的利益。但是利害常常是相连的，纯利无弊的事情是很少的甚至于是没有的，故在三门峡建设水利枢纽工程从各方面看，也有一些不利的方面：第一是河水含沙量很大，每公方水平均有33公斤泥沙（即约为3.3%的泥沙），根据陕县水文站35年的记录，平均年输沙总量达13.6亿公吨（即全年经过陕县送到下游去的泥沙，为13.6亿公吨），这样巨大的含沙量，对于建筑物（坝）的设计标准和水库淤积都有不利的影响；第二是黄河的径流很不稳定，变化很大，年平均流量仅1 300秒公方，而最大流量（即在道光23年曾经出现过的洪水），则达3万秒公方以上，这就要求有巨大的库容，才能把丰水年和洪水季节的水蓄存起来，等到枯水年和枯水季节予以利用，就是说要做到多年的调节；第三是工场地形较为狭窄，施工布置比较困难；第四这里是八级地震区（初步查定），是相当严重的地震区，按照设计规范应按九级计算，

这就增加了大坝的工作量；除了上述自然条件存在着若干不利的情况外，还要迁移众多的人口，付出巨大的投资，也是水利枢纽建筑工作的困难和艰巨的任务。虽然如此，但这些困难和不利的情况都是可以设法克服的，而且这个工程完成后，给国家带来巨大的长远的利益和我们付出的代价相比较，很显然是十分便宜的，因此选择三门峡作为开发黄河的第一期工程的决定是完全正确的合理的。

## 二、三门峡水利水力枢纽工程的轮廓

这个水利枢纽工程，正在进行技术设计。在这里要想详细介绍这个工程的情况是不可能的，现在仅根据苏联专家组提出的初步设计，把水利枢纽工程的轮廓，作一个简要的介绍：

第一是坝址选定问题。根据三门峡地质特点，坚硬的闪长斑岩的地段长约 700 公尺，在这个地段的上游和下游都是沙页岩、石灰岩、煤系等不宜于修筑高坝的岩层，这给选择坝址提供了便利的条件。虽然如此，但坝址的好坏，选定的坝址是否正确，对大坝的安全巩固和工作量的多少，造价大小，有极为重大的关系。因此我们为了选好坝址，在坝址区进行了巨大的地质勘探工作。根据地质勘探所取得的资料，苏联专家组提出了上游的、中间的和下游的三个位置，作为三条坝轴线来比较。为便于比较，三个方案都采用了重力坝及坝后式电厂的型式。这三个方案的情况是：愈往上移则左岸坝端与上煤系岩层接触愈多；愈往下移，则坝基的闪长斑岩愈薄，很显然这是对大坝的安全不利的；同时地形情况是愈往上河面愈宽，这对水利枢纽的工程量有影响，据计算，上坝址方案比中坝址方案须多浇筑混凝土 20 万公方，中坝址方案比下坝址方案须多浇筑混凝土 20 万公方，而且下坝址岩石开挖量也比上、中两坝址少；从三门峡整个工程的工作量来看，几十万方混凝土虽不占很大的比例，但这个数目还是很大的，举一个例子来说，这些混凝土可以筑成像梅山、佛子岭水库这样一个大型的水利工程，因此下坝址方案是较为经济的，同时由于下坝址的位置是离开了三门峡的三个岛（即处于三岛之下中流砥柱之上的位置），从施工方面来考虑，利用三个岛分两期做围堰导流工程，既经济又方便，比上、中两坝址大为有利。但是下坝址坝基必须满足最小厚度的要求。根据以上各方面的情况，经过反复考虑，确定采取以下坝址为主进行水利枢纽工程的设计，同时建议在设计中注意将下坝址的位置稍为上移。

第二是坝型选择的问题。坝型选择也是一个重要问题，这个问题在初步设计时受到了极大的重视，提出了较多的比较方案，而且把各方案的造价作了如下的初步比较：

| 次序 | 方案型式 | 造价（亿元） | 备注 |
|---|---|---|---|
| 1 | 重力坝，坝后式厂房 | 6.80 | 钢筋 45 000 吨 |
| 2 | 重力坝，坝内式厂房 | 6.78 | 钢筋 38 000 吨 |
| 3 | 空心坝，坝内式厂房 | 6.72 | |
| 4 | 大头空心坝，坝内式厂房 | 6.70 | |
| 5 | 重力坝，顶部溢流式厂房 | 7.06 | |
| 6 | 重力坝，后式厂房承受压力 | 7.09 | |
| 7 | 撑墙坝，后式厂房 | 6.58 | 钢筋 131 000 吨 |
| 8 | 多拱坝，后式厂房 | 6.47 | 钢筋 115 000 吨 |
| 9 | 混合式土坝，半地下式厂房 | 10.00 | |
| 10 | 混合式土坝，左岸厂房 | 11.00 | |
| 11 | 混合式土坝，右岸厂房 | 9.97 | |
| 12 | 堆石坝，坝后式厂房 | 10.66 | |

从上表可以看出，把 12 种坝型大体上可以分为三类：第一类是混凝土重力坝，与小丰满水电站那样拦沙坝的型式相似；第二类是薄型坝，与淮河上梅山、佛子岭水库拦河坝的型式相似；第三类是土石坝，与我国官厅水库、狮子滩水电站的拦河堤型式相似。当然这三类坝各有它们的优点和缺点，必须根据水

利枢纽工程所在地点的各种条件来考虑选用适合当地条件的坝型。三门峡的地质条件是很好的，但是八级地震区；上游有很大水库库址，能够建成容纳600多亿公方水的水库是好的，但是下游大平原上住居着亿万人民，这就要我们的大坝必须有绝对的安全，薄型坝虽然比重力坝略为便宜，建筑时间可能稍短，但就确保安全的观点来看，不如重力坝更为可靠，因为黄河千年一遇的洪水总量也不过200亿公方左右，假如在将来水库蓄水达到六七百亿公方的时候，大坝出了纰漏，黄河的水从天倾下，对下游亿万人民所造成的灾害是不堪设想的！因此权衡利害还是采取重力坝为宜。至于土坝和堆石坝，它们的工作量很大，造价很高，建筑的时间较长，从各方面来比较，都不如重力坝。经过上述各类坝型的比较，最后决定采取重力式坝型，在设计中作出表中所列的第一和第二两种坝型的设计，以备最后选定。

第三是正常高水位的选择问题。这个问题牵涉很广，比较复杂，不仅包括着泥沙和洪水的计算、水能利用等等很多极为复杂的技术问题，而且还包括着如何利用开发黄河以发展工农业等重要的经济和政治问题，所以说这个问题在整个三门峡水利枢纽的设计中是一个最为重要的问题。我们国内和苏联专家组对此曾经进行了长期的详细的计算、研究，在许多问题的研究中，由于黄河的泥沙很多，水库淤积对于水库使用的影响究竟如何，就成为一件特别重要的事情。多年来进行的测验计算，初步的成果是，每年平均从上游来泥沙13.6亿公吨，其中细砂颗粒（小于0.01公厘）占40%，大于0.01公厘的为60%，根据官厅水库的经验，水库的水分为两层，上层为清水，下层为含泥的水，粗粒的泥沙淤积在水库的首部，而细粒的泥沙则向坝前推进，进到坝前的泥沙一部分淤在坝前，另一部分有约占总泥沙量20%的泥沙，将被溢流孔（6 000秒公方）和水电站运转时流出去的1 000秒公方的水冲到下游去，这就是说有80%的泥沙，即每年平均约有11亿公吨淤沙淤在库内。这对水库是一个严重的问题，怎么办呢？根本解决的办法，是在西北地区做好水土保持工作，使大量的泥沙保持在原地，不进入或很少进入河流，从我国人民和水土流失现象斗争的经验和解放后各地推行水土保持的成效来看，这是可能的，我们估计如果大力进行水土保持工作，到1967年即三门峡水库建成的五年时，黄河泥沙可以减少50%左右。但为了慎重起见，苏联专家建议按水库建成8年减少20%，50年后达到50%，这是按最坏的情况估算的，照此计算，50年后除了冲往下游的20%的细粒泥沙外，还约有350亿公方泥沙淤在库内。

根据上述泥沙数量和淤积的估算情况，再加上防御千年一遇的黄河洪水和灌溉4 000万亩农田（航运水在内）、发电机容量110万千瓦所需用的库容是很大的，原来我们在做黄河流域规划时考虑的把三门峡水库的正常高水位规定为海拔350公尺的高程，总库容为360亿公方，很显然满足不了上述的各项要求，因此苏联专家建议把水库正常高水位由350公尺提高到360公尺或370公尺。不用说水库容量越大，得到的好处越大，但水库是用淹没一部分土地换来的，水库越大，淹没损害也随之增加，解决这个问题的原则是：既要解决下游的防洪灌溉问题，又要照顾到上游的淹没不能过大，既要解决几千年来威胁亿万人民的生命财产的黄河洪水为害的问题，又要解决灌溉、发电、航运等问题，以发展陕、晋、豫、鲁、冀等省的国民经济，这就是“上下兼顾，各方有利，全面考虑，综合开发”的原则，在这一原则下，初步考虑三门峡水库的正常高水位应规定为360公尺，总库容将达到647亿公方，以满足上述各方面的要求。根据这一正常高水位的要求和三门峡自然条件考虑，在这里建筑一座长约一公里，高达120公尺，带有水电站的混凝土重力式的大坝，水电厂的厂房可能放在坝内，也可能放在坝后，厂房内装有8个巨大的机组，每组发电容量13.5万千瓦，这就是三门峡水利水力枢纽的大体轮廓。

第四是施工布置和进度问题。这也是一个很重要的问题，按照三门峡地质和地形的特点，拟定大坝的左边溢流，电厂设在右边。为了便于导流，将利用河中的三个石岛，首先在左岸的人门筑起围堰进行挖基坑、灌浆和浇筑混凝土坝身工程，在浇筑时预留16个梳齿，以备拆除左岸围堰时过水之用，在左岸进行上述工程时，水是从右边即神门鬼门流下去，待左边坝身混凝土筑到一定的高程（300公尺左右）即拆除左边围堰，修筑右边围堰，把神门鬼门堵起来，使黄河水流改由左边预留的梳齿泄到下游去，然后在右边进行基坑开挖和混凝土浇筑，这时整个围堰导流工程才告完成。由于黄河沙大水猛，神门河槽深达25公尺左右，围堰导流工程是整个工程中最重要的关键，如果能够胜利地完成这一工程，整个工程的胜利完成就有了可靠的基础，为了顺利地进行围堰导流和大坝电厂的建筑安装，对于交通运输，水、电、风的供应，开挖、起重、混凝土浇筑设备，也都做了周密的布置。

在进度方面的初步规定 1957 年开工,1962 年基本竣工。虽然时间还有 6 年,但就这个工程的规模和我们缺乏经验及重型机械设备的条件来看,时间还是很紧迫的。除了巨大的辅助工程不计外,要在 6 年之中完成数以百万计土石方的围堰导流和清基工程,近三百万公方的混凝土浇筑工程,以及巨型水轮机的安装工程,的确是一件十分艰巨的任务,没有克服困难、坚定顽强的战斗精神,是不能够取得胜利的。

三、三门峡水利水力枢纽工程的重大意义

三门峡工程的兴修,标志着中国人民在共产党领导下,在治理与利用河流即治河思想与治河措施方面,有了划时代的发展。就黄河来说,早在四千年前,我国人民就曾和洪水做了巨大的斗争。以大禹为代表的治河的疏导方略,在很长的历史时期内,对缩小水灾起了不小的作用。从那时到解放前,治河的思想和方策,也有不少的发展,除了明代潘季驯"以堤束水,以水攻沙"继承了大禹的疏导思想,而发展成为较为完备的理论与方策外,也有人提出过控制水和泥沙而加以利用的办法。例如汉代贾让的"治河三策",近代水利学者李仪祉以防除水害开发黄河下游通航为主的主张,都指出了利用黄河的理想,但由于历史条件的限制,他们的理想都没有能够完全付诸实行。现在我们除继承过去治河的优良思想外,在比过去高得多的水平上提出了人民治河的思想与方策,这就是治河的目的不仅是根除水害,而且要开发水利,不仅是利用黄河的四百多亿公方的水来为人民服务,而且要利用黄河流域的黄土来为人民谋利益。依据这一思想结合黄河情况,提出了新的根治黄河的方策,这就是邓子恢副总理在"关于根治黄河水害和开发黄河水利的综合规划的报告"中所提出的"从高原到山沟,从支流到干流,节节蓄水,分段拦泥,尽一切可能把河水用在工业、农业和运输业上,把黄土和雨水留在农田上——这就是控制黄河的水和泥沙,根治黄河水害,开发黄河水利的基本方法"。从此看出三门峡工程是人民治河开始实行新的方策的标志,是治理河流事业上一个巨大的发展。这不仅对利用黄河来说是一个巨大的事件,而且也是我国人民综合地充分地利用我国丰富的河流的一个伟大的开端。

三门峡工程建成后,将为我国人民带来巨大的利益,特别是黄河中下游等省的人民更将获得直接的好处,这首先是几千年来威胁着河南、山东、河北、皖北、苏北等省八千余万人民生命财产的洪水,将由 35 000 秒公方(水库拦蓄)减少为 6 000 秒公方,如果下游的伊洛河与上游同时发生千年一遇的洪水,将考虑除了发电放水约 1 000 秒公方外完全关闭闸门,同时由于水库不只蓄了水而且拦了沙,黄水基本上变为清流(下游河水的含沙量大大减少),估计河道将有由淤积变为刷深的可能,这就不只大大减少了洪水,而且除去了黄河为患的祸根,可以说这是根治黄河水害的一个重大的措施。其次是利用水库蓄存的水量,兴修渠系工程,计划在山东、河南、河北等省平阔的土地上,灌溉 4 000 余万亩农田。我们知道,这些地方的土地是肥沃的,是我国种植粮、棉、油料、烟叶等等农作物的重要基地,但是由于水旱灾害的侵袭,生产的发展和稳定受到了很大的影响,如果我们实现了上述计划,不仅免除了旱灾,而且由于水库拦洪和渠系工程中的排水工程的作用,还可以免除水灾,在合作化与施肥耕作条件都获得改进情况下,加上水旱灾害的消失,我们相信这个地区的农业一定会有很大的发展,获得稳定的年年丰收,达到发展农业纲要中所提出的要求(即黄河以北 400 斤,黄河以南 500 斤)是完全可以办到的。当然我们不能把农业增产全部记在水利的账上,就拿水利对农业增产的作用按每亩 100 斤粮食计算,每年即将增产粮食 40 亿斤,对国民经济和改善人民生活也有不小的作用。

第三,水库调节的水量除了灌溉之外,每年还能发电约 60 亿度,如果一度电按卖一角钱计算,那么每年就能收入 6 亿元,而且不仅是可以为国家扩大财政收入,更重要的是由于有了这样巨大而低廉的电力,就为开发三门峡周围的丰富资源,提供了有利的条件,这就是刘少奇同志在党的第八次代表大会上的政治报告中所提出的:"除继续建设华北、华中、内蒙古的钢铁工业基地以外,将在三门峡周围地区、甘肃、青海、新疆地区,西南地区建设新的工业基地。"很显然,三门峡的水电站对建设三门峡周围地区新工业基地,有着重大的作用。有的人说不修三门峡水电站,还可以用火电站代替。这是可行的,但是不经济的,因为三门峡有特殊的优越条件,水电站的造价特别低廉,每度电的成本不过几厘钱,而当前火电的成本比水电贵得多。如果三门峡周围地区新工业基地不是用水火电配合来解决动力要求,而完全用火力代替三门峡的水力发电，那么按一度电需用 0.5 公斤的煤耗来计算，每年就需要 300 万吨煤才能发出三门峡水电站这样多的电，把开煤井、输煤的运费及火电站比水电站多用的管理费加上去，是很不合算的。因此撇开防洪与灌溉不谈，单就水电站的作用来说，也是巨大的。

第四，由三门峡水库放到下游的灌溉用水，还可以开发下游的航运。除了三门峡到郑州铁桥一段，须将八里胡同、小浪底等几个水坝修建起来把这一段组成梯级后方能通航外，由郑州铁桥到海口原来只能通行帆船的河道，经过整治，便能通航五百吨的拖轮，这一段航道长达七百公里，通航后等于增加了一段陇海铁路的复线，对于东西方向的物资交流，将有良好作用。此外由郑州铁桥上游和寿张县位山等地，向黄河南北开挖的引水灌田的干渠，水量和渠道规模都相当的大，我们建议设计这些渠系时，要考虑结合航运的开发，如果这个愿望能够实现，那时在黄河北岸从郑州上游向北经过石家庄到达首都北京作为一条总干渠同时作为一条运河；另外还可以由位山向北到达天津恢复古代大运河的通航，在黄河南岸也可以利用贾鲁河作为干渠和航道通到淮河。这一些不过是举出的几个例子，究竟如何安排须在设计中根据各种条件予以研究。总之利用灌溉渠道，组成华北平原上的航运网，对国民经济的贡献有巨大意义，应该予以充分的注意。除了上述下游航运有很好的远景外，还可利用水库通航，水库回水约二百公里，水深河宽，是很好的航道，能够帮助解决由陕县到西安铁路运输能力不足的问题。

从上述三门峡水利枢纽的几个主要目标来看，在工程完成后，将要获得巨大的效益，为发展国民经济，促进社会主义建设，起着相当大的作用。但是不付代价要取得上述的效益也是不可能的，首先是要除水害并充分的利用水就需要水库，可是水库就须占用土地，因此三门峡水库是用迁移相当多的居民换来的，这是一件艰巨的工作。其次还要有巨大的投资，三门峡整个工程加上移民等费用，总计约需 16 亿余元，这也是一个很大的数字。虽然这些投资很大，但和所得到的效益比较，还是合算的，何况解决八千万人民的生命财产不受威胁的重大意义更非数字所能计算的呢？！

我国是一个拥有大江大河的国家，有异常丰富的水利水力资源，因此水工建筑的科学，在我国有极为远大的前途。三门峡工程是我国水工建筑方面的一项空前巨大的工程，举办这一项工程不仅对我国社会主义建设有很大的作用，而且设计施工以至最后完成这项工程的过程中，会使我们学到苏联几十年来水工建筑方面很多的先进经验，从而发展我国的水工建筑的科学。可以说三门峡工地就是一座水工建筑的大学，如果我们虚心学习，认真地钻研，在这一项工程胜利完成的时候，就可以把我国水工建筑的水平提高到国际水平，对今后开发和利用河流，为国民经济服务，有难以估量的意义。这也是我们参加建设这一工程人们的一项重大而艰巨的任务。

（本文原载于《黄河建设》1957 年第 1 期）

# 从规划上谈黄河中游修建大型拦泥水库的几个问题

刘善建

（黄河水利委员会规划设计处主任工程师）

## 一、要不要修拦泥库？

黄河当前的主要矛盾，一是下游河道淤积与防洪安全的矛盾，二是三门峡库区淤积与关中平原农业生产的矛盾。前者威胁着黄淮海平原几千万人民的生命财产，后者影响着关中广大群众的生产生活。

这两种矛盾是一个问题的两个方面，解决的关键是泥沙的处理。

《黄河技经报告》提出了"蓄水拦沙、除害兴利"的规划思想。该报告认为，只有将泥沙拦截在上中游干支流上，拦截在产生泥沙的地区，黄河干流一系列的水利事业才能得到开发。几年来，我会根据自己的实践经验，总结并发展了这一思想，提出了"上拦下排"的方针。几十年的水文资料既说明了全排对黄河下游的危害性，近期的经验又说明了全拦的非现实性。所以，必须有拦有排，拦排结合，拦能发挥排的作用，排能减轻拦的负担，相辅相成，才能最大限度地解决黄河问题。

黄河流域多年平均来沙量十六亿吨。按过去资料分析，排入利津以下的沙量约四分之三，淤在河道内的约四分之一。利津的年输沙量与黄河下游河道冲淤情况有密切关系（详见表一），河道淤得多，利津出得多，标准水量下的河道不冲不淤的利津年输沙能力约九亿吨。在三门峡水库修建后，汛期洪水流量削平，小水历时加长，沙峰落后于洪峰，从而造成了排沙入海的不利条件。估计今后山东河段年平均输沙能力八亿至九亿吨，富余是不多的。

**表一　利津标准年水量（460 亿立方米）下输沙能力与黄河下游河道的冲淤关系**

| | | | | | |
|---|---|---|---|---|---|
| 利津标准年水量时的年输沙量（亿吨） | 20 | 16 | 12 | 9 | 6 |
| 相应黄河下游年淤积量（亿吨） | 12 | 8 | 4 | 0 | −3 |

为了增加三门峡水库下泄沙量，提高黄河下游河道排沙能力，虽然曾研究过不少措施，但是现在看来都存在着一些问题。例如：

放淤措施。大规模地搞放淤，分水分沙的结果反而降低了下游河道的输沙能力，小规模地搞，减沙效果不大，而且地点十分分散，工程措施也有困难。

河道整治措施。在下游河道来沙量未大量减少、洪水未彻底解决之前，大量实施河道整治，不但有困难，而且在管理运用上容易引起上下河段的矛盾，利害得失尚须审慎研究。

人造洪峰调整水沙关系的措施。根据最近试验说明，如果洪峰小、历时短，只是泥沙搬家，对下游河道起作用不大。如果洪峰大、历时长，则蓄水调节有不少困难，对水库运用又未必有利。近期靠它解决问题，看来不够现实。

引清刷黄措施。工程大，建筑物多，对近期治黄来说没有现实意义。

总之，近期依靠黄河下游河道处理泥沙，潜力是不大的，要有七八亿吨的泥沙，还必须在上中游解决。否则，泥沙不是淤在三门峡水库，就是淤在黄河下游河道，不但没有解决黄河当前的矛盾，反而增加了上下游间管理运用方面的困难。

上中游干支流上的拦泥措施，最基本的是水土保持（包括大中型淤地坝）。水土保持既是根治黄河的基本措施，也是发展山区生产、改变山区面貌的基本措施。因此只要这一措施为群众所理解，为群众所掌握，其开展的力量是无穷无尽的。目前不少地区的水土保持高潮，已生动地说明了这一问题。我们没有任何理由对水土保持抱怀疑的态度。但是大面积的水土保持毕竟需要时间，要靠它来解决问题，看来在时间上还是留有余地好。

引洪放淤。平均每亩可引用泥沙一百吨左右,一百万亩耕地每年可引用泥沙一亿吨,目前无定河的张家畔、八里河,石川河的赵老峪等地,都有很好的典型。晋西护滩淤地也有同样的作用,都是今后值得提倡推广的。但是靠此解决近期三门峡库区的淤积问题,看来也是不现实的。

在这种情况下,为了迅速解决三门峡水库与下游河道的淤积,根据我们的几年摸索,只有在干支流上修建拦泥库(包括拦泥水库),其他办法是没有的。

正如《黄河技经报告》指出的,"当水土保持的效果还没有达到足够的明显时,支流水库将是拦泥和防止泥沙进入三门峡调节水库的最好措施"。

## 二、修建拦泥库有没有先例?有没有根据?

《黄河技经报告》公布以来,三门峡以上黄河中游先后修建了大中型水库约四十五座(控制流域面积均大于一百平方公里,库容均在一千万立方米以上),总控制流域面积五万平方公里,总库容二十六亿立方米。这些水库有百分之三十淤积严重,且有的已经淤满或接近淤满。群众在实践中对于这些淤积严重的水库,逐步改变了利用方向。有的和大型淤地坝一样,已经开始了拦泥种地,并且种地的效益并不比原来用库水浇地的效益差。如清水河长山头水库(详见《黄河建设》一九六四年第五期:"从长山头水库变泥库过程中得到的启示")便是最好的典型。有的正在计划淤满后大量引洪放淤,改良碱荒地与沙漠地带。如新桥水库,估计长期利用,使水不下泄、泥不外流是完全可能的。

这些水库的百分之四十五属于中等淤积情况,目前均有灌溉效益,运用寿命可到二十年左右,深为地方群众喜爱。为了更长期地发挥这些水库的作用,群众大致有三种想法:一种是坝体加高,增加库容,增长利用年限;一种是在无害于水库运用的条件下增加下排泥沙,延长水库寿命;一种是在水库上游积极开展水土保持并修建拦泥库,以泥库保护水库。如文峪河的横山水库与浍河的小河口水库(详见表二),在形式上就是这样(由于技术措施与经济指标还存在一些问题,群众尚未充分理解这些水库的作用)。拦泥库占水库以上的面积分别为百分之十五与百分之二十五,拦泥则均达到百分之四十左右,对减少水库泥沙起了决定性的作用,分别可延长水库寿命十至二十年。

**表二　以泥库保水库的典型实例情况表**

| 水库名称 | 文峪河水库 | 浍河水库 |
|---|---|---|
| 控制面积(平方公里) | 2 050 | 1 200 |
| 年径流(亿立方米) | 1.700 | 0.776 |
| 总库容(亿立方米) | 0.965 | 0.752 |
| 死库容(亿立方来) | 0.520 | 0.280 |
| 灌溉面积(万亩) | 42 | 16 |
| 投资(万元) | 5 400 | 380 |
| 运用后年平均淤积量(万立方来) | 110 | 205 |
| 拦泥库 | 横山 | 小河口 |
| 控制面积(%,年径流同) | 12 | 27 |
| 运用后年平均拦泥占水库淤积(%) | 42 | 39 |
| 总库容(亿立方米) | 0.088 | 0.120 |
| 投资(万元) | 330 | 400 |
| 区间河道长度(公里) | 70 | 30 |
| 区间河床组成 | 砂砾石 | 砂砾石 |

在国外也是这样,为了减缓多沙河流上的水库淤积,延长水库运用期限,也采取了一系列措施(详

见表三)。在这些措施中,除个别是在上游河道内以生物缓流落淤和清浊分家、蓄清排浊外,一般仍不外乎上拦下排和增加坝高三种办法,其中尤以在上游修建拦泥水库为普遍。

以上情况不但说明以泥库保水库国内外已有不少先例,同时还说明泥库淤满时还可采取多种不同措施。没有先例的事情只要合情合理,我们要创造,有先例的事,我们更没有任何理由怀疑等待。

《黄河技经报告》早在一九五四年即已指出修建拦泥库的正确性和合理性。目前正因为我们没有按该报告指出的途径去做,致使三门峡水库陷于孤军作战,淤积严重,经验教训已经摆得十分明显,对此,我们没有理由不采取积极态度。

**表三　世界各主要国家解决水库淤积问题的主要措施表**

| 国家 | 入库含沙量(公斤/立方米) | 水库淤沙率 | 延长水库运用期间的主要措施 |
|---|---|---|---|
| 美国 | 3.5～7.0 | 平均0.75%<br>最大8.73% | 1. 水保(在3.6～162平方公里范围内档泥效益达到27%～78%);<br>2. 上游河谷内植缓流落淤的生物措施;<br>3. 加大库容(阿肯色河各库27%库容为拦泥,保证30～40年不影响综合利用);<br>4. 上游修拦泥库(米德湖上游筹建五座拦泥库,组里水库上游拦泥库修建后减少入库泥沙60%) |
| 苏联 | 2.5～4.0 | 坝高7～30米<br>8%～30%<br>库容1～10亿立方米<br>0.5%～2.0% | 1. 加高坝体(宾特集体农庄水库和吉尔吉比里斯克水库);<br>2. 上游另建新库(宾特集体农庄水库);<br>3. 清浊水分家,蓄清排浊;<br>4. 上游修拦泥库(阿马河90米爆破堆石坝专门拦泥石流) |
| 日本 | — | 平均1.89%<br>最大15.2% | 在水库上游大量修建拦泥坝库 |
| 西德 | — | — | 修建拦泥库减少进库沙量10%～20% |
| 阿尔及利亚 | — | 3.0% | 水库冲沙(汗米州用23%的水进行冲沙) |

## 三、拦泥任务多大?拦泥库应该怎样规划部署?

拦泥库的任务主要是承担水土保持未显著生效前拦截部分进入三门峡水库及黄河下游的泥沙。这部分泥沙根据目前上拦下排的配合情况,估计每年约有八亿吨。

水土保持的最终拦泥作用,从水土流失面上的单项措施看(详见表四)可达百分之五十左右,若坡面治理和沟壑工程同时生效(详见表五)则可达百分之六十以上。为了安全计,在大面积上暂按百分之五十的作用考虑。

**表四　水土保持单项措施拦泥效果表**

| 单项措施 | 面积(%) | 拦泥效果 |
|---|---|---|
| 造林 | 30 | 初期差,后期百分之七十以上 |
| 牧草 | 25 | 间歇性拦泥,拦泥效果不高,约百分之三十 |
| 农业 | 25 | 包括梯田等拦泥效果达百分之八十以上 |
| 非生产地 | 20 | 部分可控制,控制后拦泥百分之七十以上 |

**表五　典型流域综合治理拦泥效果表**

| 典型流域 | 流域面积(平方公里) | 治理面积(%) | 大型淤地坝(座) | 控泥效果(%) |
|---|---|---|---|---|
| 陕北韮园沟 | 70 | 20% ~30% | 5 | 60 |
| 陇东南小河沟 | 30 | 70% ~80% | 2 | 90 |
| 晋西王家沟 | 9 | 60% ~70% | — | 40 |

水土保持的速度,若按陕北、晋西的技术干部和当地群众研究的意见估计,全面治理完成的时间:在城市附近人口稠密地区,十至十五年;在一般地区约需二十年。由于地区条件不同,看来在四十二个水土保持重点县(十万平方公里),三十年内完成全部治理工程,是有可能的。若按最近十年全流域水土保持进展的速度(包括 1961 年、1962 年灾情严重,水保工作进行巩固调整,进度不大的时期在内),平均每年治理面积五千至一万平方公里(即 1% ~2%)。因此,估计水土保持全部生效期间为五十至一百年,看来还不是不能落实的。

若水土保持显著生效后,50% 的泥沙可以允许下泄,则拦泥库的主要任务完成时间就是五十至一百年,主要拦泥量约为二百亿至四百亿吨。

实际上,黄河中游干流,从河口镇到龙门,将原有《黄河技经报告》所拟十五梯级电站改为四至六级开发,估计可得库容三百五十亿至四百亿立方米。这一段两侧的支流,可有总库容一百亿立方米。泾、渭、洛河各坝,适当加高后的库容约有二百亿至三百五十亿立方米。总括以上可以开发利用的库容约七百亿立方米,以此容纳需要拦截的泥沙,还是绰绰有余的,根本不是什么“有限对无限”的问题。过分担心淤不胜淤,从而不积极支持拦泥库上马,看来是不必要的。

因此,我认为近期在黄河中游干支流上,安排二百亿立方米左右的拦泥库容,解决三五十年的问题,既是需要的,也是可能的、现实的。

其次,是拦泥库的空间安排问题。分散好呢? 还是集中好? 先修上面,还是先修下面?

为此,统计了已建成的及计划修建的大小水库的指标(如表六)。该表说明,水库控制的流域面积与平均库容由小变大时,单位库容的造价,首先是由小变大,其次是由大变小(因为小水库接近群众性工程,有些劳力可能没有计入造价);单位库容的影响人口与耕地数字,在一般情况下,是由大变小的。

**表六　不同规模的水库指标比较表**

| 项目 | 水库座数 | 每座平均 | | 单位库容土方(立方米/立方米) | 单位库容造价(元/立方米) | 单位库容影响人口(人/亿立方米) | 单位库容影响耕地(亩/亿立方米) |
|---|---|---|---|---|---|---|---|
| | | 控制面积(平方公里) | 库容(亿立方米) | | | | |
| 汾河已成中型 | 6 | 400 | 0.35 | 0.07 | 0.095 | 2 800 | 7 700 |
| 葫芦河已成中小型 | 6 | 500 | 0.15 | 0.035 | 0.075 | 2 500 | 10 000 |
| 清、无、泾、汾已成大型 | 5 | 3 400 | 2.80 | 0.014 | 0.075 | 1 000 | 2 500 |
| 泾河规划 | 30 | 700 | 0.4 | 0.03 | 0.25 | 923 | 6 100 |
| | 10 | 2 300 | 1.2 | 0.02 | 0.23 | 900 | 4 800 |
| | 4 | 8 000 | 3.6 | 0.01 | 0.16 | 544 | 2 400 |
| 黄河设想 | 13 | 12 500 | 9.0 | 0.01 | 0.16 | 290 | 1 000 |
| | 7 | 30 000 | 35.0 | — | 0.14 | 300 | 750 |
| | 3 | 40 000 | 60.0 | — | 0.09 | 350 | 900 |

从指标看是先修大的集中的好。同时,集中控制还有以下优点:

1. 控制性强,拦泥作用大,适应黄河来水来沙在地区与时间上不平衡的特性。

2. 距三门峡库区近,作用明确显著,减轻区间河道回冲影响。

3. 便于集中主力打歼灭战，便于管理运用。

4. 有较大的兴利效益，既可增加国家工农业收入，也可促进上游各库继续上马。

因此说，为了在不恶化黄河下游河道的条件下，迅速解决三门峡库区淤积问题，近期在黄河干流山陕区间、泾河下游及洛河下游，修建几座控制性拦泥库，看来是恰当的。

## 四、拦泥库的前景如何？终期能否达到平衡？

有人提出这样的问题：从单个拦泥库来看，是不是淤得很快，寿命很短，淤满后在坝上加高或在上游另建新库，工程相应地增加很多，从而会不会使得修不胜修，疲于奔命？

目前规划拦泥库，一般都按二三十年的运用寿命考虑。这是一个相当保守的数字。事实上，第一，淤积库容都是按水平库容计算的，没有考虑堆沙形成的斜库容。按调查资料统计（详表七），后者一般为前者的 1.2 至 1.8 倍，也就是说利用斜库容计算的水库寿命约比水平库容的寿命大 20% ~80%。第二，按斜库容计算，目前规划的拦泥库一般寿命三五十年，在这段时间内，水土保持逐步生效，应当是肯定的，如果考虑重点水土保持区五十年达到拦泥 50% 的效果（包括淤地坝等治沟工程），则水库运用期间平均来沙量将减少四分之一，寿命又将增加 25%。第三，今后修任何拦泥库，都不是孤立的，尤其是在拦泥库长期运用期间，控制流域内不可能不修建其他拦泥兴利水库或举办引洪放淤等拦泥减沙措施。例如 1958—1960 年水利化高潮期间，黄河中游即兴建了大中型水库四十五座，今后这种水利高潮肯定还是很多的。

**表七　调查堆沙体积与水平库容的关系表**

| 库名 | 控制流域面积（平方公里） | 坝高（米） | 坝前淤深（米） | 水平淤积量（万立方米） | 总淤积量（万立方米） | 总淤积/水平淤积 |
|---|---|---|---|---|---|---|
| 巴家嘴 | 3 020 | 58.0 | 30.2 | 4 560 | 5 500 | 1.2 |
| 长山头 | 17 070 | 23.5 | 7.5 | 550 | 1 034 | 1.86 |
| 张家湾 | 5 000 | 25.0 | 19.5 | 5 500 | 7 027 | 1.28 |
| 苋麻河 | 1 800 | 35.0 | 23.1 | 1 160 | 1 830 | 1.53 |
| 寺口子 | 2 300 | 33.6 | 25.8 | 680 | 1 042 | 1.54 |

可见，拦泥库至少能维持半个世纪以上的时间。半个世纪以后淤满了又怎么办？前面已经谈到国内外的经验，总结起来，除上游积极开展水土保持外，还有七种办法：（一）上游另建新库拦泥；（二）本库加高；（三）库区上游河床种植缓洪落淤的生物措施；（四）库区清浑水分开，排浑蓄清；（五）冲沙减淤；（六）引洪放淤；（七）滞洪种地。第一、二种办法在国内外都曾广泛应用，有一定的实践基础，第六、七两种措施，在黄河中游地区也已经创造了一些经验。

同时，那时水土保持工作将能发生显著效果，洪水和来沙量大为减少，而且由于坝前淤积，抬高了这个河段的基点，这段河道的形态，就由坡陡谷窄改变为宽缓的河道。像黄河下游的河道一样，一方面仍能起到滞洪减沙的作用，一方面库内淤出来的大量河滩地，能够利用种植，至少可以保证一水一麦。水库淤满并不是什么坏事。

《黄河技经报告》早就指出："根据水库淤积情况，必须用加高旧坝或用修新坝的方法来建筑新水库。淤满后的支流水库，可能获得大面积的肥沃土地。新增土地将促进解决新建库区的移民问题。"

在研究大中型淤地坝时，我们曾经根据西北地区聚湫的调查资料，有过终期平衡的设想（详见《黄河建设》1964 年第三期"关于淤地坝几个问题的探讨"），在大中型拦泥库的规划中，同样的前景仍然是存在的。

在流域侵蚀模数每平方公里一万吨的地区，每年侵蚀深度约为 0.007 5 米。若淤地坝的坝地面积达到流域面积的二十分之一至四十分之一，则坝地每年淤厚 0.15 至 0.30 米，称为相对平衡阶段。这以后靠种坝地者每年维修，即可保持每年的增产拦泥作用。对于大型拦泥库，如泾河干流工程，流域平均侵蚀模数约每平方公里六千吨，相应年平均侵蚀深度 0.004 5 米。若再加上水土保持显著生效后可减少泥沙 50%，则拦泥库的面积，只要有相当于流域面积的一百二十分之一，就可同样地达到相对平衡境地。因此对泾河全流域来说，拦泥库的面积总共只约需三百五十平方公里。这个面积可以集中于一个库，也可以分配在若干库。以目前所研究的泾河干流水库和马莲河、蒲河水库为例，分别加高到二百六十、一百二十及七十米，即得库后淤积体的斜面面积三百平方公里左右。再加上几个中小型拦泥库，达到这个要求看来是可能的。如果干流修两个水库，水库面积即可增加二百平方公里左右，达到相对稳定是完全有条件的。根据以上分析，我们认为，那种“拦不胜拦，修不胜修，疲于奔命”的想法是没有任何根据的。

## 五、拦泥库的经济意义在哪里？

我们目前选用的拦泥水库，一般每立方米库容的投资 0.07 至 0.13 元（大型的便宜一些，小型的贵一些），平均约一角钱拦一方泥（以水平库容计）。有些同志嫌贵。我认为，评论一项工程的经济价值，应当以其作用与效益为根据。

（一）在三门峡水库目前十二深孔的运用条件下，拦泥库每拦泥十亿吨，三门峡库区将减少淤积六亿吨，黄河下游河道将减少淤积六亿吨，利津沙量将减少二亿吨。在三门峡水库增加二个隧洞泄水后，每拦泥十亿吨，三门峡库区、黄河下游河道与利津沙量，将分别减少三亿、四亿、三亿吨。

（二）泾渭河拦泥工程，对割断渭河翘尾巴的作用十分显著。在工程生效五至十年的运用时段内，渭河二华、渭南等地区，有可能降低特大洪水水位三至四米。

（三）拦泥水库同样对进入三门峡水库的洪水起到了控制作用。以 1933 年洪水为例，建库后最大日平均流量将由一万七千秒立方米降低到一万二千秒立方米。

按四十余年的水文记录分析，在干支流水库滞洪落淤后，约有四分之三以上的年份，可使三门峡水库不壅水。因而也避免了三门峡水库洪水期间的过分淤积。

（四）拦泥水库减少了三门峡水库入库泥沙，估计三门峡库区的淤积比降将有较大的变化。潼关以下的比降目前为万分之一点七，将来有可能降低到一点二或者更低。这就给三门峡枢纽三一五米发电，创造了极为有利的条件。

（五）估计三门峡水库 1970 年左右淤积量差十亿立方米，二百年一遇洪水位影响库区人口将差五万人，耕地将差十五万亩。而干支流拦泥库拦泥十亿立方米，只影响人口三千人，耕地一万亩。

有无拦泥水库，三门峡库区的年淤积量将相差好几亿立方米，这就是说，干支流拦泥库修建以后，三门峡至少有十几万人可以推迟迁移时间十年（若拦泥水库修得较多，三门峡水库可以不再淤积，根本不增加迁移）。

在我国农业尚未过关的今天，减少或减缓三门峡库区的淹没影响，其政治、经济作用都是非常显著的。

（六）尤其值得提出的是，根据有关方面估计，三门峡枢纽打开两个隧洞泄流后，下游河道十年仍将淤积三十亿立方米左右。参考解放后黄河下游河道淤积（约三十亿立方米左右）及堤防培修（共用堤防培修费三四亿元）情况，每淤一立方米须堤防投资费一毛钱左右。同样估计也说明，只有修建泾、洛，渭及山陕干流控制性拦泥水库以后，才能在三门峡枢纽同样运用情况下，使黄河下游河道免于淤积。投资十几亿元，解决半个世纪以上的问题，拦泥二百亿立方米左右，一毛钱一方泥。

由此可见，同样投资用在中游可以根本改善三门峡库区和下游河道的淤积；用在下游加高堤防，被动、挨打。堤防和淤积赛跑，黄河下游的防洪形势将愈来愈严重，与社会主义建设的美好前景愈来愈不相适应。所以说，拦泥库的经济合理性是显而易见的，是勿容置疑的。

这里不但有经济账，还要有政治账。

（本文原载于《黄河建设》1964 年第 10 期）

# 黄河泥沙利害观的演变与发展

方宗岱

（水利水电科学研究院）

**提　要**：黄河泥沙是利还是害，不同的认识，会产生不同的治河决策和治理效果。作者系统地研究了历史上黄河泥沙利害观的演变，分析了不同观点指导下治河实践的成败得失，指出历代治河的主要缺点是将黄河泥沙当做害物，总想远远送之入海，其结果，达不到目的反导致更多的溃决。从利用泥沙的观点出发规划治理黄河，黄河终将会成为造福人类并为人们所控制的河流。

## 一、前　言

河流是非常复杂的物理、化学、生物系统的综合体。要认识某一条河的特性，就需要把有关因素进行分析，但工作量是很大的。黄河是一条多沙河流，用黄河泥沙利害演变来研究，容易为人们所公认。西人曾称黄河为中国之忧虑（China Sorrow），也是从黄河泥沙为害考虑的。

黄河有长达4 000多年的历史资料，建国以来又搜集了各种不同强度的人为控制资料，在世界上再没有这样具有长期资料的河流。用这些资料分析和研究黄河，想不致把本文的题目认为是主观主义的产物。控制后的河流变化如图1所示。本文研讨的范围只限于第1级和第2级影响，这一方面由于作者知识而所限，另一方面是因为整个黄河受泥沙控制作用很强。黄河鱼类的品种很少，主要是鲤鱼，在中游有著名的鲤鱼跳龙门传说，在下游河南、山东两省，也是以鲤鱼为最名贵。长江的情况就不同了，它上游有鲑鱼，中游有中华鲟鱼，下游有鲥鱼。故对黄河特性的研究，仅限于第一级和第二级就够了，即用黄河泥沙利害分析，是能够了解黄河的特性的。

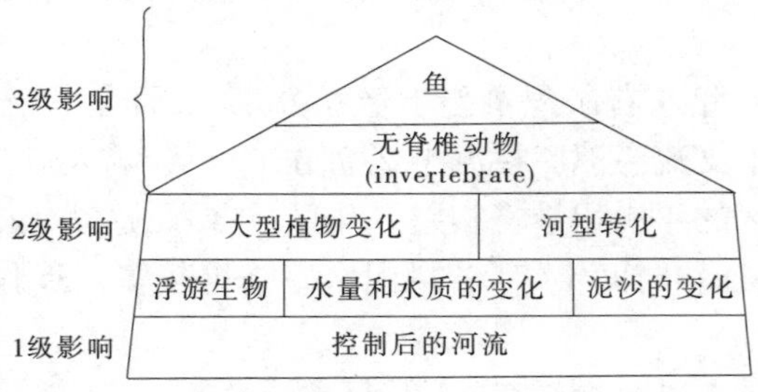


**图1　控制后河流的变化影响示意图**

## 二、黄河是中华民族的摇篮

黄河是中华民族的摇篮。众所周知，世界文化最早的发源地，是尼罗河畔的埃及，印度河流域的印度，幼发拉底河苏格拉底河盆地的巴比伦（即今天的伊拉克）和我国黄河流域的关中盆地。将上述河流做点简单的水文泥沙分析，它们的共同点是水流所含的泥沙中有一部分细泥，而且这些河流都位于北纬30°左右的温带，有足够的降雨量，每年泛滥一次等于对其两岸土地施一次天然淤泥肥料，因而农业、畜牧业就在这些地区首先发展。水、肥、温度是植物生存的三要素，三者之中，细泥有它的地区特性，就是最早的文化发源地，这是客观规律，黄河泥沙最早最大的利惠是我国仰韶文化的产生。

黄河泥沙数量很大，每年产沙16亿t（古时这个数字要少一些），这样大量的泥沙和水一道输出峡谷后，以扇形向下游传递发展，这个扇形造陆过程，除黄河外还有海河、淮河，俗称黄淮海平原。但就其泥沙量而言，海河、淮河是无法与黄河相比的，这个巨大三角洲平原的造陆过程可以说是黄河泥沙水流自然演变的结果。流路不同,高低亦异,利害兼之而利大于害,这是黄河泥沙又给中华民族带来的一个巨大的福利。

### 三、大禹治水的功绩是地平天成

大禹时的黄河与现在完全不同。史籍《孟子》(公元前372—298)说"河水横流泛滥于天下",《穆天子传》(先秦古书)载"河与江淮济为四渎",说明作为海河水系的五大河流,当时曾是黄河的支流。《禹贡·导河》)(战国时成书)又说"……又东至孟津,过洛汭至大伾,北过降(漳)水,又北播为九河,同为逆河入于海",前三句是指黄河当时的流路(即禹河),后两句是大禹治河的主要措施,给水和泥沙都有出路,出路就是古时的渤海湾即今天的河北平原。这方面最近历史地理学者复旦大学谭其骧教授绘制一张先秦各个时期河北平原城邑文化遗址分布图(见图2),可作为论证,说明大禹治河前,河北平原没有人居住,禹治河后始将一片海湾浅滩淤成宜农宜牧的地区,与尚书记载是不谋而合的。尚书(公元前475年)云"帝曰俞!地平天成,六府三事允治,万世永时功"。用现代语解释,"帝",即舜,"俞"指好得很,"地平天成"是指黄河泥沙淤垫大片土地。"六府三事允治"是指黄河已不是横流泛滥于天下,社会经济伦理都得到顺利发展。"万世永时功"是指长期受益。历史学家用地平天成歌颂大禹治河的功绩,是有根据的,是恰当的,比水利界一般把"疏导"作为禹之神功,更能说明实质性的问题。禹从利用黄河泥沙入手治理黄河,仅仅这一点就值得后人效法。

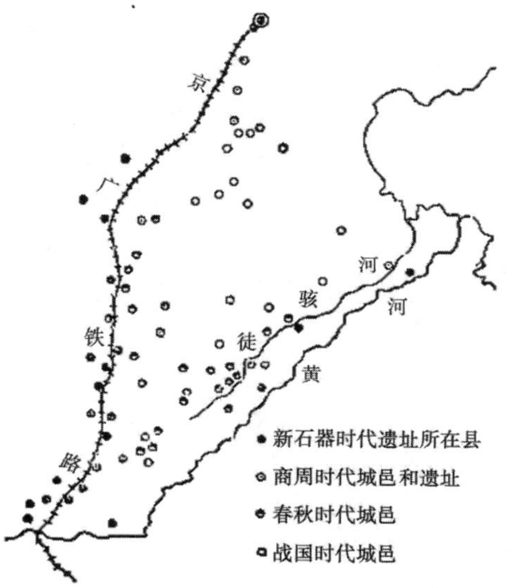


**图2　先秦各个时期河北平原城邑与文化遗址分布图**

### 四、河北渤海洼地的库容是有限的

大禹用以"播为九河,同为逆河入于海"的渤海洼地,库容是很大的,但是有限的,而黄河来沙是无限的。大禹治河,开始于公元前2033年(?),500年后,黄河又转为河水泛滥于天下的景况,而沿河又无洼地足资淤垫,被迫采取逃避的方式,因而商人迁其都,迁都的地址,据《黄河变迁史》作者岑仲勉推测在安阳及黄河下、中游一带。老是靠搬迁总不是一个好办法,故堤防之制就在春秋时期开始了。

### 五、堤防治河反受其害

据汉代贾让在治河三策中说"堤防之制,近起战国"(公元前475—前221年),但据管子坝的形篇记载,公元前651年,齐桓公曾在盟约会上提出"毋曲堤"的问题,说明当时的堤防已经普遍建立。最近有人提出堤防之制的开始年代,不会晚于春秋(公元前700年)是合适的。当时黄河下游人口稀少,土地需要量少,故堤距较宽。

堤防的作用,原只在防止洪水外溢,但泥沙都淤于河床上,使河床高于两岸平原,成为悬河。悬河容易决口改道，两岸反受其害，西汉贾让已经看到了这一点。黄河第一次改道是在公元前 602 年，距堤防兴建不过 100 年，而且改道的洪灾比一般决口的洪灾要严重，因而贾让对堤防治河采取严厉的批判态度。他在治河三策中是这样写的"……缮完故堤，增卑培薄，劳费无已，数逢其害，此最下策也"。把堤防的害处说得详尽透彻，望后代治河不要再拘泥下策。自筑堤防开始，黄河泥沙已由泥利变为泥害，历代治河员工，尽职者只知三防四汛，视黄河为害河；黄河为害，病在泥沙，已为人们所公认。还有"长江万里长，险工在荆江"，沙、荆河段，自荆江大堤兴修，形成十余米的悬河，成为我国防汛工作中的又一心腹之患。黄河、长江受堤防泥沙之苦，可谓至大且巨矣。

## 六、王景治河与潘季驯治河

东汉王景与明末潘季驯同属于堤防治河，前者"千年无恙"，而后者却被称为一团糟，差异何其大矣。盖前者用黄河之泥利，而后者则仅见其泥害，治河指导思想不同，必然誉毁相反。兹将两者详述于后，可为宏观决策者及具体工作者深思熟虑，以免失策也。

### （一）东汉王景治河

东汉王景治河（公元 69 年）后，近千年黄河没有大改道，习称黄河"千载无恙"，这是治理黄河历史上的一件大事。王景治理后黄河的基本流路与《水经注》（公元 527 年）黄河的流路相比，与唐《元和郡县志》（公元 813 年）黄河的流路相比，都是一致的。公元 955 年后在上游河段虽有过小的改道，但在下游复归大河，黄河始终由利津附近入海，直到 1020 年才分流一支东流入淮，另一支由天津入海。黄河经王景治理之后，由利津入海经历 951 年之久。

至于王景治河所采取的方法，在后汉书"王景传"和"明帝本纪"中均有较详细的记载，其中"十里立一水门，令更相回注"两句，堪称绝句。后人多在此两句上斟酌推敲，引出结论，其中清代刘鹗及近代李仪祉两人，对王景评价很高，这两人都是直接或间接参加治黄工作的。如刘鹗在治河续说中载，"……放淤之法，其妙无比，后人只间一用之，惟王景用诸全河。王景传云，十里立一水门，令更相回注，无复溃漏之患。立水门则浑水入，清水出，水入则淤积以厚堤，水出则留淤以厚堰。相回注则河涨水分，河消水合，水分则无盛涨漫溢之虞，水合则落槽有冲刷之力"。廖廖数十语，用字确切，条理分明。治水治沙两种作用兼有，是王景治河的要点。

李仪祉为研究王景治河，专写"后汉王景理水之探讨"一文，对王景治河的"十里立一水门，令更相回注，无复溃漏之患"几句，引今论古，逐字推敲。文曰"方斯修论治黄河，主张建近堤而卑之或缺之，使寻常洪水，得回旋于近堤遥堤与大堤之间，其意合乎王景也。余问恩格斯，黄河试验，何以宽堤距之河糟刷深，能较多于狭堤距？恩曰：正因洪水漫滩，淤其泥沙后，复入河槽，故能刷深较多也，其理与景不谋而合"。该文的结论是"余谓王景之治河，可为后世效法也，其治河功绩与大禹相符，而合乎近世科学之论断"。李在另一文"综论河患"中有"中国治河历史虽有数千年，而除后汉王景外，但未可言治"，且有"千古治河，唯禹景二人"之句。

王景治河一事，是一个科学性很强的历史问题。既要弄清有关历史过程，又要合乎科学依据，两者不可缺一。作者与刘传鹏、包锡成等，感王景治河的重要，写了文章，均刊登于《人民黄河》，这里不予重述。此篇可作刘李两人评述的补充，或可对今后治黄及其他多沙河流治理有现实的指导意义。

### （二）明末潘季驯治河

明代治河的目的是维持南北航运和皇陵不受淹浸。明孝宗弘治六年（公元 1493 年）命刘大夏修治张秋决河时喻旨："朕念古人治河，只是除河之害，今日治河乃是恐妨运道，致误国计，其所关系盖非细浅。"明代祖陵在安徽凤阳，治河员工的守则是保护祖陵、维持航运和除河之害，三者之中有矛盾时，首要的是保护祖陵和维持航运，则置民害于不顾。四任河督的潘季驯是"以堤束水、以水攻沙"并广建减水坝作为治河的基本方针的。从潘于嘉靖四十四年（公元 1565 年）初任河督至万历二十年（公元 1592 年）最后一任离职，相距二十七年，竟决溢七十四次，约平均四个半月决溢一次。决溢如此之多，且多在北岸，是以邻为沟壑的代表作。

靳辅在《治河要论》中说"有明一代，莫善于迦河之绩"，这是下一代治河者对潘季驯堤防治河思想的有力批判。

《黄河变迁史》的作者岑仲勉说,“明代河务一团糟,是有史以来最坏的一个时期”。故人批故人,更具有客观性和真实性。

## 七、水土保持

堤防修筑近三千年,发生六次大改道,2 500 多次决口,两岸低洼地多呈盐碱化,堤防不论线上面上,给两岸人民的灾害是深重的。然而堤防是客观存在的,而且目前还是缺之不可的。长期的实践,使人们产生一个概念,与其长期背水一战,何不釜底抽薪、减沙于产沙之区?2 000 多年前贾让就从理论对堤防予以批判,这不是高谈空论,到具备一定条件时,会论证其正确性的。近代水利专家李仪祉氏在分析 1933 年河道严重淤积时,在其“黄河概况及治本探讨”一文中说“长事增培(堤防)是否足长保输沙入海,维持河防于不败,实为疑问”。李氏生长于陕西蒲城,对黄土特性十分清楚,建议把水土保持做为治河的一种措施。在他的倡导下,1942 年在国民政府黄河水利委员会中开始设立水土保持处,并建立了水土保持实验站。

水土保持,始终把黄河泥沙看作是可供利用的资源,从理论上讲,它是有生命力的。水土保持工作表面上看,系一项简单的工作,但从理论上研究,牵涉面很广,系一项巨大的系统工程,很难求得统一的认识,在以往几十年的工作中走了一些弯路。目前提出的水土保持“以蓄水保土为基础、以经济为中心、以扶贫致富为目的”的方针,无疑是正确的。问题在于当以经济为中心与蓄水保土为基础相矛盾时,如何以科学态度进行决择,我的看法是,只能高高举起保土为基础的大旗,否则会走上回头路,自我毁灭,这个教训,怎样也不能忘掉。

## 八、水库治河

世界上第一个水库是中国安徽寿县安丰塘水库,建于春秋时期,古名为“芍陂”,周围 100 多公里,目前尚可灌溉 15 万亩,是一个灌溉水库。世界上第一个防洪水库,也出现在中国,它就是浙江县章溪的它山堰。堰高 27 m,由 80 层块石砌成,建于公元 833 年,洪水可由堰顶溢出一部分,对下游河道起到防洪作用,目前还继续使用。美国自 20 世纪 30 年代开发田纳西河时,兴建了大量蓄洪滞洪水库。上述这些防洪水库,都兴建在少沙河流上,达到了预期目的,很少很少的泥沙没有带来什么麻烦;但在多沙河流上兴建蓄洪滞洪水座,则完全是另一回事。黄河上三门峡水库是一个鲜明的例子,水库建成后出现一些问题,而且是很难解决的问题。这些问题包括:(1)水库淤积及其引起的水库寿命问题;(2)库尾溯源所引起的回水上延,俗称翘尾巴问题;(3)含泥沙水流对泄流建筑物和水轮机磨损问题。三门峡水库仅运用十几年,上述问题都暴露了;官厅水库也同样出现了这些问题。从理论上讲这些问题从水库本身是无法解决的,采用权宜之计,只是拖延时日而已。故许多人皆以为,多泥沙的水库,泥沙问题属于不治之症,进而认为黄河能否为人类所控制,亦属疑问。在多沙河流上修建水库,中国在这方面付出了很大一笔学费,国内外泥沙工作者,获得了书本上学不到的教益。从历史上深入分析,上述问题是在将黄河泥沙作为有害之物的指导思想下产生的。“圣人出黄河清”,表达了历代人民对治好黄河的迫切心情。但以有限之库容,怎能抵得无限之泥沙?大禹治河向渤海放淤,500 年就淤满了,而三门峡则仅五年就出现了问题,没有从历史上正反两方加以总结,结果总是要吃亏的,这是不以人们意识为转移的客观规律。

## 九、高含沙水流的出现,为解决水库泥沙问题带来了生机

水库治河的缺点是有限的库容抵不过无限的泥沙。1975 年,陕西渭惠渠发现高含沙水流($\rho > 500$ $kg/m^3$),经流约 50 km,沿途不发生淤积。这是古老泥沙学科上的奇迹,首先引起黄委会水科所、水电部第十一工程局科研组和西北水科所的注意和重视。经三个科研单位的分析和研究,得出一个共同的结论,即高含沙水流是属于具有屈服值($\tau_\beta$)的非牛顿流体($\tau = \tau_\beta + \eta \frac{du}{dy}$),从图 3 很清楚地看到,非牛顿流体高含沙水流输沙不是依赖水流流速的纵向紊速挟运的,其输沙能力大于牛顿体的最大挟沙力好几

倍,是由于 $\tau_\beta$ 值所致。公式 $d_{max} = 6\tau_\beta/\gamma_m - \gamma_s$ 及图 4,可说明 $\tau_\beta$ 值对输沙的作用。

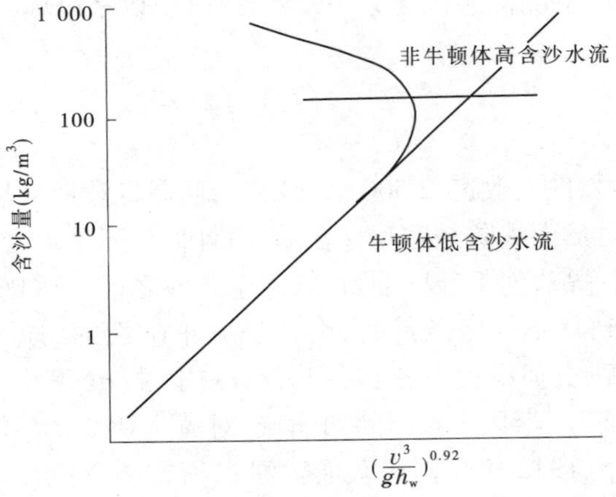


图 3　$\rho \sim (\frac{v^3}{gh_w})^{0.92}$ 关系曲线

另外,牛顿体水流的泥沙是个体自由沉降的,粗沙先入底层,故其阻力大,而非牛顿高含沙水流的泥沙是群体沉降,粗细一齐下沉,故其阻力小,能在比降小的情况下运送泥沙,这就是它的机理。

由于非牛顿体高含沙水流输沙力强和输沙比降小的特点给人们的启发,为解决水库泥沙带来了生机。这方面有山西恒山水库泄空排沙放淤以求得再生库容的利用(图 5)和陕西黑松林水库采取横向冲刷放淤能保持库容不断使用的实践,同时作者于 1976 年提出小浪底水库可采用高含沙调沙放淤方案的建设,以上三方面的工作是不谋而合的,因为在泥沙处理的指导思想上,都考虑到高含沙水流有把泥沙作为有利的东西来处理的可能。

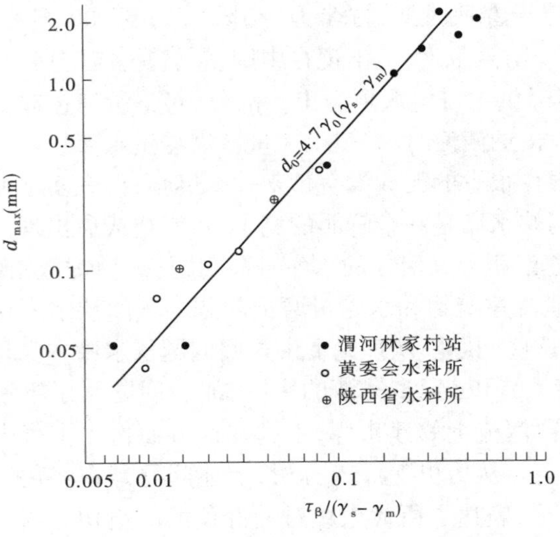


图 4　$d_{max}$ 与 $\tau_\beta/(\gamma_s - \gamma_m)$ 关系曲线

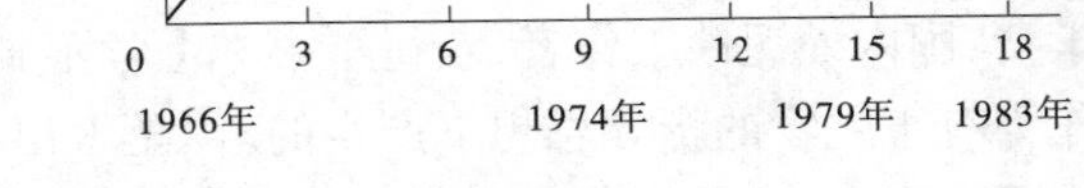

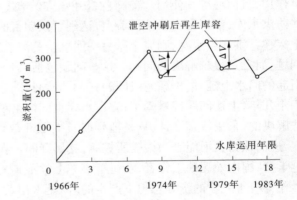

图 5　恒山水库历年水库库区累积淤积曲线

小浪底高含沙调沙放淤方案实施后,对山东河段有正反两方面的影响,有利的一面是山东河段沙量减小,有害的一面是因减少进入山东的水量,减弱了输沙能力。根据三门峡水库建成后的经验教训,山东河段每年以 0.66 亿 t 的速度淤积,河床不断抬高,这一情况对山东河段的防洪、防凌,两岸土地盐碱化治理都十分不利。前事不忘后事之师,可采取沿黄河两岸较大面积的淤积和配合胜利油田的挖泥方案,即山东挖泥治河与小浪底工程运用相结合的方法解决之。

纵观历代治河的主要缺点,是把黄河泥沙当作害物,想远远送之入海。事实亦难办到,因为送沙入海的过程中,难免要发生淤积和溃决。

## 十、历史巨轮碾压的轨迹就是实践

黄河治理本属于自然科学的范畴，以往国内外从事这项工作者，多就技术论技术，采取直接与水沙斗争的方法，长期寻不到良策。幸而黄河治理有 4 000 多年的历史，历史巨轮碾压的轨迹就是实践，而实践是检验科学真理的标准。作者分析研究了黄河泥沙利害观的演变，并以黄河泥沙利害观作为治黄的主要依据和理论基础，以鉴别其治理的成败。

成都武候祠门前有一副对联"不审势、宽严皆悮，以后治蜀要深思；能攻心、反目自销，自古用兵非好战"。这两句话是诸葛亮关于联吴抗曹宏观决策的思想方法和策略。所谓审势，用现代语言解释，即系统工程加辩证法，切忌简单照抄，以免误事。同样是放淤治河，大禹则地平天成，而王安石及后代则难以持久，同样是用堤防治河，王景则千年无恙，而潘季驯则被称为一团糟；同样是水库治河，三门峡水库就泥沙而论是失败的，而小浪底水库采用高含沙水流放淤，则有可能库河两利，经久不衰。

由于社会的发展，科学的进步，人们治理黄河的能力，日见强大。上自河源下至河口，从黄河泥利的观点规划设计管理运用，黄河终将成造福人类并为人们所控制的河流。下表是黄河各个时期治理成败的分析，它可以加深认识这样一个问题：科学理论来自实践，而实践又是检验科学真理的唯一标准。

**黄河泥沙利害观示意表**

| 演变类别 | 序号 | 年代 | 主要内容 | 泥沙利害倾向性 | | 历史评价 |
|---|---|---|---|---|---|---|
| | | | | 利 | 害 | |
| 自然演变 | Ⅰ | | 中华民族的摇篮，黄河泥沙系天然肥料 | 利 | | 仰韶文化对中华民族有重大贡献 |
| | Ⅱ | | 黄、淮、海平原造陆 | 利 | | |
| | Ⅲ | 公元前2033 年 | 大禹治水 | 利 | | 河北平原造陆，地平天成 |
| 人为局部演变 | Ⅳ | 公元前700 年 | 堤防治河开始 | | 害 | 公元前 602 年第一次改道，贾让评为下策 |
| | Ⅴ | | 王景治河 | 利 | | 近千年河无恙 |
| | Ⅵ | | 王安石放淤治碱 | 利 | 害 | 证明天然放淤不能持久 |
| | Ⅶ | | 潘季驯以堤束水，以水攻沙 | | 害 | 明代治河是有时史以来最糟时段 |
| | Ⅷ | | 水库拦沙治河，后改为蓄清排浑运行 | | 害 | 先水库受其害，而后河亦受害 |
| 人为完全控制演变 | Ⅸ | | 小浪底水库高含沙调沙放淤，包括河口控制放淤 | 利 | | 包括龙门水库向小北干流放淤，库、河均将不受泥沙之害 |
| | Ⅹ | | 水土保持以蓄水保土为基础，以经济为中心，以扶贫致富为目的 | 利 | | 坚持以蓄水保土为基础，免走回头路，为治河及水资源开发创造条件 |
| | Ⅺ | | 水库调沙放淤及水土保持 | 利 | | 使黄河（自河源至河口）成为一条人为控制的河道 |

（本文原载于《人民黄河》1988 年第 6 期）

# 立足全局和长远的社会经济发展<br>谈黄河研究的几个问题

徐乾清

(水利部,北京 100761)

黄河,由于它特殊的自然环境、河流特性和悠久的历史文化社会背景,已经成为地理科学和水利技术科学的一个独立学科。黄河不仅是中国人民长期以来的忧患,也是当代中国人民的宝贵财富。对黄河的研究既具有科学价值,又具有现实的社会经济意义。

我认为,黄河的治理开发有三个基本目标:黄河下游防洪安全得到长期有效的保证;水资源(包括水力资源)的合理开发利用;环境恶化得到有效控制,并能逐步有所改善。为了达到这三个方面的目标,必须处理好五种关系:(1)上中游水土资源的开发利用与下游河道防洪安全的关系;(2)上中游水土保持与改善当地环境各延长下游河道寿命的关系;(3)水资源开发利用中发电与供水的关系;(4)干支流控制性水库枢纽工程兴建条件、兴建时机与治黄长期目标的关系;(5)南水北调(包括东、中、西三条路线)与黄河水资源开发利用和下游河道治理的关系。治黄的基本目标和治理中的相互关系,与自然科学、技术科学与社会经济科学密切相关。过去黄委和很多部门已经做过大量工作,取得了重要成果,但存在的问题还很多,还不能适应治黄工作和全流域社会经济发展的需要,仍需要在今后更科学地和具有计划地安排研究,为治黄事业奠定更科学更现实更有效的基础。

在近期我认为有几个问题值得深入研究:

1. 保持黄河下游河道行洪输沙能力,提高河道行洪的安全可靠性,延长河道使用寿命,仍是黄河防洪的重要任务。

新中国建立以来,充分利用1855年铜瓦厢决口改道后出现的有利因素,如东坝头以上改道溯源冲刷和东坝头以下河床相对较低,大力进行防洪工程建设,逐步形成了比较完整的防洪工程体系,河道行洪安全强度有了明显提高,取得40多年黄河下游安全渡汛举世瞩目的成就。但是由于河床淤积加快,“悬河”的危险程度加剧;滩区内人口增多,生产与治理脱节,生产堤的存废举棋不定;上中游水沙变化情况不清;堤防加固和控导工程缺乏全面安排。因而河道出现了许多不利于安全行洪和泥沙处理的复杂情况,如加速了二级悬河的形成,出现“斜河”、“横河”、“滚河”的危险性增加,艾山以下窄河段河床淤积抬高加快等,这些情况对于保持河道行洪安全、延长河道寿命都是非常不利的。从整个黄河下游防洪工程体系看,堤防的安全和河道对泥沙的调节输送能力,是最根本最有效的防洪设施。如果河道恶化,堤防安全没有保障,分洪区、水库枢纽都难发挥作用,在遭遇超标准洪水时挖掘河道行洪潜力,抗洪抢险,缩小灾害损失,也就失去基础。针对出现的新问题,把黄河下游作为一个整体,从长期有效的保持河道行洪安全和尽量延长河道使用寿命这个总目标出发,应开展全面观测和试验研究,及时提出有效的对策。对于黄河下游河道的前途和命运,社会上有不同看法,黄河要不要改道?何时改道?这个问题影响国家对河道治理的决心,还需要做更深入的研究,对此问题加以澄清。我认为从历史的角度看,黄河改道从来都是在战乱不止的时期或国家政治经济十分混乱的情况下发生的,只要国家有一定能力,都尽量维持原有河道,即使发生决口改道,也尽力挽河归故。其所以如此,是因为黄河改道所造成的社会经济影响是每一个时代的国家都难以承受的,只有在无可奈何的情况下才任其形成黄河的大改道。以当前的河道情况、科学技术水平和国家的经济实力,尽量延长现有河道的使用寿命,是完全有条件的。当然这种感性地看问题是极为肤浅的,需要做深入研究工作来回答这个问题。

2. 以小浪底水利枢纽为中心，积极研究干流水库枢纽和重要支流的控制性水库运用对下游河道安全行洪和河道淤积的影响，寻求最有效而且切实可行的联合调度运用的方式。

现在三门峡水库对下游河道防洪的作用和影响方面的研究较多，积累了丰富的经验，刘家峡和龙羊峡水库对下游的影响逐步显露，小浪底水利枢纽已正式开工兴建，大约在5年以后即可能对下游产生影响，今后还可能陆续兴建黑山峡、碛口、龙门等大型水库枢纽工程，对径流和泥沙的调节作用都很大。因此，现在应积极着手研究这些水库枢纽工程对下游河道的影响，寻找对下游河道安全行洪和减少淤积，特别是不使艾山以下河道继续恶化的调度运行方式。当然，上中游已建水库枢纽各有各的重点任务，不能完全服从下游河道的需要，但小浪底枢纽工程以防洪减淤为主的任务是十分明确的，也是客观需要的，因此需要根据研究的成果来修正改进小浪底枢纽发挥的作用和合理调度运用方式。对今后拟建的关键性水库枢纽工程，也需要尽早明确它们的作用、运用方式，特别是与小浪底工程联合运用对全局和长远利益发挥最优作用的调度运用方式，以便选择最有利的时机兴建。小浪底水利枢纽是黄河进入下游黄淮海平原最后一级控制性能良好的工程，对于下游防洪安全和减淤的关系极大，必须认真研究它的运用条件和方式，它的防洪减淤的作用不能与其他作用本末倒置，应当与整个中下游梯级枢纽有机地联系起来研究。

3. 对于黄河水资源的开发利用从全局和长远的社会经济发展形势进行分析研究。

黄河现有水资源十分有限，与当前工农业生产需要和开发黄河流域的土地资源很不适应，同时与流域的防洪和泥沙处理又有一定的矛盾。从流域水资源特点和地区经济发展形势看，兰州以上充分开发水电，兼顾供水，矛盾可能不大，虽然对下游河道输沙是难以做到的；兰州以下，满足水土资源和能源等城市工业发展要求，应以供水为主，同时必须解决用水与输沙的矛盾。以供水的地区发展形势考虑：上中游干旱少雨，现在农田生产能力很低，潜在的可开垦利用的土地资源很多，又是全国煤炭、石油、天然气的重要基地，各种资源的开发利用和生产能力的提高都是国家发展所必须的，都需要解决供水问题，除黄河外，又没有其他水源，因此从远景看，黄河的水资源应当尽量用在中上游。但中上游地区，一般都是水低地高，地形复杂，开发利用条件困难，需要大量投入，短期内是不可能大量开发利用的。近期下游供水的数量和效益都很大，同时河道输沙水量已显不足，在没有进一步弄清情况前是难以大量减少的。供水问题中：上中游与下游的矛盾，用水与输沙的矛盾，既尖锐又复杂，需要从多方面进行综合研究，提出解决办法。这种研究应当是多因素的动态研究，要把解决问题的方案作为一个长期的过程和上中下游相互关联、有机结合的措施来解决。譬如，在研究增加上游供水的方案时，不仅要研究上游开发利用条件，而且还需要研究对下游的影响和应采取的措施，每种方案都应当分阶段地实施，并进行分阶段的调整。一劳永逸，一气呵成的庞大计划，一般都是难以实现的。在当前我认为有三个问题亟待得到回答：(1)从全流域用水发展形势考虑，从黄河下游向华北送水的前景如何？不同阶段的引水规模和黄河来水减少情况下有何应变措施？(2)黄河下游引黄灌溉对河道输沙的影响究竟有多大？下游引黄灌溉的前途和出路如何？(3)下游河道输沙用水量有无减少的可能？这几个问题是很多人所关心的，对今后下游河道治理和水资源开发利用方向、战略步骤也需要及早弄清。

4. 要把水土保持作为国土整治和改变环境的重大建设项目来进行研究。

黄河上中游水土保持工作，对改善当地人民生活生产环境，为能源基地的建设开发和减少入黄泥沙都是至关重要的。这几年来水土保持工作取得很显著的进展，但水土保持工作仍没有摆在一个应有的地位，国家的投入也远远不够，还没有从根本上扭转破坏与治理并存或破坏大于治理的局面。特别是能源基地建设已在整个黄土高原和风沙地带铺开，这些地区生态系统非常脆弱，生活和生产条件都很差，如果不在能源基地建设的同时积极进行水土保持、防风防沙，将来能源基地的存在和发展都会成问题，或者到问题严重时再采取补救措施，则将造成严重浪费。粗沙区的治理是减少下游河道淤积，延长河道使用寿命的关键措施。20世纪60年代这个问题的结论已经明确，但时至今日，我们还没有一个完整的规划方案和实施计划。长城一线造林种草防沙固沙措施虽然成绩很大，但仍十分脆弱，沙漠南侵的形势依然严峻。在全面推行水土保持的同时，对上述问题应当进行专门研究，提出切实可行的实施计划。

5. 三门峡库区和分洪区的治理仍需要继续研究。

三门峡库区的治理关键是渭河下游。渭河下游在三门峡水库修建前，长期处于冲淤大体平衡，并存在累积性微淤，这种平衡处于临界状态。三门峡水库建成后，潼关河床淤高，打破了这种临界状态，加上这些年来渭河下游两岸工农业发展，占用河滩，筑堤行洪，改变了原来河道演变的规律，现在渭河下游已经形成一条地上河，今后仍将向"悬河"方向发展。如果遭遇特大洪水，潼关以上滞蓄洪水，渭河下游将大量增加累积性淤积，河道情况恶化更快。渭河下游地处我国中部和西部联接的咽喉部位，政治经济地位都很重要，同时在大洪水时又是一个不可缺少的滞洪区。因此，对渭河下游河道演变的趋势和改善三门峡水库的调度运用方式的研究也是需要持续不断研究的重要课题。如果不能有效延缓渭河下游河道恶化趋势，三门峡水库的作用将会受到严重影响。

黄河下游分洪区，在现状下，不能不考虑使用，又都认为到时候难以使用。这种状态，长期下去是很危险的，很有可能在特大洪水时，左右为难，下不了决心，而贻误时机，造成意外损失。现在需要对下游分洪区进行全面分析，研究在充分利用河道行洪潜力的情况下，各分洪区究竟在什么情况下必须开启使用，对分蓄洪区按使用机会多少，采取必要措施，真正做到使用机会多的分洪区同时能及时灵活适用，使用机会稀少的需要冒一点风险就冒一点风险，做到心中有数。从这几年的水沙条件和河道淤积的情况看，下游窄河段行洪安全的风险越来越大，下游高水行洪的机会又多，因此在近期把东平湖分洪区和南展、北展的遗留问题，尽快研究提出解决办法，是否更为迫切？

这些问题有一个共同基础，就是弄清黄河水沙变化的趋势。这是绝对不能忽视的。以上几个方面问题是大家都熟知的，我对它的了解又不太确切，冒昧提出，供讨论参考。

（本文原载于《人民黄河》1992 年第 1 期）

# 要根据河流的特性治导河流

张　仁

（清华大学，北京 100084）

黄河下游郑州铁桥至高村是游荡型河段，河道宽浅，水流散乱，冲淤幅度大，主流摆动频繁，容易出现"横河"、"斜河"，是防洪的一个危险河段。特别是其中东坝头至高村一段，从1958年修筑生产堤以来，河道淤积主要限于生产堤内，已形成"二级悬河"。河道横比降增加，一旦大水决开生产堤，就会发生"滚河"，导致大溜顺堤行洪的危险。因此，为了提高黄河下游的防洪能力，迫切需要整治游荡型河段。"规划概要"中指出：需要在近期内修建整治工程，约束主流，减少河流游荡范围，防止发生"横河"、"斜河"和"滚河"等突发险情，确保堤防安全是十分必要的。

对于该河段的整治方案，提出下列意见。

1. 要根据可能的水沙情况确定整治任务

游荡型河流的特点是宽浅、顺直和主流频繁摆动。产生这些特点的原因，一是黄河来水少，来沙多，为了能够把泥沙输送下去，河道的比降就比较陡，流速比较大，河道断面就要向宽浅发展，以保持相对稳定。二是黄河下游宽河段河岸组成的物质抗冲能力低，河道不能向弯曲形态发展。三是黄河下游上段处于严重的堆积状态，主槽淤积抬高后，主流就会摆动到低洼处，形成水流不断迁移摆动的现象。

由此可见，研究游荡型河道的治理，首先要分析近期黄河下游可能发生的水沙情况和河流平面形态可能发展的趋向，才能正确制定整治工作的目标和方法。

黄河下游花园口站的天然平均年径流量为560亿 $m^3$。在近20～30年内，黄河上、中、下游的计划用水量为370亿 $m^3$，其中花园口以上为250亿 $m^3$，花园口以下为120亿 $m^3$。小浪底工程初步设计中估计到21世纪初，花园口多年平均来水量为320亿 $m^3$，就是按上述计划用水量考虑的。由于黄河全流域用水量目前已经发展到近300亿 $m^3$，国民经济的发展还不断提出新的供水要求，预计在近期内，花园口平均年水量减少到320亿 $m^3$ 是完全可能的。

花园口站多年平均来沙量为15.6亿t。80年代泥沙来量大大减少，平均每年为8.6亿t，这是不是一个长期趋势，是大家关心的一个问题。通过近些年的研究表明，黄河来沙量减少的原因大致有两个方面。一方面是1958年以来修建的大量水库和70年代修建的大量淤地坝、梯田等水保措施产生了巨大的拦泥效果。另一方面是在这一时期内，黄河中游的粗沙多沙来源区的暴雨较少，产沙量有较大的降低。例如，多年平均产沙量为8.5亿t的河口镇—龙门区间，80年代的年平均来沙量只有3.7亿t，减少了一半以上。考虑到降雨分布可能恢复到长期平均情况和近年来水利、水保措施的数量增长较慢，在小浪底工程的初步设计中规定，到21世纪初，黄河下游年平均来沙量为13.7亿t。当然，这个数字可能是比较保守的。随着小流域治理和林草面积的增长，黄河来沙量可能会有所减少。

按照上述的来水、来沙量，预计黄河下游河道中每年将淤积3.78亿t，1986—1989年四年中平均来水量每年320亿 $m^3$，来沙量7.7亿t，下游河道每年淤2.6亿t。因此，即使原来的来沙量有所减少，下游河道的淤积仍将达到很大的数量。由此可见，在小浪底工程建成前的一段时期中（10年左右），黄河来沙量虽然有所减少，但水量减少更多，黄河下游河道将处于严重的堆积状态中。郑州铁桥至高村间的河道游荡特性将难以有显著的变化。

小浪底工程建成后，开始三年，水位抬升至250 m，黄河下游将发生清水冲刷，最大冲刷量可能达到9亿t。从第四年开始，水库水位将逐步抬高，拦粗沙，排细沙，使下游河道处于微冲微淤的状态。总的来说，修建小浪底工程，将使黄河下游有20年左右的时间处于冲淤平衡状态，这种状态，是个十分有利于把河道整治成比较稳定的微弯型河道的机会。如何安排好整治工程的计划，使其能适应两种截然不同的水沙情况,取得良好的整治效果,是当前迫切需要研究的课题。

顺便提一下温孟滩的问题。从以上分析可以看出,由于来水量的大量减少,在最近二三十年内,黄河下游的淤积问题仍将是十分严重的。限于国家可能的投入和工业开发增加入黄沙量,近期入黄泥沙数量也不可能很快降低,而小浪底工程的减淤效益只能维持下游冲淤平衡20年。因此从长远来看,必须考虑下一步处理黄河泥沙的措施。在这次考察中看到,原来曾经考虑过的一些放淤区,如原延封、台前、东明等,目前均已成为人口密集、农业高产的地区,大规模放淤可能性已经很小。只有温孟滩居民较少,还有可能处理较多的泥沙。特别是小浪底工程已经开工,利用小浪底工程的落差,在相同的面积上可以处理远较其他淤区更多的泥沙,沉沙后清水还可以回到黄河,因此具有很大的减淤效益。根据初步分析,减淤效益可以达到小浪底工程的一倍半,即黄河下游可得到30年左右的冲淤平衡时间。但是,最近听说要利用温孟滩解决小浪底工程的移民问题。对此,我认为是十分不妥的。希望水利部、河南省、黄委会的领导同志从黄河的全局出发,慎重考虑,以免造成不必要的损失。

2. 要根据河流的特性来治导河流

在一定的水沙和边界条件下,河流形成一定的平面、纵向和横向的形态,这些形态特征是比较稳定的。利用工程措施来改变河流形态,需要在人力、物力上付出相应的代价。例如,河流的弯曲率,即两点之间河道长度和直线距离的比值,就是这样一个形态的特征值。美国密西西比河下游在一段很长时期内发生了大量裁弯,但河道长度始终保持在一定范围之内,也就是保持着一个和水沙、边界条件相适应的稳定弯曲率。黄河下游过渡段的整治上取得了较大成功,很重要一点,是在整治前后基本上保持了弯曲率的一致(大约在1.3)。而高村以上的游荡型河段情况则有较大的不同,目前弯曲率大致在1.07~1.10。如果也整治成像过渡段那样的弯曲率弯道,整治工程是否能和水流协调一致,原有的输水输沙条件是否会失去平衡,是需要仔细研究的。

3. 要保持宽河道的泄洪能力

黄河下游是一条地上河,控制河道的洪水位、保持河道的泄洪能力是防洪工作中的一项重要任务。弯曲率较大的整治工程会增加河道对水流的阻力,特别是深入河道的长丁坝,由于和大洪水的流路不一致,将会在较大程度上增高洪水位。对于一定的设防水位来说,也就是减少了河道的泄洪能力,过去黄委会对这方面的要求是很严格的。因此有必要利用模型试验研究各种整治方案对洪水位和河道泄量的影响。

4. 要充分保持宽河段的滞洪滞沙作用

黄河下游河道上宽下窄,比降上陡下缓,因此排洪能力上下段有很大差别。由于上下河段相互之间的依存关系,保持高村以上宽河道的滞洪滞沙能力是避免下游窄河道防洪条件恶化的重要条件。目前“规划概要”中规定,控导工程的高程按5 000 $m^3/s$时的水位加1 m超高来确定,在宽河段,这就相当于使15 000 $m^3/s$左右洪水不能漫滩。随着控导工程的增多,加上目前尚未清除的生产堤,将大大抑制宽河道滞洪滞沙的作用。根据程致道同志介绍*,1982年8月2日在花园口洪水流量达到15 300 $m^3/s$的条件下,大部分控导工程和生产堤都没有漫顶,从而减少了宽河道削减洪峰的能力。同相似的1954年相比,花园口洪峰流量15 000 $m^3/s$,至孙口削减到8 640 $m^3/s$,而1982年花园口流量15 300 $m^3/s$,到孙口却有10 100 $m^3/s$。由此可以大致看到滩区滞洪作用受限制后的影响。因此,目前控导工程设计高程需要降低,原则上应和滩面相平,并加紧废除生产堤,以利于改善二级悬河的险恶状态,恢复宽河道的滞洪滞沙作用,减轻山东窄河道的防洪负担。为了保证控导工程的安全,目前还需要加紧进行控导工程新结构、新材料的研究工作。

5. 避免增加进入窄河段的泥沙负担

采用弯道控制水流,虽然是单边控制,但必会缩窄水流宽度,导致水流挟沙能力的增加。因为弯曲水流有离心力,控导工程的反作用对水流有一定的压缩作用。这一点可以在过渡性河段整治后的高村、孙口河相关系变化上看出来。河道的弯曲率越大,这一影响也越显著。较多的泥沙进入窄河段后,虽然

*见1991年第5期《人民黄河》程致道文“对当前黄河下游河道整治的管见”——编者注。

艾山和利津间的窄深河段有较大的挟沙能力，但泥沙送到利津以下的河口地区后，其中大部分将淤落在近海区内，使河道伸长和促使下游河道发生溯源淤积。进入河口地区的泥沙量越多，河道延伸的速度就越快，将会导致窄河段淤积加重。所以黄河下游淤积的纵向分布上需要加以控制。龙羊峡水库投入运用后，使汛期水量减少，非汛期水量增加，对窄河段已经产生了不利影响。因此，今后更需要认真研究进入窄河段泥沙量的变化。

6. 对近期工作安排的建议

由于对游荡型河道的整治尚未取得足够的经验，目前整治工作还不宜全面铺开，应该把力量集中在一些有把握的重点工程上，需要一边实践，一边总结经验；同时加紧开展必要的科学研究工作。黄科院现已建成的河道模型，已经完成了验证工作，是研究各种整治方案的良好工具，应该充分发挥其作用。另外，为了预估宽河段整治可能带来的影响，建立一个适用于黄河下游的泥沙冲淤数学模型也是当务之急。与此同时，要加紧废除生产堤，降低控导工程的高度，恢复宽河段滞洪滞沙的能力，利用洪水漫滩落淤，改变二级悬河的不利状态。

（本文原载于《人民黄河》1992年第2期）

# 对黄河治理若干问题的认识

张光斗

（清华大学，北京 100084）

## 1　黄河下游河道整治

黄委会对黄河下游河道整治进行了规划，认为黄河下游河道防洪安全关系着黄河下游平原经济建设和人民生命财产的安全，十分重要，目前黄河下游河道防洪形势依然严峻。河槽淤积萎缩严重，主槽行洪能力降低，中等洪水漫滩，容易出现斜河、横河险情；堤防强度不足，部分大堤断面高度和宽度均不满足要求，还有獾狐洞穴等隐患，大堤溃决危险依然存在；黄河下游高村以上河段堤距 5 ~ 10 km，主流摆动多变，控导工程不配套，有的险工坝垛根石不足，新的整治工程尚少，且基础较浅，未经大水考验；黄河下游滩区和东平湖与北金堤滞洪区 180 多万人缺少安全设施，一旦滞洪，临时撤退转移有困难。因此，黄委会初步规划，一要加高培厚大堤，二要加固险工坝垛，三要整治河槽，四要加固东平湖部分围堤，增设滞洪区安全设施，估计需要投资 35 亿元。

我认为黄河下游河道的整治关系着下游平原的安全，十分重要，目前防洪设施不配套，主流游荡摆动不定，很不安全，所以整治黄河下游河道是根治黄河的关键措施之一，必须抓紧进行。修建小浪底工程后，能提高黄河下游河道防洪标准，并减淤 20 年，但洪水下泄将影响下游河道的冲淤状况，特别是小浪底水库运用初期，清水下泄，下游河势游荡变化，可能危及堤防。如遇大洪水，要保证防洪安全。所以国家计委批复小浪底工程设计时指出，“小浪底工程上马，决不能放松下游堤防的维修加固，……将不断提高防洪能力等问题放在重要位置，不能掉以轻心”，是十分正确的。

黄河下游河道来沙量，目前估计为年平均 13.5 亿 t，需要进一步核实，还要估计丰沙年和少沙年的来沙量，以及小浪底水库各个时期调水调沙下泄水沙情况，拟定下游堤防加高培厚、险工加固、河道整治方案。而这三者是互相联系的，河势确定了险工位置及对险工和大堤的加固要求，各种来水来沙年和小浪底水库各个运用时期下泄水沙量又是不同的，情况十分复杂，要提出整治黄河下游河道的预可行性报告或初步设计，有理论计算和模型试验的充分论证，报送上级，经审查批准后，再请国家计委拨款实施。因为工程巨大而复杂，必须精心设计，精心施工，才能收到实效，应该经过这种程序。

## 2　黄河河口整治

黄河平均每年有 10 亿 t 泥沙进入河口地区，在河与海交汇处，大部分泥沙淤积在三角洲填海造陆，河口迅速淤积延伸，上游河道产生溯源淤积，入海流路就会出汊摆动，进而改道，形成淤积、延伸、改道过程，不断循环演变，将使胜利油田和三角洲工农业建设受到巨大损失。所以黄河河口急需整治。黄委会和胜利油田提出了《黄河入海流路规划报告》，1992 年国家计委已批准。1993 年底黄委会报送了《黄河入海流路治理第一期工程项目建议书》，工程投资经水利部与山东省和中国石油总公司协商，取得一致意见，已报国家计委审批。“建议书”认为采取适当的工程措施，可使现行清水沟流路西河口至清 7 断面的河道在 30 年左右的时间内保持稳定，清 7 断面以下需要有一定的摆动范围，安排为北汊 1 和北汊 2。目前各方面对清 7 断面以下是否改道尚有不同意见，工程投资也未落实。

我认为黄河河口需要治理，但问题十分复杂，需要对一期工程进一步研究，提出预可行性报告，有理论分析和模型试验验证，报送上级审查批准，工程投资也需要落实。看来，一期工程要早日实施。

## 3　小浪底水库优化调度运用

在小浪底工程可行性研究及初步设计阶段，对水库的防洪、防凌、减淤、供水和发电运用方式进行了研究，提出报告，经过批准。但水库建成后如何优化调度运用，使其充分发挥以减少下游河道淤积为中心的最佳综合利用效益，则需要进一步研究。尤其是 80 年代后期由于龙羊峡水库的多年调节和工农业用水的发展，汛期进入下游的水量大幅度减少，水少沙多的矛盾更为突出，出现了水沙两极分化的新情况，因此，更需要进一步研究水库优化调度运用方式。黄委会在 1993 年提出了《小浪底水库运用方式研究大纲》，计划 1994—1998 年开展工作。这个大纲已报送水利部请求审批，并拨发经费，研究内容有：近年来黄河水沙变化情况；小浪底水库调水调沙运用方式和既延长水库寿命，又利于下游河道整治，以减淤运用为中心的综合利用调度方式。目前黄委会已进行了初步研究，提出运用初期库水位为 205 m 时，开始发电，调水调沙，淤滩冲槽；逐步提高库水位运用，增高淤积高程，增加发电水头，到水库正常蓄水位 275 m 时，保留库容 50 亿 $m^3$。这样可延长水库寿命，取得最好减淤效果，30 年内能取得相当于下游河道 20 年不淤的减淤效果。

我认为水库优化调度运用是必要的，但问题十分复杂，首先要预测来水、来沙情况，包括平均水沙年、丰水丰沙年、丰水少沙年、少水少沙年、少水多沙年等。继之，要研究水库调水调沙运用对库区冲淤变化和水库淤积过程，以及对黄河下游河道冲淤情况、减淤效果和河道整治的影响，而水库冲淤又是与下游河道减淤和整治相互联系的，要对双方都有利。最后还要考虑到水库的综合利用。研究工作是大量的，有很多方案，既要做计算分析，又要做模型试验，水库和下游河道都需要。最好由各单位平行做模型试验和计算，以便互相验证。水库正在建设，对此要抓紧进行研究，并要与河道整治工程研究同时进行，时间紧迫，要有充足经费。

## 4　黄河水资源开发利用

黄河流经青海、甘肃、宁夏、内蒙古、陕西、山西、河南、山东诸省区，养育着沿河人民，是我国的母亲河，但水资源紧缺，而工农业和生活用水量不断增加，还需要水量冲沙入海，水资源供需矛盾日益突出。目前黄河下游河道每年断流时间和断流河段加长，主要是由于来水量少，上游用水增加，再加上上游水库调度较少考虑下游用水所致。对此，黄委会提出加强黄河水资源开发利用管理，严格分配各省用水，集中统一调度，提高用水水价等对策。

这些当然都是对的，但要逐步实现。加强管理、统一调度是必要的，请中央和国务院决策。提高水价，看来要逐步实施。关于水资源合理分配问题，现已有国务院批准的分水方案。随着流域经济建设的发展，工农业和生活用水不断增加。龙羊峡和刘家峡水库建成后，增加了供水能力，也增加了用水量；万家寨和李家峡水库建成后，要发展工农业用水；将来大柳树、碛口、古贤等水库修建后，增加了调水供水能力，也增加了工农业和生活用水。所以必须大力开展节约用水，提高水价能促进节水。现定黄河水资源分配方案已实施多年，宜进行总结，根据实践经验，可否进行必要的修正。此外，平水年、丰水年、枯水年的水资源分配方案应该分别加以规定，才能使水资源得到合理利用。

## 5　黄河中游水土保持

黄河中游水土流失严重。新中国成立后，中央和地方都重视黄土高原的治理，在保护生态环境、促进生产、减轻土壤侵蚀和减少入黄泥沙等方面收到明显效果。但由于自然条件差，治理难度大，多沙粗沙区治理进展缓慢，水土流失仍很严重。据估计，每年进入黄河下游的沙量为 13.5 亿 t，由于水土保持的效益，减少了泥沙 2.5 亿 t，但遇丰水年又兼遇大暴雨情况下，黄河中游来沙量超过 15 亿 t，黄河下游河道年淤积量 4 亿～5 亿 t。若遇五六十年代来水年份，黄河中游来沙量将高达 20 亿～30 亿 t，大幅度地淤高下游河道。此外，中上游人为水土流失也很严重，每年向黄河输送泥沙 0.3 亿 t。中游水土保持生效需要较长时间，小浪底水库使黄河下游河道减淤只 20 年，将来中、下游其他水库修建后，能起减淤作用，但几十年后也将把水库淤满。所以必须抓紧黄河中游的水土保持工作。黄委会提出将黄河中游多沙粗沙区治理开发列为国家基本建设重点项目，加速治理。水土保持治理要与发展经济结合起来，要用政策调动群众对水土保持的积极性，要增加国家和地方的投入，要把多沙粗沙区的治理及社会经济协调发展列为国家科技攻关课题，组织全国科研单位和高等院校参加，要有足够的科研经费。

我认为中游水土保持工作是十分重要的，是治黄的根本措施，只有中游水土保持搞好了，入黄泥沙减少了，黄河下游河道才能得以根治，这是百年大计。为了确保我国国民经济建设的顺利发展，黄河中游的水土保持工作是必不可少的，要长期坚持搞下去。

（本文原载于《人民黄河》1996 年第 2 期）

# 关于黄河下游河道治理的两个问题

钱正英

（中国工程院 土水建工程学部，北京 100038）

**摘　要**：针对黄河下游河道治理的治标性问题，即如何治理黄河下游河道的滩区，提出了三点建议，指出黄河下游治理不要停留在概念上，要通过各个方面开展实际工作，在实际工作中逐步取得共识，尽快地开展滩区治理工作；针对黄河下游河道治理的治本性问题，即如何改善进入黄河下游的水沙关系，指出需要研究黄河下游河道的生态用水量，合理配置黄河水资源。

**关键词**：水沙关系；滩区治理；合理配置；生态用水；黄河

黄河的治理是世界性的难题，在最近几十年的大规模治理开发后，正面临着一系列的新情况和新问题。黄委组织这种开放性的高层研讨会，以求真务实的态度，和各方面的专家共享资源，交流思想，使大家都很受鼓舞。由于黄委认真准备了背景资料，许多专家也是有备而来，因此会议很有收获。在此，我只想就大家所讨论的问题，从今后实际工作的角度，谈一点初步的认识。

## 1　黄河下游河道的治本性问题和治标性问题

黄河下游河道的具体问题很多，我认为当前最需要研究的是两大问题：第一是治本性的问题，即如何改善进入下游的水沙关系；第二是治标性的问题，即如何治理下游河道的滩区。

有关水沙关系，大家分析了很多。我只想补充提出有关水资源的合理配置问题，重点想提些关于如何开展滩区治理的意见。

## 2　如何开展滩区治理

黄河下游河道滩区治理的问题十分紧迫，关系到 181 万人口的安全和发展。如果滩区治理问题得不到及时明确的解决，小浪底枢纽就有可能降级为保滩区的枢纽。大家可以想象一下，如果再来洪水，滩区某一部分的圩堤即将面临溃口、大量的人口安全不能保证的时候，地方上要求黄委控制小浪底枢纽，甚至要求水利部控制枢纽，在那个时候不管是主任还是部长，都很难拒绝，除非有严格的法律规定，有广泛的、深入的共识，否则是很难处理的。

如何解决滩区的问题？意见分歧较大。我建议，通过以下几方面的研究，逐步形成统一意见，并且展开实际的行动。

### 2.1　从大的发展方向来研究

无论是主张宽河还是窄河，对生产堤是废是保，大概都会有两点共识：第一，目前的滩区人口过多，今后更加需要控制人口的继续发展。现在下游滩区面积 3 544 $km^2$，耕地 25 万 $hm^2$，人口 181 万，今后要全面建设小康，人口的密度太大。第二，今后滩区生产的发展方向，必须要适应行洪、蓄洪的特点。例如过去实行的"一水一麦"政策，看起来不容易维持现在的生存和发展，恐怕需要考虑发展如草畜业、旅游业等，并且生产的方式一定要向规模化、现代化发展。

根据以上两点情况，黄委是否可以考虑与地方共同协商，确定近期需要搬迁的村庄和迁移地点，并且在国家发展改革委员会的支持之下，扩大各种试点，包括移民搬迁和改变生产方式。

### 2.2　建议黄委做各种方案的具体比较

从过去三峡工程论证的经验来看，当时在论证过程中有各种意见、分歧，最后采取的办法是对各种意见尽量做出具体的比较方案，从中分析利弊得失和可行性。

目前,我认为至少有几种方案值得做深入比较:第一个方案就是全部废除生产堤,第二个方案是基本维持生产堤现状,第三个是黄委水科院泥沙所提出的方案;当然还可能有黄委同志提出的其他各种方案。我认为,不管哪种方案,论证都要具体化,只有这样才能比较,否则很难取得共识,也难以做出正确的判断和选择。

### 2.3　建议黄委具体分析各种滩区的不同情况

黄河下游滩区分为四大段,即京广铁路以西、京广铁路—东坝头,东坝头—陶城铺、陶城铺—宁海,四段滩区情况差别很大。我们如果仅讨论概念,很难取得统一的认识,应当具体分析不同河段滩区的不同情况,才有利于从实际出发,找到切实可行的方案。例如陶城铺以下河段,基本上是窄河,河宽都在1~3 km之间,根本没有实施宽河方案的可能,滩区群众应该尽量搬迁。对陶城铺以上的宽河,应对小于3 000 $m^3/s$ 流量就要漫滩出问题的河段首先进行处理。如东明宽河段,过去就曾开展过研究,希望建成蓄洪放淤区,新中国成立以来东明河段出问题最多,如果要避免下次再来不大的洪水就面临要控制小浪底枢纽的压力,我建议黄委首先对这类地方进行处理。就目前东明河段究竟是搞蓄洪区还是把生产堤废除,面临着很难的选择;这里的问题解决了,对黄委来讲就是取得了效果。有时候笼统地讨论是窄河还是宽河、生产堤是废还是除,很不容易取得共识。但是我们可以先选择一些在实际工作中需要处理的典型河段,进行具体的调查,研究它当前和今后的实际问题和合理的解决措施,这样就可能比较容易逐步地统一认识。首先在这个地方先统一认识,有一个方案,进而通过这些典型,逐步地从全面取得统一认识,还可以不失时机地开展工作。

总的建议是,各种方案不能光停留在概念上,而是通过从各个方面开展实际工作,在实际工作中逐步取得共识。当前应进一步明确大的发展方向,通过具体的分析,处理接触到的问题,进行各大方案的具体比较,以尽快地开展滩区治理工作。

## 3　黄河水资源的合理配置

黄河问题过去是水少沙多,水沙关系不协调。几十年大规模治理开发以后,水沙都大幅度减少,到现在还是水少沙多,水沙关系的不协调甚至更趋严重。因此,改善进入黄河下游水沙的关系,是维持黄河下游河道生命的根本措施。就目前的情况看,矛盾的主要方面恐怕已经不是沙多,而是水少。因为从沙的方面讲,首先应当尽量减少,而现在已经在减少了,但是最终减少的幅度看来是有限的,最乐观的估计大约年输沙量可能减到8亿t。水的问题,我们过去对水少的问题认识还不够。现在看起来,在黄河治理的过程中,在泥沙量减少的同时,水量也相应减少,甚至于水的减少幅度比沙减少的幅度更大,特别在汛期;而且水量的减少还将继续。所以说,如果我们不加以管理,水沙的关系可能在今后更加恶化。因此,要改善黄河下游水沙关系,首先要研究为了维持黄河下游河道的生命,究竟需要多少水;然后研究究竟如何合理地配置黄河水资源,来保证这项生态用水。

黄河水资源配置的矛盾由来已久,过去黄河的社会经济用水量很少,但是即使这样,水沙平衡仍然很难维持。在历史上,黄河只是通过不断地决口以及平均500年一次的改道,才勉强维持了下游河道的水沙平衡。而现在社会经济用水已经增加到300多亿 $m^3$,用水的范围已经扩大到海河、淮河等外流域。再者,黄河上中游的生态用水到现在还计算不清,总的看起来是不断扩大的。

因此,从总体上看,社会经济和生态用水已经超出黄河水资源的承载能力,必须要研究进行合理地配置,但是在合理配置中还有不少难点,首先是上中游和下游用水的水权问题。从黄河的天然情况来看,上中游是产水区,下游两岸是分属于两个流域的;但是另外一方面,下游又是受黄河洪水威胁的地区。过去,总量300多亿 $m^3$ 的水分配给上、中、下游各省,由于是根据当时各省的实际经济发展水平制定的分配指标,因此从合理性来讲,上中游的指标是偏低的,特别是青海等地。现在上中游的经济发展了,原有的分配指标不够,我们怎么解决?是认为上中游只有这些水权,要增加用水指标,只能通过西线南水北调解决;还是认为应当从下游调剂一些指标。我个人主张上中游分水指标应该增加,增加的办法,是首先从下游调剂。很多同志无论从合理性或者可能性的角度出发,也提到了应当从下游调剂,因为下游水量的缺口可以通过南水北调的东线和中线来弥补。

如果考虑从下游调剂指标，就有第二个问题，下游的用水如何从东线和中线调剂？有两种设想：一种是把下游的用水直接划到东线、中线，例如比较合理的设想，就是至少把黄河以南划出去。但是这里有一个很现实的问题，因为黄河处于分水岭、位于最高点，多年来形成的黄河向南的引水系统一直运行得非常顺利，如果用南水北调的东线和中线代替引水，黄河以南的有些地方，像河南就得另外建设引水渠系。另外一种设想，还是用黄河水，但是这部分指标从南水北调的水量中扣除。

既然上中游用水需要适当地增加，那么增加到什么程度、增加部分应该由谁来供给都是我们面临的问题。因为南水北调西线的水是进入黄河的，最后还是从黄河分配，所以上中游由黄河供水的界限应当如何确定、西线南水北调的供水对象又应当如何确定等一系列问题还需要研究解决。

总的来讲，如果我们要改善进入黄河下游的水沙关系，就必须要合理地配置黄河水资源，只有这条我们是可以掌握主动权的。

（本文原载于《人民黄河》2004 年第 4 期）

# 维持河流健康生命
## ——以黄河为例

李国英

（黄河水利委员会，河南 郑州 450003）

**摘　要**：通过对河流与人类文明发展相互关系的阐述，确立了河流的价值主体地位，提出了河流治理的终极目标，即维持河流健康生命。以黄河为例，论述了21世纪维持黄河健康生命的治河方略，从理论体系、生产体系和伦理体系3个不同的视角，阐述了这一治河理念的内涵、目标及实现战略。认为应分阶段、有步骤地实施"1493"治河体系，构建人类和河流间的和谐关系，从而使黄河的健康生命得以恢复及维持。

**关键词**：河流生命；黄河健康生命；治河体系；黄河

## 1　河流生命概念的建立与河流治理的终极目标

### 1.1　河流孕育了人类文明

地球上生命的任何现象都与水紧密相连，生命演化的每一个步骤都离不开水。如果说水孕育了生命，那么完全可以说河流孕育了人类文明。人类从游牧阶段走向定居从事农业生产，继而创造农耕文明，完全依赖于河流。

尼罗河特有的自然条件，满足了古埃及人生存和生产的基本需求，极大地促进了古埃及经济社会的发展。古埃及文明在尼罗河年复一年的泛滥中诞生。幼发拉底河和底格里斯河上游的冰雪融水和降雨，滋润着下游地区的干旱地带，孕育了早期的苏美尔农耕文明和古巴比伦王国的繁荣。印度河流域的地形条件和气候、水文条件，催生了南亚次大陆青铜时代文明。黄河以其生命之水哺育了中华民族的成长，以及农业和其他一切经济活动的兴起与发展。

古代埃及、古代巴比伦、古代印度和古代中国所创造的人类文明史，实际上就是其赖以生存和发展的尼罗河流域、幼发拉底和底格里斯两河流域、印度河流域和黄河流域的河流文明史。历史证明，没有河流，人类文明不可能诞生更谈不上发展。因此，可以得出这样的结论，河流是人类文明的起源，它不仅孕育了人类文明，而且滋润着人类文明的不断成长。

### 1.2　人类对河流的伤害及其后果

鉴于河流对人类文明孕育和发展的重要作用，人类在开发利用河流时，就应该建立一种至高无尚的生态良知、生态道德和生态责任，并以此作为共同遵守的道德规范和行为准则。然而，纵观古今中外人类与河流的关系史，却并非如此。甚至生活在今天的人们，或囿于认识水平所限，或立足于狭隘的局部利益，在处理与河流的关系时，仍然未能完全摆脱人类中心主义的价值取向，对河流的开发利用，较少顾及其承载能力，以至于使人类赖以生存的生命之河屡遭劫难。

公元前77年，位于新疆孔雀河畔的楼兰古国是西域农业最为发达的绿洲。随着人们对孔雀河水无节制地开发利用，最终导致孔雀河的断流。公元542年，楼兰古国彻底消亡。当年盛极一时的楼兰完全被湮埋在罗布泊西岸的沙漠之中。

塔里木河是中国最大的内陆河，它的兴衰关系到整个塔里木盆地的生存与发展。因为它是维系塔里木盆地东部生态系统的唯一输水通道，也是阻隔塔克拉玛干沙漠和库鲁克沙漠的天然屏障。然而，由于对其水资源的过度开发利用，下游河道自20世纪70年代开始长期处于断流状态，致使具有战略意义的下游绿色走廊濒临毁灭，靠绿色走廊分割的塔克拉玛干沙漠和库鲁克沙漠呈合拢之势。

淮河流域是我国人口密度最大的流域，从20世纪80年代起，流域内造纸、酿造、化工、皮革、电镀等耗水量大、污染严重的行业迅速发展,废水、污水排放量急剧上升;同时,对农作物施用的化肥和农药等大量残余面源污染物随灌区退水进入淮河干支流。这使淮河变成了名副其实的承泄大量污染物的排污河,沿岸生态系统受到了严重威胁。

阿姆河是中亚最大的河流,也是咸海的主要水源。由于上中游地区的灌区开发,大量的河水在流进咸海之前被引走,造成进入咸海的水量急剧减少,20 世纪 80 年代末,阿姆河发生断流。20 世纪 60 ~ 90 年代咸海水位下降了 14.9 m,面积缩小了 42.5%,储水量减少了 69.5%。干涸的湖底面积已达到 27 万 $km^2$,其中 90% 的裸露湖底变成了沙漠,并成为盐、杀虫剂残留物的沉积地,大风每年从干涸的湖底吹起的盐类多达 4 000 多万 t,同时挟带有毒沉积物,波及距离达 400 ~ 800 km,引起下风侧的人畜呼吸道疾病和癌症发病率迅猛增长。

科罗拉多河是美国西南部干旱地区的最大河流,由于水资源的过度开发,导致自然状态下的洪水过程基本不再出现,河道发生萎缩,下游湿地面积大幅度减少,河口地区水质恶化[1],再加之一些有毒物质和放射性物质经污染后的地下水渗流进入河水中,美国河流协会已将其列为 2004 年美国十大濒危河流之首[2]。

黄河的水资源利用已经突破河流承载的极限,其标志为 1972—1999 年的 28 年中,有 21 年出现了断流现象,有些年份一年中发生多次断流,给下游地区沿河城乡人民生活和工农业生产造成严重影响,同时也使河口三角洲生态系统遭到破坏。黄河是一条多泥沙河流,再加之近 20 年来没有发生对下游冲刷有利的洪水,致使主河槽淤积加剧,平滩流量大幅度下降,“二级悬河”形势严峻,即使发生小洪水,主槽也难以容纳,出槽后必然造成重大河势变化。与此同时,进入黄河的废污水量在近 20 年内由 21.7 亿 t/a 增加到 41.5 亿 t/a,其中大多数没有经过处理直接排入黄河干支流,致使黄河污径比加大,使原来就十分突出的水资源供需矛盾更进一步激化。

随着人类经济社会的发展及其对河流的索取,目前全世界河流的绝大多数处于“病态”之中,有些河流甚至已“病入膏肓”。

### 1.3　河流生命概念的建立

在传统的或狭义的生命科学中,生物学家一般是把河流排除在生命之外的,尽管河流在地球上富于生物多样性生物圈中占有极其重要的地位。生命,作为一个一般科学概念,是在 19 世纪初提出来的,其本意是想用这一概念把生物与非生物区别开来。因此,传统的或狭义的生命概念都是基于生物特性提出来的。

根据当代自然科学发展的大趋势和 20 世纪生命科学迅猛发展的背景,广义的生命科学研究将进入生态系统,即以人类研究为主体,更加讲究生态、经济、社会和制度的综合效益,在理论和控制策略研究相结合的基础上,进行自然科学和社会科学相结合的综合性研究,进一步向着系统化的方向发展[3]。

在现代的、广义的生命科学建设中,笔者主张赋予河流生命的意义,建立河流生命概念。理由如下:

(1)在宏观尺度中,河流完全体现了生命运动过程贯穿的物质、能量、信息三者的变化、协调和统一。

生命的运动过程,具有能量流动、物质循环和信息传递三大基础功能。其中能量流动和物质循环是生态系统中最主要的特征。以河流为中枢的水文循环过程具有明显的能量流动和物质循环特征。

水文循环是地球上最主要的物质循环,对地球环境的形成、演化和人类生存都具有重大作用。它实现了地球水圈中各水体的水分交换和更新;直接影响着一个地区的气候特征;使水成为重要的地质营力实现地球化学物质的迁移。在水文循环过程中,河流始终处于中枢地位:一方面它作为大气降水的下垫面直接承纳大气降水;另一方面作为承泄区接纳地下水和潜流的汇聚,同时作为通道将上述大气降水和出露地下水及潜流输送至尾闾的海洋或湖泊。

太阳辐射给了生物生命运动的能量。同样,推动水文循环系统的能量也来自于太阳的辐射能。陆地上和海洋中的水,吸收了太阳辐射能转化为自身的势能,并克服地球引力蒸发为大气水,大气水又受地球引力作用而降落到陆地上形成径流,一部分势能在降水过程中散失掉,一部分成为河流流动的动能,同时仍保留一定的势能。在地球引力作用下,河水不断从上游向下游流动,因克服流动阻力、冲蚀河床、挟带泥沙等,所含水的能量分散地逐渐被消耗。与生态系统的能量流动过程完全一样,河流中水的能量也是按照递减的规律,单向地在河流中流动。

(2)只有赋予河流生命意义,才能树立河流的价值主体地位,从而改变人类中心主义的价值取向。

人类中心主义的价值观,表现为凡是对人有用的,就是有价值的;凡是对人无用的,就是没有价值的。即人类自认为是自然界的中心和主宰,自居于征服和战胜自然的位置,对世界上的一切事物都以是否对己有利而决定取舍,忽视了自然界和环境的价值。结果导致当传统的经济指标明显上升时,生态系统却遭到了严重破坏。由此说明,人类中心主义的价值观的致命伤在于只承认经济增长的重要性,忽视甚至无视经济发展永远也不可能摆脱其制约的生态背景,把经济活动孤立起来,企图在这个非线性运行的生态世界里实现永久性的线性经济增长[4]。

人类中心主义价值观导致了河流的过度开发利用,河流由此作出的负反馈也使人类付出了高昂的代价。经验和教训告诉我们,人与河流的关系应该是和谐相处。为了实现这一目标,就必须将河流视为生命体。唯有此,才能唤醒人类对河流的尊重意识,从而为盲目扩张的人类活动限定一条不可逾越的"底线"。

### 1.4　河流治理的终极目标

河流生命的核心是水,命脉在于流动。河流中不间断的径流过程标志着河流生命脉搏的跳动,只有不间断的径流过程存在,才有沿河生态系统的良性维持。河流中适时的洪水过程标志着河流充满着朝气和生命的活力,只有适时地发生一定量级的洪水过程,才有河道的不萎缩,才能使河流保持健康的生命形态。因此,不能认为通过一系列的水利工程措施把一条河流的水资源全部"吃干喝净"就是一条河流水资源利用率高的成就和标志。也不能认为,通过一系列工程措施把一条河流的洪水全部消除就是彻底治理好一条河流的主要标准。

截至目前,世界范围内对河流治理的基本方法和技术手段日臻完善,对河流的控制几乎可以达到随心所欲的地步。无可讳言,相对于河流的治理目标,人们似乎更注重治理的过程,仿佛人类在河流治理上的价值只有在轰轰烈烈的工程建设过程中才能得以充分体现。相反,对河流治理的终极目标并未进行认真而充分的讨论。当然,要对河流治理的终极目标下一个统一的定义是相当困难的,毕竟世界上的河流充满了个性化和特殊性。但从河流生命的角度仍能找到一个共同期望的答案,那就是河流治理的终极目标是维持河流的健康生命。至于河流个性化和特殊性在其终极目标中的反映,应该分别制定各自不同的健康生命指标或结构体系。

## 2　维持黄河健康生命治河体系

### 2.1　维持黄河健康生命的研究内容

#### 2.1.1　理论体系

将维持黄河健康生命作为黄河治理的终极目标,这是一种新的治河理念,没有现成的理论和经验可供借鉴。因此,就维持黄河健康生命来讲,需要建立属于自己的理论体系,该体系应包括黄河健康生命的定义、内涵、目标及控制指标,确定实现维持黄河健康生命的过程和阶段,以及在每个阶段中为达到相应目标而采取的方向性对策。

#### 2.1.2　生产体系

如果说理论体系的构建侧重于逻辑的严密、定义的准确和自然规律的内在本质性把握,那么,生产体系的构建则侧重于以维持黄河健康生命理念融入其中的具体治理方案的实施及其所获取的客观效果,或治理方案实施对维持黄河健康生命治河终极目标的逼近。理论体系是生产体系的先导,生产体系是理论体系的依托,二者相辅相成。

#### 2.1.3　伦理体系

纵观国内外人类活动对河流的伤害,无不凸出人类中心主义的价值取向,实际上是人类与河流之间没有建立起一种伦理关系,致使无人认为人类对河流应该承担的道德责任。因此,要在全社会都将维持河流健康生命化作人类的自觉意识和积极行动,就必须建立一种基本的伦理道德观——河流伦理,而且还必须将其渗透到人类繁衍和成长的过程中。因为,广泛的共同遵守的伦理道德常常比国家法律更加具有普遍约束力。

### 2.2 维持黄河健康生命过程的阶段划分

维持黄河健康生命是一项长期而艰巨的历史任务,在实现其终极目标的过程中,根据黄河水沙条件的变化,可将其划分为近期、中期和远期3个阶段。

(1)近期是指南水北调西线工程生效之前。在这段时间内,黄土高原水土流失治理将减少年入黄泥沙总量控制在3亿t的水平上,黄河本体的水资源量没有外来水源的补充,经济社会发展仍然维持较高的水资源需求,黄河水少、沙多、水沙关系不协调的形势继续朝着恶化的方向发展。在这种边界条件约束下,近期的工作目标是遏制对维持黄河健康生命的各种不利因素继续恶化的趋势。

(2)中期是指南水北调西线一、二期工程生效之后,三期工程生效之前。在这段时间内,黄土高原水土流失治理将减少年入黄泥沙的总量控制在5亿t的水平上,西线南水北调增加黄河水资源量90亿$m^3$,加之对黄河水资源需求的有效管理,黄河水沙关系较近期有所改善。中期的工作目标是进一步提高对黄河水沙关系的调节能力,增强调节效果,逐步恢复河道基本功能,河流生态系统得到有效改善。

(3)远期是指南水北调西线三期工程生效之后。黄土高原水土流失治理将减少年入黄泥沙的总量控制在8亿t的水平上,西线南水北调在中期调水规模的基础上再增加黄河水资源量80亿$m^3$,使黄河水资源量增加170亿$m^3$。随着入黄泥沙的进一步减少,水资源量的进一步增加,黄河的水沙关系得到较大改善,同时,黄河水沙调控体系已构建完成。远期的工作目标是通过完善的水沙调控制体系维持黄河健康的生命形态,进而实现人与黄河的和谐相处。

### 2.3 "1493"治河体系

维持黄河健康生命为黄河治理的终极目标,这一终极目标更多地表现为一种治河的理念,它要通过具体的表现形式或载体得以显现,即黄河健康生命要有一种标志,这种标志直观地、通俗地表达就是"堤防不决口,河道不断流,污染不超标,河床不抬高"。这4个标志,应通过与之相应的治理途径得以实现,这些治理途径主要包括以下9条:①减少入黄泥沙;②流域及相关地区水资源利用的有效管理;③外流域调水增加黄河水资源量;④建设黄河水沙调控体系;⑤制定并实现黄河下游河道科学合理的治理方略;⑥塑造使河道主槽不萎缩的径流过程;⑦采取满足水质功能要求的水资源保护措施;⑧治理黄河河口,以尽量减少对下游河道的负反馈影响;⑨满足黄河三角洲生态系统良性维持要求的径流过程塑造。

要确保上述9条途径的科学性、合理性,就必须将每一条途径及其派生的具体方案和措施置于科学决策场中,这个场由"三条黄河"构成,即原型黄河、数字黄河和模型黄河。

1个终极目标,4个主要标志,9条治理途径,"三条黄河"决策场,构成了"1493"治河体系[5]。

## 3 维持黄河健康生命行动及其效果

### 3.1 水资源统一管理与调度

黄河是我国西北和华北地区的重要水源,以占全国河川径流总量2%的水资源,承担着全国12%的人口、15%的耕地的供水任务,同时还承担着向流域外部分地区远距离调水任务。随着流域及相关地区经济社会的迅速发展,水资源供需矛盾日益加剧,由于对全流域水资源缺乏统一管理和水量统一调度,引用黄河水一度处于无序状态,致使黄河下游频繁断流。

从1999年开始,国务院授权黄河水利委员会对黄河水资源实行统一管理并对黄河水量实施统一调度。以此为契机,黄河水利委员会采取了以下措施:

(1)行政措施。成立专门的黄河水资源管理与调度机构,在国务院1987年批准的黄河可供水量分配框架下,实行以省际断面流量和水量控制为主要内容的行政首长负责制,并加强协调管理和严格督查。

(2)法律措施。依据《中华人民共和国水法》,制定了旱情紧急情况下的水量调度预案,经国务院授权水利部批准后,在黄河特枯水年严格执行。

(3)技术措施。建设了全河水文、水质信息的采集、传输和处理系统,调度方案决策依据数学模拟系统的超前与跟踪运行结果适时调整,非常情况迅速启动涵闸远程控制系统实施紧急控制,大大提高了全河水量调度的科学性和准确性。

(4)工程措施。充分发挥黄河干流不同河段水库对径流的调节作用,汛后蓄水以供翌年春灌用水,根据不同河段的用水需求,对黄河干流水库实施联合调度,使黄河水资源得到优化配置。

(5)经济措施。一是提高了供水价格;二是在下游部分灌区推行了"订单供水";三是在上游部分灌区进行"水权转换",即在供水总量不增加的情况下,工业项目出资对灌区供水渠道进行衬砌,灌区节约出来的水供工业项目使用。通过以上措施的实施,1999 年至今,尽管黄河流域连年枯水,主要来水区比多年同期来水偏少三成(2003 年 1—7 月,来水比多年同期偏少五成,是黄河有实测资料以来的最小值),但黄河却在 1990—1998 年连续 9 年断流的情况下实现了连续 6 年不断流,最大限度地发挥了黄河水资源的经济、社会和生态效益。

### 3.2　调水调沙

黄河下游河道是举世闻名的"地上悬河"。现状黄河下游河床普遍高出背河地面 4 ~ 6 m,最大达 12 m。20 世纪 90 年代,持续的枯水系列,长期的小流量过程,致使主河槽淤积、萎缩呈加剧之势。据测验分析,这一时期黄河下游主河槽淤积占全断面淤积量的比例高达 90%,局部河段河槽的过流能力由 20 世纪 80 年代的 6 000 $m^3/s$ 降至 2 000 $m^3/s$ 左右。黄河下游河道特别是主河槽的严重淤积,主要原因是进入黄河下游的水沙关系不协调。为了塑造协调的水沙关系,就必须借助干支流水库对天然水沙关系进行调节。

#### 3.2.1　基于小浪底水库单库运行的调水调沙

小浪底水库位于控制进入黄河下游河道水沙的关键部位,该水库控制了黄河径流量的 91%,控制了近 100% 的黄河泥沙。对小浪底水库布设于不同高程的泄流排沙设施进行组合,可对水库出流要素进行控制,人工塑造一种适合于下游河道输沙特性的水沙关系,充分发挥使下游河道不淤积或冲刷条件下单位水体的输沙效能。

2002 年 7 月 4—15 日,黄河水利委员会实施了基于小浪底水库单库运行的调水调沙。控制进入下游河道的平均流量为 2 649 $m^3/s$,平均含沙量 133 $kg/m^3$,历时 11 天。其结果,黄河下游河道主河槽全部发生冲刷,冲刷量 0.562 亿 t,河槽冲刷深度 0.07 ~ 0.26 m,过流能力增加 90 ~ 500 $m^3/s$[6]。

#### 3.2.2　基于不同来源区水沙过程对接的调水调沙

此种调水调沙模式建立在小浪底水库以上来含沙量较大的洪水,而在小浪底水库以下同时来含沙量较小洪水的水沙条件下。利用小浪底水库不同泄水孔洞组合塑造一定历时和大小的流量、含沙量及泥沙颗粒级配过程,加载于小浪底水库下游支流所来的"清水"之上,并使其在花园口站准确对接,形成花园口站协调的水沙关系,实现既排出小浪底水库的库区泥沙,又使小浪底水库下游所来"清水"不空载运行,同时使黄河下游河道不淤积的目标。

2003 年 9 月 6—18 日,黄河水利委员会实施了基于不同来源区水沙过程对接的调水调沙。控制小浪底水库出库平均流量 1 690 $m^3/s$,平均含沙量 40.5 $kg/m^3$。同时利用小浪底水库下游支流伊河上的陆浑水库和洛河上的故县水库,控制小浪底水库下游"清水"平均流量 739 $m^3/s$,平均含沙量 1.4 $kg/m^3$。上述两个水沙过程在花园口站对接成平均流量 2 394 $m^3/s$,平均含沙量 31.1 $kg/m^3$。其结果,用 27.19 亿 $m^3$ 的水量把 1.207 亿 t 的泥沙送进了渤海,其中黄河下游河道主河槽冲刷了 0.388 亿 t 泥沙,小浪底水库的排沙比高达 107%,即在实现了黄河下游河道冲刷的同时,小浪底水库也减少了淤积[7]。

#### 3.2.3　基于干流水库群联合调度和人工扰动的调水调沙

此种调水调沙模式是建立在黄河没有发生洪水的条件下,干流水库在上年汛末蓄水,至汛前必须泄至汛限水位,针对水库如何泄流而进行的一种专门设计。即通过干流万家寨水库、三门峡水库和小浪底水库的联合调度,在小浪底库区塑造人工异重流,调整其库尾段淤积形态,加大小浪底水库排沙量;同时,利用进入下游河道水流富余的挟沙能力,在黄河下游主槽淤积最为严重的卡口河段实施河床泥沙扰动,扩大主槽过洪能力。

2004 年 6 月 19 日至 7 月 13 日,黄河水利委员会实施了基于干流水库群联合调度和人工扰动的调水调沙。其过程分两个阶段。第一阶段为 6 月 19—29 日,小浪底水库按控制花园口站流量 2 600 $m^3/s$ 下泄清水,下游河道卡口处实施人工扰沙,以利用清水下泄富余的挟沙能力。第二阶段为 7 月 2—13 日,三门峡水库下泄的人造洪峰强烈冲刷小浪底库尾的淤积三角洲,并使三门峡水库槽库容冲出的泥沙和小浪底库尾淤积三角洲被冲起的细泥沙成为沙源,以异重流形式在小浪底库区向坝前运动,利用万家寨水库泄放水流的后续推力将小浪底水库异重流推出库外。本次调水调沙运行,使小浪底库区淤积形态得到调整,黄河下游河道主河槽全线发生冲刷,共冲刷泥沙 0.642 亿 t。黄河下游河道主河槽的最小过洪能力由 2002 年汛前的 1 800 $m^3/s$ 提高到 3 000 $m^3/s$[8]。

2002—2004 年连续三年的调水调沙运行结果证明,通过调水调沙塑造和谐的水沙关系,可以有效遏制黄河下游河道形态持续恶化的趋势,随着外流域调水对黄河水资源量的增加,再加之水沙调控体系的日臻完善,不断对黄河水沙关系进行调整,可逐渐恢复黄河健康生命形态,并最终得以良性维持。

## 参 考 文 献

[1] 李国英. 治水辩证法[M]. 北京:中国水利水电出版社,2001.
[2] 刘冰(译),孙磊(校). 2004 年美国"濒危河流"名单揭晓[EB/OL]. http://www.hwcc.com.cn/,2004-04-27.
[3] 黄诗笺. 现代生命科学概论[M]. 北京:高等教育出版社;海德堡:施普林格出版社,2001.
[4] 陈敏豪. 归程何处[M]. 北京:中国林业出版社,2002.
[5] 李国英. 维持黄河健康生命[J]. 科学,2004(3).
[6] 李国英. 黄河首次调水调沙[J]. 科学,2003(1).
[7] 李国英. 黄河中下游水沙的时空调度理论与实践[J]. 水利学报,2004(8).
[8] 李国英. 黄河第三次调水调沙试验的总体设计与实施效果[J]. 中国水利,2004(22).

(本文原载于《人民黄河》2005 年第 11 期)

# 黄河下游滩区再造与生态治理

张金良

（黄河勘测规划设计有限公司，河南 郑州 450003）

**摘　要**：黄河下游滩区总面积 3 154 $km^2$，现有耕地 22.7 万 $hm^2$，人口 189.52 万人，受制于特殊的自然地理条件和安全建设进度，滩区经济发展落后，人民生活贫困。结合新时期国家发展战略及治水新思路，考虑黄河下游自然特点和水沙输移规律，提出“洪水分级设防，泥沙分区落淤，滩区分区改造治理开发”的再造与生态治理设想。黄河下游滩区再造与生态治理方案实现了治河与经济发展的有效结合，符合国家推进生态文明建设的要求，对实施精准扶贫、助推中原经济区快速发展具有重要意义。建议尽快开展黄河下游滩区再造与生态治理方案研究，选择典型试点河段编制实施方案并进行治理试验，而后逐步向全下游河道推广。

**关键词**：功能区划；生态治理；滩区再造；黄河下游

## 1　黄河下游滩区概况及存在问题

### 1.1　滩区概况

黄河下游河道内分布有广阔的滩地，总面积为 3 154 $km^2$，占下游河道总面积的 65% 以上。陶城铺以上河段滩区面积为 2 624.9 $km^2$，约占下游滩区总面积的 83.2%；陶城铺以下除平阴、长清两县有连片滩地外，其余滩地面积较小。

黄河下游河道 120 多个自然滩中，面积大于 100 $km^2$ 的有 7 个，50～100 $km^2$ 的有 9 个，30～50 $km^2$ 的有 12 个，30 $km^2$ 以下的有 90 多个。原阳县、长垣县、濮阳县、东明县和长清县等 5 个县自然滩的滩区面积均在 150 $km^2$ 左右，除长清滩位于陶城铺以下外，其余均位于陶城铺以上河段。

黄河下游滩区既是行洪、滞洪和沉沙区，又是滩区人民生产生活的重要场所，滩区现有耕地 22.7 万 $hm^2$，村庄 1 928 个，人口 189.52 万（河南省 124.65 万人，山东省 64.87 万人）[1]。滩区经济是典型的农业经济，农作物以小麦、大豆、玉米为主，受汛期漫滩洪水影响和生产环境及生产条件制约，滩区经济发展落后，并且与周边区域的差距逐步扩大。

### 1.2　滩区治理存在的问题

新中国成立以来，黄河下游河道及滩区治理取得了很大成就，进行了 4 次堤防加高培厚，开展了河道整治及工程建设，开辟了东平湖、北金堤等分滞洪区，实施了滩区安全建设和“二级悬河”治理试验，研究了下游河道及滩区治理模式和补偿政策等[2]。然而，由于黄河水沙情势变化和社会经济快速发展，因此滩区治理仍存在以下问题：

（1）“二级悬河”威胁防洪安全，影响滩区发展。黄河下游不仅是“地上悬河”，而且是槽高、滩低、堤根洼的“二级悬河”。目前，下游“二级悬河”严重的东坝头—陶城铺河段滩唇高出大堤临河地面 3 m 左右，最大高差达 5 m，滩面横比降达 0.1% 左右，约为河道纵比降的 10 倍。“二级悬河”的不利形态一是增大了形成“横河”“斜河”的概率以及滩区发生“滚河”的可能性，容易引起洪水顺堤行洪，增大冲决堤防的危险；二是容易造成堤根区降雨积水难排，内涝导致农作物减产甚至绝收，土地盐碱化加重群众土地改良负担。小浪底水库投入运用后，虽然下游河道最小平滩流量恢复至 4 000 $m^3/s$ 以上[3]，但滩地横比降远大于河槽纵比降的不利形态未得到有效改变。

（2）滩区安全建设滞后，滩区群众缺乏安全保障。长期以来，滩区安全建设资金投入不足，建设进度缓慢。下游滩区 189.52 万人中，安全建设已达标和 20 a 一遇洪水不上滩的受保护者仅有 28.22 万人，安全生产设施不达标的有 89.46 万人，无避水设施的有 71.84 万人。同时，撤退道路少、标准低，救生船只短缺，预警设施不完善，不能满足就地避洪和撤退转移的需要，滩区绝大多数群众生命财产安全得不到保障。近年来河南、山东两省正在推进滩区居民搬迁，但仅是试点性质，受投资限制，搬迁人口较少。

（3）滩区经济发展缓慢。黄河下游滩区属于河道的组成部分，按照河道管理有关规定，滩区内发展产业受到限制，经济以农业为主，农民收入水平低下，生活贫困。据统计，2015 年河南省农村居民人均可支配收入为 10 853 元，而封丘、台前、范县等滩区县分别为 8 206、7 434、7 805 元。

（4）滩区经济发展与治河矛盾突出。滩区群众为发展经济、防止小洪水漫滩，不断修建生产堤。生产堤虽然可以减轻小水时局部滩区的淹没损失，但却阻碍了洪水期滩槽水沙自由交换，进一步加速了“二级悬河”的发展，大水时反而加重了滩区的灾情，更不利于下游防洪。另一方面，为减少生产堤决口，地方政府对小浪底水库提出了拦蓄中常洪水保滩的要求，从而影响了水库防洪减淤作用的充分发挥。下游洪水泥沙处理与滩区经济社会发展矛盾日益突出，已成为黄河下游治理的瓶颈。

（5）滩区治理问题复杂，各方意见存在分歧，影响了滩区治理进度。黄河下游滩区治理十分复杂，涉及防洪、泥沙、生态、社会、政策等问题。近年来进入黄河下游的水沙又发生了较大变化，社会各界对滩区治理的认识也存在分歧，从而影响了滩区治理决策。

## 2　黄河下游滩区治理相关研究

黄河下游长期以来以“善淤、善徙、善决”著称于世，历史上洪水泛滥频繁，两岸人民灾难深重。人民治黄以来，对黄河下游进行了大规模的治理，初步形成了以中游水库、下游堤防、河道整治、分滞洪区等工程为主体的防洪工程体系。

针对黄河下游滩区治理问题，20 世纪八九十年代就有专家提出有关成果[4-5]，2004 年黄委先后在北京、开封召开了“黄河下游治理方略研讨会”，对黄河水沙变化、调水调沙与水库调度、下游河道与滩区治理以及滩区政策等进行了广泛而深入的探讨[6]。随后，有针对性地开展大量研究，获得了黄河下游生产堤利弊分析研究[7]、黄河下游滩区治理模式研究[8]、黄河下游滩区运用补偿政策研究[9]、黄河下游滩区治理模式和安全建设研究[10]等一系列成果。2007 年启动的《黄河流域综合规划》列“黄河下游河道治理战略研究”等有关专题[11]，围绕宽河、窄河治理战略，生产堤废、留问题做了大量工作，提出了宽河固堤、废除生产堤全滩区运用的治理模式，并以此形成了“稳定主槽、调水调沙、宽河固堤、政策补偿”黄河下游河道治理战略，并纳入《黄河流域防洪规划》《黄河流域综合规划》（2012—2030 年），得到国务院批复，成为今后一个时期指导黄河下游河道和滩区治理的基本依据。

2012 年，“十二五”国家科技支撑计划项目“黄河水沙调控技术研究及应用”，单独列“黄河下游宽滩区滞洪沉沙功能及滩区减灾技术研究”课题开展研究[12]，提出了未来宽滩区推荐运用方案，即保留生产堤，对于花园口站洪峰流量在 6 000 $m^3/s$ 以下的洪水，通过生产堤保护滩区不受损失；对于花园口站洪峰流量超过 6 000 $m^3/s$ 的洪水，全部破除生产堤，发挥宽滩区的滞洪沉沙功效。

2012 年，宁远带专家考察下游河道，提出“稳定主槽、改造河道、完建堤防、治理悬河、滩区分类”的治理思路，该思路是通过采取措施稳定主槽、改造河道，建设二道堤防，并进行“二级悬河”治理，在新的防洪堤与原有黄河大堤之间的滩区上利用标准提高后的道路等作为格堤，形成滞洪区，当洪水流量大于 8 000 $m^3/s$ 时，可向新建滞洪区分滞洪，对滩区进行分类治理，解放除新建滞洪区以外的滩区。2013 年黄委联合中国水利水电科学研究院、清华大学等单位，开展了“黄河下游河道改造与滩区治理”研究工作。

## 3　黄河下游滩区再造与生态治理方案

考虑新时期治水思路和滩区经济发展新要求，充分吸纳黄河下游滩区治理成果，结合黄河水沙、防洪条件变化以及滩区治理面临的问题，经研究分析，提出黄河下游滩区再造与生态治理方案。

（1）方案的主要依据。①我国对各类防护对象实施按洪水标准设防。②黄河下游滩区的功能是行洪、滞洪、沉沙，为适应黄河多泥沙的河流特性，下游的河道形态是上宽下窄（最宽处达 24 km，最窄处 275 m），河道比降是上陡下缓（河南河段约为 0.02%，山东河段约为 0.01%），排洪能力上大下小（花园口 22 000 $m^3/s$,孙口 17 500 $m^3/s$,艾山 11 000 $m^3/s$)。利用宽河段滞洪(超过滞洪能力时启用分洪区)处理洪水,利用广大滩区沉沙落淤(较高含沙量洪水上滩落淤后,较低含沙量水流沿程演进归槽,适应山东河段比降缓输沙能力弱的河道特性),据此,广大的滩区既是处理洪水泥沙的重要场所,又是群众赖以生存的家园。③加快推进生态文明建设是新时期国家重要战略。

(2)方案的指导思想。坚持以人为本、人水和谐和绿色发展理念,在保持下游河道"宽河固堤"的格局下,针对黄河水沙情势变化及治理工程开发布局,通过改造黄河下游滩区,配合生态治理措施,形成黄河下游居民安置、高效生态农业及行洪排沙等不同功能区域,实现滩区"洪水分级设防,泥沙分区落淤,滩槽水沙自由交换",保障黄河下游长期防洪安全,构建黄河下游生态廊道,推动滩区群众快速脱贫致富。

(3)方案思路。结合黄河下游河道地形条件及水沙特性,充分考虑地方区域经济发展规划,对滩区进行功能区划,分为居民安置区、高效农业区以及资源开发利用区等;利用泥沙放淤、挖河疏浚等手段,由黄河大堤向主槽的滩地依次分区改造"高滩""二滩""嫩滩",各类滩地设定不同的洪水上滩设防标准,不达标部分通过改造治理达标(具体设防流量标准可结合不同河段上滩流量综合分析确定)。"高滩"区域也可叫高台,结合滩区地形,在临堤 1 ~2 km 内划定淤高,作为居民安置区,解决群众安居乐业问题,部分区域也可建设生态景观,其防洪标准达 20 a 一遇;"二滩"为高滩与控导工程之间的区域,高于嫩滩,结合"二级悬河"治理,改变"二级悬河"不利形态,发展高效生态农业、观光农业等,该区域上水概率较高,承担滞洪沉沙功能;"嫩滩"为"二滩"以内临河滩地,建设湿地公园,与河槽一起承担行洪输沙功能。

黄河下游滩区再造与生态治理方案既保留了黄河下游滩区水沙交换和滞洪沉沙功能,又解决了滩区群众的安全和发展问题,对保障黄河长期安澜,促进滩区社会经济快速发展和群众脱贫意义重大。黄河下游滩区再造与生态治理后典型断面及概念示意见图 1、图 2。

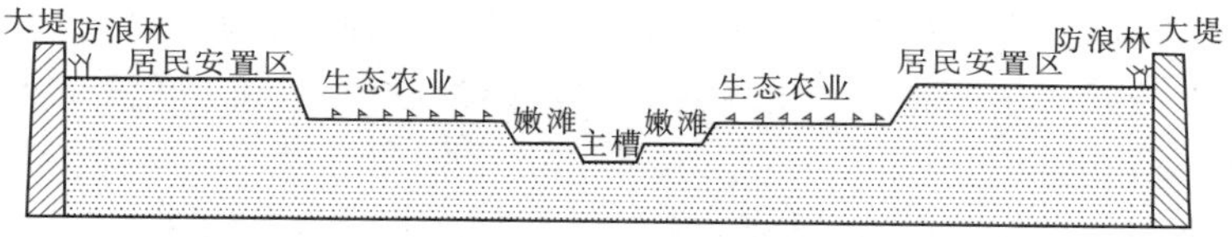


**图 1　黄河下游滩区再造与生态治理后典型断面示意**

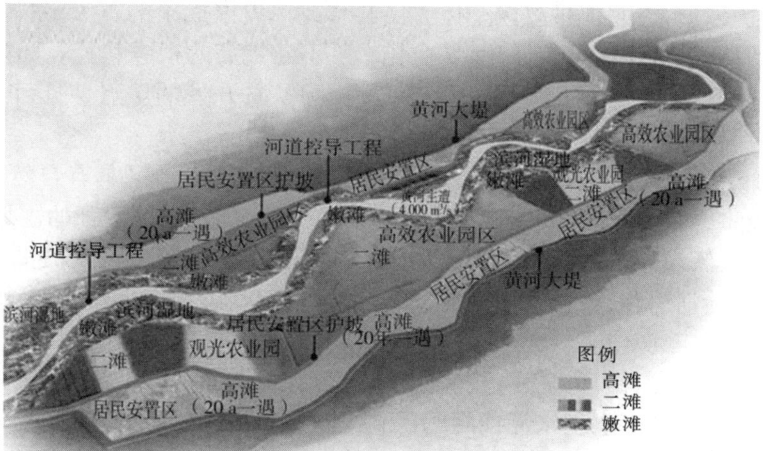


**图 2　黄河下游滩区再造与生态治理概念示意**

## 4　实施黄河下游滩区再造与生态治理的重大意义

(1)是新时期黄河下游滩区治理的重要方向。黄河治理与国家的政治、社会、经济、技术背景等密切相关。20 世纪 90 年代中期,国家提出了实施可持续发展战略,黄委针对黄河出现的防洪、断流、水污染等问题，提出了"维持黄河健康生命"的治河理念，在这一理念指引下，开展了"三条黄河"建设，并进行了黄河调水调沙探索与实践。2012年11月，党的"十八大"从新的历史起点出发，做出"大力推进生态文明建设"的决定；2015年5月，中共中央国务院颁布了《关于加快推进生态文明建设的意见》。遵照党中央国务院指示，顺应经济社会发展的需求，黄委党组提出了"维护黄河健康生命，促进流域人水和谐"的治黄思路。黄河下游滩区再造与生态治理就是把滩区治理放到区域经济社会发展全局和生态文明建设大局中去谋划，让滩区更好地服务区域经济社会和生态发展需求，打造绿水青滩，改善区域生态环境，更好地造福滩区和沿黄广大人民群众，最终实现滩区人水和谐共生，实现滩区及两岸经济社会绿色、协调、可持续发展。滩区再造与生态治理符合国家发展战略，是新时期黄河下游治理的重要方向。

（2）是助推中原经济区发展的客观需求。2011年以来，国务院陆续下发了《国务院关于支持河南省加快建设中原经济区的指导意见》《国务院关于大力实施促进中部地区崛起战略的若干意见》，国家发展改革委印发了《关于促进中部地区城市群发展的指导意见》《中原城市群发展规划》等，要求"加快转变农业发展方式，发展高产、优质、高效、生态、安全农业；重点培育休闲度假游等特色产品，实施乡村旅游富民工程，建设黄河文化旅游带""建设黄河中下游沿线生态廊道……在符合有关法规和黄河防洪规划要求的前提下，合理发展旅游、种植等产业，打造集生态涵养、水资源综合利用、文化旅游、滩区土地开发于一体的复合功能带"。

黄河下游滩区土地、光热资源丰富，但经济发展落后。滩区区位优势不仅无法发挥，而且受其所困，经济发展总量和质量远落后于周边地区，拖累中原经济区加快建设的步伐。实施滩区再造与生态治理，将根据不同滩区区位优势，突出防洪安全的保障作用，积极发展休闲旅游服务业，大力发展高效农业，开发利用好滩区土地和黄河水资源，调整传统小农经济结构，促进滩区经济快速发展，构建区域发展的生态屏障，是助推中原经济区发展，提升中原城市群整体竞争力的客观需求。

（3）是精准扶贫，促进区域可持续发展的重大举措。2010年，中共中央国务院印发《中国农村扶贫开发纲要（2011—2020年）》，提出坚持扶贫开发与推进城镇化、建设社会主义新农村相结合，与生态建设、环境保护相结合，充分发挥贫困地区资源优势，发展环境友好型产业，增强防灾减灾能力，促进经济社会发展与人口资源环境相协调。

实施滩区再造与生态治理，实施滩区扶贫搬迁，开展堤河及低洼地治理，调整生产结构，发展特色产业和高效农业，从根本上解决滩区群众脱贫致富问题，是统筹沿黄两岸城乡区域发展、保障和改善滩区民生、缩小滩区与周边发展差距、促进滩区全体人民共享改革发展成果的重大举措，也是推进滩区扶贫开发与区域发展密切结合，促进区域工业化、城镇化水平不断提高的根本途径。2014年以来，河南省将"三山一滩"（大别山、伏牛山、太行深山区、黄河滩区）作为扶贫开发的重点，滩区再造与生态治理对于河南省实施精准扶贫、精准脱贫具有重要意义。

（4）是维护黄河健康生命、实现人水和谐的根本途径。黄河下游滩区具有自然和社会双重属性，河道治理由河务部门负责，滩区安全与发展由地方政府负责，目前涉及滩区治理的规划基本都是立足于解决洪水、泥沙问题，涉及解决滩区经济发展问题的较少。要破解治河与滩区发展的矛盾，推动滩区治理不断前行，就需要转变治河思路，重视滩区的社会属性，把治河与解决滩区群众最为关心的安全与发展问题紧密结合起来。

黄河下游滩区再造与生态治理方案，维持了黄河下游河道"宽河固堤"的治理格局，保留了黄河下游滩区水沙交互和滞洪沉沙功能，洪水泥沙问题得到控制，同时紧抓国家实施生态文明建设和中原城市群发展的历史机遇，合理开发和利用滩地水土资源，通过对滩区功能区划，修建人工湖泊或生态湿地，种植农作物等，发展休闲观光旅游业和高效生态农业，促进滩区经济社会的快速发展，实现治河与惠民的双赢。

## 5 方案实施建议

黄河下游滩区再造与生态治理方案符合国家经济社会发展战略，对于滩区群众快速脱贫致富、促进流域生态文明建设具有重要的作用。建议尽快开展黄河下游滩区再造与生态治理方案研究工作，全面调研下游滩区经济、人口及生态指标的本底值，研究下游滩区功能区划分、滩区生态治理模式、滩区再造方案、治理措施及治理效果评价、安全与保障措施等关键问题。同时，在下游不同河段选取典型滩区试点，深入研究并编制试点河段实施方案（可研方案），开展治理试验，探索经验并逐步向全下游河道推广。

## 6　主要结论

（1）黄河下游滩区总面积 3 154 $km^2$，现有耕地 22.7 万 $hm^2$，村庄 1 928 个，人口 189.52 万。目前黄河下游“二级悬河”发育，威胁防洪安全。另外，由于滩区安全建设滞后，因此群众缺乏安全保障，生活水平较低，随着滩区内外经济社会发展的差距逐渐增大，滩区发展和治河的矛盾日益突出。

（2）基于水沙基本理论和国家发展战略提出的黄河下游滩区再造与生态治理方案，既保留了黄河下游滩区水沙交换和滞洪沉沙功能，又解决了滩区群众的安全和发展问题，实现了治河与经济发展的有效结合，符合国家推进生态文明建设的要求，对精准扶贫、助推中原经济区快速发展具有重要意义。

（3）建议尽快开展黄河下游滩区再造与生态治理方案研究，同时在下游选取典型滩区进行试点，编制试点河段治理实施方案，开展治理试验，并逐步向全下游河道推广。

### 参 考 文 献

[1] 黄河勘测规划设计有限公司. 黄河下游滩区综合治理规划[R]. 郑州：黄河勘测规划设计有限公司，2009：3-8.
[2] 黄河水利委员会. 黄河流域综合规划(2012—2030 年)[M]. 郑州：黄河水利出版社，2013：26-35.
[3] 黄河防汛抗旱总指挥部办公室. 2016 年汛前黄河调水调沙预案[R]. 郑州：黄河防汛抗旱总指挥部办公室，2016：9-13.
[4] 郝步荣，徐福龄，郭自兴. 略论黄河下游的滩区治理[J]. 人民黄河，1983，5(4)：7-12.
[5] 李殿魁. 关于黄河治理与滩区经济发展的对策研究[J]. 黄河学刊，1997(9)：35-42.
[6] 水利部黄河水利委员会. 黄河下游治理方略专家论坛[M]. 郑州：黄河水利出版社，2004：1-148.
[7] 河南黄河河务局. 黄河下游滩区生产堤利弊分析研究[R]. 郑州：河南黄河河务局，2004：145-170.
[8] 黄河勘测规划设计有限公司. 黄河下游滩区治理模式研究[R]. 郑州：黄河勘测规划设计有限公司，2007：18-87.
[9] 黄河下游滩区洪水淹没补偿政策研究工作组. 黄河下游滩区洪水淹没补偿政策研究总报告[R]. 郑州：黄河水利委员会，2010：15-25.
[10] 黄河勘测规划设计有限公司. 黄河下游滩区治理模式和安全建设研究[R]. 郑州：黄河勘测规划设计有限公司，2007：61-134.
[11] 黄河勘测规划设计有限公司，黄河水利科学研究院. 黄河下游河道治理战略研究报告[R]. 郑州：黄河勘测规划设计有限公司，2009：68-153.
[12] 黄河水利科学研究院. 黄河下游宽滩区滞洪沉沙功能及滩区减灾技术研究[R]. 郑州：黄河水利科学研究院，2012：30-100.

（本文原载于《人民黄河》2017 年第 6 期）

# 第 3 篇　洪水灾害防治

# 由洪水痕迹推算洪水流量

## ——黄河最大洪水初步推算

张昌龄

洪水流量是工程上的一个重要问题，但河流盛涨时期水势汹涌，往往不能作实地测流工作，即作测流，所得结果常不甚可靠，也不易抓到最高洪峰。利用洪水痕迹，求得洪水水位高度，推算流量，可与实测结果相互印证；并可由过去若干年前最高洪水痕迹，推算最高洪水，对于洪水频率的计算，是有相当帮助的。

由洪水位推算洪水，可以用下列三种方法：第一，平均比降法；第二，控制断面法；第三，回水曲线推算法。

（1）平均比降法：平均比降法是比较简单但也是差误较大的方法。在一段比较整齐，而洪水期冲刷或淤积较少的河道内，根据洪水痕迹，求得两点的洪水水位，例如下图，$A$，$B$ 两点洪水位高差 $=h$，距离 $=L$，平均比降 $S=\dfrac{h}{L}$。

在这一段内取一大小适中的代表断面甲，或两个代表断面甲和乙，假定 $A$，$B$ 两点间的水位降落为一直线，可以求得甲、乙的水面（如图1）；甲、乙的断面，需要实测，或利用以往的实测结果。用曼宁公式

$$Q = VA = \frac{R^{\frac{2}{3}}S^{\frac{1}{2}}}{n}A$$

式内　$S=\dfrac{h}{L}$，$R$，$A$ 可从断面上求得，$n$ 可根据河流情形，假定适当数值。如甲断面所得之 $Q$ 与乙断面所得的不同，可采用平均值。

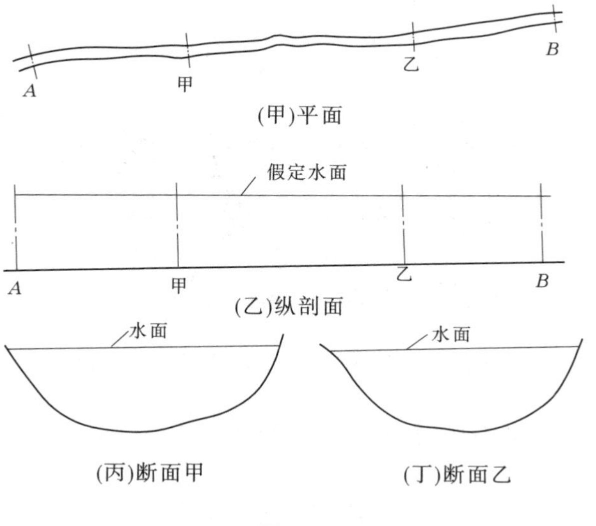


**图1**

如 $A$，$B$ 两点的流速相差较大，应将流速水头变化计算在内，先用前式计算 $Q$，再改正 $S$：

$$S = \frac{h + \dfrac{V_A^2}{2g} - \dfrac{V_B^2}{2g}}{L}$$

式内　$V_A = \dfrac{Q}{A_A}$，$V_B = \dfrac{Q}{A_B}$，由改正的 $S$ 再计算 $Q$。

这个方法，虽然简单，但有下列几个问题：①天然河道内河槽总有变化的，在一段内很难确定真正的

代表断面,因此结果不易准确。②由 $A$ 点到 $B$ 点水面,不一定平均降落,甲断面和乙断面假定的水面,也与实际的水面不同,计算上自有误差。③洪水痕迹,尤其是若干年以前洪水所达到的地点,往往不能十分确定,常有差误。如 $A$、$B$ 水位相差 3 公尺,误差 0.5 公尺,$S$ 的差误即有 16.7%。④$n$ 的数值,假定的也不一定就准确,$n$ 与 $Q$ 成反比例,$n$ 如差误 20%(例如 $n=0.025$ 与 $n=0.030$ 之差),所得的 $Q$ 也差 20%。

(2)控制断面法:在一段河道内水位一般是受下段影响的。但在这一段内如有瀑布、陡滩、窄口、狭谷等等,水位就受这些断面控制了。例如下图 $AD$ 一段河道,$B$ 以下为陡滩,$C$ 为窄口,$B$ 或 $C$ 均可能为控制断面。

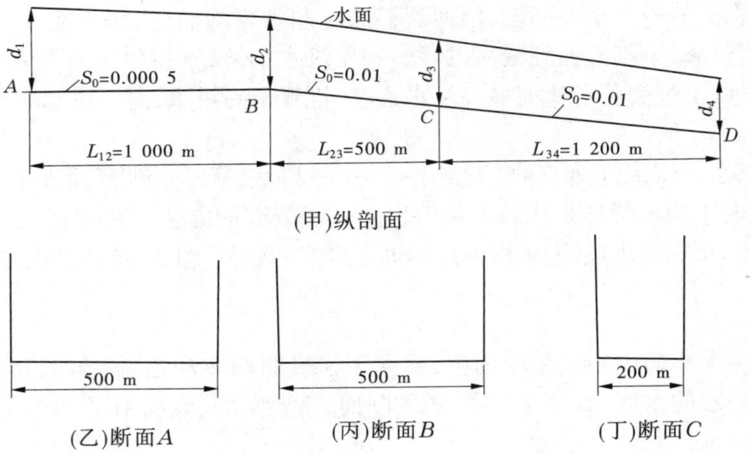


**图2**

设 $Q=5\ 000$ 秒立方公尺,$B$ 为控制断面,水深可按临界深度计算,因假定断面为矩形,$d_2=\sqrt[3]{\frac{Q^2}{b_2^2 g}}=\sqrt[3]{\frac{5\ 000^2}{500^2\times 9.8}}=2.17$ 公尺。

$A$ 点的水位可用过水曲线公式计算:

$$d_1+\frac{V_1^2}{2g}+S_0L_{12}=d_2+\frac{V_2^2}{2g}+\frac{S_1+S_2}{2}L_{12}$$

即

$$d_1+\frac{V_1^2}{2g}-\frac{S_1L_{12}}{2}=d_2+\frac{V_2^2}{2g}+\frac{S_2L_{12}}{2}-S_0L_{12}$$

式内　$d_1=2.17, V_2=\frac{Q}{A_2}=4.60, \frac{V_2^2}{2g}=1.08, S_2=\left(\frac{nV_2}{R^{\frac{2}{3}}}\right)^2$。

$R=2.15$,设 $n=0.025, S_2=0.004\ 7, S_0=0.000\ 5, L_{13}=1\ 000$

$\therefore\ d_1+\frac{V_1^2}{2g}-\frac{S_1L_{12}}{2}=2.17+1.08+2.35-0.50=5.10$

用渐近法设 $d_1=5.10, \frac{V_1^2}{2g}=0.195, S_1=0.000\ 28, \frac{S_1L_{12}}{2}=0.14$

$\therefore\ d_1+\frac{V_1^2}{2g}-\frac{S_1L_{12}}{2}=5.16$(此数过大)

设 $d_1=5.04, d_1+\frac{V^2}{2g}-\frac{S_1L_{12}}{2}=5.10$,此数恰合,故 $d_1=5.01$ 公尺。

$AB$ 间其他各点的水位,均可照此例由 $B$ 点推算。

$BC$ 间河床很陡,故为超临界流速,$C$ 点的水位,可按前法推算

$$d_2+\frac{V_2^3}{2g}+S_0L_{23}=d_3+\frac{V_3^3}{2g}+\frac{S_2+S_3}{2}L_{23}$$

即
$$d_3+\frac{V_3^2}{2g}+\frac{S_3L_{23}}{2}=d_2+\frac{V_3^2}{2g}+S_0L_{23}-\frac{S_2L_{23}}{2}$$

式内　$d_2=2.17,\frac{V_2^2}{2g}=1.08,S_2=0.0047,L_{23}=500,S_0=0.01$。

$\therefore\ d_3+\frac{V_3^2}{2g}+250,S_3=7.07$,用“渐近法”得 $d_3=3.94$ 公尺。

如流量不同,控制断面可能变动,$C$ 点断面较窄,流量增高临界深度增加很快,$C$ 点的深度增加,过水到 $B$ 点的深度也增高;如过水的深度大于 $B$ 断面的临界深度,$B$ 处的深度,就要受 $C$ 点的影响,控制断面是在 $C$ 而不在 $B$ 点了。

设 $Q=20\,000,d_3=\sqrt[3]{\frac{Q^2}{b_3^2g}}=\sqrt[3]{\frac{20\,000^2}{200^2\times 9.8}}=10.06;V_3=9.94,\frac{V_3^2}{2g}=5.03,n=0.025,R_3=9.15$,$S_3=0.00325$。

$$D_2+\frac{V_2^2}{2g}-\frac{S_2L_{23}}{2}=D_3+\frac{V_3^2}{2g}+\frac{S_3L_{23}}{2}-S_0L_{23}=10.06+5.03+0.81-5.0=10.90$$

用渐进法得 $D_2=10.2$ 公尺。

以上断面均假定为矩形,一般河道断面多系不规则形状,临界深度可按 $\frac{Q^2}{g}=\frac{A^3}{b}$ 公式计算,式内 $A$ 为面积,$b$ 为水面宽度。先假定水面高度,得 $A$ 及 $b_1$,由此计算 $Q_1$ 如与原定流量不符,可假定其他水面高度,再计算 $Q$;如此逐渐接近,可得所求的临界水深。由控制断面向上推算,用回水曲线公式,步骤完全与前相同。

以上是由流量推算水位,如由水位推算流量,原理是相同的,只是先要假定若干不同流量,计算相应水面,最后用曲线交会法或插比法,得到所求的结果,用下面的例子可以说明。

道光二十三年(1843年)的洪水是最近一二百年来黄河最高洪水,根据最近的调查,三门峡口上游两公里史家滩附近,洪水位是302.40,三门峡口是一个窄口,宽度只有一百三十公尺,下为急滩,用为控制断面,根据史家滩的水位,可以推算洪水流量,步骤如下:

1. 根据$\frac{1}{2\,000}$地形图上的实测断面,绘制史家滩、三门峡口及中间一个断面,如图3(三门峡口实测断面与河道方向不垂直,河底高度系自实测点垂直投射于断面线上而得)并计算各断面的面积,湿周及水力半径,如表1。

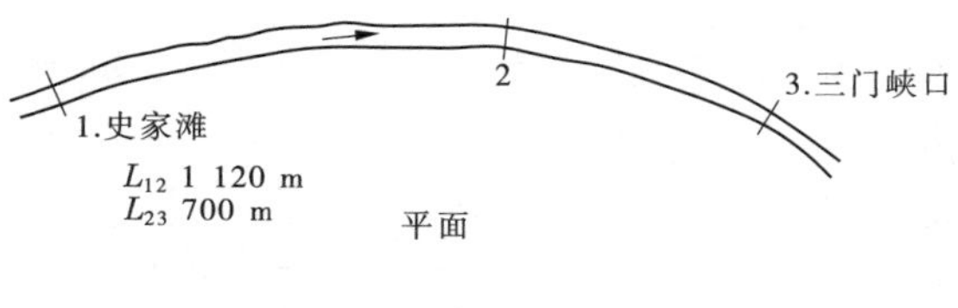


**图3 甲　史家滩至三门峡口**

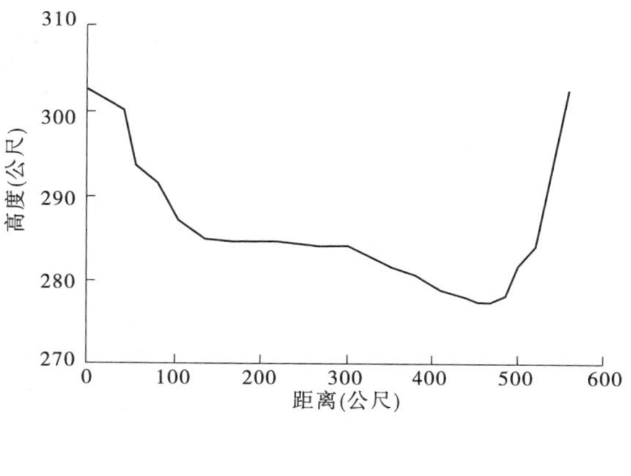


**图3 乙　断面1(史家滩)**

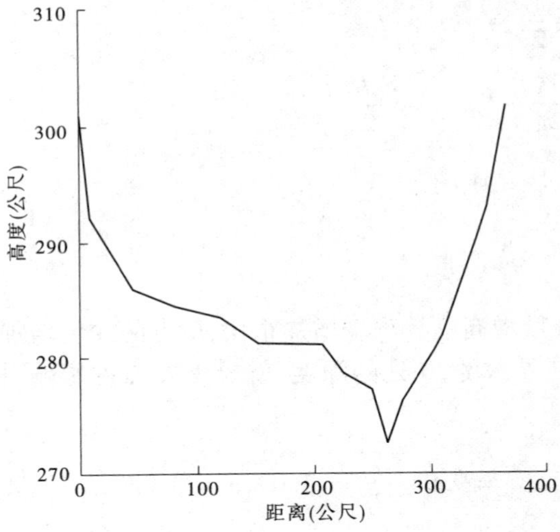


图 3 丙　断面 2

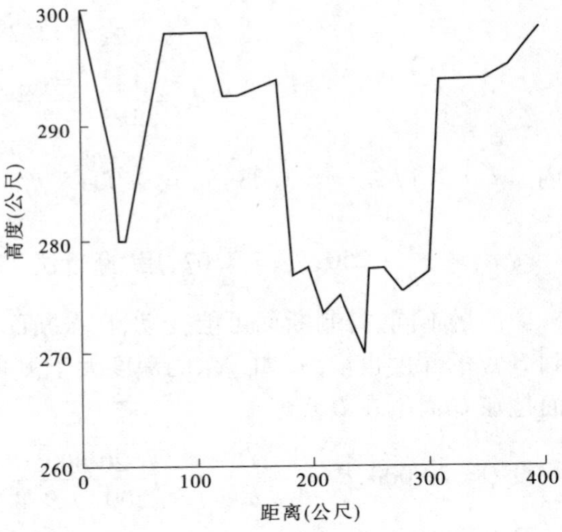


图 3 丁　断面 3(三门峡口)

表 1　断面面积、湿周水力半径表

| 高度 | 断面 1(史家滩) | | | 断面 2 | | | 断面 3(三门峡口) | | |
|---|---|---|---|---|---|---|---|---|---|
| | 面积 | 湿周 | 水力半径 | 面积 | 湿周 | 水力半径 | 面积 | 湿周 | 水力半径 |
| m | $m^2$ | m | m | $m^2$ | m | m | $m^2$ | m | m |
| 303 | 9 600 | 571 | 16.82 | | | | | | |
| 302 | 9 046 | 551 | 16.40 | 6 794 | 376 | 18.07 | | | |
| 301 | 8 511 | 531 | 16.01 | 6 425 | 373 | 17.20 | | | |
| 300 | 7 999 | 518 | 15.10 | 6 058 | 370 | 16.38 | | | |
| 299 | 7 490 | 513 | 14.57 | 5 696 | 366 | 15.56 | | | |
| 298 | 6 986 | 508 | 13.72 | 5 337 | 363 | 14.70 | 3 504 | 306 | 11.45 |
| 297 | 6 486 | 504 | 12.85 | 4 980 | 360 | 13.83 | 3 223 | 297 | 10.84 |
| 296 | 5 990 | 498 | 12.01 | 4 627 | 356 | 13.00 | 2 951 | 285 | 10.36 |
| 295 | 5 490 | 498 | 11.11 | 4 278 | 352 | 12.14 | 2 696 | 275 | 9.80 |
| 294 | 5 013 | 487 | 10.30 | 3 930 | 349 | 11.25 | 2 453 | 255 | 9.61 |
| 293 | 4 537 | 471 | 9.67 | 3 587 | 345 | 10.40 | 2 270 | 171 | 13.28 |
| 292 | 4 075 | 461 | 8.84 | 3 248 | 340 | 9.56 | 2 126 | 159 | 13.36 |
| 291 | 3 622 | 451 | 8.04 | 2 915 | 331 | 8.80 | 1 989 | 156 | 12.75 |
| 290 | 3 178 | 447 | 7.11 | 2 591 | 322 | 8.05 | 1 854 | 154 | 12.04 |
| 289 | 2 740 | 436 | 6.29 | 2 277 | 312 | 7.30 | 1 719 | 152 | 11.30 |
| 288 | | | | 1 972 | 303 | 6.51 | 1 586 | 150 | 10.56 |
| 287 | | | | 1 677 | 293 | 5.72 | 1 454 | 148 | 9.82 |
| 286 | | | | 1 391 | 284 | 4.90 | 1 324 | 145 | 9.13 |
| 285 | | | | 1 124 | 253 | 4.45 | 1 194 | 143 | 8.35 |
| 284 | | | | | | | 1 067 | 140 | 7.62 |
| 283 | | | | | | | 941 | 138 | 6.82 |

断面 3 左方另有一河槽，面积详另表。

2. 三门峡口为控制断面，用公式 $\frac{Q^2}{g}=\frac{A^3}{b}$ 计算 $Q$，左方另有一河槽分别计算 $Q—H$，绘制曲线如图 4。以正槽的 $H$ 为准，从图 4 求得左方小槽相应流量；与正槽之流量相加，见表 2 ~ 表 4。表内 $H$ = 水面高度 + $\frac{V^2}{2g}$。

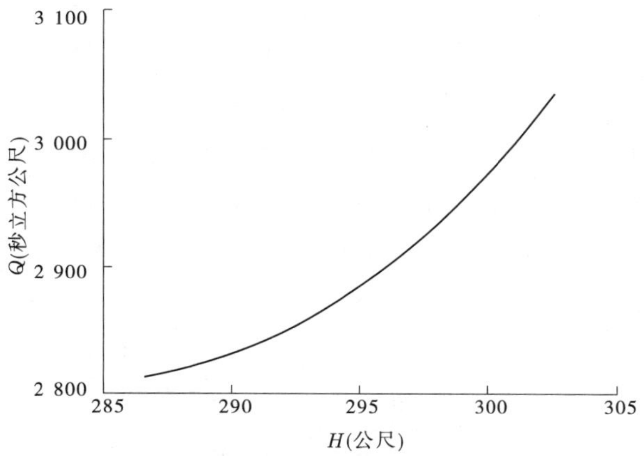


**图 4　断面 3 左方小槽 $H—Q$ 关系曲线**

**表 2　$Q—H$ 关系计算表，三门峡口正槽**

| 高度 | 面积 $A$ | 水面宽度 $b$ | $A^3$ | $A^3/b$ | $Q^2$ | $Q$ | $V$ | $V^2/2g$ | $H_3$ |
|---|---|---|---|---|---|---|---|---|---|
| m | $m^2$ | m | ($10^6$) | ($10^6$) | ($10^6$) | 秒立方公尺 | 公尺/秒 | m | m |
| 297 | 3 223 | 276 | 33 700 | 122.2 | 1 199.0 | 34 600 | 10.72 | 5.88 | 302.88 |
| 296 | 2 954 | 264 | 25 800 | 97.7 | 958.0 | 30 940 | 10.47 | 5.61 | 301.61 |
| 295 | 2 696 | 254 | 19 620 | 77.3 | 758.0 | 27 480 | 10.18 | 5.30 | 300.30 |
| 294 | 2 453 | 234 | 14 800 | 63.2 | 620.0 | 24 880 | 10.13 | 5.23 | 299.23 |
| 293 | 2 270 | 150 | 11 720 | 78.2 | 767.0 | 27 630 | 12.17 | 7.56 | 300.56 |
| 292 | 2 126 | 138 | 9 640 | 69.8 | 685.0 | 26 200 | 12.31 | 7.75 | 299.75 |
| 291 | 1 989 | 137 | 7 880 | 57.5 | 564.0 | 23 700 | 11.91 | 7.25 | 298.25 |
| 290 | 1 854 | 136 | 6 400 | 47.1 | 462.0 | 21 480 | 11.57 | 6.84 | 296.84 |
| 289 | 1 719 | 135 | 5 090 | 37.7 | 370.0 | 19 210 | 11.18 | 6.40 | 295.40 |
| 288 | 1 586 | 133 | 4 000 | 30.1 | 295.0 | 17 300 | 10.90 | 6.07 | 294.07 |
| 287 | 1 454 | 132 | 3 070 | 23.3 | 228.0 | 15 100 | 10.37 | 5.50 | 292.50 |
| 286 | 1 324 | 130 | 2 330 | 17.9 | 175.0 | 13 220 | 10.00 | 5.10 | 291.10 |
| 285 | 1 194 | 129 | 1 704 | 13.2 | 129.4 | 11 370 | 9.52 | 4.63 | 289.63 |
| 284 | 1 067 | 127 | 1 220 | 9.6 | 94.1 | 9 700 | 9.08 | 4.21 | 288.21 |
| 283 | 941 | 126 | 832 | 6.6 | 64.7 | 8 080 | 8.54 | 3.72 | 286.72 |

表 3　$Q$—$H$ 关系计算表，三门峡口左方小槽

| 高度 | 面积 $A$ | 水面宽度 $b$ | $A^3$ | $A^3/b$ | $Q^2$ | $Q$ | $V$ | $V^2/2g$ | $H_3$ |
|---|---|---|---|---|---|---|---|---|---|
| m | $m^2$ | m | ($10^6$) | ($10^6$) | ($10^6$) | 秒立方公尺 | 公尺/秒 | m | m |
| 298 | 627 | 71 | 246.0 | 3.168 | 34.000 | 5 830 | 9.30 | 4.41 | 302.41 |
| 297 | 559 | 67 | 175.0 | 2.610 | 25.600 | 5 060 | 9.05 | 4.18 | 301.18 |
| 296 | 495 | 62 | 121.5 | 1.962 | 19.230 | 4 380 | 8.85 | 3.99 | 299.99 |
| 295 | 435 | 58 | 82.4 | 1.420 | 13.910 | 3 728 | 8.57 | 3.74 | 298.74 |
| 294 | 380 | 51 | 55.0 | 1.019 | 9.990 | 3 160 | 8.31 | 3.53 | 297.53 |
| 293 | 328 | 50 | 35.3 | 0.706 | 6.920 | 2 630 | 8.03 | 3.28 | 296.28 |
| 292 | 281 | 46 | 22.2 | 0.483 | 4.740 | 2 175 | 7.75 | 3.06 | 295.06 |
| 291 | 238 | 42 | 13.5 | 0.322 | 3.160 | 1 780 | 7.48 | 2.86 | 293.86 |
| 290 | 200 | 37 | 8.0 | 0.216 | 2.120 | 1 453 | 7.57 | 2.70 | 292.70 |
| 289 | 165 | 33 | 4.5 | 0.136 | 1.330 | 1 152 | 6.99 | 2.50 | 291.50 |
| 288 | 134 | 28 | 2.4 | 0.086 | 0.840 | 916 | 6.84 | 2.38 | 290.38 |
| 287 | 108 | 24 | 1.3 | 0.054 | 0.530 | 728 | 6.73 | 2.32 | 289.32 |
| 286 | 84 | 22 | 0.594 | 0.027 | 0.264 | 514 | 6.11 | 1.91 | 287.91 |
| 285 | 64 | 20 | 0.263 | 0.013 | 0.129 | 359 | 5.61 | 1.61 | 286.61 |

表 4　$Q$—$H$ 关系表，三门峡口正槽 + 左方小槽

| $H_3$ | $Q$(正槽) | $Q$(左方小槽) | $Q$(全断面) | 水面高 |
|---|---|---|---|---|
| m | 秒立方公尺 | 秒立方公尺 | 秒立方公尺 | m |
| 302.88 | 34 600 | 6 170 | 40 770 | 297 |
| 301.61 | 30 940 | 5 360 | 36 300 | 296 |
| 300.56 | 27 630 | 4 730 | 32 360 | 293 |
| 300.30 | 27 480 | 4 580 | 32 060 | 295 |
| 299.75 | 26 200 | 4 260 | 30 460 | 292 |
| 299.23 | 24 880 | 3 980 | 28 860 | 294 |
| 298.25 | 23 700 | 3 470 | 27 170 | 291 |
| 296.84 | 21 480 | 2 860 | 24 340 | 290 |
| 295.40 | 19 210 | 2 270 | 21 180 | 289 |
| 294.07 | 17 300 | 1 830 | 19 130 | 288 |
| 292.50 | 15 100 | 1 380 | 16 480 | 287 |
| 291.10 | 13 220 | 1 020 | 14 240 | 286 |
| 289.63 | 11 370 | 760 | 12 130 | 285 |
| 288.21 | 9 700 | 550 | 10 250 | 284 |
| 286.72 | 8 040 | 370 | 8 410 | 283 |

3. 计算 $H_3 + \frac{S_3 L_{23}}{2}$，其中 $S = \left(\frac{nQ}{AR^{2/3}}\right)^2$，$A, Q, R$ 均以正槽数值为准，$\begin{cases} n = 0.025 \\ L_{23} = 700 \end{cases}$，如表 5。

表 5　$H_3+\frac{S_3L_{23}}{2}$ 计算表($n=0.025, L_{23}=700$)

| $Q$ | 水面高 | $V$ | $R$ | $R^{2/3}$ | $S^{1/2}$ | $S_3$ | $S_3L_{23}/2$ | $H_3$ | $H_3+\frac{S_3L_{23}}{2}$ |
|---|---|---|---|---|---|---|---|---|---|
| 秒立方公尺 | m | 公尺/秒 | m | m | | | m | m | m |
| 40 770 | 297 | 10.72 | 10.84 | 4.90 | 0.547 | 0.003 00 | 1.05 | 302.88 | 303.93 |
| 36 300 | 296 | 10.47 | 10.36 | 4.75 | 0.055 1 | 0.003 04 | 1.06 | 301.61 | 302.67 |
| 32 360 | 293 | 12.17 | 13.28 | 5.60 | 0.054 3 | 0.002 95 | 1.03 | 300.56 | 301.59 |
| 32 060 | 295 | 10.18 | 9.80 | 4.58 | 0.055 6 | 0.003 10 | 1.08 | 300.30 | 301.38 |
| 30 460 | 292 | 12.31 | 13.36 | 5.63 | 0.054 6 | 0.002 99 | 1.05 | 299.75 | 300.82 |
| 28 860 | 294 | 10.13 | 9.61 | 4.52 | 0.056 0 | 0.003 14 | 1.10 | 299.23 | 300.33 |
| 27 470 | 291 | 11.91 | 12.75 | 5.45 | 0.054 6 | 0.002 99 | 1.05 | 298.25 | 299.30 |
| 24 340 | 290 | 11.57 | 12.04 | 5.25 | 0.055 1 | 0.003 04 | 1.06 | 296.84 | 297.90 |
| 21 480 | 289 | 11.18 | 11.30 | 5.04 | 0.055 5 | 0.003 08 | 1.08 | 295.40 | 296.48 |
| 19 130 | 288 | 10.90 | 10.56 | 4.81 | 0.056 6 | 0.003 20 | 1.12 | 294.07 | 295.19 |
| 16 480 | 287 | 10.37 | 9.82 | 4.58 | 0.056 6 | 0.003 20 | 1.12 | 292.50 | 293.62 |
| 14 240 | 286 | 10.00 | 9.13 | 4.37 | 0.057 3 | 0.003 28 | 1.15 | 291.10 | 292.25 |
| 12 130 | 285 | 9.52 | 8.35 | 4.12 | 0.857 7 | 0.003 32 | 1.16 | 289.63 | 290.79 |
| 10 250 | 284 | 9.08 | 7.62 | 3.87 | 0.058 6 | 0.003 45 | 1.21 | 288.21 | 289.42 |
| 8 410 | 283 | 8.54 | 6.82 | 3.60 | 0.059 5 | 0.003 55 | 1.24 | 286.72 | 287.96 |

4. 由 $H_2-\frac{S_2L_{23}}{2}=H_3+\frac{S_3L_{23}}{2}$ 关系，推算 $H_2$ 例如

$$Q=36\ 300, H_3+\frac{S_2L_{23}}{2}=302.67(\text{见表 5})$$

设断面 2 水面 =301.0，由表 1 得 $A=6\ 425, R=17.20$，$V_2=\frac{Q}{A}=\frac{36\ 300}{6\ 425}=5.65, S_2=\left(\frac{nV_2}{R^{2/3}}\right)^2=\left(\frac{0.025\times5.65}{17.20^{2/3}}\right)^2=0.000\ 45, \frac{V_2^2}{2g}=1.66, H_2=301.0+1.66=302.66, S_2L_{23}=0.000\ 45\times350=0.16$，$H_2-\frac{S_2L_{23}}{2}=302.50$（此数太低）。

设水面 =301.2，　由表 1 用插比法得 $A=6\ 499, R=17.37$，$V_2=5.60, S_2=0.000\ 44, S_2L_{23}=0.15, \frac{V_2^2}{2g}=1.61$，$H_2=302.81, H_2-\frac{S_2L_{23}}{2}=302.66$（此数尚适合）。

同样可求得其他流量相应的 $H_2$ 如表 6。

表 6　$H_2$ 计算表（断面 2 $H_2-\frac{S_2L_{23}}{2}=H_3+\frac{S_2L_{23}}{2}$，$n=0.025$，$L_{23}=700$）

| $Q$ | $H_3+\frac{S_3L_{23}}{2}$ | 水面 | $A$ | $V$ | $R$ | $S_2$ | $\frac{S_2L_{23}}{2}$ | $\frac{V_2^2}{2g}$ | $H_2$ | $H_2-\frac{S_2L_{23}}{2}$ |
|---|---|---|---|---|---|---|---|---|---|---|
| 36 300 | 302.67 | 301.2 | 6 499 | 5.60 | 17.37 | 0.000 44 | 0.15 | 1.61 | 302.81 | 302.66 |
| 32 360 | 301.59 | 300.3 | 6 169 | 5.25 | 16.62 | 0.000 41 | 0.14 | 1.41 | 301.71 | 301.57 |
| 30 460 | 300.82 | 299.6 | 5 912 | 5.15 | 16.05 | 0.000 41 | 0.14 | 1.35 | 300.95 | 300.81 |
| 28 860 | 300.33 | 299.2 | 5 768 | 5.00 | 15.72 | 0.000 40 | 0.14 | 1.28 | 300.48 | 300.34 |
| 27 170 | 299.30 | 298.2 | 5 409 | 5.02 | 14.87 | 0.000 43 | 0.15 | 1.29 | 299.49 | 299.34 |
| 24 340 | 297.90 | 296.8 | 4 910 | 4.96 | 13.67 | 0.000 47 | 0.16 | 1.25 | 298.05 | 297.89 |
| 21 480 | 296.48 | 295.4 | 4 418 | 4.97 | 12.48 | 0.000 53 | 0.19 | 1.26 | 296.66 | 296.47 |
| 19 130 | 295.19 | 294.2 | 4 000 | 4.79 | 11.42 | 0.000 57 | 0.20 | 1.17 | 295.37 | 295.17 |
| 16 480 | 293.62 | 292.7 | 3 486 | 4.73 | 10.15 | 0.000 64 | 0.22 | 1.14 | 293.84 | 293.62 |
| 14 240 | 292.25 | 291.4 | 3 048 | 4.76 | 9.10 | 0.000 74 | 0.26 | 1.15 | 292.55 | 292.29 |
| 12 130 | 290.79 | 290.0 | 2 591 | 4.68 | 8.05 | 0.000 85 | 0.30 | 1.12 | 291.12 | 290.82 |
| 10 250 | 289.42 | 288.6 | 2 155 | 4.76 | 6.98 | 0.001 06 | 0.37 | 1.15 | 289.75 | 289.38 |
| 8 410 | 287.96 | 287.3 | 1 756 | 4.79 | 5.96 | 0.001 33 | 0.47 | 1.17 | 288.47 | 288.00 |

5. 由 $H_2$ 及 $S_2$ 计算 $H_2+\frac{S_2L_{12}}{2}$ 式内 $L_{12}=1\ 120$，如表 7，并绘制 $Q$—$\left(H_2+\frac{S_2L_{12}}{2}\right)$ 关系曲线如图 5。

6. 由断面 1，求 $Q$—$\left(H_1-\frac{S_1L_{12}}{2}\right)$ 关系，道光二十三年（1843 年）洪水高度 $=302.4$

由表 1，断面 1 水面高度 $=302.4$ 时，用插比法得 $A=9\ 265$，$R=16.60$，设 $n=0.025$，$Q=36\ 000$，$V_1=\frac{36\ 000}{9\ 265}=3.89$，$\frac{V_1^2}{2g}=0.77$，$S_1=0.000\ 22$，$L_{12}=1\ 120$，$\frac{S_1L_{12}}{2}=0.12$。

$\therefore H_1=302.4+0.77=303.17$，$H_1-\frac{S_1L_{12}}{2}=303.05$。同样计算 $Q=35\ 000$，$34\ 000$，$33\ 000$ 的 $H_1-\frac{S_1L_{12}}{2}$ 如表 8 并绘 $Q$—$\left(H_1-\frac{S_1L_{12}}{2}\right)$ 关系曲线如图 5。

同理计算水位 $=301.40$，$295.25$，$289.78$ 时的 $Q$—$\left(H_1-\frac{S_1L_{12}}{2}\right)$ 关系曲线。

表 7　$H_2+\frac{S_2L_{12}}{2}$ 计算表（$L_{12}=1\ 120$）

| $Q$ | $H_2$ | $S_2$ | $\frac{S_2L_{12}}{2}$ | $H_2+\frac{S_2L_{12}}{2}$ |
|---|---|---|---|---|
| 36 300 | 302.81 | 0.000 44 | 0.25 | 303.06 |
| 32 360 | 301.71 | 0.000 41 | 0.23 | 301.94 |
| 30 460 | 300.95 | 0.000 41 | 0.23 | 301.18 |
| 28 860 | 300.48 | 0.000 40 | 0.22 | 300.70 |
| 27 170 | 299.49 | 0.000 42 | 0.24 | 299.73 |

**续表7**

| $Q$ | $H_2$ | $S_2$ | $\frac{S_2L_{12}}{2}$ | $H_2+\frac{S_2L_{12}}{2}$ |
|---|---|---|---|---|
| 24 340 | 298.05 | 0.000 47 | 0.26 | 298.31 |
| 21 480 | 296.66 | 0.000 53 | 0.30 | 296.96 |
| 19 130 | 295.37 | 0.000 57 | 0.32 | 295.69 |
| 16 480 | 293.88 | 0.000 64 | 0.36 | 294.20 |
| 14 240 | 292.55 | 0.000 74 | 0.41 | 292.96 |
| 12 130 | 291.12 | 0.000 85 | 0.48 | 291.60 |
| 10 250 | 289.75 | 0.001 06 | 0.59 | 290.34 |
| 8 410 | 288.47 | 0.001 33 | 0.75 | 289.22 |

**表8　断面1(史家滩)$Q$—$\left(H_1-\frac{S_1L_{12}}{2}\right)$关系计算表**

甲　水位 =302.40,$A$ =9 265,$R$ =16.60,$L_{12}$ =1 120

| $Q$ | $V$ | $S_1$ | $\frac{S_1L_{12}}{2}$ | $\frac{V_1^2}{2g}$ | $H_1$ | $\frac{H_1-S_1L_{12}}{2}$ |
|---|---|---|---|---|---|---|
| 36 000 | 3.89 | 0.000 22 | 0.12 | 0.77 | 303.17 | 303.05 |
| 35 000 | 3.78 | 0.000 21 | 0.12 | 0.73 | 303.13 | 303.01 |
| 34 000 | 3.67 | 0.000 20 | 0.11 | 0.69 | 303.09 | 302.98 |
| 33 000 | 3.56 | 0.000 19 | 0.11 | 0.65 | 303.05 | 302.94 |

乙　水位 =301.40,$A$ =8 722,$R$ =16.17

| $Q$ | $V$ | $S_1$ | $\frac{S_1L_{12}}{2}$ | $\frac{V_1^2}{2g}$ | $H_1$ | $\frac{H_1-S_1L_{12}}{2}$ |
|---|---|---|---|---|---|---|
| 34 000 | 3.90 | 0.000 23 | 0.13 | 0.78 | 302.18 | 302.05 |
| 33 000 | 3.79 | 0.000 22 | 0.12 | 0.73 | 302.13 | 302.01 |
| 32 000 | 3.67 | 0.000 21 | 0.12 | 0.69 | 302.09 | 301.97 |

丙　水位 =295.25,$A$ =5 620,$R$ =11.33

| $Q$ | $V$ | $S_1$ | $\frac{S_1L_{12}}{2}$ | $\frac{V_1^2}{2g}$ | $H_1$ | $\frac{H_1-S_1L_{12}}{2}$ |
|---|---|---|---|---|---|---|
| 20 000 | 3.56 | 0.000 31 | 0.17 | 0.65 | 295.90 | 295.73 |
| 19 000 | 3.38 | 0.000 28 | 0.16 | 0.58 | 295.83 | 295.67 |
| 18 000 | 3.20 | 0.000 25 | 0.14 | 0.52 | 295.77 | 295.63 |

丁　水位 =289.78,$A$ =3 080,$R$ =6.91

| $Q$ | $V$ | $S_1$ | $\frac{S_1L_{12}}{2}$ | $\frac{V_1^2}{2g}$ | $H_1$ | $\frac{H_1-S_1L_{12}}{2}$ |
|---|---|---|---|---|---|---|
| 11 000 | 3.57 | 0.000 60 | 0.34 | 0.65 | 290.43 | 290.09 |
| 10 000 | 3.25 | 0.000 50 | 0.28 | 0.54 | 290.32 | 290.04 |
| 9 000 | 3.92 | 0.000 40 | 0.22 | 0.44 | 290.22 | 290.00 |

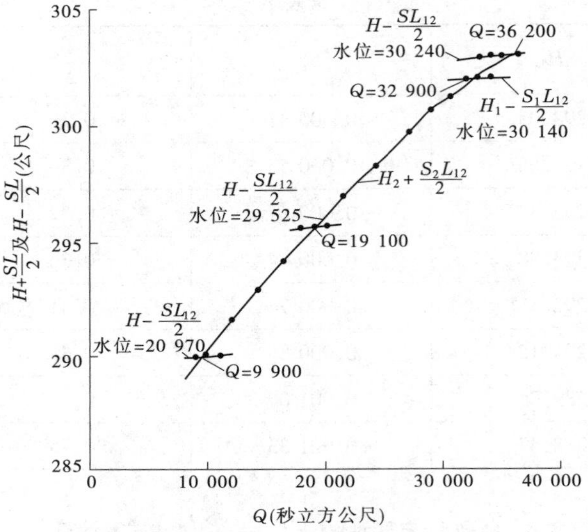


**图5　$Q$—$(H+\frac{SL}{2})$ 及 $Q$—$(H-\frac{SL}{2})$ 关系曲线**

上面所得的 $Q$—$\left(H_2+\frac{S_2L_{12}}{2}\right)$ 关系曲线，是由三门峡口向上推算到断面1和断面2的中间点；代表在三门峡口成临界流速状态下，这一点 $Q$ 与 $H$ 的关系 $Q$—$\left(H_1-\frac{S_1L_{12}}{2}\right)$ 关系曲线，是由史家滩(断面1)向下推算到这一点，代表史家滩在一定水位时(例如302.40)，这一点的 $Q$ 与 $H$ 的关系。两曲线的交点所得的 $Q$ 和 $H$，能同时适合上游史家滩和下游三门峡口所要求的条件，就是我们所求的结果，由图5，史家滩水位 =302.10 两曲线交点 $Q$ =36 200 秒立方公尺即为道光廿三年(1843年)的洪水流量。

1933年史家滩洪水位调查结果是295.25 由图5得洪水流量 =19 100 秒立方公尺；1942年洪水位为293.34，洪水流量 =15 700 秒立方公尺(计算表从略)。

1951年史家滩水位站最高水位是289.78，由图5得洪水流量 =9 900 秒立方公尺。

用控制断面法推算洪水，比平均比降法准确度较高，因为在这个计算内，影响最后结果的是洪水位高度和摩阻系数 $n$，但如有误差，影响不像第一法那样严重。上例1843年洪水，如 $n=0.030$，洪水流量 =34 200 秒立方公尺(计算表从略)，与采用 $n=0.025$ 的结果，相差不到6%。又如水位降低一公尺(301.40)流量 =32 500 秒立方公尺，相差也只有11%。

其他方面可能引起误差的：控制断面内如有涡漩、回流等等，面积不能全部有效，按全断面计算，结果就偏大。断面上游附近处如有支流汇入，流量陡增，可能发生洪水波，影响计算结果，选择控制时，距支流入口过近的断面不宜采用。

利用的洪水痕迹，以在控制断面附近为好，距离愈远，中间的摩阻损失不易计算准确，误差也愈大。洪水痕迹如距离较远，计算摩阻损失，中间应加入几个断面。加入断面的多寡和距离远近，视河道变化和摩阻损失的大小而定。上例断面3摩阻损失较大($S_3=0.003\sim0.003\ 5$)，故在上游700公尺处加断面2。断面1和断面2的摩阻损失并不太大($S_1=0.000\ 19\sim0.000\ 60$ $S_2=0.000\ 44\sim0.001\ 33$)中间就不再加断面计算了。

控制断面如选择的不对(事实上不是控制)，如实际控制在上游，推算到这个断面时，就会发现：由下游推算出来的 $H+\frac{SL}{2}$，小于这个断面在临界流速下的 $H-\frac{SL}{2}$，因此就得不到结果。如实际控制在下游，或在上游很远的地点推断不到，那就不易发现，误用了控制，结果也是偏大的。

以上几点在应用控制断面法时都应注意；最好在上下游多选几个地点，用控制断面法或其他方法计算同一次的洪水，并将所得结果相互比对。

(3)回水曲线法：控制断面，在河道内不一定找到，或者有些地点，不易确定是否为控制断面，可采用回水曲线推算法。选择一段上下游断面变化不大，而冲刷或淤积也不很高的河道，根据这一段内两个或两个以上洪水痕迹，推算洪水流量。例如下图一段河道内：已知 $A$,$B$,$C$ 三点的洪水水位，推算流量时，可在这一段内每隔 500～1 000 公尺作为一小段，分小段时，应注意断面的代表性和控制性，窄口和河床抬高的地点，不可错过，以免漏掉控制断面。河流漫滩的地方，如漫滩处流速是很缓慢的，这一块面积可不计算在内。如断面中有控制断面，例如断面 6 是控制断面，由断面 7 推算到断面 6 就不能衔接，即 $H_6 - \frac{S_6 L_{67}}{2} = H_7 + \frac{S_7 L_{67}}{2}$ 式内，得不到适合的 $H_6$。遇到这种情形就可用控制断面法，由断面 6 向上推算。

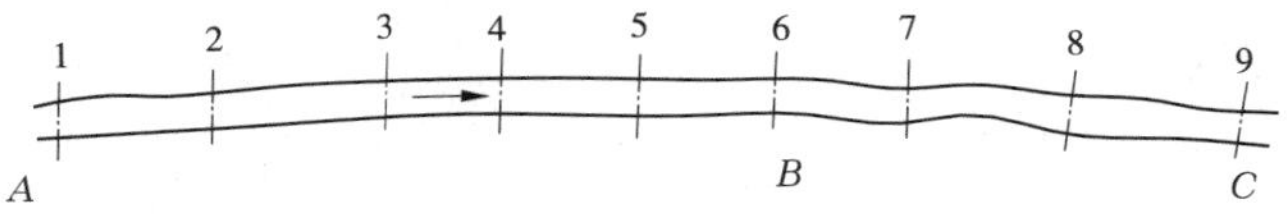


图 6

设由 $C$ 点向上推算，已知 $C$ 点水面，故 $A_9$ 及 $R_9$ 为已知，假定流量 $Q$ 及适当的 $n$；各小段的 $n$ 值视河床情形而定，不一定相等。

$$V_9 = \frac{Q}{A_9}, H_9 = \text{水面高度} + \frac{V_9^2}{2g}, S_9 = \left(\frac{nV_p}{R_9{}^{2/3}}\right)^2$$

由上面结果，可得 $H_9 + \frac{S_9 L_{89}}{2}$，因 $H_8 - \frac{S_8 L_{89}}{2} = H_9 + \frac{S_9 L_{89}}{2}$ 故可用"渐近法"求断面 8 的水面高度和 $H_8$，由此可求 $H_8 + \frac{S_8 L_{78}}{2}$。

由这一个结果可求断面 7 的水位。同样可逐渐推算得 $A$ 和 $B$ 的水位，如所得结果与实测的洪水位不符，可假定较高或较低的流量，最后可用插比法，得到所求的结果。由下面的实例可以说明。

根据调查道光二十三年（1843 年）八里胡同水文站附近洪水位为 182.28，荒坡村洪水位为 178.19，推算流量，步骤如下：

1. 由一万分之一地形图的实测断面，量得各断面的面积、湿周等，并假定 $Q = 36\ 000$ 及 $18\ 000$，$N = 0.030$，计算 $\frac{V^2}{2g}$ 及 $S$，如表 9～表 13。图 7～图 11 上的 $\frac{V^2}{2g}$ 和 $S$ 曲线是根据上表的结果绘制，各断面曾的距离也是从一万分之一地形图上量得，如图 12。

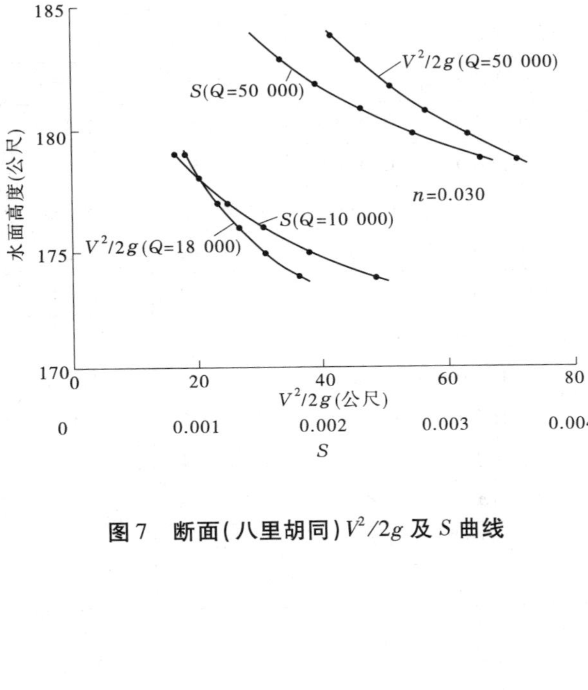


图 7　断面（八里胡同）$V^2/2g$ 及 $S$ 曲线

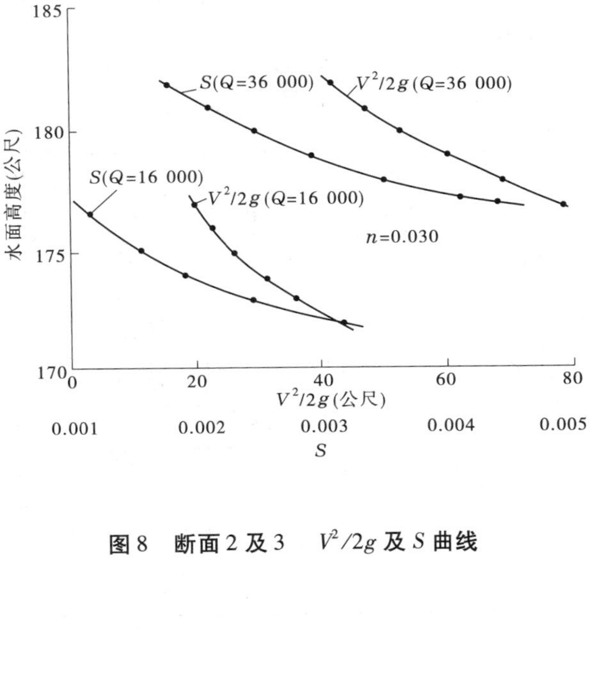


图 8　断面 2 及 3　$V^2/2g$ 及 $S$ 曲线

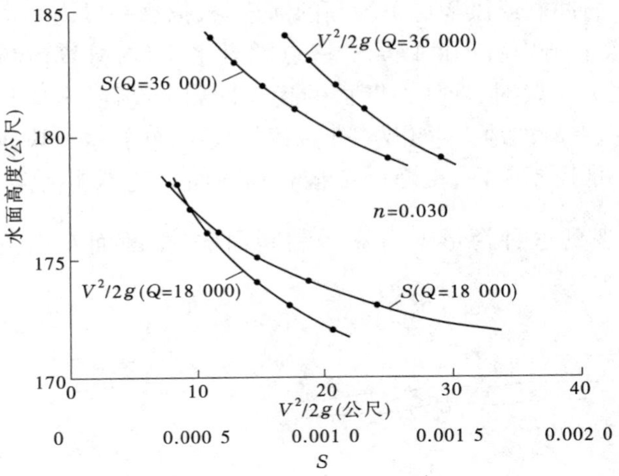


图 9　断面 4　$V^2/2g$ 及 $S$ 曲线

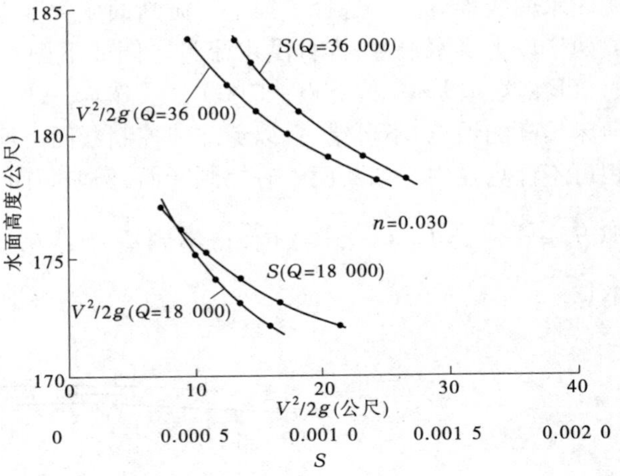


图 10　断面 5　$V^2/2g$ 及 $S$ 曲线

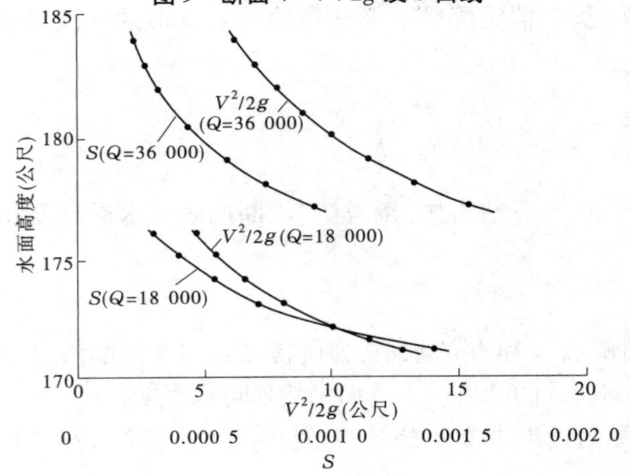


图 11　断面 6(荒坡村)　$V^2/2g$ 及 $S$ 曲线

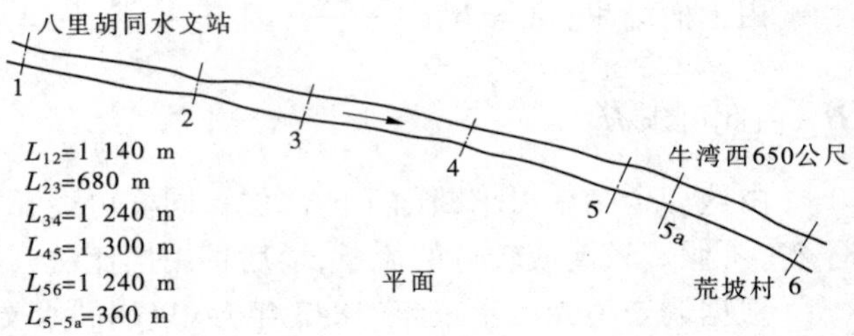


图 12　八里胡同至荒坡村平面

表 9　八里胡同至荒坡村段(断面 1,八里胡同水文站)$\frac{V^2}{2g}$及 $S$ 计算表

$Q=36\ 000, n=0.030$

| 水面高度 | $A$ | $R$ | $R^{2/3}$ | $V$ | $nV$ | $S^{1/2}$ | $S$ | $\frac{V^2}{2g}$ |
|---|---|---|---|---|---|---|---|---|
| 184 | 4 041 | 19.12 | 7.15 | 8.91 | 0.267 3 | 0.031 4 | 0.001 40 | 4.06 |
| 183 | 3 843 | 18.50 | 6.99 | 9.37 | 0.281 1 | 0.040 2 | 0.001 62 | 4.49 |
| 182 | 3 648 | 17.79 | 6.80 | 9.87 | 0.296 1 | 0.043 6 | 0.001 90 | 4.97 |
| 181 | 3 455 | 17.00 | 6.60 | 10.41 | 0.312 3 | 0.047 3 | 0.002 24 | 5.54 |
| 180 | 3 263 | 16.22 | 6.40 | 11.02 | 0.330 6 | 0.051 6 | 0.002 67 | 6.21 |
| 179 | 3 074 | 15.43 | 6.20 | 11.70 | 0.351 0 | 0.056 6 | 0.003 21 | 7.00 |
| $Q=18\ 000, n=0.030$ | | | | | | | | |
| 179 | 3 074 | 15.43 | 6.20 | 5.85 | 0.175 6 | 0.028 3 | 0.000 80 | 1.75 |
| 178 | 2 886 | 14.65 | 5.99 | 6.24 | 0.187 2 | 0.031 3 | 0.000 98 | 1.99 |
| 177 | 2 700 | 13.84 | 5.76 | 6.67 | 0.200 1 | 0.034 8 | 0.001 21 | 2.27 |
| 176 | 2 517 | 13.10 | 5.55 | 7.15 | 0.214 5 | 0.038 7 | 0.001 50 | 2.60 |
| 175 | 2 337 | 12.36 | 5.35 | 7.70 | 0.231 0 | 0.043 2 | 0.001 87 | 3.02 |
| 174 | 2 159 | 11.60 | 5.12 | 8.34 | 0.250 2 | 0.048 8 | 0.002 39 | 3.53 |

表10 八里胡同至荒坡村段断面2及3(断面2未实测,暂用断面3实测结果)$\frac{V^2}{2g}$及$S$计算表

$Q=36\ 000, n=0.030$

| 水面高度 | $A$ | $R$ | $R^{2/3}$ | $V$ | $nV$ | $S^{1/2}$ | $S$ | $\frac{V^2}{2g}$ |
|---|---|---|---|---|---|---|---|---|
| 182 | 3 998 | 16.22 | 6.41 | 9.00 | 0.270 | 0.042 1 | 0.001 77 | 4.13 |
| 181 | 3 767 | 15.74 | 6.28 | 9.55 | 0.287 | 0.045 7 | 0.002 09 | 4.66 |
| 180 | 3 542 | 15.29 | 6.15 | 10.15 | 0.305 | 0.049 6 | 0.002 46 | 5.26 |
| 179 | 3 323 | 14.77 | 6.01 | 10.82 | 0.325 | 0.054 0 | 0.002 92 | 5.98 |
| 178 | 3 110 | 14.27 | 5.88 | 11.56 | 0.347 | 0.059 0 | 0.003 49 | 6.84 |
| 177 | 2 904 | 13.76 | 5.75 | 12.39 | 0.372 | 0.064 7 | 0.004 19 | 7.81 |
| $Q=18\ 000, n=0.030$ | | | | | | | | |
| 177 | 2 904 | 13.76 | 5.75 | 6.20 | 0.186 | 0.032 3 | 0.001 05 | 1.99 |
| 176 | 2 704 | 13.24 | 5.60 | 6.65 | 0.200 | 0.035 7 | 0.001 27 | 2.26 |
| 175 | 2 511 | 12.71 | 5.45 | 7.16 | 0.215 | 0.039 5 | 0.001 56 | 2.62 |
| 174 | 2 324 | 12.18 | 5.30 | 7.71 | 0.232 | 0.043 8 | 0.001 92 | 3.05 |
| 173 | 2 142 | 11.51 | 5.10 | 8.40 | 0.252 | 0.049 4 | 0.002 45 | 3.60 |
| 172 | 1 965 | 10.84 | 4.90 | 9.15 | 0.275 | 0.056 2 | 0.003 16 | 4.28 |

表11 八里胡同至荒坡村段(断面4)$\frac{V^2}{2g}$及$S$计算表

$Q=36\ 000, n=0.030$

| 水面高度 | $A$ | $R$ | $R^{2/3}$ | $V$ | $nV$ | $S^{1/2}$ | $S$ | $\frac{V^2}{2g}$ |
|---|---|---|---|---|---|---|---|---|
| 184 | 6 266 | 20.20 | 7.40 | 5.75 | 0.173 | 0.023 1 | 0.000 55 | 1.69 |
| 183 | 5 955 | 19.29 | 7.19 | 6.05 | 0.182 | 0.025 3 | 0.000 64 | 1.87 |
| 182 | 5 658 | 18.50 | 7.00 | 6.37 | 0.191 | 0.027 3 | 0.000 75 | 2.07 |
| 181 | 5 365 | 17.70 | 6.79 | 6.71 | 0.201 | 0.029 6 | 0.000 88 | 2.30 |
| 180 | 5 074 | 16.91 | 6.59 | 7.10 | 0.213 | 0.032 1 | 0.001 05 | 2.56 |
| 179 | 4 786 | 16.17 | 6.40 | 7.52 | 0.226 | 0.035 3 | 0.001 24 | 2.89 |
| $Q=18\ 000, n=0.030$ | | | | | | | | |
| 178 | 4 500 | 15.35 | 6.17 | 4.00 | 0.120 | 0.019 4 | 0.000 38 | 0.82 |
| 177 | 4 216 | 14.57 | 5.96 | 4.27 | 0.128 | 0.021 5 | 0.000 46 | 0.93 |
| 176 | 3 935 | 13.70 | 5.72 | 4.57 | 0.137 | 0.024 0 | 0.000 58 | 1.07 |
| 175 | 3 657 | 12.90 | 5.50 | 4.92 | 0.148 | 0.026 9 | 0.000 73 | 1.23 |
| 174 | 3 381 | 12.09 | 5.25 | 5.32 | 0.160 | 0.030 5 | 0.000 93 | 1.45 |
| 173 | 3 108 | 11.22 | 5.01 | 5.79 | 0.174 | 0.034 7 | 0.001 20 | 1.71 |
| 172 | 2 838 | 10.30 | 4.74 | 6.35 | 0.191 | 0.040 3 | 0.001 62 | 2.05 |

表 12　八里胡同至荒坡村段(断面 5) $\frac{V^2}{2g}$ 及 $S$ 计算表

$Q=36\ 000, n=0.030$

| 水面高度 | $A$ | $R$ | $R^{2/3}$ | $V$ | $nV$ | $S^{1/2}$ | $S$ | $\frac{V^2}{2g}$ |
|---|---|---|---|---|---|---|---|---|
| 184 | 7 087 | 18.88 | 7.09 | 5.09 | 0.153 | 0.021 6 | 0.000 47 | 1.32 |
| 183 | 6 721 | 18.20 | 6.91 | 5.35 | 0.161 | 0.023 2 | 0.000 53 | 1.46 |
| 182 | 6 364 | 17.62 | 6.77 | 5.66 | 0.170 | 0.025 1 | 0.000 63 | 1.63 |
| 181 | 6 014 | 17.13 | 6.65 | 6.00 | 0.180 | 0.027 1 | 0.000 74 | 1.83 |
| 180 | 5 673 | 16.52 | 6.49 | 6.35 | 0.191 | 0.029 4 | 0.000 87 | 2.06 |
| 179 | 5 341 | 15.99 | 6.35 | 6.75 | 0.203 | 0.032 0 | 0.001 02 | 2.32 |
| 178 | 5 017 | 15.44 | 6.20 | 7.19 | 0.216 | 0.034 8 | 0.001 21 | 2.64 |
| $Q=18\ 000, n=0.030$ | | | | | | | | |
| 177 | 4 702 | 14.88 | 6.05 | 3.83 | 0.115 | 0.019 0 | 0.000 36 | 0.75 |
| 176 | 4 395 | 14.25 | 5.87 | 4.09 | 0.123 | 0.021 0 | 0.000 44 | 0.86 |
| 175 | 4 097 | 13.69 | 5.72 | 4.39 | 0.132 | 0.023 1 | 0.000 53 | 0.98 |
| 174 | 3 806 | 13.00 | 5.52 | 4.73 | 0.142 | 0.025 6 | 0.000 66 | 1.14 |
| 173 | 3 521 | 12.31 | 5.34 | 5.11 | 0.153 | 0.028 6 | 0.000 82 | 1.33 |
| 172 | 3 242 | 11.60 | 5.12 | 5.55 | 0.167 | 0.032 6 | 0.001 06 | 1.57 |

表 13　八里胡同至荒坡村段(断面 6,荒坡村) $\frac{V^2}{2g}$ 及 $S$ 计算表

$Q=36\ 000, n=0.030$

| 水面高度 | $A$ | $R$ | $R^{2/3}$ | $V$ | $nV$ | $S^{1/2}$ | $S$ | $\frac{V^2}{2g}$ |
|---|---|---|---|---|---|---|---|---|
| 184 | 10 231 | 18.53 | 7.00 | 3.52 | 0.106 | 0.015 1 | 0.000 23 | 0.63 |
| 183 | 9 689 | 17.72 | 6.80 | 3.72 | 0.112 | 0.016 5 | 0.000 27 | 0.71 |
| 182 | 9 150 | 16.89 | 6.57 | 3.93 | 0.118 | 0.018 0 | 0.000 32 | 0.79 |
| 181 | 8 617 | 16.00 | 6.35 | 4.18 | 0.125 | 0.019 7 | 0.000 39 | 0.89 |
| 180 | 8 088 | 15.20 | 6.15 | 4.46 | 0.134 | 0.021 8 | 0.000 48 | 1.01 |
| 179 | 7 563 | 14.32 | 5.90 | 4.76 | 0.143 | 0.024 2 | 0.000 59 | 1.15 |
| 178 | 7 042 | 13.44 | 5.65 | 5.11 | 0.153 | 0.027 1 | 0.000 74 | 1.33 |
| 177 | 6 526 | 12.60 | 5.41 | 5.51 | 0.165 | 0.030 5 | 0.000 93 | 1.55 |
| $Q=18\ 000, n=0.030$ | | | | | | | | |
| 176 | 6 015 | 11.72 | 5.16 | 2.99 | 0.090 | 0.017 4 | 0.000 30 | 0.46 |
| 175 | 5 508 | 10.83 | 4.90 | 3.26 | 0.098 | 0.020 0 | 0.000 40 | 0.54 |
| 174 | 5 009 | 10.17 | 4.69 | 3.59 | 0.108 | 0.023 0 | 0.000 53 | 0.66 |
| 173 | 4 526 | 9.45 | 4.47 | 3.98 | 0.119 | 0.026 6 | 0.000 71 | 0.81 |
| 172 | 4 056 | 8.74 | 4.24 | 4.44 | 0.133 | 0.031 4 | 0.000 99 | 1.00 |
| 171 | 3 602 | 8.01 | 4.00 | 5.00 | 0.150 | 0.037 5 | 0.001 40 | 1.28 |

曲线上的 $Q=36\ 000, n=0.030$　计算时，如 $Q$ 或 $n$ 不同，可按比例乘以校正系数。

$$因\frac{Q_1}{Q_2}=\frac{V_1}{V_2}\quad 故\frac{V_1^2}{2g}:\frac{V_2^2}{2g}=\frac{Q_1^2}{Q_2^2}=\left(\frac{Q_1}{Q_2}\right)^2$$

$$因\frac{S_1}{S_2}=\frac{(n_1V_1)^2}{(n_2V_2)^2}\quad 故 S_1:S_2=\left(\frac{n_1Q_1}{n_2Q_2}\right)^2$$

计算时如 $Q=32\ 000$，$\frac{V^2}{2g}$曲线上的读数须乘以 $\left(\frac{32\ 000}{36\ 000}\right)^2=\frac{1}{1.266}$；如 $Q=32\ 000, n=0.025$，$S$ 曲线的读数须乘以 $\left(\frac{32\ 000\times0.025}{36\ 000\times0.030}\right)^2=\frac{1}{1.823}$。

2. 由荒坡村（断面 6）向上推算

荒坡村水位 = 178.19，设 $Q=32\ 000$ 秒立方公尺，因由断面 5 到断面 6，面积增大，流速损失较高，故设 $n=0.035$，$\frac{V^2}{2g}$曲线读数改正系数 $=\left(\frac{32\ 000}{36\ 000}\right)^2=\frac{1}{1.206}$，$S$ 曲线系数　改正系数 $=\left(\frac{32\ 000\times0.035}{36\ 000\times0.030}\right)^2=$ 1.078。

$L_{56}=1\ 240$，由图 11，水面高度 = 178.19。

$$\frac{V^2}{2g}=1.29\times\frac{1}{1.266}=1.02$$

$$S=0.000\ 705\times1.078=0.000\ 76, \frac{S_6L_{56}}{2}=0.47$$

$$H_6+\frac{S_6L_{56}}{2}=178.19+1.02+0.47=179.68$$

$$H_5-\frac{S_5L_{56}}{2}=H_6+\frac{S_6L_{56}}{2}=179.68$$

设断面 5 水面 = 178.5，由图 10 得

$$\frac{V^2}{2g}=2.45\times\frac{1}{1.266}=1.93$$

$$S=0.001\ 09\times1.078=0.001\ 18\ \frac{S_5L_{56}}{2}=0.73$$

$$H_5-\frac{S_5L_{56}}{2}=178.5+1.93-0.73=179.70（此数尚合）。$$

3. 由断面 5 向上推算，步骤相向，结果如表 14。

**表 14　八里胡同至荒坡村回水曲线推算表**

（$Q=32\ 000$，$n=0.035$ 断面扩大，$n=0.025$ 断面收缩或变化不大；推算结果：八里胡同水位 = 182.10）

| 断面 | 距离 | 水面高度 | $\frac{V^2}{2g}$ | $H$ | $n$ | $S$ | $\frac{SL}{2}$ | $H+\frac{SL}{2}$ | $H-\frac{SL}{2}$ |
|---|---|---|---|---|---|---|---|---|---|
| 6 | 1 240 | 178.19 | 1.02 | 179.21 | 0.035 | 0.000 76 | 0.47 | 179.68 | |
| 5 | | 178.50 | 1.93 | 180.43 | | 0.001 18 | 0.73 | | 179.70 |
| 5 | 1 300 | 178.50 | 1.93 | 180.43 | 0.025 | 0.000 60 | 0.39 | 180.82 | |
| 4 | | 179.00 | 2.28 | 181.28 | | 0.000 68 | 0.41 | | 180.84 |
| 4 | 1 240 | 179.00 | 2.28 | 181.28 | 0.035 | 0.001 34 | 0.83 | 182.11 | |
| 3 | | 179.50 | 4.43 | 183.93 | | 0.002 88 | 1.79 | | 182.14 |
| 3 | 680 | 179.50 | 4.43 | 183.93 | 0.025 | 0.001 46 | 0.50 | 184.43 | |

续表 14

| 断面 | 距离 | 水面高度 | $\frac{V^2}{2g}$ | $H$ | $n$ | $S$ | $\frac{SL}{2}$ | $H+\frac{SL}{2}$ | $H-\frac{SL}{2}$ |
|---|---|---|---|---|---|---|---|---|---|
| 2 | | 181.20 | 3.57 | 184.77 | | 0.001 11 | 0.38 | | 184.39 |
| 2 | 1 140 | 181.20 | 3.57 | 184.77 | 0.025 | 0.001 11 | 0.63 | 185.40 | |
| 1 | | 182.10 | 3.88 | 185.98 | | 0.001 02 | 0.58 | | 185.40 |

上表推算结果 $Q=32\ 000$，八里胡同水文站水位 = 182.10。同样设 $Q=34\ 000$，八里胡同水位 = 182.60（计算表从略）。用插比法，八里胡同水位 = 182.28，$Q=32\ 700$ 即为 1843 年洪水流量。

上例采用之 $n$ 值为 0.025 及 0.035，如改用 0.030 及 0.040，推算结果（计算表从略）$Q=26\ 100$，相差 20%。前节用控制断面法 $S$ 值由 0.025 改为 0.030，所得的 $Q$ 相差只有 6%，此为前法的优点。又上例，这一段内只有上下游两点的水位高度；如中间尚有一点已知的洪水位高度，由下游向上推算，符合于上游一点的回水曲线，未必完全符合于中间一点的水位高度，如相差不多，可取距两点最近的回水曲线。如相差太多，可能系各小段的 $n$ 值不适当，可酌量改正 $n$ 值；如仍不符，则系洪水位记录有问题，或漏掉控制断面，须重做研究调查。

4. 1933 年八里胡同水文站洪水位 = 177.29，下游牛湾西 650 公尺处洪水位 = 175.02，用同法推算，得 $Q=18\ 000$，如表 15。

**表 15　八里胡同至牛湾西 650 公尺处（断面 5）回水曲线推算表**

（牛湾西 650 公尺无实测断面，暂用断面 5）

（$Q=18\ 000$，$n=0.035$ 断面扩大，$n=0.025$ 断面收缩或变化不大；推算结果：八里胡同水位 = 177.29）

| 断面 | 距离 | 水面高度 | $\frac{V^2}{2g}$ | $H$ | $n$ | $S$ | $\frac{SL}{2}$ | $H+\frac{SL}{2}$ | $H-\frac{SL}{2}$ |
|---|---|---|---|---|---|---|---|---|---|
| 5a | 360 | 175.02 | 0.98 | 176.00 | 0.025 | 0.000 37 | 0.07 | 176.07 | |
| 5 | | 175.20 | 0.95 | 176.15 | | 0.000 35 | 0.06 | | 176.09 |
| 5 | 1 300 | 175.20 | 0.95 | 176.15 | 0.025 | 0.000 35 | 0.23 | 176.38 | |
| 4 | | 175.50 | 1.15 | 176.65 | | 0.000 45 | 0.29 | | 176.36 |
| 4 | 1 240 | 175.50 | 1.15 | 176.65 | 0.035 | 0.000 74 | 0.46 | 177.11 | |
| 3 | | 175.70 | 2.36 | 178.06 | | 0.001 56 | 0.97 | | 177.09 |
| 3 | 680 | 175.70 | 2.36 | 175.06 | 0.025 | 0.000 95 | 0.32 | 178.38 | |
| 2 | | 176.50 | 2.12 | 178.62 | | 0.000 78 | 0.27 | | 178.35 |
| 2 | 1 140 | 176.50 | 2.12 | 178.62 | 0.025 | 0.000 78 | 0.44 | 179.06 | |
| 1 | | 177.29 | 2.25 | 179.54 | | 0.000 75 | 0.43 | | 179.11 |

以上结果可与陕县站推算的洪水流量比较如下表：

表16 黄河洪水推算结果比较表

流量:秒立方公尺

| 年份 | 陕县水文站 | | 三门峡 | | 八里胡同水文站 | |
|---|---|---|---|---|---|---|
| | 推算方法 | 流量 | 推算方法 | 流量 | 推算方法 | 流量 |
| 1843 | | | 控制断面法<br>$n=0.025$<br>$n=0.030$ | <br>36 200<br>34 200 | 回水曲线法<br>$n=\begin{cases}0.025\\0.035\end{cases}$ | 32 700 |
| 1933 | 根据上游干支流洪水情况估算<br>第一次估算<br>第二次估算<br><br>根据调查洪水位及断面流量曲线推估 | <br><br>23 000<br>18 000至20 000<br>22 000 | 控制断面法<br>$n=0.025$ | 19 100 | 迴水曲线法<br>$n=\begin{cases}0.025\\0.035\end{cases}$ | 18 000 |
| 1942 | 根据调查洪水位及断面流量曲线推估 | 16 700 | 控制断面法<br>$n=0.025$ | 15 700 | | |
| 1951 | 根据水位记载及流量曲线推算,比较准确 | 10 400 | 控制断面法<br>$n=0.025$<br>水位根据水位站记载,比较准确 | 9 900 | | |

三门峡在陕县下游二十余公里,中间无大支流,一般较大的洪水峰,到三门峡可能减低500秒立方公尺左右,最高洪水时,相差可能到1 000秒立方公尺左右。八里胡同又在三门峡下游约100公里,中间亦无大支流,因河槽停蓄关系,一般较大的洪水峰可能减低1 000秒立方公尺,最高洪水时可能减低2 000秒立方公尺左右。上表推算结果,尚属吻合。三门峡推得的流量与陕县很接近,可见这个控制是相当可靠的。根据上面所得的结果,可以假定1843年陕县洪水流量是36 000秒立方公尺,这次洪水是清乾隆以来最高洪水,从陕县的洪水频率来看,已是千年甚致千年以上的洪水了,而发生在二百年以内,在工程设计上,对于洪水的估计是要十分慎重的。

(本文原载于《新黄河》1953年第4期)

# 论三门峡水库的调节在黄河下游防凌中的作用

陈赞廷，孙肇初，蔡　琳，王文才

## 一、黄河下游凌汛概况

黄河下游凌汛，在历史上决口频繁，危害严重。据不完全统计，自 1883 年至 1936 年的 54 年中，就有 21 年发生凌汛决口。近三十年来，也曾出现过 1951 年、1955 年、1969 年、1979 等年度很严重的凌情。其中，1955 年解冻时利津站最高水位比 1958 年最高洪水位还高 1.55 米；1969 年凌汛期的“三封、三开”的严重局面也为历史上所罕见。

黄河下游凌汛之所以严重，是由其特定的地理、水文、气象条件决定的。

第一，下游河道流向自兰考由西南转向东北以后，纬度不断增高。兰考以上河段地处北纬 34°55′。而入海口处却达北纬 38°左右，两地相差 3°左右（见图 1）。由于纬度上的差异而导致下段山东河道封冻早、解冻晚、冰厚；上段河南河道封冻晚、解冻早、冰薄。因此，当气温升高，尤其是因水力作用而促使上段河道解冻时，而下段河道往往还处于固封状态，容易形成节节卡冰阻水，造成凌洪。这是形成凌汛的主要原因。

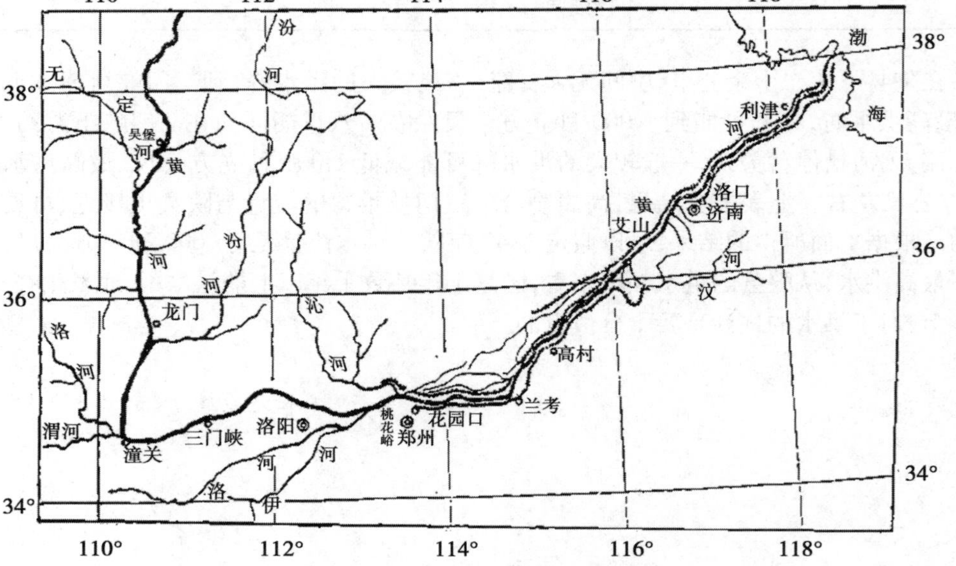


**图 1　黄河下游平面布置图**

第二，上段河道宽浅，下段河道窄深多弯。在封冻期河槽增加的蓄水量，大部分积蓄在宽河道内。当上段河道解冻时，这部分槽蓄水量突然释放出来，凌洪沿程加大，当流至下段窄深而弯曲的河道，由于排泄不畅，势必加重凌汛威胁。

第三，气温、流量变化大。黄河下游地处中纬地区的平原地带，面临海洋。由于各年冬春季节大气环流特征和冷空气来路、强弱的不同，在多数年份中，该时期的气温变化不仅正负频繁，而且变幅大。另外，径流量受内蒙古至三门峡区间冰情的影响，流量忽大忽小。致使各年凌情轻重程度不同，甚至在一个凌汛期内出现多次封冻、解冻的现象，给黄河下游凌汛增加了复杂性。

据资料统计，在近三十年中有二十五年封冻。在封冻的年度中，有的封冻长度长达 700 多公里，有的只封冻 50 多公里；河道冰量最多达 1.4 亿立方米，多年平均为 0.5 亿立方米；封冻日期滨海河段最早在12月12日，多年平均为1月14日；解冻日期一般在2月20日前后，最晚为3月18日。兰考以上河段封冻日期比滨海河段晚十几天，而解冻却早十几天。冰盖厚度差别亦甚大。滨海河段一般为0.3～0.4米，兰考以上河段仅0.1米左右。这些封冻、解冻、冰厚等方面的差异表明黄河下游是一个不稳定的封冻河段。

新中国建立后，为解除凌汛危害，对凌汛形成的规律进行了大量的观测研究，并在这个基础上逐步改进防凌措施，战胜了多次严重的凌汛，取得了连续二十多年凌汛期未决口的巨大成绩。

在三门峡水库建成前，主要的防凌措施是防、破、分。所谓防，是组织强大的防凌队伍，严守黄河两岸大堤以抗御凌洪；破，是用破冰的办法适时的把狭窄、弯曲河段的坚冰破开，以利凌洪下泄，避免形成冰坝；分，是利用沿黄涵闸适时分洪分凌，减轻凌洪对堤防的威胁。我们在与凌汛斗争的过程中逐步认识到，当上段河道封冻冰层尚未充分解体而以水力作用为主造成的"武开河"是形成严重凌汛的重要原因。而"武开河"的动力大小与来水量、槽蓄水量的多少关系很密切。因此，在整个凌汛期间只要能控制流量不忽大忽小，尤其在解冻前适当减少上游来水，使水位呈下降趋势就不致形成严重凌汛。所以，当三门峡水库于1960年建成后，黄河下游防凌措施，就发展到利用水库以调节河道水量为主的阶段。

## 二、对影响凌汛的主要因素的分析

影响凌汛的因素较多，主要的有热力、水力和河道特征三个方面。

作用于水流的热力因素，主要有太阳辐射、大气与水的热交换、有效辐射及蒸发等，此外地下水的加入、降水、河床与水体间的热传导以及水流的动力加热等，也或多或少影响着水流的增热或冷却的过程。冬季，由于太阳辐射的减弱，强冷空气的侵入，往往使气温迅速地、大幅度地下降，这时气温与水温的差值较大，它们之间热交换的结果，往往使水流急剧冷却转化为冰。所以，对于影响凌汛的热力因素来说，气温的变化就具有决定性的作用。

水力因素主要包括流量、流速和水位等。在河面出现浮冰以后，如果流量大、流速快，则水流的输冰能力强，冰块就较难停止下来；反之，则水流的输冰能力弱，冰块流动慢。在河床断面形状、糙率特征和纵比降相对稳定的情况下，水位和流速的变化将主要受流量大小的支配。所以，对于影响凌汛的水力因素来说，流量的变化就具有决定性的作用。

河道特征对凌汛的影响，通常多注重于它的几何边界条件对冰凌的卡塞作用，这一点确是很重要的；然而，除此以外，河道的特征还可以通过改变河流的热力和水力状况而对凌汛施加影响。就范围大的平面形态而言，黄河下游河道流经地区的气温是上暖下寒，就是直接影响凌汛的热力因素，至于局部河段的宽窄、河床纵比降的陡缓等，也都直接影响到该河段水流形态的变化，这就是河道特征通过水力作用对凌汛的影响。从这个意义上来说，着重分析热力和水力因素对凌汛的影响，是十分必要的。

在黄河下游，气温和流量的变化对凌情的影响是比较复杂的；但是通过一些现象以及对有关资料的分析看出，由气温反映的热力因素和由流量反映的水力因素在影响凌汛的过程中有着明显的规律性。

为了阐明这一规律性，我们将黄河上游包头、中游吴堡和下游济南三个河段的流速、气温及冰情状况列于表1中。包头河段地处东经110°、北纬40°30′左右，冬季气温低，极端最低气温曾达－33 ℃，河床纵比降亦小，即使流量为600～700秒立方米时，断面平均流速仍小于1米/秒，低气温占主导地位，以致年年封冻。一般从11月下旬或12月上旬封冻，至次年3月下旬前后解冻，稳定封冻期较长。吴堡河段地处东经110°45′、北纬37°27′左右，气温较包头河段略高，极端最低气温曾达－25.4 ℃，但由于河床纵比降大，即使流量为300秒立方米时，断面平均流速亦达1.3米/秒，当流量为700秒立方米时，流速已接近2米/秒，水力作用占主导地位，以致年年皆不封冻。济南河段地处东经116°48′、北纬36°44′左右，气温较上述两个河段均高，极端最低气温曾达－19.7 ℃，河床纵北降稍大于包头而小于吴堡河段。当流量为600秒立方米时，流速仍小于1米/秒，水力作用较弱，所以气温虽不算低，但它仍占主导地位，除少数冬季气温明显偏高而水力作用又偏大的年份没有封冻外，一般年分均封冻。

**表 1　黄河包头、吴堡、济南三河段流速、比降、气温、封冻情况统计表**

| 各级流量的平均流速(m/s)(无冰期的流速) | 河段 | 流量级($m^3/s$) | | | | 河段比降(‰) | 封冻机率(%) |
|---|---|---|---|---|---|---|---|
| | | 300～400 | 400～500 | 500～600 | 600～700 | | |
| | 包头 | 0.58～0.68 | 0.68～0.77 | 0.77～0.86 | 0.86～0.94 | 0.9 | 100 |
| | 吴堡 | 1.30～1.48 | 1.48～1.64 | 1.64～1.79 | 1.79～1.91 | 8 | 0 |
| | 济南 | 0.65～0.73 | 0.73～0.81 | 0.81～0.90 | 0.90～1.03 | 1 | 80 |

| 1953—1970年旬平均气温(℃) | 河段 | | 11 月 | 12 月 | | | 1 月 | | | 2 月 | | |
|---|---|---|---|---|---|---|---|---|---|---|---|---|
| | | | 下旬 | 上旬 | 中旬 | 下旬 | 上旬 | 中旬 | 下旬 | 上旬 | 中旬 | 下旬 |
| | 包头 | 平均 | -6.4 | -9.8 | -11.7 | -13.4 | -14.2 | -13.8 | -13.0 | -10.5 | -9.2 | -7.6 |
| | | 最高 | -2.3 | -3.1 | -6.3 | -8.7 | -8.7 | -7.9 | -9.5 | -4.3 | -5.0 | -2.0 |
| | | 最低 | -11.2 | -21.3 | -18.9 | -19.5 | -20.2 | -17.5 | -19.1 | -20.5 | -18.2 | -13.4 |
| | 吴堡 | 平均 | -1.3 | -4.2 | -5.8 | -7.3 | -8.2 | -8.2 | -7.3 | -4.9 | -3.2 | -1.3 |
| | | 最高 | 2.8 | 1.9 | -2.2 | -3.3 | -4.1 | -3.6 | -3.3 | -0.3 | -0.2 | 2.2 |
| | | 最低 | -6.0 | -10.1 | -10.9 | -11.9 | -17.4 | -14.7 | -11.2 | -10.6 | -9.9 | -4.4 |
| | 济南 | 平均 | 4.8 | 2.8 | 0.9 | -1.0 | -1.5 | -2.0 | -1.4 | 0.4 | 1.0 | 2.3 |
| | | 最高 | 9.1 | 9.4 | 5.0 | 2.3 | 2.0 | 1.3 | 2.5 | 3.8 | 6.6 | 8.4 |
| | | 最低 | 0.2 | -3.6 | -4.5 | -5.7 | -6.3 | -6.9 | -4.5 | -6.6 | -6.3 | -4.9 |

为进一步阐明其规律性,我们对黄河下游近三十年的凌情进行了全面分析,从中可以看出:1965—1966 年冬暖枯水封冻了,1964—1965 年冬暖丰水未封冻;1956—1957 年冬寒枯水封冻了,1967—1968 年冬寒丰水也封冻了,1971—1972 年亦属冬寒丰水,但由于流量达 700～1 000 秒立方米,较前更丰,因此后期在严寒的情况下却未封冻,见表 2。

**表 2　黄河下游封冻与未封冻典型年份气温、流量比较表**

| 年度 | 气温与流量状况 | 封冻情况 | 济南气温(℃) | | | | | | | 进入下游河道流量($m^3/s$) | | |
|---|---|---|---|---|---|---|---|---|---|---|---|---|
| | | | 11 月 | 12 月 | | | 1 月 | | | | | |
| | | | 下旬 | 上旬 | 中旬 | 下旬 | 上旬 | 中旬 | 下旬 | 11 月 | 12 月 | 1 月 |
| 历年平均 | | | 4.8 | 2.8 | 0.9 | -1.0 | -1.5 | -2.0 | -1.4 | 1 292 | 616 | 526 |
| 1964—1965 | 冬暖丰水 | 未封冻 | 7.6 | 1.5 | 0.9 | 2.3 | 0.6 | -2.0 | 1.2 | 2 090 | 928 | 721 |
| 1965—1966 | 冬暖枯水 | 封冻长 260 公里,冰量 3 240 万立方米 | 6.4 | 4.7 | 1.4 | -2.1 | 1.9 | 0 | -0.8 | 906 | 363 | 417 |
| 1956—1957 | 冬寒枯水 | 封冻长 399 公里,冰量 7 340 万立方米 | 0.2 | 0.4 | -4.5 | -1.8 | -1.5 | -6.9 | -3.2 | 665 | 407 | 418 |
| 1967—1968 | 冬寒丰水 | 封冻长 323 公里,冰量 6 374 万立方米 | 2.1 | -2.6 | -0.9 | -5.4 | 1.1 | -1.1 | -3.6 | 1 560 | 567 | 876 |
| 1971—1972 | 冬寒丰水 | 12 月下旬,三日平均气温为 -8 ℃,流量为 280 秒立米时封冻了。(1 月上旬解冻)1 月下旬,三日平均气温为 -10.6 ℃,流量为 700～1 000 秒立方米虽然淌凌密度达 90% 左右但未封冻。 | | | | | | | | | | |

这说明气温和流量在影响凌汛过程中的作用大小，随着它们的不同组合和数值高低其结果完全不同。同是属于冬暖或冬寒的年份，枯水时能封冻，丰水时却不能封冻。这就是说，在一定的河道形态下，当流量大到一定程度，水力作用的增大就可以抗御在一定低气温条件下的热力作用而不致封冻，使流量成为不封冻的决定因素。

以上仅说明了气温、流量与河流封冻之间存在着一些定性关系。那么它们之间究竟有无定量的关系呢？为此将黄河下游济南以下各水文站多年观测的有关资料点绘于图2中。图中左侧属于封冻区，右侧为未封冻区，二者之间有一个明显的过渡区。其总的趋势是气温越低，不封冻要求的流量越大。这种相应的关系还随不同的河段而有所变化，像宽浅河段就比窄深河段所需要的不封冻流量为大，这是由于要取得同样的流速，前者的流量必须大于后者。

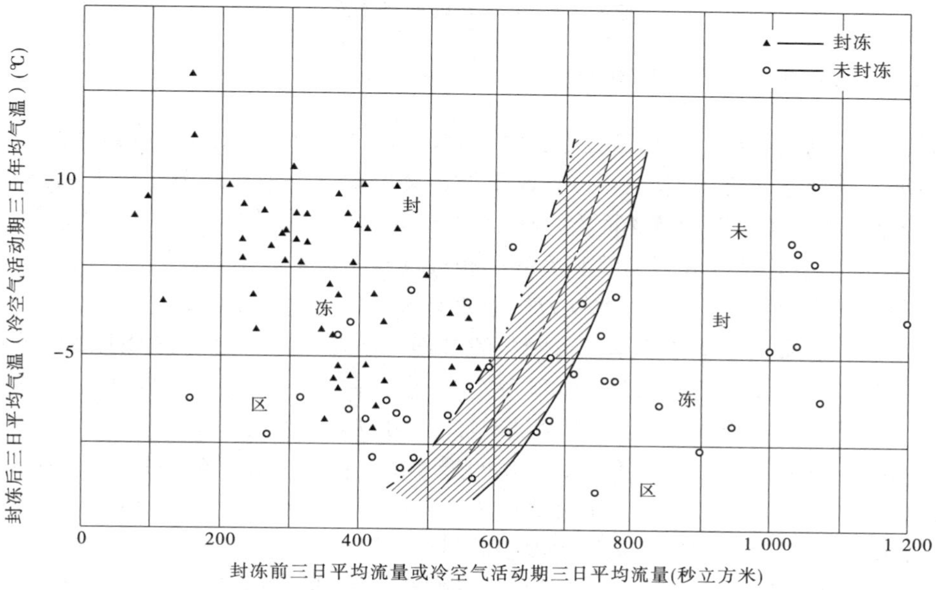


**图2　黄河下游济南以下河段历年凌汛气温流量与封冻关系**

我们知道，河流在小流速情况下封冻时，冰块顺序平列的相冻结，称为“平封”，封初的冰盖厚度决定于浮冰的厚度；如封冻时流速较大，则冰块倾斜地堆叠而互相冻结，称为“立封”，封初的冰盖厚度与冰块的大小及其堆叠的倾斜度密切相关。显然，后者大于前者。当流速超过某一极限值以后，则冰盖沿水流向上游的发展即告停止，漂浮的冰块将钻入冰盖层底下，于是产生冰塞。实际情况表明，河流的封冻形势不仅影响封冻初期和稳定封冻期的水流形态，还会影响到河流的解冻形势。

通过上述分析我们还可以看出，如果较大的流量不能抵制低气温的影响而封冻时，不仅会形成“立封”，增加初始冰盖的厚度，而且还会导致严重的冰塞，迫使河水位大幅度上升，增加河道的槽蓄水量。一般情况下，槽蓄水量大，解冻时的凌峰流量也大。见图3。

众所周知，大的冰量是解冻开河时卡冰结坝的物质基础，而解冻开河时由于槽蓄量的释放所形成的凌峰是卡冰结坝的动力条件。从这个意义上说，在河段封冻过程中以及稳定封冻以后，流量的大幅度增加是极其不利的。

综上所述，气温和流量在影响黄河下游凌汛的过程中是互相关联而又互相制约的。河道封冻以前，低气温促使河道封冻，而较大的流量却抗御河道的封冻；河道稳定封冻以后，低气温要维持河道稳定封冻，而流量增大却要促使河道解冻，尤其是流量的突然加大，很易导致“武开河”的发生。如果在封冻以后，河道里的流量是一个逐渐减小的过程，那么不仅可以抑制“武开河”的形成，而且能够削减河道的槽蓄量，推迟解冻日期，为热力因素为主的“文开河”创造有利的条件。

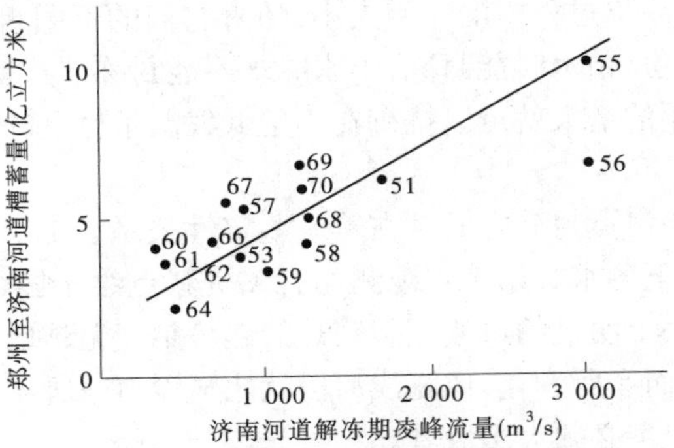


注：图中数字表示年份的后二位数

**图 3　槽蓄量与凌峰流量关系**

## 三、关于三门峡水库运用方式的讨论

通过上面的分析，从而得出一个结论，就是利用河段上游的水库，按照水力因素和冰情形态演变间的规律，调整河道冬季流量变化的过程，可以控制下游冰凌的危害。但对调节运用的具体方式，应视河流的天然流量变化过程以及水库的特点而定。因此，在论述三门峡水库防凌运用方式以前，有必要对黄河下游冬季流量的天然变化情况和三门峡水库的一些特点作一扼要的说明。

冬季，地下径流的变化，一般具有一个较为稳定的退水趋势，所以，河道里的流量也相应的是一个逐渐减小的变化过程。然而，黄河下游冬季流量变化的过程却不是如此。由于黄河上游内蒙古河段封冻日期早于黄河下游河段，封初河槽蓄水量的大幅度上升，致使黄河下游流量突然的减小；内蒙古河段稳定封冻后，冰盖下过流能力的提高，又使下游流量增加。这样影响而形成的由大到小，又由小到大的下凹形的流量变化过程，就是黄河下游冬季流量变化的最大特点。图 4 是 1965—1966 年凌汛期利津河段日平均流量和日平均气温过程线。是年 11 月底内蒙古河段封冻，当 12 月 19 日利津河段日平均流量下降到 300 秒立方米以下时，恰好遭遇冷空气的侵袭而封冻，这种小流量与低气温的遭遇，常常是黄河下游河道封冻的直接原因。小流量封冻对凌汛形势的影响是：封河早、冰盖低、冰下过流面积小，在后期流量又复增大时，就会破坏封冻的稳定性，尤其是在流量突然增大时，往往造成“武开河”的严重局面。

三门峡水库位于黄河中游下首，它是黄河下游防洪、防凌的控制性工程，原设计库容较大，后因库区泥沙淤积严重，不得不改为低水位径流调节运用。三门峡水库用于黄河下游防凌，已有 20 年的历史，目前它能用于防凌的蓄水库容约为 18 亿立方米。但是，黄河下游 12 月、1 月和 2 月的多年月平均流量分别为 616、526 和 634 秒立方米，这三个月的平均径流总量达 46 亿立方米左右，有些年分还更大，这就形成了库容小，径流量大的矛盾。尤其是在小流量封冻以后，要完全依靠三门峡水库控蓄后期的流量，则更感库容不足。在这种情况下，水库调节运用的合理方案不仅仅是蓄，而应是有泄有蓄。所谓泄，就是在河道封冻以前，通过水库前期预蓄水量的补给，适当加大河道流量，发挥水力因素在抗御河道封冻方面的作用，争取不封冻，或尽可能推迟封冻日期。所谓蓄，就是在封冻后，通过水库的蓄水，适当减小下泄流量，抑制水力因素，避免形成“武开河”，推迟解冻时间，争取“文开河”。

### 1. 封冻前的泄水运用

在该时段内，三门峡水库下泄流量的大小可以根据两种不同的目的来分别确定。一种是大幅度地提高下泄流量，以达到抵制河道封冻不致产生凌汛的目的；另一种是较小幅度的加大并调匀封冻前的流量，以避免小流量封冻或推迟封冻日期从而达到减轻凌汛威胁的目的。

根据黄河下游历年的统计来看，将流量加大到 800 秒立方米以上时，就有可能不封冻。然而，鉴于凌汛的复杂性，目前尚难确定保证下游河道不封冻的临界流量值。如果流量偏小，非但不能抵制封冻，还会在封冻时产生严重的冰塞。图 5 是 1967—1968 年凌汛期，黄河下游艾山以下河段，在流量为 750 秒立方米左右封冻并产生冰塞后的水位上升情况。冰塞以上河段的水位壅高值达 3 米以上，使大片河滩地淹没。如果为了使河道不封冻更有把握些，而将流量增大到 1 000 秒立方米以上，那么水库的预蓄

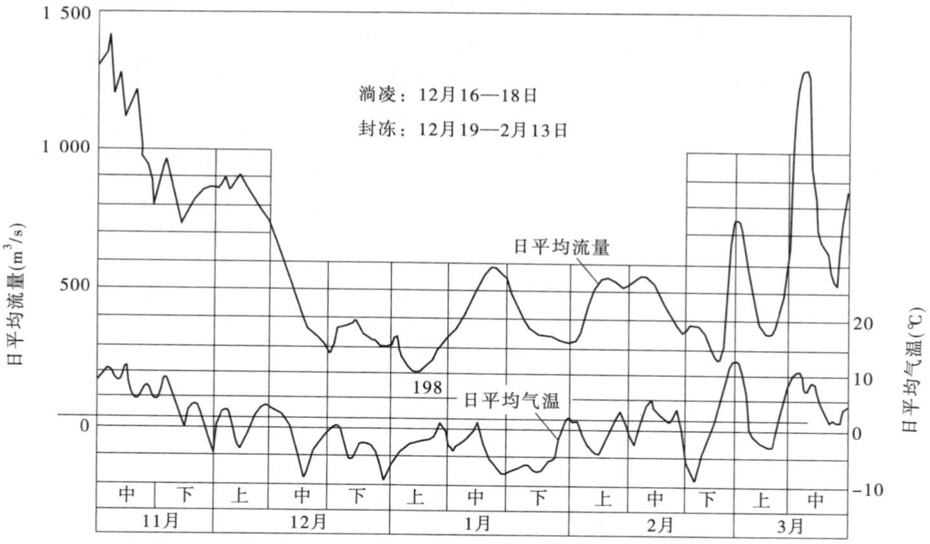


**图 4　1965—1966 年利津河段日平均流量及日平均气温过程线**

水量有时将达 25 亿立方米以上，这不仅受到库容不足的限制，而且长时间的高水位蓄水运用会过多地增加库区的淤积。因此，加大流量不封冻的设想，在现有工程条件下，黄河下游尚难实现。

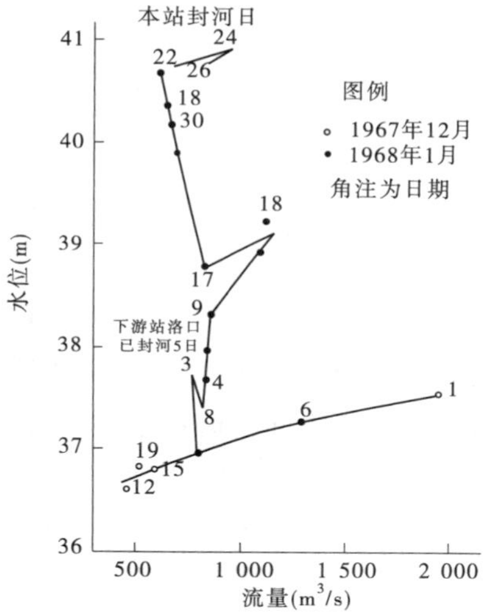


**图 5　艾山以下河段形冰塞后水位变化**

至于适当加大并调匀封冻前流量的问题，通过近几年的试验运用取得了一些初步的经验。根据封冻时不产生冰塞、不漫滩以及尽量减少水库预蓄水量的原则，最近几年将封冻前的流量调匀在 500 秒立方米左右，这样调节运用，不仅可以避免 200～300 秒立方米的小流量封冻，增加冰下过流能力，而且三门峡水库的预蓄水量不大，一般不超过 4 亿立方米，对库区淤积影响也不大。

2. 封冻后的蓄水运用

河流封冻以后，水流的边界条件明显地改变，湿周的加大，水力半径的减小，冰盖底面糙率的作用以及水内冰的堆积占去了一部分过水断面等等，均会促使大河水位上升，河槽蓄水量大幅度的增加。据统计，黄河下游河道封冻期产生的槽蓄增量，多年平均为 3.2 亿立方米，最大的年份可达 7.4 亿立方米。槽蓄增量大，槽蓄总量亦大。槽蓄量的大小与解冻时凌峰流量的大小直接相关，所以槽蓄增量是形成凌峰流量的物质基础；而稳定封冻期上游来流的突然增大，又往往是导致槽蓄增量急剧释放的直接原因。因此，逐步降低河槽蓄水量，并避免河道流量大幅度的变化，应是河道封冻后水库调节运用的基本原则。

根据上述原则，并考虑到三门峡水库有限的防凌库容，近年来采取了稳定封冻期和解冻前期逐级降低水库下泄流量的蓄水运用方式。具体而言，就是在稳定封冻时段，水库下泄的流量以稍小于冰下过流能力为宜。从实践经验来看，如封冻时流量为 500 秒立方米，那么该时段下泄 400 秒立方米是比较适宜的。待到解冻前期，再进一步降低下泄流量，这时水库下泄流量可减小到 200 秒立方米左右，以期适时地、有效地减小河槽蓄水量，为安全解冻创造条件。

1976—1977 年凌汛期，黄河下游不仅气温偏低，流量偏大，而且变幅大。1976 年 12 月至 1977 年 2 月三个月中，较强的冷空气活动多达 12 次，其中 12 月 25 日前后的一次寒潮，济南的日平均气温从 9.8 ℃骤降至 -10.2 ℃。12 月中旬以后，天然来流也出现了两次下降，两次上升的现象，变幅大到 600 秒立方米左右，见图 6 中虚线。像这样的气温和流量的大幅度的变化情况，是近 30 年来所罕见，因此，出现严重的凌汛局面将是无疑的。但是，三门峡水库自 12 月 20 日，利用 12 月上中旬预蓄的水量开始进行封冻前的泄水运用，使下泄流量维持在 800 秒立方米左右；当下游河口河段于 12 月 27 日在 650 秒立方米流量条件下开始封冻，出现冰塞造成了局部漫滩时，三门峡水库便立即转入封冻后的蓄水运用阶段，控制下泄流量为 400 秒立方米左右，至 1 月 23 日前后，气温回升，兰考以上河段有解冻象征时，进一步将下泄流量降低至 300 秒立方米左右，见图 6 中实线。此外，自 2 月上旬开始，还利用沿黄涵闸分水，使河道槽蓄水量显著减少，以致下段河道在解冻时的水位比封冻期最高水位下降了 0.7 ~ 2.4 米，冰凌就地融化，因而，未出现凌峰，安度了凌汛。

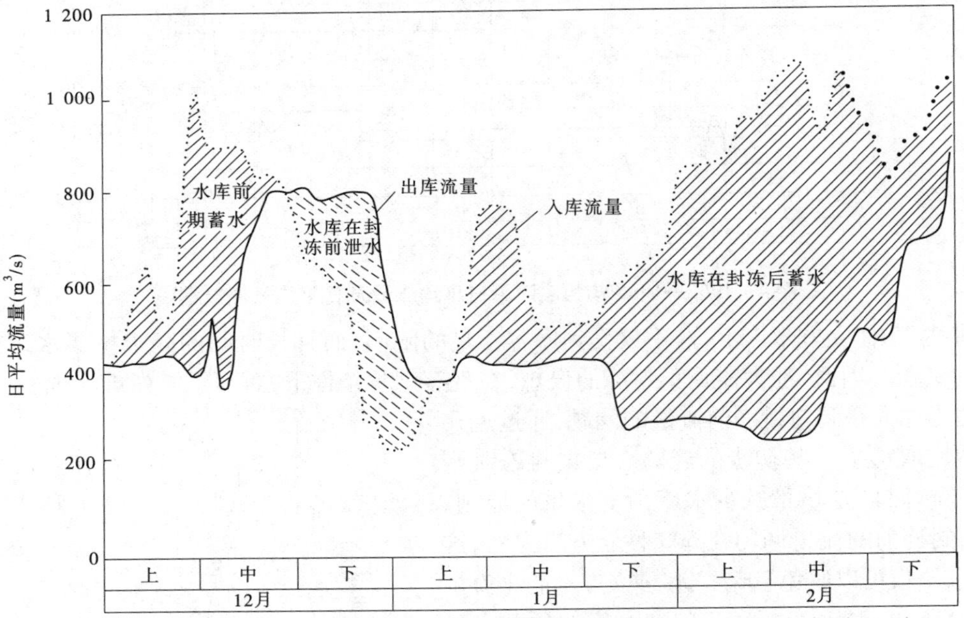


图 6　1976—1977 年凌汛期三门峡水库入出流量过程线

另外，如果在解冻前，河槽蓄水量依然很大时，亦可采取关闸断流的应急措施。例如在 1966—1967 年凌汛期，黄河下游封冻河道长达 616 公里，总冰量 1.4 亿立方米，1 月下旬全河槽蓄增量达 6 亿立方米以上。针对这种情况三门峡水库于 1 月 20 日关闸断流，从而大大削减了河槽蓄水量，降低了凌峰流量，见图 7。这也是在凌情比较严重的年份水库调节运用得当的实例之一。

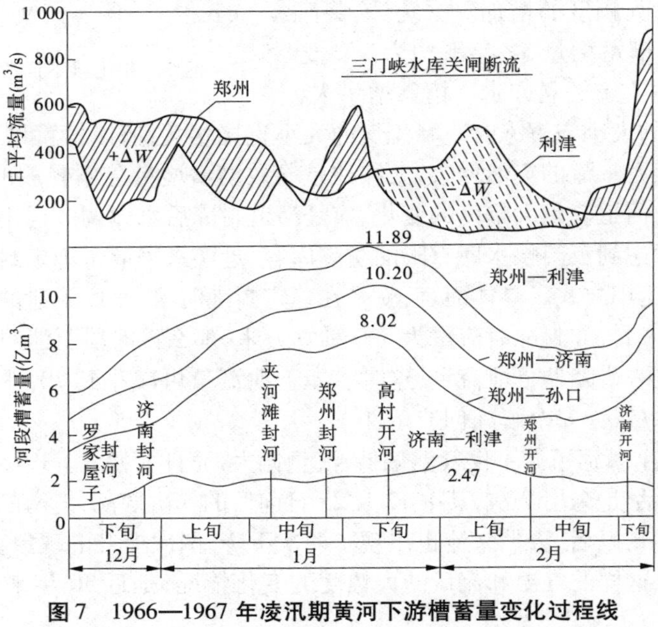


图 7　1966—1967 年凌汛期黄河下游槽蓄量变化过程线

## 四、结　语

就黄河下游防凌而论，三门峡水库的调节运用方式，基本上经历了两个阶段。最初，采用单纯的蓄水方式，即在河道解冻前控制下泄流量，减小槽蓄量，抑制水流避免形成“武开河”。而后，逐步发展到泄、蓄兼施的运用方式，即在封冻前通过水库的补给，适当增加河道的流量，在不产生冰塞的前提下，以期抬高冰盖，提高冰盖下的泄流能力；河道稳定封冻以后，水库下泄流量则稍小于冰盖下允许渲泄的流量，藉以维持河道的稳定封冻状态，并逐步减少河道槽蓄量；至解冻前期，则进一步减少下泄流量，使槽蓄量减至最小，以保证安全解冻。

近十余年来，这种运用方式，不仅在减免黄河下游凌汛灾害方面发挥了作用，而且也为水库的防凌运用方法积累了经验。

然而，水力作用和冰情形状演变间的关系尚属一个新的研究课题，对它的许多规律有待于进一步的研究和认识；同时，三门峡水库离下游封冻河段距离较远，而有关气象、冰情等预报在预见期及其精度方面尚难满足水库运用的要求，因而适时运用三门峡水库的时机不易掌握。我们相信，随着对凌汛规律的进一步认识，以及有关学科的不断发展，三门峡水库的防凌运用方式将会更加完善，它在黄河下游防凌中的作用将会越来越大。

（本文原载于《人民黄河》1980年第5期）

# 黄河下游的防洪问题及对策

吴致尧

（黄委会勘测规划设计院）

**提　要**：本文扼要分析了黄河下游河道的特点，根据当前防洪治理存在的问题，提出今后的治理对策。作者认为，泥沙对下游防洪的不利影响是多方面的，彻底解决泥沙问题需要综合治理、长期治理。继续兴建干流水库控制洪水泥沙，可以迅速改善下游宽河道冲淤变化剧烈的不利局面，延缓河道继续淤积抬高，显著削减下游洪水。配合其他措施，保持下游河道百年内外稳定和安全是可能的。

## 一、泥沙及河道演变

黄河多泥沙的特点决定了黄河下游防洪问题的特殊复杂性。黄河下游的水患，主要表现是洪水决溢，其根本原因是泥沙太多。防治黄河下游的水患，不仅要解决洪水问题，还必须统筹考虑妥善处理泥沙。

泥沙问题给防洪带来的不利影响主要有以下三个方面：

1. 黄河大量输排泥沙的同时，将下游河道塑造成为"地上河"，成为两岸平原的一道自然分水岭，河道的纵比降及流速远大于一般平原河流，这是黄河下游洪水威胁历来十分严重的原因。现在河床平均高程比两岸地面高3～5 m，洪水位高6～8 m，这种不利状况短期难以根本改变，因此，妥善处理洪水，防止决溢成灾，具有极大的紧迫性。

2. 洪水期河道冲淤变化激烈，也是增加防洪困难，影响河防安危的一个重要因素。这种不利情况，主要发生在下游河道的上段，即高村以上河段。由于黄河水沙在年内和年际间变化很大，下游河道的上段经常处于强烈的冲淤调整状态，形成宽浅的河槽，断面冲淤及河势变化都十分强烈，属于典型的游荡性河段。有时主流摆动引起流势突然变化，形成直冲大堤的"横河"，历史上的"冲决"往往由此造成，对河防安全威胁很大。

值得注意的是，上述洪水过程中泥沙危害的情况，多发生在中常洪水时期，河势变化激烈造成冲决危险也多发生在洪峰过后的落水期间。大洪水时泥沙变化的影响相对减弱。因此，不仅要重视防御大洪水，还要充分重视防御中常洪水，改善洪水期河道严重淤积的不利情况。

3. 下游河道仍在继续淤高，为保持河道排洪能力，需要逐步加高堤防，防洪的压力将越来越大。从长远考虑，这是一个很大的问题，如何估计河道淤积发展的前景，对防洪安排的长远决策关系极大。

历史上黄河下游长期处于频繁决溢的状况，河道演变情况复杂；近期内黄河治理开发的进展，又在相当大的程度上改变着黄河的来水来沙条件。因此，研究和预测下游河道今后淤积发展情况，存在不少困难，认识也有很大分歧。

近40年来黄河没有决口，河道升高速率高村以上为3～5 cm/年，高村以下为5～7 cm/年。年平均入海泥沙约10亿t，年平均造陆面积约25 $km^2$，入海流路三次改道，河线尚未稳定延长。在这个时段内，河道淤积调整仍有前期决溢的影响。1960年以后三门峡水库起到减少下游河道淤积的作用。

综合分析历史和现实的河道演变情况，有以下几点认识：

1. 冲积河流的演变，具有自动调整趋向冲淤相对平衡的特点。多泥沙的黄河下游河道，调整能力特强，可以在较短的时间淤积塑造形成基本适应输沙需要的新河道。1855年黄河改道后，在东平湖以下夺占了原来的大清河，河长达400 km，当泥沙大量下排后，很快就将一条地下河变成了地上河，历时只十余年。近期的几次河口改道和三门峡等水库的淤积演变情况，也都反映了类似的特点。因此，黄河河道淤积抬高历程具有明显的阶段性，可以区别为强烈淤积调整阶段及相对稳定的缓慢调整阶段。在塑造新河道的初期，通过泥沙大量落淤，很快完成纵比降的调整，并淤积形成滩与槽，成为一条地上河。新河的淤高主要集中在这个时期。当河道调整接近相对平衡后，纵比降相对稳定，输沙能力调整主要表现为断面形态及河床组成物质的变化，河道淤高速率显著减缓。笼统地用河道淤积高度及行河时间推求河道平均淤积速度，显然不能反映两个不同阶段的实际情况。

2. 现在下游河道的行洪河槽已具有较大的输沙能力，多年间有冲有淤，纵比降趋于稳定。今后河道演变总的趋势仍将继续淤高，但淤积发展将比较缓慢。从较长的时间考虑，控制河道淤高的基本因素是河口延伸及粗泥沙的淤积。据实测资料统计，粒径大于 0.1 mm 的粗泥沙，年平均来量 0.9 亿 t，河道淤积约 0.8 亿 t，几乎是全部淤积，而且集中淤积在高村以上河段内。采取措施拦减粗泥沙，并控制河口延伸，延缓河道淤高是可能的。

## 二、控制洪水的问题

黄河洪水具有比较长期的资料。三门峡（陕县）水文站从 1919 年开始有比较完整的水文观测，至今已 68 年；早在 1765 年，陕县等地就开始设置水尺，连续观测洪水涨落情况；同时，大量文献记载了历史洪水的情况。经过广泛深入的调查研究，基本查明了近二三百年来的大洪水，掌握了黄河洪水的重要特性，根据目前的研究，解决黄河的洪水问题，采取集中控制的办法，较为有利。

1. 大洪水集中来自中游山丘区。下游河道虽长达 800 km，由于是地上河，沿程汇入支流很少，增加的集流面积只占流域面积的 3%，加入洪水较小，而且与中游大洪水不遭遇。因此，在中游山区修建水库控制洪水，就可以有效地减轻整个下游河道的洪水威胁。

2. 中游地区的洪水由短历时、高强度的暴雨造成。大洪水的来源组成有两种类型，一种来自托克托至三门峡区间，另一种主要由三门峡至花园口区间的暴雨造成，暴雨区面积一般都是 20 000 ~ 30 000 $km^2$，两个地区的大洪水也不遭遇。因此，黄河的大洪水具有峰高量小的特点，一次洪水历时 10 ~ 12 天，主要集中在 5 天以内。据推算，千年一遇洪水花园口站洪峰流量 42 300$m^3/s$，而 10 000 $m^3/s$ 以上的洪量不过 62 亿 $m^3$（东平湖以下河段设计排洪能力为 10 000 $m^3/s$）。修建水库集中控制洪水，需要的拦洪库容不很大，可以起到削减洪峰流量的显著作用（表 1）。

**表 1　黄河下游花园口站洪水特征值**

| 洪水情况 | 洪峰流量 ($m^3/s$) | 12 天洪量 ($10^8$ $m^3$) | 5 天洪量 ($10^8 m^3$) | >10 000 $m^3/s$ 洪量 ($10^8$ $m^3$) |
|---|---|---|---|---|
| 实测 1933 年 | 20 400 | 100 | 59.6 | 11.6 |
| 实测 1958 年 | 22 300 | 87 | 51.9 | 13.5 |
| $P=1\%$ | 29 300 | 125 | 71.3 | 32.5 |
| $P=0.1\%$ | 42 300 | 164 | 98.4 | 61.7 |

3. 中游地区的洪水，特别是来自托克托至三门峡区间的洪水，含沙量很大，利用水库拦洪就要拦沙，库区将发生淤积，防洪水库必须具有较大的调节泥沙的能力，既能防淤保库，又能控制排沙，避免增大下游河道淤积。

## 三、主要防洪工程的作用及问题

新中国成立后，大力开展了全面治理黄河的研究，经过 30 多年坚持不懈的努力，在除害兴利方面都取得了显著成效。黄河干流上已建成刘家峡、三门峡等七座水利枢纽，龙羊峡多年调节水库也即将建成。全河农田灌溉面积已发展到 7 000 多万亩，比建国前增长近 5 倍。中游黄土高原地区，广泛开展了水土保持工作，近几年推行的户包小流域治理经验，加快了水土保持的进度。

黄河下游防洪，一直是治黄的首要任务。30 多年来，普遍加高加固了堤防，开展了河道整治，兴建了东平湖、三门峡等分洪蓄洪工程，已经初步建成防洪工程体系。同时加强了水文测验和预报工作，组织了广大群众参加的防汛队伍。依靠这些工程和严密的防守措施，黄河下游连续 39 年没有决口，保障了黄淮海大平原的安全。防洪工程共计完成土石方 9.34 亿 $m^3$，国家投资约 50 亿元（包括建设投资及修防费用）。与过去决溢频繁的情况对比，39 年来共计减免了洪灾直接经济损失约 400 亿元，取得了巨大的效益。

黄河下游两岸堤线全长近 1 400 km。1950 年以后进行了三次加高，东坝头以上堤防加高了 2 ~ 4 m，东坝头以下加高 4 ~ 6 m。目前堤高一般 9 ~ 10 m，最高达到 14 m。堤防加高超过了河道淤积抬升幅度，提高了排洪能力，入海泄量增加 3 000 ~ 4 000 $m^3/s$。

经过 30 多年的努力，堤防工程的抗洪能力已有很大提高。过去每当洪水流量超过 10 000 $m^3/s$ 时，黄河都要决口泛滥；流量 6 000 ~ 10 000 $m^3/s$ 时，有一半的年份决口成灾。而近 39 年来历经大于 10 000 $m^3/s$ 的洪水 10 次，6 000 ~ 10 000 $m^3/s$ 的洪水 18 次，都没有发生决口，充分反映了堤防建设的成效。

东平湖工程在下游防洪工程体系中占有重要地位，布局比较合理，防洪效果显著。当前的问题是工程还不够完善，需要进一步加固围堤，增辟退水出路，改善滞洪区群众的迁安措施及生产生活条件，争取适当扩大分蓄洪水的能力，保证安全运用。

三门峡水库、伊河陆浑水库及正在建设的洛河故县水库，三座水库联合运用调节洪水，有效蓄洪能力达到 45 亿 ~ 55 亿 $m^3$。三门峡以上的大洪水已经得到较大程度的控制。现有支流水库位置偏上，库容较小，削减洪水不多，三门峡至花园口区间的大洪水还没有很大改变。干支流水库拦洪后，下游花园口站 22 000 $m^3/s$ 的洪水机遇由 3.6% 降低到 1.7%，下游堤防工程的设防标准由三十年一遇提高到六十年一遇，稀遇洪水的洪峰流量及洪水总量也有不同程度的削减（表 2）。

**表 2　干支流水库联合运用后花园口站洪水削减情况（三门峡—花园口区间大水）**

| 洪水频率 $P$(%) | 洪峰流量($m^3/s$) | | 10 000 $m^3/s$ 以上洪量($10^8$ $m^3$) | |
|---|---|---|---|---|
| | 无库 | 有库 | 无库 | 有库 |
| 1 | 29 200 | 25 800 | 31.8 | 18.1 |
| 0.1 | 42 100 | 34 400 | 61.6 | 32.1 |
| 0.01 | 55 000 | 41 700 | 96.8 | 58.0 |

对于超过设防标准的洪水，目前拟定的对策是充分发挥三门峡水库的作用，在下游相继运用北金堤滞洪区或大功滞洪区分洪，力争缩小灾害和损失。

总起来看，经过 30 多年的治理，黄河下游抗御洪水的能力比过去有了明显的提高，黄河决溢的危险不是增加而是大大减少了。现在的防洪建设为进一步消除水患奠定了基础，也积累了可贵的经验。当前的问题主要是：

黄河防洪任务还很繁重。高村以上宽河段冲淤剧烈，主流多变的不利局面还没有很大改善；长达 1 400 km 的堤防还存在不少薄弱环节；普通洪水时仍有决堤危险。继续巩固堤防依然是十分紧迫的任务。同时，下游两岸平原社会经济迅速发展，中原油田、胜利油田进一步开发，对黄河防洪安全及河口治理提出了更高的要求，北金堤等滞洪区的运用也受到更多的制约，需要进一步提高下游防洪标准，另谋防御特大洪水的对策。

防洪工程体系还需要进一步完善。现有的干支流水库不能调节控制较常遇的洪水；决溢灾害最大的东坝头以上河段，特大洪水将首当其冲，随着河道逐步淤高，老滩地行洪机遇增加，防洪负担更大，防洪安全还缺乏可靠保障；特别是减轻河道淤积，控制河道抬高的措施还很薄弱，预计今后一段时间内水少沙多的矛盾将更加突出，河道淤积可能加重，必须尽快采取重大措施，统筹解决。

## 四、今后治理方向及措施

### (一)治理方向研讨

消除黄河水患的对策问题,关心和研究的人很多,议论纷纭。从长远考虑,关键是如何制止河道继续淤积抬高。各种治理设想可以大致归纳为以下三类:

1.“拦沙”

根本办法是依靠水土保持,制止黄土高原的土壤侵蚀,“正本清源”,使黄河变清。水土保持完全生效以前,以干支流水库及其他拦沙放淤工程作为过渡措施。五十年代的黄河规划就是采取这个办法。

2.“放淤”

根本办法是把泥沙放到黄淮海大平原上,淤高整个平原地面。认为泥沙拦不尽,而下游平原辽阔,足够长期容纳黄河泥沙。具体措施有几种不同的意见,一种是普遍发展淤灌,建立大规模的输水输沙系统,将黄河水沙分送平原各地,进行浑水灌溉;一种是大规模分流放淤,在下游开辟很多条分洪河道,引洪引沙,沿程淤高两岸地面;还有一种就是实行有计划的改道,从长远看,也是逐步轮换淤高平原地面。

3.“排沙”

排沙入海又防止河道淤高,具体措施意见也不一致。有的侧重调整水沙组成,改变河道断面形态,提高河道输沙能力;有的研究利用高含沙水流排沙以节省排沙用水;有的侧重于增加水量冲排泥沙,提出应结合南水北调工程,引长江水以缓和黄河水少沙多的矛盾,使下游河道不淤甚至转变为冲刷。

综合研究各种设想意见,结合社会经济条件及治黄实践经验,可以得出以下认识:

1. 减轻下游河道淤积,控制河道显著抬高,是可能的。

2. 黄河下游治理,需要统筹考虑洪水和泥沙问题,妥善解决近期与长远、除害与兴利等各方面关系,无论采取哪一种单一的措施,都不能较好地解决近期的迫切问题,更不可能达到根治的目的。总体部署仍然需要多种措施相互配合,综合治理。

3. 由于气候、地质、地形条件的限制,黄土高原地区的土壤侵蚀不可能全部制止。经过长期努力,水土流失可以减轻。近期内单靠水土保持不可能显著减少黄河的沙量。黄河在较长时间内仍将是一条多泥沙的河流。下游治理安排必须建立在这样的基点上,才能争得主动,避免出现重大失误。

4. 为了保障社会主义建设的顺利进行,最紧迫的问题是要保证近几十年内黄河下游稳定和安全。为此,必须采取措施,进一步控制洪水,并增强堤防的抗洪能力,同时,尽快制止下游河道继续淤高。根据目前的认识,增建干流水库工程,适当控制洪水和泥沙,特别是拦减粗泥沙,是迅速改变下游防洪局面的比较切实可行的关键措施。

5. 治理黄河的部署应该力求考虑得长远一些,但也要顾及到认识的历史局限性。对待治黄的规划研究和工程建设都不能要求毕其功于一役。根据目前各方面的研究结果,采取技术上比较可靠,经济上合理可行的措施,可以保证下游河道在今后一百年内外保持稳定,基本消除水患威胁。至于更长远的将来黄河怎么办,目前还不可能作出确切的论断。

6. 从黄河目前的防洪形势及发展前景看,让黄河改道的办法是不必要也是不合理的。既不能减轻近期洪水威胁和防洪负担(改走新河道后,几十年内洪灾威胁很大,防洪工程的修守也很困难);十几年以至几十年后又将恢复地上河的不利局面;而且将全部打乱现有水系、交通、灌溉、供水、排水系统,占用数百万亩耕地,需迁移一百万以上的居民,耗费巨大投资,严重干扰社会经济的发展。实际上也是行不通的。

### (二)治理措施意见

从解决今后五十年或一百年的问题考虑,目前已经实施以及今后应该着重考虑的措施是:

1. 继续巩固并适当改造下游河防工程(包括继续整治河道,稳定河势,以及妥善安排河口流路)。

2. 继续加强中游治理和水土保持工作,重点治理粗泥沙来源区。

3. 在黄河干流上增建峡谷高坝大库,利用死库容拦沙,有效库容长期调节水沙。

4. 逐步实现南水北调,保持下游河道必要的排沙水量,并相机利用多余水量冲刷河道。

值得强调的是兴建干流水库，解决下游防洪减淤问题，是迅速改变下游防洪局面的关键一环，也是治黄的重要战略措施之一。

第一，能够最迅速有效地制止下游河道继续淤高，并进一步削减洪水，减轻永患威胁，特别是对保障高村以上宽河段防洪安全有重大作用。

第二，兴利与除害相结合，取得较大的综合效益和经济效益。

第三，可以长期发挥调水调沙的效用。

三门峡水库初期拦沙45亿t，下游河道在十年内基本上没有淤高。1974年以后，水库采取非汛期蓄水拦沙，汛期（7—10月）降低水位排沙的运用方式，使下游河道非汛期由淤积变为冲刷；汛期集中排沙，全年排沙比（入海沙量/来沙量）增大，从而使下游河道的淤积量每年减少0.5亿～1.0亿t。起到了延缓河道淤积抬高的良好效果。

目前研究的小浪底、碛口、龙门三大水库，利用死库容可拦沙约350亿t，即使按来水减少，来沙不减少的条件考虑，也能使下游河道在五十年左右基本不淤高。当几大水库陆续建成生效后，形成调水调沙的工程体系联合运用，就可以在很大程度上改变水沙不协调的情况，减小洪水泥沙的变化幅度，为改变下游宽河段游荡多变的不利状况，增大河道排沙能力提供重要条件。

从长远考虑，要继续利用黄河泥沙逐步淤高背河地面，使下游河道逐渐变成相对的地下河。特别是应结合两岸引黄灌溉及城市工业供水沉沙的需要，统筹安排，对能结合黄河淤背沉沙的，国家适当给予经费补助。这样做，既有助于尽快解决当前引黄灌溉沉沙的困难，防止平原河渠淤塞，也有利于加强防洪安全，有利于根除黄河水患。现在，下游工农业每年引黄水约100亿$m^3$，引沙2亿t，如果能将一半泥沙放淤在沿黄背河地带，几十年后，黄河两岸地形就会有很大变化。

（本文原载于《人民黄河》1987年第6期）

# 三门峡水库运用经验简述

杨庆安[1]，缪凤举[2]

（1.黄委会三门峡水利枢纽管理局;2.黄委会科教外事局）

三门峡水利枢纽是黄河中游干流上一座以防洪为主，防凌、灌溉和发电综合利用的工程，位于河南省陕县和山西省平陆县境内。工程可控制黄河流域面积688 399 $km^2$，占全流域面积的92%；可控制黄河下游水量的89%，沙量的98%；以及控制黄河山、陕区间北干流和泾、洛、渭河支流的两个主要洪水来源区，并对三门峡至花园口区间第三个洪水来源区发生的洪水，也能起到错峰和补偿调节作用。

水库原规划选定的正常高水位360 m，为了减少淹没损失，国务院决定初期工程按350 m施工，相应库容354亿 $m^3$，坝顶高程353 m，运用水位340 m，并按335 m高程移民。

工程于1957年4月开工兴建，1958年11月截流，1960年9月开始蓄水运用，最高库水位达332.58 m。蓄水后的一年半时间内库区发生大量淤积，因回水淤积影响，潼关以上北干流、渭河和北洛河下游发生淤积，两岸地下水位抬高，沿岸浸没盐碱化面积增大。根据这一情况，工程被迫进行了改建，并多次改变水库调度运用方式。

## 一、水库的改建与运用效益

三门峡水库自1962年3月改变运用方式，在降低库水位滞洪排沙运用后，水库的排沙比由原来的6.8%增加到近60%。库区淤积虽有所缓和，但因水库泄流排沙设施不足，水库淤积仍然十分严重，到1964年10月335 m以下库容损失38.72亿 $m^3$，占原库容的40.2%，潼关高程（1 000 $m^3/s$时水位）抬高4.5 m，两岸地下水位抬高，浸没盐碱化面积增大，水库淤积末端上延。为减缓水库淤积，1964年12月在北京由周恩来总理主持召开的治黄会议上决定，对三门峡工程进行改建，增建两条隧洞，改建四条发电钢管，加大泄流排沙能力。工程改建后泄流能力有所增加，减缓了库区淤积，有一定的作用。但由于泄流排沙能力仍不足，1969年6月周总理委托河南省委主持陕、晋、豫、鲁四省会议，确定将枢纽进一步改建，其原则为“在确保西安、确保下游的前提下，实现合理防洪，排沙放淤，径流发电”，改建规模要求在一般洪水时，淤积不影响潼关；在坝前水位315 m时，下泄流量为10 000 $m^3/s$。经过两次改建，三门峡水利枢纽在坝前水位315 m时，泄量为9 059 $m^3/s$，较原建泄流能力增加两倍以上（泄流能力见附表），库区淤积明显减缓，特别是潼关以下效果显著。330 m的库容由1964年10月的22.1亿 $m^3$ 至1973年9月最大恢复到32.57亿 $m^3$，潼关高程下降2 m左右，水库淤积末端趋于稳定。

**表1　改建前后水位与泄流能力比较表**

| 项目 | 水位 / 组合泄流 / 能力（$m^3/s$） | 库水位（m） 300 | 315 | 330 | 备注 |
|---|---|---|---|---|---|
| 原设计 | 12个深孔 | 0 | 3 084 | 5 460 | 改建后加上发电机组315 m高程泄量接近10 000 $m^3/s$ |
| 增建2洞4管 | 12个深孔+2条隧洞+4条钢管 | 712 | 6 064 | 9 226 | |
| 改建8个底孔 | 12个深孔+8个底孔+2条隧洞+3条钢管 | 2 872 | 9 059 | 12 864 | |

三门峡水库自从开工兴建到今天，共经历了四个运用时期，即施工导流期（1958.11—1960.9）；蓄水拦沙期（1960.9—1962.3）；滞洪排沙期（1962.4—1973.10）及蓄清排浑期（1973.11至今）。经过30

年来的长期运用,积累了不少运用经验,取到了一定的经济效益与社会效益。尤其自1973年11月水库"蓄清排浑"运用以来,水库在防洪、防凌、供水、灌溉、发电等方面发挥了综合效益。

**1. 防洪**

防洪是三门峡水库的主要任务,三门峡水利枢纽控制了黄河下游三个洪水来源区中的两个,控制了黄河来水量的89%左右。三门峡工程投入防洪运用,标志着黄河下游防洪已从单纯依靠堤防及分、滞洪区,发展到依靠水库、堤防、分滞洪措施等组成的工程体系,按原移民水位335 m讲,水库现尚有滞洪库容60亿$m^3$。根据典型洪水的防洪运用方案分析,三门峡水库防御大洪水的效益十分显著。近20年来黄河下游还未出现过大洪水,但从1977—1979年潼关出现的洪峰10 000 $m^3/s$洪水表明,水库的削峰作用大,对减少下游滩地的洪灾损失有较大的经济和社会效益。即便再发生1933年型的大洪水,最大泄量也只有一万多立方米每秒。

**2. 防凌**

三门峡水库还承担有防凌任务。凌汛蓄水水位允许至326 m,库容为18亿$m^3$。自三门峡水库投入防凌运用以来,黄河下游防凌工作进入了由以往的以破冰为主,发展到以水库调节河道水量为主的综合防凌技术措施的新阶段,探索出水库防凌运用的规律和有益经验。如封河前,三门峡水库调匀并适当加大泄流量,避免下游河道因流量过小出现早封河。封河后,水库采取控制运用调节下泄流量,削减封河初期的河槽蓄水量,抬高冰盖。开河前,根据冰情水情,利用水库控制泄量,减少凌峰流量,为"文开河"创造条件。由于水库凌汛期的运用,不但使下游凌汛绝大多数年份成为"文开河",而且战胜了1967年、1969年、1970年较1951年、1955年更为严重的凌汛,确保了凌汛安全。

**3. 灌溉供水**

黄河下游两岸引黄灌区小麦生长期缺水较多,特别是每年五六月份缺水更为严重,水库调蓄三四月份的来水,可蓄水14亿$m^3$,供黄河下游五六月份工农业用。1973年至1989年水库累积蓄水229亿$m^3$,有效供水170多亿$m^3$,为下游引黄灌区增产粮食500多万吨。三门峡水库不仅为下游农业生产增补灌溉水量,同时也给油田及沿黄城市提供了工业和人民生活生产用水,缓解了下游枯水季节工农业用水矛盾,促进了沿黄城市工业的生产。

**4. 发电**

三门峡水电站,自从1973年12月27日第一台机组运行,直至1979年1月11日五台机组相继发电并入系统,到1989年12月底共发电139.83亿kW·h。如以煤耗465 g/kW·h,相当节约原煤650.21亿t,以0.065元/kW·h计,总产值9.09亿元。据实际资料统计,三门峡水利枢纽工程从1956年至1987年底32年共完成静态的工程投资约8.24亿元(包括工程改建),按与发电总产值相比已全部收回了工程投资,取得了明显的经济效益。对于机组过流部件的气蚀磨损、机组振动、排沙排污等问题,应进行不断的试验研究和总结经验,以增加水电站的发电效益。

总之,水库经过30年来的运用,吸收了以往的经验和教训,在1973年11月水库"蓄清排浑"控制运用以来,水库在四省会议原则指导下,发挥了以防洪为主的综合效益,积累了不少水库管理运用的有益经验,三门峡水库又恢复了活力,并在水库运用中总结出可以保持长期有效库容的经验,还成功地在黄河这个世界著名的多泥沙河流上创造了水库"蓄清排浑"调水调沙,水库年内冲淤达到基本平衡的经验,丰富和发展了水库泥沙科学。

## 二、水库运用的初步经验

三门峡水利枢纽是黄河上修建的第一座大型工程,由于当时对黄河水沙运行规律认识有限和对大量淹没良田、大批迁移人口的困难和问题估计不足;由于原设计采取高坝大库,水库运用方式基本上袭用清水河流上水库径流调节的原则,所定泄水建筑物能力较小;加上对上游水土保持减沙作用估计较乐观等因素,造成了三门峡水库蓄水运用后,出现库区淤积严重和淤积上延等问题,导致改变水库运用方式和对枢纽工程进行改建。虽然三门峡工程原规划的综合利用效益受到很大影响,但工程改建是成功的,创造了多泥沙河流水库"蓄清排浑"控制运用方式,水电站经过十余年运行取得了一定的经验和经济效益，为多泥沙河流修建综合利用水库的运用，提供了一些宝贵的实践经验。

（1）三门峡水利枢纽工程的改建是成功的。根据周总理指示在1969年召开的陕、晋、豫、鲁四省会议上提出的工程改建原则“确保西安、确保下游”，“合理防洪、排沙放淤、径流发电”是正确的。创造出的“蓄清排浑”的调水调沙运用方式，是符合黄河水沙特点和运动规律的。

（2）三门峡水库的运用实践，为认识黄河和开发黄河创造了极为宝贵的经验。过去很多人担心“黄河上修水库，会不会很快淤废?”“黄河泥沙这么多，能不能发电?”等等，当时在我国及世界上都没有成功的经验可供借鉴。如今，三门峡工程提供了实践依据，说明黄河丰富的水利资源能够综合利用，害河可以变利河。这是我们认识黄河的重大突破，也是治黄史上的一个重要转折点。过去一些争论多年的问题得到了统一，把治黄工作大大向前推进了一步，同时也为多沙河流的治理和黄河干流的开发提供了实践经验。

（3）黄河的主要矛盾是水少沙多，水沙不平衡。平均每年汛期水量占全年水量的60%左右，汛期沙量占全年沙量的85%左右。为了提高下游河道的排沙能力，减轻河道淤积，利用水库进行水沙调节，变水沙不平衡为水沙相适应，这是黄河不同于一般河流的显著特点。三门峡水库实行“蓄清排浑”的调水调沙运用方式，取得了良好效果。不仅能长期保持一定的可用库容，进行综合利用；而且对泥沙也能调节，利用水库进行调水调沙。这个经验已作为一条新的重要的治黄措施为人们所接受，推动了泥沙科学的发展。

（4）三门峡水电站采取低水头径流发电是成功的。电站能安全运行，取得了经济效益，增强了人们对机组可以在大含沙量河流上运行的信心，并探索出一些经验，为开发黄河中游水力资源提供了例证。目前进行的汛期浑水发电试验的意义重大，需要进一步组织攻关，从机型、过流部件、电站管理、机组的抗气蚀抗磨损等方面组织科研攻关，进一步挖掘工程的水能资源。

（5）三门峡水库调水调沙的方式概括起来为：人造洪峰，拦粗排细，滞洪调沙，蓄清排浑及高浓度调沙。通过对水库调水调沙运用的实测资料分析，深化了对一些问题的认识。如水库在进行径流调节的同时，要注意对泥沙的调节，这样才能保持一定的库容长期使用，同时也有利于减轻下游河道的淤积。由于三门峡水库存在受潼关高程限制的特殊情况，水库用于调节的库容受到一定限制，因此，其调节作用也受到一定限制。通过分析表明，水库蓄清排浑调水调沙运用是一种比较合理的运用方式。水沙的调节与坝前水位的变幅、枢纽的泄流规模、运用方式等均和来水来沙条件有关，而枢纽的泄流能力又与坝前水位有关。合理调节水沙的关键，是水库必须具有一定的泄流规模，一定的调沙库容，以便增加水库的排沙流量，从而增大下游河道的输沙能力，减轻河道淤积。枢纽泄流设施应做到运用自如，以便合理地调节水沙，适应黄河洪水暴涨暴落的特点。应把减轻下游河道淤积作为水库综合利用的内容之一，与灌溉、供水、发电等统一考虑，使水库运用更加符合黄河的特点。

（6）通过实测资料的分析，初步认识到多沙河流上所修建的水库要保持长期使用库容，必须具备以下条件：①库区为峡谷性河道，坡陡流急，具有富裕的挟沙能力，即使由于水库淤积比降小，而由于阻力的调整，输沙能力仍可达到排沙的要求。②“蓄清排浑”调水调沙控制运用方式，可以达到水库库区当年淤积的泥沙当年排出库区，达到年内冲淤平衡，保持一定的可供使用的库容。③足够的泄流规模，是调水调沙保持长期使用库容的必要工程条件之一。目前水库形成的可供长期使用的库容是河道边界条件、水库运用条件和泄流规模综合作用的结果。④泄水建筑物的平面布置、高程和泄量大小，直接影响坝前水位下降速度和排沙效果。

（7）在多沙河流上修建水利水电工程，必须设有排沙冲沙设施，特别应注意解决好泄流规模和设置排沙底孔问题：①足够的泄流规模是“蓄清排浑”运用的前提。②设置底孔排沙，有利于减少过机泥沙。三门峡大坝底孔进口高程较电站机组进口低7 m，较隧洞进口低10 m，较深水孔和排沙钢管低20 m。观测资料表明，位置低的泄水孔含沙量大、泥沙粗。底孔含沙量为深水孔含沙量的2.4倍；过机含沙量较底孔含沙量减少26%左右，过机含沙量一般远小于出库含沙量，而且泥沙较细。泄流排右底孔的高程布置，直接关系到排沙效果，一般力求降低底孔高程，以保持原河道的输沙特性为宜。③闸门前泥沙淤堵对底孔事故检修门的启门力影响很大。运用实践表明，除采取吸淤冲沙措施外，应常利用提底孔工作门拉沙的办法,冲刷掉相邻底孔门前的淤积,以降低相邻底孔的事故检修门启门力。

(8)泄水运用表明,在多沙河流上修建水利枢纽工程,还必须考虑高含沙水流磨蚀建筑物的问题。三门峡枢纽各泄水孔周壁混凝土以及闸门槽不锈钢轨道、金属护面、水轮机过流部件均有不同程度的磨蚀,其中有的部位磨蚀严重,危及建筑物安全运用,应予以重视。要解决高含沙水流磨蚀问题,除进一步探索其破坏机理外,还应考虑在建筑物过流面设置抗磨层,采取抗磨蚀措施。

(9)根据三门峡水库槽库容可以恢复的冲淤规律,在防洪、排沙的前提下,汛期视上游来水来沙情况,利用控制310 m以下水位槽库容进行调节水沙,适当使汛期停机发电时间推后,汛后发电时间提前,以提高发电效益是行之有效的办法。近七年来7、10月两个月的发电试验足以说明这样运用调节是可行的。三门峡电站为河南电网唯一的一座水电站,水库又有调节库容,是理想的调峰电源。为了使三门峡水库的水能资源得到充分利用,减少电能损失,应进一步解决三门峡水电站汛期发电问题。如解决水轮机与中环抗磨蚀问题,机组机型问题,叶片加工精度问题,以及如何避开上游来大沙峰找出汛期发电的优化时段问题。这些问题的突破,对黄河中游水电站的运行将具有普遍意义。

三门峡水利枢纽工程是治理与开发黄河的一次重大实践,虽然有失误,但发挥的综合效益仍然是巨大的,而且从中积累的经验也十分宝贵。上述经验只是粗略的认识。目前我们正在组织力量进行深入的系统总结,进一步探索三门峡水库上、下游水沙运行规律,并进行理论概括,以提高水库今后的管理运用水平,完善水库控制运用方案,进一步发挥水库的综合效益,发展和丰富多泥沙河流水库理论和水库环境科学,并为在多泥沙河流上修建水库和水库运用及黄河干流修建水库工程的规划设计和合理调度运用提供科学依据。

(本文原载于《人民黄河》1991年第1期)

# 小浪底水利枢纽的设计思想及设计特点

林秀山

（黄委会勘测规划设计研究院，郑州 450003）

1991 年 9 月 1 日，隆隆的开工礼炮拉开了小浪底工程建设的序幕。1994 年 9 月 12 日李鹏总理亲临现场发布了小浪底主体土建工程的开工令。作为本世纪最伟大的工程之一，小浪底工程可望在本世纪末以其令人赞叹的雄姿跻身于世界巨型水利工程之列，为黄河的治理及黄河水资源的开发利用开创新的局面。

黄河小浪底水利枢纽以其在治黄中重要的战略地位、复杂的自然条件、严格的运用要求和巨大的工程规模成为世界坝工史上最具挑战性的工程之一。

## 1　工程重要的战略地位及其在治黄中的作用

小浪底工程位于黄河中游最后一个峡谷的出口，上距三门峡水库 130 km，回水直到三门峡坝下，下游是黄淮海平原。坝址控制黄河流域总面积的 92.3%，坝址径流量和输沙量分别占全河总量的 91.2% 和近 100%，处在承上启下控制黄河水沙的关键部位，和龙羊峡、刘家峡、大柳树、碛口、古贤和三门峡等水利枢纽一起组成治黄总体规划中的七大骨干工程。水库正常运用水位 275 m，形成 126.5 亿 $m^3$ 的巨大库容。小浪底水利枢纽正是以其控制黄河水沙的优越的地理位置及其巨大的库容确定它“以防洪（包括防凌）、减淤为主，兼顾供水、灌溉和发电，蓄清排浑，综合利用，除害兴利”的开发目标。

小浪底工程建成后，可长期保持有效库容 51 亿 $m^3$，其中防洪库容 40.5 亿 $m^3$，除拦蓄三门峡—小浪底区间洪水外，还可拦蓄一部分三门峡以上来水，与三门峡、故县、陆浑三库联合运用以后，使黄河千年一遇洪水时的花园口流量不超过现在的大堤设防流量 22 000 $m^3/s$，百年一遇洪水时可不使用东平湖滞洪区，控制花园口流量不超过 15 000 $m^3/s$。对出现几率较多的中常洪水可相机控泄，减少滩区 120 万人、19.2 万 $hm^2$ 耕地的受淹损失。同时减轻了三门峡水库的负担，使三门峡水库蓄洪运用机会由原 20 年一次改变为 50～70 年一次，从而减少潼关以上库区的淤积。在凌汛期可先由小浪底水库控制运用，拦蓄凌汛水量 20 亿 $m^3$，必要时再使用三门峡水库蓄水调节，两库联合运用可提供防凌库容 35 亿 $m^3$，基本解除下游凌汛的威胁。

小浪底水库建成后除保留 40.5 亿 $m^3$ 的长期防洪库容外，可拦蓄泥沙 100 亿 t，并有 10.5 亿 $m^3$ 的库容供长期调水调沙运用，调节黄河的径流量及水沙关系，加大河流的输沙能力。在小浪底水库初期 50 年运用期内，不考虑非汛期人造洪峰冲刷，仅考虑水库拦沙及调水调沙的减淤作用相当于在 20 年内下游河床不淤积抬升。初期 20 年运用期仅水库拦沙可使花园口至艾山河段减少大堤加高 1.63 m，使艾山至利津河段减少大堤加高约 1 m。

小浪底水库 40.5 亿 $m^3$ 的防洪库容，汛期防洪，非汛期调节径流，平均每年可增加调节水量 26 亿 $m^3$。除保证向沿河城市供水和向中原、胜利两油田提供必要的生产生活用水外，非汛期还可向青岛市供水 10 亿 $m^3$，向华北供水 20 亿 $m^3$。同时，可适当增加下游引黄灌区的灌溉用水，尤其是提高灌溉用水的保证率，使灌区获得较高的灌溉效益。

河南电网基本是纯火电系统，按河南电网电力发展规划，2000 年最大负荷1 250万 kW，总装机容量 1 600 万 kW，峰谷差 437 万 kW。小浪底电站位于河南电网负荷中心，装机 180 万 kW，保证出力 35.4 万 kW，初期运用 28 年平均年发电量 54.5 亿 kW·h，除 1/5 的电力和电量供山西外，将是河南电网理想的调峰电源，并可担负调频、调相及紧急事故备用任务。

按 12% 的社会折现率计算，小浪底水利枢纽工程建成后，在经济寿命期 50 年内，可取得经济效益现值144.94亿元(基准年为1992年,下同),其中防洪31.77亿元,占21.90%;防凌2.66亿元,占1.8%;减淤10.06亿元,占6.90%;灌溉54.29亿元,占37.50%;发电46.16亿元,占31.80%。

## 2　工程复杂的自然条件及挑战性课题

复杂的自然条件是造成小浪底工程技术复杂的主导因素。小浪底水利枢纽属国家一等工程,按千年一遇洪水设计,洪峰流量为40 000 $m^3/s$(三门峡水库不控制的情况下)。按汛期降低水位敞泄排沙要求,在非常死水位220 m时要有不低于7 000 $m^3/s$的泄流能力。

小浪底枢纽2000年水平年设计多年平均年径流为277.6亿$m^3$,设计年均输沙量13.5亿t,平均含沙量48.6 $kg/m^3$,1972年实测最大含沙量达941 $kg/m^3$ 在天然情况下汛期7、8、9月来沙量占85%。从地质条件看,河床有70多米深的覆盖层。两岸岩层中有缓倾角10°左右的软弱泥化夹层,在枢纽建筑物区有右岸顺河$F_1$及左岸$F_{28}$、$F_{236}$和$F_{238}$等大的断裂构造。坝址基本地震烈度为7度,要求按8度地震烈度设防,并要考虑在坝址区10 km范围内发生6.25级水库诱发地震的可能。此外,沿河谷右岸有不稳定倾倒变形体及上游2~3 km处总体积达1 500万$m^3$的1号、2号两个大滑坡体。坝址左岸山体沟道切割,相对比较单薄。

工程设计者面对上述复杂的自然条件,要达到枢纽的开发目标,必然要面临以下挑战性的课题。

### 2.1　工程泥沙是小浪底工程设计必须妥善解决的特殊课题

工程泥沙问题主要表现为泄水建筑物进口淤堵,随高速水流而产生建筑物流道、闸门门轨、水轮机和过流部件的磨蚀,附加泥沙压力以及库区和下游河道的冲淤变化。工程泥沙问题能否解决好,是工程设计成败的最关键因素之一,也是电站能否保证在汛期正常发电的致命点,且无足够现成的经验可以借鉴。

### 2.2　高速水流问题的处理是枢纽建筑物总体布置和泄洪排沙建筑物设计的关键

小浪底枢纽采用土石坝挡水,最大坝高154 m。鉴于要求在非常死水位220 m时有不小于7 000 $m^3/s$的泄流能力,因而形成了以隧洞泄洪排沙为主的特点,9条泄洪洞的泄洪能力占枢纽总泄洪能力的78%,最高运用水头近140 m。小浪底枢纽面临的高速水流问题不同于其他的清水河流,是高含沙的高速水流。高速含沙水流不仅对水工建筑物流道产生冲蚀破坏,而且也给消能设计及闸门的设计带来困难。

### 2.3　洞室群围岩稳定是工程设计的另一难题

为防止引水、泄水建筑物进口泥沙淤堵并考虑坝址区的工程地质条件,小浪底水利枢纽泄洪排沙及引水发电建筑物集中布置在左岸相对单薄山体中较厚实的T型山梁,并采用了进水集中、洞线集中、出口消能集中的布置方式。9条泄洪排沙洞、6条发电引水洞、地下厂房系统及灌溉洞、交通洞、灌浆洞、排水洞等地下工程总开挖量达270万$m^3$。地下厂房开挖跨度26.2 m,高57.9 m,采用喷锚支护柔性结构作为永久支护。导流洞开挖断面直径为17 m,其中闸室及龙抬头段的开挖跨度均超过20 m,有3条导流洞穿越断层影响带的Ⅳ、Ⅴ类围岩段的长度超过600 m。洞室群的围岩稳定不仅与人身、设备及工程的安全有关,也是控制截流进度的制约因素。此外,泄洪建筑物进口110 m高边坡(平均坡度1:0.3)和出口顺坡向60 m高边坡的处理也是影响进度的控制因素。

### 2.4　深覆盖层的防渗处理是大坝设计的重点

小浪底枢纽154 m高的斜心墙堆石坝坐落在最深达70余米的覆盖层上,覆盖层的防渗处理是大坝设计的重点。岸边坝基岩层含10°左右的缓倾角泥化夹层,摩擦系数0.25,控制坝的稳定。此外,地震可能引起的坝基砂卵石层的液化及坝体附加孔隙压力等都需在设计中认真考虑,采取相应的工程措施妥善解决。

### 2.5　移民安置是工程的重要组成部分

小浪底水库库区及施工涉及到河南、山西8县(市)17万人的迁安。进行开发性移民安置政策性强,涉及面广,难度很大,又无现成的经验可循,是小浪底枢纽工程重要的组成部分,也是极具挑战性的课题。

此外，33 000多吨金属结构的设计及新型抗磨水轮机设备的研制都有各自的难题，这些难题又都与泥沙有关。

## 3　严格的运用要求

小浪底水库是一个不完全年调节水库，水库的运用方式是按这样的原则制定的，即在保证重点开发目标的前提下最大限度地发挥枢纽多目标开发的综合经济效益。按此原则，运用要求如下：

（1）汛期以防洪为主导，必须保证水库在任何时期都有不少于40.5亿$m^3$的有效防洪库容，最高运用水位254 m。非汛期12月至翌年2月以防凌为主导，凌汛前必须保证有20亿$m^3$的防凌库容，并在凌汛期控制平均下泄流量不超过300 $m^3/s$。

（2）初期运用28年，以充分发挥水库的减淤效益为核心，为此，限制汛期初始运用水位为205 m，相应库容17.5亿$m^3$，3年内淤满，成为初期运用的第一阶段，即蓄水拦沙阶段。从运用的第4年到第14年随着淤积的发展逐渐抬高汛期运用水位直到254 m，平均每年抬高水位4.5m，成为初期运用的第二阶段。从第15年到28年汛期库水位在254～230 m之间往复变化，淤滩刷槽，直到滩面高程达254 m，槽底高程到226 m，全部75.5亿$m^3$的槽库容淤满，在高程254～226 m之间形成10.5亿$m^3$的槽库容供调水调沙运用。水库运用28年后进入正常运用期，10.5亿$m^3$的调水调沙库容可调节汛期径流及下泄水流的水沙关系，提高下游河道的输沙能力，继续发挥水库的减淤作用。

（3）非汛期3—6月以灌溉为主导，按下游灌溉要求放水，一般年份在6月底预留10亿$m^3$水，防止7月上旬的卡脖子旱。

（4）城市及工业供水保证率不低于95%，发电保证率为90%，灌溉保证率为75%。在上述原则下尽量发挥电站的电力和电量效益。

（5）初期运用10年的最高蓄水位控制不超过265 m，在保证不影响水库效益的前提下，以适应分期移民的要求。

## 4　小浪底水利枢纽的设计思想及设计特点

小浪底水利枢纽的设计任务就是根据既定的开发目标、设计标准、相应的工程规模和运用要求，妥善地处理和协调解决水文、泥沙、地形、地质、人文、环境等方面的矛盾，优选出技术可行、运行上安全可靠、经济上合理的枢纽建筑物设计方案。面对前述的那些挑战性的课题，黄委会设计院前后进行了300余项科学试验研究，其中包括现场70 m深的混凝土防渗墙造墙试验，直径15 m的大洞室现场开挖试验，利用碧口排沙洞改建的孔板消能泄洪洞中间试验，堆石级配和山体自振频率的现场爆破试验，现场旋喷浆成幕试验，现场大型抽水试验，灌浆试验，室内1∶1排沙洞后张法预应力混凝土张拉试验，进口泥沙浑水模型试验，以及抗磨水轮机机型的试验研究等。大量的科学试验研究为设计提供了坚实的基础。此外，通过各种方式广泛吸取了国内外的工程实践经验。近10年来，除了通过专题论证会、研讨会和调研等广泛听取国内各有关方面专家的意见外，还请法国科因贝利埃咨询公司及挪威、加拿大等国的专家进行过咨询，和美国柏克德公司进行了小浪底工程联合轮廓性设计。1989年，由水利部系统最有经验的专家组成了小浪底咨询专家组，1990年7月通过国际竞争性招标，选择了加拿大国际工程管理集团黄河联营体（CYJV）作为工程招标设计的咨询伙伴。聘请世界上第一流的专家组成了特别咨询专家组。派人赴加拿大、瑞士、意大利和美国进行专题技术考察。国内外专家的咨询弥补了我们经验的不足，为设计决策提出了重要的参考意见。

小浪底水利枢纽的设计思想及设计特点简要叙述如下。

### 4.1　合理拦排，综合兴利

在枢纽的工程规划上广泛吸取了三门峡水库的经验教训。三门峡水库在设计思想上过于乐观地估计水土保持的作用，拦沙配套工程没跟上，面对并未锐减的黄河泥沙，形成了以有限库容对无限来沙的孤军作战的局面。在设计上未留足够的排沙设施，在运用上水位一次抬得很高，故使库容很快淤填，库尾抬高，渭河入流不畅，下游也造成了较严重的冲刷。经三次改建，加大了低水位泄洪能力，采取蓄清排浑的运用方式，成功地降低了潼关高程，保持一定的库容供汛期防洪、非汛期防凌兴利之用。三门峡水库作为治黄总体规划中的七大骨干工程之一，在治黄中正起着并将长期发挥其重要的作用。

小浪底水库具有基本上和三门峡水库相同的水沙条件，具有同一量级的库容，但属于河道型水库，不会出现类似潼关淤积翘尾巴造成不利影响的情况，也利于宣泄水沙。借鉴了三门峡水库蓄清排浑运用的成功经验，合理地规划了小浪底水库126.5亿$m^3$的总库容，既能发挥下游河床20年不淤积抬升的减淤效果，又可保持51亿$m^3$的长期有效库容，汛期防洪调水调沙，非汛期蓄水兴利。这其中关键之点有二，一是在非常死水位220 m时枢纽有7 000 $m^3/s$的泄流能力，在汛期降低水位运用时，可保证一般洪水不壅水，敞泄。其二是汛期运用水位从205 m逐年抬高，最终在库内形成一个高滩深槽的新河道，滩面高程254 m，滩面以上有40.5亿$m^3$的防洪库容，深槽底部高程226.3 m，高程226.3～254.0 m是10.5亿$m^3$的调水调沙槽库容，在汛期可合理调节水沙，使小浪底电站在汛期也具备一定的调节能力。

### 4.2　集中流道、互相保护、保持进口冲刷漏斗

泄水及引水建筑物防泥沙淤堵是工程泥沙最主要的研究课题，也是枢纽建筑物总布置必须首先解决的课题。

根据黄河的水沙特性及坝址区的地形、地质条件，并通过大量的试验研究，形成了小浪底水利枢纽建筑物集中布置的鲜明特点。所有泄洪排沙及引水发电建筑物集中布置在北岸，总进口前缘约270多米，以一字型排列的高达113 m的10个进水塔集中布置在风雨沟内，最好地利用了相对单薄山体中最厚实的部分集中布设洞线，出口集中消能。在进水塔立面上尽量把排沙洞进口放低，形成低位排沙、高位排污溢洪、中间引水的布置格局。在平面上排沙、泄洪均匀分布，力求在整个270 m的进水前缘能互相保护。对各泄水、排沙建筑物的泄流规模及泄流方式合理调配，以适应不同的泄流运用要求。小浪底枢纽建筑物采用了侧向进流的布置，并设置必要的导墙，来水沿枢纽建筑物前缘可形成一个反时针向回流，对不同量级的来水均可保持一个以排沙洞和孔板洞进口(175 m)为底，前坡1∶1.4～1∶3.3的冲刷漏斗，并可望形成异重流排沙的条件。

为保证进口冲刷漏斗，在设计中还采取了水下淤积地形的观测及闸门前附设高压水枪等辅助措施。当水下淤积体由于地震、淘刷、水位骤降等原因出现突然坍塌封堵闸门时，可在高压水的帮助下，提起闸门泄流排沙。由于泄水口分层布置，可从高到低依次提门，保证极限最大淤堵深度不超过20 m，由此引起的附加泥沙压力在启闭机的设计范围之内。

### 4.3　多级孔板消能泄洪洞——为解决高速水流开创了新路

泄洪方式的选择是小浪底枢纽总布置的核心。由于水位在220 m时枢纽要有7 000 $m^3/s$的泄流能力，采用堆石坝挡水，形成了以隧洞泄洪的必然格局，而最大运用水头近140 m，这样隧洞高速水流问题就难以避免。鉴于小浪底左岸地形。采用常规压力洞泄洪可控制洞内流速，但绝不允许高压水渗逸至山体，影响山体的稳定。就目前技术水平，对于大直径高水头压力洞必须采取钢板衬砌，这样即限制了洞内流速不得超过10 m/s，以防止泥沙磨蚀破坏，但工程投资将大幅度上升。而低位布置的常规明流泄洪洞将必须对付45 m/s左右的洞内高速含沙水流，远远超出了现有工程的实践经验，经大量的科学试验论证，小浪底水利枢纽采取组合泄洪方案。初期3条直径11.5 m的导流洞导流，后期封堵并加设三级孔板，进口抬高175 m，设龙抬头段与导流洞相连，孔板后设中间弧形控制门室。在最高运用水位时，三级孔板可消煞50多米水头能量，经中间闸室后形成壅水的明流泄水流态。不仅充分利用了导流洞，使最大流速控制不超过34 m/s，一般洪水不超过30 m/s。另设置3条进口高程分别为195、209、225 m的高位明流泄洪洞，充分发挥了明流洞泄流能力大、结构简单的特点。由于设置高程高也降低了洞内流速，1号明流洞的最大流速也不超过33 m/s。此外，为了经常排沙和调节径流，保持进口冲刷漏斗，在发电引水口下方设3条进口高程175 m的排沙洞，并首次在国内水工隧洞设计中采用了后张法预应力混凝土衬砌技术，代替了昂贵的钢板衬砌并提高了抗磨流速，缩小了洞径。在小浪底枢纽泄洪方式的选择中，孔板消能泄洪洞的采用使一盘看来难寻出路的死棋走出困境，也为水利水电建设闯出了一条新路。大家对于多级孔板消能泄洪洞所担心的洞内消能、空蚀、震动、脉动等问题经大量的科学试验论证逐渐消除，取得了共识。但这毕竟是一个开创性的设计，除了在设计中考虑一定的余地外，还需不断通过实

践运用积累经验,逐步完善。

### 4.4 综合解决小浪底水电站的汛期发电问题

小浪底水电站处于黄河最不利的多沙河段。泥沙对库容的淤填、进水口的淤堵以及对建筑物流道、闸门门轨和水轮机过流部件的磨蚀给电站的运用带来一系列不利的影响。此外,电站的技术供水、污物处理也较清水河上的电站复杂,泥雾影响是随之而来的独特问题。因此,不少人对小浪底电站汛期能否正常发电,发挥其预期的经济效益存有疑虑。多年来,在认真总结黄河上已建电站经验教训的基础上,通过大量的科学试验研究,逐渐完善了小浪底电站采用综合措施保证汛期正常发电的设计思想。

#### 4.4.1 在规划思想上,合理拦排,综合兴利

如前所述,小浪底水库将保留10.5亿$m^3$的有效调水调沙库容并采用逐步抬高水位、蓄清排浑的运用方式,初期运用28年,大量泥沙淤于库内,在减轻下游河床淤积的同时也大大减少了过机含沙量,汛期1~3年的过机含沙量为7.4 $kg/m^3$,第4~10年的过机含沙量为2.1 $kg/m^3$,是电站发挥效益的最好时机。

预计小浪底水库投入运用28年后进入正常运用期,多年平均出库含沙量将会增加至42.5 $kg/m^3$,实际过机沙量都小于上述数字,并都在已建电站实际运用发电的经验范围之内。

#### 4.4.2 枢纽布置充分考虑了防沙排沙的要求

如前所述,枢纽泄洪、排沙及发电引水进口采用了集中布置的方式,不仅可在进水口保持稳定的冲刷漏斗,而且由于排沙洞进口直接位于发电引水口下15~20 m,为减少过机泥沙,特别是粗沙创造了极有利的条件。此外,采用了双道拦污栅,适当加大了拦污栅的间距。在主拦污栅前设置了压污、清污导槽和齿耙,两台机6个进水口采用了通仓式布置,并设置有拦污栅压差监测仪和高压水枪,这样可确保发电引水不受泥污淤堵的影响。

#### 4.4.3 综合解决水轮机过流部件的磨蚀

泥沙磨蚀与流速关系密切,故合理选择水轮机参数,降低水轮机过流部件的相对流速是减少泥沙磨蚀的有效途径之一。小浪底水电站设计水头112 m,较三门峡水电站设计水头35 m大得多。经长期论证研究,小浪底30万kW机组拟采用同步转速107.1~115.4 r/min,出口相对流速$w=34.6$ m/s,基本同三门峡水电站相对流速值。此外,在电站布置上降低了安装高程,以保证电站无气蚀运用;加大了导叶中心节圆直径,以减少导叶的磨损;并采用筒形阀以减少汛期停机时间隙射流的磨蚀。除在结构上作上述考虑外,拟先用抗磨性能好的转轮材质,力求好的加工工艺,保证设计叶形,并采用抗磨保护涂层以延长水轮机寿命。6台机组设有可互相置换的备用转轮,并加强运用监测,以方便检修。

#### 4.4.4 其他措施

为保证电站汛期正常发电,拟采用地下水源作为发电机冷却用的技术供水水源。非汛期从压力钢管取水,并设置自动切换滤水器,冷却水管路设置双向反冲装置。电站尾水出口尽量靠近泄水建筑物出口,以利用泄洪冲刷尾水渠,同时,在尾水出口设防淤闸,以防止停机时泥沙淤积尾水洞。本电站采用地下厂房,变压器也位于地下,主要电气设备不受泥雾影响。地面开关站尽量远离泄水建筑物出口,高差大并避开了夏季主导风向,室外电气设备采用二级污秽下限进行设计。

预计小浪底电站采用上述综合措施后,在一般情况下均可保证正常发电,遇特殊不利的水沙条件,尚有短时间停机的可能(平均每年1~3天)。小浪底水电站投入运用后,河南电力系统总容量将达1 500万kW以上。小浪底电站的工作容量将不会超过电力系统的事故备用容量,而且在汛期系统负荷处于一年中的较低值,系统中有较多的剩余容量可供利用。再者,小浪底工程出现不利的水沙条件主要来自三门峡以上,可以提前预报做好防范。

### 4.5 适应黄河特点的带内铺的斜心墙堆石坝

小浪底枢纽154 m高的土石坝将坐落在厚达70 m的覆盖层上,大坝防渗措施的选择是在土石坝型既定情况下大坝设计的核心。黄河多沙给枢纽建筑物设计带来复杂的工程泥沙问题,但库区大量的淤积必然形成一个天然防渗铺盖,对大坝防渗稳定极为有利。多年来,在小浪底大坝的设计中对如何利用这天然防渗铺盖进行了不同方案的研究。而小浪底大坝断面的设计又必须考虑初期拦洪运用的条件,

考虑施工截流堰的施工进度及施工要求，考虑不利的地震组合荷载可能引起的地基及坝体液化和附加孔压，自然还必须考虑当地材料，特别是防渗土料的物理力学性质和目前的施工技术水平。综合上述各方面的考虑，最终确定了以混凝土防渗墙垂直防渗为主，并充分利用淤积铺盖作为辅助防渗措施的设计思想。混凝土防渗墙插入斜心墙形成主要的垂直防渗体系，斜心墙通过坝内短铺盖与作为坝体一部分的主围堰的斜墙防渗体连接，然后与坝前泥沙淤积铺盖形成一个辅助的水平防渗线。坝内短铺盖沿主围堰下游坡上爬，并用掺砾的防渗材料以增强其强度。这样的设计思想既反映和考虑了黄河多沙的特点，又可保证初期施工及运用的安全。大坝的稳定性将随着淤积的发展而加强，同时也便于组织施工，易于导截流期抢进度。

## 5　结　语

黄河小浪底水利枢纽的全面开工只是揭开了建设的序幕，无论对工程的设计者还是建设者都任重道远。由于工程部分利用世界银行贷款，主体土建工程采用国际竞争性招标方式选择了以世界一流的国外承包商为责任方的联营体进行施工，并正在接受“1997 年截流”第一个关键里程碑的检验。随着工程的进展以及工程投入应用，设计思想及设计方案必然要不断接受实际的检验，必要时要求设计作出相应的变更。在这个过程中，无论是经验抑或教训均会对我国水利水电事业的发展作出贡献。

（本文原载于《人民黄河》1995 年第 6 期）

# 从黄河防洪标准的演变看水文工作的重大作用

陈先德，马秀峰

（黄委会水文局，郑州 450004）

**文　摘**：从50年代到90年代的40多年中，黄河下游防洪标准，先后经18次变动。其中50年代因水文资料奇缺，野外调查与历史资料整编成果变动频繁，引起黄河防洪标准的11次变动，几乎一年一变，有时甚至一年两变。60年代变动4次，70年代变动2次，80年代以后就基本稳定了下来。这些事实说明，必须依靠可靠的水文资料，才可能作出符合黄河实际的防洪标准。

**关键词**：防洪标准；水文；变化；资料；作用；黄河

1949年中华人民共和国成立，治黄工作面临的第一件大事，就是按照一定的标准，确保黄河下游大堤不决口，扭转历史上黄河三年两决口的被动局面。这是一个既特别重要，又十分棘手的问题。

这个问题之所以特别重要，是因为防洪标准的高低，直接涉及黄淮海大平原在今后的岁月里，因黄河决口而受灾的几率的多少；涉及国家建设的战略布局；涉及整个黄河防洪工程体系的结构、规模与国家经费投资的承受能力。从中央到地方，各级领导无不高度重视。

这个问题之所以十分棘手，是因为一方面当时的黄河流域水文站太少，水文资料奇缺，虽有少数站的实测资料，但尚未系统整理，一时难以利用；另一方面，黄河水少沙多，洪水凶猛，个性独特，在世界上无成例可鉴。

从50年代到80年代，黄河防洪标准的确定工作，经历了一个相当曲折的变化过程。今天，以史为鉴，认真地追踪回顾这个变化过程，既能看出水文工作在当代治黄中的重大作用，又可对水文工作的健康发展取得有益的启示。

新中国成立前，黄河下游堤防低薄，隐患甚多。1949年7—9月份先后发生5次洪水，9月中旬部分堤段堤顶只高出洪水位0.2～0.3 m；千里大堤几乎处处有险。“一日数惊，惶惶不可终日”，在30多万人日夜抢护，和北金堤、东平湖决埝分洪之后，方转危为安。这年洪水虽不甚大，但惊心动魄的险情，给各级决策者留下了深刻的烙印。1950年元月下旬，召开了新中国成立后第一次治黄会议，在水文部门尚未就1949年洪水测验资料提出整编成果的情况下，只好对黄河下游的防洪标准先作出定性的规定：“1950年治黄方针是，以防御比1949年更大的洪水为目标”。1950年6月初整编出1949年的水文资料成果后，黄委会于6月7日迅速发出《1950年防汛工作指示》，指出黄河的防汛任务是以防御比1949年更大的洪水为目标，在一般情况下，保证陕县17 000 $m^3/s$、高村11 000 $m^3/s$、泺口8 500 $m^3/s$洪水不发生溃决。此后不久，水文资料整编发现陕县1949年实际最大洪峰流量比17 000 $m^3/s$偏小很多，于是在1951年元月召开的黄河第一次委员会议上，又改变为最初所提之定性标准。

在同一时期，历史水文资料整编工作，初定陕县1942年8月4日洪峰流量为29 000 $m^3/s$，于是在1951年3月份，黄委会拟出《防御陕县23 000～29 000 $m^3/s$洪水的初步意见》上报水利部。1952年3月21日，政务院通过了《关于1952年水利工作的决定》，其中对黄河的任务明确为：“加强石头庄滞洪及其他堤坝工程，应保证陕县流量23 000 $m^3/s$，争取29 000 $m^3/s$的洪水不致溃决……”。

时隔不久，水文资料整编工作中发现陕县1942年洪峰水位有偏大1 m的错误，相应洪峰流量原定29 000 $m^3/s$需改为17 700 $m^3/s$。这样一来，黄委会原上报水利部以及政务院关于黄河防汛标准的决定，就失去了事实依据，于是1952年7月6日黄河防总又不得不重新发出通知：“本年度防汛任务改为：保证陕县1933年同样洪水（水位299 m）的情况下，两岸大堤不发生溃决”。与此同时，又派我国当时最权威的水文专家、水利部水文局局长谢家泽带队，赴陕县调查。调查中在陕县、潼关等河段发现了清道光二十三年(1843 年)的历史洪水痕迹。经反复测算,陕县最大洪峰流量为 36 000 $m^3/s$,后经考证是唐代以后陕县的最大洪水。

这一成果核定公布以后,引起当时各级决策者的震惊。1953 年 7 月 16 日,国家计委派李葆华(水利部副部长)任组长,刘澜波、王新三、顾大川、王化云为副组长,组成黄河最高级别的资料研究组,又从水利部、燃料工业部抽调大批技术人员,组成工作班子。黄委会主要负责收集、整理泥沙、水文和龙门以下干流资料。当年 11 月份,黄委会又组成 52 人的调查组,对陕县 1933 年洪峰流量进行复查核实。经过一年多的调查和分析研究,于 1954 年 12 月,拟定出黄河下游临时防洪措施方案。方案中改用秦厂站代替陕县站,工程防洪标准由防御 100 年一遇洪水,提高到防御 200 年一遇的洪水,即防御秦厂 29 000 $m^3/s$ 的洪水。

1955 年 4 月 5 日,黄委会向水利部报送《黄河下游堤防工程设计标准的审查报告》,建议"秦厂以下防洪工程设计标准应提高到秦厂 200 年一遇,即 25 000 $m^3/s$ 的洪峰流量。"这个提法较 1954 年 12 月的提法又有了变化。这份报告送水利部不久,黄委会组织的 84 人水文调查组,在保德至孟津河段,新发现道光二十三年的 23 处洪水痕迹,沁河组发现明成化十八年(1482 年)洪痕,三门峡孟津组和伊河组、沁河组都发现 1761 年特大洪水的碑文。经测算,判定秦厂曾出现过更大的洪水。于是在 1956 年 4 月 29 日黄河下游大功临时分洪工程破土动工之际,对原设计标准,又改为:"当秦厂出现 36 000 $m^3/s$ 洪水时,由此分洪 6 000 $m^3/s$;当秦厂出现 40 000 $m^3/s$ 洪水时,由此分洪 10 500 $m^3/s$,保障艾山以下窄河道安全下泄 9 000 $m^3/s$ 洪水。

然而,这个设计标准未考虑大汶河洪水与黄河洪水有遭遇问题。1957 年 7 月 19 日至 26 日,黄沁洪水遭遇,在东平湖分洪 20.7 亿 $m^3$ 的情况下,艾山以下洪峰仍达到 10 850 $m^3/s$,超过了原定保证泄量,不得不临时组织 3 万多人上堤抢险,才保证了防洪安全。同时也暴露了原定防洪标准的问题。

因此,在 1958 年召开的防汛会议上,又将 1956 年的提法修改为:"1958 年防汛仍以防御秦厂 25 000 $m^3/s$ 洪水不决口改道,并对任何洪水有对策、有准备,争取在超过保证水位 0.3 ~ 0.5 m 的情况下,不滞洪"。

这是一个颇具预见性的提法。当年 7 月 17 日 24 时,黄河下游花园口站出现了 22 300 $m^3/s$ 的大洪水,高村洪水位超过保证水位 0.38 m。根据预报,后续洪水减少,决定石头庄溢洪堰不分洪。洪峰到达济南泺口,超过保证水位 1.09 m,经大力抢堵,终于取得防洪的全胜。原定下游防洪标准,经历一次真实而又惊险的考验。

汛期防洪的胜利和年底三门峡水库截流的成功,使决策者对防御更大洪水树立了更强的信心。1959 年 5 月召开的黄河防汛会议上,提出"把黄河下游防洪任务提高到花园口 30 000 $m^3/s$ 不发生溃决,并撤销北金堤滞洪区,完全靠两岸大堤制约洪水的意见。"时隔一月,国务院副总理邓子恢于 6 月 5 日在主持研究黄河下游防汛和东平湖运用的会议上,对下游防洪任务的提法,又纠正为:"黄河下游防汛任务,以保证花园口 25 000 $m^3/s$ 流量,争取防御 30 000 $m^3/s$ 流量为目标,东平湖水库按二级运用做蓄洪准备"。回避了北金堤滞洪区是否运用的问题。

三门峡水库正式投入运用后,清水下泄,大家都忙于表模庆功,沉浸在胜利的喜悦之中。因此 1960 年和 1961 年没有召开防汛会议,也没有部署防汛任务,黄河下游的防洪标准问题受到冷落。为了克服麻痹思想,中共中央于 1961 年 6 月 19 日发出《关于黄河防汛问题的指示》,强调不能因为已建成三门峡水库黄河就万事大吉,黄河下游堤防每年应做的防汛工程以及修防的各项规定必须继续贯彻执行。

时隔不久,三门峡库区测验队传出:"水库淤积严重,溯源淤积快速向关中平原推进"的信息。国务院于 1962 年 3 月 19 日决定三门峡水库由高水头"蓄水拦沙"运用,改为低水头"滞洪排沙"运用,汛期 12 孔闸门全部敞开泄流排沙。黄河下游防洪标准问题,骤然又敏感了起来。1962 年 8 月国务院批示同意黄河防总《关于 1962 年黄河防汛问题的报告》,该报告综合考虑三门峡水库和东平湖水库联合运用的作用,提出了防御花园口 18 000 $m^3/s$ 洪水的目标,保证黄河不决口。该年度虽未发生大洪水,但三门峡改变运用方式大量排沙以后,花园口和位山拦河坝上游河道出现严重的溯源淤积,在 1963 年 3 月召开的治黄工作会议上,黄委会不得不把原定的"蓄水拦沙"的治黄方针,改为"上拦下排"。按照这一新的治黄方针，分别于当年7月17日和12月6日，先后破除了花园口与位山拦河大坝，使黄河逐步恢复了原来的流势。

随着黄河下游洪水资料的积累、洪水分析研究成果的增多以及正反两方面的经验教训，人们对黄河下游防洪标准的认识渐趋统一。1963年11月20日，国务院发布了《关于黄河下游防洪问题的几项决定》：

第一，当花园口发生22 000 $m^3/s$洪峰时，经下游河道调蓄到孙口为16 000$m^3/s$，在破除位山拦河坝以后，应利用东平湖进洪闸分洪，使艾山下游流量不超过12 000 $m^3/s$。

第二，当花园口发生超过22 000 $m^3/s$洪峰时，向北金堤滞洪区分洪，控制孙口流量不超过17 000 $m^3/s$，东平湖分洪使艾山下游流量不超过12 000 $m^3/s$。

这个标准提出后，稳定了一段时间，中间曾因海河"63·8"大洪水的影响，先后作了两次较小的变动。"75·8"淮河大水，灾情严重，黄河下游防洪标准问题再次引起关注。1975年12月中旬水电部主持召开黄河特大洪水分析成果审查会议，一致认定黄河下游花园口站有发生46 000 $m^3/s$洪水的可能。建议采取重大工程措施（为后来小浪底工程上马埋下伏笔），逐步提高黄河下游防洪能力，努力保障黄淮海大平原的安全。12月底，水电部和河南、山东两省联合向国务院报送《关于防御黄河下游特大洪水意见的报告》，该报告提出"今后黄河下游防洪应以防御花园口46 000 $m^3/s$洪水为标准；拟采取'上拦下排，两岸分滞'的方针"。1976年5月国务院批复"原则同意"。同年6月19日豫、鲁、晋、陕四省黄河防汛会议确定："确保花园口22 000 $m^3/s$洪水大堤不决口，遇上特大洪水时，尽最大努力，缩小灾害。"

从1976年以后直到1981年，黄河花园口未出现大的洪水，人们对下游防洪标准未提出新的见解。1981年6月份，黄委向河南、山东黄河河务局颁发了《黄河下游防洪工程标准（试行）的通知》，其中临黄大堤以防御花园口22 000 $m^3/s$洪水为目标；艾山以下流量按10 000 $m^3/s$控制，堤防按11 000 $m^3/s$的流量设防。1980年2月黄委会颁发《黄河下游引黄闸、虹吸工程设计标准的几项规定》，明确了临黄涵闸，虹吸工程的等级为一级建筑物，以防御花园口22 000 $m^3/s$洪水为设计标准，以防御花园口46 000 $m^3/s$洪水为校核标准。这两个规范性文件的颁发和执行，标志着黄河下游防洪标准已经发展到比较成熟、比较稳定的阶段。

历史事实说明：治黄必须以可靠的水文资料为基础，以对资料分析取得的正确认识为指导，才可能作出符合黄河实际的"防洪标准"。

（本文原载于《人民黄河》1997年第1期）

# 论黄河防洪长治久安之策

袁　隆,蔡　琳

(黄河水利委员会,郑州 450003)

**文　摘:**黄河下游防洪问题一直是国家的心腹之患。根据黄河洪水泥沙的随机性和下游河道的自然特点,本文在分析历代治黄策略的基础上,论述了当前和今后应采取的治理方针。认为近期采取"拦、调、排、放"的综合治理措施,保持稳定下游现行河道,争取较长期的防洪安澜是可能的。

**关键词:**防洪特点;治黄方略;方针;对策;黄河

## 1　黄河防洪问题的特殊性、复杂性

黄河作为中华民族文明的象征,在世界上享有盛名。然而她又是一条灾害频繁的河流,被称为"中国之忧患"。

黄河防洪问题历来都是人们关注的焦点。历代善为政者,把黄河的安危,作为治国兴邦之大事,给予高度重视。不少专家名人对治理黄河提出了很多有益建议。广大人民与黄河洪水灾害进行了不懈的斗争,他们虽未能解决黄河的洪灾问题,但给我们留下了丰富的治理经验,为我们用现代科学技术研究治河对策打下了良好的基础。

人民治黄以来,国家十分重视黄河的防洪安全,加强了防洪工程体系和非工程措施的建设,取得了黄河下游连续50年伏秋大汛安澜的巨大成就,改变了历史上"三年两决口"的险恶局面。但是,黄河具有其特殊性和复杂性,防洪问题至今仍未彻底解决。

(1)与其他大江大河相比,黄河突出的特点是含沙量大。"悬河"、"善决"、"善徙"是黄河在其特定地理环境中长期形成的固有特性。承认这种现实,将意味着对黄河的水沙运行规律,必须加强基础理论的研究。

(2)黄河的洪水多发生在7月下旬到8月上旬,但其发生的地点、范围、具体日期及严重程度有很大的随机性。按照当代的科学技术水平,还只能在事后分析某次洪水灾害的具体成因,也可归纳出各地区洪水发生的概率并分析其灾害的大小,目前还无法对洪水灾害发生的具体时间、地点、范围和严重程度作出确切的预测,因而增加了防治洪水灾害的难度。

(3)黄河流域作为中华民族的摇篮,其光辉灿烂的文化是在不断与洪水抗争中发展而成的。然而形成洪水灾害的自然机制和人类活动对洪水情势的影响是永远存在的,人类对洪水的抗争也永远不会停息。从黄河流域的实际情况看,凡是洪灾频繁的地区,多程度不同地存在着经济、文化落后,管理水平不高的问题,改变这一客观事实需要作出巨大的努力,因此,人们对黄河洪水的防御和斗争具有长期性和艰巨性。

## 2　历代黄河防洪方略简析

古往今来,不少专家和关心黄河治理的人士,从不同角度提出过许多防洪治河策略和主张,现就一些有代表性的作简要分析。

大禹治水——疏川导滞。传说中的古代,洪水为患,水浩洋洋而不息,人们很难与洪水抗争,只能寻一较高的地方躲避,以求自安。到神农时代,出现了用堆土挡洪的办法。稍后的治水代表人物鲧,采用"鲧障洪水",就是用堤埂把居住区围护起来以障洪水,这种有限的防御办法不易治服洪水。禹接受了鲧的教训,采用"疏川导滞"的方法,从而平治了水患。禹治水适应了水性就下的自然特性,因势利导,清除行洪障碍。其后在相当长的历史时期内都采取这种办法，在今天平原地区防洪中仍遵循着“疏川导滞”这个基本原则。

王景治河——宽河行洪。禹用疏导法平治水患，但因当时生产力水平很低，一遇大洪水仍免不了泛滥成灾。到春秋战国，社会生产力发展，促进了经济繁荣，在要求保护生产发展的情况下，堤防随之应运而生。至西汉时期，黄河河道淤积日益加重，河患明显增多。到东汉明帝时黄河南侵，河、汴乱流于黄、淮之间，水患频繁。王景受命治河，黄河的决溢灾害明显减少，出现了一个长期相对安流的局面。王景治河的成功，分析主要有两点：一是选定了荥阳至千乘开辟的新河是当时最低的天然洼地，线路较短，比降大，有利于排沙泄洪。二是采用了具有广阔滩地的宽河道。宽河行洪，起到了滞洪落淤、淤滩刷槽的作用。

潘季驯治河——束水攻沙。明代以前治河主张疏导分流为多，其策略乃是尽量排洪入海，泥沙问题未予认真考虑，河患仍频频出现。明朝潘季驯认真总结了元末明初200多年的经验教训，提出了“塞旁决以挽正河，以堤束水，以水攻沙”的集流学说。其主要论点：一是泥沙淤积是黄河下游河道决溢泛滥的根源；二是造成淤积的主要原因是水少沙多；三是输沙必须集中水流。“集流攻沙”之说，与近代水力学挟沙能力随流量增大而增大的理论相一致。潘季驯治河实现了由分流到合流，由治水到治沙两个转折，抓住黄河泥沙淤积这一根本问题，总结了水沙运行规律，这是他超出前人之处。他的治河理论与实践对后世产生了很大的影响。

李仪祉——蓄水拦沙、下游疏治论。作为近代致力于治理黄河防治水患的杰出代表，将治理经验和国外的水利实践结合起来，提出上、中、下游全面治理的方略。其要点是：“蓄洪以节其源、减洪以分其流、亦各配定其容量，使上有所蓄，下有所泄，过量之水有所分”。他主张在上中游植树造林，黄土高原修梯田，行沟洫畔柳之制；在干支沟打坝留淤，建库蓄水，达到蓄水拦沙有利于农的目的，在下游则应尽量给洪水筹划出路，务使平流顺轨、安全泄洪入海。李仪祉的蓄水拦沙、下游疏治论显然比前人主张有大的进步，然而在当时是难以实现的。

黄河防洪策略的演绎是一个实践、认识、再实践、再认识的过程。中华人民共和国建国初期，由于经济和技术力量的限制，无力在干流上修建大型工程控制洪水，依据黄河的特点借鉴前人的经验提出了“宽河固堤”的方针。“宽河”是充分利用下游的广阔滩地洪水期削峰滞沙，淤滩刷槽使河道的冲淤演变有利于防洪。“固堤”则是将历史上遗留下来的堤防进行加高加固。在“宽河固堤”的方针指导下，依靠沿河广大军民，连续战胜了1949年、1954年、1958年的大洪水。

50年代，社会主义建设事业蓬勃发展，为促进生产，提出了“除害兴利、蓄水拦沙”的方略。1954年“黄河综合利用规划技术经济报告”提出了第一期工程计划，即在干流上首先修建三门峡、刘家峡控制工程，以解决防洪、灌溉、发电等问题。在三门峡以下，支流伊、洛、沁河上各修一座防洪水库。这样，三门峡水库可以把黄河（陕县）千年一遇的洪峰流量由37 000 $m^3/s$减至8 000 $m^3/s$，加上伊、洛、沁河支流水库拦洪，洪水可以经过山东窄河道安全入海。黄河泥沙由于受三门峡及其以上的干支流水库所拦截，下游河水变清，河槽日趋稳定，下游防洪威胁将可以解除。然而自1960年三门峡水库蓄水运用后，库区出现了严重的淤积，潼关河床急剧抬高，支流渭河由地下河上升为地上河，危及关中平原的安全。1962年3月，水库被迫由“蓄水拦沙”改为“滞洪排沙”运用。“蓄水拦沙”方针不全面，不符合黄河的实际情况，在指导思想上，单纯强调“拦”，忽视了“排”，因而不能解决黄河下游的防洪问题。

“上拦下排、两岸分滞”方略是总结了历史上防治洪水的经验，并吸取了人民治黄以来的正反两方面的经验教训逐步形成的。黄河是一条难治的多泥沙河流，决非单一措施能够解决。三门峡水库的运用实践证明，单纯在上中游“蓄洪拦沙”也不全面，必须把“上拦”与“下排”结合起来。“上拦”包括通过水土保持在内的各种防治途径，把上中游的洪水、泥沙尽可能地控制起来。“下排”主要是利用现有黄河下游河道排洪排沙，也包括下游“淤背固堤”和“放淤改土”等减少河道泥沙的措施。

纵览历代黄河防洪对策和治河思想的发展，可以分为两个阶段：①从传说的大禹治水到民国时期，采用的对策是“疏川导滞”构筑堤防的方略，明代以后开始考虑了黄河泥沙问题，提出了集流、蓄水拦沙等学说。②人民治黄以来，在总结历代治河经验和大规模的治黄实践中，防洪方针由“宽河固堤”、“蓄水拦沙”发展到“上拦下排，两岸分滞”，使之日臻完善，更加符合黄河防洪的实际。当代防洪方针的形成，应当说王化云同志起到了核心和主导作用。

## 3　黄河下游防洪长治久安之策

根治黄河水害，开发黄河水利，是治黄的长期奋斗目标。根据下游河道的自然特点，社会经济条件，结合治黄实践经验和治理基础，近期或相当一段时期内，黄河下游的治理方针应是：在保持稳定下游现行河道的前提下，采取“拦、调、排、放”多种途径综合治理，统筹解决防洪防凌问题。“拦”，主要是在上中游地区开展水土保持，特别是集中治理粗泥沙来源区的重要支流。修建拦泥库、淤地坝，大搞坡地改梯田，蓄水兴利，拦泥淤地，发展生产。在干流峡谷段修建大型水库集中控制洪水和泥沙，削峰减淤。“调”，利用干流水库调节水沙过程，有效地减少河道淤积或刷深河槽。“排”就是充分利用现行河道排洪排沙入海，争取现行河道有较长的使用期。“放”包括山丘区引洪漫地，平原区的淤灌，放淤改土等利用泥沙的措施。特别是利用黄河泥沙逐步淤宽淤高堤防和背河地面，使下游逐渐变成一条相对地下河。根据“拦、调、排、放”的方针，采取的防洪治河对策有：

(1)加固堤防，充分利用现行河道排洪。黄河下游现行河道不同河段是在不同的历史时期内形成的。根据黄河史志记载，黄河从孟津到桃花峪(沁河口)河段为禹河故道，几千年来无大的变化。沁河口到东坝头河段为明清故道，已有五六百年的历史，东坝头以下为1855年以后形成的，现已行河130多年。据黄河下游决口改道的统计，100年左右有一次大的改道，似乎现行河道已接近衰亡期。然而现行河道形成过程表明，河道的淤积抬高历程有明显的阶段性，可以区别为强烈淤积调整阶段及相对稳定的缓慢调整阶段。在塑造新河道初期，大量的泥沙落淤，很快完成纵比降的调整，造就一条能适应排洪排沙的“地上河”。当河道调整接近相对平衡时，纵比降相对稳定，河道淤积，比降变缓。现在下游河道正处于后一种阶段，河道上宽下窄，纵比降上陡下缓，具有较大的输沙能力，这与排洪能力上大下小，泥沙冲淤上段剧烈，下段相对平稳是一致的。虽然今后河道总趋势仍会淤积抬高，但淤积发展将是比较缓慢的。明清徐(州)淮(阴)故道的演变过程，在很大程度上反映出下游河道的发展消亡规律。两者对比，对认识现行河道发展规律是有益的。据一些治黄专家1996年10月实地考察分析，现行河道仍有很大的行河潜力。明清徐淮黄河故道行河有661年历史，现行河道从1855年铜瓦厢决口改道夺大清河入海至今有142年历史。其中1938年国民党政府掘花园口大堤黄河南徙9年，实际行河仅133年；徐淮故道自河南兰考东坝头经江苏淮阴至滨海县中山河口全长810 km，连同河口蚀退的80 km共计890 km。而现行河道自兰考东坝头至垦利县黄河入海口约为630 km，比故道约短260 km；故道临背差7～8 m，而现行河道为3～5 m，也就是说，故道的悬河程度远较现行河道为甚，其堤身高度都在10 m左右，相差不多，但堤防抗洪能力，现行河道堤防可防御22 000 $m^3/s$流量，而故道仅防10 000 $m^3/s$洪水尚有决口发生[1]。以上对比分析表明，现行河道远未达到故道那种衰亡阶段。加上现有科学技术的发展，防洪体系的建立，充分利用现行河道是目前最现实而又最经济的方案。

大堤是黄河下游防御洪水的屏障，历史上之所以三年两决口，除政治腐败因素外，其中一个重要原因是堤防质量差、隐患多。当代治黄根据黄河含沙量大的特点，引黄淤背沉沙固堤，清水灌溉是一个创举。下游部分堤段位于7度地震裂度区，大堤基础多为沙土，在大堤背河堤脚一定范围内通过放淤增加盖重，对于大堤抗震加固和防止浅层地基液化都很有效，而且经济、简便易行。采用吸泥船放淤固堤，从河道中吸取泥沙，不需挖占良田，淤后的堤防土质均匀，接头少，质量易保证，亦可减少修堤劳力。现状淤背宽度为50～100 m，在普遍淤高的基础上，重点堤段已淤到与设计水位平。目前已有670 km的堤段得到不同程度的加固，共完成土方近4亿$m^3$[2]。放淤固堤减少了大堤临背两侧的高差，延长了渗径，增强了堤身的稳定。多次洪水考验，对防止漏洞、管涌、渗水、裂缝等险情效果显著。根据黄委会勘测规划设计研究院提供的下游防洪规划报告分析，在现有淤背固堤的基础上，按淤背高程与设计的2000年水位平，平工淤宽30～50 m，险工淤宽50～100 m，尚有660 km大堤需要放淤加固，土方量约1.3亿$m^3$，连同加高土方量共约2.0亿$m^3$，总投资约26亿元。报告提出，2000年前完成70%，2005年争取全部完成。放淤固堤作为黄河下游堤防加固的一项重要措施得到了认同，然而近几年来，用于该项的投资太少，工程进展迟缓。为了确保黄河的防洪安全，减少风险机遇，加速放淤固堤，应作为防洪基建的重点来安排。应力争在2000年全部完成，不然万一出现大洪水造成决口灾害，则后悔莫及。

在加固堤防的同时，还必须“定槽”，即通过河道整治控制中水河槽。黄河下游洪水泥沙主要通过主槽排泄入海，主槽过流一般约占全断面的80%以上。维持一个稳定的主槽，有利于河道排洪排沙，可以大大改善防洪的被动局面。多年的防洪实践认识到“滩、槽、堤”三者是一个整体，概括起来就是“淤滩刷槽，滩高槽稳，槽稳滩存，滩存堤固”。因此，要加快河道整治工程建设，以便逐步固定河槽。

继续完善分（滞）洪区建设，是防御特大洪水的重要措施。应加强东平湖围坝的加固，完善北金堤滞洪区堤防建设，完善分（滞）洪区通信预警系统及安全建设等。

（2）上中游水库拦洪拦沙和调水调沙。三门峡水库运用的实践表明，在中游河段的峡谷中修建大型水库，只要有足够的泄流能力，采用合理的运用方式，不仅可以长期保持有效库容，而且能够有效地控制洪水与泥沙，是削减下游洪水和河道淤积的有效措施。正在建设的小浪底水库和计划修建的碛口等干流控制性骨干工程，对控制黄河下游的洪凌和拦减泥沙都有显著作用。

小浪底水利枢纽位居下游平原之首，是黄河干流在三门峡以下唯一能够取得较大库容的控制性工程。据分析，小浪底水库可以长期保持约50亿 $m^3$ 的有效库容，与三门峡、陆浑、故县水库联合运用，可将花园口百年一遇的洪峰流量29 000 $m^3/s$ 削减到16 000 $m^3/s$ 左右；千年一遇洪峰流量42 300 $m^3/s$ 削减到不超过现有防御标准22 000 $m^3/s$[3]。届时，下游防洪紧张局面将大为缓解。小浪底水库按照三门峡水库的运用经验，采用“蓄清排浑”、“调水调沙”的运用方式，通过50年水文系列冲淤计算表明，前20年下游河道冲淤过程基本平衡，延缓了河道淤积；后30年利用长期有效库容调水调沙，仍可继续发挥减淤作用。其减淤效果是其他措施难以替代的。同时，它在下游防洪中的灵活性、主动性和可靠性也是其他措施所无法比拟的。

碛口水利枢纽位于晋陕峡谷的中部，对黄河粗泥沙来源区有较好的控制作用。利用碛口水库拦减粗泥少，是保证下游河道相对稳定的重要措施。初步估算，单独运用碛口水库可以使黄河下游20年左右不淤积抬高，碛口水库与三门峡及小浪底水库联合运用，加上支流治理的水保效益可能在50年或更长的时间内，控制下游河道不显著淤积抬高[2]。

（3）上中游粗泥沙来源区的治理。根据钱宁等人的研究，黄河下游河道的淤积抬高主要是中游5万 $km^2$ 的粗泥沙来源区的来沙造成的。他依据上百次洪峰来水地区分配情况分析[3]，若多沙粗泥沙来源区有较大洪水，少沙区未发生洪水或洪水较小，其来沙系数最大，平均达0.051 6 $kg \cdot s/m^6$，使下游平均淤积强度达3 100万 t/d。这类洪水频率虽然只有12.6%，但所造成的河道淤积量却达洪水总淤积量的60%。从黄河下游河道淤积的泥沙来看，粒径大于0.05 mm的粗泥沙占69%，粒径小于0.025 mm的泥沙只占16%。如果洪水来自少沙区，来沙系数只有0.018 $kg \cdot s/m^6$，河道则处于冲刷状态，这类洪水对河道的淤积起到一定的制约作用；如果洪水来自细泥沙来源区，河道虽也淤积，但淤积强度较小。由此可见，粗泥沙的危害极其严重。粗泥沙的来源主要有两个区域，一是黄甫川至秃尾河之间各支流的中下游地区，二是无定河中下游及广义的白于山河源区，加强该地区的重点治理，将会大大减少进入黄河下游的泥沙。

新中国成立以来，水土保持工作取得的成绩和经验表明，水土保持既能促进农业增产也能减少入黄泥沙。据1997年5月《黄河报》报道，称之谓“地球癌症”的砒砂岩地区种植沙棘获得了成功。这无疑给我们搞好水保工作增强了信心。砒砂岩土分布在黄河上中游地区的内蒙古伊克昭盟及与之接壤的陕西北部和山西西北部地区，面积1.9万 $km^2$。砒砂岩土结构松散，遇水易分解，水土流失剧烈，该地区为黄河粗沙主要来源区，年平均输沙量2.6亿 t以上，有“世界水土流失之最”之称。60年代至80年代曾采用生物措施改良和治理，收效甚微。80年代中期，水电部原部长钱正英提出开发沙棘作为加速黄土高原治理的突破口后，经过十余年试验，种沙棘地区，林木覆盖率由原来的0.8%提高到20%，种沙棘前以柠条为主的地区，植被覆盖率由20%提高到61%，到1996年沙棘种植面积已扩大到5.53万 $hm^2$，土壤年侵蚀模数由原来的4万 $t/km^2$ 下降到0.5万 $t/km^2$。同时沙棘地区已看到经济富裕的希望之光，国发[1993]5号文指出：“各级人民政府和有关部门必须从战略的高度认识水土保持是山区发展的生命线，是国土整治、江河治理的根本，是国民经济和社会发展的基础，是我们必须长期坚持的一项基本国策”。这表明，国家对水保工作高度重视，也体现了它在国民经济和社会发展中的重要作用，我们要抓住这个有利时机，加速黄河上中游水土流失治理，黄河防洪问题才能从根本上得到解决。现在各级领导和广大群众，为了解决温饱和奔向小康，都在加强水保工作，再加上干支流水利水电开发建设，到21世纪中叶水土保持减少黄河泥沙量将发生更大的变化，这也是各种积极因素超过不利条件的必然结果。

（4）逐步改变地上河为相对地下河的设想。鉴于黄河下游防洪任务的艰巨性和长期性，而在黄河上中游修建大型水库调水调沙的实施和全面搞好水土保持尚需相当长时间，下游地上河的状况不改变，防洪问题仍是心腹之患。为使黄河下游长治久安，除上述措施外，需逐步变地上河为相对地下河。根据黄河下游引黄放淤固堤经验和黄委会组织的国家“八五”科技攻关报告分析，紧接大堤背河淤宽200 m以上，且淤高到与设计防洪水位平，技术上是可行的[4,5]。我们认为这一设想很值得进一步研究。应组织专门力量进行调研，提出不同河段不同的淤筑方式和切实可行的技术措施，在充分利用黄河下游已成功的单机单泵、双机双泵和大小泵组合、冲吸式、绞吸式挖泥船等挖泥淤筑外，还应考虑目前在江、河、湖、洼等采用的先进的现代抽淤挖泥机械，以加快淤筑相对地下河的进程。在妥善解决环境影响和社会关系问题上，应制订具体的可操作的实施办法，同时要与地方政府密切配合。根据以往经验，淤筑区还可能出现沙化、周边土地盐碱化以及淤筑区土地耕种、水土资源合理使用等都必需认真分析。淤筑相对地下河的投资和运转费分摊也是一个很关键的问题。对此，我们应召开技术论证会，组织专家和有识之士讨论，如果大家认为造就相对地下河的方案可行，则有必要组织一个精干班子领导开展此项工作。我们认为，必须以只争朝夕的精神来加快黄河治理的步伐，尽早解除我们的心腹之患。

综上所述，各种防洪减沙的途径和措施并行不悖、相辅相成。利用现行河道加高加固堤防的办法是最经济、最现实的；上中游干流水库蓄洪拦沙、调水调沙使下游河道50年内不抬高，且相应提高防洪标准是可能的；上中游水保效益减少泥沙也是明显的；结合引黄灌溉供水沉沙，使两岸堤防加宽加高变地上河为相对地下河，在现有技术水平下是完全能够实现的。同时，还应加强非工程防洪措施，开发和建设一套能适应黄河防洪自动化，防洪防凌减灾的软件系统；完善通信物资管理系统等。采取这种综合性的治理措施，才能有效地控制洪水和泥沙，可以使黄河下游河道保持较长期的安流局面，害河变利河将指日可待。

## 参考文献


[1] 黄河水利委员会. 黄河的治理与开发. 上海：上海教育出版社，1984.

[2] 黄河水利委员会. 中国江河丛书，黄河卷. 北京：水利电力出版社，1996.

[3] 人民黄河编辑部. 黄河的研究与实践. 北京：水利电力出版社，1986.

[4] 温善章. 黄河下游淤筑相对地下河的总体布局. 人民黄河，1996，(4).

[5] 张永昌，杨文海等. 黄河下游淤筑相对地下河的可行性技术. 人民黄河，1996，(4).


（本文原载于《人民黄河》1997年第8期）

# 关于《对黄河中下游设计洪水的再认识》的讨论

王国安，史辅成，易元俊

（黄委会勘测规划设计研究院，郑州 450003）

黄河中下游的设计洪水，关系重大，它不仅与小浪底工程施工导流有关，更重要的是牵涉到黄河下游防洪规划、工程建设等，因此，设计洪水的确定，必须十分慎重。《人民黄河》第9期发表的《对黄河中下游设计洪水的再认识》（以下简称“再认识”）提出黄河中下游的设计洪水有可能要比经过水利部正式审批的数字减小60%～70%。这是由于考虑了两个修正，一是按洪水分型修正，可减少20%左右，二是考虑人类活动影响修正，可减少40%～50%。我们认为“再认识”提出的数据夸大了影响结果，现对此谈谈我们的看法。

## 1　关于洪水分型修正

“再认识”提出的此项修正，就是按洪水地区来源分型，分别统计，进行频率计算。具体计算是把花园口站的洪水，分为上大型（三门峡以上来水为主）和下大型（三门峡到花园口区间简称三花间来水为主）。计算结果，上大型洪峰流量在 $P=0.1\%\sim1\%$ 的范围内，原设计成果系统偏大12.0%～14.5%，再考虑贝叶斯公式，对频率曲线的流量和概率坐标同时进行修正，认为在设计频率 $P=0.1\%\sim1\%$ 的范围内，用花园口站的混合序列（即原设计所采用的序列）取代该站同步的上大序列，计算上大型设计洪峰流量，将引起20%左右系统偏大的误差。

我们认为，“再认识”的做法主要有以下几个问题。

### 1.1　不符合国家规范要求

我国现行《水利水电工程设计洪水计算规范》（SL 44—93）第3.1.1条规定：“频率计算中的洪峰流量和不同时段的洪量系列，应由每年最大值组成。当洪水特性在一年内随季节或成因明显不同时，可分别进行选样统计”[1]。十分明显，规范中这一条规定包含有两层意思：第一，频率计算所采用的资料系列，应该由年最大值组成。第二，当洪水特性随季节或成因明显不同时，可以分别选样。这里并没有说，洪水地区来源不同，也可以分别选样。

### 1.2　按洪水地区来源分型问题很多

#### 1.2.1　理论根据不足

我国规范规定要对融雪洪水和暴雨洪水、台风暴雨洪水和锋面（梅雨）暴雨洪水分别统计，是认为这些洪水的频率分布不同（见文献[1]条文说明第3.1.1条）。而黄河中下游的洪水，主要是由涡切变暴雨所形成（三门峡以上特大暴雨可有台风间接影响，三门峡以下特大暴雨可有台风直接影响），我们还不能说，不同来源地区的洪水，其频率分布有显著的不同。

#### 1.2.2　“再认识”提出的公式有问题

“再认识”提出：用 $A$ 表示黄河干流某站（花园口或小浪底）发生上大洪水的随机事件；用 $B$ 表示该站发生下大洪水的随机事件；用 $C$ 表示该站洪峰流量 $\geq Q$ 的随机事件，用 $P(A)$ 和 $P(B)$ 分别表示事件 $A$ 和 $B$ 发生的概率；用 $P(A\cap C)$ 和 $P(B\cap C)$ 分别表示该站发生上大洪水和下大洪水的同时，洪峰流量 $\geq Q$ 的概率；用 $P(C|A)$ 和 $P(C|B)$ 分别表示该站在发生上大洪水和下大洪水的前提下，洪峰流量 $\geq Q$ 的条件概率。并讲，长期的实践经验表明，$A$、$B$、$C$、三者可近似地当作互相独立的随机事件。于是根据著名的贝叶斯定理，有下述等式成立

$$P(A\cap C)=P(A)P(C|A) \tag{1}$$

$$P(B\cap C)=P(B)P(C|B) \tag{2}$$

我们认为,以上两个公式有下述几个问题:

(1)$A$、$B$、$C$ 三者不是互相独立的事件。因为对花园口站来说,在以三门峡以上来水为主的年份,$A$ 就是 $C$;在以三花间来水为主的年份,$B$ 就是 $C$。

而且还需指出,从洪水来源上看,花园口站的洪水应分为三大类型[2]:即除上大型(1843、1933 年)和下大型(1761、1958 年)之外,还有上下较大型(即三门峡以上和三花间来水大体相当,如 1957、1964 年)。现"再认识"只考虑了前两型,因此是不全面的。

(2)世界上采用数理统计法推求设计洪水作为防洪标准的国家,包括中国[3],一般都是以洪水重现期 $T$ 的长短表示标准的高低,并定义

$$T = \frac{1}{P} \tag{3}$$

即重现期 $T$ 是概率 $P$ 的倒数,而 $T$ 的单位是年。显然,这就要求统计系列必须是按年最大值来取样。规范规定如果不是按年最大值取样,则必须将所得出的结果,设法换算成与年最大值取样所相应的成果。

至于如何换算成年最大值系列的频率,除超定量选样以外,一般可采用几率相加定理来解决。例如,如果是按洪水成因(如梅雨与台风)分为两季(第一季 5—7 月为梅雨,第二季 7—10 月为台风)分别取样,则将其换算为年最大值系列的频率 $P(X)$ 为

$$P(X) = P_1(X) + P_2(X) - P_1(X)P_2(X) \tag{4}$$

式中　$P_1(X)$、$P_2(X)$——第一季最大洪水和第二季最大洪水的频率[4]。

对于按洪水来源分型,像"再认识"那样,把花园口洪水分为上大型 $A$ 和下大型 $B$,分别取样,由于 $A$ 和 $B$ 是互斥事件(即在公式(4)中,$P_1(X)P_2(X) = 0$),则将其换算为年最大值系列的频率 $P(Q)$ 为

$$P(Q) = P_A(Q) + P_B(Q) \tag{5}$$

式中　$P_A(Q)$、$P_B(Q)$——上大型洪水和下大型洪水的频率。

而"再认识"的公式(1)和(2)都是按洪水地区来源分别统计的结果,最后并没有提出换算为年最大值系列的方法,因而这样所得出的结果,是不符合防洪标准的概念的。

(3)用公式(5)来衡量,"再认识"提出的公式(1)和(2)是有问题的,而且是偏于不安全的,说偏于不安全,是因为像它那样,分型就要打折扣,显然分型越多,打的折扣就愈大,如果分为无穷多型,则设计洪水就将趋向于零了,这显然是脱离实际的。为什么说可以无限地分呢？因为每场洪水都有个主要来源地区。以黄河三门峡为例,其洪水的主要来源地区可以分为三大类型:一是以泾、渭、北洛河流域来水为主。这其中又可分为以渭河、泾河、北洛河分别来水为主。在渭河又可分为以上游、中游、下游分别来水为主。渭河上游又可分为若干大支流分别来水为主,如此等等。二是以北干流即河口镇—龙门区间来水为主。其中又可分为黄河东、西两岸分别来水为主。在西岸又可分为以无定河来水为主、以窟野河来水为主,等等。在无定河又可分为以上、中、下游分别来水为主,如此等等。黄河东岸也一样。三是以泾、渭、北洛河和北干流共同来水所形成。同样,这又可分为以若干支流来水为主。当然,实际上不可能这样去分,但决不是像"再认识"那样只分两型就行了。

(4)"再认识"提出的花园口上大型系列和下大型系列,从洪水来源角度看,如上所述,显然,仍是混合系列。只不过是从一级混合变为二级混合而已,结果并未能达到其旨在解决的所谓混合系列的目的。

### 1.2.3　两个基本概念问题

(1)"再认识"认为用年最大洪峰流量序列(混合序列)进行频率计算,导致设计流量偏大的主要原因是"年最大洪峰流量序列的均值较分型序列的均值偏大。"我们认为,这两种序列比较,前者均值偏大,的确是对的。但是,还应该看到,后者的变差系数 $C_V$ 有时却可能比前者大。因限于资料和时间,这里不能针对"再认识"涉及的测站,具体进行计算,但我们可以用黄河干流义门站的分期洪水来说明这个问题。

黄河义门站汛期的洪水具有显著的季节性特征,即年最大洪峰流量主要由河口镇至义门区间 7、8 月暴雨所形成(简称前期洪水),而年最大洪量则多由兰州以上的秋季(9、10 月)连阴雨所产生(简称后

期洪水)。按现行规范规定,可以分期取样,但分期计算的结果,就千年一遇5 d洪量来说,后期却比年最大值大15%,这是因为后期均值虽小,但$C_V$增大,详见文献[5]。我国工程界在遇到这种问题时,一般都是以年最大值取样的频率曲线作为控制,即分期频率曲线不能超过它。

所以不能认为分型以后,设计洪水就一定减小,要具体情况具体分析。

(2)"再认识"说,"采用花园口站的年最大洪峰流量序列,代替同步的上大序列,求上大型设计洪峰流量,在$P=0.1\%\sim1\%$的范围内,系统偏大12.0%~14.5%"。其实"再认识"中的混合序列为1761年、1843年、1919—1943年、1946—1959年,共41 a。这和上大序列采用的1843年、1933—1990年共59 a序列并不完全同步,而且采用的历史洪水的个数不同,其重现期是多少也未交待。显然,对这种并不完全同步的序列,其频率计算结果是没有可比性的。

## 2　人类活动对洪水的影响

人类活动对洪水影响的总概念是:洪水量级愈小,影响愈大(减小愈多)。而对于特大洪水,其影响则是有正(渗蓄、滞减小洪水)有负(垮坝加大洪水),综合影响后,到底是减小洪水还是加大洪水,需要针对具体情况作具体分析。

我们认为人类活动对洪水的影响是一个十分复杂的问题,进行该项工作需查清人类在各个时期的活动情况,典型暴雨的时空分布,不同标准暴雨以及暴雨中心地区和非中心地区水利水保措施对洪水的正负面影响,不同河道堤防标准遭遇不同量级洪水的滞洪决溢程度等。

"再认识"以较大篇幅提出了"82·8"三花间5 d面雨量为"58·7"雨量的1.73倍,但洪峰流量较"58·7"反而小,5 d洪量也相差不多。认为造成这种情况的原因完全是由于"82·8"洪水受人类活动影响大于"58·7"洪水,因而进一步推算出如果不受人类活动影响,三花间"82·8"洪水可产生洪峰流量27 000~30 000 $m^3/s$,洪水总量为50亿~53亿$m^3$,也就是说实测洪水的峰量约削减40%~50%。并用同样方法,分析了花园口"73·7"洪水和"96·8"洪水,也得出了人类活动影响可以削减洪水峰量40%~50%的结论。

关于"再认识"中对"58·7"和"82·8"暴雨洪水的分析,我们有一些不同的认识,兹分述如下。

### 2.1　"58·7"与"82·8"暴雨洪水特性比较

#### 2.1.1　"58·7"与"82·8"暴雨时程分布不同

"82·8"暴雨洪水5 d面雨量虽大,但不如"58·7"暴雨来得集中,1958年雨量在整个三花间主要集中在7月16日,1 d降雨量约占5 d总雨量的46.0%(见表1),致使伊、洛、沁河及三花干流区间洪峰在花园口断面遭遇。而1982年的雨量较均匀地分布在7月29、30、31日和8月1日,最大日雨量约占5 d雨量的31.6%,且各日的主雨区不同,伊河与洛河29日、三小间30日、小花间31日、沁河在31日和1日,由于降雨分散,致使1982年伊、洛、沁河及干流区间洪峰未完全遭遇,这是1958年洪峰较1982年洪峰高的主要原因之一。

**表1　"58·7"与"82·8"洪水5 d暴雨时程分配比较表**

| 日序 | 洪水代号 | 1 | 2 | 3 | 4 | 5 | 合计 |
|---|---|---|---|---|---|---|---|
| 占5 d雨量(%) | "58·7" | 4.5 | 19.4 | 45.9 | 11.8 | 18.4 | 100 |
| | "82·8" | 17.2 | 27.2 | 31.6 | 15.6 | 8.4 | 100 |

#### 2.1.2　"58·7"与"82·8"暴雨空间分布不同

三花间各区产汇流条件是不同的,因此即使两次面平均雨深相同,由于暴雨中心落区不同,所形成的洪峰流量也不同。在三花间,如果雨强达到一定标准,从产汇流条件看,对花园口洪峰流量贡献最大的应是三门峡—小浪底区间,其次才是洛河与沁河。"58·7"实测暴雨中心在三小间的垣曲站,7月16日实测最大24 h雨量为366 mm,由于当时雨量站点稀少,仅有99个测站,漏测了两个更大的暴雨中心,一个在新安县畛水上游的曹村,16日调查雨量为600 mm,一个在渑池县仁村,16日调查雨量为

650 mm。以上二地皆位于三小间，雨量数字系当年河南省水文总站与黄委设计院共同调查，并经当时的水电部暴雨洪水办公室审查通过，编入全国最大 24 h 暴雨等值线图。而“82 · 8”三花间的暴雨中心在伊河中下游的石涡，而不是“再认识”一文中所说的三小间垣曲站。伊、洛河中下游的产汇流条件不如三小间。而且伊、洛河夹滩地区受决溢滞洪削峰影响较大（见后文），“82 · 8”三小间最大点雨量仅为 192.6 mm，发生在渑池县北段村，时间是 7 月 30 日，其次是发生在垣曲古城的 192.2 mm。1982 年三花间雨量站增加到 299 个，为 1958 年三花间雨量站数的 3.02 倍，1982 年尚未发现漏测更大雨量的问题。以上分析说明，1958 年暴雨资料还存在偏小的情况。1958 年小浪底站洪峰流量 17 000 $m^3/s$，相应三门峡约 6 000 $m^3/s$，三小间产生洪峰 11 000 $m^3/s$。1982 年小浪底洪峰流量 9 340 $m^3/s$，相应三门峡为 4 840 $m^3/s$，三小间洪峰 4 500 $m^3/s$。此二年三小间洪峰相差 6 500 $m^3/s$，这与暴雨的空间分布是相应的。那么是否由于 1982 年水利水保工程较 1958 年修得多，使得 1982 年洪峰、洪量减小了呢？根据各省所报材料，截至到 1990 年，三门峡—花园口干流区间的水利水保工程见表 2。

**表 2　三门峡—花园口区间中、小型水利水保工程统计表**

| 项目 | 座数 | 总库容/亿 $m^3$ | 有效库容/亿 $m^3$ |
|---|---|---|---|
| 中型水库 | 2 | 0.359 | 0.123 |
| 小型水库 | 95 | 1.190 | 0.601 |
| 塘堰坝 | 1 665 | 0.107 | 0.107 |
| 合计 | 1 762 | 1.656 | 0.831 |

从上表可以看出整个三花干流区间中、小水库及塘堰坝虽共有 1 762 座，但其有效库容仅有 0.831 亿 $m^3$；如按 70% 计，则仅约有 0.6 亿 $m^3$；从直观上可知，这 0.6 亿 $m^3$ 库容对削减洪峰洪量是起不到多大作用的。

从以上对比可以看出，仅从三小间洪峰上看，1958 年 7 月洪水较 1982 年 8 月洪水增大约 6 500 $m^3/s$，而且水利水保作用不大，因此暴雨在地区上的分布是 1958 年三花间洪峰大于 1982 年洪峰的又一主要因素。

2.1.3　“58 · 7”暴雨与“82 · 8”暴雨前期影响雨量不同

三花间基本上属蓄满产流，“58 · 7”暴雨三花间前期影响雨量为 52 mm，而“82 · 8”暴雨的前期影响雨量仅为 23.4 mm，两者相差达 28.6 mm，仅此一项 1982 年较 1958 年少产生洪量约 12.0 亿 $m^3$。这是“82 · 8”三花间雨深较“58 · 7”大得多，而洪量大得不多的另一主要原因。

2.1.4　“82 · 8”洪水较“58 · 7”洪水受人类活动影响加大的几个方面

我们认为“82 · 8”洪水较“58 · 7”洪水受人类活动影响要大一些，这也是事实，但要逐项具体分析，才能给人以明确的概念。

2.1.4.1　陆浑水库蓄水与伊、洛河夹滩的滞洪作用

伊、洛河上有陆浑和故县 2 座大型水库，1982 年故县水库才开始兴建，尚未起蓄水作用。陆浑水库 1982 年已蓄水运用，故三花间及花园口洪峰及洪量受到陆浑水库蓄水影响，而 1958 年陆浑水库尚未投入运用。

洛河洛阳、伊河龙门镇至黑石关之间由于堤防标准不高，遇大洪水则破堤分洪，洪水受到滞蓄，1958 年时，两岸堤防较完整，仅局部河段决口，削峰系数为 0.67，滞洪水量约 1.0 亿 $m^3$。1982 年，两岸堤防失修，全线到处漫决，同时受陇海铁路双桥卡水影响，削峰系数降低为 0.5，滞洪水量约 3.7 亿 $m^3$，如将陆浑水库蓄水量还原为天然径流量，伊、洛河夹滩恢复到 1958 年的削峰系数，则花园口洪峰流量由 15 300 $m^3/s$ 增大到 19 200 $m^3/s$，净增加 3 900 $m^3/s$，陆浑水库与夹滩 1982 年较 1958 年多滞蓄洪量 4.5 亿 $m^3$。

2.1.4.2　伊、洛河中、小水库及塘堰坝的蓄滞洪作用

据 1990 年底统计，伊、洛河中型水库共有 10 座，有效库容 0.948 亿 $m^3$，小型水库 209 座，有效库容

1.216 亿 $m^3$，塘堰坝共 1 930 座，蓄水能力 0.35 亿 $m^3$，合计总有效库容 2.514 亿 $m^3$。1982 年暴雨中心地区有部分小型水库及堰坝受损，而且 1958 年已经修建部分工程，现按中、小水库 1982 年较 1958 年多蓄 1.5 亿 $m^3$ 的水进行匡算。

2.1.4.3　沁河中、小水库及塘堰坝的蓄滞洪作用

截至 1990 年底，沁河共有中型水库 4 座，有效库容 0.468 亿 $m^3$；小型水库 103 座，有效库容 0.601 亿 $m^3$；塘堰坝 534 座，蓄水能力 0.032 亿 $m^3$。沁河下游防洪标准为 4 000 $m^3/s$，1982 年武陟站实测洪峰流量已达 4 130 $m^3/s$，部分堤段洪水位已超过堤顶 0.2 m，如流量再加大，将使用沁南滞洪区，即使中、小型水库还原一部分洪峰，亦加不到花园口洪峰上。

综上所述，由于伊、洛、沁河，三花干流区间的中、小型水库，陆浑水库与夹滩滞洪作用，1982 年较 1958 年最多多滞蓄洪量 7.2 亿 $m^3$，在三花间多削峰 3 900 $m^3/s$。若将此部分峰量加到三花间，三花间洪峰则由 10 590 $m^3/s$ 增大到 14 490 $m^3/s$，5 d 洪量由 27.2 亿 $m^3$ 增大到 34.4 亿 $m^3$。"再认识"认为"三花间""82·8"洪水在自然状态下可能产生的洪峰流量为 27 000～30 000 $m^3/s$，可能产生的洪水总量为 50 亿～53 亿 $m^3$；实测洪峰流量和洪水总量与还原计算结果相比，削减 40%～50%。"我们认为与实际情况相比差距太大，对三花间人类活动影响作了不适当的夸大，将这种认识推广到中下游设计洪水，将导致设计洪水偏小很多，使工程处于很不安全的局面。

**2.2　原设计洪水中对中、小型水库及水保工程及伊、洛河夹滩影响的考虑**

"再认识"提出"原设计洪水是天然条件下的设计洪水"。这里需要说明的是，原设计洪水对选用的各站历年洪峰与时段洪量仅对干支流大型水库蓄水作用进行了还原，对于中、小型水库，水保措施及伊、洛河夹滩影响等均未进行还原处理，包括前面提及的 1958 年及 1982 年伊、洛河夹滩影响。也就是说原设计洪水中已经包含了这部分人类活动的影响，而不能说是天然条件下的设计洪水，如果再将原设计洪水扣除中小型水库、水土保持及夹滩的影响，必然有相当一部分形成了重复扣除，导致设计洪水偏小。

**2.3　大暴雨洪水下中、小型水库与水保措施破坏后可能使洪水加大**

现行设计洪水规范[1]中指出："水利水土保持措施对不同洪水的影响不同，应估算其对中、小洪水的削减作用，也应估算其遇大洪水时水利和水土保持措施损毁对下游设计洪水的影响。"我们认为，这一条是比较全面的，它总结了多年来这方面的经验和教训。近年来在黄河流域中游发生的一些暴雨洪水都不同程度地发生了一些水利水保措施被毁的实例。例如：1977 年 7 月 4—6 日，8 月 1—2 日和 8 月 4—6 日在黄河中游地区发生了 3 次大暴雨，据对受灾严重的 13 个重点县 3 万多座小型坝工程的调查，受损的小型水库占 49.3%，淤地坝占 53.3%，即小型库坝工程遭到不同程度破坏的座数约占一半左右[6]。另据陕西省水保局普查，无定河流域共建淤地坝 11 631 座，其中 90% 以上是 20 世纪 70 年代以前修建的，经过多年运用，大型淤地坝库容淤损率达 78.4%；中型坝为 86%；小型坝基本上已淤满，在"94·8"暴雨袭击下，淤地坝水毁率达 46.8%[7]。同样，三花间"82·8"暴雨洪水在暴雨中心亦有多座小型水库与塘坝失事。上述这些暴雨只相当于较大暴雨，尚不属稀遇暴雨，远远达不到大、中型水库设计标准与校核标准相应的暴雨量级，如遇这种暴雨，中、小型水库及塘坝破坏的数量将会大大增加，暴雨中心地区不但起不到削减洪水的作用，可能还会使洪水有所加大，这种情况在设计中必须考虑。

## 3　结　语

（1）"再认识"提出的按洪水来源分型统计，从基本理论概念到具体做法和使用上，都有问题；关于人类活动对设计洪水的影响，由于在做法上采用许多简单关系概化，又缺乏分析论证，因而严重夸大了影响结果。

（2）目前，黄河中下游设计洪水是 20 世纪 70 年代中期经国家审定的成果，由于实测资料有较多的增加和人类活动影响的日益加剧，黄河中下游设计洪水，亟须认真地进行复核。

（3）黄河人类活动对设计洪水的影响，是一个十分重要的课题，需要认真进行研究。工作的重点：继续研究龙羊峡、刘家峡等大型水库的调蓄影响以及伊、洛河夹滩等河段的滞蓄作用。此外对不同防洪标准情况下，中、小型水库及水土保持措施对洪水的正负影响，也要作深入的分析。

## 参考文献

[1] 水利部、能源部. 水利水电设计洪水计算规范 SL 44—93. 北京:水利电力出版社,1993.
[2] 王国安. 黄河洪水. 人民黄河,1983,(3).
[3] 防洪标准. BG 50201—94. 北京:中国计划出版社,1994.
[4] 水利部长江水利委员会水文局等. 水利水电工程设计洪水计算手册. 北京:水利电力出版社,1995.
[5] 易维中. 黄河河口镇—龙门干流区间设计洪水计算方法的商榷. 人民黄河,1987,(4).
[6] 李保如. 黄河中游地区 1977 年暴雨后小型坝库工程的调查. 人民黄河,1979,(4).
[7] 张胜利. "94 · 8"暴雨无定河流域产流产沙影响的调查研究. 人民黄河,1995,(5).

(本文原载于《人民黄河》1998 年第 4 期)

# 关于黄河中下游设计洪水问题的再讨论

马秀峰

（黄河水利委员会水文局，郑州 450004）

**摘　要**：在以往对黄河中下游设计洪水问题讨论的基础上，着重对以下几个问题进行了论证：三门峡水库使上大洪水的演进条件发生了重大变化；花园口某一洪峰流量的全概率显著大于该站同流量的上大洪峰或下大洪峰的部分概率；典型下大（或上大）洪峰流量与花园口年最大取样的洪峰流量不可能同频率，用同频率典型放大的设计洪水成果必然偏大。

**关键词**：设计洪水；分型；典型；同频率放大；黄河下游

《人民黄河》1998 年第 4 期发表的《关于〈对黄河中下游设计洪水的再认识〉的讨论》一文（以下简称《讨论》），对笔者在《人民黄河》1997 年第 9 期发表的《对黄河中下游设计洪水的再认识》一文（以下简称《再认识》），就洪水分型修正和人类活动对洪水的影响进行了讨论。在有些问题上已和笔者达成了共识。例如大家都认为，黄河流域洪水受人类活动影响正日益加剧，80 年代中期经国家审定现在仍被采用的 70 年代估算的黄河中下游设计洪水计算成果（以下简称“原成果”），急需认真地进行复核。在另外一些问题上，《讨论》一文和笔者还存在分歧。其中比较大的分歧有两个：一是典型放大引起的问题；二是“58 · 7”和“82 · 8”两场洪水特征值孰大孰小。笔者认为第二个问题的答案只影响该两场洪水特征值在频率计算中的排序，不影响前述双方已达成的共识。尽管笔者不同意《讨论》一文有关两场洪水的某些结论，但仍希望在具体进行设计洪水的复核时，能和《讨论》一文的作者或支持者，用统一的资料、统一的水文数学模型，通过分析计算，对两场洪水特征值孰大孰小的问题，做出认识一致的结论。因此，笔者在这篇文章里主要从学术上针对第一个问题和《讨论》一文的作者展开一次再讨论。

## 1　洪水分型引起的概率问题

众所周知，描述随机事件的条件状语越多，该事件发生的概率就越小。例如用 $P_1$ 表示某地某日发生降雨的概率，$P_2$ 表示同地同日既降雨又刮风的概率，$P_3$ 表示同地同日既降雨又刮东南风的概率，则按照概率论中一个最朴素、最直观和最基本的概念，必然有下述不等式成立：

$$P_1 \geqslant P_2 \geqslant P_3$$

如果《讨论》一文的作者承认这个正确的概念，我们就可以联系黄河中下游设计洪水的实际，对具体操作中一些处理办法的合理性，通过分析，取得共识。

“原成果”中花园口站 100 a 一遇天然洪峰流量为 29 200 $m^3/s$。把这个随机事件再冠以下大洪水的条件状语，即花园口站下大洪水天然洪峰流量为 29 200 $m^3/s$，则这个增加了条件状语以后的随机事件的发生概率必然小于 1%，重现期必然大于 100 a。

已知“原成果”中小浪底 100 a 一遇洪峰流量为 27 500 $m^3/s$，据此我们以小浪底水库大坝 1998 年度汛期设计洪水为例，分析下述 3 种提法的差别。第一种提法：1998 年汛期要在小浪底发生 100 a 一遇洪峰流量的条件下，保证水库大坝的安全；第二种提法：1998 年汛期要在小浪底发生 100 a 一遇下大洪峰流量的条件下，保证水库大坝的安全；第三种提法：1998 年汛期要在小浪底发生洪峰流量为 27 500 $m^3/s$ 的下大洪水条件下，保证水库大坝的安全。

《讨论》一文的作者认为在任何情况下，都必须将分型取样所得结果，设法换算成与年最大值取样相对应的成果。按《讨论》一文作者的这个见解，必然导致这样一个逻辑上的推论：这 3 种提法是没有差别的。

笔者认为这 3 种提法不论在概念上还是在实践的客观效果上，都有重大差别，实属于 3 种不同的防洪标准。因为如果“原成果”属真，则小浪底站相应于第二种提法的洪峰流量将小于 27 500 $m^3/s$；作为小浪底水库 1998 年汛期的防洪标准，第二种提法与第一种提法相比，工程量和经费投资要小。第三种提法相应洪水的发生概率，必然小于 1%，重现期必然大于 100 a。作为小浪底水库 1998 年汛期的防洪标准，第三种提法与第二种提法相比，工程量和经费投资要大。特别是在三门峡水库建成并投入运用以后，对上大洪水至少有两方面的影响：一是三门峡水库除溢洪道以外的全部泄洪设施的最大泄洪能力（坝前水位在 335 m 以上）只有 14 000～15 000 $m^3/s$；二是三门峡水库库区和汾河、渭河、北洛河下游河道严重淤积，一遇较大洪水就在当地泛滥成灾，相当显著地削减了向三门峡以下宣泄洪水的能力。流量为 27 500 $m^3/s$ 以上的上大洪峰，到达小浪底时必将小于 14 000～15 000 $m^3/s$。

因此，尽管决策者本意是按第一种提法采取对策措施，但是在实际操作中，又按《讨论》一文作者的这个见解，把第三种提法（即第三种防洪标准）等同于第一种提法（即第一种防洪标准）采取对策措施，实质上是提高了防御标准。

下面我们分析这 3 种提法不论在概念上还是在实践的客观效果上，都存在重大差别的理论根源，为此首先把讨论的范围限制为同一个断面天然条件下的年最大洪峰流量。在洪水分型方面仍采用文献①的意见，即只划分为上大洪水和下大洪水两类。并约定：$A$ 表示某断面发生年最大天然洪峰流量恰好是上大洪水的随机事件；$B$ 表示该断面发生年最大天然洪峰流量恰好是下大洪水的随机事件；$C$ 表示该断面发生年最大天然洪峰流量恰好等于 $Q$ 的随机事件。由于我们把上述随机事件都限定为同一断面的年最大天然洪峰流量，因此事件 $C$ 要么伴随事件 $A$ 出现，要么伴随事件 $B$ 出现，而不能单独出现。

$(A\cap C)$ 表示 $A$ 和 $C$ 同时发生的随机事件，即年最大天然洪峰流量不但是上大洪水，而且恰好是等于 $Q$ 的随机事件；$P(A\cap C)$ 表示发生随机事件 $(A\cap C)$ 的概率，即年最大天然洪峰流量不但是上大洪水，而且恰好是等于 $Q$ 的概率；$(B\cap C)$ 表示 $B$ 和 $C$ 同时发生的随机事件，即年最大天然洪峰流量不但是下大洪水，而且恰好是等于 $Q$ 的随机事件；$P(B\cap C)$ 表示发生随机事件 $(B\cap C)$ 的概率，即年最大天然洪峰流量不但是下大洪水，而且恰好是等于 $Q$ 的概率；$[(A\cap C)\cup(B\cap C)]$ 表示随机事件 $(A\cap C)$ 与随机事件 $(B\cap C)$ 的和，即发生随机事件 $(A\cap C)$ 或者发生随机事件 $(B\cap C)$ 都成立的随机事件；$P[(A\cap C)\cup(B\cap C)]$ 表示随机事件 $(A\cap C)$ 与随机事件 $(B\cap C)$ 的和的概率，即发生随机事件 $(A\cap C)$ 或者发生随机事件 $(B\cap C)$ 都成立的随机事件的概率；用直观的说法就是发生年最大天然洪峰流量为 $Q$ 的上大洪水，或者发生年最大天然洪峰流量为 $Q$ 的下大洪水，都属于同等重要的防御目标的概率。

当我们对上述约定的确切含意有了准确一致的理解之后，就可以用概率论的基本原理列出下面等式：

$$P[(A\cap C)\cup(B\cap C)]=P(A\cap C)+P(B\cap C)-P(A\cap C)\times P(B\cap C)$$

由于在同一断面每年必须且只能选出一个年最大天然洪峰流量，因此随机事件 $(A\cap C)$ 和 $(B\cap C)$ 是互不相容的随机事件。于是上述公式又可简化为

$$P[(A\cap C)\cup(B\cap C)]=P(A\cap C)+P(B\cap C)$$

由于我们将黄河下游洪水类型只划分为上大洪水和下大洪水两个类型，因此随机事件 $(A\cap C)$ 与随机事件 $(B\cap C)$ 之和构成了完备的随机事件空间。在这种情况下，该断面不论发生上大洪水还是下大洪水，当洪峰流量为 $Q$ 时，都是流量为 $Q$ 的 $C$ 事件，因此随机事件 $C$ 和随机事件 $[(A\cap C)\cup(B\cap C)]$ 是等价的，于是上述公式又可写为

$$P(C)=P(A\cap C)+P(B\cap C)$$

等式左端的 $P(C)$ 代表该断面发生年最大天然洪峰流量恰好等于 $Q$ 的全概率，也就是按年最大值取样求得的天然洪峰流量恰好等于 $Q$ 的概率；右端两项分别代表两个随机事件的部分概率，可按贝叶斯原理列出下面两个等式：

$$P(A\cap C)=P(A)\times P(C\mid A) \tag{1}$$

---

①水利部黄河水利委员会. 黄河小浪底大坝导截流期三门峡水库调度方案及其影响分析报告，1997

$$P(B \cap C) = P(B) \times P(C \mid B) \tag{2}$$

于是全概率 $P(C)$ 的计算公式又可以写成另一种等价的形式：

$$P(C) = P(A) \times P(C|A) + P(B) \times P(C|B) \tag{3}$$

式(3)就是概率论中著名的全概率公式在上述限制和约定条件下的具体表达形式。式中各项概率都是非负的小数，因此等式右端两项分别作为两个随机事件的部分概率，都必然小于或等于全概率，即必然有下述不等式成立：

$$P(A \cap C) = P(A) \times P(C \mid A) \leqslant P(C) \tag{4}$$

$$P(B \cap C) = P(B) \times P(C \mid B) \leqslant P(C) \tag{5}$$

令 $T(C) = 1/P(C)$ 代表最大天然洪峰流量为 $Q$ 的 $C$ 事件的重现期，$T(A \cap C) = 1/P(A \cap C)$ 代表年最大天然洪峰流量不但是上大洪水，而且恰好是等于 $Q$ 的重现期，$T(B \cap C) = 1/P(B \cap C)$ 代表年最大天然洪峰流量不但是下大洪水，而且恰好是等于 $Q$ 的重现期。于是又必然有下述不等式成立：

$$T(A \cap C) \geqslant T(C) \tag{6}$$

$$T(B \cap C) \geqslant T(C) \tag{7}$$

不等式(6)表明，年最大天然洪峰流量不但是上大洪水，而且恰好是等于 $Q$ 的重现期，必然大于或等于年最大天然洪峰流量仅仅为 $Q$ 的重现期；不等式(7)表明，年最大天然洪峰流量不但是下大洪水，而且恰好是等于 $Q$ 的重现期，必然大于或等于年最大天然洪峰流量仅仅为 $Q$ 的重现期。

《讨论》一文的作者认为在任何情况下，都必须将分型取样所得结果设法换算成与年最大值取样相对应的成果。这个见解反映在防洪标准上必然导致这样一个逻辑上的推论，即在任何情况下都必须用式(3)左端的全概率作为防洪的标准，其实质是以部分事件取代全事件采取对策，用相应于全概率的较短重现期取代相应于部分概率的较长重现期表达防洪标准。实践的结果虽较上级审定的防御标准更加安全，但却提高了工程规格，增加了经费投资。

## 2　典型洪水过程线放大方法的适用条件

我国《水利水电工程设计洪水计算规范》[1]（以下简称《规范》）中非常明确地提出了采用放大典型洪水过程线的方法，必须满足3个条件：资料较为可靠、具有代表性、对工程防洪运用较不利的大洪水。在实际操作中，许多人对资料较为可靠和对工程防洪运用较不利比较重视，这样做是十分必要的，但对具有代表性这条要求则往往被忽视。特别是在一个断面上将洪水按地区来源划分为不同类型以后，对典型洪水过程线代表性的确切含意模糊不清。如黄河下游花园口断面的设计洪水可只划分为上大洪水和下大洪水两个类型，并分别从上大洪水和下大洪水中选择对工程防洪运用较为不利的两场大洪水作为典型洪水过程线。现在分析这样的典型洪水过程线之代表性的确切含意。

笔者认为，黄河下游花园口断面的上大洪水和下大洪水相比，不论是形成规律、洪水过程线的特征（如洪水发生的时间、季节、峰型、主峰位置、上涨历时、洪量集中程度等），还是对黄河下游河道的影响，都有显著差别：第一，上大洪水发生在黄河中游多沙粗沙地区，挟带着大量泥沙，能引起黄河下游河道的沿程淤积，是使黄河下游河道演变成悬河、发生横河、斜河等不利河势的主导因素；下大洪水发生在三门峡—花园口区间，挟带泥沙的数量很少，能引起黄河下游河道的沿程冲刷，众所周知的“大水出好河”的经验，就是指一场峰高量大的下大洪水过后，能冲出好河。第二，上大洪水的流程和预见期远大于下大洪水，两类洪水的峰型、主峰位置、上涨历时、洪量集中程度等都有显著差别，这些差别又将引起黄河下游防洪对策的不同。第三，花园口断面的上大洪水和下大洪水，洪峰流量频率分布曲线有显著差别。笔者在《再认识》一文中已经指出，花园口断面发生下大洪水的频率仅有30.5%，下大洪峰流量为29 200 $m^3/s$ 的频率将小于1%，三门峡—花园口之间发生的下大洪水，不可能与花园口断面按年最大值取样的洪水同频率。因此这两类洪水中的任何一个典型洪水过程线，只在其所属的类型中有代表性。他们之间的任何一个典型洪水过程线，都不能代表花园口断面按年最大值取样的统计特性。我国著名的水文计算专家王维弟、朱元甡、王锐琛合编的《水电站工程水文》一书，在讨论同频率地区组成法的适用条件时指出，当某分区洪水与设计断面洪水的相关关系较差时，二者发生同频率的可能性就比较小，如果年最大实测洪水中,有某分区洪水频率常明显小于设计断面洪水频率的现象时,就不宜采用该分区与设计断面洪水同频率的处理方法[2],这个意见与笔者的认识不谋而合。

有些专家主张把分型取样的计算结果再转换成同一断面相应于年最大值的频率,亦即用全概率取代相应于分型后的部分概率作为防洪标准。笔者认为,这个主张在三门峡水库建成并投入运用以前勉强可行。前已述及,在三门峡水库建成并投入运用以后,特别是当小浪底水库建成并投入运用以后,黄河中游的上大洪水对黄河下游的威胁,主要是上大洪水挟带的泥沙对下游河道造成的淤积,而不是上大洪水的洪峰流量。如果仍坚持《讨论》一文在任何情况下,都必须用式(3)左端的全概率作为防洪标准,则相应于这个标准的重现期,就永远是 30 a 。

有些专家通过三门峡水库调洪演算,对花园口年最大天然洪峰流量序列进行修正,在重新绘制的洪峰流量频率曲线上,内插相应于花园口 22 000 $m^3/s$ 的频率和重现期,用以表述三门峡水库建成并投入运用以后黄河下游防洪标准的重现期。这一处理方法,实质上是在全概率中扣除了相应于上大洪水的部分概率,即用剩余的部分概率相应的重现期,表述三门峡水库建成并投入运用以后黄河下游防洪标准的重现期。这与笔者的意见完全相同。也许有人要问:仅用下大洪水的部分概率表述三门峡水库建成并投入运用以后黄河下游防洪标准,等同于三门峡水库关闭全部泄流设备。对这个说法,笔者的回答是"否",因为在按洪水分型统计的下大洪峰流量中,已经包含了三门峡以上地区来水的影响。

有些专家通过三门峡、陆浑、故县 3 座水库联合调洪演算,对花园口年最大天然洪峰流量序列进行修正,在重新绘制的洪峰流量频率曲线上,内插相应于花园口 22 000 $m^3/s$ 的频率和重现期(这个重现期约为 60 a),用以表述三门峡、陆浑、故县 3 座水库建成并投入运用以后黄河下游防洪标准的重现期。笔者非常赞同这种处理方法。这种方法在理论上与笔者的主张等同。在实际操作时,笔者的前述主张相当于把下大洪水再划分类型,求出陆浑、故县水库未控地区洪水的部分概率,这在资料信息上有较多困难。用多库联合调洪演算修正全频率曲线的方法,可免除洪水分型较多时统计资料带来的困难,但这种处理方法,不可避免地会带来非随机因素的影响,特别是在黄河现状条件下,仍按 1969 年 4 省会议确定的调洪原则,已明显地脱离实际。

## 3 关于"原成果"偏大的比例

《讨论》一文的作者指出,《再认识》提出黄河中下游的设计洪水有可能要比经过水利部正式审批的数字减小 60% ~70% 。这是由于考虑了两个修正:一是按洪水分型修正,可减少 20% 左右;二是考虑人类活动影响修正,可减少 40% ~50% 。

《讨论》一文的这段文字与《再认识》的原文相对照,至少有两个原则性不同。第一,《再认识》指出用花园口最大洪峰流量序列,代替同步的上大序列,求上大型设计洪峰流量,在 $P=0.1\%\sim1\%$ 的范围内,系统偏大 12.0% ~14.5% 。这段文字是指上大洪水的洪峰,而不是设计洪水的全部,更谈不上偏大 20% 。

第二,《再认识》用"82 · 8"洪水作为一个典型的下大洪水实例,估计实测值较还原计算值削减 40% ~50% 。请《讨论》一文的作者注意,黄河下游的上大洪水与下大洪水有不相遭遇的特点,因此上大洪水的削减值怎可与下大洪水的削减值迭加成 60% ~70% ? 从一次典型举例得出的数据,怎可与一个序列的统计结果简单迭加?

笔者认为,在学术问题上,不同观点之间展开摆事实讲道理的争论是正常而有益的,但不应把对方某些带有前提条件的论点,剪头去尾,渲染成全局性的结论。事实上,在笔者发表《再认识》一文时,还没有认识到黄河中下游的设计洪水有可能要比经过水利部正式审批的数字减小 60% ~70% 。读过《讨论》一文和经过冷静的思考以后才发觉,在三门峡水库建成并投入运用以后,三门峡 100 a 一遇的上大洪水在三门峡水库敞泄运用的条件下,不考虑其他人类活动的影响,洪峰到达小浪底时也只有 13 122 $m^3/s$ ,和"原成果"27 500 $m^3/s$ 的设计洪峰流量相比,约削减 52.4% 。如再计及面上水土保持与其他水库拦蓄以及三门峡库区淤积引起的削峰作用,则三门峡 100 a 一遇的上大洪峰到达小浪底时,确有可能被削减 60% ~70% 。如果《讨论》一文的作者再看一看文献①的计算结果,就会承认笔者此言不谬。

## 4　科技进步与《规范》的关系

在我国现行《水利水电工程设计洪水计算规范》总则条文说明中，首先指出1979年颁发的原试行《规范》，反映了一个历史阶段我国在设计洪水计算方面的研究成果和经验。《规范》的颁发使我国设计洪水计算有了统一的标准，对指导设计洪水计算、保证成果质量有重要作用。与此同时又指出1979年颁发的原试行《规范》限于当时的历史条件，有些规定已不尽合适和完善，10年来又积累了新经验，随着江河治理与水资源的开发利用，出现了一些新问题，为此1989年对原《规范》(试行)进行了修订。

这段条文说明很有预见性地阐明了科技进步与执行《规范》两者之间也存在着实践、认识、再实践、再认识的辩证关系，即《规范》也要随着科技的进步、生产的发展、环境条件的变化，有组织地、定期或不定期地进行修订和完善。因此在颁发《规范》到下一次修订《规范》之间的时期，必须在严格执行《规范》的同时，随时注意实践中出现的新情况、新问题，鼓励大家在学术上积极探索，创造新经验，作出新成果，以便在适当时候进一步修订《规范》。

### 参考文献

[1] 王维第，朱元甡，王锐琛. 水电站工程水文. 南京：河海大学出版社，1995.
[2] 水利部，能源部. 水利水电工程设计洪水计算规范. SL44—93. 北京：水利电力出版社，1993.

(本文原载于《人民黄河》1999年第3期)

# 黄河洪水的分期调度与分级调度

翟家瑞[1],刘红珍[2],王玉峰[2]

(1. 黄河水利委员会 防汛办公室,河南 郑州 450003;
2. 黄河水利委员会 勘测规划设计研究院,河南 郑州 450003)

**摘　要:** 根据洪水发生的特点,可以在时间上将其分为前、后期洪水,在量级上将其分为大洪水和中常洪水。在防洪调度中应针对洪水发生的不同特点采用不同的调度方式。通过分期洪水调度,在保证防洪安全的前提下,可以合理处理防洪与水资源的矛盾,使洪水资源化,充分发挥水库的灌溉、供水、发电等综合效益;通过分级洪水调度,可以更加合理地进行防洪工程的优化调度,实现各级洪水调度的相对合理化,减少洪灾损失。

**关键词:** 分期洪水;分级洪水;防洪调度;水资源;黄河

黄河洪水在发生时间、洪水来源、洪水量级上都有一定的规律和特点。针对这些特点,可以从时间上把洪水分为前期洪水和后期洪水,进而在不同时期拟定不同的汛限水位和洪水处理方案,以实现在保证防洪安全的前提下,最大限度地进行洪水资源利用;也可以从量级上把洪水分为中常洪水和大洪水,通过对不同量级的洪水制定相应的洪水处理预案,以求得黄河下游防洪工程的优化调度,减少洪灾损失。

## 1　黄河洪水的分期调度

### 1.1　问题的提出

黄河虽为我国的第二大河,但河川径流量仅为全国的2%,流域内人均占有河川径流量为全国平均数的25%。如果扣除调往外流域的100多亿$m^3$水量,流域内人均占有水量则更少。近年来,不断扩大的供水范围和持续增长的供水需求超过了黄河水资源的承载能力,造成供需矛盾尖锐,保证河道不断流的任务愈加艰巨。水资源短缺问题严重制约着流域社会经济的可持续发展,威胁着本就脆弱的生态环境。黄河水资源的紧迫形势要求我们必须多视角、全方位地寻求开源节流措施。

黄河的来水量主要集中在汛期,对于以防洪为主的水库工程,若整个汛期都按同一汛限水位运用,则到汛期结束时水库仍是空库。由于汛后来水少,因此水库将面临无水可蓄的被动局面。如能有效利用汛期洪水,将部分洪水资源化,则可缓解水资源短缺的现状。从黄河下游洪水发生的时间特点上来分,可以把黄河的洪水分为前期洪水和后期洪水,前期洪水量级大,后期洪水相对较小,由此可以把黄河的汛期分为前汛期和后汛期。后汛期到来时,在保证防洪安全的前提下,可以通过提高水库汛限水位,拦蓄洪水尾巴等措施实现洪水的资源化。

### 1.2　黄河流域分期洪水分析

每年的8月下旬至9月中旬是黄河流域各区间主雨期的结束期。就多年平均状况而言,在这个期间,大气环流发生了不可逆转的变化,即由夏季环流向冬季环流过渡。因此,可把气候意义上的降水量级、规模的显著变动期,作为洪水分期的界限,即把主雨期结束的时间作为前、后期洪水的分界点。黄河流域的洪水主要由降雨形成,汛期洪水一般发生在7—10月,有些地区6月份也可能出现中小洪水。从气象及暴雨洪水特性上看,整个汛期大致可以分为7、8月及9、10月两个时段。在黄河上游,这两个时段的洪水过程及量级大小是相近的;在黄河中下游,前期洪水的洪峰远大于后期洪水的洪峰。而时段洪量则不然,用年最大值法选样的结果是年最大时段洪量多出现在9、10月份,且后期洪水含沙量较前期小。

### 1.3　洪水的分期调度

针对黄河洪水在时间上分期的特点,水库的防洪调度也应分期,具体地讲就是前、后期的汛限水位应分别制定。前汛期汛限水位低,后汛期汛限水位可适当提高。前汛期为了防御大洪水,确保黄河防洪安全,水库的兴利水位应严格按照汛限水位控制。前汛期结束后,水库开始蓄水运用,直到水库的蓄水位达到后汛期的汛限水位。同样,根据洪水分期的原则,在前汛期即将结束的时候还可以采取拦蓄洪水尾巴的措施,尽快地把水库的蓄水位过渡到后汛期的汛限水位。

目前,黄河上已经有不少水库开展了洪水分期调度。比如小浪底水库,2002 年前汛期的汛限水位为 225 m,后汛期的汛限水位为 248 m,后汛期的汛限水位比前汛期提高了 23 m,增加兴利库容 33 亿 $m^3$;再如故县水库,2002 年前汛期汛限水位为 520 m,后汛期汛限水位 9 月份为 527.3 m,到 10 月份为 534.3 m,汛限水位逐步升高。后汛期汛限水位提高后,水库非汛期蓄水至正常蓄水位的机会将大大增加,这对充分发挥水库的灌溉、供水、发电等综合效益是非常有利的。

## 2 黄河洪水的分级调度

### 2.1 问题的提出

任何一个河流,都有一个最大的设计防御标准,流域内防洪工程体系的调度预案都是按照这一级的设计洪水编制的。无疑,当流域内发生该级设计洪水时,各个防洪控制工程的运用是合理的,损失基本上是最小的。像黄河下游防洪控制工程一般都是按照防御千年一遇洪水标准编制预案(曾有一段时期按防御万年一遇洪水标准)。也就是说,当黄河下游发生千年一遇洪水时,为保黄河下游大堤不决口,使洪灾损失最小化,专门制定了一套三门峡、小浪底、故县、陆浑四水库和东平湖、北金堤两滞洪区的调度预案。

由于水文气象预报水平有限,因此精确预报洪水过程并非易事。在整个洪水过程未知的情况下,为避免在中小洪水或大洪水的涨水阶段对水库操作不当,造成防洪工程无法控制或失事,对防洪工程体系的调度采取一套较为严格的洪水处理预案和调度规程是完全必要的。

根据制定的洪水处理预案进行防洪工程调度,对于防御标准洪水是合理的,但对于处理小于防御标准的洪水,效果都不太好。例如,2002 年编制的黄河下游防洪预案中,当黄河发生 1958 年型(200 年一遇)的洪水时,三门峡水库水位仅 315 m,小浪底水库水位不及 246 m,而东平湖老湖区和新湖区就有可能全部投入运用。显然,这种方案不太合理。

### 2.2 洪水分级调度的可能性

目前,随着气象卫星、雷达、遥感等先进技术在防洪中的应用,水文气象预报工作有了长足的发展。特别是黄河小花间暴雨洪水预警预报系统的建设,将把花园口水文站洪水警报预报预见期延长至 30 小时,且预报精度明显提高。同时,黄河中下游的大洪水一般都受台风等特殊天气系统的影响,具有较长的预见期。也就是说,在当前情况下,对于提前预报某一场洪水为某一量级或确定其不会超过某一量级已成为可能。因此,如果已经预报了该场洪水远远小于防御标准,也就没必要按照原定的防御标准洪水调度预案调度,可根据可能实际发生的洪水量级,适当留有余地,优化防洪工程调度方案。

### 2.3 分级洪水调度预案

为了合理调度黄河下游防洪工程,优化河道、水库和蓄滞洪区的运用方式,黄河防总办公室在制定 2002 年黄河下游各级洪水处理预案时,除根据各防洪工程当年运用条件编制了防御千年一遇洪水情况下的各级洪水处理预案,即常规调度预案外,还编制了防御 50 年一遇以下中常洪水的处理预案,即非常规调度预案。

从防御 50 年一遇以下非常规调度预案可以看出,在不改变三门峡水库运用方式的情况下,仅通过小浪底水库 265 m 以下的防洪库容进行调节,就可以使东平湖滞洪区的运用几率由常规方案的 30 年一遇提高到 50 年一遇,并可减轻黄河下游两岸大堤的防洪负担。

## 3 结 语

### 3.1 分期洪水调度

水库工程的防洪和兴利是互相矛盾的,一方面为了完成水库的防洪任务,确保下游的防洪安全,希望水库的防洪库容足够大,在汛期尽量降低汛限水位,留出足够的库容拦蓄洪水;另一方面,为了完成水库的灌溉、供水、发电等水资源综合利用任务,又希望水库的汛限水位尽量高,多蓄来水。洪水分期后,将整个汛期分为前期和后期,对于后期水量明显小于前期的洪水,可以对其进行分期调度,在后汛期可提高汛限水位适当蓄水。分期洪水调度是本着在保证防洪安全的前提下,尽可能利用洪水资源的原则提出的,可以使防洪和兴利的矛盾得到一定程度的缓解。

### 3.2 分级洪水调度

随着水文气象预报水平的提高,分级洪水调度可以按照预报的洪水量级分别制定防洪工程的运用方式和减灾减淤措施。它避免了使用防御某一稀遇大洪水的洪水调度方式处理一些中常洪水,实现了各级洪水调度的相对合理化。

### 3.3 注意事项

分期洪水调度是将汛期分成不同阶段,制定不同的汛限水位;分级洪水调度是将洪水分成不同级别,分别制定防洪工程的调度方式,这种调度将有利于防洪工程的兴利和减灾。但是,洪水分期和分级以后,势必大大增加调度和预报工作的难度。因此,在实际调度工作中,在预报精度难以把握的情况下,调度工作务必留有余地。

(本文原载于《人民黄河》2003 年第 5 期)

# 黄河下游滩区的开发利用与防洪安全问题

王渭泾

（河南黄河河务局，河南 郑州 450003）

**摘　要**：黄河下游滩区地势平坦、土质肥沃、气候温和，对其开发利用是经济社会发展的必然要求，但是滩区在防洪中具有行洪、滞洪和沉沙三个主要功能，在黄河发生较大洪水时，必须为全局利益做出牺牲，因此滩区开发利用与保证防洪安全之间必然存在矛盾。此外，滩区基础设施薄弱、经济改革滞后，制约了经济社会发展。当前，应以我国大力推进工业化、城镇化和农业现代化为契机，改变滩区的农业生产方式，变农户个体经营为规模经营，变传统的农业生产方式为现代农业生产方式，大幅度减少从事农业生产的人口，让多数滩区农民转向二三产业并向城镇转移，努力实现滩区开发利用和防洪安全的新突破。

**关键词**：滩区开发利用；防洪安全；黄河下游

## 1　黄河下游滩区土地开发利用是经济社会发展的必然要求

黄河有其特殊的河情，黄河下游有着与其他江河不同的滩区。黄河携带大量泥沙进入下游平原后，由于河面展宽、比降趋缓，因此挟沙能力下降，泥沙大量沉积，河床淤积抬高，形成了地上悬河。河床抬高后易向低洼处摆动，又造成了河道游荡多变的特点。为了适应黄河的上述特点，历史上对黄河的治理大多采取“宽河固堤”的策略，滩区一般相当宽广，两岸堤防间距可达数十千米，给泥沙沉积和河道摆动留下较大的空间，以期延长河道的使用年限。

当代的黄河下游滩区通常是指河南孟津至山东垦利河段（不含河口三角洲）主河槽以外至两岸大堤或洪水淹没线之间的区域（以下简称滩区），涉及豫鲁两省 15 个市 43 个县（区），总面积 3 154 $km^2$，其中耕地 25 万 $hm^2$，聚居着 1 928 个村庄 189.5 万人[1]。

滩区在防洪中具有行洪、滞洪和沉沙三个主要功能：①行洪。大水时滩区是排洪河道的一部分，和主槽一起将洪水排泄入海。②滞洪。黄河下游河道上宽下窄，排洪能力上大下小，艾山以下河道安全下泄流量为 10 000 $m^3/s$，而花园口设防流量为 22 000 m/s、历史上曾发生过 30 000 m/s 以上的洪水，超出艾山安全泄流量的洪水，须在艾山以上宽阔的河道（含滩区）中滞蓄，以保证艾山以下堤防的安全。在抗御历次大洪水中，滩区的有效滞蓄发挥了重大作用。③沉沙。黄河下游河道不断淤积抬高，是造成历史上灾害频繁的根本原因。宽阔的滩区可以扩大泥沙沉积范围，减缓河道淤积抬高的速度，从而延长河道的使用年限，这是黄河下游治理的重要策略之一[2]。

因为滩区在黄河防洪中承担着上述重要功能，所以历史上的治河者对滩区开发利用大多采取较为排斥的态度。早在 2 000 多 a 前就有人针对黄河滩区提出了“不与水争地”的主张，反对在滩区耕种土地，但是 2 000 多 a 来滩区土地的开发利用并未停止。我国人口众多，虽然国土辽阔，但山地比例较大，耕地面积特别是人均耕地面积十分有限，随着人口的增加和经济社会的发展，人多地少的矛盾已经到了十分突出的地步。根据 2009 年有关部门公布的数字，我国人均耕地面积为 0.08 $hm^2$，仅为澳大利亚的 1/27、加拿大的 1/17、俄罗斯的 1/11、美国的 1/7、巴西的 1/4、印度的 61%（见图 1）。中国以占世界 7% 的耕地养活着世界上 22% 的人口，如果发生粮食危机，不能指望哪个国家养活中国人，作为有 13 亿人口的大国，必须把饭碗牢牢地端在自己手里。近年来，为了增加粮食产量以达到基本自给，不得不大量使用化肥，在这世界 7% 的耕地上消耗了世界化肥产量的 1/3，不但增加了种植成本，而且留下重大的环境隐患。黄河下游滩区有 25 万 $hm^2$ 可耕土地，地势平坦，土质肥沃，气候温和并有一定的环境优势，在中国耕地资源如此匮乏的情况下，不开发利用滩区是不合理的，也是不可能的。黄河水利委员会提出要把治河与惠民、富民、安民结合起来，支持滩区的经济发展，这无疑是符合经济社会发展需求的正确方针。

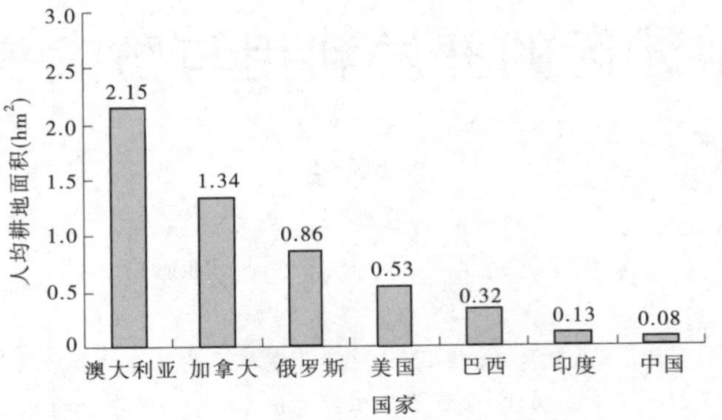


**图1　中国与部分国家人均耕地面积比较**

滩区虽然承担着一定的防洪功能,但仍然具备开发利用的空间。据统计,1949—2003 年 55 a 间,滩区虽有 31 a 发生洪水漫滩,但大多数淹没面积不大,淹没耕地超过 1/3 的年份只有 1957 年、1958 年、1976 年、1982 年、1996 年这 5 a,即使在漫滩年份麦季也能保证收成。小浪底水库运用以后洪水漫滩几率进一步减小,使滩区获得更大的利用空间。事实上滩区的耕种和利用一直都未停止过,摆在我们面前的任务是如何使滩区的开发利用更自觉、更高效、更安全。

## 2　滩区开发利用存在的主要问题

### 2.1　防洪安全问题

滩区开发利用的防洪安全问题包含两个方面:一是滩区的行洪、滞洪、沉沙等防洪功能受到削弱或破坏而造成的防洪安全问题;二是洪水漫滩时,滩区群众的安全保障问题。

影响滩区防洪功能的主要原因依然是泥沙淤积。随着河道的淤积,滩区的各项防洪功能都将自行衰减。河道淤积状况主要受来水来沙和河流边界条件的影响,近年来黄河下游的来水来沙和河道边界情况发生了显著变化,主要表现是:来水来沙总量减少和水沙过程改变,非汛期来水比例增加、含沙量降低,汛期来水比例减少、含沙量增大,高含沙洪水出现机遇增多。水沙情势的改变并不能改善河道的淤积状况,根据实测资料计算,1986—1999 年的 14 a 间年均径流量 276.4 亿 $m^3$、年均输沙量 6.84 亿 t,分别比 1950—1999 年平均值少 32.3% 和 35.7%,然而年均淤积量却达到 2.23 亿 t,高于 1950—1999 年年均 1.86 亿 t 的淤积水平[2]。

对于未来水沙变化的预期,有关专家尚有不同认识,但有两点是可以肯定的。一是黄河下游地上悬河的形势不会改变,黄河堤防将是黄淮海平原永久的防洪屏障。目前,兰考东坝头以上的河道是在明清时期形成的,距今已有五六百年,东坝头以下河道是 1855 年改道以后形成的,也有近 160 a 的历史。当前的地上悬河是经过数百年的淤积形成的,即使以年均淤积 2 亿 t 泥沙计算,河道内也淤积了近千亿吨泥沙。像小浪底这样的大型防洪减淤水库其最大冲刷效果不过几十亿吨而已,相对于已有的淤积量是微不足道的,更何况黄河上可建此类工程的坝址已经屈指可数,因此下游的地上悬河是不可能改变的。二是黄河下游河道淤积抬高的总体趋势不会改变,滩区还须长期担负行洪、滞洪、沉沙等防洪功能。尽管黄河下游来水来沙有减少趋势,即便来沙量减到 3 亿 ~5 亿 t/a,黄河依然是一个多泥沙河流,只要泥沙进入下游,就必然淤积在河道或河口地区,河道淤积抬高的总体趋势是不会改变的。受泥沙运动规律的影响,黄河下游河道有形成“槽高滩低”的自身演变趋势,在自然条件下由于主槽可以自由摆动,因此这种趋势不会持续发展,淤高到一定程度,主槽就会摆动或出现支汊、串沟,使低洼的滩地淤积抬高。河槽的频繁摆动,使两堤之间的河道得以均衡抬升,但是随着河道整治工程的日臻完善和生产堤的修筑,主槽摆动受到限制,主槽淤积持续发展,就会出现二级悬河的不利局面,加重洪水对滩区和堤防的威胁。另外,近年来小水持续时间加长,一些河段出现畸形河势,也对堤防安全造成不利影响。

随着经济社会的发展,河道内建设项目与日俱增,密集的跨河、穿河建筑对河道排洪与河势稳定都会造成不同程度的影响;有的地方在滩区违规开发工业项目甚至形成产业集聚区,对滩区行洪和生态环境都会造成不良的后果;随着人口的增加和生活水平的提高,滩区的房屋数量也有较大增加,这些房屋的建设大多没有统一规划、分散零乱、无序建设,有的选址不当,不但有碍行洪,而且自身安全也没有保障。

滩区的洪水灾害不可避免,这是滩区的位置和功能决定的。我们的任务是采取有效的防范措施,在开发利用滩区的同时,确保群众的生命安全并尽量减少财产损失。20 世纪后期,主槽淤积萎缩、二级悬河发展,使滩区的安全环境恶化,为了保障滩区群众的生命安全,1974 年以后黄河滩区开展了安全建设,累计修筑村台、避水台 8 425.1 万 $m^2$,外迁村庄 176 个 9.35 万人,修建撤退道路 1 304.4 km[1],这些措施在保障滩区人民生命财产安全方面发挥了重要作用。但是,由于国家投资较少,群众负担能力有限,滩区安全建设还不能满足防洪需要。其一,安全建设投资少,进度缓慢。滩区安全建设开展 30 多 a,避水台完成土方仅为实际需要的 35% 左右,东坝头以上大部分村庄没有避水设施,道路也不能满足临时撤退的需要。其二,避水工程缺乏长远规划,标准低,孤立分散,未考虑淤积影响,新工程尚未实施,有的老工程已经因滩区淤积而不能满足防洪要求。目前的安全建设标准为花园口站流量为 12 370 $m^3/s$ 时当年当地的相应水位加超高 1 m,相当于 20 a 一遇的防洪标准。如果出现超出上述标准的特大洪水,避水台是否仍有安全保证?如果出现安全问题,是否还要进行二次迁安?事实上一旦出现问题,数以千计的孤立土台,数以万计的避洪人口,实行二次迁安是极其困难的。因此,保障滩区人民的生命安全仍然是一项重大而艰巨的任务。

### 2.2　滩区自身发展问题

滩区一方面处于黄河的行洪河道以内,经常面临洪水威胁,经济社会发展受到严重制约;另一方面,经济改革滞后成为经济社会发展的体制机制障碍。

滩区承担着重要的防洪功能,黄河发生较大洪水时,必须为全局利益做出牺牲。为了解决滩区受淹后群众的生活问题,国务院国发〔1974〕27 号文件要求“废除生产堤,修筑避水台,实行‘一水一麦’,一季留足全年口粮”。这一政策在全国不少地区尚未解决温饱问题的计划经济时期,对于保障滩区群众的基本生活、协调各方面的利益关系曾经发挥了积极的作用,但随着经济社会的发展特别是改革开放 30 多 a 来所发生的翻天覆地的变化,这一政策早已不符合滩区的实际情况和经济发展的需要。党的十八大确定到 2020 年在我国全面建成小康社会的宏伟目标,因此有关滩区发展的政策也应做出相应的调整。

面对频繁的洪水淹没和泥沙淤积,无论是政府还是群众都难以下决心进行基础设施建设,加上产业结构没有得到及时调整,农业(主要是粮食)生产几乎成了滩区的唯一产业,且大部分农田没有灌排设施,处于靠天收的状态。一旦发生洪水漫滩,不但秋季收成无望,而且一些排水困难的滩地种麦也没有保障。水利、交通、能源、教育、卫生等基础设施的严重滞后,不仅影响了农业生产,而且成了发展二三产业的桎梏。同时,滩区的经济体制改革滞后、市场发育不成熟,使滩区与周边地区的差距越来越大,已经成为豫鲁两省乃至全国最贫困的地区之一。这一问题主要体现在 3 个方面:①市场体系不完善,农业产业化过程中所需的信息、技术、资金、物资、供销等社会服务体系明显滞后,群众在生产、销售、投资决策等方面还存在很大的盲目性,导致农业生产经营处于不稳定状态。②农村土地流转机制不灵活,使土地难以在较大范围内流转与合理配置,妨碍了土地的适度规模经营和农业增长方式的转变[3]。③滩区是为了防洪需要而做出牺牲的特殊地区,但国家在政策上缺乏应有的支持,成为各项基础设施建设投资的盲区,导致滩区基础设施严重不足、生产潜力下降,文化教育、医疗卫生、社会保障等公益福利事业也严重滞后。

## 3　以城镇化和农业现代化为契机,努力实现滩区安全与发展的新突破

妥善解决和处理土地开发利用与保障防洪安全之间的矛盾是滩区发展的关键。滩区开发利用与防洪的矛盾由来已久,早在 2 000 多 a 前的西汉时期就成为防洪的焦点问题之一。《史记》记载:“今堤防狭者去水数百步,远者数里。……民居金堤东(即滩区内,作者注),内为庐舍,往十余岁更起堤,……东郡白马故大堤亦复数重,民皆居其间。从黎阳北尽魏界,故大堤去河远者数十里,内亦数重,此皆前世所

排也”“从堤上北望，河高出民屋。”从这些记载看出，当时有的老百姓居于两堤之间，为开垦和保护耕地在滩区修筑重重民堤，以致阻碍行洪、加速河道淤积，和今天黄河滩区的情况如出一辙。当时就有人质疑“以大汉方制万里，岂其与水争咫尺之地哉?”并进而提出“不与水争地”的主张，得到了后世许多治河者的认同。2000 多 a 过去了，这一矛盾始终没有得到妥善解决。究其原因主要是小农经济的生产方式造成的，小农经济以一家一户为单元，以土地为主要劳动对象，春种、夏长、秋收、冬藏，一年四季都在土地上劳作，为了耕作方便居住地不能离得太远，星罗棋布的村庄成为老百姓居住的主要特点，这种居住方式既成为滩区的行洪障碍，自身的安全也没有保障。历史上也曾试图改变这种状态，但都没有达到预期的目的。1996 年黄河发生了一次较大洪水，滩区大面积漫溢。为了保障群众的居住安全，山东省补助部分资金，将滩区的 9 万居民迁到滩外，其中有的村庄搬迁后距耕地太远(如鄄城县小屯村等)加之安置工作不到位，群众生产生活十分不便，此后大量居民返迁滩内，有的虽未返迁，但谈及外迁后遇到的种种困难，大多叫苦不迭。由此可见，不改变农村现有的生产方式，不让大多数农民脱离土地，外迁滩区群众就难以收到理想的效果。

抓住当前我国大力推进工业化、城镇化和农业现代化的有利时机，改变滩区的农业生产方式，变农户个体经营为规模经营，变传统的农业生产方式为现代农业生产方式，大幅度减少从事农业生产的人口，让多数滩区农民转向二三产业并向城镇转移，滩区的安全和发展将会迎来全新的局面。为此，提出以下设想。

(1)深化改革，消除制约滩区发展的体制、机制性障碍，实现土地所有权与经营权的分离，促进土地经营权的自由流转和适度集中[4]。目前滩区已有一部分农户的土地交由农业企业、种粮大户或农业合作社承包经营，每年给农户一定的报酬。有的承包企业发挥规模优势，实行机械化耕作或发展高效农业，取得了较好的经济效益。这种生产方式既有利于防洪，也有利于滩区的经济发展，是滩区土地开发利用的方向。

(2)发展二三产业，转移滩区富余劳动力。和全国大多数农村一样，滩区有大批富余劳动力，在加快土地流转、实行规模经营以后富余劳动力将进一步增加。滩区所在市(县)应积极承接沿海地区的产业转移，大力发展二三产业，使滩区的农业劳动力向非农产业转移，先在城镇就业，而后到城镇定居，以加快农村工业化、城镇化的进程。

(3)制定优惠政策，尽可能将滩区居民迁至滩外。新中国成立以来，黄河下游防洪一直实行宽河固堤的策略，牺牲局部保全大局，滩区群众为广大地区的防洪安全做出了贡献和牺牲。在全面建设小康社会的今天，国家应当善待黄河滩区群众，让他们和全国人民一道同步进行小康社会建设。近期河南省委省政府结合工业化、城镇化和农业现代化建设，计划依托城镇、社区将滩区的大部分群众迁至滩外安置，从根本上消除洪水对滩区居民的威胁，并为滩区土地的高效开发利用创造条件，这是一项利国利民的重大举措。但是，滩区居民数量巨大，长期以来又处于严重贫困的状态，群众自身的负担能力十分有限，依靠河南省的财力难以完成如此巨大的搬迁任务，因此国家应在政策和资金上给予支持。

(4)继续开展滩区安全建设，确保不能外迁居民的防洪安全。河南省拟将低滩区、落河村、跨堤村的 82 万居民迁至滩外，但仍有 40 多万居民留在滩区，应根据具体情况采取防洪安全措施。有的地方可修建避水台、避水楼；有的区域人口稠密，滞蓄洪水的作用又不大，可设为安全区、修建防护堤。滩区安全建设和滩区补偿政策相配合，可有效防范滩区的洪水风险。

对留在滩区的居民，应以市(县)为单位做出村镇建设规划，以利保持滩区的防洪功能，保障村镇自身的防洪安全。所有非防洪工程建设项目都应进行防洪影响评价，对防洪造成影响的，应采取防范与补救措施。

(5)改善滩区基础设施，优化滩区产业结构。滩区的基础设施建设严重滞后，制约了滩区的开发利用和经济发展。国家应加大投资力度，加快滩区基础设施建设，为滩区的开发利用创造必要的条件。滩区所在的河南、山东两省都是国家重要的粮食生产基地，对保障国家的粮食安全具有重要意义，要充分发挥黄河滩区特殊的环境和区位优势，以市场为导向，以科技为支撑，以土地后备资源开发和生态农业建设为重点，调整、优化农业生产结构，大力发展畜牧业、绿色奶业、特色农业及无公害农产品，不断提高农产品质量、附加值和市场竞争力。

(6)加强职业培训,提高农民素质。加大农村人力资本的投资与开发力度,发展农村教育,提高农民的科学文化素质,为滩区的经济社会发展和农业劳动力的转移创造条件,以适应农业现代化发展的需要。

## 参考文献


[1] 水利部黄河水利委员会. 黄河流域综合规划(2012—2030 年)[M]. 郑州:黄河水利出版社,2013.

[2] 王渭泾. 黄河下游治理探讨[M]. 郑州:黄河水利出版社,2011.

[3] 曹潇滢. 农业现代化研究综述[EB/OL]. [2014-07-10]. http://wenku.baidu.com/view/3f4848ecf8c75fbfc77db253.html.

[4] 国务院. 全国现代农业发展规划(2011—2015 年)[EB/OL]. [2014-07-10]. http://wenku.baidu.com/view/72ec6583bceb19e8b8f6ba45.html.


(本文原载于《人民黄河》2014 年第 9 期)

# 第 4 篇　河床演变与河道整治

# 关于黄河下游河床演变问题

谢鉴衡

（武汉水利学院讲师）

## 一、引　言

在设计三门峡水库时，很自然地会发生下面一系列问题：由于三门峡水库所引起的水力、泥沙因素的改变，将促使黄河下游河床演变过程发生何种变化？这些变化将引起何种后果？如何进行控制？提出这些问题不是偶然的。以永定河为例，官厅水库修成后，下游防洪问题并没有全部解决。由于河床发生剧烈的平面变化，某些平工变成了险工，以致有时流量很小，也不得不抢险。1956 年汛期甚至发生决口。永定河的成例不能不引起我们对黄河下游的警惕，使我们迫切希望对水库修成后黄河下游的河床演变过程有所预见。但这还仅仅是就防患而言。就兴利而言，这种预见尤为必要。不能设想，在人民治黄的今天，我们不充分发展黄河下游的航运、灌溉，不充分利用黄河下游的滩地。但所有这一切，都与预测并控制黄河下游的河床演变过程密切相关。问题就是这样提出的。

黄委会为了开展对黄河下游河床演变过程的研究，曾在 1956 年 7 月组织了为期一月的查勘。查勘的目的，主要在于确定今后的研究计划。本文为笔者就个人参加查勘时所获得的一些感性认识以及对黄委会水文处、泥沙研究所在查勘时提供的一些资料进行初步分析，并参考查勘团对黄河下游河床演变研究工作的意见写成的。内容分为：黄河下游河床形成过程及其纵剖面变化；黄河下游河型及其平面变化；三门峡水库修成后黄河下游河床变化及整治问题等三部分。因为牵涉的问题很广很复杂，使用的资料又非常不够，本文中所提到的某些观点，以及由纯粹推理所得到的对某些现象的认识，只表示个人目前对问题的看法。这些观点和认识，在进行深入研究并获得较多的实际资料以后，无疑将有所修正，甚至完全扬弃。此外，还必须声明：文中所引用的个别数字，系根据查勘时听取汇报所作的笔记，未能全部核对，可能有失实之处。

## 二、黄河下游河床形成过程及其纵剖面变化

黄河中游流经黄土高原，坡峻流急，挟带大量泥沙。下游自孟津以下，进入宽广的冲积平原，河床比降变缓，流速降低，水流挟沙力减弱，大量泥沙随之下沉，造成下游严重的淤积现象。

如所周知，河床的冲刷和淤积，为河流加重或减轻负荷，调整比降，使水流挟沙力与来沙量相适应的一种方式。任何一个河段的严重淤积，在其他条件不变情况下，将减少上一河段的比降，而相应加大下一河段的比降。其结果使得运来的沙量减少，输走的沙量增多，本河段的淤积速度随之降低，淤积地区随之向上下游延伸。

黄河出谷后，大量泥沙开始淤积于谷口附近。以后随着淤积的继续进行，淤积地区也随之向上下游延伸。但因上游比降大，水流挟沙力未被全部利用，故向上游延伸甚慢，而向下游延伸则甚快。其结果使下游河床逐渐上升，河身逐渐加长。

堆积性河流河身的加长不是连续性的。无论洪水自由漫溢时也好，抑或有堤防约束时也好，泥沙的堆积，主要在河槽本身、滩岸及其附近地带上进行。因此，堆积结果必然形成地上河，而地上河是不可能稳定的。一旦遭遇较大洪水，或因河流的横向移动，使在自然情况下约束河流的滩唇，抑或在人工控制下约束河流的堤防受到破坏，河流就要改道。改道以后，上面所描述的情况又将周而复始，其结果将在下游形成广大的冲积平原。几千年来黄河的历史就是如此。其他堆积性河流，如永定河，苏联的阿姆达里亚河，切涅克河，库拉河，意大利的婆河等也是如此，差别只是变化的速度与尺度有所不同而已。黄河

由于挟沙最多，下游河床上升最烈，改道也最频繁。

促使堆积性河流不断上升的原因，前面所提到的水流挟沙多与纵剖面比降变化剧烈具有决定性的作用。除此以外，下游洪峰在传播过程中的削减也有一定程度的影响。由于河槽的蓄洪作用，洪峰的削减在黄河上是非常显著的。因为水流挟沙力与流速的近三次方成正比，尽管洪水总量不变，就总输沙能力而言，高而短的洪峰远较低而长的洪峰为大。因此，洪峰的沿程削减，必然造成泥沙的沿程淤积。

促使堆积性河流上升的原因如不根除，上升是无法终止的。

在自然条件下，堆积性河流上升的原因是很难依靠本身的堆积作用来消除的。在谷口附近因河床上升而增加的标高和比降，在多年情况下将为因河口延伸而要求的标高和比降所对消。关于这一点，我们还将在下面讨论。此地仅须指出：河床的上升并不能增加河流比降，因而也不能增加水流挟沙力，使淤积不继续前行。

潘季驯、费礼门、方修斯等所谓“束水攻沙”的办法，同样也不能根除堆积性河流上升的原因。根据输沙平衡原理，要使一个河段不发生淤积，必须出口断面的水流挟沙力等于或大于进口断面的水流挟沙力才有可能。由于黄河下游的比降远小于黄河出谷以前的比降，简单的关于水流挟沙的计算，将会指出：要使黄河下游例如秦厂以上不发生淤积，必须将秦厂以上的堤距束狭到三、四百公尺左右，秦厂以下因比降愈缓，要求的堤距也应愈狭。很显然，将黄河下游河道束狭到这种地步，在工程造价上是不经济的，在工程技术上是困难的。而且，即令能束狭到这种地步，由于河口的加速延伸招致下游河道比降的变缓，淤积仍不可免。如果不如此束狭，例如仅部分束狭洪水河槽，则因滩面流量甚小，束狭河槽，提高水位而增加的水流挟沙力甚为有限，但损失的落淤面积则极大，其结果将招致淤积的加速进行。近数年来黄委会所采取的宽河固堤方针，应该承认不仅在降低洪水位方面是正确的，在减少河床上升速度方面也是正确的。

要遏制黄河下游河床使不上升，除兴建拦沙水库并在集流区大量开展水土保持工作外别无他法。

上面简略地说明了黄河下游河床上升的一般过程及上升的原因，现在试再进一步分析在自然条件下河流纵剖面变化的情况。

首先，试分析纵剖面各年平均变化情况。利用实际资料研究这一问题可能采用的方法有下面几种：一、比较某一测站的历年横断面；二、比较某一测站的历年最低水位或某一固定流量的水位；三、比较某一测站的流量水位关系曲线；四、比较上下两测站的历年输沙量。但是所有这些方法在黄河下游都很难应用。原因在于水文资料年限太短，再加上河床变化剧烈甚难进行比较。基于此种原因，同时也因为手边缺乏相应资料，我们不曾对这一问题进行详细探讨，下面只想从输沙平衡理论出发，对河流纵剖面多年平均变化情况作一些推论。

根据本节开始时关于淤积问题的讨论，可以认为任何一段的严重淤积，在其他条件不变的情况下，将产生阻滞这一淤积继续进行的作用。因此，对于已经形成的河身颇长的堆积性河流而言在多年平均情况下，如无其他因素，例如地壳变动等的影响，则除河口及谷口附近河段外，其他各个河段的上升速度应接近相等。如图(一)所示，原河床经过第一、第二、第三淤积阶段后，达到与原河床接近平行的新河床位置，全部上升同一高度 $\Delta Z$。谷口附近因河床上升所增加的标高与可能增加的比降为河口延伸所要求的标高及比降所抵消。当然，图中所示的淤积过程，只是为了比较突出的描述这一现象，事实上，在河身颇长的堆积性河流中，淤积现象，当然不会如此显著地长期集中于局部地段。也就是说，使得河床最后达到平行上升的几个不同淤积阶段，并不是像图中那样划分得非常鲜明。

根据上面的推论可以设想黄河下游孙口以上在多年平均情况下河床上升的速度应接近相等。孙口以下，因河身束狭颇甚，问题比较更复杂些，但从比降调整的视点着眼，多年上升速度亦应接近相等。

必须强调指出，所谓河床上升速度相等，仅指多年平均情况而言。至于个别年内，则因洪峰形式与来沙量的不同，漫滩情况的不一致，各河段的淤积速度可能相差很大。

为了大致了解个别年内各河段的淤积情形，我们分析了从 1951 到 1953 年黄河下游各站的输沙情况（见表一）。

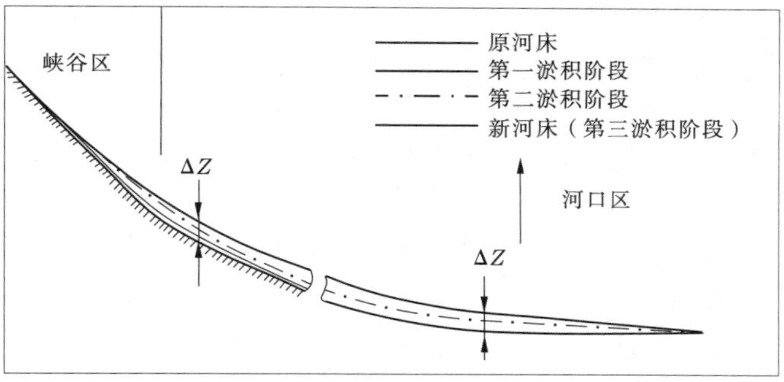


**图(一)堆积性河流纵剖面多年变化过程示意图**

**表一**

| 站名 | 1951年输沙量(亿公吨) 洪水期7、8、9、10四月 | 1951 枯水期其余各月 | 1951 总量 | 1952年输沙量(亿公吨) 洪水期7、8、9、10四月 | 1952 枯水期其余各月 | 1952 总量 | 1953年输沙量(亿公吨) 洪水期7、8、9、10四月 | 1953 枯水期其余各月 | 1953 总量 | 各站输沙量及河道段淤积量占孟津站输沙量(包括支流)的百分数 1951 | 1951 | 1952 | 1952 | 1953 | 1953 |
|---|---|---|---|---|---|---|---|---|---|---|---|---|---|---|---|
| 孟津 | 8.995 | 1.685 | 10.64 (10.767) | 6.393 | 2.338 | 8.73 (8.844) | 15.546 | 2.234 | 17.78 (18.33) | 1 | | 1 | | 1 | |
| 秦厂 | 7.814 | 1.576 | 9.39 | 5.732 | 2.418 | 8.15 | 12.678 | 1.892 | 14.57 | 0.872 | 0.128 | 0.921 | 0.079 | 0.794 | 0.206 |
| 高村 | 7.183 | 2.127 | 9.31 | 4.898 | 2.142 | 7.04 | 10.560 | 1.940 | 12.50 | 0.865 | 0.007 | 0.797 | 0.125 | 0.681 | 0.113 |
| 艾山 | 6.796 | 1.864 | 8.66 | 5.955 | 2.005 | 7.96 | 10.655 | 1.755 | 12.41 | 0.805 | 0.060 | 0.900 | 0.104 | 0.676 | 0.005 |
| 洛口 | 6.626 | 1.524 | 8.15 | 5.053 | 1.977 | 6.93 | 10.253 | 1.587 | 11.84 | 0.757 | 0.048 | 0.784 | 0.116 | 0.646 | 0.030 |
| 利津 | 8.682 | 1.828 | 10.51 | 6.820 | 1.870 | 8.69 | 10.449 | 1.291 | 11.74 | 0.977 | 0.220 | 0.983 | 0.199 | 0.641 | 0.005 |

**备注**:孟津站括号中的数字为加上支流沁河、伊洛河的总输沙量。

分析表一可以看出:一、无论洪水期抑或枯水期,下游各站的输沙量一般都是沿程递减,唯利津站例外。二、比较孟津、秦厂、高村、艾山、洛口各站年输沙量占孟津站年输沙量的百分数,发现每年各站之间的相对淤积量并不一致。1951年孟津秦厂间淤积最多,高村至艾山次之,艾山至洛口又次之,秦厂至高村则淤积甚微。1952年则反是,秦厂至高村淤积最多,艾山至洛口次之,孟津至秦厂又次之,高村至艾山间反发生冲刷。1953年又相反,孟津至秦厂淤积最多,秦厂至高村次之,艾山至洛口又次之,高村至艾山最少。总起来说:淤积量的多少似有一种相互交替的不平衡现象。一年或连续数年淤得多,下一年就会淤得少;反之,一年或连续数年淤得少或甚至发生冲刷,下一年就淤得多。虽然由于资料少,很难认为这一现象是具有规律性的,但是,从理论上讲,此种淤积不平衡的现象,是可以利用河流对比降的调整来解释的。至于个别河段个别年份内发生冲刷的现象,也可能用上一段本年淤积过多(例如大量漫滩),以至下泄之水含沙量较小的缘故来解释。洛口至利津间,因发生冲刷现象的年份较多(1935年、1950年、1951年、1952年),是否可如此解释,尚难肯定。此地必须特别指出:从输沙平衡观点着眼,洛口利津间的冲刷现象是颇难理解的。根据黄委会资料,洛口至利津间由1950至1953三年内应冲走泥沙6.656亿公吨,设泥沙幺重为每公方1.5公吨,则全部冲刷物体积为4.44亿公方,因冲刷一般应集中在河槽内进行,设洛口至利津长达165.5公里河段的平均河槽宽度为450公尺,则冲刷面积为165 530 ×450 = 0.745亿方公尺,因此三年内洛口至利津间河槽应冲深4.44/0.745≈5.95公尺,这一数值显然是不正确的。问题症结何在,尚有待研究。

考虑了上面谈到的淤积不平衡现象,就可以根据实际资料利用输沙平衡原理来确定多年平均河床上升速度。为此,必须拥有连续若干年的输沙量资料,使各河段从相对大淤积量到相对小淤积量包括了一个或数个周期,这样就有可能求出各段的多年平均相对淤积百分数来。将这一百分数乘以多年平均固体径流量,再除以河床淤积面积(包括滩地在内),就可求得各段河床的多年平均上升速度。

因为现有年输沙量资料太少，上述方法显然不适用。但为了得到一些概念，试暂用这一方法计算秦厂至高村间的多年平均河床上升速度。设孟津多年平均固体径流量为 $920 \times 10^6$ m$^3$，秦厂至高村河长188.5 公里，设淤积宽度（老滩除外）平均为 5 000 公尺，则落淤面积应为 $943 \times 10^6$ m$^2$，暂取秦厂至高村间的多年相对淤积（对孟津年输沙量而言）为 8.2%（等于表一中该数量三年的平均数），则可求出平均河床上升速度为每年 0.08 公尺。如果认为 8.2% 可能偏低，而直接利用 1953 年的实测相应数值 11.3%，则可求得河床平均上升速度为每年 0.11 公尺。应该指出，计算中所引用的是 1951 年以后的资料，解放以前因连年决口，大量泥沙淤积于大堤以外，河床多年平均上升速度还应较低，就东坝头以上的河床情况看来，上面的计算结果还是比较接近实际的。铜瓦厢决口前，老滩高出背堤地面恐不过 10 公尺左右，因此决口以后，东坝头以上的河床只可能刷深 10 公尺左右。如果每年河床上升高度超过 0.1 公尺，则百年来老滩应已漫水。但事实上，目前流量高达 20 000 秒公方时还不漫水，可见以往每年河床上升高度不可能超过 0.1 公尺。

其余各段的多年河床平均上升速度，因各项资料缺乏不曾予以计算。但根据前面河床纵剖面平行上升的推论，可认为应与上述数值约略相等（洛口至利津段须单独考虑）。

前黄河规划委员会曾比较下游各站 1951 与 1954 年每年 12 月份平均河底高程，求得历年各站平均冲淤厚度为：孟津 0.23 公尺，秦厂 0.20 公尺，高村 0.48 公尺，艾山 0.16 公尺，洛口 0.05 公尺，利津 0.09 公尺。艾山以上的年淤积高度较前面所求得的数值为大，艾山以下发现冲刷。应该承认，在个别年内河床上升速度偏离上述数值是完全可能的，但一般地说，利用少数年的河底平均高程来确定冲淤厚度是非常不可靠的。关于这一点，前黄河规划委员会的报告中也已经指出。原因首先是因为河宽的变化，使得相应于不同河宽的平均河底高程，很难表示河底实际高程。其次，水下沙丘的运行以及其他局部河床的变化，也将影响河底平均高程的变化。此外，由于资料年数太少，枯水河床的平均高程还不能反映包括河滩在内的洪水河床变化情况。因此，尽管实测年输量可能误差很大，但根据输沙平衡算得的河床上升速度，似应具有较高的代表性。

河床多年平均上升速度在设计堤顶高程线时是必须考虑的。

下面试再分析一年内的河床冲淤变化情况。

前黄河规划委员会根据对各站断面冲淤的比较，认为洪水时槽冲滩淤，枯水时槽淤。其中洪水时滩淤，枯水时槽淤是毫无疑问的。无论根据输沙平衡原理抑或断面冲淤变化资料都足以充分证明。至于洪水时槽冲的现象是否就为一般性规律则还值得商榷。毫无疑问，个别受建筑物约束的断面，抑或泄洪量不足的断面是会受到冲刷的。但是否整个河段，都受到冲刷呢？在洪水漫滩以后，大量泥沙在滩上淤积，滩上清水转溢入河内，使河内含沙量处于不饱和状态因而冲刷河底也是有可能的。但如果洪水并未漫滩，是否整个河段都受到冲刷呢？提出上面问题的原因，在于洪水槽冲的结论在某些情况下与输沙平衡的原理相矛盾。因为资料不足，要想用输沙平衡原理检验复式断面滩淤槽冲现象颇为困难。为了说明问题，兹就 1953 年汛期艾山洛口段的冲淤变化作一简略分析。根据前黄河规划委员会资料，比较 7 月 6 日，12 月 12 日艾山断面固定水位下的河槽面积，冲大约 83 平方公尺。同样比较 6 月 12 日，11 月 30 日洛口断面河槽面积，冲大约 100 平方公尺。如果认为这两个断面槽冲现象就可以扩展到艾山至洛口全长 96.7 公里的河段内，即全部发生槽冲，则洪水期内这一段冲走的泥沙约为 $\frac{83+100}{2} \times 96\,700 \times 1.5 = 0.133$ 亿公吨。

但由表（一）可知 1953 年艾山至洛口段在洪水期内系淤沙 0.202 亿公吨，结果两相矛盾。解释这一矛盾只可能有两种情形：一、槽冲现象只限于个别断面，并非普遍都冲。二、槽冲现象是由于这一段河滩淤积过甚的结果。不论是哪一种情形，都说明在洪水不漫滩时，河槽是不会普遍冲深的。至于水文测站大都在洪水时观测到河槽冲深的现象，可能解释为这些测站大都布置在河岸比较固定、受建筑物约束的地方，而这些地方在洪水时是可能受到局部冲刷的。比较黄河下游测站断面图，将会发现往往一两天之内，河槽面积可冲大四、五百平方公尺。如果全河段都如此冲刷，则一两天之内仅仅由于冲刷河床而通过下游断面的泥沙量就将是一个很巨大的数值。举例而言，1954 年由 7 月 12 日至 7 月 14 日流量由

1 450增至6 110秒公方，秦厂断面河床冲刷面积约为 460 平方公尺，如果由秦厂至高村全部如此冲深，则两日内仅由河床冲深而通过高村站的输沙量即应为

$$188\ 500 \times 460 \times 1.4 = 1.30 \text{ 亿公吨}$$

而事实上七月一整个月通过高村的全部输沙量仅为 1.128 亿公吨，矛盾至为显然。

根据上面的讨论，我们可以认定：如果黄河上的输沙量观测工作不至发生绝大误差，则在洪水未漫滩前，河槽似不可能普遍冲深。

应该说明：在黄河下游，因为组成滩岸的泥沙粒径甚细，其中一部分为非河床质，水流挟带此种细泥沙的能力甚强，个别河段在洪峰期内即令洪水量并未漫滩，河槽并非完全没有普遍冲深的可能。但从输沙平衡观点来看，此种普遍冲深在一般情况下不可能如断面冲淤图中所显示的那样显著。

关于黄河在自然情况下的纵剖面变化，我们讨论了三个问题：河床的多年平均上升速度，上升的不平衡现象与洪水时的冲淤情况。这些现象的阐明，对于堆积性河流而言具有普遍的意义。在黄河下游，即使在三门峡水库修成以后，对于某些冲刷还未发展到的河段，淤积将继续进行，自然情况下河流纵剖面变化的研究还具有一定程度的意义。

## 三、黄河下游河型及其平面变化

黄河下游河道按其外形及变化趋势除河口外可分为三段。第一段由孟津至高村，第二段由高村至陶城埠，第三段由陶城埠至前左。

孟津至高村段堤距甚宽，一般都在 6 公里以上，花园口堤距宽达 9.5 公里，石头庄堤距宽达 15.4 公里。这一段的主要特点为河槽宽浅，沙滩众多且变化无定，是一种典型的游荡性河道。

河段内东坝头以上为 1855 年铜瓦厢决口前旧河道，东坝头以下为决口后新河道。尽管两段的河型基本上一致，但特点则不尽相同，东坝头以上，大堤之内有老滩存在，有些老滩当流量高达 20 000 秒公方时还不上水。东坝头以下则迥然不同，当流量超过 6 000 秒公方时，两岸滩地除某些滩唇外，几乎全部上水。形成这一差异的原因甚为显然。因为铜瓦厢的决口，必然会使东坝头以上的河道发生向上延展的刷深，因而出现老滩，而东坝头以下则形成类似河口三角洲的河道，在洪水时甚易漫溢。东坝头至高村河道保有某些河口三角洲的特性，可由这一段河身两侧斜向串沟特别多的现象得到说明。

游荡性河道外形的特点之一是沙滩众多。孟津至高村间因为沙滩众多，河道一般都被割裂成好几股，有时甚至难于分辨主流所在。这一点从花园口横断面图中（图二）看得非常清楚。图中河道被沙滩割裂成大小不同的河汊达六、七股之多，流量愈小割裂现象愈显著。

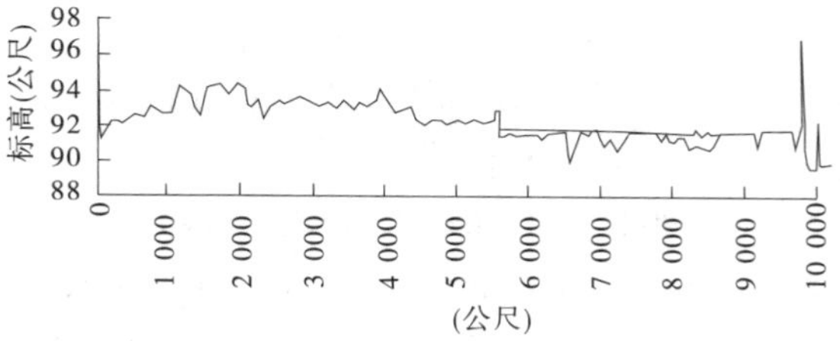


**图(二)　花园口黄河大断面图**

游荡性河道外形的另一特点是河身宽浅。将这一河段满槽流量时的宽度 $B$ 和深度 $H$ 代入一般平原河流宽深比公式中，即

$$\frac{\sqrt{B}}{H} = K$$

可得 $K$ 值约为 10 左右，为一般沙质河床平原河流 $K$ 值的两倍。

游荡性河道外形的特点之三为河身总趋向顺直，无显著弯道。黄河由秦厂至东坝头的河身弯曲率在十万分之一地图上仅为 1.075，颇为顺直。

下面试进一步分析孟津至高村间黄河河床演变的形式与速度。这一演变主要体现在水下地形的变化及滩岸的冲刷上。

关于黄河河床演变的形式与速度，一直到现在还不曾被详细地研究过。我们时常听到的只是一些有关黄河河床变化迅速的一般描述。例如某年某日某处水文站在洪水开始上涨时主流在南岸深数公尺，不到半天，主流会转靠北岸，而南岸则出现数百公尺宽的浅滩，使水尺失去作用；又如水文站在进行流量测量时，有时会跟着主流走，使所测流量误差高达一倍以上等等。这些现象可以帮助我们对黄河河床演变的迅速程度获得一些概念，但究竟迅速到何种程度？现象的本质如何？还不能令人了解。由于缺乏资料，不能对这一问题深入探讨。下面只作一些简单说明。

分析 1954 年 1 月初至 3 月底秦厂水文站断面 *Pc* 的变化资料（图三），可以发现左右两岸交替出现边滩的现象，这一现象似可了解为犬牙交错的边滩先后通过断面时所产生的结果。假定如此则枯水时直河段上的河床演变过程似与非弯曲性平原河流基本上一致，不同之处在于边滩运行速度较快而已。

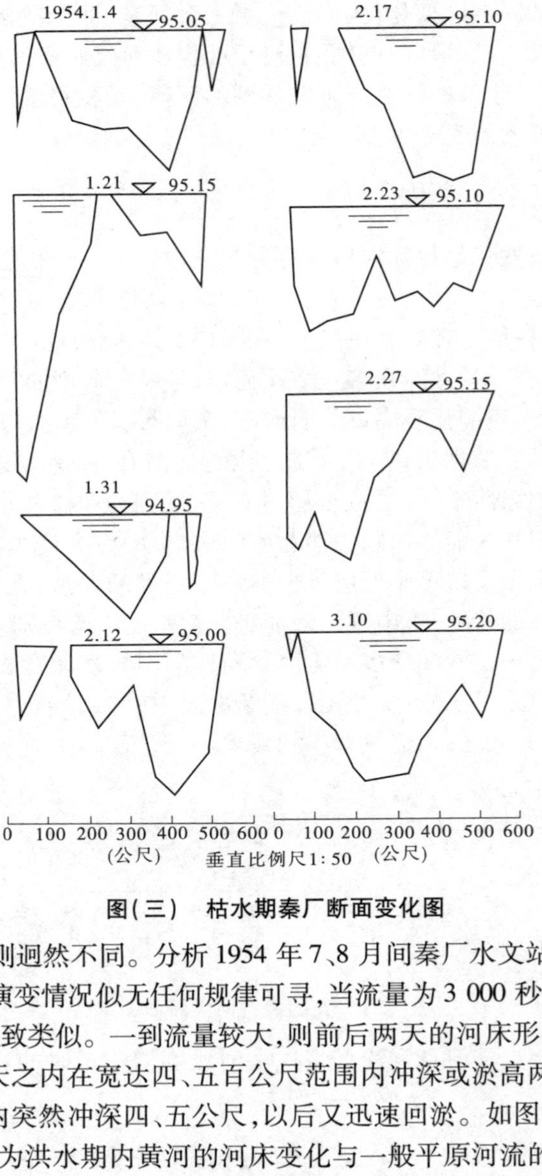


**图（三）　枯水期秦厂断面变化图**

洪水时的河床变化情况则迥然不同。分析 1954 年 7、8 月间秦厂水文站断面变化资料可以得到下面一些概念：一、洪水时的河床演变情况似无任何规律可寻，当流量为 3 000 秒公方以下时，前后两天的河床虽然变化很大，但形式上还大致类似。一到流量较大，则前后两天的河床形式往往完全不同，如图（四）。二、当流量变化甚大时一两天之内在宽达四、五百公尺范围内冲深或淤高两公尺的情况并不鲜见，如图。三、河槽往往在狭仄的区域内突然冲深四、五公尺，以后又迅速回淤。如图（五）。

根据上面的资料可以认为洪水期内黄河的河床变化与一般平原河流的河床变化有显著的不同。后者主要是通过沙丘运行的形式来体现，由急流而引起的突然冲刷或由缓流而引起的突然淤垫只占次要地位。在黄河上则情况似乎并非如此，因为一方面床沙组成甚细，另一方面含沙量往往处于过饱和状态，由于局部水力因素的改变，可能产生一些不以沙丘运动形式出现的突然冲刷与淤积。

洪水期河床变化迅速，还可从河势图得到一些概念。河势图中，当流量不大时，沙滩变化的踪迹，还可以追寻，当流量较大时，则前后两次河势图的沙滩位置与形状，往往相去甚远，如图（六）。

上面所谓河床变化迅速，仅指包括嫩滩在内的河槽本身而言。介于嫩滩与老滩之间的二滩，变化已

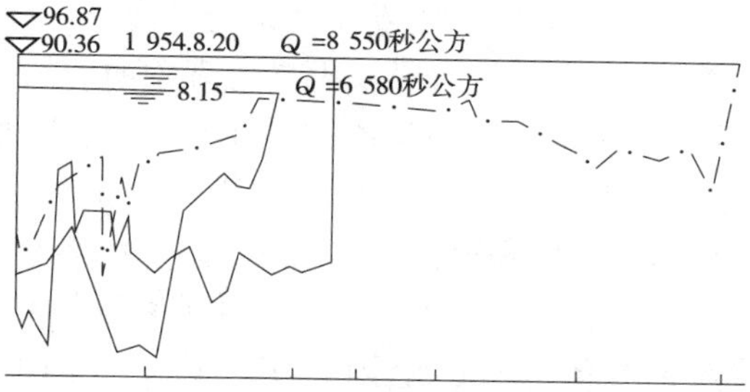


**图(四)　洪水期内秦厂断面变化图**

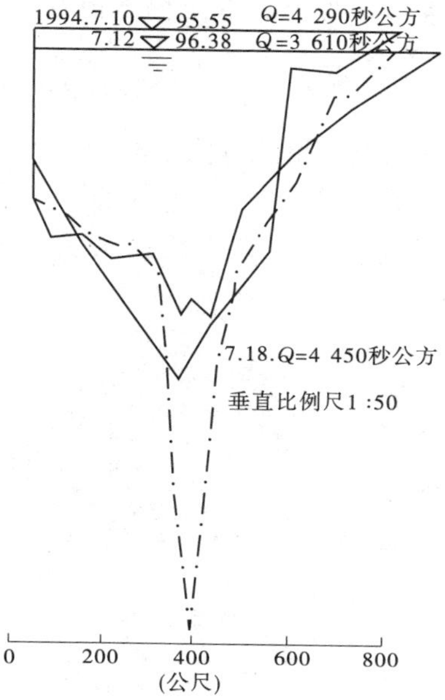


**图(五)　洪水期内秦厂断面变化图**

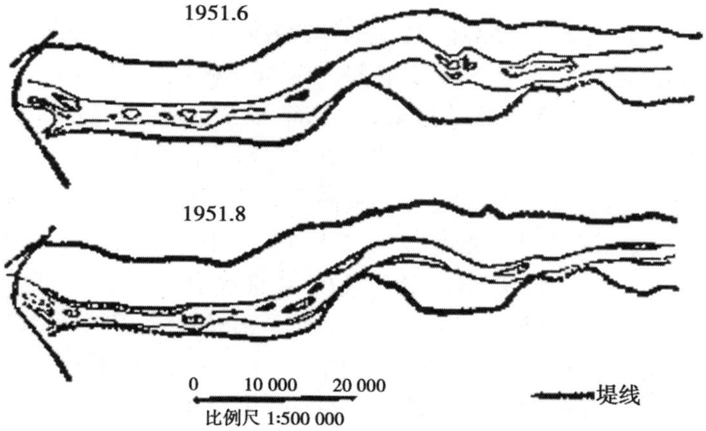


**图(六)　京汉桥下游黄河河势图**

较和缓，老滩则更和缓。京汉桥下北岸老滩遭受洪水顶冲，每年坍塌。据修防段人谈，从 1950 年到 1956 年也只坍掉一公里多。孙堤下三官庙至教门庄一带坍塌最烈处，四、五年内也只坍掉两公里左右。而且，老滩在冲刷一个阶段后，往往会产生撇湾出滩现象，冲刷随即停止。当然，上面所谓冲刷和缓，只是与嫩滩相对而言。一般地说，一年冲掉四、五百公尺，还是非常剧烈的。不过，尽管如此，黄河秦厂至东坝头段总的趋势还是变化不大。数十年来京汉桥下南岸由后刘至沈庄一带总是靠险，中牟至黑岗口一带总是不靠险就是一个例子。

黄河下游高村以上险工位置的变化，可能有下述几种原因；一、当水位远较嫩滩为高时，河床对流向的控制作用逐渐消失，水流取直，使顶冲位置下挫或险工完全脱险。二、顶冲位置下挫的原因，可能还与上游对岸沙滩的冲刷或下移有关。三、当上游对岸发生坐弯现象时，顶冲位置将随之上提。四、当水位涨过嫩滩时，因为汊道彼此水位的不同，水流可能沿嫩滩低洼处漫过或刷成一道深槽，使主流由一个汊道奔向另一个汊道，险工位置随之上提或下挫。五、险工位置的上提或下挫，还可能是一个汊道逐渐淤塞或另一个汊道逐渐发展的结果，至于汊道淤塞与发展的原因，可能与汊道口流量与含沙量的分配有关，也可能与上游沙滩迫近的情况有关见图（七）。总起来说现象是非常复杂的，但基本原因，还是由于流向的变化与沙滩的消长。特点为沙滩变化迅速，因而沙滩消长对流向影响的变化也迅速。其结果使得大堤靠岸处随时随地都有出险可能。

高村至陶城埠的河段具有弯曲性河道外形。堤距仍然很宽。例如苏泗庄宽达 8 390 公尺，梁山则宽达 11 770 公尺。河心沙滩甚少，河槽比较深仄。$\frac{\sqrt{B}}{H}$值约为 5、6 左右。在这一段内河身迂回于两堤之间，由高村至万家桥，在十万分之一地图上量得的弯曲率约为 1.32*，较一般弯曲河道为小，其原因在于这一段基本上没有葫芦状弯道出现。但尽管如此，弯道的曲率半径还是很小，除两三处类似直道的河段，曲率半径约在 5 公里以上，大于河宽七倍外，其余大多数为 1.5 公里左右，即在河宽三倍以下。因此，水流一般都极不平稳。

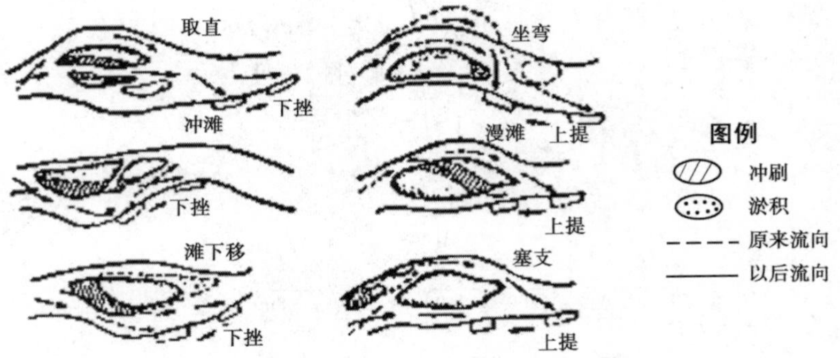


图（七）　游荡性河流大溜顶冲位置上提下挫示意图

在受到险工及天然胶泥嘴控制的情况下，弯道的摆幅并不太大。仅高村下面一小段因堤距较仄，河道由南岸高村险工直趋对岸习城集险工，然后又转趋南岸刘庄险工。一般情况下，河道由一岸险工挑出后，都不能直达对堤，往往拐一个弯后又回头过来，如苏阁、杨集、孙庄段，或者绕一小弯后再趋向对堤，如邢庙至苏阁段，孙庄至东影塘段。全段河道弯曲的外形是极不规则的。

因为没有水下地形图，不能就这一段的水下地形是否合乎弯曲河道的一般规律来进行讨论。但就少数弯道断面图看来，断面形式还合乎一般规律。说明尽管水下沙丘运行迅速，但弯道的离心力，还能产生足够强度的环流，维持凹岸深槽，使河底泥沙运行形式符合于一般弯道的规律。

这一段河道的发展，也基本上合乎一般弯道规律。这一点试比较 1955 年汛前汛后的河势图就可看出。图八为河势图中的一段。在这一年汛期中，习城集、辛寨、旧范县附近的河湾都变得更加弯曲，其发展速度远较一般弯道为快。很多地方凹岸掏刷宽度都达到五、六百公尺左右。这一点为黄河弯道的特点。据修防段人谈，一个汛期凹岸掏宽一、两千公尺，坍掉好几个村庄的现象是常有的。因为河湾没有成葫葫芦状的，故河流在自然发展下往往形成的裁弯现象，并不多见。1955 年汛期石奶奶庙附近的裁直，可能只是一种滩地切割现象，不能称为裁弯。这一段河湾不能形成葫芦状的原因，可能与险工及胶泥嘴的存在有关。

前面所提到的崩岸速度，仅限于个别地方。一般地说，这一段河道的变化还是比较小的。新的险工很少增加，只是由于险工位置的上提或下挫，往往不得不将险工予以延长。

高村以下险工位置上提下挫的情况与原因，与高村以上应有所不同。除前面提到的上游坐弯或刷

* 如比例尺较大，量得的弯曲率将较大。

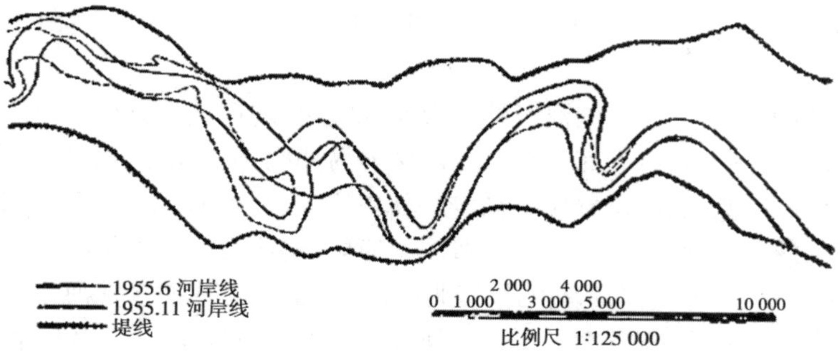


图(八)　黄河柳园口至伟那里段河势图

滩使得下游顶冲位置相应上提或下挫的原因继续存在外，流量变化对大溜顶冲位置的影响甚大。流量小时，流向为水下沙丘所控制，因此，曲率半径较小，顶冲位置上移。流量增大时，水下沙丘的控制作用逐渐减小，河岸平面形式的控制作用逐渐加大，因而曲率半径逐渐增大，顶冲位置下移。水流漫滩时，河岸平面形式的控制作用逐渐减小，两岸堤防的控制作用逐渐加大，因而曲率半径更增大，顶冲位置下移。如图九。上述各种原因，几乎都可以从 1955 年河势图上看到。例如刁城集、辛塞、旧范县河弯顶冲位置的下挫就可能系由于受流量变化的影响，而鱼骨寺顶冲位置的上提，则显然系上游坐弯所致。应该指出，上面所提到的只是主要原因，在实际情况下各种原因可能错综复杂相互影响。

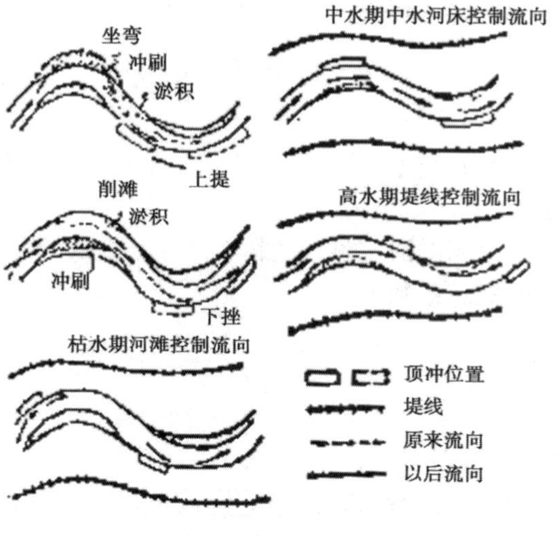


图(九)　弯曲性河道大溜顶冲位置上提下挫示意图

顶冲位置的上提与下挫，对于黄河的防汛抢险工作有极重要的意义。对于这一现象，黄河上的老河工已累积了很丰富的经验。如果能进一步结合分析各种不同情况下产生这一现象的原因，则比较有把握地预测这一现象的演变方向是完全有可能的。

由陶城埠至前左，河道紧束于两堤之间，堤距一般为一两公里左右，陶城埠为 998 公尺，洛口为 1 397公尺，但也有个别较宽达两公里以上，较仄仅 500 公尺左右的。河槽宽度一般为三四百公尺左右，河身比较深仄，$\frac{\sqrt{B}}{H}$值约在 2 至 3 之间。弯曲率也较小，在十万分之一地图上，万字桥至洛口段的弯曲率为 1.24，洛口至利津段为 1.20。

这一段又可分为两种类型。第一种是堤距几乎与河宽相等，两岸险工或丘陵将河道紧紧束住，河身几乎完全固定的河段，如位山至官庄段。第二种是河身蜿蜒于两堤之间的河段，如洛口至利津段，其基本情况应与高村至陶城埠段相似，不同之点在于堤距较仄，河道回旋时在大多数情况下都与两堤相接触。关于第一种河段，因河身较顺直，水下地形可以肯定是极不稳定的。随着直河段中犬牙交错状沙丘的运行，深泓线的变化一定非常迅速，两岸顶冲位置也会非常不稳定。关于第二种河段，因河道呈弯曲状，水下地形的变化，应较为缓和并具有弯曲性河道的规律性。

这一段的崩岸速度，远较陶城埠以上为慢。一般每年不过二、三十公尺左右，但个别情况下也有崩坍较烈的现象。

前面我们已经描述了黄河下游不同河段的外形及其变化，现在试再分析各河段形成的客观条件。

造成游荡性河道的条件主要有下面三个：一、河岸容易冲刷，使得河身宽浅，沙滩众多。二、比降大，泥沙细，使得沙滩变化极迅速，刷岸位置极不稳定。其中比降大，本身又为黄河含沙量大下游长期堆积所造成的后果。三、流量变化大，为某一流量所造成的河床，迅速为另一流量所破坏，因而水下地形极不规则。黄河孟津至高村段，因为全部具有上述三种条件。故必然形成游荡性河道。

形成弯曲性河道的条件主要有下面三个：一、河岸的可冲刷性较小。二、比降较小，上述两种条件联合起来，根据罗新斯基的论证，就使得河岸冲刷与边滩运行的相关速度，适宜于形成弯曲性河道。三、流量变化较小，使水下地形不会受到大的破坏。上述三种条件，高村以下的河道都多少具备了一些，二、三两条件的存在，用不着解释。至于第一个条件的存在可能用下游滩岸粘性土壤较多，因而抗冲力较强的情况来解释；此外，护岸建筑物的密集，也等于减小了河岸的可冲刷性，从而削弱了形成游荡性河道的可能。高村至陶城埠与陶城埠至前左的河道，基本上都可以看成弯曲性河道，不过后者因人工控制太严，未曾获得充分发展。

研究河型除应根据河流外形及其演变过程来进行分析外，还可借助于下面的一些数据。

河岸的可冲刷性可间接用阿尔图宁的横向稳定系数 $\rho$ 来表示，这一系数的含义，可看成河床的实际宽度 $B$ 与相应于造床流量 $Q$ 及比降 $I$ 的某种假想宽度 $B'$ 的比值。即

$$\rho = \frac{B}{\frac{Q^{0.5}}{I^{0.2}}} = -\frac{B}{B'}$$

很显然，河岸的可冲刷性愈大则 $B$ 值愈大，在一定水力因素条件下 $B'$ 不变，故 $\rho$ 值亦应愈大。因此可用来间接表示河岸的可冲刷性。

河底沙滩运行的速度决定于河床的隐定性。比降愈大，泥沙粒径愈细，则河床愈不稳定。因此，表征沙滩运行速度可借用洛赫庆的稳定系数 $f$。

$$f = \frac{d}{H}$$

式中　$d$——河床质粒径以公厘计；

　　　$H$——水面落差以每公尺公厘计。

最后，流量变化的程度，可用历次洪峰最大流量的变差系数 $C_v$ 表示

$$C_v = \sqrt{\frac{\sum (K-1)^2}{n-1}}$$

式中　$K$——洪峰最大流量与其平均数的比值；

　　　$n$——采用洪峰次数。

计算所得结果如表二。

**表(二)**

| 河名 | 河型 | 站名 | 阿尔图宁系数 | 罗赫庆系数 | 变差系数 |
|---|---|---|---|---|---|
| 黄河 | 游荡性 | 秦厂 | 2.42 | 0.57 | 0.372(花园口) |
| | | 高村 | 1.37 | 0.53 | |
| | 弯曲性 | 洛口 | (0.55) | 0.62 | 0.276(孙口) |
| | | 利津 | 1.13 | 0.82 | 0.249 |
| 阿姆达里亚 | 游荡性 | | 1.50 | ≥1 | — |
| 舍兵达里亚 | 弯曲性 | | 1.10 | ≥2 | — |

**备注：**洛口站阿尔图宁系数因河身为险工束狭甚小无代表性。

分析上表可以看出:当阿尔图宁系数大于 1.5 左右时,河流为游荡性;小于 1.5 接近 1 时,河流为弯曲性。罗赫庆系数大于 2 时河流为弯曲性,接近 1 或小于 1 时为游荡性,但也可能为弯曲性(当阿尔图宁系数小于 1、罗赫庆系数大于 5 时,河型往往为周期扩张,关于这一问题,此地不拟涉及)。

分析上表还可以看出:高村以上,黄河的阿尔图宁系数较别的游荡性河流为大,而罗赫庆系数则较小,说明黄河的游荡性是极强的。同样,还可以看出:黄河上的弯曲性河段也是比较不稳定的,其罗赫庆系数不但远较一般弯曲性河道的为小,甚至还较游荡性河道的为小。

黄河的变差系数由上而下逐渐变小的趋势非常显明,这一点与黄河河型的变化是相适应的。但这一系数似乎对河型并无决定性作用。南方若干小河流的变差系数可能很大,但并非游荡。

因为手边缺乏资料,表中所计算的一些数字都是很粗糙的。特别是算得的阿尔图宁系数,因为根据的是测站的资料,而不是代表性河段的资料,是有一些误差的。

河床的平面变化是一个极端复杂的问题。一直到现在,还没有任何公式可以计算这一变化。很显然,不同河型的河流其平面变化的形式与速度是不一样的。从区别河型的观点来研究河床的平面变化,为解决这一问题提供了一个方向。但关于这一方面的研究还仅仅是开始。目前还只能根据不同河流的演变规律及实际观测资料,对河床平面变化作出一些一般性的预测。要进一步解决这一问题,必须深入地研究河型及各种河型的河床演变过程与水流结构,解决利用环流计算泥沙横向平衡的问题。仅仅依靠水力学及河流动力学若干现有的知识来解决这一问题是不可能的。

## 四、三门峡水库修成后下游河床变化及整治问题

三门峡水库修成后,将使黄河下游河床,遭受到两方面的变化,其一是纵剖面变化,其二是平面变化。

由于三门峡水库拦蓄了大量泥沙,出库水流的含沙量将大为减低,水流为满足本身的挟沙力,将在水库下游引起一般性的冲刷。冲刷自上游逐渐向下游发展,厚度沿程递减,其结果将增大断面,减小比降,使水流挟沙力降低。随着冲刷的向下游发展,上游冲刷强度,逐渐减弱,当每一断面的流速因断面增大比降减小而下降到起动流速时,冲刷随之停止。冲刷范围以下,河床的变化将基本上保持其自然趋势。原来系淤积的,还将继续淤积,但淤积强度则将因水流输沙量减少而降低。

关于水库下游的冲刷计算,一般都将采用输沙平衡原理,计算时必须利用的方程式一共三个:输沙平衡方程式,水流挟沙力公式及非均匀流公式。其基本假定为:一、每一个断面的平均水流含沙量恰与水流挟沙力相等。二、水流只从河底取得泥沙,而不从河岸取得泥沙,即河宽不因冲刷而增加。根据这些假定,计算俄罗斯平原河流上水库下游冲刷所得的结果,基本上与实际情况符合。

前黄河规划委员会曾就水库修成后黄河下游的一般冲刷问题利用列维方法进行计算*。计算时假定河宽一律为 500 公尺,利用札马林公式计算水流挟沙力,同时不考虑底沙粗化现象。

计算结果,说明京汉桥以下黄河河道的冲刷具有下列特点:

(1)紧接京汉桥下游,在第一年内将冲深 9.56 公尺,至第九年其冲深 26.98 公尺。

(2)冲刷系沿着河道逐渐向下游发展,第一年末仅在京汉桥以下 70 公里内有冲刷现象,第九年末则在 170 公里内有冲刷现象。

(3)向下冲深速度逐年减缓。京汉桥下游第一年冲深 9.56 公尺,到第九年则仅冲深 0.21 公尺。

上面的计算,在性的方面可以肯定是正确的,在量的方面,则还值得商榷。因为计算结果显示冲刷极为严重,这一问题应引起极大重视,对以往计算结果有继续审查的必要。原来计算中所存在主要问题,应为一、札马林公式的引用,二、沿程河宽一律为 500 公尺,不考虑河岸冲刷,三、不考虑底沙粗化。

要改正原来的计算,必须先解决上面提到的三个问题。特别是前面两个问题。第一个问题是计算中最根本的问题,但也是最困难的问题,要获得根本解决,暂时是不可能的。为了使我们能够比较有把握地引用某种公式计算黄河的水流挟沙力,这一次查勘团建议在艾山附近选一顺直河段进行水流挟沙

*计算时假定桃花峪枢纽与三门峡枢纽同时建成。

力测验,希望能获得比较可靠的检验二元水流挟沙力公式的自然资料。解决第二个问题也是颇为困难的。到目前为止,我们还不善于在输沙平衡方程式中考虑河岸冲刷,也不知道三门峡水库修成后下游河岸冲刷的情况,是否刷岸,刷岸与刷底的比例如何,根据以往在冲积性河流上建筑水工枢纽的经验,水库下游的刷岸是不太显著的,但在黄河两岸甚易冲刷的条件下是否刷岸也不会显著,这一问题的解决或许能从河相学的观点得到某些启示,但一般地说是不易从理论上解决的。第三个问题也是不太容易解决的。但是,如果仅仅考虑床底不同深度下的泥沙组成,而不考虑床底遭受冲刷时的底沙自动粗化现象,则问题可以不困难地获得部分解决。

黄河下游的一般冲刷问题是一个颇为矛盾的问题。从消减地上河的观点着眼希望愈刷深愈好,但从护岸建筑物及桥渡的安全着眼,从灌溉引水着眼,则希望不要刷深太过。

目前除了应该进一步审核并改正以往的冲刷计算使能对冲刷现象获得更清楚的认识外,将来当冲刷严重时,究竟采取何种方针,护底抑或加固险工,如何进行等等问题都必须预先有所考虑,才不至处于被动。

三门峡水库修成后下游各个河段,因河型不一致,人工控制的程度不一致,受冲刷影响的程度不一致,可能发生的平面变化也不会一致。但是,尽管如此,总应该还有些共同之点。

首先是河身可能展宽,黄河河岸历年冲刷,而河宽并不显著增加的原因,是因为黄河含沙甚多,边滩回淤颇快的缘故。水库修成后,非河床质泥沙大大减少,边滩回淤速度将大大降低,河道变宽似不可免。关于这一问题,前黄河规划委员会在官厅水库修成后永定河下游河道冲淤情况的报告中已有所说明。

其次,河道总的平均刷岸率可能会减低。关于这一问题,我们可设想河岸的冲刷率应与河床演变强度成正比,而河床演变强度则与水流输沙率成正比。水库修成后,从水库下泄的流量过程线应远较修水库前平缓,输沙率将大大减低,因而平均刷岸率也会随之减低。

但是,总平均刷岸率的减低,并不足以使我们高枕无忧,原因在于水库修成后的河床平面变化还具有第三个特点:即刷岸位置的改变,有可能使平工变为险工。同时,因流量变化较小,大溜顶冲位置比较稳定,局部地段的河岸冲刷率还可能增加。

在说明了上面几个共同特征以后,试再进一步分析水库修成后各个不同河段可能发生的平面变化及整治河床的道路。

三门峡水库修成后首当其冲* 的冲刷河段为京汉桥以下的游荡性河段。首先发生的问题是:由于冲刷影响,河型是否会改变了,这一问题与水库修成后河底与河岸的相对冲刷速度关系极大。如河底冲刷多,则比降减小,河宽受到限制,再加上底沙粗化的影响,河道的游荡性就会大大减低,甚至可能转变为其他类型的河道。如果岸坡冲刷很剧烈,则河宽不可能减小,尽管比降变缓,底沙粗化,但河流还可能保持一定程度的游荡性。因为将来刷底刷岸的情况我们还不了解,很难推测河床会发生何种平面变化。如果仅就永定河的例子看来,则水库的修建并不能改变河流的游荡性,河床的平面变化,仍非常剧烈。

因为京汉桥下数十公里的河段在河防上的重要性极大,而且又首先受到冲刷,如何预测这一段的河床变化,拟定防险护堤的计划是迫切需要的。

游荡性河流由于河床变化迅速,而且不规则,就是在自然条件下也很难预测其演变过程。一般只能根据实际资料,采用理论分析或模型试验方法,确定在一定时距中河床可能变化的某些统计性数据。至于在水力、泥沙因素剧烈改变的情况下,游荡性河流的河床在平面上将如何演变完全是新的问题,没有任何理论计算方法甚至理论分析方法可以引用。在某种程度上解决这一问题的唯一途径似只有模型试验,和对于筑有水库的游荡性河流,如永定河进行实际观测。

模型试验游荡性河流是非常困难的。主要原因在于河底河岸变化迅速而且具有某种程度的偶然性,采用一般动床模型试验方法(应该指出:这种方法也还处在试探性过程中),模型河底地形及其在短时间内的变化往往失去实际意义。在现阶段研究这一问题,似以采用安得列也夫及雅罗斯拉夫采夫所建议的自然河工模型试验法为宜。这一方法的特点在于不作模型河底地形,模型河道是在选定的水力

* 假定桃花峪枢纽已经建成。

泥沙、因素条件下自然形成的。模型河道与天然河道的是否相似，主要依靠比较两者的平面形式，沙丘位置及其运行速度，崩岸速度等来确定。即比较两者的河型来确定。如果河型相似，就可认为模型河道与天然河道基本上相似。如果更进一步考虑到天然河床的某些局部条件如地质条件等的相似，还可促使模型河道的局部情况也与天然河道相似。这样，在我们掌握了有限的自然河床演变资料以后，就可以根据模型试验结果，推测较长时距内的河床演变过程；也可以在改变水力泥沙因素的条件下观测将来的河床演变过程；还可以在河道模型上研究控制河道的水工建筑物及进行控制的步骤。但是，应该指出他们的模型试验方法还在研究过程中，还很不完整，目前基本上还只能定性。虽然关于如何定量的问题他们也有一些初步建议，例如根据模型河道与天然河道相应沙丘的尺寸及其运行速度来反求模型比例尺等，但非常不确定，可能发生很大的误差甚至错误；不过，尽管如此，他们利用这一方法研究阿姆达里亚河的卡周桥渡问题时得到了比较满意的结果。利用这一方法，对水库修成后京汉桥下游河段的演变过程在定性方面能到一些认识应该是可能的。

采用上面的办法，除了应该在实验室内研究造成游荡性河流的条件及其特点外，还必须研究自然情况下游荡性河道的演变过程。为此，查勘团建议在京汉桥下花园口附近选一段进行河段观测。观测项目包括不同水位时的水力、泥沙因素及相应的水下地形。因为这一段水浅、流急，河床变化迅速，施测困难，查勘团除建议适当减少观测项目外，并对如何尽可能掌握河床变化的速度也提出了一些意见。应该承认，这一工作是艰巨的，但同时是不可免的，就是不为模型试验收集资料，也不能设想在我们已经根据计算确知这一段将来会冲刷严重后，而不去充分掌握这一段水库修成前后的情况，预筹对策。

高村以下河段在水库修成后数年内，因水力泥沙因素变化较小，河床演变过程的变化也不会太大。主要的变化，可能有下述两种：一、河道略为展宽变浅。展宽的原因已如前述，变浅的原因一方面由于高村以下开始数年内还是淤积的；另一方面，由于水不漫滩，水流中所含细沙又少，滩地不可能随着河底的升高而升高。但是，这仅仅是从一个角度着眼，如果同时从河相学的观点着眼，则宽与深应有其一定的自然比例，不可能太大。二、由于流量比较稳定，大溜顶冲位置在不同弯道内将发生稳定的上提或下挫现象；而且由于顶冲位置稳定，凹岸局部地段的刷岸率可能相应增加，因而形成死湾。总的说起来，水库修成后弯曲河道的变化是比较有规律、可以预测的。将来，只要在可能上提下挫的地方，作一些预防工作，就应该可以确保安全。

上面只谈到防患问题，即预防水库对下游河道可能产生的不利影响问题。下面我们将讨论在修水库所造成的有利条件下，下游河道应如何进行整治。

水库修成后，下游河道将受到刷深，除部分距水库较远的河段外淤积将完全停止，洪水漫滩的概率将大大减小，所有这些都是修水库所造成的有利条件。但是，前面所反复指出的河流的横向移动并不能因水库修成而终止，目前下游河道不利于人民经济的基本情况如险工位置的变化，航运的阻碍，滩地的冲刷等将在某种程度上继续存在。这里就提出了一个水库修成后下游河道的整治问题。对待这一问题可以采取不同的两种方针，一种是继续过去所采取的比较被动的护岸方针，另一种是确定河道整治线，有计划有步骤地使河道符合这一整治线的方针。在水库修成后所造成的不利条件之下，采取后一方针是可能的，也是正确的，因为不如此就不足以根本改变下游河道对人民经济的不利情况。

河道的整治线必须是一系列直道连起来的弯道。河道所以必须整治成为弯道的原因有二：一、弯道水流集中，可以保持较大的航深。二、在弯曲河道上，只要将所有的凹岸都控制住，河道就可完全固定，护岸段与深泓线位置不会发生大的变化。直河段则不然，不但水流不集中，航深较小，而且因为水下犬牙交错状沙丘的顺流下移，使得深泓线与刷岸位置都不隐定，这样，不仅对航运不利，而且护岸长度也相应增加。关于后者，分析黄河下游险工分布图甚易看出。在比较顺直的河段内都是两岸险工林立。例如东阿第二段，南岸为丘陵地区，北岸险工连成一片，在长约30公里的河段上，险工长达18公里，每公里长的河岸线上就有险工0.6公里，远较黄河上其他河段的险工密度为高，黄河下游险工密度见表(三)。

表(三)

| 河型 | 河段 | 河长（公里） | 险工长度（公里） | 每公里河长的险工长度（公里） | 每公里河岸长的险工长度（公里） | 附注 |
|---|---|---|---|---|---|---|
| 游荡性 | 秦厂 | 116 | 67.52 | 0.58 | 0.29 | 大堤相距甚遥基本上只一岸靠险。 |
| | 铜瓦箱 | 61 | 5.92 | 0.10 | 0.05 | 大堤相距甚遥，河身距大堤较远，滩岸任其自然崩坍，控制甚少。 |
| 弯曲性（包括部分直段） | 高村 | 149 | 39.61 | 0.27 | 0.14 | |
| | 陶城埠 | 304 | 146.50 | 0.48 | 0.24 | |
| | 陶窑 | | | | | |

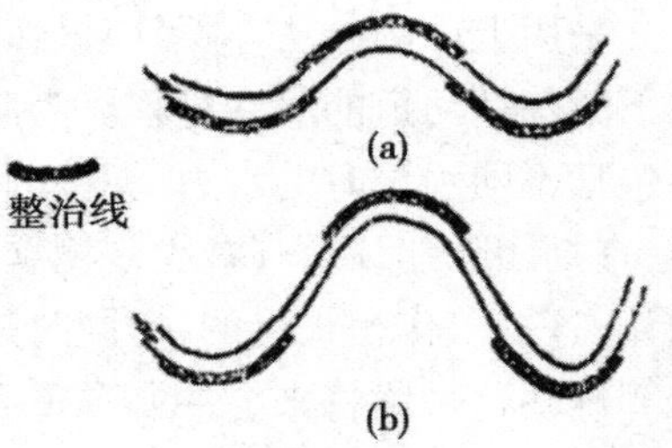

图(十)

从前面的例子及上表可以看出：一、在游荡性河段内，如果河身近堤，则险工密度甚大，反之较小；二、在弯曲性河段内，如大堤相距甚遥，则险工密度较小，反之则较大；三、受到束狭的直河段内险工密度最大。由此可见要固定河槽，为减少险工长度，治导线应该是弯曲的，而且不能束之太甚。一般地说，要想将河道控制成为弯道，并完全固定下来，每公里河岸长的险工长度最多只需 0.5 公里如图(十)中 a 所示。如果适当增长两弯之间无须控制的过渡段，则险工密度可以大为减少如图(十)中 b 所示。由此，也可以看到当水库修成后，如果要将河道完全固定起来，所需要的险工密度并不见得比现在的险工密度要大多少。这一点也可以说明将来固定河槽并不是不可能的。

要确定河道整治线，有一系列的有关河相方面的问题需要解决。其中最重要的问题为河湾曲率半径的选择与河身宽深比的确定。

若干年来，研究河相问题的学者们认为有所谓稳定曲率半径存在。但对稳定曲率半径的解释颇不一致。有些人认为弯道发展时比降会因河长的增加而减小，如果比降减小到使流速不能再冲刷河岸时，则河湾即不再变化，此时的河湾曲率半径谓之稳定曲率半径。另外一些人，则认为稳定曲率半径是在一定水力泥沙因素条件下，水流与泥沙相互作用下所达到的一种最适宜的曲率半径。达到此种曲率半径以后，河道还会继续发展，但曲率半径则保持不变。从上面的观念出发，并分析实际河流资料，不同的作者们曾经得到不同的决定稳定曲率半径的经验公式，一般都将曲率半径写成河宽或流量与比降的函数。因限于篇幅，此地不拟介绍他们的公式，唯一想指出的是：上面两种想法都与事实不符，在自然河流上完全不发展的死河湾几乎是不存在的，发展但保持曲率半径不变的河湾也是很少见的。大多数的河湾，是在发展过程中曲率半径由直河道时的无穷大逐渐减小到发生自然裁弯。在整个发展过程中，曲率半径变化很大，而水力因素的变化则很小，由此可见河湾的曲率半径不是水力泥沙因素某种一成不变的函数。因此，在已知水力、泥沙因素后，想探求某种一成不变的隐定曲率半径是很难得到结果的。

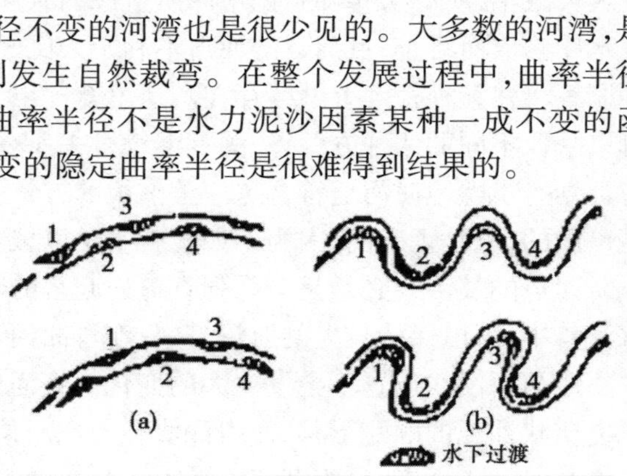

图(十一)

但是，在弯道发展过程中的某一个转折点或转折段，弯道曲率半径应与水力泥沙因素有一定的函数关系。为了解释这一问题，试先设想一条直的河道。前面已经谈到过，在直河道内一定会出现依附于两岸的犬牙交错状的沙丘，这些沙丘将沿水流下行，与河岸发生相对运行。如果进一步使这一河道略具弯曲，则沙丘运动情况，将基本上保持不变(图(十一)a)。

现在试再设想一弯曲得到充分发展的河道，沙丘仍然呈犬牙交错状，依附于凸岸，但其位置已为弯道所固定，只能随弯道变化而变化，不能与河岸发生相对运动。前面所提到的沙丘运行的两种不同情况有着质的差别，与之相应的河型也有着质的差别。很显然，随着弯道曲率半径的减小，河流将由第一种情况过渡到第二种情况，其中一定有一过渡点或过渡段存在。在这一过渡点或过渡段上，河流将具有弯道的特点，但曲率半径最大。不论从航运，抑或从护岸着眼，将河流控制于这一过渡点或过渡段是非常有利的，其原因在于：一、河道已具有弯曲河道的特性，深泓线与刷岸位置都比较稳定，可通过控制凹岸来固定河道。二、曲率半径较大，故环流较弱，水流掏刷凹岸的力量较弱，护岸比较容易；同时，因为水流平稳，对船只的航行也有利。因此，在我们设计整治线时，应尽可能选择适应于这一过渡点或过渡段的曲率半径。这一曲率半径与水力泥沙因素的函数关系，在目前还不能从理论上来确定，但可根据实际河流上平顺河湾的资料来近似探求。所谓平顺河湾应为河道上曲率半径较大，但其水下地形具有弯道特性的河湾。

为了研究黄河下游的河道整治线问题。查勘团建议对黄河高村以下各种河湾进行一般性的河相研究，应该收集的资料除河湾平面图外（由平面图可量得曲率半径，弯距、弯幅、两弯之间的直段长度等），最主要的是水下地形；此外，造床流量、比降、河身的宽深比、最大水深、最大流速、不同水位时大溜顶冲位置等有关资料也应收集。这些都是设计河道控制工事时很有用的资料。希望通过上面的研究除能找出平顺河滩的曲率半径作为设计依据外，同时也可了解现有各种非平顺河湾实际水流河床情况，确定哪些河湾还可以保存，哪些河湾则必须作必要的修改，使其接近平顺河湾。

前面曾提到确定曲率半径有不少经验公式，虽然大多数经验公式的出发点不够正确，但因为这些公式的作者，当他们选择经验数据时他们的对象必然也是比较规距平顺的河湾（因为不如此，他们所得到的曲率半径就会由无穷大一直小到一两倍河湾，水力泥因素之间将无任何规律可寻）。因此在确定曲率半径时，他们的公式还有一定的参考价值。

同一河湾上不同流量时的水流动力轴曲率半径，因为受河床本来形式的影响很大，其与流量比降的关系，不能用以作为设计河湾的根据。

为了能对黄河河湾演变过程有比较深入的了解，查勘团建议在高村至陶城埠间选择一段作详细的河段观测。希望通过观测了解在不同水位时，河床平面、水下地形、水流结构、泥沙运动等的情况。

除弯曲半径外，代表性河段（不是个别测站）在造床流量下的宽深比，也是应该根据实测资料来探求的。

在高村以下所求得的平顺河湾曲率半径及宽深比等，在结合利用已有经验公式进行修改后，就可用作将来整治河道的根据。三门峡水库修成后，黄河下游水力泥沙因素，应与目前高村以下的情况比较接近，转用上述经验数值是有一定的理论根据的。

在整治河段的弯曲半径与宽深比业经确定以后，下一步就是如何规划治导线进行整治的问题。

高村以上的游荡性河道要整治成为弯道是比较困难的。为达到这一目的，必须定出一条可能与目前河道相去颇远的整治线，然后，在非常不稳定的嫩滩上建筑大量丁坝顺坝等治河工事。这样，不仅耗费大，而且要保证不被水流冲毁在工程技术上是很困难的。因此，在水库修成后比较现实的控制这一段的方针，将是先控制若干点，然后同时利用控制工事与河流自然发展趋势相结合逐步发展到控制线。一方面力求使河流按预定的控制线流过，另一方面又根据实际河流发展情况，将预定控制线作必要的修改。这样，在经过一段相当长的时间以后，把这一段控制成为弯道还是有可能的。

高村以下，将来的整治线基本上应与目前河道一致，现有的一些险工，应尽量利用。但某些河湾的曲率半径，必须作必要的修改，使其接近平顺河。为达到这一点，某些地方的刷岸可以让他继续进行，某些地方的刷岸则必须迫使停止，甚至利用控制工事，促使发生淤积，将河岸向前推进。

要使河流服从整治线，很显然，将来许多控制工事必须在目前的滩岸上进行。但因为水库修成后漫滩机会甚少，像目前山东护滩工事所存在的养护困难将不会太严重。

采用上面的方法控制河道，工程量无疑是很大的。但是否不可能实现呢？是否不经济呢？关于前一问题，解放后河南山东两省河务局在黄河上所进行的卓著成效的大量护岸工作已经提供了答案。关于后一问题从人民经济利益（包括航运、防洪、灌溉与保护滩地等）着眼，可以肯定是有利的。问题只是进行这些工事的迟早与速度的快慢而已，而这一问题是有待于进行详细经济核算后才能回答的。

随着大量水土保持工作的进行，水库的兴建，再辅以河道整治，黄河的水害将会彻底根除，水利将会充分发挥，黄河面貌将会完全改变。

（本文原载于《黄河建设》1957 年第 6、7 期）

# 黄河下游明清时代河道和现行河道演变的对比研究

徐福龄

黄河下游河道在兰考东坝头以南有明清时代的河道(以下简称明清故道),亦称“南河”。清咸丰五年(1855 年)以前,经河南商丘、虞城,山东曹县、单县,江苏丰县、沛县和砀山至徐州合泗夺淮,经涟水由云梯关东注黄海。1855 年在兰考铜瓦厢改道后,经河南长垣、濮阳、范县,山东荷泽、梁山县夺大清河,经济南由利津东注渤海,即为现行河道。而东坝头以上到沁河口这段河道,既是明清故道的上游河段,也是现行河道的上游河段。黄河这段河段无论过去走“南河”和现在走“东河”,对东坝头以上河段都有着不同的影响。(如附图)

## 一、河南武陟沁河口至东坝头河道演变情况

在南宋建炎二年(1128 年)以前,古黄河道原走阳武以北,东经延津的胙城以北(河北岸为获嘉、新乡、汲县境)至浚县西南(南岸为滑县境)折向东北入海。1128 年北宋灭亡,当时东京留守杜充扒开黄河,阻止金兵南下,从此大河南徙,自泗水入淮河。

金明昌五年(1194 年)河决阳武(即今原阳县)光禄故堤,大河改走胙城以南,这时汲县境内无河。

元世祖至元二十五年(1288 年)大河又决阳武,出阳武南,新乡县境内无河。

明洪武二十四年(1391 年)河决原武(今原阳县之原武镇)黑羊山,正河走开封北距城五里。明正统十三年(1468 年),河大决,北决新乡八柳村,由延津经封丘抵寿张入大清河;南决荥泽(即今郑州古荥镇)孙家渡,大河移在开封以南,由涡河入淮。明景泰期间,大河又回开封以北,距城 10 数里。明英宗天顺五年(1461 年)河徙,自武陟入原武以南,这时获嘉境无河。

明成化十五年(1479 年),在延津西幂村决河南徙,入封丘境,而延津境内无河。

从以上大河历史的演变情况来看,自 1128 年以后,黄河从汲县境内,逐步南移,最后演变成现在的河道形势。

元、明两代治河,以确保漕运为最高原则,故河南、山东境内修筑堤防重北轻南。明弘治三年(1490年)白昂治河时,筑北岸阳武长堤,自原武经仪封(今兰考境)至曹县,以防大河进入张秋运河;南岸引中牟决水经淮阴由涡河、颍水入淮,修汴堤,浚汴河下涂州入泗。上述原武至曹县的长堤,即现行河道北岸大堤的前身。明弘治八年(1495 年)刘大夏治河,又在北岸自延津以下至江苏沛县,加修了太行堤,作二道防线,以防大河北侵。

沁河口到东坝头河段,中经武陟、郑州、开封、兰考,河道长 130 余公里,已行河 500 年左右。在明、清时代,该河段两岸滩槽高差较小,尤其清嘉庆年间以后洪水漫滩的机遇很多(参看表 1)。同时滩面有串沟堤河,每到汛期河水涨发,串沟过水,堤河行洪,不断出险。如清道光十五年(1835 年)北岸阳武汛三堡一带,由于串沟分溜下注,几乎挚动全河,当时紧急抢险达 40 昼夜。南岸祥符(开封)下汛到陈留(现属开封县),工长 60 余里,坞势低洼,伏秋盛涨,堤根水深达八、九尺。自明初到清末该河段两岸决口计有 36 次。1855 年铜瓦厢改道东流之后,东坝头以上,由于河道的溯源冲刷,河槽下切,滩槽高差增大,低滩成了高滩,一般洪水多不出槽。如光绪年间刘成忠所说:“河由山东入海,下游宽广,因而豫省河面低于道光年间四、五、六尺,虽当伏秋之盛涨,出槽之时颇少。”①又据光绪十二年成孚调查:“黄河北徙已历三十余年,……乾口门之南(指老故道),积年沙滩挺峙,现高出水面二丈余尺至三丈余尺。”②近百年来,北岸除 1933 年大水在武陟詹店曾一度漫溢外,其余堤段均未决口。南岸除荥泽决口一次,郑州决口两次外(包括蒋介石在 1938 年扒口),其余堤段亦未决口。开封到兰考交界长约 40 余公里的老滩,

---

① 《豫河志、刘成忠河防刍议》。

② 《再续行水金鉴》。

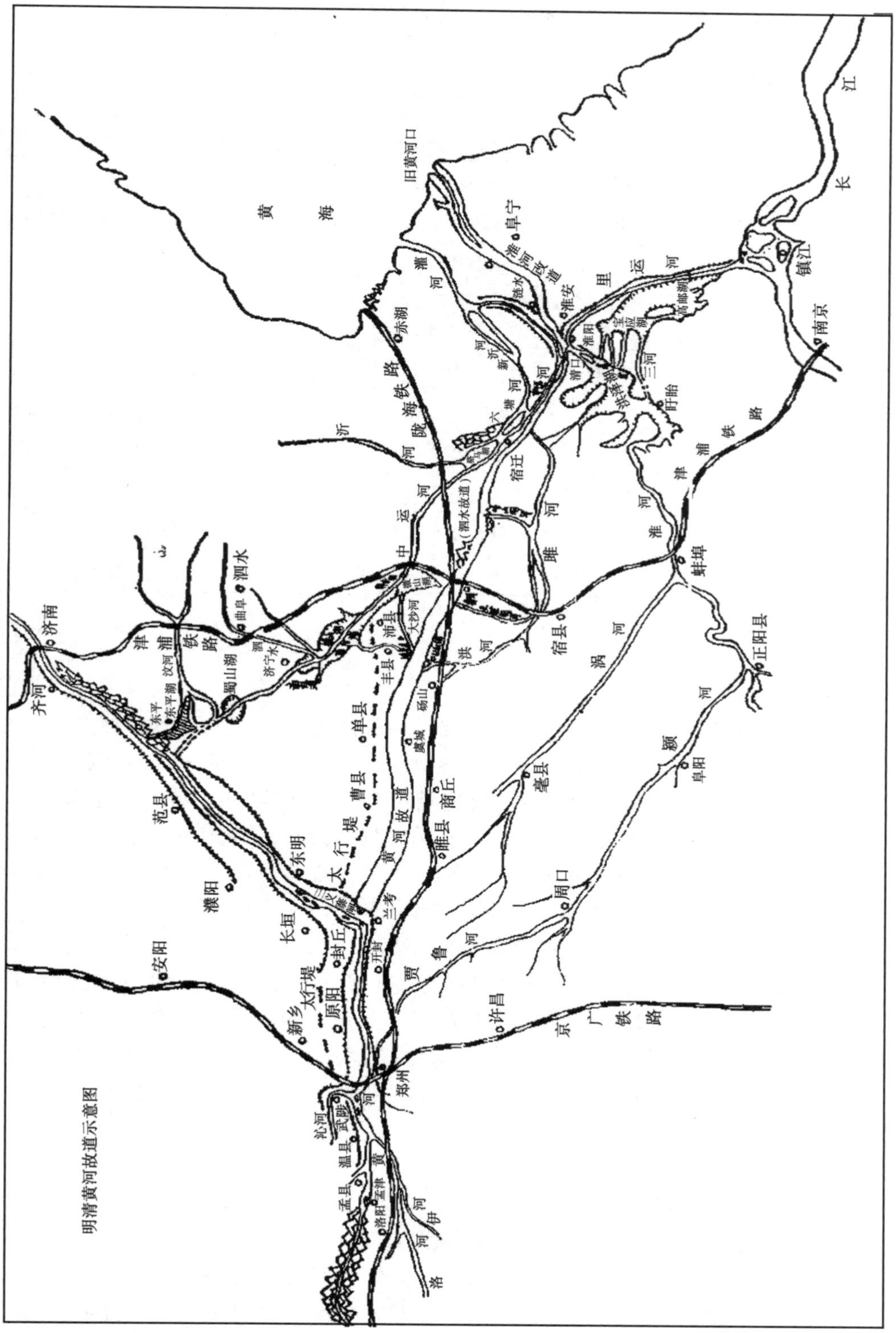
黄海
旧黄河口
阜宁
淮安
里运河
高邮湖
镇江
长江
南京
洪泽湖
盱眙
津浦铁路
宿迁
睢河
淮河
蚌埠
正阳县
宿县
涡河
颍河
阜阳
亳县
周口
贾鲁河
许昌
京广铁路
郑州
开封
兰考
睢县
商丘
黄河故道
砀山
丰县
沛县
单县
曹县
太行堤
东明
范县
濮阳
长垣
封丘
原阳
新乡
安阳
济南
齐河
东平湖
蜀山湖
济宁
曲阜
泗水
陇海铁路
中运河
沁河
武陟
温县
孟县
洛阳
黄河
明清黄河故道示意图

明清黄河故道示意图

为明清时代决口较多的河段，近百年来未上过滩。这说明铜瓦厢决口改道以后，沁河口到东坝头河段的滩岸比明、清时代漫水的机会少。从目前看东坝头以上河道比降为1/7 000，尚未发展到1855年以前的那种局面。

**表1　1855年前沁河口—曹县汛期涨水漫滩情况表**

| 年份 | 漫滩情况 | 备考 |
|---|---|---|
| 1817年（嘉庆22年） | 下游各厅俱已普律漫滩 | 河督叶观潮6月14日奏 |
| 1819年（嘉庆24年） | 不独下游滩水与堤顶相平，而上游向不漫滩 | 河督叶观潮7月22日奏 |
| | 各厅、堤根亦积水四、万、六、七尺 | |
| 1822年（道光2年） | 各厅涨水，两岸普遍漫滩水深一至七尺 | 河督严烺6月25日奏 |
| 1824年（道光4年） | 普遍漫滩 | 河督严烺9月2日奏 |
| 1826年（道光6年） | 下游滩水漫抵堤根深一、二尺至八、九尺，上游尚未漫滩之处，亦出槽 | 河督严烺8月25日奏 |
| 1827年（道光7年） | 漫滩水到堤根自尺余至五、六尺 | 河督严烺闰5月15日奏 |
| 1828年（道光8年） | 两岸普律漫滩 | 河督严烺8月2日奏 |
| 1830年（道光10年） | 两岸普律出槽 | 河督严烺6月4日奏 |
| 1831年（道光11年） | 两岸漫滩，堤根水深二、三尺至七、八尺 | 河督严烺7月17日奏 |
| 1832年（道光12年） | 处处漫滩，情形十分险要 | 河督吴邦庆8月3日奏 |
| | 祥符下汛三十二堡滩水由堤顶漫溢 | 河督吴邦庆8月25日奏 |

## 二、明清故道的演变情况

明、清故道由兰考东坝头以下至废黄河口（黄海）约长738公里，自东坝头到徐州河段；过去右岸堤防不完备，黄河分由颍、涡、睢河入淮，流路不定。明嘉靖二十五年（1546年）以后，南流各支河先后淤塞，右岸堤防才逐步建成，对河道有了一定约束。清乾隆四十七年（1782年），曹县青龙岗决口，久堵不塞，曾在兰阳（即兰考）三堡改河170余里，把老南堤作前北堤，另修一道新南堤，使大河在商丘境仍返原河道。这一段河道称为清故道。由徐州以下到废黄河口，是过去黄河夺泗入淮的河段。泗水、淮河原来均为地下河道，两岸无堤防，明代庆隆、万历年间才逐步修建堤防。

徐州、宿迁，泗阳（原为桃源县）过去均在泗水之滨。清江、淮安、涟水（原为安东县）均在淮河之滨。自黄河夺泗入淮之后，这些县城都逼临大河，形成卡水段，常常决口被淹。如徐州在明天启四年（1624年），于奎山堤东北决口，城中水深1.3丈；宿迁在1576年（明万历九年）黄河冲啮县城，相传有“洪水暴发，一宿迁城”①之说，现县城在马陵山脚下。泗阳老城在康熙六年（1649年）于烟墩决口，黄水侵城，四面浮沙淤高5尺，城内如井。县城西迁后，老城一片积水，当地称为“锅底湖”。过去黄河沿河绕淮安城北而过，形成Ω形大湾，明万历元年（1573年）在草湾裁弯取直后，淮安才离开黄河。上述县城，均为过去黄河沿岸的老险工。

徐州以下老河道多弯曲，古谚有“十里黄河九里弯”之句。河道的曲折系数约为1.39，其中杨庄至北沙河段为1.42，现在经过疏治后，河道的曲折系数减为1.23。

在明代万历年间，潘季驯治河时主张“筑堤束水，以水攻沙”的方案，除提倡修筑遥、缕、格、越四种堤防外，为防御特大洪水，曾在宿迁以下左岸（泗阳境）设四处减水坝，洪水时分洪由灌河入海。并利用微山湖、骆马湖调蓄洪水。当黄河暴涨，则流入诸湖。黄河消落，则湖水随之归黄。又在徐州以上的睢

① 《宿迁县志》。

河东岸修归仁堤，导使睢水入黄，冲刷河道。同时利用洪泽湖，蓄淮河水，“借淮之清，以刷河之浊”①使黄淮二水并力入海。

洪泽湖原名富陵湖，唐时才有洪泽之名。在元、明以后，黄河夺淮，洪泽湖扩大，遂成巨浸。淮水会湖出湖口与黄河交汇处叫清口，也是里运河入黄之处。东汉陈登曾在洪泽湖东部修有湖堤，称为高家堰，用以捍淮东注。在明永乐年间陈瑄对高家堰又进行增筑，明代万历初年，黄淮大决，淮河决高家堰东注，黄河倒灌入洪泽湖，清口淤填。潘季驯治河时，认为“清口乃黄淮交会之所，运道必经之处，……欲其通利，须会全淮之水，尽由此出，则能敌黄，不为沙垫，偶遇黄水先发，淮水尚微，河沙逆上，不免浅阻，然黄退淮行，深复为故，不为害也”②。于是堵塞决口，大筑高家堰，“逼淮注黄，以清刷浊”，使淮水全会清口，黄淮大治。淮河入洪泽湖的年水量约300多亿立方米，以后有淮水三分济运，七分刷黄之说。在高家堰湖堤上修有仁、义、礼、智、信各减水坝，遇到黄淮并涨或淮水特大时，可由各减水坝分泄淮水入江。现在的三河口闸，即以前礼坝的旧址。

自明末到清初南河失治，常遭决口。清康熙十六年（1677年）靳辅治河以后，曾堵口21处，修复了两岸堤防，并在丰县境北岸李道华楼至大谷山约90里高地，筑大谷山减水坝和苏家山减水闸各一座，以泄洪水入微山湖。在砀山至淮阴间，凡在卡水河段的上游两岸，共增修减水闸坝10余处，相机启闭，以防盛涨。而由南岸分出之水，经过沿程落淤，泄入洪泽湖，还可助淮刷黄。以上这些措施，对当时治河起到一定作用。

黄河故道的天然湖泊和分洪闸坝，由于河道不断淤积，在清乾隆年间有的已失效用。到嘉庆年以后，决口频繁，河道淤积，而分洪闸坝分洪量增大，更促使河道淤积严重，工程失效甚多。同时使原来的水系亦遭到破坏，如大谷山到苏家山一带高地，原无堤防，系留作入微山湖的分水口，到清乾隆八年（1743年）已淤为平陆。徐州以上十八里屯的天然闸二座（1677年）亦全部淤没。由于微山湖的淤积，使原来泗水入湖的出路不畅，扩大了南四湖的面积。清乾隆二十二年（1757年）因河道淤高，睢河已不能入黄，改入洪泽湖。嘉庆四年（1799年）淮河涨水，洪泽湖蓄水过多，清口（洪泽湖入黄河处）一带受黄河顶托，出水不利，曾在淮阴吴城七堡临湖的河堤上掘开，泄湖水入黄。道光五年（1825年）河督张井奏称：“洪泽湖现在水深一丈二尺八寸，较量现在黄河水面，尚高于清水五尺二寸，以致……通局受病，全在黄高。”③自道光五年以后，淮水基本不入黄河。道光二十七年（1847年）黄河涨水，淮阴告急，再次掘开吴城河堤，分黄入湖，使淮阴脱险。道光二十九年（1849年）黄河盛涨，下游河道不能通过，第三次掘开吴城河堤分洪入湖，这时洪泽湖已失去蓄清刷黄的作用，变为黄河的调洪水库。从表2可以看出，在枯水季节（12月底）一般湖水高于黄水。到道光五年，黄水高于湖水，清水已开始不入黄。再从表3中反映出由于黄河河道不断淤积，使湖水位亦不断抬高。自清康熙年间到乾隆年间平均每年升高0.023米，由乾隆到道光年间平均每年升高0.029米，自河道北徙之后到同治九年（1870年）实测洪峰张福口、高良涧一带湖心，比黄河河底低1～1.6丈。自清口为黄河所阻，从而扩大了洪泽湖区，致使淮河水不能向东畅泄，颍上、寿县、泗洲和盱眙等州县频遭水淹。

过去淮河两岸土地肥沃，有“走千走万，不如淮河两岸”的谚语。自黄河夺淮后，明清两代决口频繁，沿河两岸计有30多个州县，每个县都决过口，有的一个县决口达数次之多。由于黄河不断决口，大量泥沙排泄于故道两岸，原来较好的土地多被泥沙覆盖。如徐州市内在解放后建筑部门挖地基时，在地下4.5米曾发现老街道和房基，涟水县在城外挖深3～5米才是原来老地面。据了解淮河两岸的地面普遍淤厚2～5米，等于进行了大面积的放淤。决口是个坏事，但对减少河道淤积和降低大堤临背悬差，还起一定作用。这仅是一个方面，可是另一方面，由于黄河每决一次口，口门上部河段侵蚀下切，而老河道内就有一次淤积。淤积部位集中在口门以下河段，而且特别严重。所以“凡是断流之正河，皆为停淤之高地。”如康熙十六年，那时黄河两岸决口20余处，正河几乎断流，当时总河靳辅奏称：“查清江浦以下，

① 《明史河渠志》。
② 《河防一览》。
③ 《皇朝经世文编》。

**表2 清嘉庆道光年间历年12月底(阴历)洪泽湖水面高于黄河水面统计表**

| 年份 | 公历(年) | 湖面高于黄河水面尺数 | | 备考 |
|---|---|---|---|---|
| | | 营造尺 | (米) | |
| 嘉庆10年 | 1805 | 1.80 | 0.57 | (1)一米等于3.13营造尺 |
| 嘉庆11年 | 1806 | 5.80 | 1.85 | (2)表中负数,为黄河水面高于湖水面尺数 |
| 嘉庆12年 | 1807 | 4.00 | 1.28 | (3)按一般情况,每年12月底到次年 |
| 嘉庆13年 | 1808 | 1.30 | 0.42 | 3月以前是湖水高于黄水,3月以后,黄河水多高于湖水 |
| 嘉庆14年 | 1809 | 3.50 | 1.12 | |
| 嘉庆15年 | 1810 | 2.00 | 0.64 | |
| 嘉庆16年 | 1811 | 2.30 | 0.74 | |
| 嘉庆17年 | 1812 | 平 | 平 | |
| 嘉庆18年 | 1813 | 6.60 | 2.10 | |
| 嘉庆19年 | 1814 | 6.80 | 2.20 | |
| 嘉庆20年 | 1815 | 3.30 | 1.10 | |
| 嘉庆21年 | 1816 | 6.30 | 2.00 | |
| 嘉庆22年 | 1817 | 6.50 | 2.10 | |
| 嘉庆23年 | 1818 | 2.20 | 0.70 | |
| 嘉庆24年 | 1819 | 9.50 | 3.03 | |
| 嘉庆25年 | 1820 | 5.60 | 1.80 | |
| 道光元年 | 1821 | 6.40 | 2.05 | |
| 道光2年 | 1822 | 2.20 | 0.70 | |
| 道光3年 | 1823 | 3.70 | 1.18 | |
| 道光4年 | 1824 | -1.29 | -0.41 | |
| 道光5年 | 1825 | -2.70 | -0.86 | |

**表3 洪泽湖历年存水尺度变化表**

| 年份 | 年限(年) | 湖内存水 | | 存水差数(米) | 平均每年抬高数(米) | 备考 |
|---|---|---|---|---|---|---|
| | | 营造尺 | (米) | | | |
| 1681年(康熙二十年) | | 8.00 | 2.55 | | | 湖内存水数,即湖水非达到这一尺度才能由清口入黄 |
| | 97 | | | 2.26 | 0.033 | |
| 1778年(乾隆四十三年) | | 15.10 | 4.81 | | | |
| | 48 | | | 1.24 | 0.029 | |
| 1821年(道光元年) | | 19.00 | 6.05 | | | |

河身原阔一、二里至四,五里;今则止宽一、二十丈、原深二、三丈至五、六丈者;今则止深数尺,当日之大溜宽河,今皆淤成陆地,已经十年矣。"①这一年在清江浦以下疏浚河道300余里。嘉庆二十四年(1819年)兰阳八堡决口,当时大学士文孚调查后奏称:"由兰阳八堡漫口查至睢州上汛八堡河长五十余里

① 《治河方略》。

……其间淤垫情况厚薄不等,查自兰阳八堡至仪封三堡河身计长十六里有余,淤垫虽厚,循复间露河形……自仪封三堡至五堡,约及将四里,滩面与堤平,漫沙一片,无复堤形。自仪封三堡至睢州上汛八堡,约长二十一里,河身亦为泥沙淤平。"①咸丰元年(1851 年)丰县蟠龙集决口,老河身亦淤与滩平,屡堵屡决。按河道的一般规律是:"下流则上通,下淤则上决",往往一次决口,能引起上游的连锁反映,有时一处决口,堵而复决数次。过去决口除特殊情况外,一般都是上年决口,次年汛前或汛后堵塞。每当合龙后,口门以下河段在未冲刷至原河道的过洪断面时,到汛期来一次大洪水,因河槽泄洪不畅造成壅水,就可能又在上游决口。所以有时在某河段一处决口有连次上移的情况。(参看表 4)。过去靳辅治河,曾说过:"夫河决于上者,必淤于下,而淤于下者,必决于上,此一定之理。"②从明清故道的历史演变来看,河道愈决愈淤,愈淤愈决,因河身受病日深,如不及时进行全面整治,最后就形成了决口改道。

明、清故道的河口治理,主要采取筑堤束水入海的办法,河口延伸也相当严重。从表 5 中可以看出,在 1677 年云梯关外(原来淮河入海处)未修缕堤之前,每年向海延伸 0.29 公里。1677 年在云梯关外修堤之后,平均每年向海延伸 1.08 公里。又据清乾隆二十一年(1756 年)大学士陈世倌估计,这一时期每年向海延伸 1.01 公里。两数相差不大。自 1700—1804 年的 104 年中,因 1764—1804 年云梯关外缕堤放弃不守,平均每年向海延伸 0.97 公里,比有堤防时有所减少。说明海口修筑堤防工程,加上以清刷黄,有一定束水攻沙作用,河口延伸速度较快,但河水入海比较通畅。到嘉庆十三年(1808 年)以后,继续修复和接长了海口堤防,一直到道光年间多次查勘海口,都认为河口通畅无阻。在明清时代海口附近有两次人工改道,第一次在明嘉靖二十四年(1545 年)于北岸黄坝改道,新河长 300 里由灌口入海;再一次是清康熙三十五年(1696 年)在云梯关外马港改河,由北岸南潮河入海。这两次向北改河,都不久即淤,没有成功。

**表 4　黄河决口位置连续上移情况表**

| 顺序 | 年份 | 决口地点 | 备考 |
|---|---|---|---|
| 1 | 1796 年(嘉庆元年) | 河决江苏丰县 | |
| | 1797 年(嘉庆二年) | 河决江苏砀山杨家坝 | |
| | | 又决山东曹县二十五堡 | |
| | 1798 年(嘉庆三年) | 河决河南睢州 | 今睢县 |
| | 1799 年(嘉庆四年) | 河决仪封 | 今兰考县 |
| | 1803 年(嘉庆八年) | 河决封邱大功 | |
| 2 | 1811 年(嘉庆十六年) | 河决江苏邳州棉拐山,又决砀山李家楼 | 邳州今邳县 |
| | 1813 年(嘉庆十八年) | 河决河南睢州 | |
| | 1819 年(嘉庆二十四年) | 河决河南兰阳八堡,又决仪封三堡 | 兰阳今兰考 |
| | | 九月复决武陟马营 | |
| 3 | 1841 年(道光廿一年) | 河决开封步里寨 | 道光二十二年堵合 |
| | 1843 年(道光廿三年) | 河决中牟辛寨 | |
| 4 | 1851 年(咸丰元年) | 河决江苏丰县蟠龙集 | |
| | 1852 年(咸丰二年) | 蟠龙集堵而复决 | |
| | 1853 年(咸丰三年) | 蟠龙集堵而复决 | |
| | 1855 年(咸丰五年) | 河决兰阳铜瓦厢 | |

① 《故宫档案》。
② 《治河方略》。

表5　明清故道河口延伸情况统计表

| 项目 | 起迄年代 | 年限（年） | 河口距云梯关长度（公里） | 河口延伸长度（公里） | 平均每年延伸长度（公里） | 备注 |
|---|---|---|---|---|---|---|
| 1 | 1591年（明万历十九年） | 0 | 0 | 0 | | |
| 2 | 1591—1677年（康熙十六年） | 86 | 25 | 25 | 0.29 | 1677年云梯关开始修缕堤 |
| 3 | 1677—1700年（康報三十九年） | 23 | 50 | 25 | 1.08 | 云梯关外有堤防 |
| 4 | 1677—1756年（乾隆二十一年） | 79 | | 80 | 1.01 | |
| 5 | 1700—1804年（嘉庆八年） | 104 | 100 | 50 | 0.97 | 其中1764—1804年堤防放弃不守 |

说明：表中第四项资料来源于“皇朝经世文编”，其余各项资料来源于1958年江苏水利厅、水利科学院、南京水利科学研究所合编的“废黄河现资料分析报告”。

据历史文献记载，明、清故道在清代中期已受病日深。道光五年（1825年）河督严烺当时分析全河病源时曾奏称：“今受病之河，不在尾闾（即河口）而实在中隔，则当兼河身。溯查嘉庆十八年睢州漫口，至二十四年马营堤和兰仪又先后漫口，以致豫东西两岸河身几成平陆。是豫东近来河底之高，实因溜势旁泄所致，尚非海口淤垫，下游顶阻之故。”①

从这段分析中，可以看出明清故道在江苏河段内，主要由于河道“中隔”。所谓“中隔”，即指清口以下到八滩约200里淤积严重的河段，这一河段，一因河口延伸比降变缓（约0.7‱）；二因洪泽湖基本失去蓄清刷黄的作用；三因河势多弯水势不顺，以致河道日益淤垫。到道光二十七年及二十九年两次涨水，清口以下河道洪水不能通过，曾两次掘堤引黄入湖，以解危局。根据1955年江苏省水利局对清江市以下老滩河身的锥探资料来看，自黄河夺淮六、七百年间，清江市以下淮河河底计淤高10～12米之多，而故道的上游豫东一带河道，由于嘉庆年间大堤多次决口，主溜旁泄，到道光二十一年及二十三年又先后在开封、中牟两处决口，开封、兰考间河道淤积亦很严重，致使上下河道壅塞失治。道光二十三年（1822年）魏源对当时河道又作了全面分析，他说：“今日视康熙时之河，又不可道里计，海口旧深七、八丈者，今不二、三丈，河堤内外滩地相平者，今淤高三、四、五丈，而堤外平地亦屡漫屡淤，如徐州、开封城外地，今皆与雉堞等，则河底较国初必淤至数丈以外，洪泽湖水，在康熙时止有中泓一河，宽十余丈，深一丈外，即能畅出刷黄，今则汪洋数百里，蓄深至二丈余，尚不出口，何怪湖岁淹，河岁决。”他最后推断：“使南河尚有一线之可治，十余岁之不决，尚可迁延日月，今则无岁不溃，无药可治，人力纵不改，河亦必自改之……惟一旦决上游北岸，夺流入济（即大清河），如兰阳、封丘之已事，则大善”。② 他认为南河已到大改道的前夕。到1851年（咸丰元年），黄河决口丰县之蟠龙集入昭阳、微由二湖，屡堵屡决达4年之久，口门以下到徐州的河道已淤成平陆。因下游淤塞，行洪不畅，当咸丰五年（1855年）乘洪水盛涨之机，又在蟠龙集上游北岸铜瓦厢决口，造成清末一次大改道，从此“南河”之局告终。铜瓦厢旧属兰阳三堡，今属兰考县，那时大河自西向东到此急转直下，形成兜湾，溜势顶冲，甚为险要，为明代以来著名之险工段。清嘉庆二十四年（1819年）曾在此决过口，后因上游马营决口，铜瓦厢始断流堵合。这次改道，由此夺溜而出，夺大清河入海，正不出当年魏源之予断。

## 三、东坝头以东现行河道演变情况

1855年铜瓦厢（即现在东坝头）决口后，溃水先向西北又折而东北至长垣境，溜分三股：一股由赵王河东注，两股由东明县南、北分注，至张秋三股汇合，穿运河夺大清河入海。由于当时封建统治者，镇压太平天国农民革命运动，维持其摇摇欲坠的封建王朝，清咸丰皇帝下谕：“现值军务未平，饷糈不继，一

① 《皇朝经世文编》。

② 《魏源全集筹河编中》。

时断难兴筑，……所有兰阳漫口，即可暂行缓堵。”①从此一直到清光绪元年（1875 年）历 20 余年，任黄河自由泛滥，不加治理。

铜瓦厢决口后大河东注，北岸只有北金堤作屏障，南岸无堤防。如遇水涨，一片汪洋，河宽自 10 余里至 30、40 里。1868 年（同治六年）决赵王河东岸红川口。1871 年（同治十年）及 1873 年（同治十二年）河决东明石庄户，均波及昭阳、微山等湖。到 1875 年（光绪元年）开始创修东平以上至兰考南岸大堤，于 1877 年（光绪三年）初步建成。北岸于 1877 年以后开始在北金堤以南筑民埝，东自东阿西至濮县；南岸西起濮县李升屯东到梁山黄花寺，两端均与大堤相接，类似缕堤，原有北金堤和南岸大堤，类似遥堤（过去这一河段民埝，即现在的临黄大堤）。1857 年在位山以下两岸，民间已开始修筑民埝。到 1893 年东阿至利津兴修大堤，北岸计长 498 里，南岸东阿、平阴、肥城三县界，依傍山麓地势高亢未设堤防。自长清、利津修堤长 330 余里，两岸大堤各距水 4、5 百丈，堤距约 1 000 丈左右。但当地群众仍守临河民埝，以后由于民埝和大堤之间“城郭村舍相望，田畴相接”，故只守民埝，不守大堤，逐步把民埝变为大堤。

1855 年以前，山东大清河原宽不过 10 余丈，为地下河，铜瓦厢决口后，黄河初入山东境，大清河河身宽 30 余丈，到 1871 年（同治十年）“大清河自东阿鱼山到利津河道，已刷宽半里余，冬春水涸尚深二、三丈，岸高水面又二、三丈，是大汛时河槽能容五、六丈。”②说明这 10 余年间，由于溃水自由泛滥，除菏泽、东明一带河水不断南注外，于 1868 年及 1887 年又在荥泽和郑州先后决口，因此入大清河的水沙都比较少，河床淤积不甚严重。自 1875 年以后，东坝头以下两岸堤防已初步建成，河道有一定约束，进入大清河的洪水泥沙增大，到 1896 年（光绪二十二年）山东巡抚李秉衡奏称：“迫光绪八年桃园（山东历城境）决口以后，遂无岁不决，……虽加修两岸堤埝，仍难抵御，距桃园决口又十五年矣，昔之水行地中者，今已水行地上，是以束水攻沙之说亦属未可深恃。”③说明光绪元年之后，大清河才逐渐由地下河变为地上河。

东坝头以东到河口现行河道长 649 公里，自东坝头到艾山河段，北岸有天然文延渠自濮阳大芟河入黄河，南岸有大汶河经东平湖由梁山庞口入黄河。这一河段的河道曲折系数为 1.15～1.33。艾山以下到河口堤距较窄，南岸有玉符河从济南入黄河。由于两岸已有工程控制，河弯不能充分发挥，曲折系数为 1.21。

近百余年来，东坝头以东现行河道不断决口。仅 1912—1945 年的 34 年中有 17 年发生决溢，决口达 100 余处。艾山以上北岸决口未越出北金堤，溃水最后由台前张庄归入正河。南岸决口入南四湖，艾山以下北岸决口未越出马颊河，多由陡骇河入海，南岸决口顺小清河入海。

为了防御特大洪水，东坝头以下左岸长垣到台前北金堤与临黄堤之间划为滞洪区，分洪口设在濮阳渠村。右岸有东平湖蓄水区，以上均有闸门控制。艾山以下窄河段内在齐河及利津境内有两处堤防展宽工程，以备分洪减凌之用。

现行河道在河口的尾闾河段，一直处于淤积、延伸、摇动、改道的循环演变之中。1855 年改道后，黄河夺大清河经铁门关至肖神庙东之牡砺嘴入海，叫铁门关故道。自 1890 年（光绪十六年）1897 年（光绪二十三年）逐渐由铁门关故道向南摆动，由丝网口入海。自 1904 年（光绪三十年）到 1925 年逐渐改由铁门关故道向北摆动，分别由老鸹嘴、面条沟、大洋铺、混水汪、滔二河入海。到 1926 年又返回铁门关故道入海。在七十一年内，完成一次大三角洲的走河循环。1929 年开始再向铁门关故道以南摆动，由宋春荣沟和甜水沟入海。解放后先在南部甜水沟入海，而后趋中经神仙沟独流入海。1964 年在罗家屋子破堤转向北部入海。1976 年改由南部清水沟入海，亦是循环摆动的方式。自 1855 年以来，河口造陆面积已达 2 000 多平方公里。以往河口摆动的范围以宁海为顶点，北到陡骇河，南至支脉沟，海岸线平均每年向海推进 0.12 公里。现在顶点下移到渔洼，摆动范围北到草桥沟，南到小岛河，海岸线缩短为 30

① 《再续行水金鉴》。
② 《历代治黄史》。
③ 《再续行水金鉴》。

多公里。由于摆动范围缩小，河口延伸加速，1964 年到 1973 年海岸线平均每年向海推进 1.45 公里，由于河口延伸的结果，使河口以上河道比降变缓。

## 四、新老河道对比估计现行河道的发展趋势

黄河下游东坝头以东的现行河道，已行河 120 余年，但还能维持多久？在认识上还不一致，有的认为已经达到了改道前夕。这个问题，对于黄河下游规划来说，很有研究之必要。所谓改道前夕，究竟是什么标准？很难确定。若从下游目前情况来看，河床高于两岸地面，已有“悬河”之称，黄河无论在哪一岸决口，居高临下都有改道的可能。若和明清故道作比较，把铜瓦厢决口改道前的南河故道情况，作为改道前夕的标准，现行河道还没有达到这一程度。

（一）现行河道东坝头到垦利河口和明清故道东坝头到废黄河口，在河道外形上有相似之处，从表 6 可以看出：

**表 6　现行河道与明清故道对照比较表**

| 河道 | 起迄河段 | 河段长度（公里） | 堤距（公里） | 河道纵比降（‰） | 河道横比降（‰） | 备考 |
|---|---|---|---|---|---|---|
| 现河道 | 东坝头—艾山 | 264 | 4 ~ 20 | 1.26 | 5 ~ 1.43 | 宽河段 |
| 故道 | 东坝头—徐州 | 297 | 2.3 ~ 20.2 | 1.00 | 2 ~ 1.63 | 宽河道 |
| 现河道 | 艾山—利津 | 285 | 0.3 ~ 3.0 | 1 | 10 | 窄河段 |
| 故道 | 徐州—清江市 | 260 | 0.4 ~ 8.7 | 1 | 5 ~ 3.3 | 窄河段 |
| 现河道 | 利津—河口 | 100 | 1 ~ 3 | 1 | 16.7 ~ 10 | 1977 年河道 |
| 故道 | 清江市—废黄河口 | 181 | 0.5 ~ 7.8 | 0.7 | 16.7 ~ 10 | |
| 现河道 | 东坝头—河口 | 649 | | | | |
| 故道 | 东坝头—废黄河口 | 738 | | | | |

1. 以东坝头为起点故道总长为 738 公里，现行河道总长为 649 公里，故道比现行河道长 89 公里。

2. 新老河道纵比降相比，都有上陡下缓的特点。但故道的纵比降比现行河道平缓，而愈向下游愈平缓。新老河道的滩面横比降都是上缓下陡，趋势基本相同。

3. 故道与现行河道相应河段的堤距亦基本相似。

（二）从新老河道的大堤情况相比，故道的大堤高度一般比背河地面高 7 ~ 10 米。现行河道大堤高度按 1983 年标准加高后，一般比背河地面高 9 ~ 10 米，故道大堤临背差一般 7 ~ 8 米，现行河道则为 3 ~ 5 米。

（三）故道和现行河道，在防洪措施上基本相同。不外培堤整险、闸坝分洪、放淤固堤、河道裁弯取直等。其不同之处，即故道有洪泽湖蓄淮刷黄，每年水量约达 200 亿立方米（淮河年水量 300 多亿立方米，七分入黄，三分济运），对清江浦以下河道有一定的稀释作用。但到清嘉庆年以后，河道淤积过甚，以清刷黄逐渐失其作用。现行河道有东平湖汶河注入黄河年水量为 10 亿立方米左右，虽远不如洪洋湖淮水刷黄作用大，但至今汶水仍注入黄河，到蓄洪时放出清水，对冲刷河道仍有一定的作用。

（四）明、清故道河口段的治理采取筑堤束水，使黄河一气入海，不使外溢。现行河道的河口段治理，主要采取人工改道的办法，根据河口演变的有利时机，改由近道入海。改一次道有缩短流程和增大比降，降低水位的作用。

（五）明清故道决口频繁，使河道冲淤变化很不平衡，形成愈淤愈决的恶性循环。自解放以来保证了黄河不决口，虽大部泥沙淤在河道内，但上下河道冲淤变化比较规律。由于水不旁泄流势集中，洪水时期有利于冲刷河道。如 1958 年大水（来自三门峡至花园口之间）河南、山东黄河河槽都普遍进行冲刷。历史上某个时期，因注意修防遇到洪水时大堤无决口，也有冲刷河槽的现象。如清雍正三年因大修两岸堤防和各险工段，到雍正四年六月实测河道中泓，自武陟至商丘的长距离河段，河槽中泓比雍正二

年冲刷的幅度自二、三尺到八、九尺。当时田文镜形容河槽冲刷情况奏称："崖岸日高，水行地中"①。

据以上情况分析，从河道淤积发展状况看，现行河道还没有达到故道那样严重的程度。首先，故道比现行河道长 89 公里，今后河口岸线最快的延伸速度如按每年 1.4 公里（1964—1973 年河岸线平均延伸数值）计，尚需 60 年现行河道才能达到故道长度。第二，现行河道临背差一般 4 米左右，故道临背差 7 ~ 8 米，新的河道临背相差 3 ~ 4 米。河滩按每年淤积 0.06 米计，现行河道淤到故道的情况也要 60 年左右。

目前黄河大堤和荆江大堤相比，荆江大堤堤顶比背河地面高 8 ~ 16 米，防御洪水位高出地面 7 ~ 14 米。因堤防尚未达到规划标准，计划还要加高 1 米。黄河大堤按复堤计划加高后，堤顶一般比背河地面高 9 ~ 10 米。临背差悬殊较大的局部堤段，如河南曹岗险工附近堤高也只 14 米（防洪水位高出背河地面 11 米），山东洛口附近堤高 13 米（防洪水位高出背河地面 11 米）。大堤高度和承受水头还没有超过荆江大堤。荆江的堤防，经过 1954 年、1962 年及 1968 年历次洪水的考验，水头超过背河地面 13 ~ 14 米，有的堤段超过保证水位达 40 天之久，经大力抢护均化险为夷。而黄河洪水的特点是猛涨猛落，高水位持续时间不过 3 ~ 5 天，因此，黄河大堤只要搞好防冲措施和淤背工程，堤身加高 3 ~ 5 米或者更高一些是可能的。

自解放以来黄河下游堤防工程，经过历年培修加固，又进行了河道整治，堤防抗洪能力空前强大。上游三门峡水库对洪水有了一定的控制，沿河百万人防大军为确保黄河大堤不决口的主要后盾，这是过去历代治河所不能比拟的。尤其今天在以华国锋同志为首的党中央提出了新时期总任务，黄河建设加快了步伐，黄河下游堤防加固和河道整治工程正在大力开展，上中游大规模的水土保持工作亦在积极进行，干支流大、中型水利枢纽将相继兴修。随着国民经济的大发展，治理黄河工作已开始向现代化进军，展望前景，恐到不了 60 年的时间，黄河洪水泥沙即可进一步得到控制，下游河道将随之有所改善。只要对黄河立足于"大治"，现行河道就会向好的方面转化，维持的年限也不只是 60 年的问题了。

（本文原载于《人民黄河》1979 年第 1 期）

① 《行水金鉴》。

# 利用窄深河槽输沙入海调水调沙减淤分析

齐　璞

（黄委会水科所）

**提　要**：黄河水沙变化使汛期进入下游的基流减小，含沙量增加，高含沙洪水出现的机会增多，在灌溉用水旺季将出现长时间断流。然而利用窄深河槽输送高含沙水流入海，不仅可以减轻黄河下游的严重淤积，还可向华北地区提供大量清水。文中给出了小浪底等水库不同调水冲刷方式，下游河道的减淤效益。计算成果表明，当小浪底水库的调沙库容为25亿 $m^3$ 时，下游河道的年平均淤积量可减少到1亿多吨。文中还以北洛河为例，给出下游河道的治理前景。

黄河是举世闻名的多沙河流。分析造成黄河下游河道淤积的主要原因，以及预估今后的发展趋势，找出减少黄河下游河道淤积的可行途径，在黄河的治理中具有重要的现实意义。

## 一、黄河水沙变化的总趋势与治理方向

由于黄河水资源开发的不平衡，必然会对来水来沙条件带来趋势变化，从而给黄河下游的治理带来新的问题。

刘家峡水库1968年10月15日蓄水，调节库容41.5亿 $m^3$，运用后河口镇的来水过程发生了明显的改变，汛期水量平均减少27亿 $m^3$，非汛期增加27亿 $m^3$，沙量在年内变化不大。

龙羊峡水库已开始蓄水，调节库容193.5亿 $m^3$，连同刘家峡调节库容在内共计235亿 $m^3$，构成多年调节。经计算如期调节水量40亿～70亿 $m^3$，丰水年达100亿 $m^3$，因此今后汛期进入河口镇的水量会大幅度减少。

由黄河中游地区主要支流6—9月平均含沙量和最大含沙资料可知，多数支流最大含沙量高达1 000 kg/$m^3$。根据北洛河的统计，含沙量大于300 kg/$m^3$ 高含沙洪水输送的泥沙占总沙量75%，有的年份高达90%。这种独特的水沙关系，将预示着黄河水沙变化的前景。

多沙河流水资源开发总是先用清水，水利工程也普遍采用"蓄清排浑"的运用方式。因此造成多沙河流清水基流逐渐减少，泥沙更加集中在几场大洪水中输送的现象。从河口镇到龙门区间35年含沙量变化中发现，近年来虽然总沙量在减少，但含沙量却在增加。

综上所述，今后汛期进入黄河下游的基流减少，含沙量增加，高含沙洪水出现的机会会增多，在灌溉用水旺季将会出现更多的断流机会，面临黄河水沙变化的不利情况，应积极研究如何提高河道的输沙能力，充分利用河道可能达到的输沙潜力多排沙入海。

## 二、黄河窄深河槽的输沙特性

从黄河不同河段大量实测资料分析表明，黄河窄深河槽具有极强的输沙能力，在比降1‰的窄深河槽中，当单宽流量大于5 $m^3$/s，可以顺利长距离稳定输送含沙量100～800 kg/$m^3$ 的高含沙洪水而不淤。图1给出黄河主要干支流不同的窄深河段，上游站与下游站间的含沙量关系，关系线成45°线表明，在上述水流条件下，窄深河槽具有极大的输沙能力。

黄河下游河道输沙特性，常用 $Q_s = KQ^{\alpha}S_{上}^{\beta}$ 描述，即本站的输沙能力不仅与本站流量 $Q$ 大小有关，还与上游站含沙量有关，它反映了冲积河流挟带细颗粒泥沙的输移特性。其中含沙量价格的方次 $\beta$ 值在游荡性的宽浅河段仅0.7～0.8，艾山以下的窄深河槽达0.976，表现出河槽形态愈窄深愈有利于泥沙输移的特性。当 $\beta$ 值为1时，河道的输沙能力与上游站含沙量成正比，在其他条件不变时，其输沙能力取

决于上游站含沙量。图 1 资料还表明：在洪水不漫滩时，上下游站间流量相等，则输沙公式中指数 $\alpha$、$\beta$ 值均等于 1，系数 $K$ 为单位换算系数，为 0.001，成为一输沙特例，表现出窄深河槽“多来多排”的高效输沙特性。

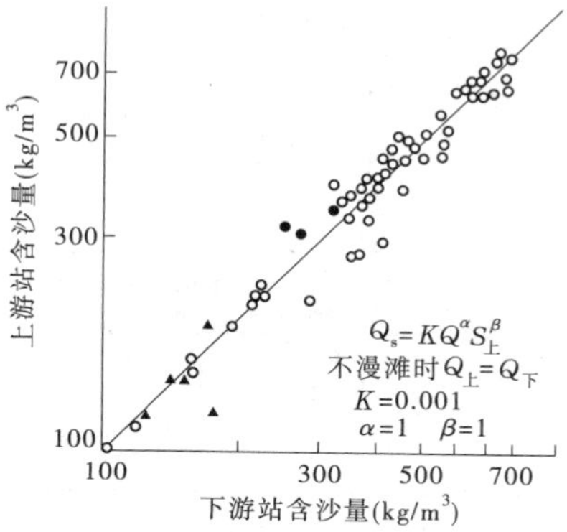


| 图例 | 河流名称 | 比降(‰) | 河槽宽(m) | 流量级($m^3$/s) |
|---|---|---|---|---|
| ○<br>●(漫滩) | 渭河 | 3 ~ 1 | 260 ~ 550 | >1 400 |
| ⊗ | 北洛河 | 1.7 | 100 | >300 |
| ▲ | 黄河下游(艾山—利津) | 1 | 500 ~ 600 | >3 000 |
| ◑ | 三门峡水库 | 2.5 ~ 0.3 | 500 ~ 800 | >3 500 |

**图 1　具有窄深河槽的河段上下游站间含沙量关系**

图 2 给出了艾山站最大含沙量 200 kg/m³ 时在断面上的分布情况，其表层含沙量 140 ~ 150 kg/m³，底层为 300 kg/m³，没有达到均质流的输沙状态，但从上下游站间的时段平均含沙量的变化、洪水前后的水位差分析，在流量 3 000 ~ 4 000 m³/s 时，可以顺利地长距离输送而不淤，河段的排沙比达 100%。

艾山以下的山东河道虽然没有通过高含沙洪水，但考虑到含沙量增加，流体的粘性增大，粗颗粒的沉速会大幅度降低，当含沙量增加到 400 ~ 500 kg/m³ 以上时，会更有利于泥沙颗粒的悬浮。1977 年 7、8 月两场高含沙洪水在三门峡水库输送过程中，进库的最大含沙量分别为 616 kg/m³ 和 911 kg/m³，坝前最高水位分别为 317.18 m 和 315.15 m，在坝上 40 km 范围内的库区日平均最小水面比降分别为 0.27‱和 0.92‱，水库的排沙比却分别为 97% 和 99%，从上可知黄河高含沙水流可以在较弱的水流条件下输沙。

潼关以下的三门峡库区，经过改建后的控制运用，已形成高滩深槽，主槽一般宽 600 ~ 800 m，滩槽高差 3 ~ 4 m、坝前 60 km 范围内达 6 ~ 10 m。1977 年洪水坝前最高水位虽高达 317.18 m，却均在窄深河槽中流动，并没有漫滩。

含沙量的增加虽有利于泥沙颗粒的悬浮，但是为了控制高含沙水流不进入层流，对含沙量的上限必须控制，水槽试验结果表明，其有效雷诺数 $Re$ 必须大于 2 000。

根据水槽试验和河道实测高含沙洪水分析，水深与流速间关系，高含沙洪水的阻力规律在紊流区与清水基本相同，采用山东河道实测水深与流速关系，用求得流速乘 0.9 计算 $Re$ 值。山东河道在流量 4 000 m³/s 时，不同泥沙组成及含沙量时的 $Re$ 值列表 1。

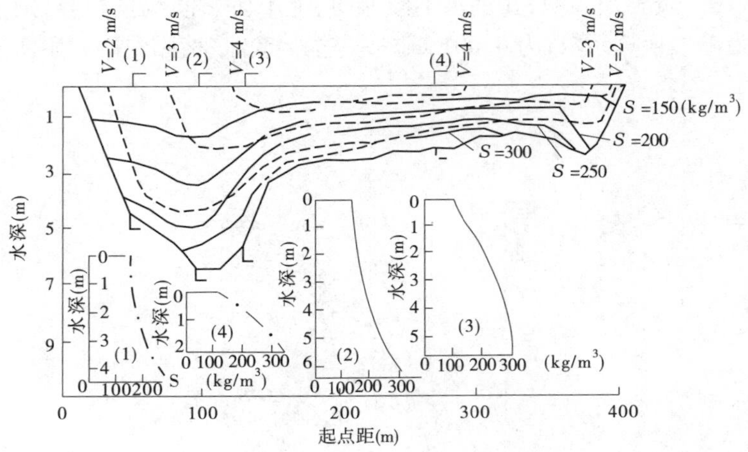


| $Q(m^3/s)$ | $S(kg/m^3)$ | $V_{cp}(m/s)$ | $h(m)$ | $B(m)$ | $d_{cp}(mm)$ |
|---|---|---|---|---|---|
| 3 000 | 200 | 2.4 | 3.13 | 400 | 0.035 |

**图 2　艾山断面含沙量分布(1973.9.5.8:00—11:54)**

**表 1　不同泥沙组成的 *Re* 值**

| 泥沙组成 | | $S$ | $\tau_B$ | $\eta$ | $Q=4\ 000\ m^3/s$ 时 $Re$ | | |
|---|---|---|---|---|---|---|---|
| $d_{50}$ (mm) | $d<0.01$ (%) | ($kg/m^3$) | ($kg/m^2$) | | 艾山 | 洛口 | 利津 |
| 0.006 | 80 | 500 | 0.986 | 0.000 74 | 3 870 | 5 490 | 5 270 |
| 0.036 | 33 | 900 | 0.601 | 0.001 3 | 7 550 | 10 700 | 10 300 |
| 0.105 | 5.9 | 900 | 0.188 | 0.000 98 | 24 000 | 34 100 | 32 700 |

表 1 给出的粗细不同泥沙组成时的 *Re* 值,均远大于 2 000(包括泥沙组成很细的异重流淤积物 $d_{50}=0.006$ mm),可以保证在上述含沙量时不进入层流。山东河道在流量 4 000 $m^3/s$ 时,水深达 4 ~ 5 m,是高含沙水流容易控制在紊流区的重要条件。

通过以上分析表明,目前的山东河道在流量 4 000 $m^3/s$ 时,不仅能够顺利输送含沙量 200 $kg/m^3$ 的洪水,即使含沙量达 400 ~ 800 $kg/m^3$ 时也能顺利输送。

## 三、改造宽浅河道的可能途径

黄河下游高村以上河道极为宽浅,是造成黄河下游河道严重淤积的主要原因[1]。根据资料统计,1950—1983 年 11 次高含沙洪水的来水量和来沙量分别占 34 年总来水量和总来沙量的 2% 和 14%,而下游河道的淤积量却占该时段总淤积量的 54%,其中 82.1% 集中在高村以上河段。若能将宽浅河道改造成窄深,河道的输沙能力则会大幅度提高,高含沙洪水造成的严重淤积也会得到消除。

关于宽浅河段的改造,可以采取工程措施进行河道整治,也可利用高含沙洪水在宽浅河道上自行塑造。其后者可能更为经济可行。只要能人为地产生历时较长,流量比较稳定的高含沙洪水,则可造成窄深河槽。

表 2 给出了黄河小北干流与下游夹河滩以上宽浅河段输沙能力,它表明,当洪水历时较长或者连续发生时,河道的输沙能力会迅速提高,表中第二场洪水的河段排沙比分别由第一场洪水的 78% 和 66% 迅速提高到 101% 和 124%。经过 210 km 长的河道,1973 年 9 月 3 日夹河滩站的含沙量仍达

456 kg/m$^3$。河道输沙能力迅速提高的主要原因，是高含沙洪水在输送过程中，塑造了适合自己输送的窄深河槽。

游荡性河段输沙能力能有如此迅速的变化，为调水调沙减少高含沙洪水在下游河道的严重淤积提供了可能。

**表 2　宽浅河道输沙能力变化**

| 河段 | 时段 | $Q_{max}$ ($m^3/s$) | $S_{max}$ ($kg/m^3$) | $d_{50}$ (mm) | $d<0.01$ mm(%) | 河段排沙比 (%) |
|---|---|---|---|---|---|---|
| 龙门—潼关 | 1977.7.6—8 | 14 500 | 690 | 0.04 ~ 0.05 | 14 ~ 20 | 78 |
| | 1977.8.5—9 | 12 700 | 821 | 0.03 ~ 0.13 | 11 ~ 15 | 101 |
| 小浪底—夹河滩 | 1973.8.28—31 | 3 840 | 477 | 0.04 ~ 0.05 | 15 ~ 25 | 66 |
| | 1973.9.1—3 | 4 470 | 331 | 0.04 ~ 0.05 | 10 ~ 25 | 124 |

窄深河槽的输沙特性告诉我们，河道的输沙能力，在流量大于一定值时几乎完全取决于上游的含沙量，而河道的冲淤则主要取决于流量的大小。通过水库调节若能产生适宜输送的高含沙水流当然好，若受某些条件的限制只能产生 200 ~ 300 kg/m$^3$ 含沙量较高的洪水，也可以形成窄深河槽输沙入海。问题的关键是要求泥沙集中排放，能人为地产生历时较长，流量稳定在 4 000 ~ 5 000 m$^3$/s，含沙量较高的水沙条件。只有这样高含沙洪水塑造的窄深河槽才能得到充分的利用。

为了实现上述目的，需要从根本上改造进入下游河道的来水来沙条件，为此对拟建中的小浪底水库调水调沙提出了特殊运用要求。

## 四、小浪底等水库联合调水调沙运用方式

水库调水调沙的任务是把出库的水沙调节成高含沙水流和清水水流。

**(1) 小浪底水库的运用方式**

该水库为巨型峡谷水库，原河床比降为 11‰，具有较强的调节能力与形成强烈溯源冲刷产生高含沙量的可能。其运用方式设计为：拦沙期水库高水位运用，下泄清水发电，大部分泥沙淤在库内。调沙库容淤满后，终止发电，控制坝前水位下降过程，利用丰水年 8、9 月天然径流，由强烈的溯源冲刷产生适宜输送的高含沙水流[2]，待库内冲刷告一段落后，再蓄水拦沙发电。水库如此循环运用。

恒山等水库的运用实践，说明水库在蓄水拦沙运用后，迅速降低库水位至淤积高程以下，待冲刷形成深槽，将有大量的淤泥滑塌。此时，很容易产生高含沙水流[2]。水库虽有大小，只要淤土的力学性质和水库的运用方式相似，在中小型水库出现的滑动现象，在大型水库也会发生。

为了获得较大的调沙库容和溯源冲刷比降，冲刷时库水位自 240 m 逐步降至 160 m，可获得 30 亿 m$^3$ 以上的调沙库容。小浪底水库在满足防洪要求后拦沙期尽可能高水位运用、其死水位用 240 m。7、8 月预留防洪库容 40 亿 m$^3$、调节库容 20 亿 m$^3$，9 月防洪库容 10 亿 m$^3$、调节库容 50 亿 m$^3$，10 月至 6 月调节库容 60 亿 m$^3$。水库在调节库容内运用，下泄 1 200 m$^3$/s 用于发电。在拦沙期将形成三角洲型淤积。

**(2) 有控制的溯源冲刷——高含沙水流产生**

从有利于泥沙在黄河下游河道的输送，对水库溯源冲刷提出两点要求：一是出库的含沙量要比较高且较稳定；二是粗细泥沙最好有一定搭配。为此我们试图通过控制坝前水位逐步下降，从而控制冲刷纵剖面呈近似于平行下切实现上述目的。

水库溯源冲刷纵剖面的发展过程主要取决于库水位下降过程和溯源冲刷向上游发展的速度。溯源冲刷向上游发展的速度与库水位降落速度、冲刷流量的大小、淤积物的抗冲特性有关。因此在冲刷流量一定时，库水位的降落过程将是一个控制因素，不同的下降过程，溯源冲刷纵剖面的发展过程可概化如表 3。

由表 3 可见，当库水位一次降到最低时，其冲刷纵剖面以坝前最低水位为原点，以逆时针方向迅速向上游发展，冲刷比降由最大逐渐变平，最后达到 $J_{冲}=J_{终}$（最小），在泥沙为三角洲型淤积时，出库的泥沙组成先细后粗，其冲刷速度最快。

**表 3　不同库水位下降过程溯源冲刷发展图形及出库特性比较表**

| 库水位下降过程 | 一次降至最低水位 | 缓慢连续下降 | 迅速连续下降 |
|---|---|---|---|
| 水库溯源冲刷纵剖面发展图形 | 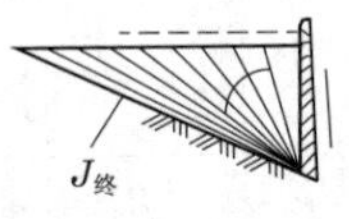 | 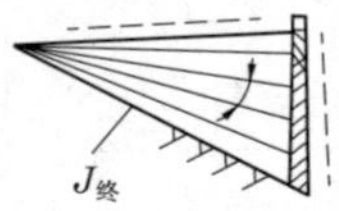 | 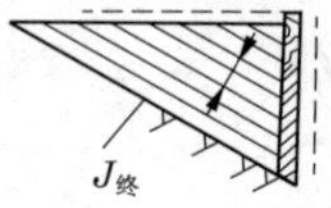 |
| 冲刷比降变化过程 | $J_{冲max}\longrightarrow J_{终}$（最小） | $J_{冲min}\longrightarrow J_{终}$（最大） | $J_{冲}=J_{终}$ |
| 出库泥沙组成特性 | 先细后粗 | 粗细有一定搭配 | 较均匀 |
| 溯源冲刷速度 | 最快 | 最慢 | 较快 |

当库水位缓慢下降时，溯源冲刷得到充分发展，其冲刷纵剖面顺时针方向发展，冲刷比降由 $J_{min}$ 逐渐加大，最后达到 $J_{冲}=J_{终}$（最大）。由于冲刷在较大的范围内同时发生，故冲刷出的泥沙组成均匀，但冲刷强度较弱。如三门峡水库 1964 年汛后发生的溯源冲刷。

在以上两种极端情况之间，可以找到这样一种库水位下降过程，库水位迅速而连续下降，溯源冲刷与沿程冲刷能得到较充分的发展，冲刷过程中其纵剖面呈近乎平行下切，$J_{冲}$ 始终等于 10‱，即表 3 中的第三种情况。出库的泥沙组成较均匀，含沙量也较高，具有以上两种极端情况的共同特性，可以满足高浓度调沙的要求。

由于水库淤积形态为三角洲型，粗沙总是淤在洲面上，当洲面粗沙发生冲刷时，只要坝前水位不断降低，主槽不断地下切，由细颗粒组成的流泥会不断地向主槽内滑动，使冲刷出来的粗细泥沙总是有一定搭配，不会出现冲刷出来的泥沙全是粗沙的情况。

**（3）出库含沙浓度的估算**

根据三门峡、恒山等水库实测资料建立的溯源冲刷公式较多[3]，本文选用清华大学水利系推荐公式：

$$Q_s = \varphi \frac{Q^{1.6} J^{1.2}}{B^{0.6}}$$

式中，$Q$ 为冲刷流量，$m^3/s$；$J$ 为冲刷比降，1‱；$B$ 为冲刷河宽，在强烈的下切过程中冲刷河宽小于稳定河宽 $B=300$ m；系数 $\varphi$ 值与淤积物的特性有关，考虑水库多年调节 $\varphi$ 值取 300～400，若在冲刷流量为 3 000 $m^3/s$ 时，可冲刷出 300～500 $kg/m^3$ 的高含沙水流。

**（4）溯源冲刷库水位下降过程**

当冲刷流量一定，控制出库的含沙量在适宜输送的范围，则可根据水库每天出库的沙量估算坝前水位每天下降的数值。假定冲刷断面为梯形，库水位下降后首先刷深主槽，然后边坡失去稳定，向主槽内滑塌，则每天冲刷量可用下式估算：

$$[(1.5B + mh_i)h_i^2 - (1.5B + mh_{i-1})h_{i-1}^2]\frac{1}{3J_{冲}} = A$$

式中符号的意义见图 3。计算中 $B=300$ m，$J_{冲}=1‱$，$m$ 为边坡稳定系数。$h_i$ 减 $h_{i-1}$ 为水库每天库水位降落值。

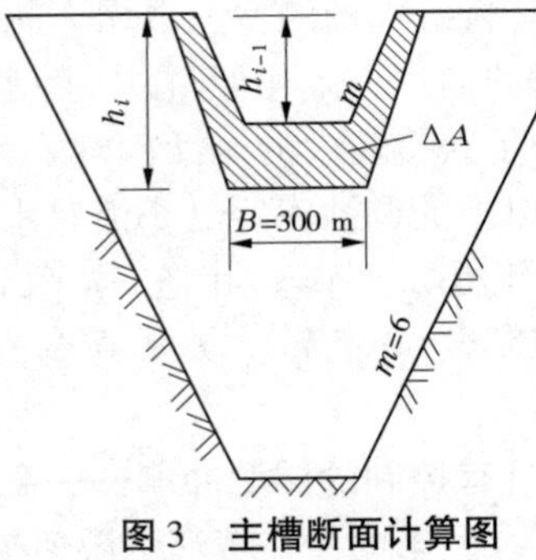


**图 3　主槽断面计算图**

**（5）溯源冲刷时进出库流量间的关系**

在溯源冲刷过程中，因有大量的淤泥参加运动，其出库流量随着冲刷出含沙浓度的增加而增大，其关系为：

$$Q_{出} = Q_{入}\left(1 + \frac{S_{冲}}{S_{淤} - S_{冲}}\right)$$

式中，$Q_{入}$ 为入库流量；$S_{冲}$ 和 $S_{淤}$ 分别为冲刷增加的含沙量和淤积物的容重。当 $S_{淤}$ = 1 200 kg/m$^3$、冲刷流量为 3 000 m$^3$/s 时，冲刷出的含沙量 400 kg/m$^3$，出库的浑水流量为 4 500 m$^3$/s，为进库流量的 1.5 倍。

## 五、不同调水冲刷运用方式的减淤效果

采用黄委会设计院提供的 30 年系列作为方案比较计算系列。下游河道的冲淤计算考虑了高含沙水流塑造窄深河槽后输沙能力的巨大变化，及水库下泄清水冲刷塌滩对窄深河槽的破坏作用。清水冲刷采用文献[4]的计算程序，与高含沙输沙程序有机地并联运行。水库下泄清水下游河床发生冲刷，排泄高含沙水流时，因塑造窄深河槽而发生淤积。

当水库调沙库容淤满后，在 8、9 月间，当入库流量大于 2 500 m$^3$/s，开始放空小浪底水库，三门峡水库关门，待放空后开始三门峡水库放水冲刷，冲刷流量 3 000 ~ 5 000 m$^3$/s，小浪底出库流量 4 000 ~ 7 000 m$^3$/s，不同运用方案减淤效果如下：

**(1) 调沙库容变化对减淤效果的影响**

当调沙库容大时，出库的高含沙洪水历时长，塑造的窄深河槽可以得到充分的利用，河道的减淤效果自然好，反之调沙库容小，塑造的窄深河槽得不到充分的利用，减淤效果则差，甚至不减淤。图 4 给出三种不同运用方案调沙库容与平均每年下游河道淤积量的关系，表明随着调沙库容的增加，淤积量逐渐减小。在调沙库容 10 亿 m$^3$ 时，年淤积量达 3 亿 ~ 5 亿 t，而当调沙库容大于 25 亿 m$^3$ 时，年淤积量减少到 1 ~ 2 亿 t。由此可知，要使下游河道有较好的减淤效果，小浪底水库应保留 25 亿 m$^3$ 以上的调沙库容。

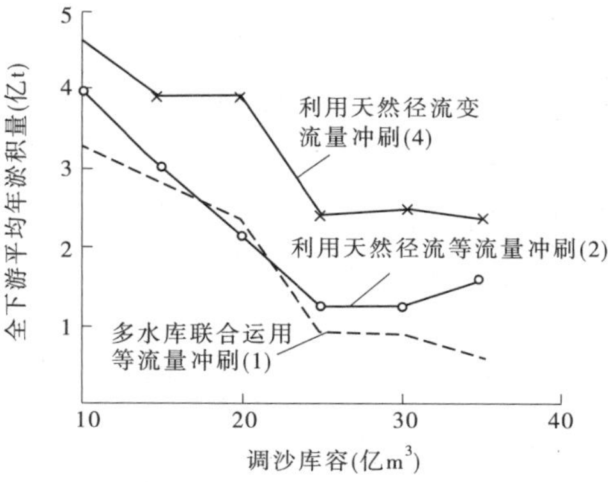


**图 4　调沙库容与减淤效果间的关系**

**(2) 不同调水冲刷方式的减淤效果**

为了选择最优的运用方案，以起冲调沙库容 25 亿 m$^3$ 为例进行了比较计算，其调水冲刷方式与计算成果见表 4。计算结果表明：等流量冲刷方案(1)(2)下游河道的减淤效果比较理想，年平均淤积只有 1 亿 t 左右，其中主槽淤积量为 0.44 亿 ~ 0.72 亿 t，但需要较大的水量调节库容，只有多水库联合运用才能实现。为此我们又进行了利用天然径流变流量冲刷(3)(4)的计算。由表 4 可知，水库排沙次数达 15 次，较前者增加 50%，全下游年平均淤积量达 2 亿多吨，其中主槽淤积 1.5 亿 t。造成减淤效果不如前者的主要原因，是水库多次排沙都因来水不足而被迫中途停止，因此高含沙水流塑造的窄深河槽没有得到充分的利用，这种情况在 30 年之中竟有 8 次之多，由此可见为了获得较好的减淤效果，适时补水是必要的。为此又研究了，当水库冲刷天数大于 10 天，而来水不足时进行补水冲刷方案(5)(6)，水库的排沙次数由前者 15 次减少到 10 次，全下游年平均淤积量减到 1.13 亿 ~ 1.42 亿 t，其中主槽淤积 0.66 亿 ~ 0.8 亿 t。由表 4 中给出的最大补水量也由(1)方案的 40 亿 m$^3$ 减小到 20 多亿 m$^3$，最多余水量由 43 亿 m$^3$ 减到 6.9 亿 ~ 20.8 亿 m$^3$。其水量调节的负担较小，减淤的效果也比较理想，是值得进一步研究的方案。

**(3) 引走清水对河道冲淤的影响**

由于清水冲刷不仅会破坏高含沙洪水塑造的窄深河槽，中小流量的清水还会造成黄河河南河段冲刷山东河段淤积的不利局面，因此引走中小流量的清水可以调整河道的冲淤分布。假如由坝下引走含沙量小于 5 kg/m$^3$，流量大于 600 m$^3$/s，小于 2 000 m$^3$/s 间的全部水量，在灌溉用水期下泄 600 m$^3$/s，11、4 月只放 300 m$^3$/s，12、1、2、3 月只放 100 m$^3$/s，其余水量全部引走。计算表明：30 年平均年引水量 130 亿 m$^3$，汛期 38 亿 m$^3$，非汛期 92 亿 m$^3$。年平均下游淤积最较(5)方案增淤 0.48 亿 t，其中主槽增淤 0.28 亿 t，主要发生在艾山以上河段，艾山至利津河段反而每年减少 0.08 亿 t、主槽平均年淤积厚度由 0.11 m 减小到 0.066 m。由此可见引走中小清水有助于控制山东河道的淤积。为此需要修建桃花峪水库，调节小浪底水库下泄的清水分送黄河南北两岸，最大限度地满足华北地区工农业用水的需求。

表4 调沙库容25亿 $m^3$ 不同调水冲刷方式减淤效果表(30年系列)

| 编号 | 调水冲刷方式 | | 冲刷流量($m^3/s$) | 水库拦沙率(%) | 最大调节水量(亿 $m^3$) | | 水库排沙次数 | 下游河道淤积量(亿 t) | | | | 主槽年升高值(m) | | | |
|---|---|---|---|---|---|---|---|---|---|---|---|---|---|---|---|
| | | | | | 补水 | 余水 | | 断面 | 全河 | 艾山以上 | 艾山—利津 | 花园口以上 | 花园口—高村 | 高村—艾山 | 艾山—利津 |
| (1) | 等流量冲刷 | 淤满后, $Q>2\ 500\ m^3/s$ 开始冲刷,冲完调沙库容为止,无水补水 | 3 000 | 81.5 | 40 | 43 | 9 | 全断面<br>主槽 | 0.96<br>0.44 | 0.57<br>0.27 | 0.39<br>0.17 | -0.10 | 0.08 | 0.12 | 0.09 |
| (2) | 等流量冲刷 | 淤满后, $Q>2\ 500\ m^3/s$ 开始冲刷,无水停止冲刷 | 3 000 | 74.7 | 0 | 43 | 13 | 全断面<br>主槽 | 1.16<br>0.72 | 0.74<br>0.55 | 0.42<br>0.17 | -0.04 | 0.11 | 0.12 | 0.10 |
| (3) | 变流量冲刷 | 淤满后, $Q>2\ 500\ m^3/s$ 开始冲刷,无水停止冲刷 | $W<5\times10^8\ m^3$ 3 000<br>$5\times10^8\sim6\times10^8\ m^3$ 3 500<br>$>6\times10^8\ m^3$ 5 000 | 73.9 | 0 | 6.8 | 15 | 全断面<br>主槽 | 2.58<br>1.49 | 1.92<br>1.23 | 0.67<br>0.26 | -0.02 | 0.23 | 0.19 | 0.14 |
| (4) | 变流量冲刷 | 淤满后, $Q>2\ 500\ m^3/s$ 开始冲刷,无水停止冲刷 | $<5\times10^8\ m^3$ 3 000<br>$5\times10^8\sim10\times10^8\ m^3$ 3 500<br>$>10\times10^8\ m^3$ 4 000 | 73.2 | 0 | 20.8 | 14 | 全断面<br>主槽 | 2.17<br>1.45 | 1.56<br>1.19 | 0.61<br>0.26 | -0.01 | 0.21 | 0.20 | 0.14 |
| (5) | 变流量冲刷 | 淤满后, $Q>2\ 500\ m^3/s$ 开始冲刷,天数大于10天,无水补水 | $<5\times10^8\ m^3$ 3 000<br>$5\times10^8\sim6\times10^8\ m^3$ 3 500<br>$>6\times10^8\ m^3$ 5 000 | 78.3 | 24 | 6.9 | 9 | 全断面<br>主槽 | 1.42<br>0.80 | 0.88<br>0.60 | 0.55<br>0.20 | -0.06 | 0.13 | 0.12 | 0.11 |
| (6) | 变流量冲刷 | 淤满后, $Q>2\ 500\ m^3/s$ 开始冲刷,天数大于10天,无水补水 | $<5\times10^8\ m^3$ 3 000<br>$5\times10^8\sim10\times10^8\ m^3$ 3 500<br>$>10\times10^8\ m^3$ 5 000 | 78.7 | 29.9 | 20.8 | 10 | 全断面<br>主槽 | 1.13<br>0.66 | 0.69<br>0.48 | 0.44<br>0.18 | -0.07 | 0.11 | 0.12 | 0.10 |

## 六、黄河下游河道治理的前景

黄河的来水来沙条件，随着时间的推移，虽然愈来愈不利，但是通过水库的调节却发生了根本的变化。在近期高含沙洪水塑造的窄深河槽虽然不能稳定，但由于排沙历时长，塑造的窄深河槽能得到充分的利用；在远朝随着中上游工农业用水的增长，清水基流和洪峰流量会大幅度减小，黄河的来水来沙朝向北洛河模式[1]发展，此时小浪底等水库将发挥更大的作用，最终黄河下游河道将变成几年排泄一次高含沙洪水入海和偶尔宣泄大洪水的窄深河槽。黄河下游的洪水和泥沙问题可能得到根本性的解决，黄河的水沙资源也可以得到充分的利用。

## 结　语

利用窄深河槽输送高含沙水流入海，不仅会减少黄河下游河道的淤积量，适应愈来愈不利的黄河水沙变化，并可为华北地区提供大量的清水资源，在治黄上具有重要的现实意义，是值得进一步深入研究的课题。

### 参 考 文 献

[1] 齐璞、赵业安，黄河高含沙洪水输移特性及其河床形成，1985 年北京国际高含沙水流学术讨论会论文（中文见水利学报 1982 年 8 期）。

[2] 郭志刚、周宾、凌来文，恒山水库管理运用中的高含沙水流，1985 年北京国际高含沙水流学术讨论会论文。

[3] 西北水科所、清华大学，水库泥沙，水利电力出版社，1978 年。

[4] 刘月兰、韩少发、吴知，黄河下游河道冲淤计算方法，泥沙研究，1987 年 3 期。

（本文原载于《人民黄河》1988 年第 6 期）

# 黄河下游河道纵剖面形成概论及持续淤积的原因

尹学良,陈金荣

(水利水电科学研究院,北京 100044)

**文　摘**:本文认为黄河下游河流地貌过程是“夷平过程”,没有什么河床平行淤高可言。通过概念化水槽模拟,明确了即使河口不再淤积延伸,黄河下游也要继续大量淤积抬高,黄河河道淤积抬高是由河口淤积延伸造成的说法是没有根据的。黄河下游持续淤积抬高是由于来沙多,挟沙能力不足造成的,而挟沙能力不足则是历史条件所形成的比降平缓和断面宽浅的河道特性造成的。河口淤积中的一部分也属于沿程淤积的范畴,其他属溯源淤积部分,向上影响距离仅在山东下段。

**关键词**:河道演变;河床纵断面;河道淤积;河口淤积;黄河下游河道

## 1　近代黄河下游河道纵剖面的形成及发展

1855 年铜瓦厢决口改道后,黄河下游河道纵剖面的变化可分为以下几个阶段:第一阶段,决口处以上河道发生强烈的溯源冲刷,影响达到沁河口[1],决口处以下为广阔的泛区,泥沙到处淤积,河无定路,再下为泛水汇集之处,泥沙进一步落淤;澄清或部分澄清的黄河水流,夺鱼山以下的大清河入海,使大清河河身刷深拓宽。第二阶段,泛区逐渐出现主河,堤防修起;泛区上缘下移,下缘即泛水汇集区的上缘也渐渐下移到张秋、梁山一带;进入大清河的沙量增大,使大清河从冲刷拓宽转入淤高拓宽,泛区的淤高使铜瓦厢以上的河道也从溯源冲刷转入溯源淤积阶段。第三阶段,泛区继续淤高、下延,三角洲顶点移至关山、鱼山一带,泛水汇集区逐渐淤死。第四阶段,决口上下各段分别调整,渐渐形成定性统一的纵剖面。第五阶段,河道进一步调整,直至上下各河段的河相、河道特性、河型及输水输沙特性,密切地相互联系、相互制约,这就形成了平衡纵剖面。当然,各河段的发展阶段不一定同步。

那么,黄河目前是处在哪一个阶段呢?

四五十年代有这样的说法:上游来洪不管多大,艾山以下只通过 6 000 $m^3/s$。这是鱼山、艾山等山崖限制和东平湖调蓄能力较强造成的,当然,上段堤防强度不足也是个因素。1958 年以前,东平湖和黄河还是湖河不分,此处成为黄河洪水的自然调节池。这些情况说明,当时的黄河可能处在第三阶段。1958 年大洪水后,人工将东平湖与黄河分离开来,在平面上消除了泛水汇集区,纵剖面的塑造则并未完成这个阶段。另外,在东坝头以上,1855 年以前,河道游荡范围直达南北两堤,宽十余公里,而目前黄河的游荡范围还不到那时的一半,远未恢复到原有情况[2]。文献[3]认为,东坝头以下冲积扇前坡的前缘在孙口附近,按此说法,黄河下游纵剖面的发展还处在第二阶段中期。

## 2　河道纵剖面的流水地貌过程

流水地貌的演变,就是在水流作用下,泥沙输移的结果。流域泥沙的运行,无一不是上段冲刷、中段输移、下段淤积,如图 1 所示。其所导致的河床演变过程,就是众所周知的“夷平过程”,即河道纵剖面不断变平,比降不断变小的过程。黄河小浪底以下河段是图 1 中淤积段的典型,小浪底附近可认为较长时期不淤积抬高,以下直到海口河长不断加大,纵剖面不断夷平,平均比降逐渐减小,从这个角度出发,黄河下游没有什么平行淤高可言。

## 3　概念化水槽中、下游平衡纵剖面的形成

在尾门高度、位置固定、进口位置也固定、宽度一定的水槽进口,输入变化过程一定的水流和泥沙,经过足够长的时间后,水槽底的淤沙面会达到稳定状态,形成不淤平衡纵剖面。这一纵剖面,若不考虑

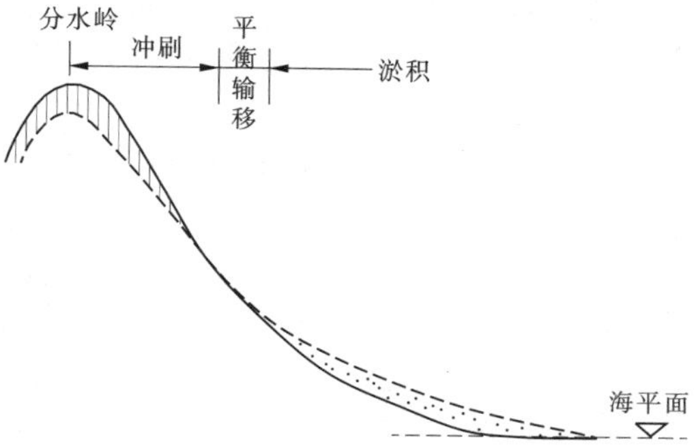


图1　流域纵剖面的夷平过程

泥沙颗粒的沿程磨损，则是一条直线，其流速、水深、含沙量、泥沙组成、河床阻力以及比降等也都将沿程不变，这是一个很重要的概念。如果考虑泥沙磨损因素，那么纵剖面将是指数曲线形。这类试验已做过不少，黄委水科院的试验也验证了这个问题；可惜该试验水槽长仅20多米，即使按万分之一比例尺计，亦不过相当于原型长200多公里，要模拟黄河的情况，则长度、高度、试验时间、精度等还要大大增加。

现将此类形成不淤平衡纵剖面后的水槽称为零号水槽，顺此进一步讨论如下，并且仍假定上游来水来沙条件不变。

一号水槽。将整个零号水槽按同一高度向下游平移，则原已形成的平衡纵剖面将成为一条向下游平行移动的、形态相对稳定的曲线。如果纵剖面是直线，则可看成是平行淤高，如图2(a)所示；但若纵剖面不是直线，则平移就不能构成平行升高了，见图2(b)。还有，水槽平行下移，对于自然河道来说意味着进口水沙条件要发生变化：含沙量变小，泥沙变细，水流过程变平缓；相当于上段河长加大了，这自然要使纵剖面改变。因此，平行淤高的现象是不存在的。

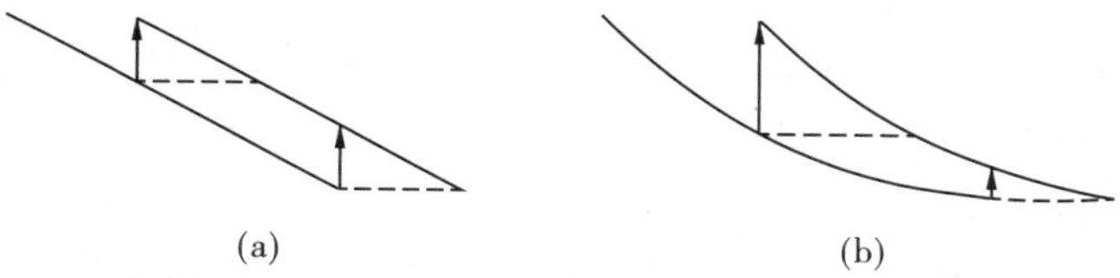


图2　纵剖面形态不变的河长延伸、河床淤高方式

二号水槽。将整个零号水槽向上垂直抬升，则原已形成的平衡纵剖面将符合所谓的平行淤高了。然而，维持这个平行抬升的条件是水槽进口水沙条件不变，这在自然河道中，除了进水口是瀑布跌水之外，其他都是不能满足的。

三号水槽。将零号水槽尾门在同一高度上按均匀速度向下游移动，于是下端比降减小，发生淤积，淤积不断向上游传递，这就是一般所说的河长延伸引起的溯源淤积，从开始移动尾门到水槽上端开始淤积为止作为第一时段，时段末的河床比降比原有的不淤平衡比降小。此后，河长的继续延伸引起河道不断上溯淤积，各地的比降也继续减小，这可作为第二时段。将比降不再减小之后作为第三时段，这个时段也就是人们所说的动平衡状态下的平行淤高。以上是按进口水沙条件不变的假定推得的；实际上水槽进口淤高了，和二号水槽的情况一样，水槽进口水沙条件也发生了变化；仅这一条就使第二时段无限延长下去而没有第三时段，即不存在平行淤高现象。

四号水槽。按上面三号水槽的试验，在水槽尾门向下游平行移动足够长时间之后，将尾门固定住，此时尾门处不再淤积抬高了，但上游河床仍将继续淤积，一直淤高到形成新的不淤平衡纵剖面。新的不淤平衡纵剖面应与尾门开始向下移动前所形成的不淤平衡纵剖面平行。进口水沙条件因河床抬高而不能不变，所引起的问题仍和前面一样。

五号水槽。按上面三号水槽的试验，在水槽尾门向下游平行移动足够长时间之后，停止平移，而按匀速 $u$ 垂直向上抬升。如果 $u=0$，即相当于四号水槽尾门梢上的比降将陆续增大；如果 $u$ 比上段淤高速度大，则尾门梢上的比降将转而减小。在此两者之间定能找到一个合适的抬升速度 $u_c$，使尾门梢上的比降维持不变。$u_c$ 就是三号水槽尾门以上某处的淤高速度，此时的淤积不是由于比降减小造成，因此不属于一般所说的溯源淤积，于是有表 1 的关系。可见近河口的河道淤积，不该动辄就认为是溯源淤积，其中相当大部分是属于沿程淤积的。

表 1　五号水槽尾门陆续抬升的淤积分类

| 尾门抬升速度 | 尾门处 | 尾门梢上 | 尾门梢上的比降 | 淤积性质 |
|---|---|---|---|---|
| $u=0$ | 不淤 | 淤高 | 增大 | 沿程淤积 |
| $0<u<u_c$ | 淤高 | 淤高 | 增大 | 沿程淤积 |
| $u=u_c$ | 淤高 | 淤高 | 不变 | 沿程淤积 |
| $u>u_c$ | 淤高 | 淤高 | 减小 | 沿程淤积、溯源淤积 |
| $u \gg u_c$ | 淤高 | 淤高 | 减小 | 溯源淤积为主 |

## 4　黄河下游的不淤平衡纵剖面

现在姑且假定黄河已塑造到三号水槽的第二或第三阶段，即河口淤积延伸的影响已经达到黄河下游的上端铁谢一带；然后假定河口不再淤积延伸，由于此时的比降小于不淤平衡纵比降，河口以上各处仍将继续淤积，直到新的不淤平衡纵剖面塑造完成为止，如图 3 所示。A 线为 1960 年 7 月 3 000 $m^3/s$ 的水面线，这是正在强烈淤积的纵剖面线，约有 1/4 的上中游来沙淤在河道上，而且主要是较粗沙部分。要使河道不淤积，需将海口移至艾山上下，见图 3 中的 C 线，这当然是不现实的。另一方面，假定河口不再淤积延伸，河道将淤到 B 线那样才能不再淤积。B 线与 C 线相似，都是不淤平衡纵剖面。因此，认为黄河下游的淤积是河口淤积延伸造成，河口不淤积，河道也就不会淤积的说法是没有根据的。

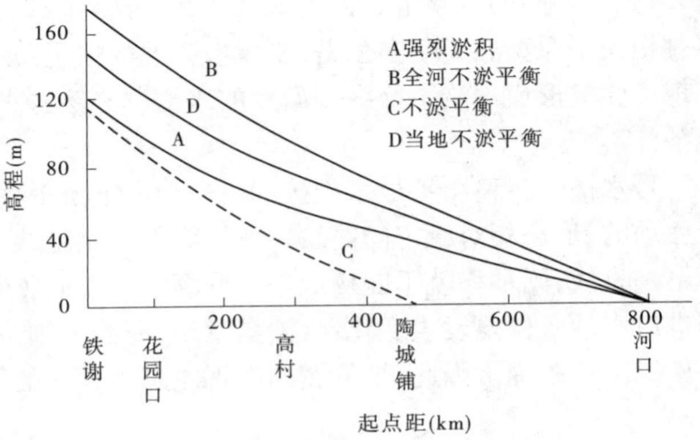


图 3　黄河下游纵剖面

黄河下游的不淤平衡纵比降究竟是多少呢？铁谢到花园口段 1960 年和 1985 年 3 000 $m^3/s$ 水面比降分别为 2.8‱和 2.7‱，这是淤积状态下的比降，不淤平衡纵比降应比它们大。按前述，不淤平衡纵剖面形成后，含沙量、泥沙组成、比降都将沿程不变。考虑泥沙的沿程磨损，纵比降会沿程稍许减小，而洪水的沿程调平，则又会使纵比降沿程增大。另外，根据黄金池的试验结果，堆积性河流不淤平衡纵比降与河道摆动宽度成正相关。三门峡库区内为 1.7‱，龙门到潼关约为 4.1‱。据此，约估黄河下游的不淤平衡纵比降见表 2，铁谢到花园口几乎就用 1960 年的比降值，应该不致偏大。陶城铺以下用 1.8‱虽比现在的比降大不少，但在全下游都不再淤积的情况下，全河来沙都通过河口入海，则进入河口的平均含沙量将比现在约增大 1/3（按现在排沙比为 75% 计），其中，较粗泥沙含量将大大增加（1972—1983 年粗于 0.025 mm 泥沙的排沙比为 63%）；泥沙粒径也将比现在变粗很多（三门峡建库前铁谢、花园口和利津的床沙中径各为 0.164、0.092、0.057 mm，铁谢为利津的 2.9 倍），这样，陶城铺以下的比降也应增大，直到与花园口以上相差不远为止，这里只用 1.8‱，应不致偏大。

表 2 中已按约估的不淤平衡纵比降计算得各河段的不淤平衡纵剖面。图 3 中 B、C 线就是按此绘制的，将它与现在的纵剖面比较，得到各处还可淤高的数值，见表 2，数值是很大的。按目前两堤内容积计算，约可容沙 1 400 亿 $m^3$，若每年淤积约 3 亿 $m^3$，并按自然衰减规律减到基本不再淤积，所需的年限非常可观。的确，人力不能维持黄河再淤高那么多；上面的估算也很粗糙，误差可能很大。但是，淤积纵比降比不淤平衡纵比降小是肯定的，不管河口淤积与否，黄河下游总要大量淤积抬高也是肯定的。

**表 2　约估的黄河下游不淤平衡纵比降和纵剖面**

| 地点 | 铁谢 | 花园口 | 高村 | 陶城铺 | 河口 |
|---|---|---|---|---|---|
| 间距(km) | 103 | 173 | 146 | 385 | |
| 约估的不淤平衡纵比降 | 2.8‱ | 2.6‱ | 2.2‱ | 1.8‱ | |
| 高差(m) | 29 | 45 | 32 | 69 | |
| 海拔(m) | 175 | 146 | 101 | 69 | 0 |
| 1960 年 7 月 3 000 $m^3/s$ 的水位(m) | 120.98 | 92.25 | 60.77 | 42.5 | 1.5* |
| 还可淤高(m) | 55 | 55 | 42 | 28 | 0 |

**注：**黄河口大沽高程比黄海高程约高 1.5 m。

## 5　黄河下游持续淤积的原因与河口淤积延伸的关系

图 3 中，A 线是淤积纵剖面，即各处纵比降都比输送当地现时的沙量所需比降为小。要不淤积，各处的比降都要加大些才行。以现河口为基准，将各处比降按此要求加大了纵剖面依序串联成一新的纵剖面线，见图 3 中的 D 线。虽然它是虚构的，但它可表达各地都能输送当前当地来沙所需要的纵剖面。它比 A 线高，其高差就是造成当前河道淤积的原因；它比 B 线低，就是说即使满足排走目前当地来沙，黄河仍要继续淤积下去。这些淤积当然与河口现时的淤积延伸无关。

干三角洲和水下三角洲都一样，在其淤积过程中，由于泥沙分选作用，较粗颗粒在洲顶坡及前坡上，比降较大。较细颗粒则能输送很远，造成坡度很平的三角洲底坡。显然，底坡前缘的淤积不能对洲顶、前坡起影响作用，对底坡的影响也不大，在黄河，底坡早在很古老以前就伸得很远。所谓比降偏小是很早以前就形成的。

因此，黄河下游强烈、持续淤积的原因是：水沙搭配不良造成了断面宽浅，很早以前就造成了比降偏小，两者配合而成的输沙能力，不能满足输走全部来沙。河口淤积延伸的影响上溯不远。

## 6　结　论

理论上，自然河流都处于夷平过程中，没有什么平行淤积可言。

由于比降小于不淤比降，即使河口不再淤积延伸，黄河下游也要大量淤积。因此，说黄河的淤积由河口淤积延伸造成，是没有根据的。

黄河下游河道强烈、持续淤积的原因：来水来沙搭配不良造成的断面宽浅及很早以前细颗粒泥沙长远输移造成的比降偏小，两者配合而成的输沙能力不能满足输走全部来沙。河口淤积延伸的影响上溯不远。

### 参 考 文 献


[1] 庄积坤. 1855 年前后黄河沁河口到铜瓦厢河段初探. 人民黄河，1982，(1).

[2] 钱宁. 1855 年铜瓦厢决口以后黄河下游河道历史演变过程中的若干问题. 人民黄河，1986，(5).

[3] 周文浩，范昭. 黄河下游河床近代纵剖面的变化. 泥沙研究，1983，(4).

[4] 尹学良，陈金荣. 黄河下游的河性. 地理学报，1992，(3).


（本文原载于《人民黄河》1993 年第 2 期）

# 黄河干流水沙变化与河床演变

钱意颖

（黄委会水科院，郑州 450003）

新中国建立以来，黄河流域治理开发取得了巨大成就，灌溉面积发展迅速，干支流水利水电工程和中游水土保持措施建设得到全面发展。这些工程和措施，在除害兴利、发展生产、改善生态环境等方面发挥了积极的作用，但也引起了黄河水沙变化和冲积河流的自动调整。

## 1 流域治理开发引起的水沙变化

流域治理开发引起水沙变化的主要因素有：工农业耗水和引沙、干流枢纽对水沙的调节作用和水利水保工程的综合作用。

### 1.1 工农业耗水和引沙

农业灌溉耗水是当前流域内的用水大户。现有灌区主要分布在上游宁蒙平原、中游汾渭盆地和下游沿黄平原，其面积占全河灌溉面积的80%以上。据统计，20世纪80年代全流域农业灌溉年均引水274.9亿 $m^3$，引沙1.924亿t；工业及城镇居民生活用水约19.4亿 $m^3$。其中各河段引水量占总耗水量的比例为：上游43.6%、中游21.5%、下游34.9%。

### 1.2 干流大型水库对水沙的调节作用

#### 1.2.1 年内水沙分配的变化

在干流修建的8座枢纽中，龙羊峡、刘家峡和三门峡水库的库容较大，调节作用对水沙年内分配有影响。据1986年11月至1990年10月实测资料统计，上游龙羊峡、刘家峡两库联合运用，汛期平均蓄水46.8亿 $m^3$，非汛期泄水15.5亿 $m^3$，使刘家峡水库汛期出库水量降至天然来水量的45.5%。由于黄河水量主要来自刘家峡水库以上，泥沙主要来自中游，水库调节的结果，使黄河中下游的水沙关系更不适应。

三门峡水库蓄清排浑运用，非汛期下泄的基本是清水，汛期排泄将近全年的沙量，对年内水量分配没有多少影响。

#### 1.2.2 削峰拦沙作用

黄河中下游的洪水，主要由上游和中游来水组成，前者为基流，洪量大、含沙量小；后者受降雨影响明显，峰高、含沙量大。上游水库调节洪水后，中下游出现高含沙洪水的机遇增加，对河道冲淤不利。

#### 1.2.3 水沙组合（搭配）的变化

水沙组合关系可用各级流量范围内的沙量变化表示。通过分析黄河干流工程修建前后各级流量下累积输沙率关系可以看出，在三盛公、盐锅峡和青铜峡枢纽运用时期，相应累加输沙率峰值时的流量增加；刘家峡和龙羊峡水库分别投入运用后，汛期削峰蓄水，使相应累加输沙率峰值时的流量减小。这表明前者使水流的造床作用增大，后者减小[1]。用同样的方法对三门峡水库不同运用时期的水沙关系进行分析的结果表明[2]，滞洪运用时期相应沙量峰值时的流量为1 500 $m^3/s$，蓄清排浑运用时增大到3 500 $m^3/s$，较入库相应值还大。

### 1.3 水利水保措施对水沙变化的综合影响

黄河流域1970年以前支流的水利水保工程不多，对径流、泥沙的影响不大。1970年以后，由于大规模地开展流域治理，对水沙变化影响较大。根据本项目黄河流域侵蚀产沙规律及水保减沙效益分析课题的模型计算结果，70、80年代三门峡入库（龙门、河津、张家山、咸阳和洑头）的减水减沙量分别为145.48亿 $m^3$、3.781亿t及159.9亿 $m^3$、4.797亿t；水保法计算的结果为，70、80年代的减沙量分别为

3.556 亿 t 和 2.397 亿 t。两种方法比较,70 年代基本一致,80 年代相差较大。

## 2　黄河泥沙的输移特性

### 2.1　干流水沙沿程运行情况

黄河干流由于地质构造的影响,山地隆起,盆地坳陷,形成了峡谷与平原相间,过水断面一束一放的葫芦状河谷形态。其中,峡谷河段的比降陡,支流汇入后,增水增沙;平原河段比降缓、河谷宽,两岸引水引沙,河道淤积,水沙沿程减少。全河增水较多的河段有:唐乃亥以上、循化—兰州和龙门—花园口;增沙最多的河段为河口镇—三门峡,其次是兰州—青铜峡,反映出水沙异源的特点。水沙沿程减少的河段有:宁蒙河段和黄河下游,龙门—潼关河段因河道淤积,泥沙也有减少。

黄河泥沙主要由暴雨侵蚀形成,汛期含沙量沿程变化与年沙量变化基本一致。非汛期来水主要由地下水和冰雪融化而成,泥沙主要来源于水流对河床的冲刷,这在一定程度上反映了河道的输沙特性。其中,三门峡以上含沙量沿程增加,峡谷段增加较多,平原段增加较少;三门峡以下沿程减小,表明河道沿程淤积。三门峡水库蓄清排浑运用以后,非汛期回水一般不超过潼关,潼关以下发生淤积,水库下泄清水,下游高村以上河道发生冲刷,高村以下还是淤积。

### 2.2　冲积河段的输沙特性

#### 2.2.1　全沙挟沙力

冲积河流的挟沙力一般可用输沙率与流量的关系表示,但在黄河下游,含沙量变化较大,其关系非常散乱。据大量实测资料分析[3],主槽床沙质输沙率不单纯是流量的函数,还与来沙中床沙质含沙量的大小有密切关系,其关系式为:

$$Q_s = KQ^a S_{上}^b$$

式中　$Q_s$——床沙质输沙率,t/s;$Q$——流量,$m^3/s$;$S_{上}$——上站床沙质含沙量,$kg/m^3$;$K$——系数,与河床前期冲淤有关;$a$、$b$——指数,$a = 1.12J^{0.136}$,$b = 1.155(\sqrt{B}/H)^{0.107}$。由关系式可以看出,流量反映水流的输沙强度,上站含沙量反映不平衡输沙的调整和含沙量对挟沙力的影响。当本站与上站含沙量相等时,河段处于平衡状态下的输沙关系,随着来水来沙条件的改变和河床形态的调整[4],黄河下游河道呈"多来、多淤、多排"的输沙特点。

对黄河下游洪峰期河道的排沙百分数(艾山沙量/三黑小沙量)与花园口最大日平均流量关系进行分析的结果表明,当流量接近平滩流量(6 000 $m^3/s$)时,三门峡—艾山河段的输沙能力最大,洪水漫滩后,滩地大量淤积,排沙比又降低。

#### 2.2.2　黄河下游分组粒径的挟沙力

虽然黄河下游各站的全沙输沙率与流量关系十分散乱,但经对 1983 年高村站分组粒径的输沙率与流量的关系进行分析[5],其中粒径 0.01 ~ 0.025 mm、0.025 ~ 0.05 mm 和 0.05 ~ 0.1 mm 的关系较好。粒径小于 0.01 mm 时,花园口站的关系比较散乱,高村以下各站的点群在双对数纸上呈直线关系,这可能与该组泥沙挟沙力在花园口以上还未完全恢复饱和有关,还可能是受该组泥沙的数量少、测验精度不高的影响。

高含沙量洪水输沙率与流量的关系,同一般洪水并无差别,表明黄河下游的高含沙量洪水并不是均质流,仍具有一般挟沙水流的特点。

黄河下游河道各级粒径泥沙 $Q_s = KQ^a$ 关系中的指数 $a$,不仅各个河段不同,同一河段不同年份之间也不同。$a$ 的变化,反映了挟沙力的自动调整。同样,床沙变化也可引起水流挟沙力及河床形态调整的巨变,据实测资料分析,当流量为 5 000 $m^3/s$,河道宽深比$\sqrt{B}/H = 5 \sim 8$ 时的输沙率较$\sqrt{B}/H = 26 \sim 30$ 时大 10 倍左右。

## 3　干流河道河床冲淤演变

### 3.1　宁蒙河道的河床冲淤演变

在天然情况下,该河段处于微淤状态。河道冲淤特点是:宁夏河段"大水淤积,小水冲刷";内蒙古河段则为“大水冲刷、小水淤积”，支流高含沙量洪水汇入后，峰高沙大，极易在干流形成“沙坝”，堵塞河道，造成灾害。

自 1961 年盐锅峡、三盛公枢纽投入运用到 1986—1989 年龙羊峡水库初期蓄水期间，宁蒙河段经历了微冲、冲刷、局部回淤和淤积阶段。预计龙羊峡水库正常运用后，河道淤积将会减轻。但必须指出，由于黄河上游水沙来源不同，龙、刘两库调节后，来水对河床的作用降低，如果支流来沙不减少，势必加重宁蒙河段的淤积[6]。

### 3.2 禹门口—三门峡河段河床冲淤演变

该河段中，潼关位于黄、渭、北洛河交汇处，形成卡口，对上游各河段起局部侵蚀基准面的作用。三门峡水库修建前，潼关高程（$Q=1\ 000\ m^3/s$ 时水位）年均升高 0.067 m（1929—1960 年），龙门年均升高 0.29 m（1934—1960 年），河段年均淤积量 0.5 亿 ~ 0.8 亿 $m^3$，河道随来水来沙条件进行冲淤调整。一般来说，龙门年均含沙量 20 $kg/m^3$，洪峰平均含沙量 40 $kg/m^3$ 时，该河段年内冲淤基本平衡，大于此值时发生淤积，小于此值时发生冲刷。当龙门来高含沙洪水时，发生揭河底冲刷，冲槽淤滩，形成高滩深槽，河势比较归顺；一般洪水时，塌滩淤槽，河槽逐渐展宽，河势游荡摆动，但很快又恢复原状，呈回旋性演变。

潼关高程一般汛期冲刷，非汛期淤积；大水冲刷，小水回淤。潼关以下冲淤变化不大。

三门峡水库运用 30 年来，库区淤积调整大致可以分为四个阶段：一是水库运用初期，潼关以下大量淤积，潼关高程迅速升高，潼关以上淤积不多，这是水库泄流壅水造成的。二是滞洪排沙时期，由于枢纽增建和改建，泄流规模增大，壅水程度降低，潼关以下冲刷，潼关高程有一定的降低，但仍较建库前高 3.17 m，其上形成二级水库。潼关以上的渭河、黄河和北洛河下游均为冲积河流，淤积上延极为迅速，致使潼关以上发生大量淤积，其淤积量为初期运用时的 2.5 倍，这是水库淤积延伸，河床调整的结果。三是蓄清排浑运用的第一阶段（1973 年 10 月—1986 年 10 月），入库水多、沙少，库区淤积不多，潼关高程变化不大，表明在这种来水来沙条件下，水库淤积调整基本趋于稳定。四是 1986 年 10 月至 1990 年 10 月，库区又淤积了 4.02 亿 $m^3$，淤积分布上大下小，潼关高程又升高 0.52 m。经分析，其原因主要是该时段内龙羊峡水库投入运用后，三门峡入库水量年内分配发生变化（汛期水量占全年水量的百分数由原来的 58% 降到 49%）引起的。汛期水量减少，不仅造成潼关高程升高，潼关以上严重淤积，而且使潼关以下非汛期的淤积量不能完全冲掉。这就充分反映了“冲积河流自动调整的最终结果在于力求使来自上游的水量和沙量能通过河段下泄，河流保持一定的相平衡[4]”。水库淤积调整机理也是一样。

### 3.3 黄河下游河床冲淤演变

#### 3.3.1 天然情况下河床冲淤演变

黄河下游是强烈的堆积河流，50 年代河道年均淤积 3.61 亿 t，占来沙量的 20%。其中汛期淤积占全年的 80%，淤积分布及同流量水位变化见附图。河道冲淤特点与来水来沙条件关系密切，来沙多，淤积多；来沙少，淤积少，甚至发生冲刷。洪水时冲槽淤滩，小水时塌滩淤槽，高含沙量洪水时淤积特别严重。

#### 3.3.2 三门峡水库修建后的河床冲淤演变

根据水库运用方式分为下列几个时期。①蓄水拦沙期。该时期下游河道冲刷 23.1 亿 t，水库拦沙量与下游河道减淤量之比约为 1.63∶1。河道冲刷自上而下发展，河道冲淤分布及同流量水位下降见附图。在冲刷过程中，河床粗化，河床质中径一般为冲刷前的 1.5 ~ 2.0 倍，河槽过洪能力增大。②滞洪排沙期。这一时期下游河道淤积达 4.39 亿 t，非汛期淤积量增加，占全年的 26%，沿程淤积分布见附图。平滩流量由建库前的 6 000 ~ 7 000 $m^3/s$ 降到 2 000 ~ 3 000 $m^3/s$，河槽过洪能力衰减。特别是滩区修建生产堤，缩窄河道，加快了河床的抬升速度，使部分河段河床高于生产堤外滩地，形成“二级悬河”，对防洪极为不利。③蓄清排浑期。这一时期由于来水来沙情况不同，分为 1973 年 10 月至 1980 年 10 月、1980 年 10 月至 1985 年 10 月、1985 年 10 月至 1989 年 10 月三个阶段进行分析，各时段淤积分布及同流量水位变化见附图。

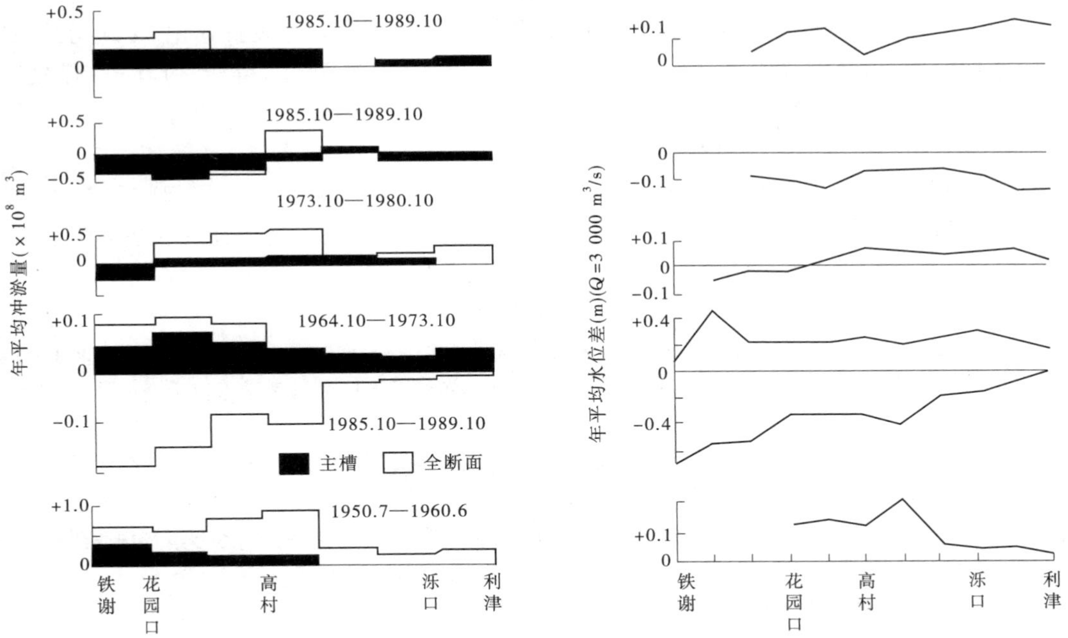


**附图 黄河下游各时段年平均淤积量、相同流量水位差**

3.3.3 水沙变化对下游河道冲淤影响的计算

水利水电科学研究院梁志勇、曾庆华、周文浩及清华大学王士强在本课题中均建立了适用于黄河下游河道冲淤计算的数学模型,前者为准二维模型,后者是以河流泥沙运动力学为基础的数学模型。在应用模型进行预测上中游来水来沙进一步减少对下游河道的影响时,由于尚无确切的预报数据,因此都是假设了一些条件后进行的系列计算。其中,水利水电科学院采用的计算水沙系列为 1969 年 5 月至 1978 年 6 月总来水量 3 045 亿 $m^3$,总沙量 127.37 亿 t;清华大学采用的计算水沙系列为 1974 年 7 月至 1987 年 6 月总来沙量 134.1 亿 t,其中 $d>0.05$ mm 的泥沙占 24%,0.025 ~ 0.05 mm 的泥沙占 26.3%,小于 0.025 mm 的泥沙占 49.7%。计算表明,两模型估算的结果基本一致。其中:减水不减沙,对下游河道不利,减水 610 亿 $m^3$,增淤 3.51 亿 t;当来沙量减少 10% ~20% 时,下游减淤比为 1.7 ~ 1.5,即来沙量减少 1.7 亿 ~ 1.5 亿 t,下游河道减淤 1 亿 t,若减少的是粗沙来量,则减淤比为 1.07;减水减沙比例相同时,对下游也有减淤作用,减淤比为 2.5。

近 30 多年来,由于三门峡水库不同运用方式和流域治理开发的作用,反映出的河床演变内部机理,有助于今后治理决策部门参考。

(1)来水来沙条件是下游河床淤积的决定因素,来沙多,淤积多;来沙少,淤积少。高含沙量洪水造成的下游强烈淤积,水位暴涨暴落,洪峰变形等异常现象,对河道极为不利。水土保持是治黄的基础,加速多沙粗沙区重点治理,对减少入黄泥沙很有必要。干流大型水库控制性强,效益高,见效快,充分显示出在治理开发黄河中的骨干作用。

(2)三门峡水库的实践表明,水库蓄清排浑运用,有利于下游河道排沙,可以减轻河道淤积。但实测资料表明,龙羊峡水库投入运用后,加上灌溉用水和支流水利水保措施的共同作用,汛期水量减少,流量调匀,中水流量出现机率减少,三门峡水库蓄清排浑对下游河道的减淤作用大大减弱。

## 4 几点初步认识

(1)黄河流域水沙变化的原因主要受气候变化和人类活动的影响。随着流域进一步的治理开发,后者的作用将越来越大。由于黄河流域本身的生态环境非常脆弱,内在机理非常复杂,调整速度又非常快,因此,应加强监测和研究,发现问题,及时提出对策。

(2)多沙支流的治理,对减少入黄泥沙起到了很大的作用,必须加强粗泥沙来源区的综合治理,减少入黄泥沙。同时,干流水库必须考虑联合调度,充分发挥调水调沙的作用。三门峡水库自身的调沙能力不强,由于水沙变化,就是再建自身调沙能力较强的水库,单独运用也难发挥作用,必须与其他水库联合运用。就地理位置看,碛口水库条件较好,可拦截三门峡入库 57.5% 的粗沙,但其控制的总沙量较小,可以通过调节水量与小浪底联合运用,发挥更大的作用,故应加强碛口水库的可行性研究。同时,还要加强河口镇—龙门河段开发方案的研究。

(3)随着黄河流域的治理开发,上、下游水资源利用的矛盾日益突出,由此引起的河流环境演变问题也逐渐暴露,因此应加强全局性的研究,进行全河统一管理。这是黄河治理开发的必然结果。

## 参考文献

[1] Wolman, M. G. and J. P. Miller. Magnifnde and Freqnency of Force in Geomorphic Processes. J. Geol. Vol. 68, 1960.
[2] 钱意颖. 黄河中游地区修建水库对调节水沙的作用和意义. 中美黄河下游防洪措施学术讨论会论文集. 中国环境科学出版社,1988.
[3] 麦乔威,赵业安,潘贤娣. 黄河下游河道的泥沙问题. 第一届河流泥沙国际学术讨论会论文集. 光华出版社,1980.
[4] 钱宁. 河床演变学. 科学出版社,1989.
[5] 曾庆华,周文浩等. 黄河下游河道各级粒径输沙特性的初步分析. 黄河流域环境演变与水沙运行规律研究文集(第一集). 地质出版社,1991.
[6] 程秀文,钱意颖等. 龙羊峡水库初期蓄水运用期间河道冲淤情况分析. 人民黄河,1992,(10).

(本文原载于《人民黄河》1994 年第 2 期)

# 黄河水沙变化与下游河道发展趋势

赵业安，潘贤娣，李　勇

（黄委会水科院，郑州 450003）

**文　摘**：引起黄河水沙变化的原因有人为因素和自然因素两方面，通过分析，发现在人类活动的影响下，黄河上中游水沙变化的趋势是：年水量大量减少，且汛期水量从占全年的60%减为30%～50%；洪峰流量大幅度削减；来沙量有所减少，但减少的幅度小于水量减少的幅度。小浪底水库建成运用初期，下游河道冲刷将向纵深方向发展，滩地冲蚀量要比三门峡水库拦沙期小得多；水库转入蓄清排浑运用期，孙口以上河段将发生冲刷，孙口至艾山冲淤平衡，艾山以下可能有所淤积。

**关键词**：水沙变化；冲刷；冲淤；平衡；淤积；水库；黄河

## 1　黄河水沙变化趋势

引起黄河水沙变化的原因有人为因素和自然因素两方面，黄河流域人类活动对水沙的影响极大，是造成水沙趋势性变化的主要原因。

### 1.1　天然情况下的水沙变化

黄河干流天然径流量的年际变化较大，其变差系数 $C_V$ 值在0.22～0.25之间，最大最小年径流量的比值在3.1～3.4之间。天然径流量的变化是由气候波动引起的，从1919—1989年黄河干流主要控制站天然径流过程线图（见附图）可以看出，黄河径流有丰枯交替变化、连续枯水的特点。黄委会设计院采用随机水文学的方法推估，黄河连续5年、6年、7年、8年、11年枯水段的重现期分别为73年、96年、119年、137年和250年。黄河有实测资料以来出现了1922—1932年连续11年的枯水段及1969—1974年连续6年的枯水段，1977—1980年连续4年及1986—1992年连续7年来水偏枯。如果气候不发生大的变异，近期黄河不大可能再出现较长的连续枯水段，今后20～30年内黄河的天然径流量应不小于（包括1922—1932年枯水段）实测资料的平均值580亿 $m^3$。

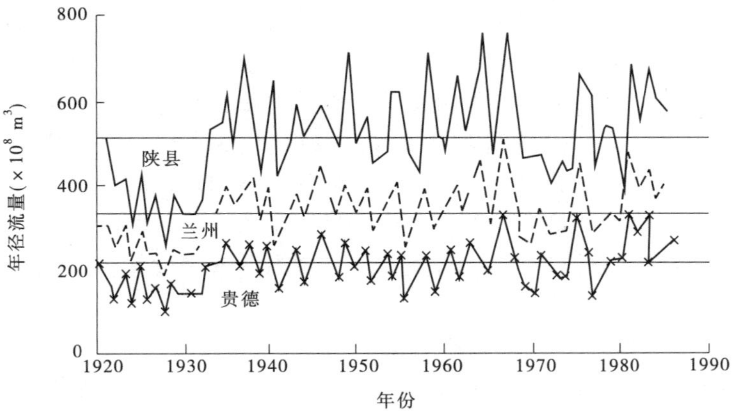


**附图　陕县、兰州、贵德天然年径流量过程线图**

黄河泥沙的年际变化比径流大得多，干流各站最大最小年输沙量的比值在4～10之间，如陕县站1933年输沙量为39.1亿t，1987年为2.9亿t，前者为后者的13.5倍。天然情况下黄河的泥沙量主要受气候条件变化的影响，1922—1932年，来沙量同样偏少，在1922—1931年的10年中，只有1925年的输沙量略高于多年平均值，陕县站10年平均输沙量10.7亿t，为多年平均值16亿t的66.8%；1933—

1942 年陕县站 10 年平均输沙量 19.1 亿 t，为多年平均值的 119.4%。对 1960 年以后黄河上中游地区水利、水保措施的减沙作用还原后，从 20 年代至 80 年代的 70 年中，陕县站的天然输沙量以 20 年代的平均值 11.6 亿 t 为最小，30 年代至 60 年代，年平均值均超过 17 亿 t，70 年代也接近 17 亿 t，只有 80 年代因主要产沙区降雨量及降雨强度显著减小，天然输沙量年平均约 13 亿 t。估计今后几十年内，黄河陕县站的天然输沙量的变化大体上仍与天然径流量的变化趋势同步，不会小于多年平均值 16 亿 t。

### 1.2 人类活动对水沙变化的影响

#### 1.2.1 工农业、城乡生活用水的影响

黄河流经我国北方干旱缺水地区，尽管黄河水资源有水少沙多、年际年内变化大，存在连续枯水段等特点，开发利用比较困难，但随着国民经济与社会的发展，工农业和城乡生活用水仍在快速增长。1919 年花园口以上年耗用径流量 39 亿 $m^3$，1949 年为 74 亿 $m^3$，1980 年增加到 180 亿 $m^3$，1990 年为 190 亿 $m^3$，相当于花园口站多年平均径流量的 34%。1981—1990 年黄河（全河）工农业与城乡生活用水实耗径流量年平均值为 290 亿 $m^3$。黄委会设计院根据 80 年代及 90 年代初的用水情况，对 2000、2010 年水平黄河工农业及城乡生活用水情况作了预测：黄河上、中、下游 2000 年水平总用水量可能达到 368 亿 $m^3$，占天然径流量的 65.7%；2010 年水平，黄河总用水量可能达到 392 亿 $m^3$，占天然径流量的 70%。

引黄用水也引走了泥沙。根据各河段历年实测资料推估，2000 年水平，黄河平均每年将引走泥沙 2.4 亿 ~ 3.4 亿 t。

#### 1.2.2 干流大型水库的影响

黄河流域已建大、中、小型水库 3 381 座，总库容 521 亿 $m^3$，这些水库对黄河的水沙具有很大的调节作用。在黄河干流已建的 8 座水库中，以龙羊峡、刘家峡、三门峡 3 座水库的库容最大，其总库容 400 亿 $m^3$，占流域总库容的 76.8%，三大水库的有效库容分别为 193.5 亿 $m^3$、41.5 亿 $m^3$ 和 14 亿 $m^3$。上游龙羊峡、刘家峡两水库联合运行，平均每年汛期调蓄水量 40 亿 ~ 70 亿 $m^3$，遇丰水年龙羊峡水库一个汛期可蓄水 80 亿 ~ 100 亿 $m^3$。龙羊峡、刘家峡两库可蓄水 100 亿 $m^3$ 以上，对黄河径流量的年际及年内分配有很大的影响。水库下游兰州站汛期径流量占全年径流量的百分数由天然情况下的 60% 降为 40%，非汛期正相反，由建库前的 40% 增加到 60%，其中冬季（12 月—翌年 2 月）3 个月的径流量增加约 25 亿 $m^3$。上游水库调节径流拦截泥沙，使水库下游宁蒙段冲积性河道发生冲淤调整，最终使上游河段出口站输沙量发生变化。据分析计算，头道拐断面 80 年代平均每年减少沙量约 0.6 亿 t，其中汛期减少约 0.7 亿 t，非汛期增加约 0.1 亿 t。在拟建的大柳树水库建成前，头道拐站的输沙量估计仍维持 80 年代平均每年 1 亿 t 的水平。

大柳树水库总库容 110.3 亿 $m^3$，水库建成后，拟采用高水位蓄水拦沙运用方式，几十年内利用 50 多亿 $m^3$ 死库容拦截泥沙，基本下泄清水。在大柳树灌区未大规模建成生效前，水库调节径流，虽可增加宁蒙灌区用水保证率及用水量，但不会大幅度减少头道拐站径流量。大柳树水库下泄清水，经宁蒙河道长距离冲刷补给，床沙质泥沙基本得到恢复，冲泻质泥沙只能在坍岸过程中得到少量恢复。据三门峡、丹江口等水库实测资料分析，水库拦沙量与下游河道冲刷量的比值大体为 2∶1。估计大柳树水库投入运用后，头道拐站多年平均输沙量大体为 0.5 亿 t，将比现状减少 0.5 亿 t。

三门峡水库今后仍将维持蓄清排浑运用，使黄河下游汛期的来沙量由天然情况下占全年来沙量的 85% 增加到 97.6%。

黄河小浪底水库位于中游最后一段峡谷末端，控制黄河水量的 89%，沙量的 98%，总库容 126.5 亿 $m^3$，长期有效库容 51 亿 $m^3$，是一座以防洪（含防凌）、减淤为主，兼顾供水、灌溉、发电的水库，2000 年后小浪底水库建成后，水库运用将分为两个阶段，第一阶段水库拦沙运用，在 10 ~ 15 年内拦沙约 72 亿 $m^3$；第二阶段水库蓄清排浑运用，每年汛期 7、8 月间集中排沙。这将使黄河下游的来水来沙条件发生重大改变，特别是水库拦沙期，除每年洪水期短时间排沙外，绝大部分时间都是下泄清水，径流过程经水库调节变得比较均匀，有利于黄河水资源的开发利用。

#### 1.2.3 水土保持与支流综合治理的减水减沙作用

黄土高原地区的水土保持及支流综合治理，截止 1991 年底，累计初步治理面积已达 13 万多 $km^2$，

占应治理面积的 30%，取得了明显的减水减沙效益。据初步分析，70 年代，三门峡以上年平均来沙量减少约 2.5 亿 t；80 年代，三门峡以上年平均来沙量减少约 4.5 亿 t，其中淤地坝及支流水库减沙占 80% ~ 90%，各种坡面治理措施减沙占 10% ~20%。经过治理，支流无定河、汾河、清水河、三川河以及大黑河减少入黄泥沙都在 50% 左右。

今后水库建设受自然条件及社会经济条件的限制，其减沙作用将随着库容的损失逐渐减小，梯田与林草措施的减水减沙作用则逐渐增大，资料表明，减水减沙效益每 10 年可递增 5% ~10%。水土保持及支流综合治理对水沙变化的影响与降雨量及降雨强度有关，其总的趋势是：在降雨偏少的年份减水减沙作用大，大暴雨年份减水减沙作用小，甚至还会增加来沙量。1977 年延河流域，因暴雨冲毁大量淤地坝，使入黄泥沙增加了 20% ~30%。80 年代黄河中游地区汛期实测来沙量比 1955—1970 年汛期平均值减少 8 亿 t，主要是降雨量及降雨强度的变化引起的，它们是决定流域产沙的主要因素。80 年代中游地区最大 1 日、30 日降雨量比 70 年代均偏少 11% 左右，比 50 年代分别偏少 20% 和 30%。在降雨强度显著减小的情况下，综合治理的减沙作用约为 4 亿 t，占总减沙量的一半，如若降雨条件变得不利，则综合治理的减沙作用就会降低，如 1988 年及 1992 年，黄河中游局部地区降雨偏多，来沙量多达 14 亿多吨及 12 亿多吨，这表明黄河泥沙并没有稳定减少。据初步分析，80 年代黄河上中游地区年平均减水量约 30 亿 $m^3$。

值得注意的是，目前不少地方边治理、边破坏的情况仍在继续，50 年代后期至 70 年代后期的 20 年内，甘肃省子午岭林区毁林 14.6 万公顷，宁夏六盘山林区毁林 4.7 万公顷，陕北延安地区草地面积减少约 66.7 万公顷。近年来，随着国民经济的发展，开矿、修路等随意堆置弃土弃渣，破坏植被，造成了新的水土流失。如陕西神木、府谷、榆林地区，是黄河中游水土流失最严重的地区之一，经过 40 多年治理，初步治理度达 41%，但近年来在煤炭、石油、天然气勘探与开发建设中，平均每年新增侵蚀量 930 多万吨，其中输入黄河 818 万 t，预测 1993 年后侵蚀量将增加 4 倍。因此，防止造成新的水土流失是一项紧迫的任务。

根据 1986—2000 年黄土高原地区水土保持综合治理规划，初步治理面积将由现状的 10 万 $km^2$ 增至 16 万 $km^2$，占水土流失面积的 37.2%；治沟骨干工程每年新增拦泥库容约 2 亿 $m^3$，到 2000 年，在巩固目前减沙效益的基础上，河口镇至三门峡区间，平均每年再减沙 1 亿 t。从 1986—1992 年的治理情况看，上述规划是可以实现的。

#### 1.2.4　人类活动引起的水沙变化趋势与特点

新中国成立 40 多年来，由于人类活动的影响，黄河流域的环境与工程条件发生了巨大变化，造成了水沙条件的重大改变。从黄河近十多年的水沙变化情况看，今后黄河在碛口、龙门高坝水库尚未建成前，上中游的水沙变化趋势有以下几个主要特点：

①年水量大量减少，水量的年内分配发生变化，汛期水量从全年的 60% 减为 30% ~50%；②洪峰流量大幅度削减，洪水总量减少，冬季流量增加，春季流量减少，流量过程趋于均匀化；③来沙量虽有所减少，但减少的幅度小于水量减少的幅度，并出现两极分化现象，平水年、枯水年减少得多，丰水年减得少，全年泥沙集中到汛期进入下游，高含沙量洪水出现的机遇增加，水沙关系失调。

如若黄河中游干流碛口、龙门两大水库建成后采取蓄水拦沙方式运用，那将使黄河中下游的水沙条件发生巨大改变，在水土保持减水减沙作用进一步提高后，通过碛口、龙门、小浪底三大水库对水沙的联合调节，黄河将完全变为一条受人类活动控制的河流，与天然情况下黄河的水沙条件截然不同。

## 2　黄河下游河道发展趋势

由于受人类活动的影响，黄河的水沙条件、河床边界条件及起着河床基准面作用的河口三角洲岸线都在发生变化，因而黄河下游河床也相应地进行调整，各个时期河床的冲淤演变具有各自的特点。

### 2.1　90 年代黄河下游河道发展趋势预估

90 年代黄河下游河道的冲淤状况主要取决于来水来沙条件。据分析，90 年代黄河流域的水沙均可能偏枯，根据对未来水沙变化的估计，选用 1970—1979 年实测系列，考虑黄河各河段 90 年代的工农业用水情况和龙羊峡、刘家峡、三门峡等水库的调节作用以及中游地区水土保持、支流综合治理的减水减沙作用等，推求90年代的设计水沙系列，作为预测下游河床演变的水沙条件。设计系列10年平均年来水量333亿 $m^3$，来沙量11.4亿t，平均含沙量34.3 $kg/m^3$；汛期来水量占全年水量的48%，来沙量占全年沙量的96%，洪峰流量较小，中水流量时间短，流量小于2 000 $m^3/s$的枯水历时很长，汛期含沙量大，高含沙量中、小洪水出现的次数多，多次发生最大含沙量超过600 $kg/m^3$的高含沙量洪水。采用几种数学模型进行黄河下游河道冲淤计算，所得结果基本一致，90年代年平均淤积量3.2亿t，接近长时期黄河下游的平均淤积量，汛期淤积4亿t，非汛期冲刷0.8亿t。淤积分布的特点是：河槽淤积量占全断面的46%，游荡型河段铁谢至高村的淤积量占全下游淤积量的54%，过渡型河段高村至艾山占26%，弯曲型河段艾山至利津占20%。与50年代的天然状况相比较，河槽及艾山以下窄河道的淤积比重及淤积量都有所增加。

若出现上述水沙条件，由于泥沙淤积量大，分布不均匀，主槽淤积增多，滩槽高差减少，河槽萎缩变小，形态宽浅散乱，排洪能力降低，使花园口至东坝头100多公里河段内，1855年铜瓦厢决口形成的高滩变得不高，一百多年来未曾上水的堤段有可能漫水靠河，宽河道的河势变化加剧，横河、斜河发生的机遇增多，有些河段“二级悬河”将进一步发展；由于河槽萎缩，平滩流量变小，洪水漫滩机遇增加，给滩区造成的社会经济问题日益增多，如1992年8月黄河下游发生一场洪峰流量6 260 $m^3/s$的高含沙洪水，花园口上下100多公里河段内出现了异常高水位，淹没滩地数万公顷。因此，对于90年代黄河下游可能发生的严重淤积及防洪面临的严峻形势，应予以重视。

### 2.2　小浪底水库建成后黄河下游河道发展趋势

#### 2.2.1　水库拦沙期下游河道发展趋势

预计小浪底水库2000年前后可投入运用，水库运用分拦沙期和蓄清排浑运用期。按初步设计考虑，拦沙期又分为初步蓄水拦沙和逐步抬高拦粗排细两个阶段。初步蓄水拦沙运用约2年，水库拦沙16.4亿 $m^3$，下游河道冲刷泥沙约6亿t；第二阶段约12年，水库拦沙56亿 $m^3$，下游河道冲刷约12亿t，水库拦沙期共14年，下游河道共冲刷18亿t，年平均冲刷1.29亿t。由于90年代下游河道整治已初步完成，主流受到控制，下游河道冲刷将向纵深方向发展，滩地冲蚀量要比三门峡水库拦沙期小得多。

#### 2.2.2　水库蓄清排浑期下游河道发展趋势

2010年前后，小浪底水库拦沙库容基本淤满，水库转入蓄清排浑运用。水库的基本运用方式可能有两种：一是保留较大的调沙库容进行泥沙多年调节，在平水年、枯水年拦截入库泥沙调节径流，下泄清水；遇丰水年，在洪水期集中冲刷排沙，腾空调沙库容，实行多年周期性的“蓄清排浑”。二是沿用三门峡水库的年调节泥沙模式，每年非汛期及汛期小水期水库拦蓄泥沙，下泄清水，洪水期降低水位敞泄排沙。

在水库采取泥沙多年调节的情况下，平水年、枯水年、水库下泄的清水经调匀后被沿程引用。下游河道上段发生冲刷，由于流量小，河床又经过拦沙期的冲刷调整，挟沙能力已降低，河道冲刷量较小。冲刷限于高村、孙口以上，高村、孙口至艾山河段冲淤基本平衡，艾山以下河道可能有所淤积。丰水年洪水期，水库排沙，由于流量较大，含沙量较高，高村以上宽河道经过整治，河槽变得窄深，因为河床纵比降大，有可能达到冲淤平衡，高村、艾山以下河道由于比降平缓，流速较小，粗颗粒泥沙是否能全都输送入海，目前还难以估计。

如水库实行泥沙年调节，非汛期下泄的清水经沿程引用，河道冲淤变化不大；汛期水库排沙时，若流量较小，水库排出的泥沙将会有一部分淤积在下游河道，特别是艾山以下窄河道可能仍有较多的淤积。

小浪底水库转入正常运用后，中游的碛口、龙门水库可能已先后投入运用，在拦沙期几十年内大幅度减少小浪底水库入库沙量，碛口、龙门、小浪底等水库联合运用，调节水沙有可能基本解决黄河下游的泥沙淤积问题。即便在孙口、艾山以下河段仍有淤积发生，也可以采取疏浚挖泥措施加以清除，从而使黄河下游河道在相当长的时期内基本不再淤积抬升。

（本文原载于《人民黄河》1994年第2期）

# 黄河河道整治原则

胡一三

（黄河水利委员会，河南 郑州 450003）

**摘　要：**黄河河道整治应遵循的原则为：全面规划、团结治河；防洪为主、统筹兼顾；河槽滩地、综合治理；分析规律、确定流路；中水整治、考虑洪枯；依照实践、确定方案；以坝护弯、以弯导溜；因势利导、优先旱工；主动布点、积极完善；分清主次、先急后缓；因地制宜、就地取材；继承传统、开拓创新。

**关键词：**河道整治；河势；布点；黄河

河道整治是一项复杂的系统工程，除受河道条件、水流运动、气象水文等自然因素制约外，还与社会因素有关。因此，进行河道整治时，必须综合考虑自然条件、治河技术与社会因素的影响。随着国民经济的发展和治河技术水平的提高，河道整治的原则也不断地修改、补充、完善，概括起来有以下诸点。

## 1　全面规划、团结治河

河道整治涉及国民经济的多个部门，各部门在整体目标一致的前提下，又有各自不同的利益，有时甚至互相矛盾。如在滩地问题上，两岸居民间有矛盾，上下游之间有矛盾，县际间有矛盾，甚至相邻两个乡之间也有矛盾。因此，进行河道整治时，必须全面规划，综合考虑上下游、左右岸、国民经济各部门的利益，并发扬团结治河的精神，协调各部门之间的关系，使整治的综合效益最大。

## 2　防洪为主、统筹兼顾

黄河下游历史上洪水灾害严重，为防止洪水泛滥，筑堤防洪成为长盛不衰的治黄方略。1949 年大水期间山东阳谷县陶城铺以下窄河段发生严重险情，人们开始认识到即使在堤距很窄的河段单靠堤防也是不能保证防洪安全的，于是从 1950 年开始在下游开展了河道整治。防洪安全是国民经济发展的总体要求，因此进行河道整治必须以防洪为主。

黄河有丰富的水沙资源，两岸广大地区需要引水灌溉，补充工业、生活用水的不足，以提高两岸的农业产量、发展工业生产，同时引用黄河泥沙资源，淤高改良沿黄一带的沙荒盐碱地。通过整治河道，可以稳定溜势，使引水可靠，使滩区高滩耕地、村庄不再坍塌，同时还能使一部分低滩淤成高滩，以利耕种。河势稳定后，还有利于发展航运和保证各类桥梁的安全。因此，在河道整治时，既要以防洪为主，又要统筹兼顾国民经济各有关部门的利益和要求。

## 3　河槽滩地、综合治理

河道是由河槽与滩地共同组成的。河槽是水流的主要通道，滩地面积广阔，具有滞洪沉沙的功能，它是河槽赖以存在的边界条件的一部分。河槽是整治的重点，它的变化会塌失滩区，滩地的稳定是维持一个有利河槽的重要条件。因此，治槽是治滩的基础，治滩有助于稳定河槽，河槽和滩地互相依存。在一个河段进行整治时，必须将河槽和滩地进行综合治理。

## 4　分析规律、确定流路

分析河势演变规律，确定河道整治流路，是搞好河道整治工程的一项非常重要的工作。有的河段（如山东东明县高村至陶城铺河段），在河道整治之前，尽管主槽明显，但河势的变化速度及变化范围都很大，在整治中绝不能采用哪里塌陷哪里抢护的办法，而必须选择合理的整治流路。在进行整治之前既要进行现场查勘，又要全面搜集各个河段的历年河势演变资料，分析研究河势演变的规律，概化出各河段河势变化的几条基本流路。然后根据河道两岸的边界条件与已建河道整治工程的现状，以及国民经济各部门的要求，并依照上游河势与本河段河势状况，预估河势发展趋势，在各个河段河势演变的基本流路中，选择最有利的一条作为诸河段的整治流路。

## 5　中水整治、考虑洪枯

中水整治是古今中外水利专家的一贯主张。20 世纪 30 年代，德国恩格斯教授通过黄河下游的模型试验，指出了“固定中水河槽”的治河方案；我国水利专家李仪祉先生也主张固定中水河槽，他指出“因为有了固定中水位河床之后，才能设法控制洪水流向”。中水期的造床作用最强，中水塑造出的河槽过洪能力很大，对枯水也有一定的适应性。

枯水的造床能力小，但如遇到连续枯水年，小水的长期作用对中水河势有可能产生破坏作用。1986 年以来，黄河下游水量少、洪峰低、中水时间短，使一些局部河段河势“变坏”，不得不采取一些工程措施来防止河势进一步恶化。因此，按中水整治河道时，还需考虑洪水期、枯水期的河势特点及对工程的要求。

## 6　依照实践、确定方案

对河道进行中水整治时，必须预先确定河道整治方案。不同的河流、同一河流的不同河段会有不同的整治方案。在确定整治方案中，既要借鉴其他河流的成功经验，又不能照搬，一定要根据本河段的河情确定。河道整治的过程是个较长的过程，在整治的过程中必须及时总结经验教训，抛弃与河情或国民经济发展不相适应的部分，逐步完善选用的整治方案。在黄河下游的整治过程中，20 世纪 50 年代曾选用纵向控制方案，由于该方案不适应下游的河情及国家可提供的治河力量而被舍弃；后经过分析总结，确定了弯道治理；最后又经过补充、完善、比选，最终采用了目前的微弯型整治方案。

## 7　以坝护弯、以弯导溜

水性行曲，在流量变化的天然河道中，水流总是以曲直相间的形式向前运行的。弯道段溜势的变化对直河段溜势有很大的影响，直河段的溜势变化也会反作用于弯道段，但弯道段的河势变化对一个河段河势变化的影响是主要的。弯道对上游来溜较直的河段有较好的适应能力。上游不同方向的来溜进入弯道后，经过弯道调整为单一溜势。弯道在调整溜势的过程中逐渐改变水流方向，使出弯水流溜势平顺且方向稳定，经直河段后进入下一弯道。水流经过数弯后能使溜势稳定，直河段就缺乏这些功能，所以在整治中采用以弯导溜的办法。

以坝护弯是以弯导溜的必要工程措施。水流进入弯道后，对弯道岸边有很强的冲淘破坏作用，如不采用强有力的保护措施，弯道凹岸就会坍塌变形，进而影响凹岸对水流的调控作用，使弯道已有的导溜方向改变，以致影响下游的河势变化。保护弯道可采用多种建筑物形式，20 世纪 50 年代以后修建的丁坝、垛（短丁坝）、护岸绝大多数为柳石结构，遇水流淘刷需要进行多次抢护才能稳定。若采用护岸形式，运用过程中会在较长的工程段出险，抢护十分困难。采用丁坝的优点在于坝头是靠溜的重点，在防守中护住若干点即可保护一条线，人力物力均可集中使用，有利于工程安全，同时丁坝抢险在坍塌严重时尚有退守的余地。因此，在传统结构没有被其他形式的结构替代之前，在人力、料物还不充足的条件下，应按以坝护弯的原则布设工程，尤其是在弯道靠大溜处更是如此。

## 8　因势利导、优先旱工

在工程建设中要尽量顺应河性，充分利用河流本身的有利条件。当河势演变至接近规划流路时，要因势利导，适时修建工程。如当上游来溜方向较为稳定，送溜方向又符合要求时，就要充分利用其有利的一面，积极完善工程措施，发挥整体工程导溜能力，使河势向着规划方向发展。

河道整治工程就施工方法而言，可分旱地施工（旱工）和水中施工（水中进占）两种。但是，在水中进占的过程中，由于水流冲淘，不仅施工难度大，而且需要的料物多、投资大。因此，在工程安排上应抓住有利时机，尽量采用旱工修做整治工程。在一年内施工工期也尽量安排在枯水期，对于水深较浅、流速小于 0.5 m/s 的情况，仍可采用旱地施工方法进行。

## 9　主动布点、积极完善

主动布点是指进行河道整治时要采取主动，对于已规划好的整治流路，要在河势变化而滩岸还未塌陷之前修建工程。这样，一旦工程靠河着溜即可主动抢险。抢险加固的过程，也就是控导河势的过程。为了主动布点，需要对长河段的河势演变规律及当地河势变化特点进行分析，只有这样才能抓住有利时机，使修建的工程位置适中，外形良好，具有较好的迎溜、导溜、送溜能力。

一处河道整治工程布点并靠河后，应加强河势溜向观测，按照工程的平面布局积极完善工程。当河势有上提趋势时，应提前上延工程迎溜，以防改变工程控导河势的能力或抄工程后路；当河势有下挫趋势时，应抓紧修筑下延工程，保持整治工程设计时的平面布置形式，以发挥导溜和送溜作用。

## 10　分清主次、先急后缓

河道整治工程往往战线长、工程量大，难以在短期内完成。因此，在实施的过程中，必须分清主次，先急后缓地修建。对一个河段河势变化影响大的工程、对控导作用明显的工程、对不修该工程即会造成严重后果的工程等，都应作为重点，优先安排修建。由于来水来沙随机性很大，河势变化又受水沙条件变化的影响，在河道整治实施的过程中，还需根据河势变化情况、投资力度等，及时对重点工程进行调整。

## 11　因地制宜、就地取材

由于河道整治工程的规模大，战线长，所用的料物多；同时材料单价受运距的影响极大，有的相差 2 ~ 3倍，甚至达 5 ~ 6 倍。在选择建筑材料时首先应满足工程安全的要求，在此前提下，靠山远的河段可少用石料，或用“胶泥”等代用料，多用柳杂料；靠山近的河段多用石料，但在沙质河床区修建工程时，尚需要一部分柳杂料；随着土工合成材料单价的降低，还可用一些土工合成材料。为了争取时间，减少运输压力，并保证工程安全，河道整治建筑物的结构和所用材料要因地制宜，尽量就地取材，以节约投资。

## 12　继承传统、开拓创新

长期以来，在人们与洪水斗争的过程中，积累了大量的包括河道整治技术在内的治河技术与经验，这些技术来源于实践，也被实践证明是行之有效的。随着生产力水平的提高和科学技术的发展，在借鉴传统技术的同时，还需要结合黄河下游的实际情况，对其进行不断的完善、补充，并开拓创新，如由局部防守发展为全河段有计划整治，由被动修建工程到主动控导河势等。在建筑物结构和建筑材料方面，20 余年来也进行了数十次的试验研究，一些新技术、新材料试验已取得了较为满意的效果，有的已开始推广应用。因此，在进行河道整治的过程中，必须按照继承传统、开拓创新的原则进行，逐步把河道整治工作提高到一个新水平。

（本文原载于《人民黄河》2001 年第 1 期）

# 黄河口治理与水沙资源综合利用

李泽刚

（黄河水利科学研究院，河南 郑州 450003）

**摘　要**：通过分析黄河的入海水沙变化、海岸的严重侵蚀以及水沙资源利用的不平衡状况，证明建设西河口水利枢纽，可以实现灵活调度和利用进入河口地区的水沙，使河口海岸处于动态平衡，消除河口淤积对下游的影响，为清水沟流路长期稳定创造了基本条件，同时优化了河口地区水沙综合利用系统。

**关键词**：水资源；泥沙；海岸侵蚀；水沙利用；水利枢纽；黄河口

由于黄河是多沙河流，许多问题是因泥沙淤积造成的，因此提高河口治理的水平，仅重视修筑防洪堤还不够，必须把合理安排泥沙放到相当重要的位置。

现在河口段防洪工程措施与非工程措施都已达到一定的水平，但是河口的防洪形势依然比较严峻，其主要问题是解决河口淤积及其影响的措施甚少。目前，黄河口治理与泥沙利用尚未很好地结合起来，应该将泥沙看成资源，加大处理泥沙的力度，逐步完善利用泥沙的系统措施。

近年来黄河入海水沙条件已经发生巨大变化，三角洲海岸冲淤也发生了相应变化。如何将有限的入海水沙资源充分利用好，是当前稳定黄河口治理和改造生态环境，以及减少河口变化对下游河道影响需要统一考虑的重要问题。

## 1　黄河入海水沙变化及其影响

### 1.1　入海水沙变化

由黄河利津水文站近50年的连续观测资料（表1）可以看出，近50年来黄河入海水沙发生了巨大变化。其主要特征是20世纪60年代以后，水、沙量呈不断减少趋势，到90年代入海水、沙量分别只有145亿 $m^3$ 和3.95亿t，均比三门峡水库修建前的天然情况减少了70%。同时，1972年以来，黄河口不断出现断流现象，引起了社会各界的关注。

**表1　利津站水、沙变化特征**

| 时段 | 年水量 $W$（亿 $m^3$） | 年沙量 $W_s$（亿t） | 与三门峡水库修建前的天然情况比较 | | | |
|---|---|---|---|---|---|---|
| | | | $\Delta W$（亿 $m^3$） | 变化率（%） | $\Delta W_s$（亿 $m^3$） | 变化率（%） |
| 1949-11—1959-10 | 481 | 13.42 | 0 | 0 | 0 | 0 |
| 1959-11—1969-10 | 501 | 10.88 | 20 | 4 | -2.54 | -19 |
| 1969-11—1979-10 | 311 | 8.98 | -170 | -35 | -4.44 | -33 |
| 1979-1—1989-10 | 284 | 6.37 | -197 | -41 | -7.05 | -52 |
| 1989-11—1999-10 | 145 | 3.95 | -336 | -70 | -9.47 | -70 |

由于黄河现在已经不是一条天然河道，而是一条人工控制很强的河流。从沿黄经济的发展情况看，随着国家经济建设重点逐步由东部沿海地区向西部地带转移，黄河流域将进入大规模开发建设时期，对水资源的需求将持续增长。因此，从黄河入海水沙量总体来看，今后仍将是减少趋势。

### 1.2　水沙量减少对河口区的影响

黄河入海水沙量减少对河口区的影响主要有以下3个方面：

（1）黄河入海水沙量的减少，最直接的影响是河口淤积量减少，河口海岸向海的延伸速度减缓，如

1992 年清水沟河段河道长度至 1995 年也未延长;1996 年清 8 改汉后的河道当年延长约 5 km,现已过了 4 个年头,当年的沙嘴非但没有延长,反而还有所蚀退;与此同时,其他侵蚀岸段范围增大,侵蚀历时延长,海岸堤坝维护难度增大。

(2)在入海总水沙量减少的同时,大流量的水也大幅度减少[1]。因此河床淤积加重,河道过洪能力减小,河口河道发生萎缩,给河口防洪带来更大的压力。

(3)黄河是东营地区惟一可以利用的淡水资源[2],由于黄河径流量的减小,再加上三角洲地区降雨量较少,蒸发量比较大,土壤盐碱化加重,对三角洲发展农业经济十分不利。

## 2　建设西河口水利枢纽,将河口治理与水沙综合利用结合起来

西河口位于入海流路的改道点附近,即小三角洲的顶点,在此建设水利枢纽,控制水沙的调度辐射范围比较大,综合效益比较高。

### 2.1　实现河口地区水沙资源的有计划调度

建设西河口高位分洪闸是山东省政协副主席兼秘书长李殿魁提出的,在"八五" 国家重点科技攻关项目中对此也进行过论证。建设 3 000 $m^3/s$ 分洪闸,利用刁口河故道分洪于渤海湾,对东营港不产生淤积影响。因此,若在分洪闸下游再建一个橡胶坝,与分洪闸联合使用,即可实现进入河口地区的水沙综合调度。

其主要根据是,清水沟流路河道两岸的南、北防洪大堤的防洪标准已与艾山以下河道一致,即已具备防御大洪水的能力。因此,枢纽的基本操作是,大河流量小于等于 3 000 $m^3/s$ 时全部走刁口河,大于 3 000 $m^3/s$ 的大洪水由清水沟宣泄入海。这样既减少了清水沟河口淤积,同时还能使河口段河道维持较大的过洪能力。

同时,由于三角洲东北部油田多,已建和拟建平原水库较多,若分水分沙于刁口河,则更利于水库引水和灌溉引水等。

### 2.2　实现河口海岸的动态平衡

如前所述,20 世纪 90 年代黄河入海水沙已较 50 年代减少了 70%,若 90 年代年入海沙量按 4 亿 t 计算,并且这些泥沙都集中沉积在清水沟河口,则清水沟河口海岸还会不断延伸。但是,如果利用西河口水利枢纽分水分沙于刁口河,统计利津水文站小于等于 3 000 $m^3/s$ 流量多年平均挟带的沙量,除大水大沙年份为 30% ~40% 外,一般年份都在 50% ~60%,甚至更多,基本上与现行河口海岸的侵蚀量相当,清水沟河口海岸冲淤就会处于动态平衡状态。显然,建设西河口水利枢纽,解决了河口淤积延伸的老大难问题,为实现清水沟流路的长期稳定创造了最基本的条件。

## 3　利用刁口河分水分沙与水沙资源利用分析

### 3.1　黄河口的水沙利用现状

目前黄河河口区共有引提水工程 18 处,设计总引提水能力 485.6 $m^3/s$,年引水量约 15 亿 $m^3$。但是,引黄涵闸大部分分布在西河口以上河段,并且南岸多、北岸少。黄河以南基本上布满了引水渠道,水资源利用较好;北岸闸渠较少,并且主要分布在沾利河以西,沾利河以东只有刁口河故道,主要是用来作胜利油田的引水渠道,供油井灌水之用。至于泥沙作为资源则利用得很少。

### 3.2　刁口河分水分沙有利于黄河以北地区盐碱荒地的改良

三角洲顶点宁海村以下指状分布的古河道多达 20 余条,黄河以北地区尤其突出,较大的古河道 10 条,古河床高地(脊)和背河洼地(扇洼)一般高差 0.5 ~1.0 m,最大高差 3 m。古河床高地多为粉沙构成,土壤盐渍化程度较轻,土壤含盐量为 0.1% ~0.5%。但是背河洼地地下水埋深较浅,1 ~2 m,土壤盐渍化程度较高,土壤含盐量达 1% ~2%。特别是三角洲前缘滨海滩涂海拔 4 m 以下的低地,土壤为盐土质,是最不利于发展农业生产的土壤,除离海较远的地方已开垦种植外,大多数土地还是盐荒地。海拔 3 m 以下至海岸线地带,常受海潮侵没,土壤含盐量更高,地面为盐渍化光板地,自然植被为碱蓬、獐茅等群落。刁口河故道穿过三角洲北半部的中部,河床地势较高,便于向两侧引水分沙,改良洼碱地。

### 3.3 刁口河分水分沙有利于受侵蚀海岸的泥沙补给

黄河三角洲是由流域来沙堆积而成,海岸为淤泥质,时刻受海洋动力的侵蚀。但是,清水沟河口以南的海区潮流较弱,海岸比较稳定;清水沟河口以北海域的潮流较强,近岸流速大于 60 cm/ s,淤沙大部分能再起动、再输移[3],再加上风浪作用,特别是东北角两海湾口附近,有 $M_2$ 分潮“无潮点”强辐散流场,风大浪高,海岸侵蚀很严重。埕岛、桩西、五号桩和长堤油田的海堤护坡都经受着强烈的冲蚀。离现行河口门越远,由于沿岸泥沙输移量渐少,因此冲刷也越严重。

## 4 整个三角洲海岸的蚀退分析

随着黄河入海水沙大幅度的减少,三角洲海岸的侵蚀应引起重视,以下是据以往的情况进行的具体分析,特别是对侵蚀量的估算,可透视到进入河口地区的水沙优化调度的现实意义和历史意义。

### 4.1 三角洲海岸侵蚀特征

黄河是多沙河流,在河口门摆动淤积影响范围内,陆源泥沙充足,海岸不断地淤积延伸,近百年来三角洲扩展 2 530 $km^2$ 之多,海岸线平均外移约 18.5 km。这是对黄河三角洲土地扩展平均状况的认识,是河口流路经常改道的结果。实际上,三角洲海岸具有“此淤彼冲”的特征[4],即黄河入海河口岸段,由于有丰富的泥沙沉积,海岸不断地外延;与此同时,其他海岸段由于无陆源泥沙补给,则处于侵蚀状态。

三角洲的淤积扩展是以河口淤积延伸为基本形式,但是通流河口的淤积影响范围只有 4 060 km,仅占整个三角洲海岸的 1/4 ~ 1/3,可见侵蚀海岸线比较长,或者说在河口流路相对稳定期,大部分海岸是处于侵蚀冲刷状态。

### 4.2 海岸的侵蚀速率分析

#### 4.2.1 多年平均冲淤状况比较

近代黄河三角洲的淤积扩展,从 1855 年开始,到 1984 年为 129 年,除去 1938—1947 年间黄河花园口扒口大改道河口断流外,实际行河 119 年。若多年平均年入海沙量按 10 亿 t 计,则这些年入海沙量约有 1 190 亿 t,参照近期作出的造陆面积与来沙量之比为 4 $km^2$/亿 t[4],应造陆 4 760 $km^2$,比实际测量的多 2 230 $km^2$,这个差值即为侵蚀面积,占淤积面积的 47%。多年平均侵蚀面积速率为 18.7 $km^2$/a,也就是说,如果黄河年来沙量为 4.68 亿 t,河口海岸即可维持冲淤平衡。如果按利津入海沙量的 70% 淤积在陆地上,那么三角洲海岸侵蚀速率为 3.28 亿 t/a。

#### 4.2.2 河口沙嘴当年的侵蚀

上述冲淤量估算是多年平均状况,并且是大范围长时段的概括。实际上,在行河口当年的淤积范围内,由于沉积泥沙比较疏松,侵蚀量应比较大。为此,根据现有资料我们选取两种情况作估算:一是刁口河的河口海岸,二是清水沟行河口的非汛期。

1976 年 7 月至 1977 年 6 月为黄河改走清水沟流路的第一年,测算刁口河河口海岸整个淤积范围 116 号断面,2、5、10、15 m 等深线分别蚀退 610、316、404、250 m,计算 2 ~ 15 m 水深范围的侵蚀量为 3.91 亿 t。如果仅计算河口沙嘴部分,8 号断面侵蚀特征见图 1,215 m 水深范围的冲刷量为 2.44 亿 t。刁口河是 1972 年 9 月出汊,河口沙嘴侵蚀最严重的时期是 1972—1973 年,因此现在按大改道的年份算,可能小一点。渤海湾水深比莱州湾大,海岸侵蚀深度达 15 m 以上,不过侵蚀最严重的是 10 m 水深以上,以下渐小。

由于黄河非汛期入海沙量较小,因此现行清水沟河口海岸,侵蚀量大于淤积量,沙嘴海岸表现为侵蚀后退。据河口管理局拦门沙测验资料,1988 年 9 月至 1989 年 7 月海岸侵蚀特征见图 2,4 km 宽的沙嘴突出部位 26 ~ 27 号断面间,0 ~ 12 m 水深岸坡侵蚀量为 0.448 亿 t。该时段利津站输沙量为 0.602 亿 t,按 60% 沉积在河口前缘,正对河口门的 25 ~ 26 号断面,淤积量为 0.174 4 亿 t,因此冲刷量为 0.186 8 亿 t。由于在此范围以外也是侵蚀状态,因此在河口沙嘴汛期淤积影响 20 km 宽的岸线,非汛期冲刷量达 1.587 亿 t,全年侵蚀量达 2.116 亿 t。

综合上述分析,黄河三角洲海岸的淤积和冲刷都比较快,特别是现行河口海岸,当年的淤积和侵蚀最快。在黄河入海水沙仅剩 4 亿多 t 的情况下,即使把来沙分配到整个三角洲海岸上,其海岸也可能是侵蚀状态。因此,海岸的侵蚀防护应该是今后的重要任务。

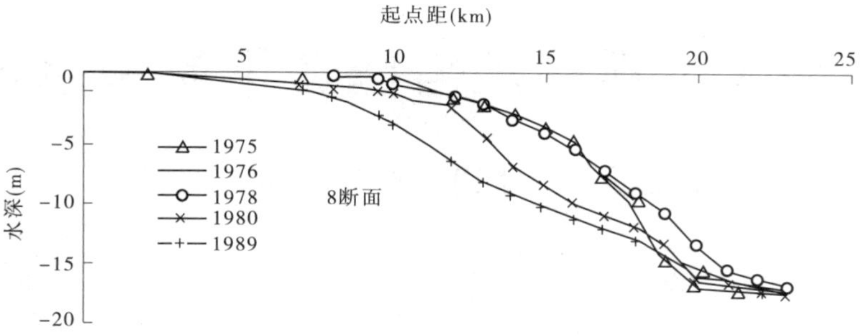


**图 1　刁口河河口海岸的侵蚀**

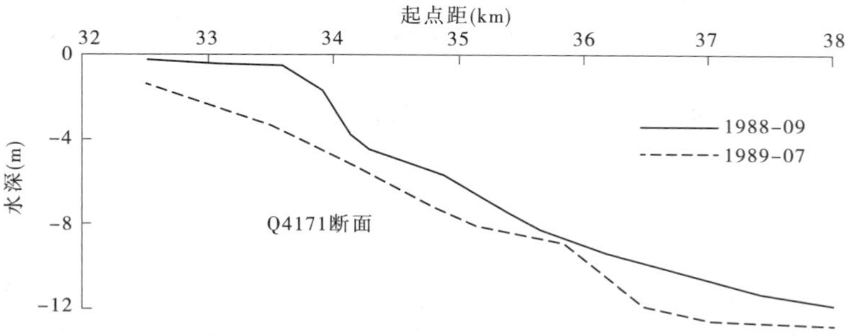


**图 2　清水沟河口海岸的侵蚀**

## 5　综合评价

(1)黄河沿岸经济的蓬勃发展使入海水沙大幅度减少,现行河口海岸的淤积延伸速率减缓,整个三角洲海岸侵蚀严重,海水浸润范围增大,土壤盐碱化更严重,河口的主要矛盾正由河口淤积延伸向水沙资源利用方面转化。

(2)综合分析河口治理与水沙资源利用现状,提出建设西河口水利枢纽,为实现灵活调度进入河口区的水沙创造最基本的条件。该枢纽的建设和运用,不仅能实现现行河口海岸冲淤动态平衡,为清水沟流路的长期稳定和减少河口海岸外延对下游河道的反馈影响创造条件,而且能为三角洲经济的持续发展创造良好的环境。

(3)西河口水利枢纽的运用原则(利用清水沟通行流量大于 3 000 $m^3/s$ 的洪水,刷深河床)可维持河道较大的过洪能力,提高流路的防洪能力,保证防洪的安全。

(4)利用刁口河分走流量小于3 000 $m^3/s$ 水沙,在河口区水沙资源利用的大系统上填补了河口区网系的空白。再加上黄河多沙,随着运用时间的推移,河床将不断地淤高,从而具有长期自流引水引沙的特点,便于提高油田的供水率,同时有利于沾利河以东、黄河以北广大三角洲荒碱土地改良的用水用沙,以及渤海湾海岸的维护用沙。由于该项措施有利于改良盐碱地,发展农业,使三角洲荒滩变成绿洲,气候条件也可得到改良,不仅不会破坏环境,而且还能改善生态环境。因此说,这是一项科学的系统工程措施。

### 参 考 文 献

[1] 曾庆华,张世奇,胡春宏,等.黄河口演变规律及整治[M].郑州:黄河水利出版社,1997:1-29.
[2] 东营市水利局.东营市水资源开发与利用研究[R],1995.
[3] 李泽刚.黄河口外流场及其变化[J].人民黄河,1990,(4):31-36.
[4] 李泽刚.黄河近代三角洲海岸的动态变化[J].泥沙研究,1987,(4):36-44.

(本文原载于《人民黄河》2001 年第 2 期)

# 黄河水沙过程调控与塑造下游中水河槽

胡春宏,陈建国,郭庆超,陈绪坚

(中国水利水电科学研究院,北京 100044)

**摘　要**:随着黄河流域来水来沙过程的大幅变化及人类活动的加剧,黄河的健康状况日趋恶化。通过对黄河健康的内涵、维持黄河健康生命的理论与技术支撑、流域水沙资源优化配置数学模型、大型水利枢纽联合运用对黄河下游河道的减淤作用、塑造黄河下游河道中水河槽等方面的研究,提出了对黄河水沙调控体系的认识,并认为在目前实际的黄河水沙条件下,通过小浪底水库的调节,黄河下游河道经过5~8年的努力,是可以塑造出一个平滩流量为4 000 $m^3/s$左右的中水河槽的。

**关键词**:水沙资源优化;水沙调控体系;小浪底水库;中水河槽;黄河

## 1　黄河的健康状况日趋恶化

黄河流域社会经济的快速发展、人类活动的日益加剧以及气候的变化,使黄河流域水沙过程发生了重大变异,导致黄河的健康状况日趋恶化,主要表现为:上游及河源区生态环境恶化;中游水土流失依然非常严重;下游功能性断流与水患并存,悬河加剧;河口地区生态环境恶化,河流水质污染日益加剧等。这一系列的问题都表明黄河的健康状况日趋恶化,在这样的情况下,黄河水利委员会提出了如何恢复与维持黄河健康生命的理念。

导致黄河健康恶化的因素可以分为自然因素和人为因素。当前遇到的首要问题是怎么解决黄河流域环境支持能力与社会经济发展需求之间的不平衡。在古代两者中间的安全通道很大,20世纪以来,这两者已基本接近了,表明黄河的安全出现了问题[1]。

黄河健康的内涵主要包括:河道的健康、流域生态环境系统的健康及流域社会经济发展与人类活动的健康等。黄河的健康系统是非常复杂的,包括自然系统、社会系统、经济系统、政策与法律系统、管理决策系统和技术系统等方面。

## 2　维持黄河健康生命的理论与技术支撑

黄河流域是在人类活动和社会系统共同参与下的复杂系统,其中存在着制约系统整体行为的临界阈值,这些临界阈值形成了一个控制流域系统运行的指标体系。只有沿着生态环境支持系统和人类社会需求之间的合理平衡基准运行,才能保证黄河健康发展,维持黄河的健康生命。基于黄河全流域综合调控的“临界控制论”可以作为维持黄河健康生命的理论基础,构建黄河流域水沙调控体系则是维持黄河健康生命的技术支撑[1,2]。

关于黄河水沙调控体系,我们认为应该包括两个方面:一是流域水沙资源优化配置数学模型。黄河要建立水沙调控体首先需要有指导体系的理论和模型,把黄河的水和沙是怎样分布的、应该怎样优化配置等问题说清楚。如果没有这个理论基础,建立的水沙调控体系到底能不能产生所期望的效果,大家会表示怀疑。二是水沙调控的工程体系。工程体系不仅应该包括大型水利枢纽(如古贤、三门峡、小浪底等工程,黄河中游规划和已经建成的有七大骨干水库),同时工程体系中还应该包括水土保持的工程措施、滩区放淤、河道整治、河口治理等调控工程体系,即水沙调控工程体系不能仅仅靠水库,还需要靠其他工程和生态措施等,应采取综合措施。

水沙资源优化配置模型是建立在一系列不同层次黄河水沙运动临界阈值条件基础上的,这些临界的条件包括临界产沙量、临界入黄沙量、临界基流量与径流量等,有了水沙优化配置模型才能知道如何调控黄河的水沙。

黄河的水沙调控可采用 3 个途径：一是增水，二是减沙，三是调节水沙过程。增水、减沙较好理解，工程调控措施主要是调节水沙过程，大家讨论了很多关于水沙平衡的概念是否合适，实际上只有赋予“平衡”一定的内容才能正确理解它的含义，水沙平衡可以包括下游河道冲淤平衡、河口的生态水量平衡、河道和两岸泥沙的分布平衡等，平衡应该在这个层面上来解释，大家才能理解。正像很多专家谈到的，每条河流基本上水沙都是不平衡的，或者说是不协调的，有的河流是冲刷的，有的河流是淤积的，完全平衡的河流是没有的。

## 3　流域水沙资源优化配置数学模型[3]

我们主要从理论上研究了黄河下游和黄河流域水沙资源到底应该怎样配置，当前黄河的水沙过程是不尽合理的，同时沿程的分布也不合理，主河槽淤积较多，滩地基本不淤，这就是由于水沙配置不合理造成的，建立流域水沙资源优化配置模型就是为了研究整个黄河流域水沙资源如何配置。

我们认为，调节黄河下游的水沙过程是必须的，或者说是势在必行的，同时我们也认识到：

（1）现有的已修建的大型水利枢纽，在防洪、防凌等方面发挥了重要作用，但大型水利枢纽的运用基本上将天然的水沙过程改变了，而且是朝着对河道不利的方向发展，很多水库在设计的时候，对下游或者对整个河流的影响都有非常乐观的预测，但实际上水库真正运用后产生的出库水沙过程往往造成对下游不利的影响，造成黄河下游河道的萎缩。

（2）通过水库调节后出库水沙过程的输沙能力，可能比天然河道的输沙能力要小，我们最近采用对比方法进行了研究，发现水库调节出来的水沙过程不是那么协调，其输沙能力比天然实际的水沙过程的输沙能力要小一些。

（3）建设水沙调控体系的作用，除防洪、防凌等的作用外，关键是要研究到底水库应调节出来一个什么样的水沙过程，这样的水沙过程既要保证水库本身的使用寿命，同时要对下游河道输水输沙有利，这是非常重要的课题。

我们已初步建立了一个流域水沙资源优化配置的数学模型，其基本理论和原则是研究流域水沙配置的平衡关系、多目标度量函数及临界约束条件、多目标的规划方法等。

## 4　大型水利枢纽联合运用对黄河下游河道的减淤作用

我们曾利用泥沙数学模型开展了大型水利枢纽联合运用对下游河道的减淤作用研究[2]。计算中采用了 5 个水沙系列，一共进行了 20 个方案的计算。从方案的计算结果来看，小浪底水库和古贤水库联合运用后，黄河下游的不淤年限可以达到约 65 年，小浪底单库运行与小浪底水库和古贤水库两库联合运用，两者的不淤年限相差 20 ~ 30 年。有古贤水库以后，下游减淤量较小浪底单库运行增加了 60 亿 ~ 80 亿 t。为什么要建设古贤水库呢？这是因为仅靠小浪底一个水库的运行，对水沙调控尚不够充分和完整，包括对水沙过程的调控不够充分，真正的水沙调控需要 2 个以上水库的联合调控，才能充分发挥调控的作用，同时已有水库的拦沙库容也不够。小浪底水库的拦沙库容大致可用 20 年，在这个期间不仅需要塑造出下游河道的中水河槽，而且需要长期维持，光靠小浪底水库还不足以负担这样的任务。

## 5　塑造黄河下游中水河槽研究

小浪底水库修建后使得进入下游的水沙过程发生了较大的变化，黄河下游的平滩流量在 20 世纪 50 年代为 8 000 ~ 9 000 $m^3/s$，到 2000 年已减少到 2 200 ~ 2 800 $m^3/s$，特别是 2002 年时局部河段只有 1 800 $m^3/s$，平滩流量在黄河下游是大幅度减小的。我们分析认为[4]，有多大的来水量就对应多大的平滩流量、多大的河槽，这是与河道本身的造床作用相对应的。我们建立了一个关系系统，用来反映有多大的来水就相应地有多大的平滩流量。分析黄河下游 4 个站的年水量和平滩流量的关系表明，随着来水量的增加，平滩流量是增加的，在花园口年来水量约为 200 亿 $m^3$ 时，黄河下游的平滩流量约为 2 900 $m^3/s$，当花园口年来水量为 400 亿 $m^3$ 时，平滩流量约为 5 600 $m^3/s$，这与现在的实际情况是对应的。

我们还分析了黄河下游河道花园口—利津站的排沙比等于百分之百时，也就是说下游河道基本不淤或者冲淤平衡时,花园口的来沙系数约为0.012。当来沙系数为0.012、排沙比等于1时,花园口站的年平均流量约为1 850 $m^3/s$。同时我们对下游河道基本不淤情况下来沙系数和河道断面形态的关系也进行了研究,随着来沙系数的增大,河道越来越宽浅,来沙系数为0.012时,河道可保持基本不淤,对应的花园口河道宽深比(河相系数)为31、高村为14.5、利津为5.6。数学模型研究表明,黄河下游来水的含沙量在60~100 $kg/m^3$ 时,容易塑造出比较宽浅的断面,对于黄河下游恢复稳定的中水河槽是不利的。如果来水含沙量小于50 $kg/m^3$ 和大于120 $kg/m^3$ 时,塑造的断面是较为窄深的,这时对黄河下游中水河槽的塑造是有利的。也就是说调水调沙或者进行多年水沙调节时,如果要塑造中水河槽,含沙量可能要采取两个范围的数值,一个是50 $kg/m^3$ 以下,一个是120 $kg/m^3$ 以上,这与泥沙运动的基本规律是相对应的。

我们采用6个水沙系列进行了塑造中水河槽计算,6个水沙系列中有不同的小浪底水库运用方式,前5年是水库拦沙运用,以后有全采取拦沙运用的,也有采用多年调节运用的。6个水沙系列的计算结果表明,小浪底水库前5年采用拦沙运用,不论是丰水系列还是枯水系列,都能使下游河道发生累积性冲刷,来水量越大冲刷越大,6个系列基本都能在水库运用5~6年后,在下游塑造出4 000~5 000 $m^3/s$ 平滩流量的中水河槽。

在上述计算方案中,有小浪底水库前5年采用拦沙运用,也有前14年采用拦沙运用,这样就存在一个问题,小浪底水库的拦沙库容到底应该怎样使用,是在短期内就用完拦沙库容,还是可持续地运用拦沙库容,这个问题是非常重要的。有的方案能冲刷出较大的中水河槽,甚至可达到6 000 $m^3/s$ 左右的平滩流量,但这是以牺牲小浪底水库的拦沙库容为代价的。

对影响中水河槽的因素分析表明,采用恒定流的调水调沙方式,比非恒定流的输沙能力要小;拦粗排细的运用,对塑造中水河槽是非常有利的;河床粗化对塑造中水河槽是有影响的。随着小浪底水库运用,黄河下游的河道将逐渐粗化,当它粗化到一定程度时,对塑造中水河槽是不利的。

实际上塑造和维持黄河下游中水河槽应该是两个相互联系的阶段,塑造和维持中水河槽都需要小浪底水库用拦沙库容来支持。如果小浪底水库在塑造中水河槽时把拦沙库容用得过多,维持时就没有必要的拦沙库容可用,已塑造出的中水河槽就很难维持了。所以我们建议小浪底水库应该在前5~8年采取拦沙的运用方式,排沙比小于0.4,随后逐步抬高水位,拦粗排细,并控制排沙比在0.7左右,这样对塑造和维持下游中水河槽及延长小浪底水库寿命均有利。

从上述分析的情况来看,我们采用的6个水沙系列不论哪个系列都比现在黄河实际出现的水沙系列偏于乐观。综合分析,我们认为在目前实际的黄河水沙条件下,通过小浪底水库的调节,黄河下游河道经过5~8年的努力,是可以塑造出一个平滩流量为4 000 $m^3/s$ 左右的中水河槽的。黄河下游中水河槽的长期维持则依赖于黄河水沙调控体系的建立及河道的综合治理。

## 参 考 文 献

[1] 胡春宏, 陈建国, 郭庆超, 等. 论维持黄河健康生命的关键技术与调控措施[J]. 中国水利水电科学研究院学报, 2005,3(1).

[2] 胡春宏. 黄河水沙过程变异及河道的复杂响应[M]. 北京:科学出版社, 2005.

[3] 陈绪坚. 流域水沙资源优化配置理论和数学模型[D]. 北京:中国水利水电科学研究院, 2005.

[4] 胡春宏, 陈建国, 郭庆超, 等. 塑造黄河下游中水河槽措施研究[R]. 北京:中国水利水电科学研究院, 2005.

(本文原载于《人民黄河》2005年第9期)

# 黄河下游河道排沙比、淤积率与输沙特性研究

费祥俊，傅旭东，张　仁

（清华大学 水沙科学与水利水电工程国家重点实验室，北京 100084）

**摘　要**：以小浪底水库拦沙后期运用为前提条件，根据黄河下游历次洪水的场次水沙资料，提出了下游河段全段及分段的排沙比关系式，分析表明黄河下游上段河道冲淤幅度较下段大，所以河床演变迅速且不稳定；下段河道断面窄深，经上段对水沙调节后，下段冲淤幅度小，河床平稳，但是输沙入海的瓶颈河段。水库调节对下游的减淤效果不大，相反会使入海沙量减少，水库淤积加快及输沙用水增加，水库如何适度拦沙是需要进一步研究的问题。

**关键词**：输沙特性；排沙比；水库调节；入海沙量；黄河下游

小浪底水库是黄河下游唯一的一座大型水库，担负着为下游防洪、减淤的重要任务，但初期运用不到 10 年，库区淤积量已达 23.4 亿 $m^3$。我国对多沙河流水库保持库容的经验是“蓄清排浑”运用，但这仅限于下游河道有较高的富裕挟沙能力，能将全年来沙集中在洪水期排出水库而不在下游河道淤积。黄河下游原本属于堆积性河道，加上近年来水不断减少，输沙能力严重不足，这对小浪底水库后期拦沙运用方式能否达到防洪、减淤目标提出了严重的挑战。笼统地说，黄河下游主要问题是“水沙不平衡”，要求小浪底水库调节与下游河道输沙能力相协调以多输沙入海。笔者以小浪底水库后期拦沙运用为前提条件，重点研究了下游河道的输沙能力，尤其是上段、下段（以艾山为界）河道输沙能力的差别，以及小浪底水库不同调节程度对下游减淤、入海沙量及库区淤积的影响。

## 1　黄河下游河道形态与输沙特性

黄河下游河道承担着排泄洪水及泥沙输送的双重任务，使长约 800 多 km 的河道塑造出复杂的形态。大体上，上段（艾山以上）为游荡型河道、比降较大，下段（艾山以下）为弯曲型河道、比降较小。一定流量下河流输沙能力取决于河道断面形态及纵比降。上段输沙优势是比降较大，劣势是断面宽浅；下段相反，输沙优势是断面窄深，劣势是比降较小。实测资料及分析表明，相同流量下，上段河道输沙能力要比下段河道大。一定条件下泥沙“上冲下淤”不是偶然现象，这是河道输沙入海的最大障碍。其次，从泥沙时间分布上看，黄河来沙集中在汛期（占全年来沙量的 80%~90%），而汛期来沙又集中在几场洪水。来沙集中，导致所谓高含沙洪水，更使河道输沙能力不堪重负。观测资料表明，高含沙洪水是造成下游河道严重淤积的主要原因，也是河道变形的主要因素。

黄河下游输沙的另一个重要特性是含沙量高而且细颗粒含量多，河道输沙往往处于不平衡状态。通过某一断面的水流含沙量在超饱和时要比饱和挟沙力高，河道发生淤积；当水流含沙量欠饱和时，要比饱和挟沙力低，河道发生冲刷。洪水时段含沙量高，往往超过挟沙力。进口来沙多，导致出口含沙量增加，即所谓“多来多排”，但必然增加了下游淤积。换句话说，着眼于多输沙入海（如利用高含沙水流输沙）必然要多增加下游河道淤积，这便是由河道输沙入海处理泥沙策略的矛盾。

## 2　黄河下游排沙比

一定时段（如洪水时段，一般为 6~10 d）内出口沙量与进口沙量之比（即排沙比），反映出该河段的输沙特性：

$$\eta = \frac{Q_{出}\ \Delta t}{Q_{进}\ \Delta t} \tag{1}$$

式中：$\eta$ 为排沙比；$Q_{出}$、$Q_{进}$分别为河段出口及进口输沙率；$\Delta t$ 为时段。黄河下游由于输沙不平衡，因此河段出口输沙率往往与上游进口的含沙量有关，写为

$$Q_{出} = kQ_{出}^{\alpha}\ S_{进}^{\beta} \tag{2}$$

式中：$k$ 为系数；$\alpha$、$\beta$ 分别为流量 $Q_{出}$ 与上游进口含沙量 $S_{进}$ 的指数。据钱宁等[1]论证，以及经实测资料验证，$\alpha+\beta=2$，其中 $\alpha>1$、$\beta<1$。

随着河段长度增加，含沙量沿程调整，指数 $\beta$ 逐渐减小，即对出口输沙量影响逐渐减弱，以致 $\beta\to 0$，将式(2)代入式(1)并考虑 $\alpha+\beta=2$ 得到：

$$\eta = k\left(\frac{W}{Q}\right)_{进}^{\beta-1}\frac{Q_{出}^{\alpha}}{Q_{进}^{2-\beta}} = k\left(\frac{S}{Q}\right)_{进}^{\beta-1}\left(\frac{Q_{出}}{Q_{进}}\right)^{\alpha} \tag{3}$$

由于河段进出口流量（时段平均流量）相同时的排沙比反映的是河道无人为干扰下（如无引水引沙）的真实输沙特性，因此定义该条件下的排沙比为河段真实排沙比。这样由式(3)和 $Q_{出}=Q_{进}$，得到河段真实排沙比为

$$\eta = k\left(\frac{S}{Q}\right)_{进}^{\beta-1} \tag{4}$$

式(4)中的系数 $k$ 及指数 $\beta$ 的确定有赖于实测水沙资料。由于下游沿途有引水或小支流入汇，因此实测资料中有的 $Q_{出}\neq Q_{进}$。在使用实测资料标定 $k$、$\beta$ 值时，对 $Q_{出}\neq Q_{进}$ 的河段，出口含沙量 $S_{出}$ 应区别 $Q_{出}=Q_{进}$ 时的相应含沙量 $S'_{出}$。由于洪水时段引水量及下游小支流汇入的影响不是很大，因此出口含沙量的修正，可以近似地认为与进、出口流量差成比例，即：

$$S'_{出} = S_{出}\left(\frac{Q_{进}}{Q_{出}}\right) \tag{5}$$

这样，对实测资料中 $Q_{出}\neq Q_{进}$ 的资料，其出口沙量的修正值为

$$\Delta W_s = (Q_{进} - Q_{出})S'_{出}\Delta t = (Q_{进} - Q_{出})S_{出}\left(\frac{Q_{进}}{Q_{出}}\right)\Delta t \tag{6}$$

对黄河设计公司整理的下游 1960—1996 年非漫滩洪水的场次水沙资料及部分高含沙洪水资料，经过上述方法修正后，点绘下游 $\eta$—$(S/Q)_{进}$关系，点据相当密集，见图 1。

类似地可得到下游上段（艾山以上）及全下游的排沙比计算公式：

$$\eta_{三-艾} = 0.126\left(\frac{S}{Q}\right)_{进}^{-0.50} \tag{7}$$

$$\eta_{三-利} = 0.108\left(\frac{S}{Q}\right)_{进}^{-0.53} \tag{8}$$

由式(7)和式(8)还可得到下段（艾山—利津）的 $\eta$—$(S/Q)_{进}$关系：

$$\eta_{艾-利} = \frac{\eta_{三-利}}{\eta_{三-艾}} = 0.857\left(\frac{S}{Q}\right)_{进}^{-0.03} \tag{9}$$

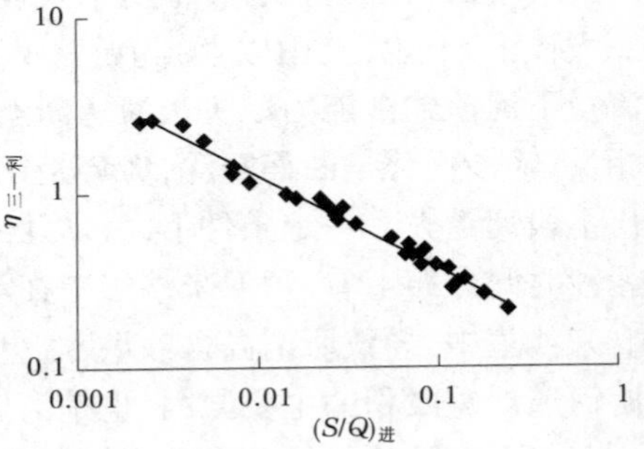


**图 1　黄河全下游河段 $\eta$—$(S/Q)_{进}$关系**

由上述各河段排沙比关系可以看出，黄河下游进口站的水沙搭配$(S/Q)_{进}$对各河段排沙比影响差别很大。由图 2 可见：上段排沙比变化幅度大，表明该河段冲淤幅度大，河道演变迅速，河床不稳定；下段排沙比变化幅度小，冲淤幅度小，河床较稳定，这与实际情况一致。

还可看出：只有在来水来沙条件十分有利，如$(S/Q)_{进}<0.006$，才能使 $\eta_{三-艾}$ 及 $\eta_{艾-利}$ 均大于 1，即上、下河段均发生冲刷；在来水来沙条件为 $0.006<(S/Q)_{进}<0.016$ 时，$\eta_{三-艾}>1$ 而 $\eta_{艾-利}<1$，即下游上段冲、下段淤；而当$(S/Q)_{进}>0.016$ 时，$\eta_{三-艾}$ 及 $\eta_{艾-利}$ 均小于 1，上、下河段均发生淤积。下游进口的实测资料表明，大多数洪水$(S/Q)_{进}$值远大于 0.016，足以证明黄河下游泥沙淤积严重。

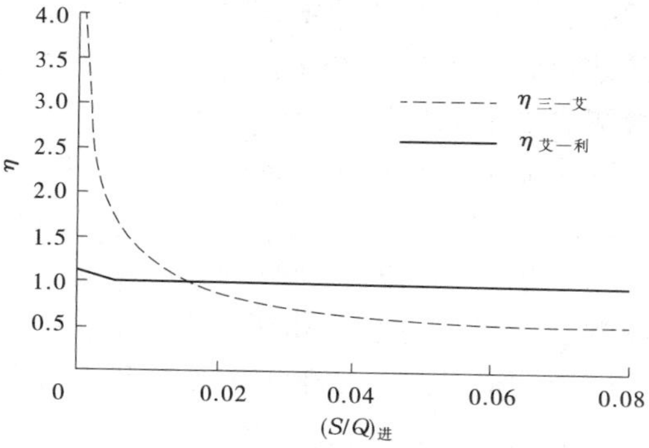


**图 2　黄河下游上、下段排沙比关系比较**

## 3　黄河下游河道冲淤计算及泥沙淤积特性

利用河段泥沙排沙比关系，可以方便地估算一定水沙条件下的下游泥沙淤积率（冲淤强度）及河道冲淤量。就全下游而言，一定时段内河道的淤积量为

$$W_{s下} = Q_{进} S_{进}(1 - \eta_{三-利})\Delta t \tag{10}$$

将式（8）代入上式中，便可计算 $\Delta t$ 时段内一定水沙关系下的河道淤积量。表 1 是根据黄河下游 1969—1977 年 11 次高含沙洪水的水沙资料[2]，按式（10）计算的洪水时段淤积量与实测值。由于没有时段内引水及支流汇入的水沙资料，表 1 中的下游淤积量 $W_{s下,算}$ 均未考虑沿程引水及支流汇入的影响，因此有些洪水场次的淤积量与实测值有一定差异。同时，表 1 中的下游淤积量以一次洪水的平均 $(S/Q)_{进}$ 据式（8）计算排沙比，并由式（10）计算下游淤积，如果按逐日 $(S/Q)_{进}$ 计算逐日下游淤积量，并累加为一次洪水的淤积量，同样可得到满意的结果。

下游河道淤积率（或淤积强度）指一定条件下的单位时段内下游淤积量。将式（8）代入式（10），并将时段 $\Delta t$ 定为 1 d（86 400 s），则有以 t/d 计的下游淤积率 $W_{s下d}$ 的关系式：

$$W_{s下d} = 86.4 Q_{进}^2 \left[ \left(\frac{S}{Q}\right)_{进} - 0.108 \left(\frac{S}{Q}\right)_{进}^{0.47} \right] \tag{11}$$

**表 1　1966—1977 年 11 次高含沙洪水下游泥沙淤积量**

| 日期 | $\Delta t$/d | $S_{进}$/(kg·m$^{-3}$) | $Q_{进}$/(m$^3$·s$^{-1}$) | $(S/Q)_{进}$/(kg·s·m$^{-6}$) | $W_{s下,算}$/亿 t | $W_{s下,测}$/亿 t |
|---|---|---|---|---|---|---|
| 1969-07-27—08-07 | 15 | 1 722 | 218 | 0.127 | 3.30 | 3.502 |
| 1969-08-11—15 | 5 | 1 569 | 195 | 0.123 | 0.88 | 0.771 |
| 1970-08-03—17 | 15 | 1 874 | 340 | 0.181 | 6.03 | 5.600 |
| 1971-07-07—31 | 5 | 1 644 | 232 | 0.141 | 1.145 | 2.056 |
| 1971-08-19—24 | 6 | 1 356 | 226 | 0.167 | 1.146 | 0.790 |
| 1972-07-20—26 | 7 | 2 090 | 134 | 0.064 | 0.91 | 1.238 |
| 1973-08-19—22 | 4 | 1 375 | 209 | 0.152 | 0.707 | 0.700 |
| 1973-08-26—09-04 | 10 | 3 125 | 249 | 0.080 | 3.970 | 3.172 |
| 1974-07-29—08-05 | 8 | 1 500 | 203 | 0.135 | 1.448 | 1.223 |
| 1977-07-06—12 | 7 | 4 125 | 301 | 0.073 | 4.263 | 4.202 |
| 1977-08-04—10 | 7 | 3 693 | 410 | 0.111 | 5.985 | 5.843 |

据式（11）绘出非漫滩洪水下游淤积率与来水来沙关系 $W_{s下d}=f(S,Q)$，见图 3。可以看出：

(1)全下游河道产生淤积($W_{s下d}>0$)的临界含沙量随河段平滩流量的变化而改变。当平滩流量 $Q=5\ 000\ m^3/s$ 时,全下游产生淤积的临界含沙量 $S=75\ kg/m^3$;如河道淤积萎缩,平滩流量减少到 $Q=2\ 500\ m^3/s$ 时,则全下游产生淤积的临界含沙量下降为 $S=38\ kg/m^3$。

(2)河道开始冲刷或不淤的临界流量与来水含沙量有关,如来水含沙量 $S=20\ kg/m^3$,全下游不淤或开始冲刷($W_{s下d}<0$)的临界流量 $Q=1\ 333\ m^3/s$。

(3)在下游含沙量 $S<100\ kg/m^3$ 的范围内,对每个含沙量都存在一个相应的淤积率为最大的流量。如 $S=20\ kg/m^3$ 时,$Q=600\ m^3/s$ 淤积率最大,$W_{s下d}=0.36\times10^6$ t/d;$S=50\ kg/m^3$ 时,$Q=1\ 500\ m^3/s$ 淤积率最大,$W_{s下d}=2.24\times10^6$ t/d;$S=100\ kg/m^3$ 时,$Q=3\ 000\ m^3/s$ 淤积率最大,$W_{s下d}=8.94\times10^6$ t/d。

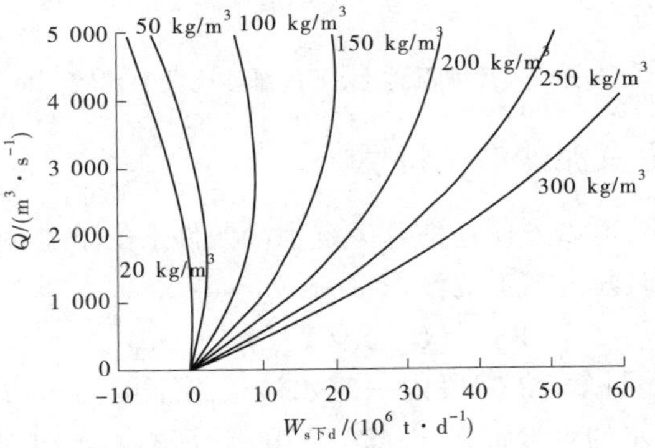


图 3　$W_{s下d}=f(S,Q)$

由此可见,水库运用为下游减淤采用出库流量两极化(如小浪底水库初期运用中,出库流量避免 $Q=800\sim2\ 500\ m^3/s$ 流量级)只适用于水库含沙量低的初期运用阶段。在水库正常运用期的洪水期出库含沙量已较高,流量两极化的调水方式已不适用,必须减少出库含沙量,才对下游减淤有效($W_{s下d}$ 减小)。换句话说,水库拦沙运用后期应以调沙为主代替初期调水为主的运用方式。

## 4　下游河道输沙能力不足是输沙入海的主要障碍

迄今为止,黄河下游泥沙处理的多种措施,实际上都把泥沙由河道入海作为最主要的策略。这可能是基于对下游河道输沙能力估计过高的认识。但实际情况是,黄河来水来沙条件恶化,下游河道输沙能力严重不足。如图 3 所示,黄河下游泥沙多来多排及多淤的特性,正说明泥沙超饱和输送,才能多输沙入海,而超饱和输送必然在下游造成大量淤积,这反而导致输沙入海量减少。

据上述河段排沙比关系,在没有沿程引水及支流入汇条件下,通过河道的入海沙量 $W_{s入海}$($W_{s入海}$ 以 t 计,$\Delta t$ 时段以 d 计)为

$$W_{s入海}=86.4Q_{进}^{2}\left[0.108\left(\frac{S}{Q}\right)_{进}^{0.47}\right]\Delta t \qquad (12)$$

从图 4 可以看出,在一定流量下,随着 $(S/Q)_{进}$ 增加,输沙入海沙量的增加几乎与下游河道淤积增加同步。即要想增加入海沙量,免不了要增加下游河道的淤积。还可以看到:当 $(S/Q)_{进}\approx0.055$ 时,在各级流量下全下游排沙比 $\eta_{三-利}\approx0.5$,入海沙量与下游淤积量相等;$(S/Q)_{进}<0.055$ 时,入海沙量多于下游淤积;$(S/Q)_{进}>0.055$ 时,入海沙量少于下游淤积。而且,随着 $(S/Q)_{进}$ 进一步增加,下游淤积的增速大于入海沙量的增速。

通过水库调节使出库 $(S/Q)_{出}$ 减小,有利于下游输沙,因而实现下游减淤,但这种减淤是有限的和短期的,而且要以水库增淤及增加输沙用水为代价,水库调节强度越加大(虽然下游减淤相应增大),输沙入海沙量越减少。这是下游河道输沙规律所决定的。

以一次洪水过程为例,1994 年 8 月 6—17 日,下游高含沙洪水历时 12 d,来沙及其来水量分别为 5.73 亿 t 及 27.9 亿 $m^3$,$Q=2\ 697\ m^3/s$,$S=205\ kg/m^3$,即 $(S/Q)_{进}=0.076$。表 2 为按式(11)和式(12)分别计算的水库出库 $(S/Q)_{出}$ 不同时的下游淤积量 $W_{s下}$、入海沙量 $W_{s入海}$ 及库区淤积量 $W_{s库}$。由表 2 可见:

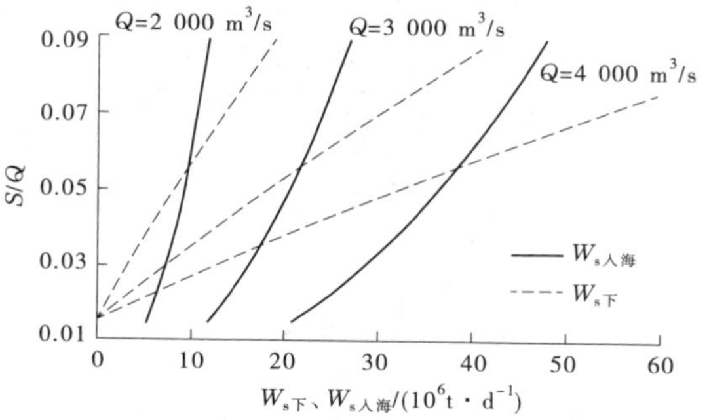


图 4　$W_{s下}=f[Q,(S/Q)]$ 及 $W_{s入海}=f[Q,(S/Q)]$

(1)当$(S/Q)_{出}=0.076=(S/Q)_{进}$时,相当于无水库,下游淤积最多为 $W_{s下}=3.305$ 亿 $t$,入海沙量最多为 $W_{s入海}=2.426$ 亿 t。

(2)随着出库$(S/Q)_{出}$减小,即水库调节程度提高,下游淤积量不断减小,至$(S/Q)_{出}=0.03$ 时,$W_{s下}=0.695$ 亿 t,为无水库时 3.305 亿 t 的 21%。相同条件下,水库淤积不断增加,由无水库时 $W_{s库}=0$ 增至 $W_{s库}=3.469$ 亿 t,同时入海沙量相应减少,由 $W_{s入海}=2.426$ 亿 t 减至 $W_{s入海}=1.567$ 亿 t,这表明原本可以输沙入海的泥沙也被部分或大部分淤积在水库里了。

(3)随着水库调节程度增大[$(S/Q)_{出}$减小],下游淤积与水库淤积之和($W_{s下}+W_{s库}$)是不断增加的(虽然 $W_{s下}$不断减少),说明水库调水调沙并不能使下游及库区同时减淤。

表 2　水库不同调节程度的 $W_{s下}$、$W_{s入海}$及库区淤积 $W_{s库}$比较

| $(S/Q)_{出}$/(kg·s·m$^{-6}$) | $W_{s入海}$/亿 t | $W_{s下}$/亿 t | $W_{s库}$/亿 t | $W_{s下}+W_{s库}$/亿 t | $Q$/(m$^3$·s$^{-1}$·t$^{-1}$) |
|---|---|---|---|---|---|
| 0.076 | 2.426 | 3.305 | 0 | 3.305 | 11.50 |
| 0.060 | 2.171 | 2.354 | 1.207 | 3.561 | 12.85 |
| 0.050 | 1.992 | 1.778 | 1.961 | 3.735 | 14.00 |
| 0.040 | 1.799 | 1.222 | 2.715 | 3.937 | 15.55 |
| 0.030 | 1.567 | 0.695 | 3.469 | 4.164 | 17.80 |

需要说明的是,以上分析及计算都是基于下游河道真实排沙比关系,即不计沿程引水或入汇对河道冲淤的影响。在实际情况下,河段进、出口水量或流量在某一计算时段内往往是不相符的,$Q_{出}\neq Q_{进}$。考虑这种实际情况,定义表观排沙比为

$$\eta_{表}=k\left(\frac{S}{Q}\right)_{进}^{\beta-1}\left(\frac{Q_{出}}{Q_{进}}\right)^{\alpha} \tag{13}$$

对于下游全河段而言,已由实测资料标定 $k=0.108$,$\beta-1=-0.53$,考虑到 $\alpha+\beta=2$,上式中 $\alpha=2-\beta=1.53$,这样全下游河段的表观排沙比为

$$\eta_{表}=0.108\left(\frac{S}{Q}\right)_{进}^{-0.53}\left(\frac{Q_{出}}{Q_{进}}\right)^{1.53} \tag{14}$$

用 2002 年 7 月 4 日小浪底首次调水调沙较可靠的数据来验证上式。该次试验自 7 月 4~15 日历时 11 d,主要断面水沙情况[3]见表 3。

由此可得全下游(小浪底—利津)表观排沙比为

$$\eta_{表}=0.108\times\left(\frac{12.2}{2\ 741}\right)^{-0.53}\left(\frac{2\ 456}{2\ 741}\right)^{1.53}=1.61$$

即全下游是冲刷的,相应冲刷量按上式计算值为 $W_{s下}=0.319(1-1.61)=-0.195$ 亿 t。按试验结果,下游

淤积的实测值为 $W_{s下}=-0.186$ 亿 t，两者差值不到 5.0%，说明式(14)是可信的。

表 3　小浪底首次调水调沙主要断面水沙情况

| 断面 | 水量/亿 $m^3$ | 沙量/亿 t | 平均流量/($m^3 \cdot s^{-1}$) | 平均含沙量/($kg \cdot m^{-3}$) |
| --- | --- | --- | --- | --- |
| 小浪底 | 26.06 | 0.319 | 2 741 | 12.2 |
| 花园口 | 28.22 | 0.372 | 2 649 | 13.3 |
| 利津 | 23.35 | 0.505 | 2 456 | 21.6 |

由式(14)可知，下游沿程有引水时排沙比减小，而沿程有清水入汇时排沙比加大，实际上黄河下游灌溉是用水大户，因而使下段出口流量减小，表观排沙比相应减小。若 $Q_{出}/Q_{进}=0.8$，则全下游表观排沙比将为真实排沙比（未引水情况）的 71%，对下游减淤及输沙入海都有不利影响。这使目前采用的“调水调沙为下游减淤”的实际数量更增加不确定因素。

## 5　结　语

基于黄河下游河道现实的输沙能力，通过水库调节拦沙在初期对下游淤积减少是有效的，但在下游减淤的同时也减少了入海沙量，同时水库淤积加快，减少其使用寿命，因此从下游河道实际输沙能力出发，泥沙处理的策略除上、中游加强水土保持减少来沙外，下游河道只能输送部分来沙入海，应让更多的来沙通过有计划、有规模地向两岸滩地及堤外低地回淤，既可为下游减沙治害，又可利用泥沙兴利，符合黄河下游治理的全面、协调和可持续发展。

## 参 考 文 献

[1] 钱宁，张仁，赵业安，等.从黄河下游的河床演变规律来看河道治理中的调水调沙问题[J].地理学报，1978，33(1)：13-26.

[2] 赵业安，周文浩，费祥俊，等.黄河下游河道演变基本规律[M].郑州：黄河水利出版社，1998.

[3] 黄河水利委员会.黄河调水调沙、黄河滩区治理和小浪底水库运用[R].郑州：黄河水利委员会，2008.

（本文原载于《人民黄河》2009 年第 11 期）

# 黄河泥沙资源利用的长远效应

江恩慧,曹永涛,董其华,郜国明,李军华,蒋思奇

(黄河水利科学研究院 水利部黄河泥沙重点实验室,河南 郑州 450003)

**摘　要:**黄河多沙给两岸人民带来了严重的洪水灾害,因此黄河的治理措施多基于泥沙的灾害性。随着经济社会发展对黄河水资源的需求日益增加,加之黄土高原地区特殊的地理地貌特征等因素,未来黄河仍将是一条少水多沙河流。经过长期的治黄实践,人们逐渐认识到黄河泥沙的资源属性,其在黄河防洪安全、放淤改土与生态重建、河口造陆及湿地水生态维持、建筑材料等方面具有巨大的利用潜力。研究发现,黄河下游的河道淤积泥沙主要来自少数几场高含沙洪水;水库在拦截黄河泥沙的同时,也对泥沙级配进行了自动分选,为泥沙分类利用创造了条件。利用水库拦减高含沙洪水,不仅可减少下游河道淤积和滩区淹没损失,还为泥沙资源的集中利用创造了前提条件,具有巨大的社会和经济效益;同时,树立充分发挥水库的拦沙作用与泥沙资源集中利用有机结合的新理念,不仅能使水库持续发挥其拦沙减淤效益,也将更彰显黄河泥沙资源集中利用的长远效应。为此,必须从政策和管理层面建立良性运行机制,加强舆论宣传,吸引社会资金和广大群众主动参与黄河泥沙资源利用工作,实现黄河的长治久安。

**关键词:**泥沙;资源利用;效益;拦沙减淤;水库;黄河

## 1　黄河泥沙——长期以灾害一面示人

### 1.1　黄河泥沙及其灾害

黄河以其多年平均 16 亿 t 泥沙成为世界上输沙量最大的河流。黄河的多沙,一方面造就了广阔的黄淮海大平原,成为历史上中华民族繁衍生息的中心地带,是中华民族的母亲河,孕育和传承了光辉灿烂的华夏文明;另一方面,从公元前 602 年黄河洪水有记载的第一次决口到 1938 年,2 540 a 中黄河共决溢 1 590 次,改道 26 次,平均“三年两决口,百年一改道”,给两岸人民带来严重的洪水灾害[1]。时至今日,黄河中下游虽然建成了相对完善的防洪体系,但洪水灾害的威胁仍未得到有效控制:下游河床仍在继续抬升,“悬河”及“二级悬河”状态逐步加剧,标准化堤防建设只是解决了大洪水时的浸润线问题,大水顶冲堤防时仍有冲决的可能。黄河下游防洪安全与经济社会发展之间的矛盾异常尖锐。

### 1.2　黄河治理措施多基于泥沙的灾害性

古往今来,无数的专家学者和仁人志士对黄河泥沙问题给予了极大的关注,开展了大量研究与实践。由于人们对泥沙问题认识的深度不同、理论研究的系统性差异、社会民生状况与国力的厚薄,因此不同时期提出了不同的治理策略与方针[2]。但无论何时何人提出何措施,都是基于黄河泥沙灾害性的。而且,从古代大禹治水的“疏川导滞”,两汉时期贾让的“治河三策”、“王景治河”,北宋时期任伯雨的“宽立堤防、约拦水势”,到明代后期潘季驯的“束水攻沙”,其治黄策略的出发点,都关注的是泥沙对黄河下游造成的灾害,立足于尽快输沙入海或将泥沙堆放在相对较宽的河道内,减缓河床淤积抬高速度,以达到减少水患的目的。随着科学技术的发展,人们逐步认识到“头痛医头、脚痛医脚”办法的局限性。李仪祉、张含英等提出治理黄河泥沙必须从上中游入手的思想。新中国成立初期逐步提出“蓄水拦沙”、“上拦下排”的治理方略。1969 年的“四省会议”,首次总结提出了“拦、排、放”相结合的泥沙处理原则,并在 1975—1977 年的治黄规划修订中得到体现,黄河中下游的放淤工程尤其是下游的放淤固堤在 1970 年以后取得较大进展。尽管“泥沙处理”仍然“灾害性”味道甚浓,但“放”的“放淤固堤”和延续的“放淤改土”已是泥沙资源主动利用的科学体现。其后的“拦、排、放、调”及“拦、排、放、调、挖”,都隐含了泥沙的处理与利用,但都对泥沙的资源性认识不足。

## 2　黄河泥沙资源利用现状及潜力

进入 21 世纪，随着经济社会的发展和科学技术的进步，通过泥沙资源利用处理泥沙的途径和潜力大大增加，故 2013 年国务院批复的《黄河流域综合规划(2012—2030 年)》[3]，将以前的“拦、排、放、调、挖”泥沙综合治理策略修编为“拦、排、调、放、挖”的同时，首次明确提出了“泥沙资源化利用”。2012 年 7 月，黄河水利委员会(以下简称黄委)依托黄河水利科学研究院(以下简称黄科院)，成立了“黄河泥沙处理与资源利用工程技术研究中心”。根据定义，“资源化”是指将废物直接作为原料进行利用或者对废物进行再生利用，而黄河泥沙不是一种废物，因此为强调泥沙的资源性，将“泥沙资源化利用”统一为“泥沙资源利用”，力争从观念上逐渐改变人们对“黄河泥沙”的认识。

### 2.1　黄河泥沙的资源性及利用现状

土地是稀缺资源，泥沙是流失的土地，也是不可多得的稀缺资源。其中，较细颗粒作为优质黏土，可用来淤土造田；较粗泥沙中含金属多，可通过陶冶提取有用金属；中间级配泥沙，可改性制作成环保建材。从矿物成分分析，黄河泥沙的主要成分是二氧化硅($SiO_2$)，含量在 70%左右，其他为氧化铝、氧化铁、氧化镁、氧化钾和稀有元素等。因此，黄河泥沙可作为我国新型、稳定的可接替传统矿产的资源。

目前黄河泥沙的资源利用大致可分为以下 4 个方面：

(1)黄河防洪安全利用，包括放淤固堤及标准化堤防建设、防汛抢险材料新技术应用等。经过 60 余 a 坚持不懈的努力，通过放淤固堤对黄河下游两岸 1 371.2 km 的临黄大堤先后 4 次加高培厚；通过开展标准化堤防工程建设，仅 1999—2005 年，黄河下游放淤固堤就利用泥沙 0.67 亿 t；20 世纪 90 年代在河南和山东开展的挖河固堤试验，也利用泥沙 1 439 万 t。在防汛抢险材料新技术应用方面，黄科院在中央水利建设基金和水利部科技成果重点推广项目资金支持下，研制出黄河抢险用大块石，利用黄河泥沙制作备防石，节省大量天然石料；此外，黄委组织开展的大土工包机械化抢险技术、利用泥沙充填长管袋沉排坝防汛抢险技术等，都是黄河泥沙在防汛抢险方面的应用。这些技术是“以河治河”理念的延伸，既满足了防汛需要，又因地制宜地就近利用黄河泥沙，为解决黄河泥沙问题提供了新的途径。

(2)放淤改土与生态重建，包括放淤改土、利用黄河泥沙生态修复采煤沉陷区、利用黄河泥沙治理水体污染等。黄委在 20 世纪 50 年代中期就在黄河三角洲进行了放淤改土试验研究，到 1990 年底共计淤改土地超过 20 万 $hm^2$；近年来黄委又先后进行了温孟滩淤滩改土、小北干流放淤试验、黄河下游滩区放淤、内蒙古河段十大孔兑放淤及大堤背河低洼盐碱地放淤改土等实践，放淤区总面积为 108.9 $km^2$，可放淤量约为 21.21 亿 t。放淤改土既处理和利用了泥沙，又改良了土地，增加可耕地面积，对加快沿黄群众脱贫致富起到了积极的作用。在利用黄河泥沙生态重建方面，近年来山东济宁市相关单位开展了利用黄河泥沙对采煤塌陷地进行充填复垦试验，共利用黄河泥沙 168 万 t，治理塌陷地 46.7 $hm^2$；菏泽黄河河务局也联合有关单位，计划利用黄河泥沙回填巨野煤田沉陷区；河海大学利用黄河花园口泥沙，开展了利用泥沙治理水体污染的初步研究，取得了一些初步成果，但与生产需求仍有不小距离，还需进一步研究。

(3)河口造陆及湿地水生态维持利用。在填海造陆方面，从 1855 年到 1954 年，黄河现有流路实际行河 64 a，河口累计来沙 930 多亿 t，年均来沙 14.58 亿 t，共造陆 1 510 $km^2$，年均造陆 23 $km^2$；1954 年至 2001 年，黄河三角洲新生陆地面积达 990 $km^2$，从而使得黄河河口地区成为我国东部沿海土地后备资源最多、开发潜力最大的地区之一。在湿地水生态维持方面，泥沙淤积造陆对湿地的形成发挥了重要的作用，使河口三角洲丰富多样化的生物、植物资源和水生态维系机制得以形成，目前黄河三角洲自然保护区内有各种野生动植物 1 921 种，其中水生动物 641 种、鸟类 269 种、植物 393 种；在植物类型中，属国家二类重点保护植物的野大豆在该区内广泛分布，面积达 0.8 万 $hm^2$。此外，5.1 万 $hm^2$ 的天然草场、0.07 万 $hm^2$ 的天然实生柳林和 0.81 万 $hm^2$ 的天然柽柳灌木林也在保护区分布，还有华北平原面积最大的人工刺槐林，面积达 1.2 万 $hm^2$。

(4)建筑材料利用。近 20 a 来，经过深入研究，人们对黄河泥沙的特性有了更加深刻和全面的认识，取得了丰富的综合利用黄河泥沙的经验，研制出了一系列由黄河泥沙制成的装饰和建材产品，主要有烧结内燃砖、灰砂实心砖、烧结空心砖、烧结多孔砖(承重空心砖)、建筑瓦和琉璃瓦、墙地砖、拓扑互锁结构砖以及干混砂浆等，并在利用黄河泥沙制作免蒸加气混凝土砌块、烧制陶粒、微晶玻璃以及新型工业原材料研制等方面进行了探索，取得了良好的效果。但上述研究开发出的黄河泥沙资源利用产品，大多处于试验研究或中试阶段，由于缺乏泥沙资源利用的成套设备，产品生产规模较小，无法大规模生产而造成成本偏高，因此对社会投资的吸引力较小，这从一定程度上制约了黄河泥沙资源利用的大规模开展。

### 2.2　黄河泥沙资源利用的潜力

黄河下游所处的中原经济区、山东半岛蓝色海洋经济区和黄河三角洲高效生态经济区是国家经济发展战略的重要区域，正处于起步实施阶段，各种基础性建设和产业发展迅速，对建筑材料及其他工程材料的需求日益增多，急需大量泥沙类原材料；同时，随着国家生态建设的开展，特别是烧结黏土砖的禁用和禁止开山采石，以及各类原材料的紧缺，使社会各方面对黄河泥沙转化为可利用资源的需求逐年增大。

据对未来 50 a 黄河泥沙利用潜力的不完全分析估算，在黄河防洪安全利用方面，可利用泥沙 16.10 亿 t，其中放淤加固大堤需要 4.20 亿 t、淤筑村台 4.48 亿 t，“二级悬河”治理（淤填堤河、淤堵串沟）需淤筑土方 7.00 亿 t，制备防汛备防石等防汛抢险材料约 0.42 亿 t。在放淤改土与生态重建方面，可利用泥沙 66.36 亿 t，其中放淤改土需土方 21.28 亿 t、供水引沙量为 42.00 亿 t 左右、利用黄河泥沙修复采煤沉陷区与治理水体污染等生态重建可处理泥沙 3.08 亿 t。在河口造陆方面，每年通过调水调沙输送到河口地区的泥沙约 1.68 亿 t，未来 50 a 可输送泥沙 84.00 亿 t。在建筑材料利用方面，可利用泥沙 11.20 亿 t，其中制作砌体材料可利用黄河泥沙约 4.20 亿 t，可直接应用的建筑沙料 7.00 亿 t。

综上所述，未来 50 a，黄河泥沙的利用潜力可达 177.66 亿 t，年均处理泥沙约 3.56 亿 t。这一数值可达目前预测的未来黄河年均沙量的一半左右。因此，社会经济发展及生态利用对黄河泥沙资源的需求量相对较大，黄河泥沙开发利用的前景十分广阔，对黄河治理开发的意义也非常重大。

## 3　黄河泥沙资源利用可持续发挥水库的拦沙作用

### 3.1　黄河下游河道淤积泥沙主要来自少数几场高含沙洪水

据 1965—1977 年 12 场高含沙洪水资料统计[4]，其在下游造成的淤积共 29.335 亿 t，占 1965 年 11 月—1980 年 10 月下游河道总淤积量 43.510 亿 t 的 68%，其中高村以上淤积 25.159 亿 t，占 12 场高含沙洪水淤积量的 86%。可见黄河下游河道淤积泥沙主要来自少数几场高含沙洪水。

韩其为[5]指出，三门峡水库对黄河下游发挥了巨大的防洪效益，其防洪效益不在于水库调洪，而在于拦沙 92 亿 t、为下游河道减淤约 64 亿 t，平均减淤厚度为 3.30 m，这是很大的防洪效益，但是这个效益是以三门峡水库淤积为代价的。在水库淤积满了以后，其对下游的防洪效益就很小了。在目前的技术水平下，如果能将水库淤积的泥沙作为一种资源利用掉，则可以长期保持水库的有效库容，进一步发挥水库拦沙减淤的防洪效益。

### 3.2　水库是黄河泥沙的收纳箱和天然分选场

黄河上的水库除肩负少沙河流水库“防洪、灌溉、供水、发电”任务外，还承担着“截沙、拦沙、排沙”的重要使命。大量泥沙淤积在库区，使水库库容淤损、防洪减淤发电等功能减弱，但为泥沙的分选提供了一个天然的最佳场所。由于水流对泥沙的自然分选作用，粗颗粒的泥沙大量淤积在库尾、比较细的泥沙则集中在坝前淤积，因此我们可以根据分选后的泥沙级配，有针对性地开展泥沙资源利用。

以小浪底水库为例，根据实测资料，距离小浪底大坝 40 km 以内的库区是细泥沙的主要沉积区，水深在 60 m 以上；距离小浪底大坝 100 km 的库尾主要是粗泥沙沉积区，水深一般为 8～15 m；两区之间是粗细泥沙过渡区，水深 15～60 m。库区淤积物组成分布呈规律性沿程变化，距坝越近泥沙中值粒径越小。在距坝 115.13～74.38 km 之间，淤积物中值粒径从 0.122 mm 沿程急剧减小到 0.017 mm，细泥沙（<0.025 mm）的沙重百分数也从 11.7%急剧增大到 67.6%；距坝 13.99 km 以下的坝前淤积段，淤积物中值粒径基本维持在 0.007 mm 以下，细泥沙（<0.025 mm）的沙重百分数均在 86%以上。

### 3.3　水库泥沙资源利用技术及途径

作为水库泥沙资源利用的可靠技术支撑，近几年来黄科院在深水水库的高效排沙和清淤技术方面进行了有益的探索。关于泥沙处置技术，在前人研究的基础上，基于水利部公益性行业科研专项“小浪底库区泥沙起动输移方案比较研究”等项目[6]，重点研究了射流冲吸式排沙与库区自吸式管道排沙技术的可行性，取得了一定的成果。为取得一定水深条件下的淤积物原状样，黄科院与浙江大学联合，针对深水库区淤积物的特点，研制适用于深水库区淤积物取样及探测综合分析技术，为深入掌握水沙运动规律、优化水沙搭配等相关研究提供支撑。

在现有泥沙资源利用技术的基础上，对水库淤积泥沙的处理，可以采取以下途径[7]：对淤积在水库库尾的粗泥沙，在严格管理和科学规划的前提下，由于水深较浅，可以直接采用挖沙船挖出，作为建筑材料使用，该措施不需国家投资，仅靠建筑市场需求即可吸引大量资金，还可为水库其他部位泥沙处理提供一定的资金补助；对库区中间部位的中粗泥沙，可根据两岸地形及市场需求状况，采用射流冲吸式排沙或自吸式管道排沙技术，将泥沙输送至合适场地沉沙、分选，粗泥沙直接作为建材使用，细泥沙淤田改良土壤，剩余泥沙制作蒸养砖、拓扑互锁结构砖、防汛大块石等；对于淤积在坝前的细泥沙，可以采用人工塑造异重流的方法排沙出库，直接输送至大海或淤田改良土壤。

此外，还可以通过工程技术手段，改变水库对泥沙的分选效果，以便更好地利用泥沙资源。如可在水库上游修建一些拦沙堰或橡胶坝，在高含沙洪水时拦蓄泥沙，洪水后（汛后）实施利用。

### 3.4　泥沙资源利用可使水库持续发挥其拦沙效益

据统计，我国西北地区 20 座水库，在 20 世纪中后期 14 a 内，其运用初期平均损失库容 31.3%，年损失率达 2.26%，为美国水库淤积速度的 3.2 倍。据不完全统计，1990 年黄河干支流上水库总淤积量约为 115.5 亿 $m^3$，其中大型水库淤积量约 96 亿 $m^3$、中型水库约 14 亿 $m^3$；目前许多水库淤积均超过总库容的一半，大大制约了水库效能的发挥，有的甚至失去应有的作用。黄河干流上修建的第一座水利枢纽三门峡水库建成运用后，因库区淤积严重，而被迫进行多次改建，并改变运用方式，使水库功能至今无法充分发挥。

为长期保持水库效能，以往对水库泥沙处理的研究实践都偏重于排沙出库，而排沙只能选择在洪水期间。在这种水库调度思路下，当发生高含沙洪水时，水库为避免库容的快速淤损，对高含沙洪水一般不拦蓄，直接排入下游；排入下游的高含沙洪水，必然造成下游河床的淤积抬高，水库的减淤效益很难有效发挥。水库泥沙资源利用为水库拦沙减淤效益的持续发挥创造了条件，一方面目前技术手段可以实现水库泥沙的大规模资源利用，另一方面经济社会的发展使水库淤积，泥沙作为一种资源被利用的需求越来越广泛。因此，大力开展水库泥沙资源利用，对实现黄河的长治久安和沿黄经济社会可持续发展具有重要意义。

## 4　水库泥沙资源集中利用的长远效应

黄河水资源的严重匮乏使得泥沙问题更加突出，同时严重的泥沙问题使得黄河的水资源显得更加宝贵。“水少、沙多、水沙关系不协调”一直是黄河难治的根源。随着气候变化和人类活动对下垫面的影响，以及工农业生产和城乡生活对黄河水资源的需求大幅度增加，未来即使实行最严格水资源管理制度，经济社会用水仍呈持续增长的趋势，“水少、沙多”的矛盾更加突出。单纯依靠调水调沙，无法从根本上解决黄河下游巨量泥沙的输移以及由此带来的河床抬高、防洪形势日趋严重的问题。作为黄河泥沙处理的新方向，泥沙资源利用无论量级多大，它是唯一实现泥沙进入黄河后，有效减沙的技术途径，其巨大的效应不仅体现在黄河健康生命的维持及长治久安愿景的实现，同时也符合国家的产业政策，具有重大的社会经济、环境生态及民生意义。

### 4.1　小浪底水库拦蓄高含沙洪水效应

小浪底水库现行对高含沙洪水的调度模式，主要是基于防洪安全考虑，按出入库平衡或敞泄模式调度，这种调度模式一方面容易造成下游河道的大量淤积，另一方面洪水漫滩，对滩区造成较大的淹没损失。如果从泥沙资源利用的角度出发，优化现有水库对高含沙洪水的调度模式，在保证水库和下游河道防洪安全的前提下，将部分高含沙洪水拦蓄在水库内，控制下泄流量不漫滩，有可能创造较大的减淤效应及经济效益。

表 1 为通过数学模型[8]计算的“1977 · 8”洪水两种调度模式水库拦沙、排沙情况，表 2 为两种运用

模式下下游河道的冲淤变化情况，表 3 为两种运用模式下下游滩区淹没情况。可以看出，泥沙资源利用调度模式下，水库多拦蓄泥沙 2.34 亿 t，下游河道可多减淤 1.33 亿 t，同时滩区淹没损失减少 8.90 亿元。对水库多拦蓄的 2.34 亿 t 泥沙，在现有水库泥沙处理技术水平下，需花费 4.68 亿元排出库区至合适地点，远小于减少的滩区淹没损失，这还未考虑下游河道减淤 1.33 亿 t 及库区处理的泥沙资源利用的效应，以及避免滩区居民被淹带来的巨大社会效应。因此，从泥沙资源利用角度，利用水库拦蓄高含沙洪水，具有巨大的社会效应、防洪减淤效应和经济效益。

**表 1　"1977·8"洪水两种运用模式下水库拦沙、排沙统计**

| 运用模式 | 总来沙量/亿 t | 排沙量/亿 t | 库区淤积量/亿 t | 水库排沙比 |
|---|---|---|---|---|
| 现行调度 | 10.476 | 5.187 | 5.289 | 0.473 |
| 泥沙资源利用 | 10.476 | 2.848 | 7.628 | 0.259 |

**表 2　"1977·8"洪水两种运用模式下游河道冲淤情况**

亿 t

| 运用模式 | 小浪底—花园口 | 花园口—夹河滩 | 夹河滩—高村 | 高村—孙口 | 孙口—艾山 | 艾山—泺口 | 泺口—利津 | 小浪底—利津 |
|---|---|---|---|---|---|---|---|---|
| 现行调度 | 1.690 | 0.323 | 0.158 | 0.204 | 0.078 | 0.071 | 0.181 | 2.706 |
| 泥沙资源利用 | 0.998 | 0.127 | 0.056 | 0.068 | 0.030 | 0.021 | 0.078 | 1.379 |

**表 3　"1977·8"洪水两种运用模式下滩区淹没损失估算**

| 运用模式 | 花园口洪峰流量/($m^3 \cdot s^{-1}$) | 淹没滩区/$km^2$ | 淹没滩区耕地/万 $hm^2$ | 受灾人口/万 | 淹没损失/亿元 |
|---|---|---|---|---|---|
| 现行调度 | 7 519 | 1 079.57 | 6.95 | 31.32 | 9.99 |
| 泥沙资源利用 | 4 485 | 115.49 | 0.76 | 0 | 1.09 |

## 4.2　水库泥沙资源集中利用的长远效应

据初步调查分析认为，河南沿黄地区泥沙资源利用潜力年均可达 2.2 亿 t，如果考虑未来黄土高原地区的水利水保措施减沙效应和黄河水沙调控体系的联合调控效应，水库泥沙资源利用的长远效应一定能为黄河"河床不抬高"美好愿景的实现作出更大贡献。

为了对水库泥沙资源利用的长远效应有一个清晰的概念，基于"黄河下游河道改造与滩区治理研究"项目近期给出的 50 a 系列水沙过程"8 亿 t"方案[9]，保持水量不变，同比减少沙量给出了"6 亿 t""3 亿 t""2 亿 t"方案。其中"6 亿 t"方案可以看作在下游年均来沙 7.7 亿 t 情况下，水库通过泥沙资源利用，每年多拦蓄 1.7 亿 t 泥沙；"3 亿 t""2 亿 t"方案可以分别看作在下游年均来沙 7.7 亿 t 或 6.0 亿 t 情况下，水库通过泥沙资源利用，每年多拦蓄 4.7 亿、5.7 亿 t 或 3.0 亿、4.0 亿 t 泥沙。

表 4 列出了 4 个方案下游各河段年均冲淤量对比情况。因此，从泥沙资源利用的长远效应看，在进入下游沙量年均 7.7 亿 t 情况下，如果通过水库泥沙资源利用，水库每年多拦蓄 1.7 亿、4.7 亿、5.7 亿 t 泥沙，则下游河道可减淤 0.929 亿、2.483 亿、2.979 亿 t。在进入下游沙量年均 6.0 亿 t 情况下，如果通过水库泥沙资源利用，水库每年多拦蓄 3.0 亿、4.0 亿 t 泥沙，则下游河道可减淤 1.554 亿、2.050 亿 t。

**表 4　各方案下游各河段年均冲淤量**

亿 t

| 方案 | 小浪底—花园口 | 花园口—夹河滩 | 夹河滩—高村 | 高村—孙口 | 孙口—艾山 | 艾山—泺口 | 泺口—利津 | 小浪底—利津 |
|---|---|---|---|---|---|---|---|---|
| 8 亿 t | 0.277 | 0.743 | 0.364 | 0.291 | 0.179 | 0.153 | 0.223 | 2.227 |
| 6 亿 t | 0.063 | 0.377 | 0.302 | 0.146 | 0.144 | 0.105 | 0.161 | 1.298 |
| 3 亿 t | −0.090 | −0.140 | −0.071 | −0.032 | 0.015 | 0.024 | 0.036 | −0.256 |
| 2 亿 t | −0.123 | −0.203 | −0.140 | −0.143 | −0.049 | −0.052 | −0.042 | −0.752 |

目前黄委正联合有关科研单位研究未来黄河水沙变化情况，无论结果如何，这里旨在给出通过泥沙资源利用实施有效减少进入河道泥沙后，黄河下游冲淤的基本概况，即在治黄多措并举条件下，树立“换个角度看待水库的泥沙淤积，充分发挥水库的拦沙减淤作用，建立水库泥沙处理与利用的良性运行机制”的新理念，集中、分级利用黄河泥沙，不仅能有效节省工程投资，而且能更加彰显泥沙资源利用的长远效应。

## 5　加大黄河泥沙资源利用工作的推进力度

为有效推进黄河泥沙资源利用工作，亟需开展以下工作。

（1）从科研层面建立泥沙资源利用的总体架构。在已有黄河泥沙综合治理战略“拦、调、排、放、挖”的基础上，从泥沙资源利用的角度，建立黄河流域泥沙资源利用整体架构，根据不同区域泥沙物化特性及维持黄河健康生命、经济社会发展需求，在不同河段采取不同的泥沙资源利用方式，进一步完善泥沙综合治理战略。在中游地区可采取林草、淤地坝、梯田等措施，减少入黄泥沙的同时，也从泥沙资源利用角度促进中游地区的固沙保肥、沟壑造地；在水库库区拦沙，以达到防洪减淤的目的，同时为泥沙的分级利用创造条件；在下游河道，一方面通过调水调沙输沙入海，增大河道排洪输沙能力，同时通过引洪放淤、挖河固堤等进行资源利用；在河口地区，通过造陆扩大国土面积，改良盐碱地，维持湿地生态。

（2）从流域管理层面建立泥沙资源利用的良性运行机制[10]。水库为我们提供了实现泥沙处理与利用有机结合的前提条件，开展水库泥沙资源利用具有巨大的经济和社会效益，但前期需要较大的资金投入，而经济和社会效益的显现需要较长时间。因此，需要从政策和管理层面建立良性运行机制，形成连续的资金链条，才能保证水库泥沙资源利用工作的长期持续开展，实现黄河的长治久安。

（3）加强舆论宣传，吸引沿黄两岸广大民众及社会资金的参与。目前对黄河泥沙资源的利用，主要是社会公益性的利用，包括防洪利用、放淤改土利用、河口造陆利用等，而作为建筑材料、修复采煤沉陷区等市场转型利用，目前的泥沙资源利用量还很小，而社会对这方面的需求量又很大，因此为推进泥沙资源利用工作，亟需加强舆论宣传，吸引社会资金参与黄河泥沙资源利用工作；同时，通过加强科普宣传，可强化群众对黄河治理方略、相应的工程措施和生产实践以及相关的法律法规制度的认识，增强广大人民群众的洪水风险意识和全局意识，使其能理解治黄方略，主动参与未来的治黄工作，促进黄河泥沙资源利用。

## 参考文献

[1] 胡一三.中国江河防洪丛书：黄河卷[M].北京：中国水利水电出版社，1996.

[2] 廖义伟，安新代.黄河下游治理方略专家论坛[M].郑州：黄河水利出版社，2004.

[3] 水利部黄河水利委员会.黄河流域综合规划（2012—2030年）[M].郑州：黄河水利出版社，2013.

[4] 张林忠，江恩惠，赵连军，等.高含沙洪水输水输沙特性及对河道的破坏作用与机理研究[J].泥沙研究，1999（8）：39-43.

[5] 韩其为.三门峡水库的功过与经验教训[J].人民黄河，2013，35（11）：1-2.

[6] 江恩惠，李远发，杨勇，等.小浪底库区泥沙起动输移方案比较研究[R].郑州：黄河水利科学研究院，2010.

[7] 江恩慧，曹永涛，李军华.水库泥沙资源利用与河流健康[C]//贾金生.水库大坝建设与管理中的技术进展—中国大坝协会2012年学术年会论文集.郑州：黄河水利出版社，2012：34-40.

[8] 江恩慧，赵连军，张红武.多沙河流洪水演进与冲淤演变数学模型研究及应用[M].郑州：黄河水利出版社，2008.

[9] 黄河勘测规划设计有限公司，中国水利水电科学研究院.黄河未来水沙情势变化及水沙过程设计[R].郑州：黄河勘测规划设计有限公司，2014.

[10] 江恩慧，曹永涛，郜国明，等.实施黄河泥沙处理与利用有机结合战略运行机制[J].中国水利，2011（14）：16-19.

（本文原载于《人民黄河》2015年第2期）

# 第 5 篇　泥沙研究

# 三门峡水力枢纽的泥沙问题

麦乔威

三门峡水力枢纽已在根治黄河水害和开发黄河水利的综合规划中列为第一期工程。在不久的将来，这个伟大的工程就要在黄河上出现。本文的目的是叙述三门峡水力枢纽规划阶段对泥沙问题的研究及计算经过。由于泥沙问题的复杂性，所以文中所述多是不成熟的和初步的结果，希望读者多多提出意见，以作进一步研究的依据。

## 一、概　述

众所周知，黄河是一条泥沙特多的河流。我们可以拿中游陕县站的资料加以说明。陕县的最大含沙量在 1942 年 8 月 4 日曾达到 575 公斤/公方，1954 年 9 月 4 日以水边一点法施测，亦曾出现最大含沙量 590 公斤/公方。陕县记录最大洪水发生在 1933 年，沙量也以该年为最多，计全年沙量达到 43.91 亿公吨。陕县历年平均的年沙量是 13.8 亿公吨，平均含沙量为 33.5 公斤/公方，数量上已经是惊人的，但 1933 年的沙量却等于它的 3.2 倍。1933 年沙量主要集中在该年 8 月份的洪水，尤其集中在 8 月 7 日至 8 月 14 日的一次洪峰。该年 8 月份的沙量是 32.41 亿公吨，8 月 7 日至 8 月 14 日一次洪峰的沙量是 23.20 亿公吨。这 8 天的洪水量为 63.80 亿公方，所以洪峰中的平均含沙量达到 363 公斤/公方，约等于历年平均含沙量的 10 倍。由以上数字可知，黄河泥沙量之大，是很惊人的。黄河这么多的泥沙，是否可以全部带入海呢？要回答这个问题，可以看看下游泺口站的资料。如果我们把历年泺口的年沙量和陕县的年沙量比较一下，就可以发现在一般年份（下游决口的年份例外）泺口年沙量等于陕县的 80%左右，说明平均每年陕县的泥沙大约有 20%落淤在陕县至泺口的河道上。由于这样，黄河下游河道乃年年淤高，海口亦年年向外伸展。

三门峡水库是一个综合利用的大型水库。当库水位为 350 公尺时，库容约有 360 亿公方。水库的回水范围，在干流可至汾河口，长约 194 公里，在支流渭河上可达石川河口，长约 100 公里。水库的宽度，在潼关以上渭河河谷部分及干流河谷部分为 10～20 公里，在潼关以下较窄，一般为 1～6 公里。河床坡度，在潼关以上干流约为 3.3/10 000，渭河约为 2.6/10 000，潼关以下约为 5/10 000。三门峡水库的平均年进水量，根据陕县的资料约有 412 亿公方，沙量 13.8 亿公吨，平均含沙量 33.5 公斤/公方。入库泥沙的粗细情况是，华县来沙较细，中数粒径为 0.005 公厘，龙门来沙较粗，中数粒径为 0.02 公厘（图 1）。在年中各时期的泥沙粗细情形也不一样，一般为低水期来沙较粗，洪水期来沙较细。

三门峡水库蓄水后，库内的流速是很低的。在水库蓄水的同时，大量的入库泥沙亦将沉淀在水库内，而从水库排出的将是清水。所以，三门峡水库修成后，它不但由于水库调节水量，将改变黄河的水流情况，而且，由于泥沙运动情况的改变，它也将要改变黄河的河道形态。河道形态改变的表现特征，就是库内泥沙的淤积，在水库范围内的河床年年淤高，而下游河道则因清水下泄而发生冲刷，河床年年降低。在多沙河流上修建水库，不可避免地要产生上游淤积和下游冲刷的现象，这两个现象是互相关连的。因此，在三门峡水库规划阶段曾经对水库的淤积进行初步的计算，并对水库修成后下游河道冲刷的可能性进行初步的分析研究。

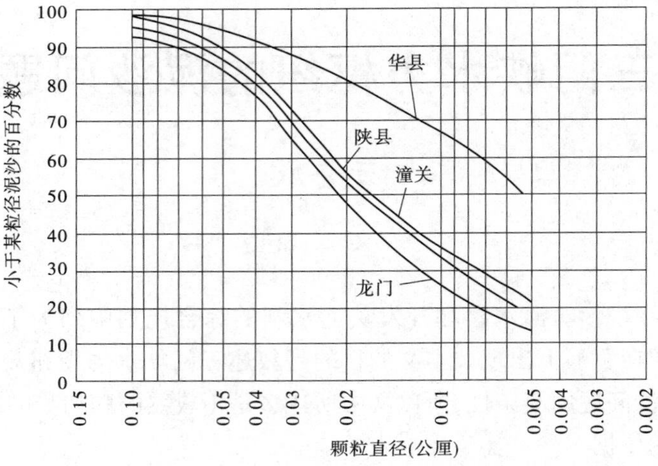


图 1

## 二、水库的淤积

过去一般的水库淤积计算任务，是为了了解水库的寿命。计算的方法是假定泥沙全部淤积在死库容内，然后以年淤积量除以死库容来计算水库的寿命。这样的计算方法，无论在泥沙运行原理上和满足水库规划的要求上，都是不合理的。

首先，泥沙入库并不是全部淤在死库容内。事实上泥沙随水流入库后是逐渐向前淤积，只有部分泥沙淤在死库容内，这是在现有水库的淤积观测成果中都可以看到的(图 2)。泥沙既然不是全部淤在死库容内，而且在某种情况下，还可能绝大部分淤在调节库容内，这便和旧的计算假定完全违背。由于这样，在水库规划上便产生了如下的问题：(一)为了保持水库调节水量的效能不变，则必须逐年抬高库水位，增大调节库容，以抵偿泥沙淤积在调节库容内所占去的库容；(二)如果不抬高库水位，则调节库容逐年减少，水库调节水量的效能及水库效益便要逐年改变。所有这些问题，都需要从水库淤积计算的结果加以解决。所以，水库的淤积计算不能只是计算它的淤积数量，而更重要的是确定它的淤积位置。

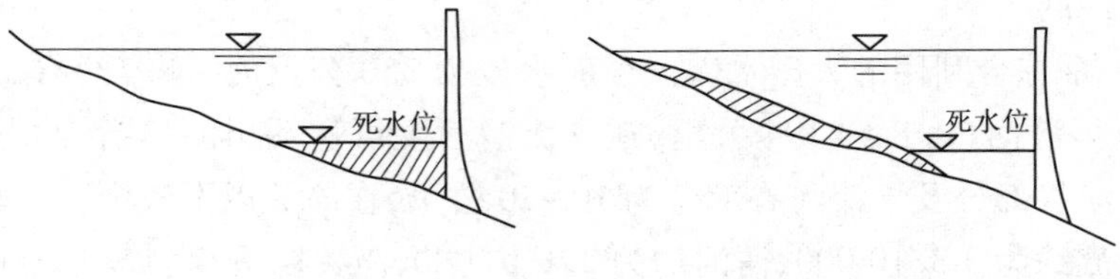


图 2

这种不但计算淤积数量，而且还要确定淤积位置的水库淤积计算方法，它所根据的基本原理是泥沙平衡方程式，这方程式的基本形式如下：

$$r'B\frac{\delta Z}{\delta T}=-\frac{\delta P}{\delta S}$$

式中　$P$——水流的输沙率，公吨秒；

$B$——水流宽度，公尺；

$Z$——河底高程，公尺；

$S$——距离，公尺；

$T$——时间，秒；

$r'$——泥沙容重，公吨/公方。

应用到水库淤积计算，对于水库内任意一段(图 3)，这个方程式可改写成如下形式：

$$(\rho_1 Q_1 - \rho_2 Q_2)\Delta t = r'\Delta w$$

式中　$\rho_1$——入段含沙量,公吨/公方;

$Q_1$——入段流量,秒公方;

$\rho_2$——出段含沙量,公吨/公方;

$Q_2$——出段流量,秒公方;

$\Delta w$——段内淤积量,公方;

$\Delta t$——时距,秒;

$r'$——泥沙容重,公吨/公方。

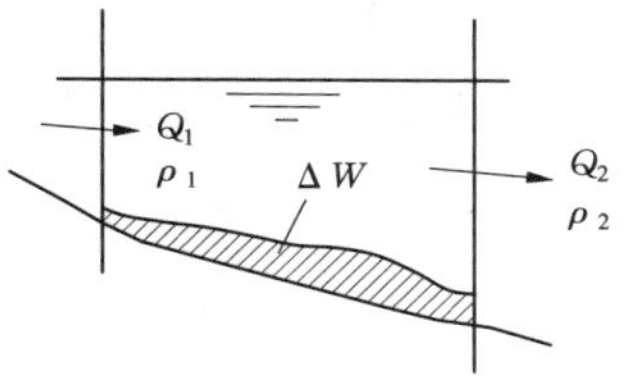

图3

在另一方面,水流在一定条件下具有一定的输沙能力,如果实际含沙量大于此输沙能力,则必引起泥沙的淤积。在水库入口处,天然来水挟带一定的含沙量。由于库内是在壅水状态,库内流速愈往下游愈小,所以库内各断面的输沙能力也愈来愈小。如果我们能计算出各断面的输沙能力,则根据泥沙平衡方程式,我们可求得每段的淤积量,从而泥沙在水库内的淤积位置也可以确定。

过去在设计不淤渠道时,一般是用肯尼迪(Kennedy)公式或拉塞(Lacy)公式来判断渠道是否会淤积。这些公式的形式是:

$$V_{不淤} = CD^{0.64}公尺/秒$$

和

$$V_{不淤} = 0.645\sqrt{fR}公尺/秒$$

式中 $C$ 和 $f$ 是与土质有关的系数,$D$ 是水深,$R$ 是水力半径。这些公式无论在理论上和经验上都是不合理的,因为很显明地,水流的淤与不淤是和泥沙及水力的许多因子有关,特别是和实际含沙量的多寡及沙粒的粗细有关。

苏联在这方面的研究获得了很大的成就,扎马林(E.A.3aMapИH)教授根据大量的实测资料研究结果所导引的输沙能力公式,曾为苏联国定标准所推荐,这公式的形式如下:

$$\rho = 0.022\frac{V}{w_0}\frac{\sqrt{RiV}}{u}$$

式中　$\rho$——水流的输沙能力,公斤/公方;

$V$——平均流速,公尺/秒;

$R$——水力半径,公尺;

$i$——坡度;

$w$——悬移质泥沙的加权平均水力粗度(即泥沙颗粒在静水中的沉降速度),以几何平均计算,公尺/秒。

当 $w \leqslant 0.002$ 公尺/秒时,$w_0 = 0.002$ 公尺/秒;当 $w > 0.002$ 公尺/秒时,$w_0 = w$。

此公式可代入曼宁(Manning)公式消去 $i$ 值,结果变为如下的形式:

$$\rho = 0.022\frac{V^{5/2}n}{w_0\sqrt{W}R^{1/5}}$$

式中　$n$——糙率。

在三门峡水库规划阶段,水库的淤积计算就是根据扎马林公式计算库内各断面的输沙能力,然后应用泥沙平衡方程式计算每一时段库内各段的淤积量,从而确定泥沙在水库内的淤积位置。

在计算库内各断面的输沙能力时,需要先知道各断面的流量。由于各时段的进出库流量不同,水库在蓄泄状态下工作,库内各断面的流量是不一样的。这是一个比较复杂的不稳定流计算问题。为了简单起见,我们可以在计算时段内采用平均的进库流量,然后假定水库的水面是水平的,根据连续方程式求各断面的流量。连续方程式的基本形式如下:

$$\frac{\delta Q}{\delta S} = -\frac{\delta F}{\delta T}$$

式中　$Q$——流量,秒公方;

*F*——平均断面积,平方公尺;

*S*——距离,公尺;

*T*——时间,秒。

把这方程式应用到求库内各断面流量时(图 4),这方程式可改写成如下的形式:

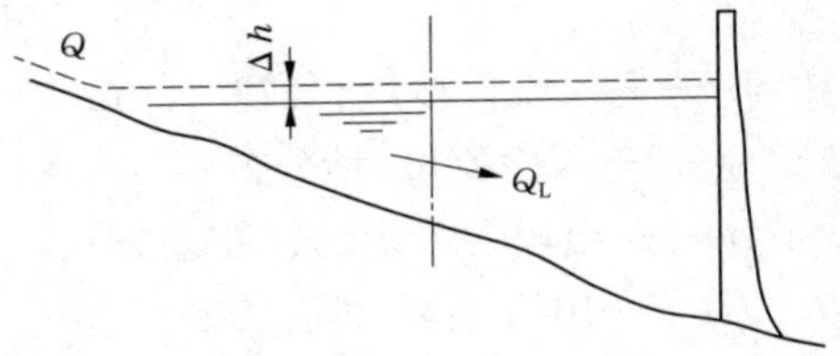


图 4

$$Q_i = Q - A_i \frac{\Delta h}{\Delta T}$$

式中　$Q_i$——库内某断面的流量,秒公方;

$Q$——进库流量,秒公方;

$A_i$——该断面以上的水库库面面积,平方公尺;

$\Delta h$——在计算时段内库水位的升高(+)或降低(-)值,公尺;

$\Delta T$——时距,秒。

扎马林公式中的 *W* 值,在水库入口处可根据水文站现有的颗粒分析资料进行计算。计算方法是先把泥沙颗粒分为若干组,按下式求每一组泥沙的平均水力粗度:

$$W_i = \frac{W_1 + W_2 + \sqrt{W_1 W_2}}{3}$$

式中　$W_i$——该组泥沙的平均水力粗度,公尺/秒;

$W_1$——该组泥沙最粗颗粒的水力粗度,公尺/秒;

$W_2$——该组泥沙最细颗粒的水力粗度,公尺/秒。

然后按下式求全部泥沙的加权平均水力粗度:

$$W = \sum \frac{W_i h_i}{100}$$

式中　$W$——全部泥沙的加权平均水力粗度,公尺/秒;

$W_i$——任一组泥沙的平均水力粗度,公尺/秒;

$h_i$——相应于水力粗度为 $h_i$ 的该组泥沙的重量含量百分数。

在泥沙组成中,有一部分最微细颗粒是属于胶质颗粒,不致下沉。切尔卡索夫(A.A.И epkacoB)认为在0~0.001 公厘的一组泥沙中,凡直径小于0.000 25 公厘的泥沙是属于胶质颗粒,不致下沉。今假定此组泥沙的颗粒分布为均匀变化,故在根据上式计算加权平均水力粗度时,此组泥沙的重量含量百分数应乘以 3/4。

由上可知,库内各断面的水力半径及平均流速都是可以计算出来的。但由于断面逐时在淤积,所以在计算一定时段内的 *R* 及 *V* 值时必须按平均值计算(图 5)。计算时可先假定一个淤积厚度,亦即先假定一个平均过水断面积,计算 *R* 及 *V*,然后由最后求得的淤积量校对原假定的淤积厚度是否正确,如此往返试算。

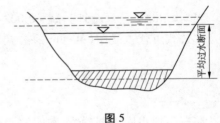

图 5

水库入口处的泥沙颗粒加权平均水力粗度是已知的,但泥沙入库后,由于沿着库长往下游逐渐淤积,所以库内各断面的 *W* 值是变化的。今假定泥沙的淤积情形是粗粒先淤,细粒后淤,凡落淤的泥沙必粗于未落淤的泥沙,则在计算各断面的 *W* 值时,可先假定一个淤积量,求出此淤积量占入库总沙量的百分数,然后根据入库泥沙的颗粒分析曲线,除去落淤的粗沙部分,计算其余部分的 *W* 值(图 6),待最后求得淤积量后,再校对原假定的淤积百分数是否正确,如此往返试算。

在根据上述方法求得每段的淤积量后,就可以绘制水库的纵剖面形状。绘制时应该随着淤积量的计算逐段向下游绘制。在三门峡的水库淤积计算中是假定入库处的淤积为零,泥沙在第一段的淤积形状为

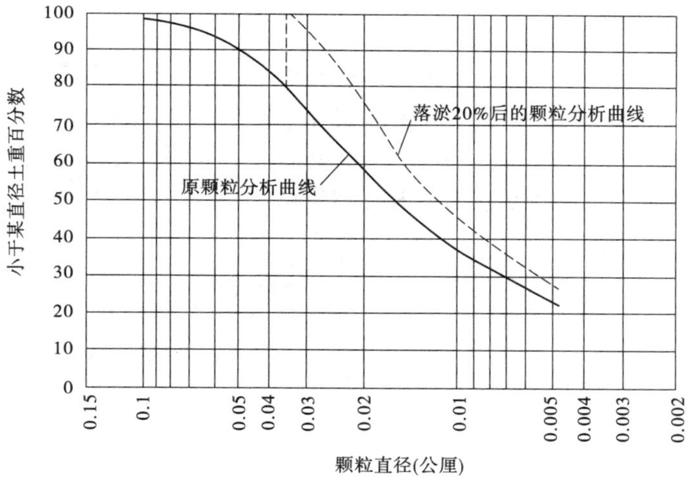


图6

角柱形，以后各段的淤积为棱柱形（图7），泥沙在横断面上是淤成一平面。所以，第一段末端断面的淤积厚度可以确定，然后根据此厚度及第二段的淤积体积，可以求得第二段末端断面的淤积厚度，余类推。

由上可知，这种淤积计算的方法在计算手续上是相当繁重的。为了加速计算过程和避免产生错误，最好是事先制成各种工作曲线，例如各断面以上的水库库面面积曲线、未落淤泥沙百分数及其相应的加权平均水力粗度关系曲线和输沙能力公式的贯线图等。每一时段的计算可以使用列表法，计算表格可采用最后附表的形式。

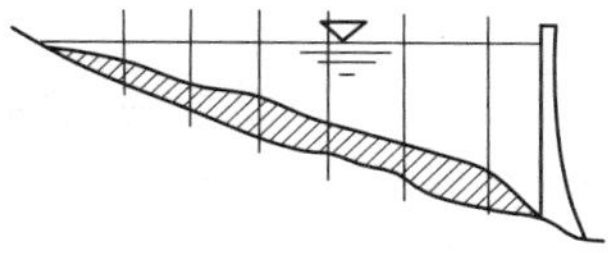

图7

水库淤积计算的结果，可以求得淤积量及淤积位置，从而可以了解它对于水库开发效益、库水位抬高、水库寿命、水库淹没范围及库内航运条件等的影响。此外，根据水库的淤积情况，还可以配合各方面的需要来选择有利的水库运转方式。三门峡水库为了发电的需要，必须保持一个最低的水头，有一定的死水位。在死水位以下的库容，无论它是存水或存沙，对我们是无关的。但既然这是无用的库容，我们就宁愿它存沙，以便多一些沙存在这里，少一些沙占用了调节库容。根据淤积计算的结果，三门峡水库如果初期就实行多年调节，把水位抬得很高，则95%的泥沙将要淤在调节库容内。但是，如果水库在初期采用季调节的方式，每年七、八月当入库流量小于下游安全泄量时，把库水位降低至死水位，则在年中可使64%的泥沙淤在死库容内。等到死库容淤满后，可以再逐年抬高死水位，这样就可以有效地使用调节库容。而且，因为库水位是逐年抬高的，所以水库淹没区内的迁移人口工作也可以分期进行，而不致于一次迁移大量的人口。

三门峡水库的淤积计算结果，使我们初步地了解水库修成后库内的淤积情况。但是这个计算方法还存在许多问题，有待于进一步的研究和改进，其中比较主要的有如下几个问题：（一）扎马林公式原为应用于渠道上的公式，计算时虽然用分段计算的方法使计算情况尽量接近于渠流，同时根据黄委会泥沙研究所验证引黄渠道结果的初步意见，使用改正系数5，但是，黄河泥沙的运行规律、特别是泥沙在水库内的运行规律仍有待于进一步的研究和探讨。（二）计算时假定库水面是水平的，未考虑回水的影响，而且亦未考虑库水位降低时所发生的冲刷作用。实际上，由于回水的影响，部分泥沙要淤得更上游些，而在库水位降低时，水流是会把淤沙冲成一条深槽的。（三）计算时假定全断面过水而求得断面平均流速，实际上根据永定河官厅水库的经验，泥沙入库后可能在库底自成一股泥流，把部分泥沙带出库外，断面的上部有时为死水，有时甚至为倒流，在个别断面上的有效过水面积仅为全断面的12.7%。（四）计算时没有考虑推移质泥沙，而只是把入库沙量适当地加大，以考虑包括推移质泥沙的数量，实际上推移质泥沙的运行特性是和悬移质泥沙不一样的。

## 三、下游河道的冲刷

三门峡以下的河道，自三门峡至孟津多为砾卵石覆盖层，孟津以下，河流流经华北大平原，河床为冲积土。黄河下游坡度逐渐变缓，河床组成物亦逐渐变细。根据下游各站的河床质颗粒分析资料，秦厂河床质颗粒的平均粒径为 0.120 公厘，往下逐渐变细，至泺口为 0.065 公厘，然后在利津又稍为变粗，为 0. 080 公厘。河床质的粗细与河流的坡度大致相应（图 8）。

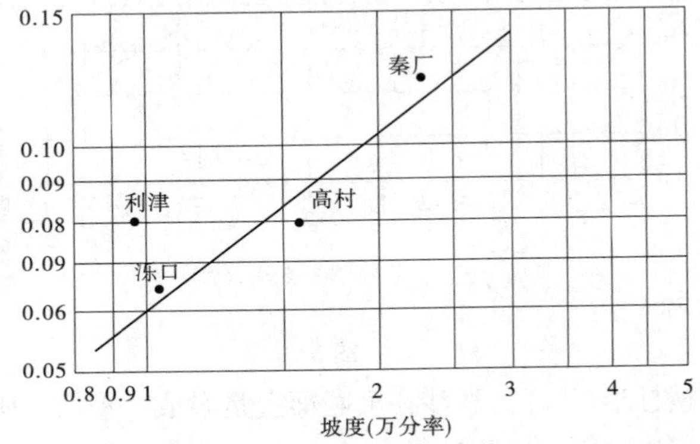


**图 8**

目前黄河下游河道的情况是年年淤高的，其中河南境内的河道，由于河道特宽，故漩积亦特显著。每年的淤积情形是在大汛期大量淤积，春汛水大时亦有少量淤积，大汛后个别河段则略有冲刷现象。根据下游河道每年大断面测量的资料，河道断面内槽滩的冲淤情况是每经过一个汛期，主槽冲刷滩地淤积；每经过一个低水期，主槽淤积，但滩地因未上水，故无变化；在汛期洪水涨落时，一般为涨水时槽冲滩淤，落水时则槽淤滩冲。

在若干世纪以来，黄河曾经调整它的河床来输送大量的泥沙。目前黄河下游的坡度远较一般清水河流为大，在离海口约 700 公里处的秦厂，平均河底高程达 94 公尺，这是多沙黄河的一个特点。三门峡水库修成后，由于从水库下泄的基本上是清水，下游河道已不必担负运送大量泥沙的任务。因为输送清水所需要的坡度较之输送浑水为平，故河道必然调整它的坡度，以适应运送清水的需要。坡度的调整，也就是要把坡度变缓，而坡度的变缓，也就意味着必然发生冲刷。

对于下游河道的冲刷问题，在三门峡水库规划阶段虽然曾经根据若干假定，进行过初步的计算，但由于方法过于粗略，尚不可能说明将来发生冲刷的真实情况，目前仅能对于将来发生冲刷的可能性及其影响进行初步的分析。

根据阿尔屠宁（C.T.antyhnh）教授的理论，在多沙河流上筑坝后，河道重新造床的过程通常可分为三个时期：第一个时期，坝上游发生淤积，同时坝下游河床发生冲刷；第二个时期，坝上游已全部淤死，推移质泥沙开始进入坝下游，并淤填以前冲刷的地方；第三个时期，上下游泥沙淤积增加，直至上游坡度到达原有的坡度，而下游甚至大于原有的坡度。在平原河流上，由于坡度较小，上游泥沙可能淤积的体积较大，而且推移质泥沙较少，所以河床造床运动的第一个时期和第二个时期的历时较长。黄河下游未来造床运动所经历的时间虽尚难肯定，但由于三门峡水库库容大，淤沙的历时长，而且由于上游进行水土保持工作，将来上游来沙逐渐减少，所以上述造床运动的第一个时期将可能大大延长，而下游的河床冲刷现象亦将为未来黄河下游的主要特征。

冲刷的进行，将在紧靠坝后处开始，首先在该处形成冲刷坑，然后逐渐向下游伸展，并以海平面为冲刷基面，自三门峡至孟津一段，由于河床为砾卵石覆盖层，冲刷量可能不大。但因为此段首先受到水库下泄清水的冲刷，冲刷能力很大，所以在一些砂粒覆盖的河段上仍然是可能发生较大冲刷的。孟津以下的河道，由于河床为冲积土，故冲刷作用将可能较为显著。但在一些特别宽广和坡度坦缓的河段上，当从上游冲下来的泥沙已无力再往下携带时，也可能发生淤积现象。河床冲刷的过程，是在开始时冲刷强度较大，以后因为河床下层的泥沙一般比表层的泥沙粗，河床组织特性改变，而且冲刷后河道坡度变缓，冲刷能力降低，所以河道的冲刷强度也逐渐减弱。

三门峡水库修成后，下游河道将不致年年淤高，根本上改变了黄河的现状。而且，由于河道发生冲刷，它将产生一系列的影响。首先，在整个河道形势方面，冲刷的不断产生，可使河槽渐趋稳定，而不致像现在那样河势多变。在河道泄洪能力方面，由于河槽刷深，断面加大，河道的泄洪能力亦可加大。在航运方面，河床冲刷后，断面整齐而稳定，同样的流量，可以获得较大的航运水深。特别是时日一久，将来的黄河由地上河变为地下河，便不致成为下游八千万人民的严重威胁，而对于两岸地区的排水亦有莫大的好处。

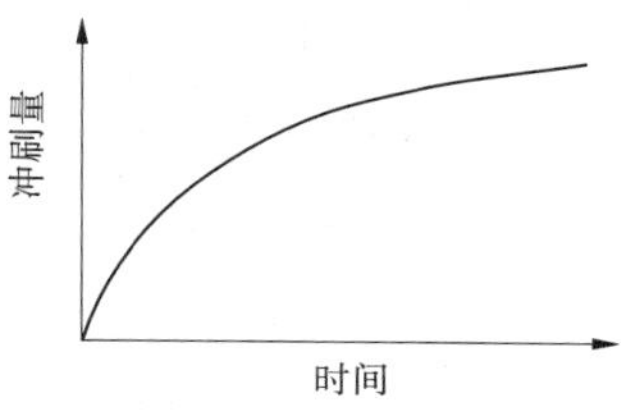


图 9

但是，水库修成后下游河道的冲刷亦有其不利的方面，不能不事先加以注意。今以官厅水库修成后永定河下游在这两年来的冲刷情况加以说明。官厅水库于一九五三年汛期开始拦洪后，永定河下游官厅至三家店河段，由于河床为砾石层，冲刷现象尚不显著。三家店至卢沟桥一段，冲刷的主要现象为刷深，在弯道及险工处，一般刷深 1~1.5 公尺，顺直河段则刷深甚微。卢沟桥以下至梁各庄，特别是卢沟桥至金门闸一段，由于河道较宽，水库下泄的清水在此段左右摆动，淘刷河湾。因为主流摆动，冲走滩地，故河面乃变宽，从前河宽只有数百公尺的，现在则宽达 1~2 公里，在水库修成以前，虽然也有滩地坍塌的现象，但因水中挟沙，故一处坍塌后，随即在附近淤成新滩，但现在由于水中含沙量减少，故滩地坍塌后便不再淤新滩。河面展宽的结果，使得河滩面积（包括原来不易上水的可耕之地）大大减少。当流量减小时，河流便分成若干支流。所以，在这河段上冲刷的主要特征为左右摆动与淘刷。官厅水库修成后拦蓄了高峰洪水，使下游汛期防汛抢险工作获得了保证。但因为下泄的是清水，中水时间延长，所以也产生了新的情况，造成新的困难。首先，由于清水不能留淤，已不能采用挂柳留淤的方法，而必须柳后背枝子，或镶上小埽，才不致后溃，同时埽工的用料也比以前增加。因为河面展宽后，水流分歧，产生许多斜溜或横溜，所以险工也相对地增多。这些险工，虽然由于流势小，易于抢险，但因人力分散，故不易于防范。在水库修成以前，上游来水是洪峰涨落的形式，高水时溜走中泓，刷堤的危险不大，故抢险只在落水归槽时一度紧张，但现在长期以中水流量下泄，因而防汛抢险的时间也相对延长。这便是两年来永定河下游的情况。

由上可知，水库修成后下游河道的冲刷现象是很复杂的。目前我们在这方面的知识与资料尚甚贫乏，亟有待于进一步的分析研究，特别是野外实测资料的分析及在试验室中进行模型试验，以便进一步了解水库修成后下游冲刷可能发生的现象。根据分析研究的结果，我们可以掌握下游河道冲刷的规律，采取适当的措施，在下游进行相应的河道整治工作，因而未来可能发生的不利情况也是可以事先加以防止的。

这个计算方法，因为没有经过实际的考验与极其充分的理论根据，还只是一个初步的，但对三门峡水库的淤积问题看出一个初步概念，特刊出供读者参考，并希望大家能更多地提出这方面的问题——编者

**水库淤积计算**

计算者：　　年　月　日

校对者：　　年　月　日

时段：自　年　月　日；平均进库流量　　秒公方；平均进库含沙量　　公斤/公方；$\Delta h=$　　公尺；

至　年　月　日；进库总水量　　公方；进库总沙量　　公斤；　　平均库水位　　公尺；

$\Delta t=$　　秒；　　$\frac{\Delta h}{\Delta t}=$　　公尺/秒

| 断面 | | $C_1$ | $C_2$ | $C_3$ | $C_4$ | …… |
|---|---|---|---|---|---|---|
| 断面间距 | 公尺 | | | | | |
| 断面以上水库库面面积($A$) | 平方公尺 | | | | | |

续表

| 断面 | | $C_1$ | $C_2$ | $C_3$ | $C_4$ | …… |
|---|---|---|---|---|---|---|
| $A\dfrac{\Delta h}{\Delta t}$ | 秒公方 | | | | | |
| 断面流量 | 秒公方 | | | | | |
| 断面面积 | 平方公尺 | | | | | |
| 断面宽度 | 公尺 | | | | | |
| 断面平均水深 | 公尺 | | | | | |
| 断面平均流速 | 公尺/秒 | | | | | |
| 断面泥沙加权平均水力粗度 | 公尺/秒 | | | | | |
| 断面的输沙能力 | 公斤/公方 | | | | | |
| 断面流出水量 | 公方 | | | | | |
| 断面流出沙量 | 公斤 | | | | | |
| 断面间淤积量 | 公方 | | | | | |
| 断面流出沙量占进库总沙量百分数 | % | | | | | |
| 断面内的淤积面积 | 平方公尺 | | | | | |
| 断面内的淤积厚度 | 公尺 | | | | | |

（本文原载于《人民黄河》1955 年第 11 期）

# 底沙起动条件的计算方法

李保如

## 一、概　说

在水利建设中，必然要遇到，而又难于解决的问题之一是河床变形问题。无论在计算坝上游淤积、坝下游冲刷(局部冲刷及普遍冲刷)、桥渡及取水建筑物附近河床变形、航道整治、人工渠道合理设计等都与泥沙的运动有密切关系。为了解决这些问题，首先遇到的重要问题之一是底沙(推移质)的起动条件的计算，即底沙在什么样的条件下开始移动的问题。

顺便指出，过去的研究者大都习惯于把泥沙按其运动的特性区分为悬沙(悬移质)及底沙(推移质)，并且认为二者间有严格的界限及质的区别。但根据苏联维利加诺夫教授的研究[1]知道在河床上成单纯滑动或滚动的泥沙运动很少发现。实际情况是泥沙颗粒在一定的条件下从河底跃起，飞跃若干距离，然后再落到河底，等待再一次适合跃起的条件，重新离开河底。较重(大)的泥沙颗粒每次飞跃低而跃程短，轻(小)的泥沙颗粒则可被水流带到很远的距离才重新落下。因此可以认为悬沙与底沙的区别仅在于其飞跃跃程的距离及离开河底的高度，二者间仅有量的区别，并没有质的区别。但是尽管如此，在实际计算中，把靠近河底作短程飞跃的粗颗粒泥沙与作长程飞跃的细颗粒泥沙加以适当的区分(分为悬沙及底沙)是有许多方便之处的。

关于底沙运动，主要需要解决两个问题：一个是底沙的起动条件；一个是底沙的移动数量(即推移量)。本文拟就各家学者关于底沙起动条件的计算方法加以综合简介。这些方法一方面可以借以进行实际计算，同时又可作为进一步研究底沙起动条件的参考。

关于底沙的起动条件，有两种表示方法。一种是以水流的推移力(押运力或曳引力)表示，一种是以水流的流速(底流速或平均流速)表示。本文中对这两种方法均加以介绍。

## 二、泥沙性质及几个有关名词和概念

在计算泥沙起动条件时必然要联系到泥沙性质及几个常用概念，为了叙述方便起见，将这些性质与名词先予解释如下：

*1.泥沙密度*

天然河道中的泥沙的密度(当含金属，如金、铜的矿沙不包括在内时)一般自 2.20~2.70，国内常遇到的各种泥沙密度一般为 2.65~2.70。在试验室中常用轻质材料作为模型沙，煤屑密度一般为 1.4~1.6，其他类人工沙的密度则需在试验室加以测定。对于天然沙而言，可以认为泥沙密度变化不大。

*2.泥沙形状*

一般言之，颗粒大者，因多作推移运动，彼此碰撞，其尖角甚易磨损，因而接近于规则形状(近球形，如卵石)；颗粒小者多成不规则的多角形，片状或鳞状。

*3.泥沙的几何尺寸*

即泥沙的粒径，常用筛析法作出一组泥沙的颗粒分析曲线(过细时用比重计法)，然后据以求出泥沙的平均粒径($d_{cp}$)，国内常采用颗粒分析曲线中通过 50%的尺寸($d_{50}$)代表泥沙尺寸。亦有用 $d_{65}$，$d_{90}$(意义同 $d_{50}$，$d_{65}$即小于该粒径的泥沙占 65%的泥沙粒径)表示之。对于一颗泥沙而言，当颗粒为球形时，其粒径即为球体直径 $d$，对不规则形状的泥沙，以当量直径表示之。

当量直径——在同样液体内，沉降速度相同的球体颗粒的直径称为该不规则形状泥沙(有同样沉速)的当量直径。

4.沉降速度(即水力粗度)

由于泥沙比水重,在水中即下沉,泥沙在静水中下沉速度称之沉降速度(以 $W$ 表之)。最近一些学者认为在研究泥沙问题中沉降速度比泥沙直径应给以更深切的注意,在许多计算输沙量公式中都已把沉降速度作为主要因素加以考虑。计算沉降速度可用下列公式[2]。

a.当 $Re=\frac{Wd}{v}<1$(相当于 $d<0.2$ 公厘)时,对于球形颗粒可用下式决定(司笃克定律)

$$W=\frac{gd^2}{18v}\left(\frac{\rho_H}{\rho}-1\right) \tag{1}$$

式中:$\rho_H$ 为泥沙密度;$\rho$ 为水的密度;$v=\frac{U}{\rho}$为水的运动粘滞数。

b.当 $1<Re<30$ 时(相当于 $d=0.10\sim0.60$ 公厘)用:

$$W=\left[\frac{g^{d^{3/2}}}{11.2\sqrt{V}}\left(\frac{\rho_H}{\rho}-1\right)\right]^{2/3} \tag{2}$$

c.当 $30<Re<400$(相当于泥沙粒径为 $0.6\sim2.0$ 公厘)时,用:

$$W=\left[\frac{gd^{1.2}}{4.4(V)^{0.2}}-\left(\frac{\rho_H}{\rho}-4\right)\right]^{\frac{1}{1.5}} \tag{3}$$

d.当 $Re>400$(相当于泥沙粒径 $d>2.0$ 公厘)时,用

$$W=1.2\sqrt{gd\left(\frac{\rho_H}{\rho}-1\right)} \tag{4}$$

5.泥沙粒径与河床糙率关系

当河床上未发生沙纹时,一些学者求得河床糙率(以曼宁公式中的 $n$ 值表示)与泥沙粒径 $d$ 间的关系如下:

$$n=kd^{1/6} \tag{5}$$

各家求出(5)式中 $k$ 值略有不同:

据欧布林(O,Brien)$k=0.018\ 8$;

据斯推克莱氏(strickler)$k=0.015\ 0$;

据张友龄 $k=0.016\ 6$。

(5)式中 $d$ 以公厘计算。

6.均匀系数(Unformity modules)

克莱莫氏(Hans Krammer)在计算泥沙的临界推移力时认为泥沙颗粒组成有显著的影响,而对泥沙的组成,他建议用均匀系数 $M$ 表示之[7]。$M$ 的定义如下:将颗粒分析曲线绘成图 1,然后在 $P=50\%$ 处绘一参考线,线上下的面积分别为 $A_A$ 及 $A_B$。则

$$M=\frac{A_B}{A_A}=\frac{\int_0^{50\%}d\mathrm{d}p}{\int_{50\%}^{100\%}d\mathrm{d}p} \tag{6}$$

当泥沙颗粒完全均匀时,则 $M=1.0$;在泥沙颗粒不均匀时,$M$ 恒小于 1.0。

## 三、临界推移力

水流中水体重量沿河底平行方向上的分力叫作水流的推移力,它与河底阻力相对抗,如果这个推移力大于阻力,则河底泥沙受推而移动,反之则泥沙不动,当二者刚好相等时,即泥沙刚好起动(也刚好是不动时),此时的水流推移力即叫作临界推移力。

1.水流推移力的计算

a.定量等速流的水流推移,见图 2,设为二元水流,水流推移力($T$)为水体重量的分力,即

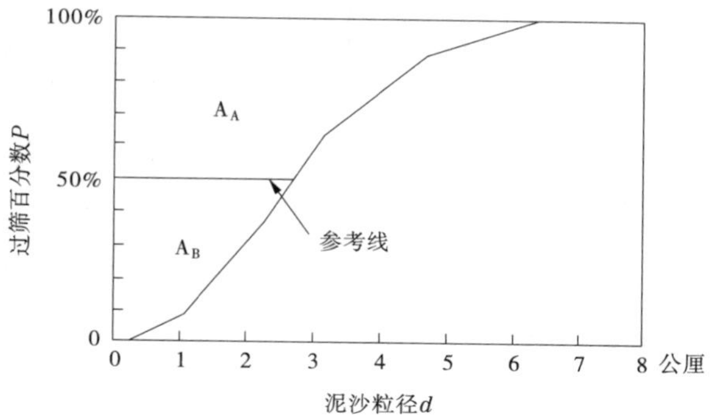


图1

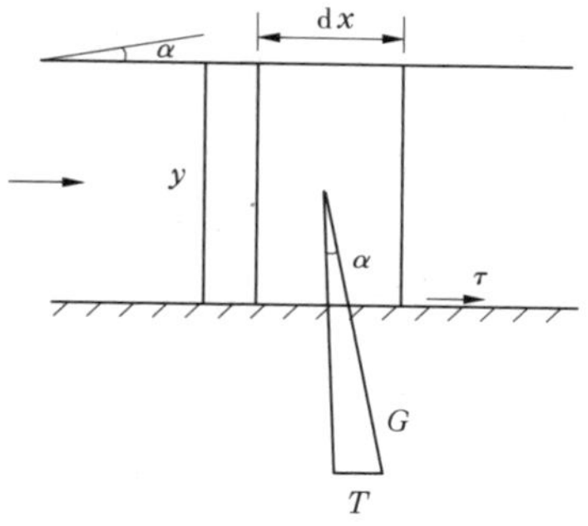


图2

$$T = G \cdot \sin\alpha = \gamma(y\mathrm{d}x)\sin\alpha$$

河床的总阻力为$\tau$，单位面积阻力为$\tau_o$，则

$$\tau = \tau_o \mathrm{d}x$$

由前述，$T=\tau$ 即得

$$\tau_o \mathrm{d}x = \gamma y \mathrm{d}x \sin\alpha$$

即

$$L_o = \gamma y \sin\alpha = \gamma y I \qquad (7)$$

(7)式即为计算二元定量等速水流推移力的公式。

对于三元水流而言，令$\tau_o$为边界上平均阻力（即剪力的平均值），令$A$为断面面积，$p$为湿周，则与前述同理可得：

$$\tau_o p \mathrm{d}x = \gamma A \mathrm{d}x \sin\alpha$$

$$\therefore \tau_o = \gamma \frac{A}{p}\sin\alpha = \gamma RI \qquad (8)$$

(8)式即为计算三元水流（定量等速流）推移力的公式。

b.定量变速流水流推移力

设水流为二元水流，且设水深沿程变化不大，则水流推移力可根据下列方法计算（参看图3）。

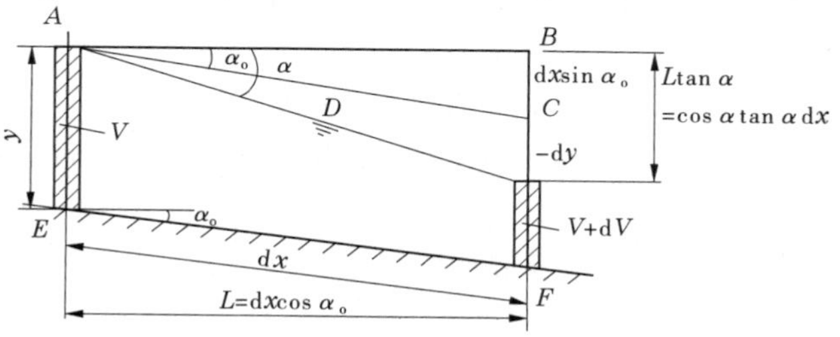


图3

水流由断面$A$—$E$至断面$B$—$F$间距定为d$x$，流速由$V$变化成$V$+d$V$，水深由$y$变化成($y$—d$y$)（图3中$AC$与$EF$平行，图中$y$以向上为正，$V$以向右为正），则二断面间：

增加的动能$K.E.=\gamma \frac{y}{g}\frac{1}{2}[(V+\mathrm{d}V)^2-V^2]$；克服阻力所作的功$W=\tau \mathrm{d}x$；位能的减少$P.E.=\gamma y L\tan\alpha=\gamma y\tan\alpha\cos\alpha_o \mathrm{d}x$。

又由能量公式知$AE$与$BF$二断面间成下列关系：

增加的动能+克服阻力所作的功=减少的位能，即

$$K.E. + W = P.E. \qquad (9)$$

将前述各值代入(9)式得：

$$\frac{\gamma y}{2g}[(V+\mathrm{d}V)^2-V^2]+\tau\mathrm{d}x=\gamma y\tan\alpha\cos\alpha_o\mathrm{d}x \tag{10}$$

将(10)式简化并解出 $\tau$ 值得：

$$\tau=\gamma y\cos\alpha_o\tan\alpha-\frac{\gamma y}{2g}[V^2+2V\mathrm{d}V+(\mathrm{d}V)^2-V^2]\frac{1}{\mathrm{d}x}$$

上式中略去$(\mathrm{d}V)^2$得：

$$\tau=\gamma y\cos\alpha_o\tan\alpha-\frac{\gamma Vy}{2g}\frac{\mathrm{d}V}{\mathrm{d}x} \tag{11}$$

又由 $Vy=q=$常数，微分之得 $V\mathrm{d}y+y\mathrm{d}V=0$，

$\therefore y\mathrm{d}V=-V\mathrm{d}y$，代入(11)式，则(11)式变成

$$\tau=\gamma y\cos\alpha_o\tan\alpha+\frac{\gamma V^2}{g}\frac{\mathrm{d}y}{\mathrm{d}x} \tag{12}$$

又由图 3 知

$$-\mathrm{d}y=\cos\alpha_o\tan\alpha\mathrm{d}x-\mathrm{d}x\sin\alpha_o$$

$$\therefore\ \frac{\mathrm{d}y}{\mathrm{d}x}=-(\cos\alpha_o\tan\alpha-\sin\alpha_o) \tag{13}$$

以(13)式代入(12)式得：

$$\tau=\gamma y\cos\alpha_o\tan\alpha+\frac{\gamma V^2}{g}=(\sin\alpha_o-\cos\alpha_o\tan\alpha) \tag{14}$$

(14)式即为计算二元定量变速流水流推移力公式的一般形式。

当 $\alpha_o=\alpha$ 即等速流时，以 $\alpha_o=\alpha$ 代入(14)式即得：$\tau=\gamma y\sin\alpha=\gamma yI$，即为公式(7)。

在试验室内进行泥沙起动条件试验时，有时令水槽底坡为水平的，即 $\alpha_o=0$，此时(14)式即化为

$$\tau=\gamma y\tan\alpha+\frac{\gamma V^2}{g}=\tan\alpha=\gamma\tan\alpha(y-\frac{V^2}{g}) \tag{15}$$

对于三元水流而言，道理相同，仅在推导公式时以断面积 $A$ 代替 $y$，而在计算 $W$(克服阻力作的功)时令 $W=\tau p\mathrm{d}x$ 即可，其中 $p$ 为湿周(公式的推导此处从略)。

2.临界推移力经验公式

a.泥沙起动时的水流推移力叫作临界推移力。关于泥沙特性与临界推移力间的关系过去已有许多经验公式，现介绍几个如下：

$$a.\tau_c=K(\gamma_H-\gamma)d \tag{16}$$

式中：$\tau_c$ 为临界推移力，以克/平方公尺计；$d$ 为泥沙粒径，以公分计；$\gamma_H=\rho g\rho$ 为泥沙密度，$\gamma_H$ 以克/立方公分计；式中 $K$ 值根据不同作者有：舍耳兹氏(shields)$K=600$；克雷氏(Krey)$K=740$。

b.南京水利实验处[9]根据 18 种天然沙及煤屑曾得到下列公式：

$$\tau_c=K(\gamma_H-\gamma)d_{50} \tag{17}$$

式中：$K=-0.049\sim0.072$，平均值为 $K_{cp}=0.06$；$\gamma_H$ 为泥沙及煤屑幺重，以克/立方公尺计；$\gamma$ 为水的幺重，以克/立方公尺计；$\tau$ 为临界推移力，以克/平方公尺计；$d_{50}$为沙粒及煤屑的中数粒径，以公尺计。

南实处报告中曾指出由于试验系在水槽中作出，需将水槽槽壁对临界推移力的影响加以修正，修正后(17)式变为[9]：

$$\tau_c=K_1(\gamma_H-\gamma)d_{50} \tag{18}$$

$K_1=0.09\sim0.052$，平均为$(K_1)_{cp}=0.046$。

c.克莱莫公式(Hans Krammer)：克莱莫氏认为计算临界推移力时应考虑泥沙颗粒组成的影响，他使用了均匀系数 $M$，并得到[7]：

$$\tau_c=\frac{100}{6}(\frac{\gamma_H-\gamma}{\gamma M})d \tag{19}$$

式中:各符号同前;$\tau_c$ 以克/平方公尺计;$d$ 以公厘计;$M$ 定义见(6)式。

d.舍克利许(Shoklitsch)公式

$$\tau_c = \sqrt{0.201(\rho_H - \rho)\rho_{H入} d^3} \tag{20}$$

式中:$\lambda$ 为 1.15~1.35,平均采用 $\lambda = 1.25$。

e.美国水道试验站公式

$$\tau_c = 29\sqrt{\left(\frac{\gamma_H - \gamma}{M}\right)d} \tag{21}$$

式中:$d$ 以公厘计,$\tau$ 以克/平方公尺计,$\gamma_H$ 以克/立方公分计。

3.临界推移力经验数据

通常为工程上计算方便起见,也可使用下表所列举的数据[11]:

| 土壤类别 | 粒径(公厘) | 临界推移力(公斤/平方公尺) |
|---|---|---|
| 普通石英沙 | $d=0.2\sim0.4$ | $\tau_c=0.18\sim0.20$ |
| 普通石英沙 | $d=0.4\sim1.0$ | $\tau_c=0.25\sim0.30$ |
| 普通石英沙 | $d=2.0$ | $\tau_c=0.40$ |
| 圆形石英砾 | $d=5\sim15$ | $\tau_c=1.25$ |
| 粘土 | | $\tau_c=1.0\sim1.2$ |
| 粗石英石 | $d=40\sim50$ | $\tau_c=4.8$ |
| 福形五灰石块 | 长 40~50 | $\tau_c=5.6$ |

## 四、起动流速

泥沙颗粒在河床上原静止不动,当流速增加至某一程度后,泥沙即开始运动,此时的流速叫作起动流速。许多学者习惯于用起动流速计算泥沙的起动,也有用底流速表示者,也有用平均流速表示者。现介绍几个重要的方法如下。

1.维利加诺夫方法(M.A.Веиачов)[1]

根据维利加诺夫教授等人发展的观点认为泥沙在水流中受到推力与上举力的作用,推力使沙粒沿水平方向移动,上举力则使沙粒离开河底作垂直方向(向上)的位移,二者合力即造成了实际看到的沙粒跃进。考虑最简单的二元均匀水流运动,并假设沙粒形状相同并近似球形,当流速足以使沙粒运动时,沙粒受到推力与上举力的作用。

维氏认为推力($F$)与下列几个因素有关:

a.沙粒的大小,以平均粒径 $d$ 代表;

b.水流与沙粒的相对速度,当沙粒不动时,则为河能流速 $V_Д$;

c.水的密度 $\rho$ 与粘滞性 $u$。

根据尺度分析法求得:

$$F = K\rho_x u_y \mathrm{d}z V_Д{}^t \tag{22}$$

求出指数代入(22)式得

$$F = K\frac{u^2}{\rho}\left(\frac{\mathrm{d}V_Д\rho}{u}\right)^{2-y} = K\frac{u^2}{\rho}(Re)^m \tag{23}$$

式中$(Re)^m$ 项可写成(对一般泥沙而言)

$$KRe^m = K_1 Re + K_2 Re^2$$

由于所研究的是底沙,粒径较粗,因此式中 $K,Re$ 项可以略去,(23)式即变成:

$$F = K_2 \frac{u^2}{\rho}(Re)^2 = K_2 d^2 V_Д{}^2 \rho \tag{24}$$

又由 $V_Д = 2.5\sqrt{\frac{\tau_o}{\rho}}\ln\left(1+\frac{\frac{y}{h}}{\frac{\delta}{h}}\right)$，令 $y=d$

即得
$$V_Д = 2.5\sqrt{\frac{\tau_o}{\rho}}\ln\left(1+\frac{d}{\delta}\right) \tag{25}$$

再根据尼左拉兹资料 $d=30\delta$，可以得到（由25式）：

$$V_* = \sqrt{\frac{\tau_0}{\rho}} = \sqrt{ghI} = f(V_Д) \tag{26}$$

以（26）代入（24）式得

$$F = k\rho d^2 V_*^2 \tag{27}$$

当 $d,V$ 增大时，式中 $k$ 值接近常数。$V_*$ 为剪力流速；$k$ 为阻力系数。

对于上举力（$S$），维利加诺夫得到同样结果：

$$S(\text{上举力}) = \beta\rho d^2 V_*^2 \tag{28}$$

此外，根据鲁西也夫斯基（А.И.Лосиевскиіі）[1]的精确试验结果知道，上举力（$S$）与平均流速平方的比值约为常数，因此认为较大粒子所受上举力与流速平方成正比是符合于实际情况的。

其次比较沙粒尺寸与水深的大小，需分别考虑两种情形：

（i）沙粒与边界层厚度比较，相形很大（即大颗粒）；

（ii）沙粒与边界层厚度比较，相形很小（即小颗粒）。

在第（i）种情形时，粒径 $d$ 大于边界层厚度，此时沙粒所受的倾覆力矩为 $M_1 = C_A dk\rho d^2 V_*^2 = C_1 d\rho d^2 V_*^2$；抵抗力矩为 $M_2 = C_2 dd_3 g(\rho_H - \rho)$；其中 $C_A d$ 与 $C_2 d$ 为力臂。

当沙粒处于起动状态时应当有 $M_1 = M_2$，即得 $C_1 d\rho d^2 V_*^2 = C_2 dd_3 g(\rho_H - \rho)$，简化后得

$$V_*^2 = \frac{C_2}{C_1}\left(\frac{\rho_H - \rho}{\rho}\right)gd = \alpha gd \tag{29}$$

当考虑一个沙粒升起的平衡条件时也能得到同样结果：

由推力 $=f$（沙粒重量－上举力）得

$$F = f(G - S)$$

式中：$f$ 为摩擦系数；$G$ 为沙粒在水中重量，$G = Agd^3(\rho_H - \rho)$；$A$ 为形状系数，对于球体 $A = \frac{\pi}{6}$。

以前述 $F$〔（27）式〕，$S$〔（28）式〕之值代入上式，得 $k\rho d^2 V_*^2 = f[Agd^3(\rho_H - \rho) - \beta\rho d^2 V_*^2]$，从而有

$$V_*^2 = \frac{Agd^3(\rho_H - \rho)f}{\rho d^2(k + f\beta)} = \frac{A\left(\frac{\rho_H - \rho}{\rho}\right)f}{k + f\beta}\cdot gd = \alpha gd \tag{30}$$

（30）式与（29）式具有同样形式。

又由 $V_*$ 与水流的平均流速有一定的关系，因而（29）式与（30）式可以最后写成：

$$V_{cp} = a\sqrt{gd}$$

式中：$V_{cp}$ 为平均流速；$a$ 为综合性系数，须由试验决定。

在第（ii）种情形时，泥沙粒径小于边界层厚度，沙粒埋于边界层内。由于流速沿深度（在边界层内）有显著变化，因而沙粒的上下边各受不同的流速作用，一方面由于边界层内流速精确规律知识的缺乏，加之以数学表示这些流速对于不规则形状沙粒的全部影响是做不到的，因而对于这种情形，维利加诺夫主张只能用试验方法去解决这些问题。

维利加诺夫与包切考夫(Н · М · ѣоqков)曾进行了试验,结果见图 4。由图 4 得出经验公式如下:

$$\frac{V_{cp}^2}{g}=15d+6 \tag{31}$$

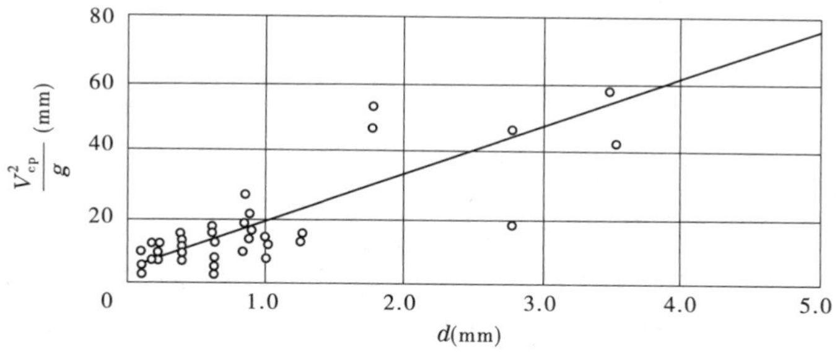


**图 4　起动流速与粒径关系曲线**

式中:$V_{cp}$为平均流速;$g$ 为重力加速度;$d$ 为泥沙粒径。式中各项的长度单位皆以公厘计。

2.列维(И.И.Леви)的方法

a.列维 1932 年提出的方法[2]

列维认为泥沙颗粒除受水流的推力外,由于泥沙周围流线不对称,因而发生上举力,此外由于临底水层中所发生的漩涡,颗粒也可能受到此漩涡的影响,因而引起垂直方向的冲力。根据列维分析,泥沙颗粒在上游面受有推力,泥沙底面受有上举力,而在泥沙颗粒的上面及背水面则发现有负压区。但是只有对大颗粒泥沙而言才有上述的力的图景。对于颗粒很小的泥沙,由于颗粒大小不同,形状不同,无规则地分布在河底上,因此就不是所有的泥沙颗粒都承受到推力及上举力;有些泥沙还可能处于水流的负压区内,再加之在泥沙运动时,颗粒间相对位置不断改变,从而泥沙在不同时间就处于不同的受力状态。由于上述情况的复杂性,就使得分析单个颗粒的运动及稳定问题发生很大的困难,因此列维主张应当以研究现象的平均物理图景为宜。他认为研究河底单位面积上一层均匀沙粒的稳定条件是合理的,这样也比考虑单个沙粒来得方便,减轻了理论分析的困难。

列维认为水流对河底沙粒作用力的总和与水流在边界上的切应力相等。河底单位面积上的切应力 $\tau_{Д}$ 为:

$$\tau_{Д}=\frac{1}{\varphi^2}\rho\lambda И^2 Д \tag{32}$$

式中:$\varphi$ 为流速系数,$\varphi=\frac{ИД}{И_{cp}}$;$\rho$ 为水的密度;$ИД$ 为底流速;$\lambda$ 为阻力系数,决定于河槽相对糙率及粘滞性(实际水流中流速及雷诺数都很大,故可不计粘滞性的影响)。

列维在计算上举力时也利用了鲁西也夫斯基的试验结果(上举力可近似地认为与底层流速的平方成正比),列维写出上举力的计算式为:

$$S=\rho K_v ИД^2 \omega nc \tag{33}$$

式中:$n$ 为河底面积 $\Omega$ 内的泥沙颗粒数;$\omega$ 为颗粒在河底面上的投影面积;$c$ 为上举力作用的面积与颗粒在河底上投影面积之比。

当取河底面积为单位面积时,即 $\Omega=1.0$,则 $n\omega=m$ 为决定泥沙颗粒在河底上分布密度的系数,称为密实系数。

又在单位河底面积上一层泥沙(厚度为 $d$)的重量为:

$$G=mg(\rho_H-\rho)d \tag{34}$$

当沙粒刚好起动时,平衡条件可以写成:

$$(G-S)f=\tau_{Д} \tag{35}$$

以(32),(33),(34)式值代入(35)式得 $f[mg(\rho_u-\rho)d-\rho k_y И^2 Дmc]=\frac{1}{\varphi^2}\rho\lambda И^2 Д$ 移项演化后得:

$$И Д=\sqrt{\frac{f m g\left(\rho_{\mathrm{H}}-\rho\right) d}{f \rho k_{y} m c+\frac{1}{\varphi^{2}} \rho \lambda}}=\sqrt{\frac{f m g \frac{\left(\rho_{H}-\rho\right)}{\rho}) d}{f k_{y} m c+\frac{\lambda}{\varphi^{2}}}} \tag{36}$$

再借$\frac{ИД}{И_{\mathrm{cp}}}=\varphi$,将上式化为:

$$И_{\mathrm{cp}}=\sqrt{\frac{f m g\left(\frac{\rho_{\mathrm{H}}-\rho}{\rho}\right) d}{m f \rho k_{y} \varphi^{2} c+\lambda}}=a^{1} \sqrt{g d} \cdot \frac{1}{\sqrt{m f k_{y} \varphi^{2} c+\lambda}} \tag{37}$$

列维认为(37)式中分母项首先决定于河床相对糙率,因而(37)式又可写成:

$$И_{\mathrm{cp}}=a^{1} \sqrt{g d} \cdot f\left(\frac{y}{d}\right) \text{或} \frac{И_{\mathrm{cp}}}{\sqrt{g d}}=a^{1} \cdot f\left(\frac{y}{d}\right) \tag{38}$$

列维用维里加诺夫等人资料绘成了$\frac{И_{\mathrm{cp}}}{\sqrt{gd}}=f\left(\frac{y}{d}\right)$的图形(见图5),并据以得到下列经验公式。

当$10<\frac{y}{d}<60$时,

$$И_{0}=1.4 \sqrt{g d}\left(1+\ln \sqrt{\frac{y}{7 d}}\right) \tag{39}$$

当$\frac{y}{d}>60$时,

$$И_{0}=1.4 \sqrt{g d} \ln \left(\frac{y}{7 d}\right) \tag{40}$$

当泥沙组成不均匀时,列维建议在上述公式(39)及(40)中右端乘以修正数$C$:

$$C=\left(\frac{d_{\max }}{d}\right)^{1/7}$$

式中:$d_{\max}$为最大粒径。

上述(39)及(40)式即为列维在1932年根据理论与试验资料得到的结果,这些公式并在设计水电站引水渠的技术规范中介绍使用。这些公式的理论分析直到1957年才有新的发展[3]。

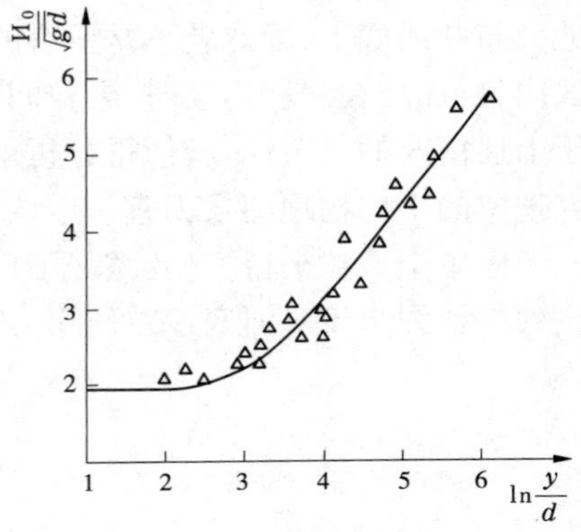

**图5　起动流速与河床相对糙率关系曲线**

b.列维计算起动流速的新方法[3]。

对于处于起动条件的颗粒,其稳定条件决定于泥沙的移动或倾覆(滚动),即可以把泥沙的起动写成下列两个条件关系式。

(i)根据泥沙移动条件:

$$(G-S) f \leqslant F \tag{41}$$

式中:$G$为颗粒在水中重量;$S$为上举力;$F$为推力;$f$为泥沙移动的阻力系数。

(ii)根据泥沙倾覆条件:

$$G l_{1} \leqslant F l_{2}+S l_{3} \tag{42}$$

式中:$l_1,l_2,l_3$为力臂。

列维认为在紊流状态时,上举力与推力与作用流速平方成正比,此时泥沙的起动主要是倾覆滚动,这是由于上举力的倾覆力臂较大所致(颗粒的水平边长比垂直边长为大),因此他从条件(ii)(即公式(42))出发研究颗粒的稳定条件。

列维认为作用于颗粒的推力是河床剪力(即推移力)的一部分,因此写成:

$$F=\frac{\tau_0}{N}=\frac{\rho И_*^2}{N} \tag{43}$$

式中:$И_*=\sqrt{\frac{\tau_0}{\rho}}$为动力流速;$И_{cp}$为平均流速;$N$ 为单位河床面积上颗粒数。

又令 $\omega_x$ 表示颗粒在水平面上的投影面积,$C$ 表示颗粒在河底上的分布密度,$\Omega$ 为河底表面积,则:

$$N=\frac{\Omega}{\omega_x}C$$

当 $\Omega$ 为单位面积时,$N=\frac{C}{\omega_x}$,代入(43)式则得到:

$$F=\rho И_*^2\frac{\omega_x}{C}$$

列维认为上举力 $S$ 与推力成比例,即

$$S=k_yF=\rho k_y И_*^2\frac{\omega_x}{C} \tag{44}$$

$k_y$ 为系数,在平方阻力区时其值决定于颗粒形状与颗粒在河底的分布密度;当颗粒埋藏在层流边界层内时,$k_y$ 决定于雷诺数 $Re$,$k_y=f(Re)$。

颗粒在水中重量为:

$$G=(\rho_H-\rho)gV$$

式中:$V$ 为颗粒体积。

以 $G$ 值及(43),(44)式之 $F$,$S$ 值代入(42)式并写成等式则:

$$(\rho_H-\rho)gVl_1=\rho И_{*0}^2\frac{\omega_x}{C}l_2+\rho k_y И_{*0}^2\frac{\omega_x}{C}l_3$$

移项简化后得:

$$И_{*0}^2=\left(\frac{\rho_H-\rho}{\rho}\right)g\frac{V}{\omega_x}\cdot\frac{C_1}{\left(1+k_y\frac{l_3}{l_2}\right)}$$

其中 $C_1=C\frac{l_1}{l_2}$。

又令$\frac{V}{\omega_x}=\alpha d$,代入上式得

$$И_{*0}^2=gd\frac{(\rho_H-\rho)}{\rho}\cdot\frac{\alpha C_1}{1+k_y\frac{l_3}{l_2}}=\frac{(\rho_H-\rho)}{\rho}gd(a^2)$$

开方得:

$$И_{*0}^2=a\sqrt{\left(\frac{(\rho_H-\rho)}{\rho}\right)gd}=a_1\sqrt{gd} \tag{45}$$

又由 $И_*=И_{cp}\sqrt{\frac{\lambda}{2}}$可把动力流速 $И_{*0}$化为平均流速 $И_{cp}$,代入(45)式得

$$И_{cp}=a_1\sqrt{\frac{2}{\lambda}}\sqrt{gd} \tag{46}$$

根据(46)式得到一个很重要的结论,即起动流速与阻力系数 $\lambda$ 的平方根成反比。在阻力平方区时阻力系数 $\lambda$ 决定于相对糙率$\frac{d}{y}$,而通常阻力系数可以写成相对糙率的对数关系,因此列维把试验资料

绘成$\frac{И_0}{\sqrt{gd}}$与$\ln\left(\frac{y}{d}\right)$的关系(见图5),列维最后给出了普遍公式(46)的经验公式为:

$$\left.\begin{aligned}&\text{当}\frac{R}{d_k} > 60\text{ 时;}\\&И_0 = 1.4\sqrt{gd}\log\frac{12R}{d_k};\\&\text{当 }10 < \frac{R}{d_k} < 40\text{ 时}\\&И_0 = 1.3\sqrt{gd}\left(0.8 + \frac{2}{3}\log\frac{10R}{d_k}\right)\end{aligned}\right\}\tag{47}$$

式中:$d$为平均粒径;$d_R=d_{90}$;$R$为水力半径。

(47)式的适用条件是:(1)粒径$d$>1.5公厘;(2)相对糙率大于$\frac{1}{5\ 000}$。

对于细沙而言(列维指的是$d$<1.5公厘者),列维指出公式(45)及(46)中的$a_1$值不再等于常数,它随粒径的减小而有所增大,对这一现象列维作了如下的解释。

根据水流阻力图型[$\lambda=f(Re,\frac{d}{R})$关系曲线]可以知道,在平方阻力区时阻力系数$\lambda$是决定于相对糙率$\frac{d}{R}$而与$Re$值无关的,对于粒径粗的泥沙这个规律是适用的,列维并据此得到了公式(47)。在过渡区时(由粗糙区向光滑区过渡时),阻力系数$\lambda$随水流雷诺数$Re$的减小而稍有变小,因此就减小了水流对颗粒的推力及上举力。但在此区内河床糙率仍是有影响的,上举力仍相当大(对光滑区相对地讲),可是水流对颗粒的总作用力是减小的。在光滑河床区时,阻力不再决定于糙率,此时阻力系数随$Re$减小而增大,因而推力也随之增大;而此时由于水流绕过颗粒的条件有了很大变化(与在平方区不同),此时水流与颗粒间没有脱离现象,因此上举力在这种情况下将增加很少(随$Re$的减少),这就导致公式(44)中$k_y$值的减小从而使(45)式中的$a_1$值加大,亦即加大了起动流速。列维认为此时$a_1$应与特殊的雷诺数$Re_*$有关。

$$Re_* = \frac{И_* d}{v}\tag{48}$$

式中:$d$为粒径;$v$为水流的运动粘滞数;$И_*$ = 动力流速,$И_* = \sqrt{\frac{\tau_0}{v}}$。

列维利用克诺罗斯的资料[5],求出计算$a_1$值的公式如下。

当$Re_*$=3~30时,相当于$d$=0.25~1.5公厘,相应于过渡区:

$$a_1 = \frac{0.40}{Re_*^{0.16}}\tag{49}$$

当$Re_*$<3.0时,相当于$d$<0.25公厘,相应于光滑区时:

$$a_1 = \frac{0.50}{Re_*^{0.43}}\tag{50}$$

当$Re_*$>50时,列维取$a_1$=0.22(平方区);在$Re_*$=25~50时,列维认为$a_1$实际上仍为常数,亦取为$a_1$=0.22。

对于光滑区,列维介绍用下列公式计算阻力系数$\lambda$:

$$\lambda = 0.000\ 8 + \frac{0.04}{Re^{0.25}}\tag{51}$$

式中:$Re=\frac{И_{0h}}{V}$为水流雷诺数。

再以(51)及(50)二式中 $\lambda, a_1$ 之值代入(46)式则得到

$$И_0 = \frac{0.70}{Re_*^{0.43}\sqrt{\lambda}}\sqrt{gd} = \frac{0.7\sqrt{gd}}{Re_*^{0.43}\sqrt{0.000\,8 + \frac{0.04}{Re^{0.25}}}} \tag{52}$$

对于光滑区而言,由(52)式可知起动流速与 $d$ 的关系很小(注意到 $Re_*$ 项内有 $d$ 值,与分子中 $d$ 项合并后 $d$ 值的指数很小),因此列维将上式简化为下列形式:

$$И_0 = \frac{2.8}{\sqrt{\lambda}} = \frac{100R^{1/8}}{\sqrt{7.5 + R^{0.25}}} \tag{53}$$

(53)中全部长度单位以公分计。(53)式即为列维所建议计算细沙起动流速的公式(对于光滑区,即$d$<0.25 公厘时适用)。

对于过渡区($d$=0.25~1.5 公厘时),列维介绍以下列公式计算阻力系数 $\lambda$:

$$\frac{1}{\sqrt{\lambda}}4\lg\frac{R}{d} + 9.65 - 4\lg Re_*^{0.8} \tag{54}$$

以(54)式之 $\lambda$ 及(49)式之 $a_1$ 代入(46)式则得到计算过渡区泥沙起动流速的公式如下;

$$И_0 = 35d^{0.25}(\lg 7.5\frac{R}{d} - 6d) \tag{55}$$

式中长度单位均以公分计算。

3.克诺罗斯的公式(B.C.KHopo3)[5]

克诺罗斯认为在计算起动流速时考虑河床相对糙率是正确的。但他指出对于相对糙率值$\frac{y}{d}$很大的水道,亦即对于很细的泥沙,在计算起动流速时只考虑$\frac{y}{d}$的影响是不充分的。他认为在这种情况下水流的粘滞性对细沙的起动是有很大影响的。克诺罗斯主张用一个特殊的雷诺数来反映这个影响,即

$$Re_Д = \frac{dИ_Д}{v} \tag{56}$$

式中:$И_Д$ 为底流速,即为在糙面突点高度上的流速;$d$ 为沙粒直径。

克诺罗斯用四种不同粒径泥沙进行了试验,他得到下列经验公式:

当 $Re_Д$<100 时,

$$И_{cp} = \frac{6.65}{(Re_Д)^{0.27}}\sqrt{gd}(\frac{H}{d})^{0.12} \tag{57}$$

当 $Re_Д$>100 时,

$$И_{cp} = 1.95\sqrt{gd}(\frac{H}{d})^{0.12} \tag{58}$$

上述公式(57)中右端包括了一项难以确定的 $N_Д$,为了便于实用计算,克诺罗斯利用指数流速分布公式将 $И_Д$ 换成了 $N_{cp}$,并将(57)式简化为下列形式:

$$И_{cp} = 4.34g^{0.394}H^{0.122}\gamma^{0.212}d^{0.05} \tag{59}$$

式中长度单位均以公分计算。

4.冈恰洛夫(B.H.ГонгароВ)的方法[4]

冈恰洛夫把河床上颗粒稳定的条件写成为

$$Wl_1 = Fl_2 + Sl_3 \tag{60}$$

式中:$W$ 为颗粒在水中的重量;$F$ 为水流对颗粒的正面压力;$S$ 为水流对颗粒的上举力;$l_1, l_2$ 及 $l_3$ 分别为 $W_1, F, S$ 的作用力臂。

冈恰洛夫也求出正面压力与上举力均与颗粒所在位置的流速平方成比例,即可将 $F$ 与 $S$ 表示如下:

$$F = \gamma(\alpha_5 d^2)\frac{И_Д{}^2}{2g}\lambda x \tag{61}$$

$$S = \gamma(\alpha_6 d^2)\frac{И_Д{}^2}{2g}\lambda y \tag{62}$$

式中：$\alpha_5 d^2$ 为颗粒的垂直方向的横断面积；$\alpha_6 d^2$ 为颗粒的水平方向的横断面积；$\lambda y$ 与 $\lambda x$ 为系数；$\gamma$ 为水的容重。

作用力臂又可写为颗粒直径的函数，即：

$$l_1=\alpha_1 d; l_2=\alpha_2 d; l_3=\alpha_3 d;$$

又知颗粒在水中的重量为

$$W = \alpha_4(\gamma_H - \gamma)d^3$$

以 $W, l_1, F, l_2, S, I_3$ 各值代入(60)式得到：

$$\alpha_4(\gamma_H - \gamma)d^3(\alpha_1 d) = \gamma(\alpha_5 d^2)\lambda x \frac{И_Д^2}{2g}(\alpha_2 d) + \gamma(\alpha_5 d^2)\lambda y\frac{И_Д^2}{2g}(\alpha_3 d) \tag{63}$$

简化后得：

$$\left(\frac{\gamma_H - \gamma}{\alpha}\right)d = \gamma\frac{И_Д^2}{2g} \tag{64}$$

式中：$\alpha$ 为反映上式中全部系数的综合系数。

再定 $И_Д$ 相当于距河底为 $y=d$ 处的流速，并根据冈恰洛夫求出的 $И_y$ 与平均流速的关系式，他最后求出的实验公式为：

$$V_{cp} = \lg\frac{8.8H}{d}\sqrt{\frac{2g(\gamma_H - \gamma)d}{1.75\gamma}} \tag{65}$$

5.沙玉清教授的公式[10]

沙教授认为河床上颗粒受的作用力是 $P$：

$$P = C_p\gamma F\frac{И^2}{2g} = Cp\gamma\pi\left(\frac{d}{2}\right)^2\frac{И^2}{2g} \tag{66}$$

式中：$C_p$ 为作用力系数；$F$ 为作用力的垂直面积；$И$ 为作用流速。

他认为沙粒对 $P$ 的阻力($R$)为沙粒重量的函数，即：

$$R = kW = k\frac{4}{3}\pi\left(\frac{d}{2}\right)^2(\gamma_{51} - \gamma) \tag{67}$$

当泥沙刚好起动时，$P=R$，即(66)与(67)式相等。沙教授并认为沙粒起动时的作用流速 $И$ 与开动比速（水力半径为 1 公尺时的起动流速）$V_{k1}$ 成函数关系，即 $И_o=\beta V_{k1}$，以此式代入 $P=R$，解出 $C_p$ 得到：

$$C_p = \frac{4}{3}\frac{u}{\beta^2}\left[\frac{\sqrt{\left(\frac{\gamma_H - \gamma}{\gamma}\right)gd}}{V_{k1}}\right]^2 \tag{68}$$

沙教授认为 $C_p$ 值在本质上与泥沙颗粒在静水中沉降时的阻力系数 $C_d$ 是相类似的，二者间应成一定的函数关系：

$$C_p = f(C_d) = K(C_d)^n \tag{69}$$

其中 $C_d$ 值按沙教授的研究应为

$$C_d = \frac{4}{3}\left(\frac{\gamma_H}{\gamma} - 1\right)\frac{gd}{W^2} \tag{70}$$

式中：$W$ 为沉速。

以(70)，(68)二式代入(69)并简化之得到：

$$\frac{V_{k1}}{\sqrt{\left(\frac{\gamma_H-\gamma}{\gamma}\right)gd}}=K\left[\frac{W}{\sqrt{\left(\frac{\gamma_H-\gamma}{\gamma}\right)gd}}\right]^n \tag{71}$$

沙教授根据许多研究者的资料求得 $K=4.66$，$n=-\frac{1}{2}$，代入(71)式并简化后得

$$V_{k1}=4.66\frac{g^{3/4}\left(\frac{\gamma_H}{\gamma}-1\right)^{3/4}d^{3/4}}{W^{1/2}} \tag{72}$$

为了求出当水深为任意值时的起动流速，沙教授利用了下列关系式；

$$\frac{V_y}{V_{k1}}=\left(\frac{R_y}{R_1}\right)^{0.2}=R_y^{\ 0.2} \tag{73}$$

以(73)代入(72)并简化后(令 $\delta H=2.65$)得：

$$V_o=37.7\frac{d^{3/4}}{W^{1/2}}R^{1/5} \tag{74}$$

式中长度单位均为公尺。

(74)式即为沙玉清教授计算起动流速的公式。沙教授并指出为了计算"许可不冲流速"则(74)式的结果应乘以 2/3(对于普通渠工而言)。

6.其他各家的经验公式

除去上面介绍的一些方法与公式外还有几家公式介绍于后。

(1)何之泰的公式[12] 何氏在 1932 年根据室内试验得到下列公式：

$$V_{15.0}=0.248d^{0.48} \tag{75a}$$

$$V_{7.5}=0.222d^{0.42} \tag{75b}$$

式中：$V_{15.0}$及 $V_{7.5}$为距河底 15 及 7.5 公厘处的流速，以公尺/秒计；$d$ 为粒径，以公厘计。

何氏并求得起动时平均流速经验公式如下：

$$V_0=5.1d^{0.5}y^{0.13} \tag{76}$$

(2)南实处经验公式　南实处根据 18 种不同泥沙与煤屑的室内试验(沙的粒径范围为 0.19~9.15 公厘，煤屑粒径范围为 0.69~3.30 公厘)资料[9]求得经验公式如下：

$$\frac{V_0}{\sqrt{\left(\frac{\rho_H-\rho}{\rho}\right)gd}}=2.1\left(\frac{y}{d}\right)^{0.08} \tag{77}$$

(3)沙莫夫(ГИⅢамов)公式[13]

$$V_0=\left(\frac{H}{d}\right)^{1/6}(0.01+4.7d^{1/2}) \tag{78}$$

(4)奥尔洛夫公式(Н.ЯОрлов)[13]

$$V_0=4.88H^{1/6}\cdot\sqrt[3]{d} \tag{79}$$

## 五、讨　论

在计算泥沙的起动条件方面，目前在理论上有了高度的发展，在实际计算中有了许多成熟的经验公式。用推移力或流速来表示起动条件的方法，在理论上都是可以接受的，但是我们认为利用起动流速的观念比临界推移力对于工程人员来说则更要明确得多，因为不论进行何种水力计算或是河床变形计算，总是要使用水流的流速，这就在使用上方便得多，而且计算临界推移力时一定要使用比降，一般说来比降的测量精度总要比测量流速的精度差得多，因此我们主张在计算底沙起动条件时使用起动流速。事实上近几年来在工程实践中越来越少有人使用临界推移力了。

维利加诺夫的起动流速公式中最大的缺点就在于他的公式中没有反映出相对糙率对起动流速的影响,这不仅在理论分析上是有缺点的,而且也与许多室内、室外的实测结果不符。

冈恰洛夫的公式中考虑了相对糙率的影响,其公式形式与列维公式相似,但冈恰洛夫的公式(1954年)计算的结果是偏小的[3,10],我们的经验也证明了这一点。

列维 1957 年所发表的分析方法在理上论更为完善了,对于粒径大于 1 公厘以上的泥沙可以使用列维的公式(39)、(40)或(47),以进行起动流速的计算。列维对于细粒沙土的起动流速,在理论上作了合理的论证,在理论上是可以接受的,但是根据我们的经验,至少就手头上已有的细沙($d_{50}=0.1$ 公厘)资料看来列维所推荐的公式(53)所算出的结果是偏大的。对于粒径为 $d=0.1$ 公厘的细沙的起动流速,克诺罗斯的公式以及沙玉清的公式都给出了比其他学者的公式较好的结果。

目前看来,对于细粒泥沙($d$ 小于 0.1 公厘者)的起动流速,已有文献中所掌握的资料还是不够充分的,为了能够正确地计算细沙的起动条件还需要进一步进行理论研究工作及搜集更多的资料以使现有公式进一步精确化。

至于粘性土壤的起动流速,由于计算土粒间的凝聚力是十分困难的,因此目前还没有公式能计算粘土的起动流速,也没有在理论方而有什么令人满意的分析。目前在选择粘土的起动流速时,只能依靠过去在天然累积的粘土的实测资料进行结算。

## 参 考 文 献

[1] M.A.Велиkанов:Динамика Русловых По Токов Том Ⅱ(Наносы И Русло),1955.
[2] И.И.Леви:Линамика Русловых потолов,1948.中译本见:列维著(范家马华等译)河道水流动力学.
[3] и.и.леви:Линамика Русловых потолов,1957.
[4] B.H.Гонуаров:Основы Динамика Русловых Лотоков,1954.
[5] B.C.Кноров:Неразмывающая скорость,Дмелкозернисты Хгрунов ,гидротехническое Строителъ Ство,No.8,1953(8).
[6] 张友龄:Laboratory Investigation of Flame Traction and Transporlatim,proc. of ASCE,1937.
[7] Hans Krarner:Sand Mixtures and Movement in Fluvial Models,Proc. of ASCE,1934.
[8] 李保如:推移质运动介绍(南实处 1954 年 6 月水工学习班讲义第三册,水工试验研究专题介绍).
[9] 南实处:推移质起动条件试验初步报告(1954 年 10 月).
[10] 沙玉清:泥沙运动的基本规律,泥沙研究第一卷第二期,1956 年.
[11] 波达波夫(丁承显译):河工要义.
[12] 何之泰:河底冲刷流速之测验,水利月刊 6 卷 6 期(1934 年).
[13] Г.и.трофимов о неразмlвагощей скорости дпя нeснblx грунтов гидротехнцне ское строителрство,No.1,1956(1).

(本文原载于《人民黄河》1959 年第 5 期)

# 河工模型试验的自然模型法

屈孟浩

自然模型法是一种比较新颖的模型试验方法。它的基本原理、相似标准以及试验步骤与一般的动床模型试验有一定的区别。利用这种试验方法来研究河床演变过程,特别是游荡性河床演变过程,在苏联有相当成熟的经验,并且获得不少学者的重视。最近黄河下游河床演变的研究,在苏联专家罗辛斯基和赫尔杜林的指导下,也采用了自然模型法。但总的说来,用这种方法研究河床演变过程问题,毕竟还不多,因此,本文特就我们所了解的自然模型法的一般概念和试验步骤作一个简单的介绍,以供有关同志参考。

## 一、自然模型法的一般概念

自然模型法的基本精神是以水流和河床相互作用的原理为基础的,认为河流是水和河床相互作用的结果,河床形态与流量大小、流量过程、河床组成、河床比降以及水流挟沙量等因素有一定的关系。这种关系,无论对于大河或小河来说都是适合的(模型可以看成室内的小河,因此对于模型来说,当然也是适合的)。因此,自然模型法进一步提出,在模型试验过程中,只要设法控制上述因素,我们就有可能在模型中造成与天然过程基本相似的小河,这种方法就是自然模型法。

根据这个论点,我们很容易明白,自然模型法与一般动床模型试验方法是有区别的。一般动床模型试验,都需要在模型中模拟天然的地形,而在自然模型试验中,不需人工做地形,只需要控制几个主要因素,就可以让水流自然而然的塑造形成一条与原型相似的小河。

自然模型试验不仅基本观点与一般动床模型试验有所不同,相似标准亦有所差异。在自然模型试验中,所谓模型和原型的相似,是指河床演变的基本特征的相似和河床形态的相似,而不是指具体地形的相似。就河床演变过程的特征来看,一般河流基本上可以分为三类:周期展览的河流、迂回河流和游荡性河流。这三类河流的形态和演变过程是各不相同的。从自然模型的观点来说,只要模型所造成的小河与天然河流的类型一样,就可以认为模型和原型是相似的。至于是哪一段河床地形、哪一个河湾或河滩的位置大小与原型相似,在自然模型试验中,认为是次要的。

在造床阶段结束以后,正式试验的比尺关系也是相当严格的。但是需要说明,自然模型试验比尺的确定,不单纯是从几个公式导得的,而是反复分析造床试验的资料而后才确定的。

因此,自然模型法可以概括的归纳为以下几个特点:1.在模型制造中,不做地形;2.用造床的方法,造成一条与原型相似的小河;3.模型比尺不单纯从公式决定,而是通过造床过程的资料反复验证,最后才确定下来;4.模型相似是指河床演变的一般特征和河床形态的基本相似。

为什么在自然模型试验中不做地形呢?除了以上的解释以外,还有以下几个原因:

1.大家都知道,在一般比例模型中,比尺的确定都是由几个方程推导得出的(这些方程式如阻力公式、输沙能力公式……)。这样的做法有一个先决条件,就是假定所有的公式,既符合于原体的情况,又符合模型的情况。事实上河床演变过程的问题是非常复杂的,特别在游荡性河流中,水流含沙量极高,沙带林立,河床分叉,主流摇摆不定,这种游荡的特性不是目前任何公式所能说明的,而且也无法用公式来计算。因此我们可以设想,按照一般方程式所导出的比例来做成一条小河,并保证这条小河是游荡的,这是非常困难的,甚至可以说是没有把握的。

2.冲积河流的形态及坡降与水流及泥沙条件之间存在着一定关系,这个关系,一般称为河相关系。河相关系中,形式最简单的是$\sqrt{B}/H$=常数。不但游荡性河流的$\sqrt{B}/H$值大于迂回性河流,而且同是游荡性河流，由于河流大小的不向，或者河床组成的不同，$\frac{\sqrt{B}}{H}$亦不相同，因此，要想在模型中造成一条与天然相似的小河，$\frac{\sqrt{B}}{H}$值不是可以任意选择的。也就是说，如果采用比例模型，则模型变率并不能任意规定，而应该符合河相关系的自然规律，这就使模型比尺的选择受到更多的限制，从而带来更多的困难。在自然模型试验中，由于对相似的要求不是那样严格，试验也比较简单，我们完全可以根据造床过程中的$\sqrt{B}/H$值来决定模型变率，充分满足河相关系的要求。

3.自然模型的相似准则，是从河性相似的角度出发的，它只要求模型和天然的河床演变过程的基本特征相似，和河床形态相似。因此它只能从定性上来回答我们要研究的问题。例如就黄河的自然模型来说，它的任务是研究原体来水和来沙条件改变以后，河床演变的过程究竟是以继续游荡为主，还是以下切为主。至于了解哪一个河湾坍岸多少，哪一滩岸冲刷多少，就不是自然模型的任务。一般的动床模型试验则不然，它要求河床地形的相似，亦即每个河湾和浅滩的位置和尺寸都必须基本相似。要想达到这个目的，自然必须在进行试验的开始把地形做对。

但是应该说明，这里所讨论的，仅仅是从自然模型的特点来解释自然模型试验所以不做地形的原因，并不是反对一般动床模型的做法。事实上，有很多定量问题的研究，不是自然模型试验目前所能回答的，还需要利用一般动床模型试验来解决。

自然模型试验尽管不按比例做地形，而在试验的起始阶段，仍然要应用一般的水流阻力公式、水流挟沙关系和河床变形方程式等概念，来初步估算模型比尺。只不过这些比尺并非已经选定以后，就是一成不变的，而是要根据造床试验的结果，不断加以校核修正。

## 二、自然模型试验的若干先例

根据我们了解，在下面几个试验中，曾经采用过自然模型法来研究河床演变过程及其他有关问题。

**（一）苏联安得列也夫所主持的桥渡试验**

一九五一年以来，苏联安得列也夫为了估计桥渡的修建为河床演变的影响，曾经进行了一系列的桥渡试验。研究的对象有游荡性河床，也有非游荡性的河床。在试验一开始时，于试验槽中铺满了均匀的泥沙，原始比降 $J=0.005$，先放水用造床方法，塑造成了一条游荡性的小河，保证与未修桥渡以前的河床演变过程相似，然后在模型中放入桥渡，研究桥渡修建以后的河床演变过程。

在安得列也夫的试验中，还进行过将游荡性河流改变为迂回性河流的试验。即在制成的游荡性小河上增加一些护岸和护滩措施，将水流束窄。当小河束窄到一定的宽度以后，水深加大，沙洲消失，这时泥沙以边滩的形式运动，游荡性小河便变成了比较稳定的单一河流。

安得列也夫所积累的经验很多，特别是造成各种类型的河流，在他的著作中均有详细的介绍。

**（二）苏联马特林的试验**

马特林的试验是为了研究水库连续放水对浅滩的影响。在天然情况下，浅滩顶部高程与水位是相适应的。水位上升，浅滩开始增高，而在水位下降以后，浅滩顶部高程，亦相应下降。在平水时期浅滩顶部高程基本上是稳定的。当径流经过电站的昼夜调节以后，洪水延续时间缩短，而高低水位连续交替出现的频率，却大大增加，这时浅滩与水位之间的关系是否仍能保持上述正常关系？还是将继续不断上升？这样一个问题需要经过试验解答。

马特林试验的第一步，是决定时间比尺，即在正常的情况下，在模型中究竟应该把洪水持续多久，才能保证浅滩随水位的升降完全和天然相似，重演天然的现象。根据试验结果，时间比尺 $\lambda_t=2\ 880$（一分钟等于原型两昼夜）。确定了时间比尺以后，便可以进行正式试验。

马特林分别采用了 35 分钟、70 分钟、17.5 分钟、6 分钟和 2.5 分钟等洪水持续时间来进行试验，结果证明如洪水历时过短（2.5 分钟）对于浅滩高程就不会有影响，从而得出一个重要的结论：水库昼夜调节径流，并不会造成浅滩的升高。

**(三)坝上游壅水对浅滩的影响的试验:**

试验的主要内容与上面所举的例子基本一致。试验开始时,也塑造出一个有浅滩的河床,然后在河床的下游,用堰将水位壅高,观测浅滩的演变。试验结果证明,壅水以后,浅滩是会升高的,升高的高度并与壅水的程度有一定关系。

以上是自然模型法在苏联的几次成功经验。除此以外,苏联土库曼运河断面形式的试验、什拉斯金娜的河床演变过程试验以及美国福莱得金河流迂回原因的试验,原则上都是根据自然模型法的基本精神进行的。从这些例子可以看出,自然模型法的应用范围是相当广泛的,一般的游荡性河流的河床演变过程、浅滩运动和航道的改善以及河道整治的研究,除了局部的河床变形以外,都可以采用自然模型法来进行试验。

至于迂回性河床的演变问题,由于河岸和河床的可动性不同,模型中需要用两种不同材料塑制两岸及河床,这在技术上有一定的困难。美国福莱得金用黄土加不同数量的煤屑和砂做成的河岸,能够显示出模型河床与河岸的抗冲能力的不同,这种方法是值得进一步研究的。

## 三、自然模型试验的具体步骤

自然模型试验基本上可以分为三个步骤:(一)模型设计;(二)造床试验;(三)正式试验。

**(一)模型设计**

模型设计的任务,是根据天然资料的分析和试验设备的条件,初步估模型各种比尺。

在自然模型试验的设计中,通常采用下列几个公式:

$$\frac{\sqrt{B}}{H} = A \tag{1}$$

式中 $B$——满槽时水面宽,也可以采用试验河段的平均游荡宽度;

$H$——满槽情况下的平均水深;

$A$——随着河床组成和河流类型而变的常数。

$$Q = BHV \tag{2}$$

$$V = \frac{1}{n}H^{2/3}J^{0.5} \tag{3}$$

式中 $Q$——流量;

$V$——平均流速;

$n$——曼宁糙率;

$J$——比降。

$$V_0 = V_1 H_0^{0.2} \tag{4}$$

$V_0$,$V_1$ 分别为水深等于 $H_0$ 及 1 公尺时的泥沙起动流速。

$$\lambda_t = \frac{\lambda_B^2 \lambda_h}{\lambda_G} \tag{5}$$

式中 $\lambda_t$——河床演变的时间比尺;

$\lambda_B$——水平比尺;

$\lambda_h$——垂直比尺;

$\lambda_G$——造床质输沙量比尺。

模型初步设计时,要注意下面几个问题:

1.模型的大小、变率,必须按照公式(1)决定。$A$ 值是随着河床组成、河流大小及河流类型而变的系数,例如用天然砂、木屑及煤宵做成游荡性河流,$A$ 值分别为 50、150 及 100 左右。

2.用公式(2)和公式(3)计算模型流量时,首先要选择适当的比降,不然造床过程发展的速度不一定合适。根据苏联专家罗辛斯基的试验和我们过去做的造床试验证明,如用 $D_{50}=0.09 \sim 0.158$ mm 的自然砂进行游荡性河流的造床试验,采用 $J=0.007 \sim 0.010$ 是比较合适的。

3.流量比尺 $\lambda_Q$ 确定后,要用公式(4)检查枯水和洪水的平均流速是否大于河床质的起动流速,如果计算结果,平均流速小于泥沙的起动流速,则重新选择比降和 $B$、$H$ 等值,重定 $\lambda_Q$,一直达到 $V_{cp}>V_0$ 为止。

如果没有试验资料,泥沙的起动流速可以从公式或图表获得。

4.原体输沙量可以从实测 $Q \sim Q_T$ 关系,曲线查得,也可以从 $\frac{V}{H^{0.2}} \sim P$ 关系曲线推算,但要注意 $Q_T$ 的上限和下限。

模型加沙量必须从造床过程中,通过实测来确定。因此,在造床试验阶段中,$\lambda_G$ 和 $\lambda_t$ 是粗估的,有了造床试验的资料以后,就可以定出比较准确的 $\lambda_t$ 值。

**(二)造床试验**

造床试验是自然模型试验的一个重要环节,造床过程的发展速度和一些具体性质的选择,铺平,原始断面的给定,流量过程,加砂过程的控制均有密切的关系,例如:选择模型砂时,不仅要求易于起动,而且要求泥沙的组成比较均匀,不含过多的胶泥和其他的杂质,也不允许有过粗的颗粒。这是因为如果胶泥的含量过多,河床演变的速度,便会减慢,泥沙组成中如含有较粗的颗粒,在试验过程中,会产生自然铺石的现象,这对于河床的游荡是都不利的。

为了促成游荡性河床演变的正常发展,不仅要求模型沙的颗粒级配比较均匀,而且在铺制时,要使河床的密度比较均匀。如果由于铺砂不慎,河床的密度大于两岸的密度,则河岸与河床的抗冲强度不适应,演变速度不会一样,就难造成游荡性河流。如果河床本身的密度不够均匀,则有的地方会产生局部冲刷,有的地方则形成了比较牢固的控制点,河床的演变过程亦将受到不应有的破坏。

在造床过程中,为了保证河床和河岸均匀一致,目前有两种铺沙方法:1.水下铺沙法:铺沙前,将试验槽注满清水,然后将松散的模型沙投入水中,任其自然堆积,再用特殊的刮平设备刮平。2.干铺法:将松散的模型沙直接铺在模型槽中刮平,再放水使模型沙中的水分达到饱和。这两种方法各有其优点。第1种方法精度高,但需要特殊的刮沙设备。第二种方法精度虽次于第一种方法,但不需要特殊的刮沙设备,有一般的木板即能进行工作,效率也比较高。

在铺沙的同时,要在试验槽的中间,挖出一条适当的原始河槽。河槽的形状可以用梯形、矩形或三角形,但是要满足下列要求:1.不能太深,即露出水面的滩岸不能太高,不然坍岸比较困难,破坏河床和河岸相对可动性的规律,造不成游荡河床;2.宽度不宜太大。虽然在造床的过程中,适当加大原始宽度,可以节省造床的时间,但如没有充分的经验,给定的原始宽度大于河床实际可能的游荡宽度,就会影响模型试验的结果;3.断面大小的选择准则,在保证任何情况下,都能通过模型设计的最大洪水。一般说来,原始过水断面面积最好就做成等于游荡河床形成以后的过水断面面积(指洪水情况)。

由于水槽中各点模型的铺垫厚度并不相等,引入清水后沉陷量亦不一致,这就使模型的比降有可能和设计比降略有出入。在试验以前,应对模型实际比降进行一次测量,如果与设计比降出入不大,则即以此比降作为造床试验所控制的标准。

造床过程中加沙量的多少,可以通过水面比降来控制。如果发现水面比降有增大的趋势,表示这时加进去的泥沙量,大于模型河槽的挟沙能力,河床发生淤积,就应该减少加沙量。反之,则增加加沙量,使水面比降基本上保持在原控制的水面比降。除了用水面比降控制模型加沙量以外,在有些情况下,还可以用控制进口断面的水面及河床高程,使进口加沙量等于出口沙量、河岸露出水面高度沿程保持一致,以及断面保持不冲不淤等方法,来决定模型加沙量。需要说明的游荡性河流,一般都是逐年淤高的河流,因此,有人提出在造床过程中应该保持微淤的现象,才更符合自然规律。

在天然河流中,流量过程猛涨猛落,水流极不稳定,这些也是造成河流游荡的主要原因。因此,在造床过程中,不能把天然的流量过程过分简化,而必须保持起伏较急的洪峰。

试验开始时,可以暂时不放流量过程,先探索性地放入定常大小的流量,观测模型中各级流量漫滩的情况是否与原型漫滩情况相适应。如果必要的话,可以对 $\lambda_Q$ 作出适当的修正。在完成了这一步以后,再开始按流量过程放水。

在检查 $\lambda_Q$ 的同时，也可以从模型的实测结果中，找出各级流量下的加沙量，根据这个关系，确定模型加沙量和时间比尺 $\lambda_t$。然后用 $\lambda_Q$、$\lambda_t$、$\lambda_G$ 等值，将天然流量及沙量过程换置成模型过程，进行比较严格的造床试验。

**（三）正式试验**

造成游荡性河流以后，就需要对原设计的模型比尺进行进一步的校核与修正。

1.分析最大洪水的河宽与水深，如与原设计的数据比较接近，则表示 $\lambda_B$、$\lambda_H$ 及 $\lambda_Q$ 的选择基本上是正确的。

2.通过下列步骤校正输沙量比尺和时间比尺：

（1）用模型中实测最大流量时的加沙量，与原型最大流量的输沙量相对照，确定输沙量比尺，即：

$$\lambda_G = \frac{G(\text{原型最大流量输沙量})}{G(\text{模型最大流量输沙量})} \tag{6}$$

（2）用平均加沙量求输沙比尺：假设模型在造床过程中共加沙 $W$ kg，放水 $V$ m$^3$，放水时间为 $T$ s，则得

$$\text{模型平均流量} = \frac{V}{T}(\text{公方/秒})$$

$$\text{模型平均含沙量} = \frac{W}{V}(\text{公斤/公方})$$

$$\text{模型平均输沙量}\ G_M = \frac{V}{T}\frac{W}{V} = \frac{W}{T}(\text{公斤/公方})$$

$$\text{与模型流量相适应的原型流量} = \lambda_Q \frac{V}{T}(\text{公方/秒})$$

从天然 $Q$—$G$ 曲线查出原型输沙量 $G_H$，因此

$$\lambda_G = \frac{G_H}{G_M} \tag{7}$$

用式（6）或式（7）代入式（5）求出 $\lambda_t$。

校正了 $\lambda_Q$、$\lambda_t$ 和 $\lambda_G$ 以后就可以根据试验的任务进行正式试验。

## 四、黄河自然模型试验实例

为了研究来水来沙条件改变后，黄河下游河床演变过程，我们用自然模型法进行了模型试验。本节结合黄河自然模型的实例，对自然模型的设计步骤和造床过程加以具体说明。

黄河模型试验的研究对象选自游荡性河段之间的任意一段，这段河床平均游荡宽度为4 500公尺，在满槽流量10 000公方/秒下，平均水深为1.5公尺。河床比降 $J=0.002$。

**（一）模型设计**

甲、模型水平比尺 $\lambda_B$ 和垂直比尺 $\lambda_h$ 的决定：模型水平比尺的选择，一般决定于试验场地的大小和供水量的多寡，具体到我们试验室的条件，最大供水流量 $Q$ 为40公升/秒，试验槽宽7公尺，若在试验槽中造成3 m宽的游荡小河，则 $\lambda_B=\frac{5\,400}{3.00}=1\,500$，根据式（1）$\frac{\sqrt{B}}{H}=A$，$A=50$，得，$H=\frac{\sqrt{B}}{A}=\frac{\sqrt{3.0}}{50}=0.034$ m，为便于计算起见，$H$ 取0.03 m，则 $\frac{\sqrt{B}}{H}=\frac{\sqrt{3.0}}{0.03}=57.575\,0$，$\lambda_h=\frac{1.5}{0.03}=50$。

乙、模型比降和流量比例 $\lambda_Q$ 的选择：前面已经谈到根据苏联专家的经验和我们过去造床试验的资料，$J=0.007\sim0.010$，$n=0.021\sim0.040$，室内小河可能形成游荡河床。

我们采用 $J=0.009$，$n=0.033$，根据式（2）和式（3）得

$$Q = B\frac{H^{5/3}}{n}J^{0.5} = 3.0\times\frac{0.03^{1.667}}{0.033}\sqrt{0.009} = 25\ \frac{\text{公升}}{\text{秒}}$$

$$\lambda_Q = \frac{10\ 000 \times 10\ 000}{25} = 400 \times 10^3$$

丙、起动流速的检查：a 在满槽流量下，$H=0.03$ m，$n=0.033$，$J=0.009$，根据公式(4)

$$V_0 = V_1 H_0^{0.2} = 0.33 \times 0.03^{0.2} = 0.167\ \text{公尺/秒},$$

（模型沙 $d_{50}=0.015\ 8$，由表查得 $V_1=0.33$ 公尺/秒）

由公式(2) $V=\frac{H^{2/3}}{n}J^{0.5}=\frac{0.03^{2/3}}{0.033}\sqrt{0.009}=0.278\ \frac{\text{公尺}}{\text{秒}}>0.167\ \frac{\text{公尺}}{\text{秒}}$

在枯水情况下，原型水位高程为 92 公尺，比满槽水位 93 公尺低 1.0 公尺（原型是指秦厂水文站）。

因此，模型枯水水位比模型满槽水位要低$\frac{100}{50}=2$ 公分，即模型枯水平均水深接近于 3-2=1 公分，根据公式(2) $V=\frac{N^{2/3}}{n}J^{0.5}=\frac{0.01^{2/3}}{0.033}\sqrt{0.009}=0.134\ \frac{\text{公尺}}{\text{秒}}$

根据公式(4) $V_0=V_1H_0^{0.2}=0.33\times(0.01)^{0.2}=0.132<0.134\ \frac{\text{公尺}}{\text{秒}}$

丁、输沙比例 $\lambda_{Qt}$ 和时间比例 $\lambda_t$ 的确定

当 $Q_H=10\ 000\ \frac{\text{公方}}{\text{秒}}$时，从原型 $V—\rho$ 关系曲线查得 $\rho_H=9\ \frac{\text{公斤}}{\text{公方}}$，$Q_T=90\ 000\ \frac{\text{公斤}}{\text{秒}}$。

模型加沙量目前既无实测资料，又缺乏可靠的公式来计算，只有大致粗估一个数字，通过造床试验的实测数据再进行校正；根据苏联水槽试验资料，当 $H=0.03$ m，$J=0.009$，推算模型输沙量 $(Q_T)_m=1.62\ \frac{\text{公斤}}{\text{秒}}$*。

$$\lambda_{Qt} = \frac{90\ 000}{1.62} = 55\ 600$$

代入公式(5)，得 $\lambda_t=\frac{\lambda_B^2\lambda_h}{\lambda_{Qt}}=\frac{1\ 500^2\times 50}{55\ 600}=2\ 000$。

通过以上计算，得

$$\lambda_B = 1\ 500,$$
$$\lambda_h = 50,$$
$$\lambda_Q = 400 \times 10^3,$$
$$\lambda_{Qt} = 55\ 600,$$
$$\lambda_t = 2\ 000$$

**(二)造床过程的描述**

根据以上所述的自然模型法的精神，试验将选好的模型沙填于试验槽中（模型沙组成见图 1）用木板刮平，比降 $J=0.010$，然而在试验槽中间，挖一梯形小槽，小槽断面的要求有三（见第三节），根据初步计算，小槽断面形状如图 2 所示：

试验开始，先从尾端灌水，使河床泥沙均匀沉陷，然后将水徐徐排除，用水准仪检查河床沉陷情况，和沉陷后实际河床比降，检查结果 $J=0.009$，符合设计要求，开始进行造床试验。

造床过程试验又分两个阶段，①放大大小小单一流量，初步校核和纠正 $\lambda_{Q_t}$ 和 $\lambda_t$。②根据初步校核的结果，按原型流量过程线进行比较正规的造床试验。

第一阶段放水情况和加沙情况如下表所示。

---

* 这是不准确的方法，在造床试验中，可以纠正。

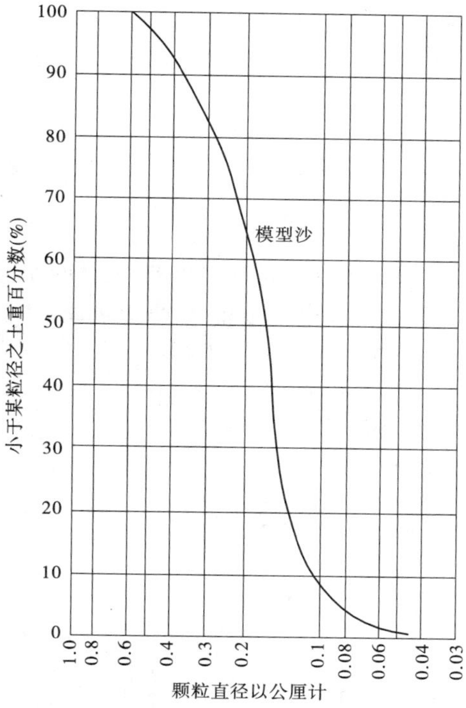


**图 1　模型沙级配曲线**

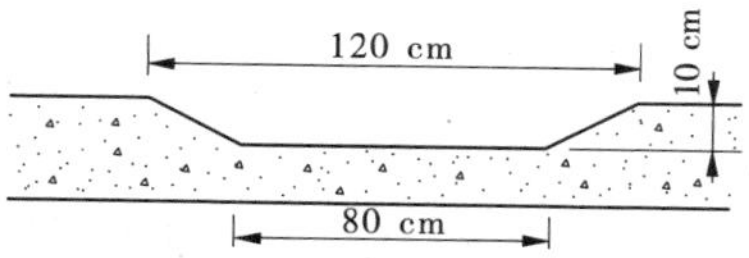


**图 2　小槽原始断面图**

**表 1　造床第一阶段放水加沙统计表**

| 试验日期 | 流量<br>(公升/秒) | 放水时间 | 历时<br>(分) | 加沙率<br>(克/秒) | 总加沙量(公斤) | 备注 |
|---|---|---|---|---|---|---|
| 元月 6 日 | 5 | 12:05′ | 3:10′ | | 自元月 6 日 12:05′至 24:00′加沙 220 公斤<br>自 7 日 0—15:13′共加沙 1 030 公斤 | 自 7 日 15:13′至 16:15′是简单的洪峰过程 |
| | 8 | 15:15′ | 23:57′ | | | |
| 元月 7 日 | 2.5 | 15:13′ | 10′ | | | |
| | 8 | 15:23′ | 8′ | 18.0 | | |
| | 25 | 15:31′ | 5′ | 400.0 | | |
| | 12 | 15:36′ | 10′ | 9.1 | | |
| | 8 | 15:46′ | 29′ | 9.1 | | |
| | 5 | 16:15′ | 16:45′ | 9.1 | | |
| 元月 8 日 | 2 | 9:00′ | | | | |

在第一阶段的造床试验中，我们发现以下几个重要的现象：

①经过 20 多小时的造床作用，原来直线形小槽开始变成不稳定的迂回性小河，这种小河与天然迂回性河流的主要差别，是小河的边滩极不稳定，沿着水流向下移动(如图 3)。

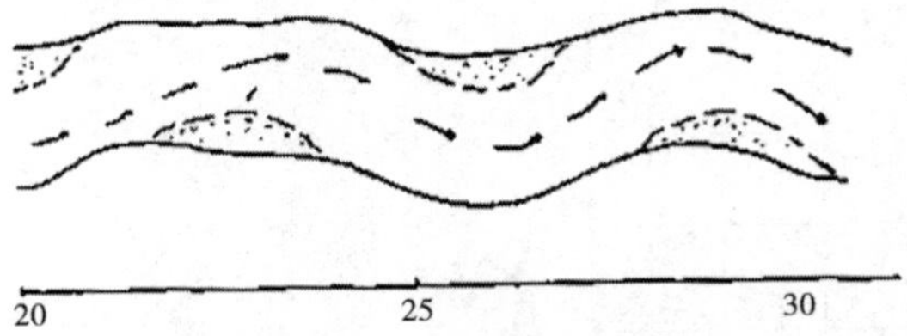


图 3

②洪水造床与枯水造床的作用不同，试验中可以看出，洪水前水流方向迂回前进，洪水时水流趋直，边滩受到切割，大量泥沙由边滩卷入边滩下游的深潭中，河槽堵塞，水流漫滩而过，毫无规律。

洪水降落后，河床出现无数沙洲，星罗棋布十分复杂（如图 4）。

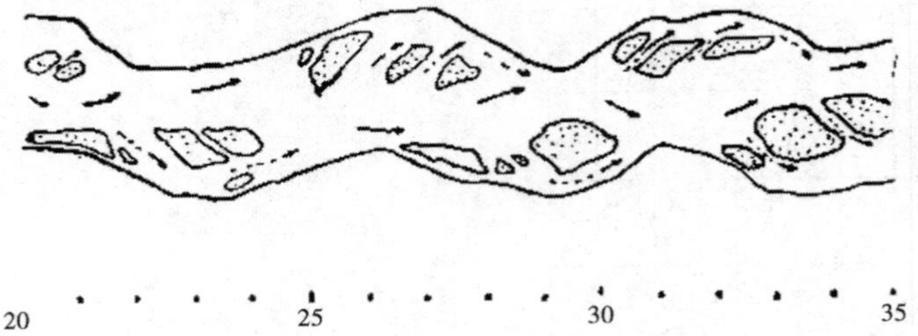


图 4

③散乱的小河，经过较长时期的单一流量的作用，又能够恢复到极不稳定的迂回性小河，这种小河不仅边滩继续下移，而且边滩的位置可能出现在凸岸（如图 5）。

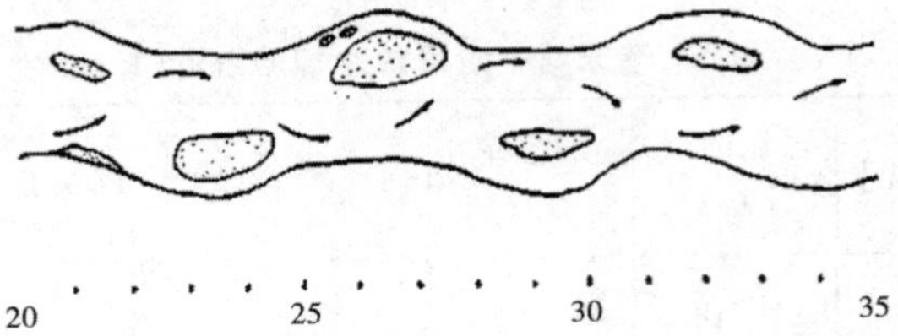


图 5

从模型实际加沙量资料，我们可以看出，在满槽流量下，模型能够挟带的沙量为 400 克/秒，比原估计加沙量小四倍，因而 $\lambda_{Qt}=\dfrac{90\ 000}{0.4}=225\ 000$，$\lambda_t=\dfrac{1\ 500^2\times50}{225\ 000}=500$。

故第二阶段造床试验，$\lambda_t=500$。将原型流量过程按 $\lambda_Q=400\times10^3$，$\lambda_t=500$，绘成模型流量过程线（如图 6 所示），造床试验的第二阶段即按照上述过程线放水。

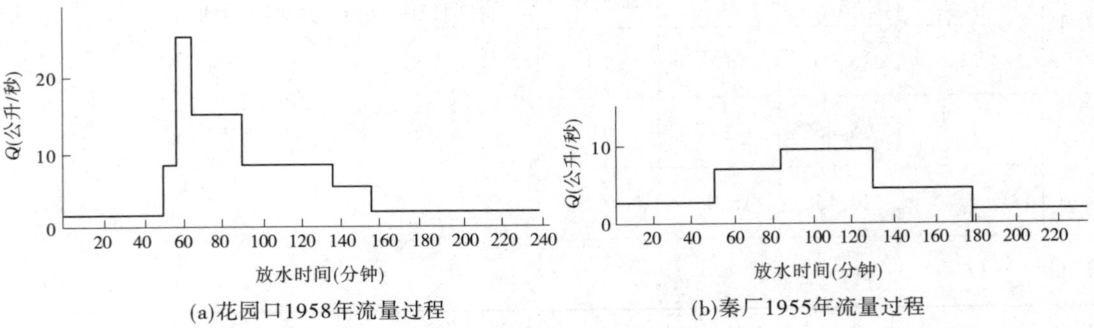


图 6　模型流量过程线

图 6(a) 是按花园口 1958 年流量过程线绘制的模型流量过程线，图 6(b) 是按秦厂站 1955 年流量过程线绘制的模型流量过程线。在第二阶段试验中，第一组过程线，连续放四次，第二组过程线仅放一次。

经过五次猛涨猛落的洪峰过程,模型基本上造成了沙洲林立的小河(见图 7~图 8)。根据测验资料的分析,在满槽流量下:整个河段的平均河宽 $B=3.0$ m;整个河段的平均水深 $H=0.027$ m,与原设计的要求基本符合。因此我们认为原设计的各项比尺 $\lambda_B$、$\lambda_h$、$\lambda_Q$,是正确的,至于时间比尺 $\lambda_t$,在下切试验的开始阶段,仍可以采用 $\lambda_t=500$,真正的有效河床变形过程的时间比尺还要用下切开始的资料进行校核。

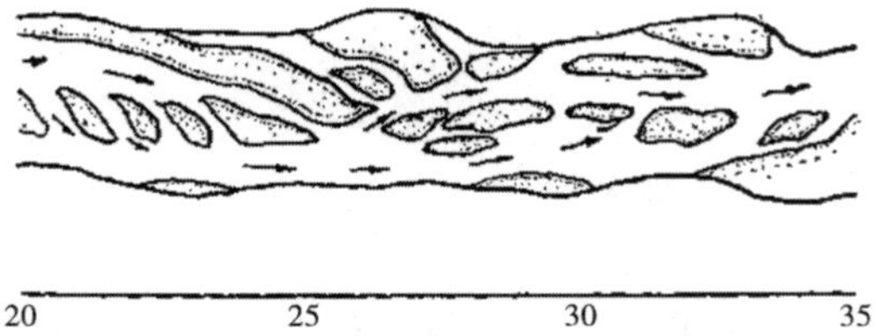


图 7

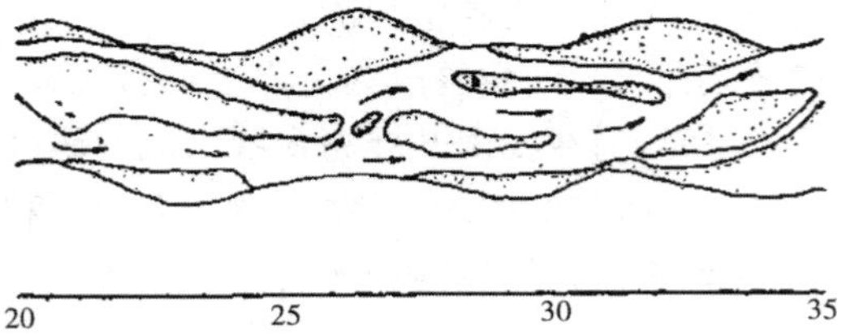


图 8

(本文原载于《黄河建设》1959 年第 7 期)

# 高含沙水流运动的几个问题

钱　宁

（清华大学 水利系泥沙研究室）

就水流的性质和运动的特点来说，高含沙水流是一种不同于一般挟沙水流的流动，而泥石流中的动力类泥石流，则是和河流中的高含沙水流属于同一范畴的问题。我国西北地区有四十多万平方公里的面积为黄土所覆盖，发育在那里的河流含沙量之高世界无出其右。在另一方面，我国山区面积很大，地质岩性复杂，加上有利的地形和气候条件，又使我国成为世界上泥石流较为发育的国家之一。这些特定的自然地理条件和社会主义建设的需要，为在我国开展高含沙水流的研究创造了条件，并且已取得了不少进展。本文将对已经取得的成果作一简单的回顾，并结合清华大学水利系泥沙研究室的工作，对几个问题提出一些不成熟的看法，以之就教于国内的泥沙和泥石流工作者。

## 一、高含沙水流的物理性质

最近这个时期，有相当多的研究报告涉及高含沙水流的粘性和泥沙沉速问题，发表了不少试验资料和经验及半经验性公式。当务之急是一方面要对这些工作进行综合性的概括，另一方面则是对其中某些环节还需要进一步深化。

### 1.含沙量、泥沙级配及细颗粒含量影响的统一表达形式

(1)影响高含沙水流粘性的主要因素

水流中含有泥沙时，粘性将要增大，浑水与清水的粘滞系数的比值$\mu_r$与含沙量有关。如果泥沙颗粒较粗，颗粒表面的物理化学作用可以忽略不计。这时在含沙量较低的条件下，早在二十世纪初期，老爱因斯坦就推导得出如下的关系：

$$\mu_r = 1 + 2.5S_V \tag{1}$$

其中$S_V$为体积比含沙量。

含沙量增大以后，对于混合沙来说，式(1)可以概化为

$$\mu_r = (1 - S_V)^{-2.5} \tag{2}$$

上式按多项式展开以后，式(1)就相当于只取前面两项。

当含沙量大到一定程度，特别是含有一定数量的小于0.01毫米的细颗粒时，不仅粘性系数将迅速增大，而且流体的性质也将自牛顿体转化为非牛顿体。作为一种近似，这种非牛顿体高含沙水流可以看成是宾汉体或伪塑性体，前者的流变方程具有如下的形式：

$$\tau = \tau_B + \eta \frac{du}{dy} \tag{3}$$

其中$\tau$为剪切力，$\tau_B$为宾汉极限剪切力，$\eta$为刚性系数，$u$为距床面$y$处的流速。

如继续取浑水的刚性系数与清水的粘滞系数的比值为$\mu_r$，则式(2)应改写为

$$\mu_r = (1 - ks_V)^{-2.5} \tag{4}$$

其中$k$为与粒径有关的系数[1]。

为了把粒径的作用明确引入相对粘滞系数的关系式中，沙玉清根据西北黄土的试验给果，导出[2]：

$$\mu_r = \frac{\gamma_m}{\gamma}\left(1 - \frac{S_V}{2\sqrt{D_{50}}}\right)^{-1} \tag{5}$$

其中$\gamma_m$及$\gamma$分别为浑水及清水的容重，$D_{50}$为混合沙的中值粒径。

诸君达从细颗粒泥沙表面有一层束缚水，加大了泥沙的有效浓度的角度出发，推导得到式(4)中的 $k$ 与粒径的关系[3]：

$$k = 1 + 0.14\sum \frac{p_i}{D_i^{1/2}} \tag{6}$$

其中 $p_i$ 为混合沙中粒径为 $D_i$ 的泥沙所占的百分数。

钱意颖、杨文海等则注意到泥沙愈细，单位重量的泥沙的表面积愈大。对于单位重量的混合沙来说，表面积 $a$ 为

$$a = \frac{6}{\gamma_s}\sum \frac{p_i}{D_i} \tag{7}$$

其中 $\gamma_s$ 为泥沙的容重。他们并成功地建立了 $a$ 与自牛顿体过渡到宾汉体的临界含沙量之间的联系[4]。

事实上，对浑水的粘性起主导作用的是细颗粒的含量。由于这种细颗粒表面的物理化学作用，颗粒之间可以形成絮团、集合体和网架结构。宾汉极限剪切力之所以产生，正是因为浑水在作剪切运动时，必须首先破坏这种网架结构，然后才能发生相对运动。只考虑 $D_{50}$ 显然不能全面反映细颗粒泥沙的含量，引入 $\sum(p_i/D_i)$ 或 $\sum(p_i/D_i^{1/2})$ 这一类参数以后，情况有了很大的改善，但问题也还没有彻底解决。正因为如此，张浩与伍增海等在确定自二相挟沙水流转化为一相均质浆液的临界含沙量 $S_C$ 时(这一临界含沙量与宾汉极限剪切力的大小有关)，采用了如下形式的关系式[5]。

$$S_C = 390(D_{50}\cdot\Delta p_1)^{0.61} \tag{8}$$

其中 $S_C$ 以公斤/立米计，$D_{50}$ 以毫米计，$\Delta p_1$ 为大于 0.007 毫米的泥沙的百分数。

式(8)明确表明，除了中值粒径以外，还必须引入细颗粒泥沙含量作为一个独立参数。

更有进者，清华大学泥沙研究室的试验成果还初步表明，即使在没有细颗粒的情况下，由粒径分散较广的混合沙组成的高含沙水流的粘性和阻力损失，均较含有同等体积的均匀沙的高含沙水流为小[6,7]，虽然，和细颗粒含量比较起来，泥沙级配的影响是次一级的。

综上所述，含沙量、颗粒级配以及细颗粒泥沙含量是影响高含沙水流的粘性的三个主要因素。下面我们来看如何才能把这三个因素综合表达为一个参数。

(2) 自由孔隙比的概念

流体中泥沙颗粒的密集程度可以用粒径 $D$ 与相邻颗粒之间的距离 $R$ 的比值来表示：

$$\lambda = D/R$$

当泥沙颗粒沉积到床面时，对于较粗颗粒来说，颗粒与颗粒将直接接触，$R=0$，体积比含沙量为 $S_{V*}$，这时上式转化为

$$\lambda = \frac{1}{\left(\frac{S_{V*}}{S_V}\right)^{1/3} - 1} \tag{9}$$

如泥沙颗粒很细，颗粒表面因物理化学作用，吸附了一层固态水，一般称为束缚水，这时泥沙沉降后颗粒与颗粒将不直接接触，$R\neq 0$，式(9)即不再成立。但即使在这种情况下，$S_{V*}$ 仍是一个极其有用的参数。一方面泥沙颗粒愈细，单位重量的泥沙的表面积愈大，束缚水的权重愈大，沉积后愈不密实，$S_{V*}$ 愈小；另一方面，泥沙级配愈均匀，颗粒与颗粒之间缺乏较细颗粒填充，沉积后的浓度 $S_{V*}$ 也愈小。这样，我们将有可能利用泥沙沉积后未受压而密实前的浓度 $S_{V*}$ 来概括级配和细颗粒含量的作用。相应于这一含沙量下的孔隙率称为松散孔隙率。

我国的泥石流工作者把含沙量和上述沉积后的含沙量统一在一个参变数 $e_\gamma$ 内[8]，$e_\gamma$ 称为自由孔隙比，其定义为

$$e_\gamma = 1 - \frac{N_s(1 - N_s)}{N(1 - N_s)} \tag{10}$$

其中

$$\left.\begin{aligned} N_e &= 1 - S_V \\ N_s &= 1 - S_{V*} \end{aligned}\right\} \tag{11}$$

当 $S_V = S_{V*}$ 时，$e_\gamma = 0$，在这种情况下，泥沙在运动过程中，颗粒与颗粒已互相直接接触。

当 $S_V < S_{V*}$ 时，$e_\gamma$ 为正值；$S_V > S_{V*}$ 时，$e_\gamma$ 为负值。过去泥石流工作者在进行泥石流流态分类时常以泥石流的容重作为分类标准，这时不同地区的泥石流由于级配不同，各种流态的临界容重常有较大的变幅，如能以自由孔隙比作为划分的准则，则各地泥石流的资料就有可能统一起来[9]。

最近，代继岚进行了八种级配、七种浓度共 56 组次的两相流管路阻力试验，也初步发现有可能把不同含沙量、级配和细颗粒含量下的阻力损失系数用自由孔隙比加以概括[7]。

在确定自由孔隙比时，需要通过试验量出松散孔隙率 $N_s$。试验中让泥沙在静水中或空气中自由下沉，对沉积物不加任何压实或震荡，然后量出其含沙量或空隙率。在静水中或空气中沉降所得结果严格说来不能互相比较。

(3)粘性极限浓度的概念

当含沙量比较高时，对于某一种泥沙来说，式(4)中的系数 $K$ 接近一个常数。这个常数具有一定的物理意义。当

$$S_V = \frac{1}{K} = S_{Vm} \tag{12}$$

时，高含沙水流的粘滞系数接近无穷大。也就是说，这时液体的性质就像固体一样。这一极限含沙量 $S_{Vm}$ 我们称之为粘性极限浓度，它主要与泥沙的级配和细颗粒含量有关，泥沙愈均匀，细颗粒含量愈多，粘性极限浓度也愈小。费祥俊曾成功地把宾汉极限剪切力，自二相挟沙水流转化为一相均质浆液的临界含沙量以及泥沙沉积后浓度等和 $S_{Vm}$(及 $S_V$)建立了初步联系[10]。

综上所述，有迹象表明我们有可能用自由孔隙比或粘性极限浓度及含沙量来综合反映各种因素对高含沙水流粘性的影响，当前亟需归纳整理已有的试验资料，找到这方面的关系。有了这些关系以后，就可以用来判断各种特定条件下所产生的高含沙水流的物理性质，而不像现有的一些经验公式，考虑的因素不很全面，反映了地区特点，在用到条件不同的场合时，往往会带来相当大的误差。

**2.在高含沙水流粘性问题上需待进一步开展的工作**

在高含沙水流粘性问题上，虽然进行了大量工作，但有些环节概念上还不够清楚，试验资料也存在一些矛盾，需要开展更为深入的研究。

(1)微观结构的研究

首先，高含沙水流中含有一定浓度的细颗粒时，很多现象都会发生质的变化。这种变化之所以产生，一般都认为与细颗粒泥沙能够形成结构有关。随着细颗粒含量的增多，有可能发生下面一系列的变化：

(a)细颗粒泥沙以单颗粒的形式均匀悬浮在水体中，每颗泥沙的表面吸附了一层束缚水。

(b)若干细颗粒泥沙聚集成一个絮团，每一个絮团中除了颗粒表面依然吸附有束缚水以外，在絮团中间还有可能禁闭了一部分自由水，这部分禁闭自由水不是重力作用所能排出的，这样就加大了泥沙的有效直径。在这个阶段，絮团还是均匀地悬浮在水体内。

(c)絮团与絮团联结形成网架结构，一开始结构比较松散，有相当大的空隙，空隙中填充了在重力作用下可以排去的自由水，称为重力自由水。

(d)结构愈来愈紧密，絮团互相靠近，结构中的空隙及与之相应的重力自由水不断减少。在空隙小到一定程度以后，空隙中的重力自由水也有可能转化为禁闭自由水。

在上面四个阶段中，阶段(a)、(b)及(d)流体内颗粒、絮团或结构的分布是均匀的，阶段(c)则是不均匀的。一颗粗泥沙在这样的浑水中沉降时，如果经常落到絮团中，它的沉速就要小得多，如果穿过结构空隙中的重力自由水下沉时，沉速就要大得多。正因为如此，汪岗在把一定含量的均匀粗颗粒泥沙投入细颗粒泥沙组成的不同浓度的浑水中时，发现在细颗粒泥沙浓度较低或较大时，粗颗粒泥沙在沉降过程中继续保持均匀沙的特点，只不过沉速减慢了一些，而在某一细颗粒泥沙浓度范围，均匀的粗颗粒泥沙在沉降中却会表现出不均匀沙的特点[11]。这一反常现象的出现充分说明细颗粒泥沙的存在所造成

的特殊性。

应该指出，上述有关细颗粒泥沙所形成的结构图形是极其粗浅的，当水体中同时含有粗细不同的颗粒时，这种结构将是以什么样的形式出现的，在微观上我们的知识极其有限。为了使高含沙水流物理性质问题能有所突破，必须借助于电子显微技术，研究流体内部因固体颗粒的存在而产生的微观结构。这一方面的研究已进入流变学的领域，没有流变学家的帮助，单靠水利工作者的努力是有困难的。

(2)粗颗粒泥沙组成的高含沙水流的宾汉极限剪切力问题

当高含沙水流中含有一定数量的细颗粒泥沙时，流体的性质可以近似地看成是宾汉体，宾汉极限剪切力因含沙浓度、特别是细颗粒泥水的含量的增加而加大。这一点各方面并无异议。问题在于当高含沙水流纯粹由粗颗粒泥沙组成时，有没有可能形成宾汉体，宾汉极限剪切力能够达到多大，这一问题直接关系到对高含沙水流运动机理的认识。当前有关这方面的资料比较少，科研工作者对此的认识也很不一致。

早期的研究表明，当泥沙粒径大于0.02~0.03毫米以后，含沙量的增大只会增加水流的粘性，而不会使水流从牛顿体转化为宾汉体[1,12]。但是，这些试验的含沙量都不够高，最大含沙量没有超过400公斤/立米。晚近的研究似乎证明粗颗粒组成的高含沙水流在含沙量较大时有可能成为宾汉体，而且宾汉剪切力还相当大。进一步的检查发现这些试验在试验方法和资料分析上都还存在不少问题。由于粗颗粒泥沙的沉速较大，在进行粘度试验时容易出现分选，一般在试验过程中需要对浆液进行强烈的搅拌，这样的搅拌带来的局部损失往往在分析资料中忽略未予考虑。根据费祥俊等研究的结果，如果对搅拌所造成的损失未加校正，则流型曲线有可能不回到原点，即具有宾汉剪切力，如图1中的虚线所示。如果对这一部分损失作出了校正，则流型曲线如图1中的实线，表明流体仍为牛顿体，即使成为宾汉体，宾汉极限剪切力也很小[13]。

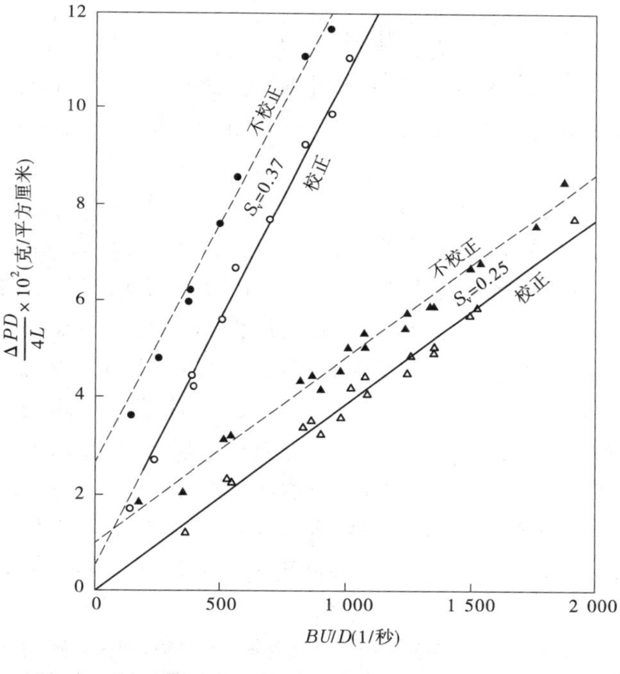


**图1 粘性试验中搅拌所造成的局部损失校正与不校正时的流型曲线**

资料分析中的另一个问题是许多有关粗颗粒浑水粘性的数据是从颗粒比较细、并含有一定数量的小于0.01毫米的细颗粒粒沙的高含沙水流试验资料引伸得来的。显然，这样有可能带来相当大的误差。

在另一方面，拜格诺曾采用和液体比重相差很小的1.32毫米铅粉蜡球，在转筒式粘度仪中进行粘度试验，保证固体颗粒不会在液体中发生分选。试验中采用了不同粘度的液体(水及甘油—水—酒精混合物)，固体颗粒的体积比含沙量在13%~62%范围内变化。试验结果表明，这样的浑水只有在固体颗粒体积比含沙量超过60%以后，才会在剪切率为零时，出现剩余剪应力[14,15]。

综上所述，在这个问题上现有试验资料还有不少矛盾，亟待安排一些专门性的试验，才可望得到澄清。

## 二、高含沙水流的运动机理

近年来在高含沙水流的研究上存在着一种明显的倾向，即有意无意地把高含沙水流看成是一种均质浆液，不存在一般二相流中的挟沙机理问题，因而把研究的重点主要放在高含沙水流的物理性质和阻力问题上。这样的观点不能认为是全面的。

诚然，对于细颗粒含量较多的高含沙水流来说，宾汉极限剪切力 $\tau_B$ 相当大，只要泥沙中的最大粒径满足下列条件

$$D_{max} \leqslant \frac{6\tau_B}{K(\gamma_s - \gamma_m)} \tag{13}$$

整个高含沙水流就类似一种均质的浆液，这样的水流在具有足够的坡降或压差，能够克服阻力损失，就可以维持流动，不存在一般意义上所说的挟沙能力问题。只有当作用在床面上的剪切力小于宾汉极限剪切力时，整个浆液才停滞不复流动，即出现"浆河"现象。式(13)中的系数 $K$ 据黄科所及西北水科所的试验结果，在1.05左右[4]，$\gamma_m$ 为浆液的容重。自二相挟沙水流转化为一相均质浆液的临界含沙量 $S_C$ 也可以根据式(8)估算。

但是，当高含沙水流主要由粗颗粒泥沙组成时，由于流体继续保持为牛顿体，或即使为宾汉体，宾汉极限剪切力也比较小，这时泥沙的重量不是由 $\tau_B$ 支持的，而是有可能为颗粒与颗粒之间因剪切运动而产生的离散力和水流的紊动作用所支持。随着含沙量的增大，紊动强度不断减弱，最后，紊流转化为层流，整个泥沙运动属于推移运动中的层移运动，含沙量在垂线的分布也会变得十分均匀[16]。在这种情况下，当含沙量大到这样一个程度，颗粒与颗粒之间的空隙已经小到使它们不能继续保持流动时，也会出现"浆河"。

拜格诺[16]，班丁及史觉立德[17]以及克劳德[18]都曾进行过只含粗颗粒的高含沙水流试验，在含沙量达到或接近达到出现"浆河"的极限含沙量时，水流中所挟带的固体颗粒的自由孔隙比如表1。由表可以看出，当固体浓度达到或接近达到极限含沙量时，自由孔隙比为负值，表明这时泥沙颗粒之间的孔隙率已小于松散孔隙率 $N_S$。

有了表1和式(8)，我们就可以用来定量地粗估西北地区高含沙水流的运动机理究竟属于上面所说的两种模式中的那一种。在估算松散孔隙率时，在没有更好的关系式以前，我们仿照式(8)的做法，建立了能够搜集到的不同泥沙的松散沉积浓度($=1-N_S$)和 $D_{50} \cdot \Delta p_2$ 的关系，如图2。其中 $\Delta p_2$ 为泥沙组成中小于0.01毫米的细颗粒的百分数。检查中分别以渭河南河川站及皇甫川皇甫站的资料来反映黄河中游粗、细泥沙来源区的情况，这两站的多年实测最大含沙量分别为811、1 600公斤/立米，这些数字可以理解为已接近该地区的极限含沙量。检查结果如表2。由表2可以看出，对于渭河来说，在含沙量接近800公斤/立米时，整个水流已形成均质浆液，但自由孔隙比大于0，浆液中的固体颗粒尚未直接接触。可见细泥沙来源区的高含沙水流运动接近上面所说的前一种模式。在另一方面，皇甫川在达到1 500公斤/立米含沙量时，整个水流还远没有因出现较大的宾汉极限剪切力而转化为均质浆液，但自由孔隙比小于0，泥沙在运动中已互相直接接触。可见粗泥沙来源区的高含沙水流运动接近上面所说的后一种模式。

**表1　粗颗粒高含沙水流在达到或接近达到极限含沙量时固体颗粒的自由孔隙比**

| 试验者 | 试验用泥沙 | 实测最大体积比含沙量 | $N$ | $N_S^*$ | $e_\gamma$ |
|---|---|---|---|---|---|
| 拜格诺 | 1.36毫米铅粉蜡球 | 0.60 | 0.40 | 0.42 | −0.086 |
| 班丁及史觉立德 | 0.21~0.70毫米玻璃碎屑 | 0.59 | 0.41 | 0.424 | −0.060 |
| 克劳德等 | 0.36毫米普通沙 | 0.539 | 0.461 | 0.489 | −0.12 |
| | 0.03毫米玻璃球 | 0.620 | 0.38 | 0.439 | −0.28 |

注：* 系在静水中沉降所得沉积物松散孔隙比

**表 2　渭河及皇甫川高含沙水流的自由孔隙比及形成均质浆液时的含沙量**

| 河流 | 测站 | 实测含沙量 | | 物质组成 | | | $N_S^{(2)}$(1) | $S_C$（公斤/米$^3$） | $e_\gamma$ |
|---|---|---|---|---|---|---|---|---|---|
| | | 公斤/米$^3$ | $S_V$ | $D_{50}$（毫米） | $\Delta P_1$（%） | $\Delta P_2$（%） | | | |
| 渭河 | 南河川 | 735 | 0.277 | 0.032 | 84.0 | 79.6 | 0.330 | 710 | 0.222 |
| 皇甫川 | 皇甫 | 1 500 | 0.566 | 0.384 | 96.8 | 96.4 | 0.556 | 3 539 | -0.04 |

**注:**(1)由图 3 估算,(2)由式(8)估算

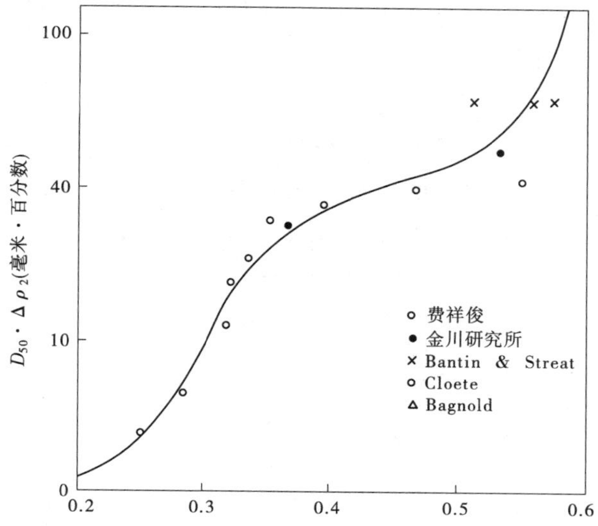


**图 2　松散沉积物含沙量与泥沙中径及细颗粒含量的关系**

由于粗颗粒含沙水流的粘性问题还没有解决,人们有理由怀疑在进行表 3 中的检查时式(8)是否适用于皇甫川。在另一方面,宾汉体层流和泥沙作层移运动的高含沙层流,它们的流速分布是不一样的,这一点也可以用来作为判断的依据。

对于宾汉体层流来说,剪切力和剪切速率之间的关系如式(3)。对此进行积分,不难导出流速分布在写成流速差的形式时为:

$$\frac{u_{max}-u}{u_{max}}=\left(1-\frac{\gamma_m yJ}{\gamma_m hJ-\tau_B}\right)^2 \tag{14}$$

其中 $u_{max}$ 为水面($y=h$)处的流速,$J$ 为比降。在

$$y\geqslant h-\frac{\tau_B}{\gamma_m J} \tag{15}$$

区,水流的剪切力小于宾汉极限剪切力,不可能存在相对运动,这里的水流以"流核"的形式,作为一个整体向前运动,其运动速度为

$$u_p=\frac{1}{2\eta\gamma_m J}(\gamma_m hJ-\tau_B)^2 \tag{16}$$

对于泥沙作层移运动的高含沙层流来说,颗粒之间液体变形所产生的剪切力可以忽略不计,全部剪切力由泥沙在作层移运动中因颗粒相互碰撞而产生的颗粒剪切力组成。据拜格诺试验结果,这一颗粒剪切力可以写成:

$$C\rho_s(\lambda D)^2\left(\frac{du}{dy}\right)^2$$

其中,$C$ 为一系数,$\rho_s$ 为泥沙的密度,$\lambda$ 如式(9)。考虑水流重力沿流动方向的分力,则高程 $y$ 处的

剪切力为

$$[S_v(\gamma_s - \gamma) + \gamma](h - y)\sin\theta$$

其中 $\theta$ 为河床的倾角。恒等上面两个表达式，并进行求解，不难得出：

$$\frac{u_{max} - u}{u_{max}} = (\frac{1 - y}{h})^{3/2} \quad (17)$$

在图3中，我们绘出了牛顿体层流、宾汉体层流以及泥沙作层移运动时的高含沙层流的流速分布。可以看出，它们之间的差别是很大的。在同一图中，还绘出了日本高桥保所进行的水槽试验结果[19]。试验中采用粒径为9.87毫米的砾石，为了达到高含沙量，水槽的倾角加大到18度，水深保持在10厘米。可以看出，试验结果符合式(17)，并没有表现出宾汉体特有的流核现象。

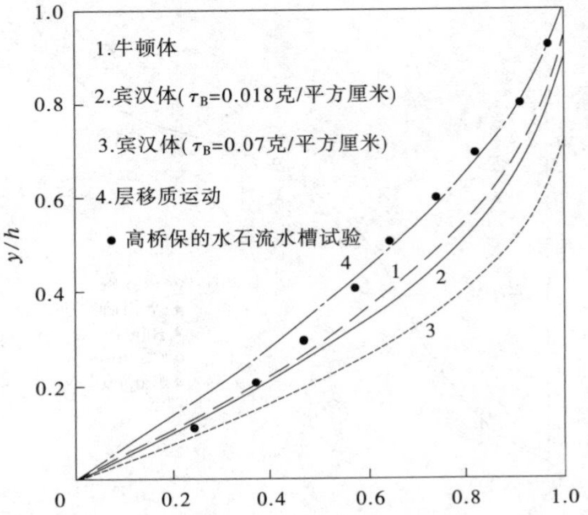


**图3　各种层流流体及层移质运动流速分布**

## 三、高含沙水流的远距离输送问题

从生产的角度考虑，研究高含沙水流的目的之一在于利用高含沙水流挟沙能力大的特点，进行远距离输送，来满足生产上的各种要求。在文献[20]中，我们曾经指出，当通过一定断面的渠道输送一定流量的高含沙水流时，渠道的比降与含沙量的关系比较复杂，存在一个峰值和一个最低值。

当泥沙主要以悬移形式运动时，悬浮功决定于含沙量和泥沙的沉速。在含沙量开始增大时，含沙量是两个因素中矛盾的主要方面，悬浮功将随含沙量的增大而增大。当含沙量超过某一临界值时，因为含沙量的增大而引起的泥沙沉速减少的作用后来居上，成了矛盾的主要方面，含沙量的进一步加大反而会使悬浮功减小。表现为随着含沙量的增大，所要求的渠道比降会出现一个峰值。

含沙量再继续加大以后，水流的紊动不断减弱，最后流态将自紊流转化为层流，这时水流的粘性和阻力将急剧加大。为了保证运动不过渡为层流，所要求的比降将随含沙量的增大而加大，亦即这时渠道比降与含沙量关系中会出现一个最低值。

上述渠道比降与含沙量关系中峰值及最低值的具体位置和大小与细颗粒泥沙含量有很大关系，在细颗粒泥沙含量很小的情况下，甚至有可能出现各级含沙量下所要求的渠道比降都比较大，不存在最低值的情况。

最近，代继岚在管路中研究了不同级配泥沙的阻力损失，结果如图4[17]，基本上论证了我们在文献[20]中的上述推论。试验中所采用的泥沙比较粗，在流速较低时，一部分泥沙将以推移的形式运动。细颗粒泥沙在这里所起的影响有两重性。一方面是减低了粗颗粒泥沙的沉速，使更多的粗颗粒泥沙从推移运动过渡到悬移运动，减少了水流的势能损失，泥沙在以悬移形式运动时，所消耗的悬浮功也有所减小。在另一方面，细颗粒泥沙的存在又加大了水流的粘性，增大了水流的阻力损失，这在水流自紊流过渡到层流时更为突出。细颗粒泥沙的这两重作用是互相制约的，随着它们之间的对比消长，水力坡降和含沙量之间的关系可以出现各种不同的组合。在图4中,曲线$A$代表不含细颗粒的情况,这时各级含沙量下的阻力损失都比较大,在含沙量超过35%以后,更是急剧增大,峰值和最低值都不明显。曲线$B$中细颗粒泥沙的含量比较合适,在水力坡降与含沙量的关系中出现峰值和最低值。尽管因为絮凝或其他原因,在出现峰值时阻力损失较相同含沙量下$A$组还要略大一些,但总的来说在各级含沙量下所要求的比降都比较低,在体积比含沙量为25%~30%范围内更是如此。曲线$C$中的细颗粒含量进一步增多,阻力损失转而加大,与曲线$A$比较接近。图4及文献[20]中的分析表明就高含沙水流的远距离输送来说,存在着一个最优含沙量和最优级配。在代继岚所采用的具体试验条件下,细颗粒体积比含量以4%~6%为最好。

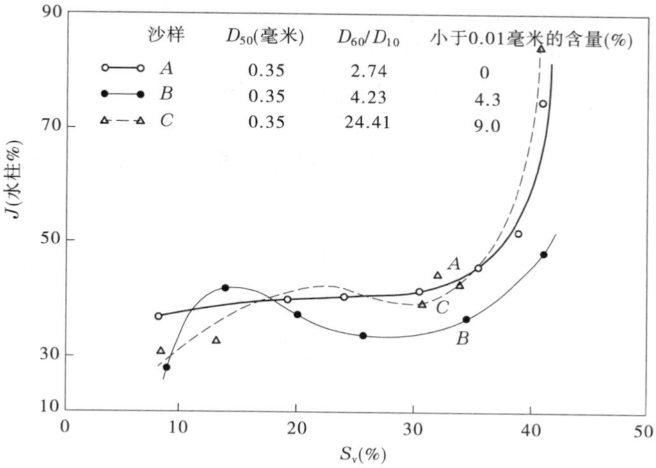


**图4 两相管流中阻力损失与含沙量级配及细颗粒含量的影响**
**(管径2.54厘米,$U$=3米/秒)**

在西北地区的河流中,通过自然的调节作用,在含沙量和级配之间自有一定的搭配。一方面在高含沙水流中总有一定数量的细颗粒泥沙作为骨架,使粗颗粒泥沙的沉速能够有效地大幅度减小,保证水流有一个较大的挟沙能力。另一方面,含沙量在大到一定程度以后,再继续增大只会使泥沙的级配变得愈来愈粗,细颗粒的成分并不成比例增加,使高含沙水流不会很容易就进入层流流态。这两层自然调节作用,使西北地区的高含沙水流在类似图4的关系曲线中位置一般处于过了峰值以后的下降曲线,而又没有达到过了最低值以后的上升曲线的范围,这是西北地区高含沙水流所以能在较小的比降下运动的主要原因。如果高含沙水流是通过某种调水调沙方案人为地产生的,则如何确保含沙量和级配能够处在一个较优的范围,将是高浓度调沙方案的主要难题之一。

## 参考文献

[1] 钱宁、马惠民"浑水的粘性及流型",《泥沙研究》,3卷3期,1958年,52-77.
[2] 沙玉清"泥沙运动学引论",中国工业出版社,1965年,302.
[3] 诸君达"浑水的粘滞性",河流泥沙国际学术讨论会论文集,1980年,8.
[4] 钱意颖、杨文海等"高含沙水流的基本特性",河流泥沙国际学术讨论会文集,1980年,10.
[5] 张浩、任增海等"高含沙水流沉降规律和阻力特性",河流泥沙国际学术讨论会论文集,1980年,10.
[6] 张世奇"浓度与颗粒组成对粗颗粒浑水流变特性的影响",研究生论文,清华大学水利系,1980年.
[7] 代继岚"粒径分布对两相管流水力特性的影响",研究生论文,清华大学水利系,1980年,44.
[8] 张信宝、何淑芬"浑水沟泥石流流体组成的初步研究",中国科学院成都地理研究所泥石流论文集,1980,155-164.
[9] 中国科学院成都地理研究所一室"云南大盈江浑水沟泥石流的特性及防治",1979年,120.
[10] 费祥俊"高浓度浑水的粘性",清华大学水利系泥沙研究室研究报告,1981年.
[11] 汪岗"均匀沙在细颗粒悬浮液中的沉降特性",研究生论文,清华大学水利系,1980年.
[12] Migniot,C."不同的极细沙(淤泥质)物理性质的研究及其在水动力作用下的物质",La Houille Blanche, NO.7,1968年.

[13] 费祥俊、霍志清、于俊华“綦江尾矿矿浆粘度的测定”,清华大学水利系泥沙研究室研究报告,1980 年 7 月 26.

[14] Bagnold, R.A. “Experiments on A Gravity Free Dispersion of Large Solid Spheres in A Newtonian Fluid under Shear” , Proc, Royal Soc. London, Ser. A, Vol. 225, 1954, PP.49-63.

[15] Bagnold, R.A. “The Flow of Cohesionless Grains in Fluids” ,P Trans, Royal Soc. London, Ser. A, Vol 249, 1956,PP. 235-297.

[16] Bagnold, R.A. “Some Flume Experiments on Large Grains But Little Denser than The Transporthg Fluid and Their Implications”,Proc., Inst, Civil Eng., part 3 , April 1955 ,PP.174-205.

[17] Bantin, R.A and M. Street “Dense Phase Flow of Solid-water Mixture in Pipelines”, 1st. proc. Hydrotransport, 1970 , PP.G1-G24.

[18] Cloete, F.L.D. et al “Dense Phase Flow of Solids-water Mixtures Through Vertical pipes”,Trans.,nst.,Chem. Engrs., Vol. 45, NO.10, 1967,pp.392-400.

[19] Tamotsu Takahashi “Debris Flow on Prismatic Open Channel”,J. Hyd.Div, proc. ASCE, Vol.106, NO.HY3, 1980, PP. 381-396.

[20] 钱宁,万兆蕙“关于利用小浪底水库高浓度调沙解决下游泥沙问题的建议的讨论”,中国水利水电科学研究院研究报告,1979 年 8 月 21.

(本文原载于《人民黄河》1981 年第 4 期)

# 三门峡水库库区及下游河道主要冲淤规律

潘贤娣

（黄委会水科所）

三门峡水库建成以后出现的一系列问题，一直是治黄科研的重点课题之一。经过水利和地貌工作者的共同努力，对三门峡水库库区及下游河道的冲淤演变规律的认识逐渐深化，为水库改建及调度运用、中游干流工程规划设计提供了依据，也丰富了河床演变理论。本文根据历年来主要研究成果，着重介绍三门峡水库库区及下游河道主要冲淤规律。

## 一、库区及下游河道冲淤情况

河道的冲淤变化随着来水来沙条件、河床边界条件的不同而进行不断的调整，三门峡水库修建后又与水库的运用方式密切相关。三门峡水库库区及下游河道冲淤情况见表 1。

表 1　三门峡水库库区及下游河道冲淤量

| 项目 | | 河段 | | 建库前（多年年平均值） | 建库后：蓄水运用及滞洪排沙运用初期 | 建库后：滞洪排沙运用期 | 建库后：蓄清排浑控制运用期 | 建库后：全过程（1960.9~1988.10） |
|---|---|---|---|---|---|---|---|---|
| 淤积量 | （$\times10^8m^3$） | 小北干流 | | 0.5~0.8（$\times10^8t$） | 5.31 | 10.19 | 2.38 | 17.88 |
| | | 渭河 | | 0.07（$\times10^8t$） | 1.86 | 8.37 | −0.088 | 10.14 |
| | | 北洛河 | | | 0.46 | 0.83 | 0.047 | 1.34 |
| | | 潼关以上 | | | 7.63 | 19.39 | 2.34 | 29.36 |
| | | 潼关以下 | | | 36.59 | −9.23 | 0.55 | 27.91 |
| | | 全库区 | | | 44.22 | 10.11 | 2.89 | 57.27 |
| | （$\times10^8t$） | 下游河道 | | 3.61 | −23.22 | 40.0 | 21.9 | 28.7 |
| 同流量水位升（+）降（−）值（m） | | 干流潼关 | | 0.067 | 4.6 | −1.4 | 0.14 | 3.34 |
| | | 渭河华县 | | 0.066 | 1.1 | 1.3 | 0.01 | 2.41 |
| | | 黄河下游 | 花园口 | 0.12 | −1.3 | 1.85 | 0.09 | 0.64 |
| | | | 高村 | 0.17 | −1.33 | 2.37 | 0.04 | 1.08 |
| | | | 艾山 | 0.056 | −0.75 | 2.25 | 0.25 | 1.75 |
| | | | 利津 | 0.020 | 0.01 | 1.64 | −0.06 | 1.59 |

### （一）建库前

水库修建前，禹门口至潼关河段（小北干流）为堆积游荡性河段。据有关资料估算，长系列多年年平均淤积量约为 0.5 亿~0.8 亿 t，渭河下游年淤积量约为 0.07 亿 t，华县同流量（2 000 $m^3$/s，下同），水位年均上升 0.066 m，咸阳同流量（150 $m^3$/s，下同）水位上升 0.033 m，为冲淤基本平衡或微淤河道。分析潼关同流量（1 000 $m^3$/s，下同）水位的变化，从 1929—1960 年，水位年均上升 0.067 m，也说明建库前是微淤的。潼关至三门峡坝址为山区峡谷河道，冲淤变化不大。坝址下游河道为严重堆积冲积性河道，据

1950—1960 年资料分析,年均淤积量约为 3.6 亿 t。淤积在断面纵横向上分布很不均匀,纵向分布以夹河滩至高村河段淤积最为严重,而山东艾山以下冲淤基本平衡;在横向分布上,淤积量的 77%淤在滩地上。同流量(3 000 $m^3/s$,下同)水位花园口、孙口年均上升分别为 0.12 m 和 0.17m,而泺口、利津年均上升 0.026 m 和 0.02 m。从上述分析可以看出,三门峡水库修建前,下游河道淤积量远大于上游的淤积量,上游淤积量约为下游淤积量的 1/5。

**(二)建库后**

三门峡水库修建后,随着运用方式不同,库区及下游河道的冲淤变化也不同。

(1)蓄水拦沙(1960.9—1962.3)及滞洪排沙运用初期(1962.3—1964.10)。水库淤积泥沙 44.22 亿 $m^3$,其中小北干流占 12%,渭河占 4.2%,北洛河占 1.1%,潼关以下占 82.7%,库区淤积严重,库容迅速损失,335 m 高程以下库容损失 43%。潼关水位抬高 4.5 m,渭河华县水位抬高 1.1 m。渭河、北干流和北洛河受回水淤积和前期淤积的影响,北干流淤积末端上延至距坝约 160 km,渭河淤积末端距坝约 200 km,影响两岸地下水排泄,淹没、浸没面积增加。下游河道冲刷泥沙 23.2 亿 t,冲刷自上而下衰减,高村以上冲刷量占总冲刷量的 73%。同流量水位从上段下降 2 m 多,往下游沿程减小,但在近河口段的利津还略有抬高。

水库拦沙对下游河道的减淤作用大小取决于水库的拦沙量及所拦沙量的颗粒组成,同时与河道冲淤状况有关。该时期水库每拦 2 亿 t 泥沙,下游可冲 1 亿 t 泥沙。若无三门峡水库,库区为天然河道时,库区河段将冲刷 2.2 亿 t,下游河道则要淤积 6.6 亿 t。有库与无库相比,水库多淤、下游少淤,水库拦沙量与下游减淤量的比值为 1.63 : 1。

(2)滞洪排沙运用期(1964.10—1973.10)。库区淤积泥沙 10.11 亿 $m^3$。由于前期潼关高程的抬高和不利的水沙条件,使潼关以上河道淤积加重,淤积量达 19.29 亿 $m^3$,渭河淤积量为 8.31 亿 $m^3$,而潼关以下库区冲刷泥沙 9.23 亿 $m^3$,使高程 330 m 以下库容恢复约 10 亿 $m^3$。水库下游河道淤积严重,淤积泥沙约 40 亿 t,高村以上及艾山以下淤积量所占百分比比建库前增加,滩地淤积量占全断面淤积量的比例减少到 33%。库区淤积量约占下游淤积量的 33%。在此期间,潼关水位下降 1.4 m,华县水位仍上升 1.3 m。下游河道同流量水位急剧上升,花园口、高村、艾山、利津水位分别上升 1.85、2.37、2.25 和 1.61 m。北干流和渭河淤积末端距坝分别为 199 km 和 230 km。该时期对下游河道的影响从根本上说是改变了河道的横向淤积部位,实质上是天然情况下应该淤在滩地的泥沙,经过水库的滞洪作用,把它淤在库内,然后通过洪水后的排沙,又将这些泥沙淤在下游河道的主槽内,造成滩淤得少,槽淤得多,排洪能力下降,对防洪不利。据估算,比无三门峡水库情况下增加下游河道淤积量约 5 亿 t。

(3)蓄清排浑控制运用期(1973.11—1988.10)。该时期来水接近均值,来沙偏少,属有利水沙条件。小北干流淤积量约 2.34 亿 t,渭河下游基本平衡,潼关以下非汛期淤积、汛期冲刷,年内达到基本平衡。下游河道非汛期冲刷、汛期淤积,年均淤积量 1 亿 t 左右。淤积集中在高村至孙口河段,占总淤积量的 3/4,横向分布是滩淤槽冲,但花园口以上滩地发生坍滩。水库库容不再损失。渭河和小北干流淤积末端分别距坝 238 km 和 165 km 上下。潼关、华县水位分别上升 0.14、0.01 m,下游河道的同流量水位除苏泗庄至艾山段抬升外,其余河段均下降。但 1988 年来沙较多,下游淤积量达 5 亿 t,其原因见 1990 年第 3 期《人民黄河》。

非汛期水库拦沙下泄清水,下游河道由建库前淤积转为冲刷,由于所拦泥沙颗粒较粗,减淤效果较好,水库拦沙与下游减淤比接近于 1。而汛期水库排泄全年泥沙,就有一个什么情况下排泄对河道更有利的问题,目前这种没有目的的调水调沙运用方式,小水排沙较多,效果较差。从全年看,与无三门峡水库相比,在该时期特定水沙条件下,每年减少淤积量 0.3 亿~0.6 亿 t,主要是减少滩地及高村以上淤积量。

三门峡水库建成以来,库区淤积量约 57 亿 $m^3$,潼关上下约各占一半,下游河道淤积量 38.7 亿 t。潼关、华县、花园口、艾山的同流量水位分别上升 3.34、2.41、0.64 和 1.75 m,水库保持了高程 330 m 以下库容 30 亿 $m^3$ 可供综合利用。运用经验表明,在多沙河流修建水库,只要有足够的泄流能力和调节库容,通过水沙调节,充分利用水沙运行规律,就能改善淤积部位,有利于防洪并发挥更大的综合效益。但也应看到，三门峡水库修建以来，未遇大洪水或特大洪水考验，有些问题没有充分暴露，还需根据出现的新情况不断地总结经验，加以完善。

## 二、主要冲淤规律

### （一）禹门口—潼关河段

（1）禹门口—潼关河段系堆积游荡性河道，一般情况下，每年 6—8 月淤积，9 月至次年 5 月冲刷。在汛期，当龙门含沙量大于或等于 20 kg/m$^3$ 时河道淤积，小于此值则冲刷；洪峰期，当龙门含沙量大于或等于 40 kg/m$^3$ 时河道淤积，反之冲刷。

（2）河道冲淤主要集中在洪峰期，与洪峰水沙特性有关。当出现小水、大沙的洪峰时，淤积集中在河槽内，引起水位普遍上升；当出现流量大、持续时间较长而含沙量较小的洪峰时，河道既冲刷下切又展宽，滩地坍塌；当出现洪峰大、含沙量也大的洪峰，在不具备"揭底"冲刷条件时，滩槽均发生严重淤积，当具备"揭底"冲刷条件时，槽冲滩淤。有实测资料以来共发生 8 次"揭河底"现象，龙门冲刷历时一般为 17～22 h，最短 6 h，最长 68 h。冲刷深度一般为 2～4 m，最大为 9 m。冲刷距离最长可达潼关（132 km），最短 49.4 km。龙门回淤历时最长为 2～3 年，最短当年回淤完。"揭底"冲刷的条件是：①含沙浓度大并有一定的持续时间，龙门含沙量一般为 286～667 kg/m$^3$，而含沙量大于 400 kg/m$^3$需持续 16 h；②洪峰流量大，持续时间长，龙门洪峰流量为 7 460～14 500 m$^3$/s，单宽流量为 22.8～27.6 m$^3$/s · m，最大流速可达 6～10.7 m/s；③一定的河床边界条件是"揭河底"的必要条件。若以河床高程作指标，则当龙门流量 700 m$^3$/s 时的水位接近或高于 377.6～382.0 m 时，遇高含沙量、大洪峰，就可能发生"揭河底"冲刷。这种"揭河底"冲刷，由于淤滩冲槽，使河槽过洪能力增大，洪水位突然下降，淘刷能力强，对险工破坏作用很大，必须引起注意。但对于水库淤积末端的延伸具有抑制作用。

（3）河床演变过程随着来水来沙条件的周期性变化呈周期性演变。在具备"揭底"冲刷条件下，滩地淤高，主槽刷深，河势趋于规顺，而后遇一般水沙条件河床回淤或冲刷，滩地坍塌，河槽变宽浅，河势游荡摆动，进行着往复演变。

（4）河床在淤积过程中粗细泥沙均发生淤积，但在冲刷过程中，由于水流的分选作用，泥沙进行不等量不等质的交换，小于 0.1 mm 的泥沙发生冲刷，而大于 0.1 mm 的泥沙仍发生淤积。因此，河床组成较粗，而且河槽较滩地粗。河槽多年平均中数粒径为 0.142 mm，滩地为 0.093 8 mm。

### （二）潼关高程变化

三门峡水库修建前，潼关站断面河床（一般以其高程变化来说明）具有大水冲，小水淤，洪水期冲刷剧烈，小水回淤较缓的特点，水位流量关系呈顺时针方向变化；建库后，潼关高程的变化主要受坝前运用水位回水的影响。当坝前水位较高，回水超过潼关时，河床发生淤积，洪水期水位流量关系呈逆时针方向变化，水位上升。当回水不超过潼关时，洪水对潼关断面河床的冲刷作用仍很明显。洪峰流量大于 5 000 m$^3$/s 时，潼关水位大多是下降的。但这种洪峰的冲刷作用还与河床的前期条件有关，当前期洪峰冲刷较多时，河床发生明显粗化，后期洪峰的冲刷作用就会减弱或产生淤积。另外，桃峰对潼关高程和冲刷范围也有一定影响。一般情况下，桃峰期坝前水位低于 320 m 时，潼关高程可下降，桃峰期的平均流量与潼关至坫埼段比降的乘积大于 0.025 时为冲刷，反之为淤积。

坝前水位抬高，引起潼关以下河道淤积加重，从而使潼关水位抬高。但潼关水位的升降主要与淤积部位有关，而淤积部位又与运用水位有关。根据防凌春灌蓄水的资料分析得知，当坝前水位超过 315 m 时，坫埼至太安河段开始受回水影响；超过 320 m 时，潼关至坫埼开始受回水影响，潼关水位升降与潼关至坫埼的冲淤量存在较好的正比关系。

另外，禹门口至潼关河段在一定条件下发生的"揭底"冲刷，有时也可直接影响潼关。

从以上分析可以认为，只要控制运用水位减少潼关至坫埼段的淤积量，同时充分发挥洪水的冲刷作用，就能使潼关高程基本稳定。

**（三）渭河下游河道**

1.渭河下游河道冲淤情况与来水来沙密切相关

（1）当出现以泾河来水为主的洪水，张家山流量又大于 1 000 $m^3/s$ 时，河道发生冲刷，反之发生淤积。其中张家山流量为 100～300 $m^3/s$ 时，大量泥沙淤积在临潼—华县河段的主槽内；流量为 400～600 $m^3/s$ 时，主要淤积在华县以下的河段。

（2）渭河来水为主，林家村以上来水占 40%以上时，渭河下游发生淤积机会较多；南山支流来水占 40%以上时，则发生冲刷。林家村以上和张家山同时来水时，发生淤积。

（3）当出现泾河来水为主的高含沙洪水时，则往往出现“揭底”冲刷。其条件是：①张家山和临潼最大瞬时含沙量大于 600 $kg/m^3$，而临潼含沙量大于 400 $kg/m^3$ 的历时在 24 h 以上；②张家山瞬时洪峰流量大于 2 100 $m^3/s$，临潼流量大于 2 700 $m^3$；③临潼河床回淤到流量 500 $m^3/s$ 的水位为 354.0～354.6 m 时，遇上述水沙条件可能发生“揭底”冲刷。

2.渭河河口拦门沙的形成条件及其对渭河下游的影响

黄河和渭河在潼关汇合，潼关形成天然卡口。若黄河发生大洪水，渭河水小到一定程度后，黄河洪水则顶托倒灌渭河，在渭河口形成拦门沙。三门峡水库修建后，使拦门沙形成概率增大。

根据历次拦门沙情况分析，其形成条件为：当潼关与华县的流量比值小于 3 时，黄河对渭河不发生顶托；当比值在 3～20 时，华阴以下受顶托倒灌影响；比值大于 20 时，黄河倒灌渭河影响至华县。

拦门沙的部位及其顶点位置随着水库的不同运用方式，黄、渭、洛河来水来沙强度对比及洪峰遭遇不同而发生上下移动。一般情况下，拦门沙顶点高程比潼关河床高 2.5～6.0 m，最高达 10 余米。由于渭河洪水在时间上滞后于黄河，拦门沙一般可以冲开，对渭河下游虽有影响，但不严重，如 1964 年、1966 年。但当黄河洪峰及其沙量大时，倒灌形成的拦门沙，无足够大的渭河流量（一般需 2 500～3 000 $m^3/s$）是不易冲开的，如果又遇北洛河来大沙，渭河口则造成严重淤积，拦门沙更难冲开，对渭河下游影响较大。如 1967 年，渭河尾闾 8.8 km 河段被堵，使华县、陈村、西阳附近的水位分别上升 1、2、3 m。

3.潼关与华县水位升降的关系

潼关是一个卡口，潼关高程起着局部侵蚀基准面的作用。建库前潼关高程的升降与华县水位的关系基本对应，在时间上华县滞后于潼关；建库后因受回水影响，关系较散乱，但总的对应关系仍是明显的。

4.洪水位变化分析

渭河下游洪水位的变化与来水来沙、主槽过流能力、滩槽淤积以及河床边界（生产堤、河道整治工程及桥梁等）条件等有关：

（1）当渭河林家村以下来水、含沙量较小时，水位流量关系曲线较缓，洪水位较低；泾河及林家村以上来水，含沙量较高时，水位流量关系曲线较陡，此时虽然枯水位下降，但洪水位较高。

（2）建库前，华县站断面滩顶高程下的主槽面积约 2 000 $m^2$，平滩流量为 4 000～5 000 $m^3/s$。建库后由于潼关高程抬高、拦门沙等的影响，主槽面积大大减少，1968 年仅约 1 000 $m^2$，平滩流量只有 2 000～3 000 $m^3/s$；主槽过流能力减少，水流漫滩机会增多，滩地淤积加大，滩面抬高，洪水位上升速度则加快。

（3）因渭河下游修建有生产堤、河道整治工程及桥梁等，使得河宽缩窄，临潼以下缩窄了 15.4%～75%，滩地淤积厚度加大，引起洪水位上升。1973 年渭淤 21 断面因生产堤抬高洪水位约 0.4 m。

建库后渭河下游华县站洪水位抬高 2.6 m，常水位抬高 2.4 m，现在的平滩流量已基本恢复到建库前的情况。降低洪水位的关键是要减小主槽淤积加大主槽过洪能力。

5.渭河下游河床调整

（1）水库建成后，渭河下游各河段比降随着潼关高程（作为侵蚀基面）的变化进行调整。临潼至渭河口，建库前的比降为 3.7‱～1.0‱，其中渭淤 1～18 断面，受潼关高程影响较大，其调整过程为：迅速变小—逐渐加大—趋于相对稳定；渭淤 18～26 断面，在受来水来沙和潼关高程共同影响下，由缓慢变小—缓慢增大—趋于相对稳定。目前建库前后的比降比值为 0.9～1.0。

（2）在受水库影响的范围内，河床物质组成发生细化，小于 0.05 mm 粉沙粘土平均含量的百分数在

1961年至1967年呈单向增大。在潼关高程相对稳定的情况下,河床调整逐步稳定,1968年后该数值变化范围不大。

(3)分析河床形态历年变化过程可以看出,渭河下游横断面形态调整分为两个时段,1966年前的$\sqrt{B}/H$值逐年减小,河道向窄深发展;1966年后,此值围绕着均值变化。

经过上述分析可以看出,冲积河流自动调整机制中,比降不是唯一因素,而是多种因素调整的结果。经过多年的调整,特别在近十几年有利水沙条件下,渭河下游虽趋于相对稳定,但今后仍将随着来水来沙条件及潼关高程的变化而进行调整。

**(四)水库淤积末端上延和下移规律**

河流修建水库后,回水末端发生淤积,淤积引起回水抬高,又促使上游河段的淤积。在回水和淤积的作用下,淤积末端的位置向上延伸,这是水库淤积的正常现象。但三门峡水库主槽淤积末端不是单一的上延,而是上延和下移交替进行的,滩地的淤积末端则是只上延,不下移。

(1)主槽淤积末端明显的上延有5次,其成因则不同。①1961—1963年的蓄水运用期,回水淤积使淤积末端上延;②潼关高程抬高,使末端上延,如1964—1965年;③渭河口尾闾淤堵,使末端上延,如1967年汛前—1970年;④三门峡水库改建后,坝前水位降低,潼关河床下降,对末端上延起抑制作用,但由于受前期淤积影响,末端仍继续上延,如1970年汛后—1976年;⑤潼关高程稳定,由于1977年揭底冲刷,比降变缓,床沙粗化,河床重新调整,末端上延。

(2)主槽淤积末端下移有4次(1964年、1966年、1970年、1977年)。主要是受泾河高含沙量洪水的揭底冲刷作用所致。其中,1977年下移作用最为显著。

(3)滩地淤积末端上延是由于主槽淤积后,过水面积减小,平滩流量减少,漫滩概率增加而引起。滩地淤积末端上延一般滞后于主槽淤积末端上延。

(4)渭河下游淤积末端发展与渭河下游纵剖面特点有关。渭河下游纵剖面呈上凹曲线,在渭淤22断面(交口)附近是明显的转折点,比降上陡下缓,相差悬殊。根据黄河流域几个低坝淤积末端上延情况分析,由于纵剖面的突变使淤积末端上延受到限制。照此估计,渭河下游淤积末端发展到22断面以后速度就可能要慢得多。

**(五)三门峡水库可用库容变化规律**

多沙河流修建水库,在蓄水兴利与泥沙淤积之间存在着尖锐的矛盾,三门峡水库在这方面创造了成功的经验。

1.库容变化过程

三门峡水库库容的变化经过损失、恢复、稳定三个过程。其变化规律与水库的泄流规模、运用方式和来水来沙条件密切相关。可用库容可分槽库容和滩库容。在蓄水拦沙和滞洪排沙运用初期,库水位高,为库容损失阶段。330 m高程以下总库容损失61%,其中,槽库容损失54%,滩库容损失66%。滞洪排沙运用初期之后至1973年为库容恢复阶段。在此期间,由于对工程进行了改建,扩大了泄流能力并敞泄运用,降低坝前水位,使潼关以下干流河道发生冲刷,因此,这一时期内滩库容变化不大,主要是槽库容恢复,高程330 m以下槽库容恢复到原库容的95%。蓄清排浑运用后,汛期降低水位排沙,该水位下洪水一般不漫滩,滩库容不再损失,槽库容在冲淤交替变化中基本稳定,保持了一定的长期使用库容。

2.变化特点

对滩库容来说,每漫一次水,滩地就可能发生一次淤积,滩地纵剖面基本与漫滩时的水面线平行。随着滩面升高,平滩流量加大,漫滩机会减少,滩地库容损失速率也会降低。滩地淤积物一般不易冲掉,只是由于水流的摆动造成滩坎坍塌时,一部分滩地才转化为主槽。而槽库容变化则不同,水库壅水,槽库容损失,当坝前水位降低后,河槽发生冲刷,槽库容得以恢复,这些特性可概括为“死滩活槽”、“淤积一大片,冲刷一条线”等规律,经过多年调整,三门峡水库潼关以下库区已形成明显的高滩深槽。

3.保持一定可用库容的条件

(1)三门峡水库潼关以下库区原为峡谷性河流,坡陡流急,建库前河床处于冲淤平衡状态。建库后流速及比降减小,使挟沙能力降低,但床沙细化,阻力变小,河床形成高滩深槽的窄深河槽,有利于加大挟沙能力。各种因素的调整结果说明，可用库容能长期保持。

(2)合理的运用方式是必要条件。三门峡水库运用实践证明：片面地追求调节水量和抬高水头，采取“蓄水运用”方式，就会使水库迅速淤积，无长期效益；相反，过分强调降低水位排沙而采用“滞洪排沙”运用方式，库容虽保持，但兴利受限制，不能取得综合效益，对下游河道也不利。两者之间有一个既能保持库容，又可能发挥综合效益的合理的运用方式，这就是“蓄清排浑”的调水调沙控制运用方式。其关键是库水位要有大幅度升降，提高水位兴利，降低水位排沙，控制淤积和冲刷的相对平衡，求得保库和兴利的统一，做到确保上下游。

(3)足够的泄流规模是调水调沙的必要工程条件之一，但泄流规模的大小要经过既满足水库开发的经济效益，又保持水库长期使用以及充分利用黄河下游河道的输沙能力等多方面的论证来确定。

(4)泄水建筑物布置是主要技术措施，决定了泄流量大小、坝前水位下降速度和排沙效果。在横向上尽可能多设，在竖向上最好设多层孔，三门峡水库以底孔排沙比最大。

**(六)黄河下游河道冲淤基本规律**

1.来水来沙对下游河道冲淤的影响

实测资料表明，下游河道在长时期内是淤积的，但非单向淤积，而是随着来水来沙条件的不同时冲时淤。凡是水多沙少年份，河道淤积不大或发生冲刷(如1952年、1961年、1981—1985年)；水少沙多年份，河道发生严重淤积(如1969年、1977年)。

下游河道冲淤量与年平均含沙量成正比关系。河道不冲不淤时，年平均含沙量的临界值为20~27 $kg/m^3$，低于此值，河道冲刷；高于此值，河道淤积。从多年平均值来看，汛期来水量减少30亿~40亿 $m^3$，下游增加河道淤积约1亿t。汛期来沙量减少1亿t，减少下游河道淤积0.5亿t；非汛期来沙量减少1亿t，减少下游河道淤积约1亿t。

2.不同水沙来源时下游河道冲淤的影响

黄河流域幅员广阔，自然地理条件十分复杂，水沙来源在地区分布上极不均匀。从流域的来沙量及泥沙颗粒粗细大小考虑，可以粗略地分为三类产沙区：①多沙粗泥沙来源区：河口镇至龙门区间、马莲河、北洛河等；②多沙细泥沙来源区：除马莲河以外的泾河干支流、渭河下游、汾河等；③少沙来源区：河口镇以上流域、渭河秦岭北麓支流、伊洛河、沁河等。根据100多次洪峰资料，又可分为六种洪水来源组合。即①各地区普遍有雨，强度不大；②粗泥沙来源有较大洪水，少沙来源区未发生洪水或洪水较小；③粗泥沙来源区有中等洪水，少沙来源区也有补给；④粗细泥沙来源区与少沙来源区较大洪水相遇；⑤洪水主要来自少沙来源区，粗泥沙来源区雨量不大；⑥洪水主要来自细泥沙来源区。

经过上述分析得知：

(1)洪水主要来自粗泥沙来源区时，出现概率只有10%左右，但造成下游河道的淤积却很严重，其淤积量占全部洪峰淤积量的40%~60%；

(2)当各地区遭遇洪水时，下游将出现漫滩洪水，淤积强度也很大，但一般表现为淤滩刷槽；

(3)当洪水来自少沙来源区时，河道发生冲刷；

(4)粗泥沙来源区的洪水，平均含沙量一般大于150 $kg/m^3$时，下游淤积严重；少沙来源区洪水，平均含沙量小于50 $kg/m^3$时，下游河道冲刷或微淤；当各地区普遍来水时，视各地区水沙来源比例的不同，平均含沙量为50~150 $kg/m^3$。

3.高含沙量洪水的冲淤特性

下游河道经常出现含沙量超过400 $kg/m^3$的高含沙量洪水，对河道冲淤有重大影响，其特点是：

(1)高含沙量洪水主要由中游地区的暴雨形成，洪峰尖瘦，汇入干流后，因河道槽蓄及三门峡水库削峰作用，花园口洪峰流量一般为4 000~8 000 $m^3/s$，来沙系数超过0.04 $kg \cdot s/m^6$。

(2)高含沙量洪水主要来自粗泥沙来源区，一般占全部水量的40%，沙量却占90%以上，并且颗粒粗，粒径大于0.05 mm的粗泥沙一般占全沙的40%以上。

(3)高含沙量洪水造成的淤积特别严重。1950—1983年11次高含沙量洪水的来水量和来沙量分别占该时段总水量和总沙量的2%和14%，但这些高含沙量洪水造成的下游河道淤积量却占总淤积量的 54%左右，且淤积强度大，淤积范围较小。三门峡最大含沙量为 412~911 $kg/m^3$时，花园口一般降到 200~550 $kg/m^3$，艾山降到 100~250 $kg/m^3$，艾山至利津变化不大。淤积主要集中在高村以上河段。

（4）高含沙量洪水淤积后的断面形态特别窄深，过水面积减小很多，水位上涨率大。由于断面窄深，局部河段平均单宽流量达 50 $m^3/s\cdot m$，引起河道强烈冲刷，有时出现异常的水位陡涨猛落现象，对防洪极为不利。

4.粗泥沙对河道淤积的影响

河道的淤积物上段比下段粗，深层比表层粗，主槽比滩地粗。主槽的淤积物中数粒径大于 0.05 mm 的粗泥沙在表层占 60%以上，深层占 90%以上。这类泥沙来沙量仅占总来沙量的 20%，但其淤积量却占总淤积量的 50%~40%，其中粒径大于 0.1 mm 泥沙几乎全部淤在河道内。而粒径小于 0.025 mm 的泥沙，在主槽中基本不淤，只是在洪水漫滩时，有一部分落淤在滩地上，在滩地淤积物中约占一半。由此看出，粗泥沙是下游河道淤积的主体。为有效减少下游河道淤积，应在中游拦截粗泥沙来量或利用水库拦粗泥沙排细泥沙。

5.漫滩洪水对下游河道冲淤的影响

漫滩洪水淤滩刷槽有利于河道稳定。下游河道滩地面积占总面积的 80%，滞洪淤沙作用显著。如 1958 年大洪水，花园口洪峰流量 22 300 $m^3/s$，花园口至高村河段滞洪量 13.5 亿 $m^3$，削减洪峰 4 300 $m^3/s$；高村至孙口河段滞洪量为 15.8 亿 $m^3$，削减洪峰 2 100 $m^3/s$。花园口至利津河段滩地淤积 10.7 亿 t，主槽冲刷 8.6 亿 t，洪水过后，过洪能力加大，河势规顺，对防洪是有利的。人们从长期实践中认识到"淤滩刷槽，滩槽高槽稳滩存，滩存堤固"这一辨证关系以及"有槽则泄洪排沙能力大，洪水位低；守堤不如守滩，守滩必须定槽"等经验。在河道淤积不可避免的情况下，只要不危及防洪安全，应允许洪水漫滩。

6.河道的输沙能力

"多来、多淤、多排"或"少来、少淤（或冲刷）、少排"的输沙特点是下游河道排沙的基本规律。在含沙量较小的情况下，其输沙能力（$Q_s$）与流量（$Q$）的高次方成正比：即

$$Q_s = AQ^n$$

式中，$n$ 为指数，沿程不同，一般等于 2，$A$ 为系数，与河床前期冲淤有关。

在汛期含沙量较大时，主槽的床沙质输沙率不单纯是流量的函数，它还与来水的床沙质含沙量（$S_{上}$）的大小有关。

$$Q_s = KQ^a S_{上}^b$$

式中，$K$ 为系数，与河床的前期冲淤（边界条件及来沙颗粒组成）有关，$a$、$b$ 为指数，分别等于 1.1~1.3 和 0.7~0.9。宽浅散乱的游荡性河道含沙量指数约为 0.7，而窄深的弯曲性河道指数大于 0.9，说明前者表现为"多来、多淤、多排"，而后者表现为"多来、多排"为主。因此，在一定河床边界条件下，为加大河流输沙能力，在流量调节同时也需进行泥沙调节，同时还应调整河道形态，使宽浅散乱的断面形态有所改造。

7.艾山以下河道的冲淤特性

黄河下游河道流程较长，具有上宽下窄的特点。艾山以下河道的冲淤变化不完全取决于流域水沙条件，还与上段河床调整有关，具有"大水冲、小水淤"的特点。洪水期经过上段宽河道的滞洪滞沙作用，下泄水流的含沙量较小，艾山以下河道发生冲刷。如 1958 年洪水，夹河滩含沙量为 126 $kg/m^3$，到艾山只有 20 kg/m，艾山以上滩地淤积了 9 亿多 t，艾山以下冲刷 1.5 亿 t。当来水较清、流量较小时，由于水流沿程取得泥沙补给，到艾山的来沙量超过河段的挟沙能力，使艾山以下河段发生淤积。只有当流量大于 2 500 $m^3/s$，而水量大于 30 亿 $m^3$，全河段才能冲刷。艾山以下窄河道的淤积以流量 1 000~2 000 $m^3/s$ 时为最大。黄河河口的淤积、延伸和改道对艾山以下河段的冲淤也有一定的影响。为减少艾山以下窄河道的淤积，应充分发挥大水输沙能力，通过水库调节流量过程，发挥大水输沙作用。

**（七）河口演变规律**

黄河河口位于渤海湾与莱州湾之间，系弱潮、多沙、摆动频繁陆相河口。其特点是：水少沙多，洪枯悬殊，滨海区海洋动力相对较弱，潮差一般在 1 m 左右，感潮段影响范围在 30 km 以内，海域水深较浅，

坡度较小。

河口入海流路改道顶点在宁海附近，北起徒骇河口，南至支脉沟口，其扇形面积为 5 456 km。岸线长 128 km。由于来沙量大，多年平均有十多亿吨泥沙进入河口地区，约有 2/3 泥沙淤积在河口三角洲。据统计，1855—1954 年三角洲淤积造陆面积为 1 510 $km^2$，按实际行水 64 年计，造陆速率每年 23.6 $km^2$，岸线外延速率为每年 0.18 km，1954—1982 年造陆面积 1 000 $km^2$，造陆速率为每年 34.5 $km^2$，岸线外延速率为每年 0.43 km。这是由于三角洲顶点下移至渔洼附近，摆动范围缩小，三角洲面积缩小到 2 200 $km^2$之故。

每一条流路的发育演变过程大致为：改道初期水流散乱，主溜不定，漫流入海—归股—中期单一顺直—弯曲—后期的分汊摆动再改道散乱的过程。自 1855 年以来共发生 10 次改道。

对于停止行河的故河口，由于缺乏沙源的补给，在风浪、海流作用下，沙咀、岸线有不同程度的蚀退。1964—1976 年由神仙沟改走刁口河时期，不走河的神仙沟岸段蚀退约 166 $km^2$，相当于同期刁口河造陆面积的 1/3。但随着走河时期增长，岸滩变缓变宽，海岸动力的侵蚀作用减弱，海岸抗冲能力增强，这种蚀退速率就会减小。

河口的淤积、延伸、改道，必然引起纵剖面的调整。在改道初期，河长缩短，改道点以上河道产生溯源冲刷。随着沙嘴外延，河道比降变缓，又造成溯源淤积。因此，河口河床在周期性的升降变化中，其水位也发生周期性变化，这种变化称小循环，只有当整个三角洲岸线普遍外移一段距离（称为“大循环”），造成水位抬高才不会由河口改道所消除，造成长期性影响。据分析，河口第 1~6 次改道为第一次大循环，造成河口地区水位升高约 1 m。目前处在第二次大循环时期。

河口来沙是河口演变特有规律的根本条件，河口的淤积、延伸及改道是溯源冲刷与溯源淤积交替进行并最终表现为淤积的直接原因。因此，要改变河口的现状，须从根本上解决泥沙问题。同时处理好入河口的巨量泥沙。

（本文原载于《人民黄河》1991 年第 1 期）

# 黄河 1919—1989 年的水沙变化

熊贵枢*

（黄河水资源保护科学研究所）

**文　摘**：通过分析 1919—1989 年间黄河实测径流、泥沙资料的阶段变化认为，1949 年后的 40 年内，由于大规模兴建水库、灌溉引水、水土保持及防洪等工程，使黄河成为人工控制程度很高的河流：下游河道洪水泛滥的可能性较历史上大大减小；总库容达 532 亿 $m^3$ 的各型水库使径流受到很大调节；近 50%的河川径流被工农业耗用；中游地区的径流下垫面正在改善；入黄泥沙减少，下游河道的淤积有所减轻。

**关键词**：水文统计；资料分析；河流泥沙；黄河

历史上黄河流域的水灾频繁，连年大旱也不断出现。1946 年人民治黄以来，由于水利水电事业的蓬勃发展，黄河已成为我国当代变化最大的河流之一。黄河的变化也反映在干支流的径流、泥沙、洪水等方面，气候波动是直接影响河流水沙过程的重要因素之一。

## 1　气温和降雨

气温和降雨是支配径流泥沙变化的主要因素。流域内的气象观测已有 70 多年的历史，但 1950 年以前站点较少，经过插补延长，上、中、下游各年代的气温和降雨的年平均值如表 1。

**表 1　各年代的气温和降雨**

| 项目 | 地区 | 1920—1929 年 | 1930—1939 年 | 1940—1949 年 | 1950—1959 年 | 1960—1969 年 | 1970—1979 年 | 1980—1988 年 | 1920—1988 年 |
|---|---|---|---|---|---|---|---|---|---|
| 年平均气温（℃） | 兰州以上 | 3.4 | 3.3 | 3.4 | 3.2 | 2.9 | 3.0 | 3.3 | 3.2 |
| | 兰州—花园口 | 9.7 | 9.3 | 9.7 | 8.8 | 8.9 | 9.0 | 9.1 | 9.2 |
| | 花园口—济南 | 14.6 | 14.4 | 15.0 | 14.1 | 14.3 | 14.2 | 14.3 | 14.4 |
| 年降水量（mm） | 兰州以上 | 477 | 491 | 499 | 480 | 505 | 491 | 458 | 488 |
| | 兰州—河口镇 | 263 | 259 | 278 | 276 | 272 | 274 | 229 | 267 |
| | 河口镇—三门峡 | 486 | 482 | 534 | 537 | 547 | 490 | 492 | 516 |

全流域多年平均降雨量为 475.9 mm，天然径流量为 580 亿 $m^3$（相当于 77.3 mm 径流深），年径流系数为 0.162。83.8%的降雨为陆面所蒸发，16.2%的降雨成为河川径流。由于陆面蒸发量大，各年间降雨量和径流量之间的关系并不密切，黄河中游的暴雨和洪水径流之间的关系也很分散，30 多年来，研究工作一直在深入进行。

## 2　径流泥沙和灌溉引水引沙

利用现代科学技术观测资料，依照全流域水利水土保持工程的发展情况，按年代将 1920—1989 年分成 7 个时段，统计上中游和下游的径流量、输沙量及灌溉引水引沙量如表 2。

* 参加此项工作的还有徐建华、李世明、董雪娜、支俊峰、顾弼生、林银萍、刘九玉、吴燮中、王玲。

表 2　各时段实测径流量输沙量和灌溉引水引沙量

| 站名或区间名 | 项目 | 1920—1929 年 | 1930—1939 年 | 1940—1949 年 | 1950—1959 年 | 1960—1969 年 | 1970—1979 年 | 1980—1989 年 |
|---|---|---|---|---|---|---|---|---|
| 三、黑、小以上 | 径流量（$\times10^8m^3$） | 397 | 494 | 538 | 492 | 509 | 381 | 404 |
| | 输沙量（$\times10^8t$） | 11.93 | 17.86 | 17.35 | 18.07 | 11.51 | 13.85 | 8.28 |
| 利津 | 径流量（$\times10^8m^3$） | | | | 464 | 513 | 304 | 270 |
| | 输沙量（$\times10^8t$） | | | | 13.22 | 11.00 | 8.88 | 6.37 |
| 上中游 | 灌溉引水（$\times10^8m^3$） | 40.4 | 48.8 | 53.4 | 102 | 136 | 155 | 168 |
| | 灌溉引沙（$\times10^8t$） | | | | 0.82 | 0.61 | 0.76 | 0.51 |
| 下游 | 灌溉引水（$\times10^8m^3$） | | | | 23.2 | 39.2 | 77.6 | 106 |
| | 灌溉引沙（$\times10^8t$） | | | | 0.81 | 0.75 | 1.78 | 1.10 |
| 全黄河 | 灌溉引水（$\times10^8m^3$） | 40.4 | 48.8 | 53.4 | 125 | 175 | 233 | 274 |
| | 灌溉引沙（$\times10^8t$） | | | | 1.63 | 1.63 | 2.54 | 1.61 |

表 2 所列，反映出 1920—1989 年黄河的水沙有如下变化。

（1）1950—1989 年和 1920—1949 年相比，年均进入下游的径流量减少 6.1%，输沙量减少 17.8%。水沙减少的原因主要是水利工程和气候变迁的影响。1922—1932 年黄河存在连续 11 年枯水段，水沙都偏枯；70 至 80 年代黄河的主要产沙区间（河口镇至龙门）产沙偏少，进入下游的泥沙减少。

（2）进入下游的径流减少主要是灌溉用水增加。1950—1989 年和 1920—1949 年相比，上中游的平均引水量增加了 96.9 亿 $m^3$，下游增加 55 亿 $m^3$，全河增加 158 亿 $m^3$。1950 年以来，各个年代的引沙量都维持在 1.5 亿~2.5 亿 t。农业灌溉引水越来越避免泥沙过闸；工业引水出现水流中挟带的泥沙经沉沙池处理后，又用吸泥船送回黄河的现象。前一种作法令人担心增加黄河的淤积，后种作法实在错误。

（3）1950~1989 年间，泥沙减少的比例远大于径流减少的比例。这主要是三门峡等水库拦沙的作用。

（4）黄河的天然径流量为 560 亿 $m^3$，而最近 20 年黄河入海的控制站利津的年均水量为 287 亿 $m^3$。随着黄河水资源的进一步开发利用，入海水量还将减少。

从目前全流域的引水引沙数量看，引水量已超过天然径流量的 50%，引沙量只占黄河总沙量的 12%。引水引沙悬殊，主要是汛期泥沙集中，引水量少，非汛期含沙量低，灌溉引水量较多。

## 3　水库和水土保持拦沙

1949 年前，为抬高水位满足灌溉的需要，曾在支流上修建一些石坝，这些工程的坝高很低，库容较小。严格说，黄河流域的第一座水库是 1955 年建成的榆林红石峡水库。该水库坝高 15 m，总库容1 900 万 $m^3$。从 1958 年起，成批的中、小型水库在支流上建成。目前，全流域共有水库 3 505 座，总库容 523 亿 $m^3$（其中防洪库容 150 亿 $m^3$），发电装机容量 358 万 kW，水库供水灌溉面积 109 万 ha。

在数以千计的水库中，龙羊峡、三门峡两座水库的库容占总库容的 65%，其余 15 座大型水库的库容占 20%。小Ⅱ型水库的座数占总座数的 72%，而它的库容只占 1.5%。大型水库调节径流的能力很强，小型水库的灌溉效益不错。三门峡水库对黄河水沙曾发生过巨大影响，上游干流的梯级水库正在影响全河的水沙过程。大多数水库都面临着泥沙淤积丧失库容的问题。与此相反，水库拦蓄了大量的泥沙，对减少下游淤积亦有作用。

据 1987 年底统计，黄河流域水土保持的治理面积已达 12.25 万 $km^2$。这些措施分布在流域各地，其减少入黄泥沙的总量由每种措施控制土壤流失或拦蓄泥沙的能力及当地的土壤流失强度决定。

黄河泥沙的产生十分集中，全流域的面积为 75.2 万 $km^2$，有 72%的泥沙集中产生于包括陕北、晋西、陇东及内蒙古伊盟南部 11 万 $km^2$ 的黄土丘陵沟壑区和黄土高原区。在这些地区修建的水土保持工程越多，入黄泥沙也就减少得越多。

根据多年来的观测、调查和分析推算，上述工程在各个年份拦沙量列入表 3。

表 3 黄河中上游拦沙总量

$10^8$t

| 工程项目 | 1950—1959 年 | 1960—1969 年 | 1970—1979 年 | 1980—1989 年 | 1950—1989 年 | 所占% |
|---|---|---|---|---|---|---|
| 三门峡水库 | | 73.78 | 3.42 | 1.95 | 79.15 | 42.1 |
| 干流水库 | | 9.27 | 9.72 | 8.64 | 27.62 | 14.6 |
| 支流大型水库 | 0.59 | 5.45 | 4.28 | 1.89 | 12.21 | 6.50 |
| 支流中型水库 | 0.46 | 4.71 | 7.06 | 5.81 | 18.03 | 9.58 |
| 支流小 I 型水库 | 0.04 | 0.57 | 2.80 | 2.81 | 6.22 | 3.31 |
| 淤地坝 | | 1.44 | 23.01 | 12.04 | 36.49 | 19.4 |
| 梯田 | | 1.68 | 3.36 | 3.34 | 8.38 | 4.45 |
| 总计 | 1.09 | 96.9 | 53.65 | 36.48 | 188.1 | 100 |
| 所占% | 0.57 | 51.5 | 28.5 | 19.4 | | 100 |

表 3 所列 1950—1989 年上中游的水库、水土保持工程总拦沙量为 188.1 亿 t，但并非进入下游的泥沙就减少 188.1 亿 t。因为水库拦蓄了泥沙改变了库下河道的水沙条件，在冲积河段河床必然自动调整，河床的泥沙还会补给水流，河流的输沙量又有所增加。例如上游干支流水库拦沙初期，1982 年前水库的总拦沙量为 28 亿 t，而河口镇断面的输沙量只减少 6 亿 t。当然调整也是有限度的，1982 年以前的状况不会长久持续下去。对于过去 40 年的拦沙情况，大致如下：

(1)在 188.1 亿 t 的总拦沙量中，水库占 76.2%，其中三门峡水库占 42.1%，其余干支流大型水库占 21%。水库越大，拦截的泥沙越多。

(2)拦沙的时程分配，60 年代拦沙最多，占 51.5%，这主要是由于 60 年代三门峡水库处于蓄水拦沙阶段。80 年代的拦沙量少于 70 年代，这主要是中游多沙地区产沙量减少，新建的水库和淤地坝甚少造成的。

(3)水库淤积，对兴利防洪都是威胁，巴家嘴、王窑、汾河等大型水库都在采取措施排沙。

## 4 凌 情

黄河上游梯级水库调节了径流过程，也调节了水流的热量，对上游的凌汛直接发生作用。据兰州水文总站巢孝松同志的报告，干流河道的封河河段、冰塞灾害、凌期槽蓄水量、开河形势等方面都发生了不小的变化。

### 4.1 封河河段的变化

龙羊峡水库坝址至刘家峡水库末端，长 270 km；兰州至青铜峡水库坝址，长 450 km。过去两河段均间断封河，两水库先后投入运用以后，均变为无凌河段。

青铜峡水库坝下至石嘴山河段长 245 km，过去连年封河。刘家峡水库投入运用后，青铜峡水库以下 20~30 km 河道变为不封河段，再以下则变为不稳定封河河段。

磴口以下长 100 多 km 的河段，由过去的每年封河变为不稳定封河。1981—1982 年、1989—1990 年两个冰情年度没有封河，这在刘家峡水库运用以前是没有的。

### 4.2 刘家峡水库运用后开河凌灾减少

宁蒙河段开河时，刘家峡适时减少下泄流量，使上游来水顺利从冰盖下通过，不致水位抬高，岸冰就地消融，主流开通，形成文开河局面。据不完全统计，刘家峡水库运用前的 17 年中，连年卡冰结坝，武开、半武开河有 12 年，结冰坝 243 个，平均每年 14 个，开河凌灾不断。自 1968 年刘家峡水库运用 22 年以来，开河形势发生了根本性的变化，由水鼓冰开的武开河为主变为岸冰滩冰就地消融开河平稳的文开河为主。22 年中，半文半武开河 7 年，文开河 15 年。22 年卡冰结坝 84 个，平均每年 4 个，不到刘家峡水库蓄水前的 1/3。

### 4.3 三门峡水库运用改变了黄河下游防凌措施

1960 年三门峡水库建成，提供了蓄水防凌的条件。从此，黄河下游的防凌措施由破冰防凌为主，发展为以调节河道水量为主。在下游河道封河前，水库预蓄部分水量增大并调匀封河前的河道流量，使封河结成的冰盖抬高，减少冰塞产生，推迟封冻日期。河道解冻前，水库控制下泄流量，减少河道的槽蓄水量，抑制水流，避免形成武开河。

## 5 三门峡水库

三门峡水库 1957 年开工，1960 年建成后，由于泥沙淤积问题严重，曾先后进行两次改建，加大了泄流排沙能力。水库从建成到改建至今，经历了蓄水运用阶段（1960 年 11 月至 1962 年 5 月）、滞洪排沙运用阶段（1962 年 5 月至 1973 年 9 月）、蓄清排浑运用阶段（1973 年 9 月迄今）。过去 30 年，水库对黄河水沙的影响反映在以下几个方面。

### 5.1 水库淤积的变化

（1）初期蓄水阶段，水库排沙甚微，淤积十分严重，1960—1962 年的 2 年间水库淤积 19.93 亿 $m^3$。

（2）随着对大坝的泄流建筑进行改建和改变水库运用方式，入库泥沙大量排出库外，1962 年 10 月至 1973 年 9 月的 11 年间全库只淤积 33.85 亿 $m^3$，淤积部位也发生大的变化。潼关以下淤积 11.3 亿 $m^3$，潼关以上的淤积继续发展，潼关至禹门口淤积 12.2 亿 $m^3$，渭河淤积 9.36 亿 $m^3$，洛河淤积 1.16 亿 $m^3$。

（3）1973 年 9 月至 1989 年 9 月，水库采取蓄清排浑运用方式，即非汛期蓄水，汛期水库泄洪排沙，非汛期淤在库内的泥沙在汛期排出库外。在这 15 年间全库只淤积 2.75 亿 $m^3$，且主要是 1988 年淤积的。严格地说，在此期间各库段的淤积基本稳定，只是随着来水来沙的变化，库区出现时冲时淤的现象。其中潼关附近的黄、渭、洛河属冲积性河流，三口峡建库前就有时冲时淤的现象。

### 5.2 潼关高程的变化

所谓潼关高程是为研究潼关河床变化确定的 1 000 $m^3/s$ 流量时的水位值。

建库前潼关汛末 1 000 $m^3/s$ 流量水位为 323 m 左右，目前的水位接近 327 m，比建库前抬高 3~4 m。水库初期蓄水阶段，库水位最高达到 332.5 m（1961 年 2 月 9 日），由于受回水和淤积的影响，潼关高程达到 329 m；1962 年 5 月水库改为滞洪排沙运用以后，库水位下降，潼关高程迅速下降，但由于大坝泄流能力不足和泄流建筑的底坎仍然很高，回水末端的淤积仍在发展，潼关高程又不断上升，1968 年潼关高程又达到 329 m；1970 年底孔打开，库区的侵蚀基点降至 280 m，到 1975 年潼关高程下降到 326 m。1976—1980 年，由于不利水沙条件和个别年份水库控制运用时间较长，潼关高程 1980 年又回升到 328 m。最近 9 年来，由于合理运用及较有利的水沙条件，汛末的潼关高程又下降 1.5 m，目前保持在 327 m 以下。

### 5.3 水库的滞洪削峰作用

三门峡水库建成以来，对 10 000 $m^3/s$ 左右入库洪水已有滞洪削峰作用。建库以前，1934—1954 年 8 次 10 000 $m^3/s$ 左右的洪峰，在潼关至三门峡河段无削峰现象，削峰系数为 1。建库以后，1964—1970 年水库处于改建之中，三次较大洪峰洪水的平均削峰系数为 0.52，约减一半的洪峰流量；1976—1989 年蓄清排浑控制运用期，7 次较大洪峰洪水的平均削峰系数为 0.68，约削减 30% 的洪峰流量。

## 6 黄河下游的变化

### 6.1 连续 43 年伏汛秋汛未曾决口

黄河最可怕的灾害是决口、改道。1946 年黄河回归故道以后，恢复堤防，并对 1 400 km 的大堤普遍加高 2~3 m，建立健全防洪体系，提高防洪能力，赢得黄河下游连续 43 年伏汛秋汛的安全。

但应该看到，黄河的洪水泥沙还未得到有效的控制。在小浪底水库建成以前，花园口站仍有发生

46 000 $m^3/s$ 特大洪水的可能，现有分蓄洪区存在的问题很多，运用后损失巨大。40 年来下游河道普遍淤高，3 000 $m^3/s$ 流量的水位普遍抬高 2~3 m。黄河洪水为患的威胁，仍然是国家的心腹大患。

### 6.2　下游河道冲淤

50 年代，下游的年平均淤积量为 4 亿 t，这时期中上游的拦沙工程甚少，基本反映了自然状态；60 年代，三门峡水库拦蓄泥沙 52.7 亿 t，下游河道年冲刷 0.626 亿 t；70 年代三门峡水库进行改建和改变运用方式，水库不再拦沙，下游的年平均淤积量又回升到 3.12 亿 t，此数不及 4 亿 t，也有中上游的水利水保工程及气候因素使入黄泥沙减少的原因；80 年代的年平均淤积量只有 0.252 亿 t，主要是入黄泥沙减少。在有足够水量输入的前提下，泥沙减少到一定程度，河道还会发生冲刷，80 年代和 60 年代就是如此。

各河段实测的淤积过程是：孙口以上各河段的淤积数量多，冲淤幅度大，孙口以下各河段与此相反。孙口以下的淤积数量虽小，但其同流量水位抬高的速度却超过了花园口、夹河滩断面。这种现象是黄河下游河道特性决定的，也是人工控制河道的纵剖面规律。

### 6.3　三门峡水库对下游河道的减淤作用

三门峡水库对下游河道有两项明显的减淤作用。

1964 年 6 月至 1973 年 9 月下游河道共淤积泥沙 41.4 亿 t。1960 年 10 月至 1971 年 10 月全下游出现冲淤平衡，这主要是三门峡水库拦沙以后带来的减淤效应。在此 11 年间，三门峡的入库沙量年均 17. 9 亿 t，如果全部输入下游，下游河道的淤积每年也将接近 4 亿 t。

1971 年 11 月以后，三门峡水库采用蓄清排浑的运用方式，对全年来说淤积减少。经分析计算，1970—1974 年三门峡水库每年的减淤作用为 0.336 亿 t；1975—1984 年间的年平均减淤量为 0.6 亿~0.7 亿 t；1985—1989 年减淤作用不明显。三门峡水库蓄清排浑运用对下游河道减淤作用的大小和大量灌溉引水及龙羊峡、刘家峡两库汛期蓄水的影响分不开，对后两个问题还要进一步研究。

## 7　结　语

经过 40 年的治理和水利、水电建设，当今的黄河已成为人工控制程度很高的河流。其表征根据是：下游河道完全由堤防控制，洪水泛滥的可能性较历史上大大减小；流域内各型水库的库容已达 523 亿 $m^3$，河川径流很大程度受到调节，全河近 50%的径流为工农业耗用；由于水利水保工程的作用，中游的下垫面正在改变，入黄泥沙已经减少，下游河道的淤积有所缓和。

黄河干支流的水文、泥沙特性已受到水利工程的影响，很多水文站观测的资料已非纯粹的自然现象。它既受大自然演变的制约，也受水利工程的影响。水利工程对水文现象的影响不是随机的，而是确定性的。如何进行黄河的水文泥沙分析，既存在理论问题，也存在资料收集方法问题，传统的水文站网已嫌不足。黄河的水文泥沙现象，在很大程度同时受水利工程和社会经济活动的影响，这是当前黄河水文泥沙的特征。

（本文原载于《人民黄河》1992 年第 6 期）

# 黄河水流挟沙力的计算公式

张红武,张　清

(黄委会水科院,郑州 450003)

**文　摘:**通常的水流挟沙力公式很难直接应用于黄河。本文从水流能量消耗和泥沙悬浮功之间的关系出发,考虑了泥沙存在对卡门常数和泥沙沉速等的影响,给出了半经验半理论的水流挟沙力公式。经较大范围的实测资料检验,计算值与实测值符合良好,说明该公式对不同的河床条件有较强的适用性。

**关键词:**挟沙能力;输沙计算;黄河

黄河输沙特性极为复杂,含沙量变幅巨大,通常的水流挟沙力公式很难直接用于黄河。为此,我们在80年代初曾提出如下形式的半经验半理论挟沙力公式:

$$S_* = 0.14\left(\frac{V^3}{gh\omega}\ln\frac{h}{6d_{50}}\right)^{0.6} \tag{1}$$

大量资料验证结果表明,当含沙量小于50 kg/m³时,上式有较高的精度,但随着含沙量增大,偏差也逐渐明显,更难以适用于高含沙水流的情况。为此,我们在原研究模式的基础上,着重考虑了泥沙的存在对水流的影响,对黄河水流挟沙力开展了分析与探讨。

## 1　物理模式的建立

越来越多的研究结果表明[1,2],水流挟带的泥沙影响水流的物理性质和紊动结构,从而又影响其能量损失、流速和含沙量分布。因此,多沙河流的挟沙力所对应的冲淤平衡是相对的,它不仅与水流条件等常见的因子有关,而且还同本河段含沙浓度等因素有密切关系。工程实际中最关心的往往是悬移质全部含沙量对河床变形的影响,本文不再人为地对床沙质及冲泻质加以区划。

挟沙水流在能量的损失过程中较清水水流多了一个途径——为维持悬移质的存在而将一部分紊动能转化为热能。二维恒定均匀流单位浑水水体在单位时间内当地消耗的能量可以表示为:

$$W_s = \tau_b\frac{du}{dz} \tag{2}$$

式中　$\tau_b$——单位浑水水体的切应力;$\frac{du}{dz}$——水深 $z$ 处单位浑水水体中心的流速梯度。

$W_s$ 包括该点处的单位水体内通过各种途径所消耗的全部能量。悬浮泥沙耗能仅是当地耗能的一部分,它与通过其他途径而消耗的能量的归宿完全相同。基于上述观点,可列出如下能量平衡方程式:

$$\tau_b\frac{du}{dz} = W_d + Q'_h \tag{3}$$

式中　$Q'_h$ 代表通过粘性作用及其他途径转化为热量的那部分能量消耗。

运用物理学常用的方法,将上式改写为:

$$\eta\tau_b\frac{du}{dz} = W_d \tag{4}$$

式中　$\eta$——比例系数,代表单位体积浑水在单位时间内消耗的总能量中悬浮泥沙耗能所占的比重。

在冲淤相对平衡的条件下,悬浮泥沙所消耗的能量 $W_d$ 应该等于浑水悬浮泥沙所作的功 $E_s$,亦即:

$$W_d = E_s = (\gamma_s - \gamma_m)S_v\omega \tag{5}$$

式中　$S_v$——距河床距离为 $z$ 的流层中以容积百分数表示的时均含沙量;$\gamma_m$——浑水重度;$\omega$——浑水

中泥沙群体沉速。将上式代入式(4)得:

$$\eta\tau_b \frac{du}{dz} = (\gamma_s - \gamma_m) S_v \omega \tag{6}$$

对于二维流,$\tau_b$ 可表示为:

$$\tau_b = \gamma_m (h - z) J \tag{7}$$

式中　$J$——水力能坡。若采用卡尔曼——勃兰德尔流速分布公式,求导后得出:

$$\frac{du}{dz} = \frac{U_*}{k} \cdot \frac{1}{z} \tag{8}$$

式中　$k$——卡门常数。

将式(7)及式(8)代入式(6),并整理得:

$$S_v = \eta \frac{h - z}{z} \cdot \frac{JU_*}{k \frac{\gamma_s - \gamma_m}{\gamma_m} \omega} \tag{9}$$

对式(9)两边沿垂线积分,取积分区间为[$\delta$,$h$]($\delta$代表推移层厚度),并视 $k$、$\gamma_m$、$\omega$ 仅为水体平均含沙量 $S$ 的函数,即得:

$$\int_\delta^h S_v dz = \frac{JU_*}{k \frac{\gamma_s - \gamma_m}{\gamma_m} \omega} \int_\delta^h \eta \frac{h - z}{z} dz \tag{10}$$

在区间[$\delta$,$h$]上,$\frac{h-z}{z}$不变号且可积,系数 $\eta$ 为 $z$ 的连续函数,根据积分的第一中值定理,至少存在一个小于 $h$ 而大于 $\delta$ 的数 $c$,使得

$$\int_\delta^h \eta \frac{h - z}{z} dz = \eta_* \int_\delta^h \frac{h - z}{z} dz = \eta_* (h \ln \frac{h}{\delta} - h + \delta) \tag{11}$$

式中　$\eta_* = \eta(c)$,由于 $h \gg \delta$,因此

$$\int_\delta^h \eta \frac{h - z}{z} dz = \eta_* h \ln(\frac{h}{e\delta}) \tag{12}$$

推移层厚度 $\delta = (1 \sim 3) d_{50}$[1],此处取 $\delta = 2.207 d_{50}$,使 $e\delta = 6d_{50}$,并 $S_*$ 代表不冲不淤临界情况下的含沙量,此时 $S_*/\gamma_s = \frac{1}{h}\int_\delta^h S_v dz$,再将式(12)、$J = \lambda V^2/(8Rg)$ 及 $U_* = \sqrt{\lambda/8}V$ 代入式(10),得

$$S_* = \frac{\gamma_s \lambda^{3/2} \eta_*}{8^{3/2} k \frac{\gamma_s - \gamma_m}{\gamma_m}} \frac{V^3}{gR\omega} \ln(\frac{h}{6d_{50}}) \tag{13}$$

式中　$\lambda$——挟沙水流阻力系数。

式(13)中的 $\lambda$ 和 $\eta_*$,主要反映浑水水流阻力系数和挟沙效率系数的影响。经分析认为,$\lambda^{3/2}\eta_*$ 不仅与清水时的阻力系数 $\lambda_0$ 和含沙量 $S_v$ 有关,而且还与水流弗汝德数 $V^2/gh$(代表紊动强度)及代表相对重力作用的因子$\frac{\gamma_s - \gamma_m}{\gamma_m}\omega/V$ 有关。进一步根据黄河土城子挟沙能力测验资料和黄科所水槽及模型资料,经反复分析与调整,可得

$$\lambda^{3/2}\eta_* = \frac{0.021\,35(0.002\,2 + S_v)^{0.62}}{\left[\frac{v^3}{kgh\omega \frac{\gamma_s - \gamma_m}{\gamma_m}} \ln(\frac{h}{6d_{50}})\right]^{0.38}} \tag{14}$$

确定群体沉速 $\omega$,可在流段取一单位水体,并令由于颗粒的沉降而引起的同体积水体的向上运动速度为 $V_e$,则根据连续律应为 $S_v\omega = (1 - S_v)(V_e - \omega)$,解得

$$\omega = V_e(1 - S_v) \tag{15}$$

由上式可知，当 $S_v=0$ 时（即清水或含沙量很小时），$\omega=V_e=\omega_0$（$\omega_0$ 为清水沉速）；但当水流为浑水时，其运动粘滞性系数 $v_m$ 与清水的运动粘滞性系数 $v$ 具有一定的差异，而这种差异正是造成 $V_e$ 小于清水沉速的原因。通过分析，可将式(15)表示为

$$\omega = \left(\frac{v}{v_m}\right)^n \omega_0(1 - S_v) \tag{16}$$

为使群体沉速公式可靠，需要引入一个合理的粘滞系数比（即 $v/v_m$）公式。从现有的粘滞系数公式来看，费祥俊公式[2]及沙玉清公式[3]较为合理，且形式简便。例如，沙玉清考虑了“滞限含沙率”的影响，引入泥沙的径厚比 $d/\delta_0$（$\delta_0$ 为分子水膜厚度，一般取为 0.000 1 mm），使所得到的公式精度较高。为使沙玉清公式的适用范围更广，并保证计算结果的合理性，我们对该式所依据的资料作进一步的分析后，将上式表示为：

$$\frac{v}{v_m} = \left(1 - \frac{S_v}{2.25\sqrt{d_{50}}}\right)^{1.1} \tag{17}$$

将式(17)代入式(16)，并考虑到沉降过程中一部分清水将依附沙粒同时下沉[2]，根据实验结果，在式(16)中的 $S_v$ 之前引入一个约为 1.25 的系数（相当于增加了泥沙的有效浓度），再采用实测沉速率定后，取式(16)中的 $n=3.18$，计算精度和适用范围都令人满意，其公式形式为：

$$\omega = \omega_0\left[\left(1 - \frac{S_v}{2.25\sqrt{d_{50}}}\right)^{3.5}(1 - 1.25S_v)\right] \tag{18}$$

浑水流速分布与一般清水流速分布有所差异[1,2]，其卡门常数 $k$ 随含沙量的增大而变化较大。为此，本文利用大量室内试验与天然河流的实测资料，点绘了 $k$ 与 $S_v$ 的关系曲线（见图 1）。由图 1 可以看出，尽管 $k$ 与 $S_v$ 的关系点子较为分散，但变化趋势还是显而易见的，并可以用下式作定量描述：

$$k/k_0 = 1 - 4.2\sqrt{S_v}(0.365 - S_v) \tag{19}$$

式中　$k_0$——清水时的卡门常数，可取 $k_0=0.4$。

利用式(19)，可根据一般对数公式计算浑水时流速沿垂线的分布。

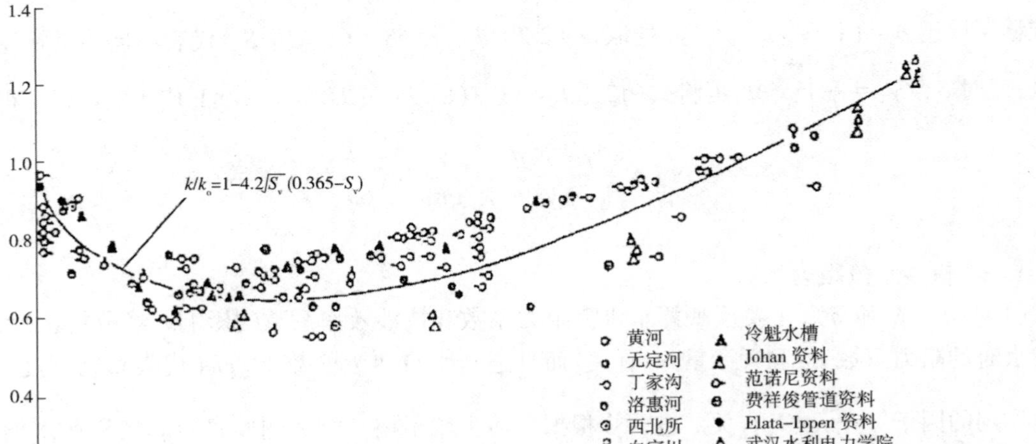


**图 1　浑水卡门常数与含沙量的关系**

## 2　水流挟沙力公式及其验证

将式(14)代入式(13)，整理即得包括全部悬沙的挟沙力公式为（对于冲积河流，取 $R\approx h$）：

$$S_* = 2.5\left[\frac{(0.002\,2 + S_v)V^3}{k\dfrac{\gamma_s - \gamma_m}{\gamma_m}gh\omega}\ln\left(\frac{h}{6d_{50}}\right)\right]^{0.62} \tag{20}$$

上式的单位采用 kg、m、s 制。

可以看出,式(20)反映了含沙量及泥沙群体沉速对水流挟沙力的影响,并通过卡门常数考虑了浑水流速分布的影响,还通过引入床沙中径 $d_{50}$,使悬沙的挟沙能力与河床粗度联系起来,因为床沙中径 $d_{50}$ 与悬沙沉速 $\omega$ 已属两个联系不大的变量,必须同时考虑这两个变量的影响。

采用黄河上、中、下游及其支流输沙较为平衡时的测验资料,以及长江、辽河、Toutle River 等国内外河流大量资料对式(20)进行了验证(见图 2)。由图 2 可以看出,该挟沙力公式在很大的含沙量范围内,计算结果与实际都比较符合,在不同河床条件下的适用性也很强。

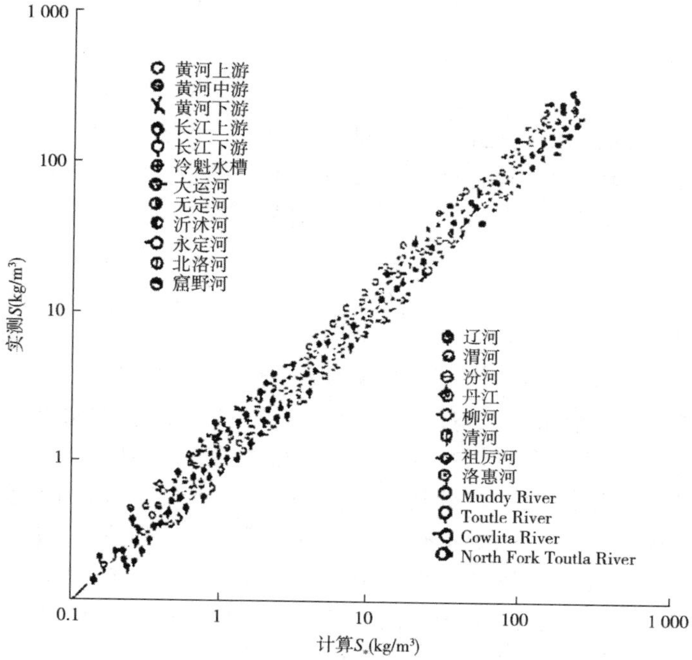


**图 2　本文挟沙力公式与实测资料的比较**

此外,舒安平的分析结果表明,式(20)中引用费祥俊[2]或钱意颖等[4]的公式计算沉速,得出的挟沙力与天然河流实际也比较接近。

## 参考文献

[1] 钱宁,万兆惠.泥沙运动力学.北京:科学出版社,1983.298-398.
[2] 费祥俊.黄河中下游含沙水流粘度的计算模型.泥沙研究.1991,(2).
[3] 沙玉清.泥沙运动引论.北京:中国工业出版社,1965.79-98.
[4] 钱意颖,杨文海,赵文林等.高含沙水流的基本特性.第一次河流泥沙国际学术讨论会论文集.光华出版社,1980.175-184.

本项研究先后得到李保如、惠遇甲、钱意颖、曹如轩、龙毓骞等专家教授的指导,舒安平也提出了宝贵意见,在此一并致谢。

(本文原载于《人民黄河》1992 年第 11 期)

# 小浪底工程低水位运行期进水塔上游泥沙问题研究

窦国仁,王国兵,王向明,韩　信

(水利部南京水利科学研究院,南京 210029)

**文　摘**:通过 1:80 正态泥沙模型,研究了小浪底工程建成后在 205 m 低水位运行阶段进水塔上游的泥沙淤积问题。文中简述了模型设计和试验条件,对蓄水后的流态变化、漏斗的形成过程和稳定形态、泥沙过机和淤堵等问题进行了预报。

**关键词**:205 m 水位;进水塔;淤积;模型试验;小浪底水库

小浪底工程的泥沙问题为世人所关注。为慎重起见,该工程完建后需在低水位下运行一个阶段。在 205 m 低水位运行下,进水塔上游河段很快就会发生淤积。对此阶段流态和河床的变化、漏斗的形成过程和稳定形态以及泥沙过机和淤堵等问题,事先均应有所了解。本文根据泥沙模型试验对上述问题进行了预报。

## 1　模型设计和试验条件

此模型是在本文第一作者全沙模型试验理论基础上进行设计的。为能同时复演高、低含沙量水流,据此理论,关键在于选择合适的模型沙。高模型沙的水流应与高天然沙的水流具有相似的特性,服从相同的力学规律。因此在设计模型之前我们对黄河天然沙和可供选择的模型沙进行了大量的试验研究工作。试验结果表明,含电木粉的水流,在流变特性(刚度系数和宾汉应力)和挟沙能力等方面均与黄河天然沙具有相同的规律,并可为统一公式所描述,也都能形成间歇流和浆河等现象。选择电木粉作为模型沙还可较好地模拟泥沙级配。电木粉的容重为 14.5 kN/m$^3$。在选择模型比尺时,主要考虑了以下几点:①模型与原型处于同一阻力平方区;②水流同时满足重力相似和阻力相似;③尽量使各种粒径泥沙能同时满足起动(扬动)、沉降和挟沙能力相似;④当含沙量很高时尽量能满足宾汉应力相似。在选择电木粉为模型沙的前提下,为满足上述要求,模型线性比尺 $\lambda_L$ 取为 80。由于水流的含沙量一般均较大,故在确定时间比尺时使用了非恒定流河床变形方程式以考虑槽蓄对河床冲淤的影响,因而冲淤时间比尺在含沙量较大时为变值。在试验过程中尽量保持泥沙级配相似。

验证试验表明,此模型中的水流条件、含沙量分布、悬沙级配、河床在时间上和沿程上的冲淤规律、冲淤数量以及淤沙粒径等均与原型基本相似。因此,可利用本模型研究和预报小浪底工程运行后的泥沙问题。

为研究 205 m 低水位运行期的泥沙淤积及其变化规律,在模型中先后进行了两组试验,并都是在空库条件下将坝前水位迅速蓄至 205 m 的。第一组试验侧重于研究低水位运行下淤积平衡后的情况,第二组试验则主要了解其淤积过程中的变化。在第一组试验中,按中水中沙年(1956 年型)、丰水丰沙年(1964 年型)和中水丰沙年(1977 年型)的水沙条件,分别施放至冲淤相对平衡状态。在进行这组淤积平衡试验时,模型中的含沙量和粒径级配均按建库前的含沙量和粒径级配控制,即不考虑库区淤积过程的影响。在进行以研究淤积过程为主的第二组试验时,按顺序复演了 1950 年、1951 年和 1952 年的水沙过程,模型进口处的含沙量和粒径级配均按黄委会设计院提供的数学模型计算成果控制,即考虑了库区淤积过程所引起的变化。在试验过程中,当入库流量小于 1 800 m$^3$/s 时,70%流量走发电洞,30%流量走排沙洞。当入库流量大于 1 800 m$^3$/s 后,各孔洞的开启顺序依次为:发电洞、排沙洞、孔板洞和明流洞。在这个原则下,第一组试验中优先开启进水塔左侧的孔洞,第二组试验中则优先开启右侧的孔洞。在两组试验中均按要求的含沙量和粒径级配控制。

## 2　流态变化和淤积过程

在模型中刚将坝前水位蓄至 205 m 时，进水塔上游河段的水面几乎呈现静止状态，泥沙从底部以异重流形式输往进水塔，并不断落淤。到达进水塔前的异重流，大部分直接经排沙洞下泄，少部分走发电洞。过发电洞的含沙量较过排沙洞的含沙量小得多，前者仅为后者的 25%。

泥沙淤积从上游向下游发展。当上段底部淤积较高后，上段水面开始流动，而下段水面仍处于静止状态，动与不动的分界线也随着底部淤积的延伸而逐步下移。当底部高程淤到 190 m 左右时，河床由以淤底为主转变为以淤滩为主，上段开始出现边滩和心滩，水流散乱分汊（见图 1）。其后，下段水面也开始流动并逐渐淤出边滩和心滩，一时呈现多股水流并存的局面。随着心滩的扩大，多股水流逐步合并成两股水流，一股靠左岸，一股靠右岸，在进水塔前汇合。由于右汊流路较长，逐渐淤塞断流，而左汊成为唯一流路并形成深槽。深槽中流速和含沙量沿垂线分布均较均匀，通过排沙洞和发电洞的含沙量也相差很小。进水塔为侧向进水，塔前有一逆时针回流。

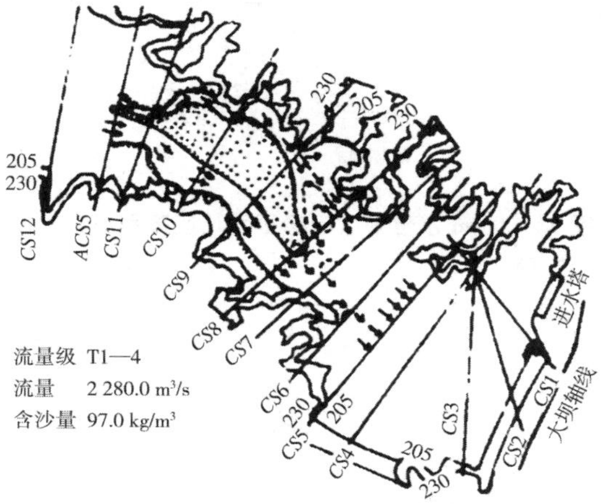


图 1　205 m 水位运用初期坝区流态图

单一深槽形成后，水流仍在平面上摆动。水流不断对深槽一侧冲刷和另一侧淤积，深槽位置也随之不断变化。水流和深槽的摆动幅度较大，且在上、中、下段均能发生，见图 2。

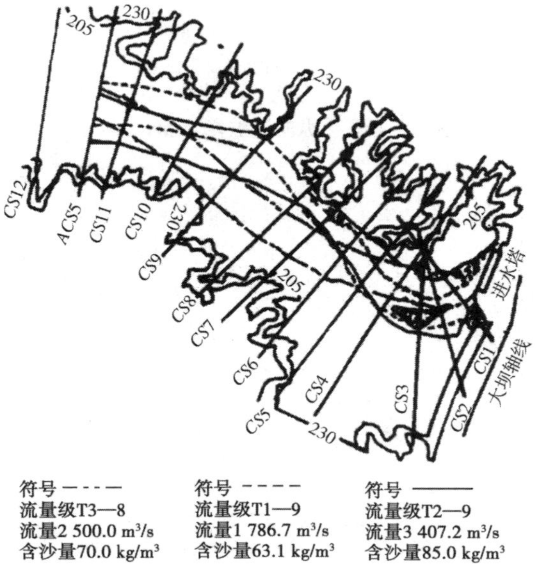


图 2　主流在平面上的摆动

## 3　进水塔上游的河床形态

在 205 m 低水位运用下，坝上游河床经过 3~5 年淤积后可基本平衡。平衡后的河床纵剖面具有明显的漏斗形状，并可近似划分为三段，见图 3。从进水塔右侧向上，第一段长约 160 m，为小漏斗的纵坡段；第二段长约 800 m，为小漏斗向大漏斗的过渡段；距进水塔右侧 1 000 m 以上是第三段，为大漏斗段。小漏斗纵坡段的坡度最陡，在 0.05 至 0.12 之间变化；过渡段的坡度次之，其平均坡度变化于 0.005 至 0. 01 之间；大漏斗的坡度最缓，变化于 0.000 3 至 0.001 之间。各段坡度均相差一个数量级。与一般河床不同，大、小漏斗的坡度均随流量的增大而增大，见图 4 和图 5。

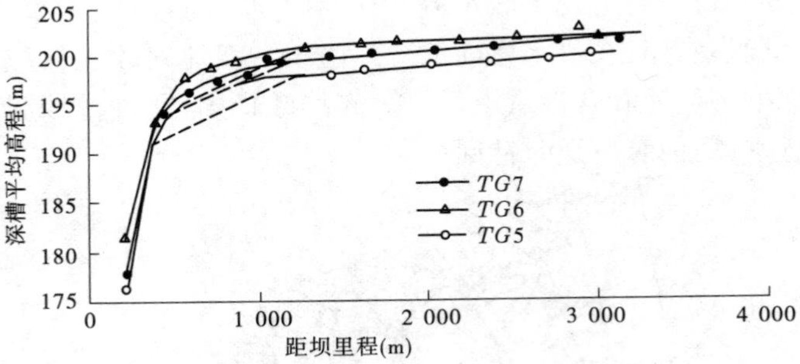


**图 3　205 m 水位坝区深槽平均河底高程纵剖面图**

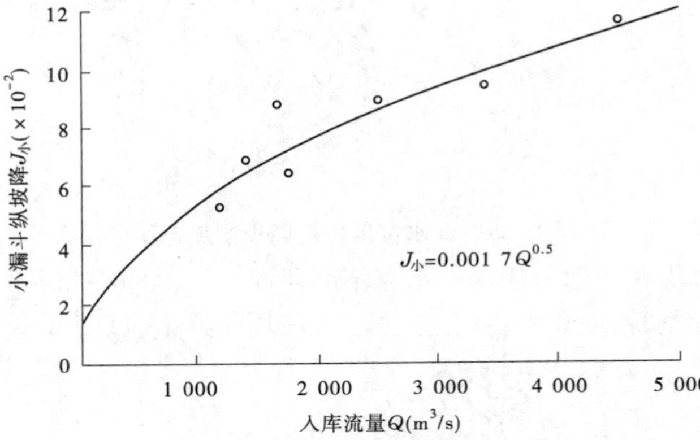


**图 4　小漏斗纵向底坡随流量的变化**

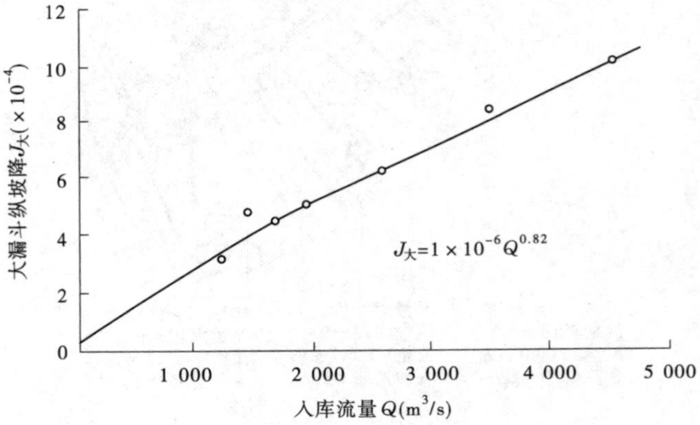


**图 5　大漏斗纵向底坡随流量的变化**

进水塔上游漏斗区的深槽面积，从上向下沿程增大，流量大时沿程各断面的面积亦大，见图 6。漏斗区的深槽宽度沿程变化不明显，断面面积的增大是由于水深沿程增大引起的。对于某一固定断面，流量愈大，水深亦愈大，水深基本上与流量的 1/3 次方成正比，其中的比例系数也是沿程增大的，见图 7。由于水深从上向下沿程增大而宽度又沿程变化不大，故漏斗区深槽的宽深比$\sqrt{B}/H$则由上向下沿程递减。对于大漏斗段，$\sqrt{B}/H\approx 3.5\sim 2.2$；对于过渡段和小漏斗段，$\sqrt{B}/H\approx 1.2\sim 0.8$。试验表明，宽深比不仅与流量有关，而且也与含沙量有关。与一般河流不同，小浪底漏斗段的宽深比随含沙量的增大而减小，见图 8。

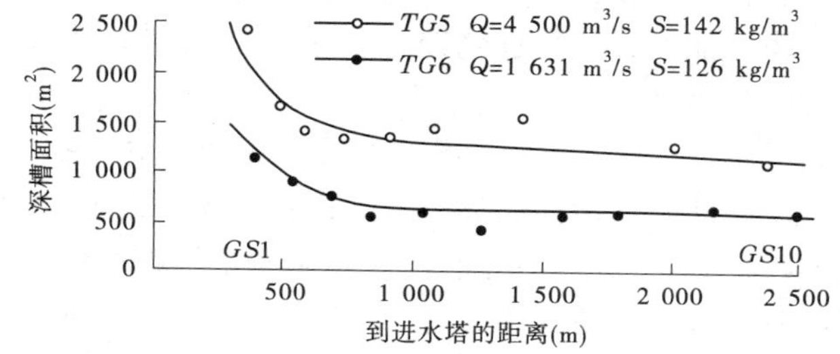


图 6　进水塔上游深槽面积的变化

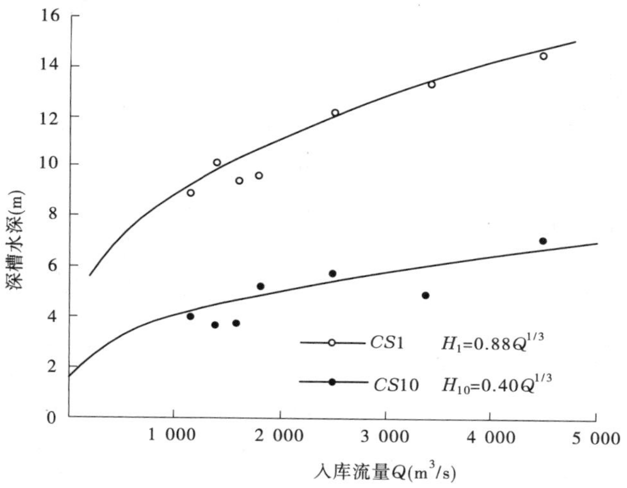


图 7　各断面深槽水深与流量的关系

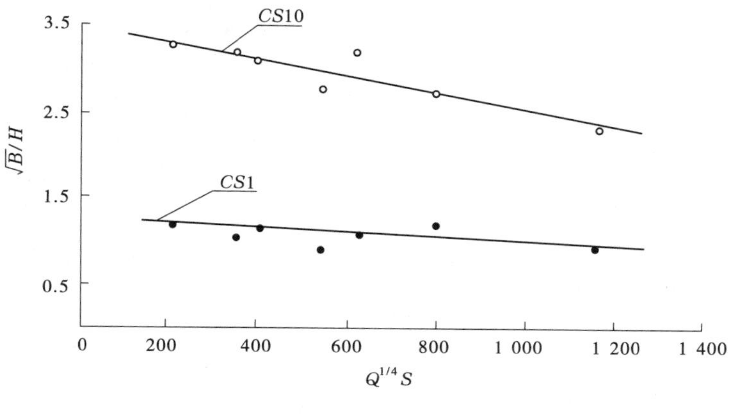


图 8　深槽宽深比与流量、含沙量的关系

## 4　进水塔前小漏斗的冲淤变化

当坝上游河床基本平衡时，进水塔对面的水域已淤成高滩，滩面高程已达到或接近 205 m，在进水塔前形成由右侧进水的小漏斗，其横断面近似于三角形，进水口处水面较宽，约 120 m，里边较窄，仅约 60 m，一般宽约 80～100 m。小漏斗的横向坡度均在 0.20～0.45，平均约为 0.33，比其纵坡约大 4 倍。

小漏斗底部的平均淤沙高程主要取决于过进水塔的总流量。总流量愈大，小漏斗底部的淤沙愈薄，其高程也愈低。小漏斗底部淤沙高程的沿程分布，即沿进水塔前沿的分布，主要取决于排沙洞和孔板洞的启用情况。当只开启右侧几孔排沙洞时，进水塔右侧的淤沙高程就较低，小漏斗底部形成倒坡。当只开启左侧几孔排沙洞时，进水塔左侧的淤沙高程就较低，小漏斗的底坡为正坡。如果进水塔的排沙洞和孔板洞全部开启，小漏斗底部就相当平缓，底坡接近于零。如果只开启排沙洞而关闭孔板洞，小漏斗底部就在孔板洞前隆起，形成高低不平的锯齿状。小漏斗的平均底坡变化于±0.02 之间。

在 205 m 低水位运用下，小漏斗底部淤沙高程基本上都在 185 m 以下，一般不会出现淤堵现象。只有当某个底孔长期关闭而淤沙又已深入洞内时才有可能发生淤堵问题。例如在试验中 1 号和 3 号排沙洞曾连续关闭一年以上，开启时出现了淤堵现象，经过约半小时（原型时间）才正常泄流。因此，在 205 m 低水位下，只要排沙洞和孔板洞在一个汛期中开启一次，就可以避免进水塔发生淤堵。

（本文原载于《人民黄河》1994 年第 9 期）

# 高含沙洪水揭河底冲刷初探

曹如轩,程　文,钱善琪,王新宏

(西安理工大学,西安 710048)

**文　摘**:本文根据试验和实测资料分析,首先改进了非均匀沙群体沉速公式和挟沙力公式,使公式能较准确地反映河床的冲淤特性,特别是反映像揭河底冲刷这种剧烈的冲淤变形。冲淤量的确定按不平衡输沙公式及沙量平衡方程推求,文中给出了渭河、北洛河及黄河北干流一场高含沙大洪水揭河底冲刷过程的验算结果。

**关键词**:群体沉速;挟沙力公式;揭河底冲刷;高含沙水流

## 1　揭河底冲刷现象描述

黄河的多沙支流高含沙洪水频繁,当高含沙大洪水进入冲积河床后,在一定条件下可能发生河床的剧烈冲淤变形,显示了高含沙洪水巨大的挟沙能力。黄河龙门站、渭河临潼站、北洛河朝邑站以及黄河下游都曾多次观测到这种强烈的河床冲刷,这种强烈冲刷有利有弊。因此,用泥沙数学模型预测河床冲淤变形时,不可避免地要涉及揭河底冲刷的预测问题,已有的成果多为冲刷条件、机理方面[1]的研究。

据目击者描述[2],揭河底冲刷时,首先是洪流中起漩涡,继而是形似蘑菇渐渐隆起,揭起的泥片,有的像一道墙,凸出水面数尺,同时水流哗哗作响,狂涛滚滚,汹涌澎湃,矗立片刻,渐渐崩倒,溅起水花丈余,揭底河段遍地开花,此起彼伏,持续二三小时乃息。揭底冲刷过后,同流量水位下降可达数米。表1为1977年黄、渭和北洛河揭河底冲刷时高含沙大洪水的水沙参数,反映了上述现象。

揭底冲刷后,河床横断面窄深,图1为花园口站1977年汛期冲刷前后横断面,表明冲刷只发生在一定宽度内,纵向冲刷强度沿程减弱,水位、流量、含沙量的沿程变化及水位流量关系则呈现多种变化,有时洪峰流量沿程增加,有时则减小,有时出现小流量对应高水位等异常现象[3]。

**表1　1977年黄、渭、北洛河揭河底时水沙参数**

| 站名 | 时间<br>(年-月-日) | 最大流量<br>($m^3/s$) | 最大含沙量<br>($kg/m^3$) | 冲刷深度<br>(m) |
|---|---|---|---|---|
| 龙门 | 1977-07-06—1977-07-07 | 12 200 | 690 | 4.0 |
| 龙门 | 1977-08-06 | 11 300 | 805 | 2.0 |
| 临潼 | 1977-07-06—1977-07-08 | 5 550 | 695 | 0.5 |
| 朝邑 | 1977-07-06—1977-07-08 | 1 570 | 930 | 3.5 |

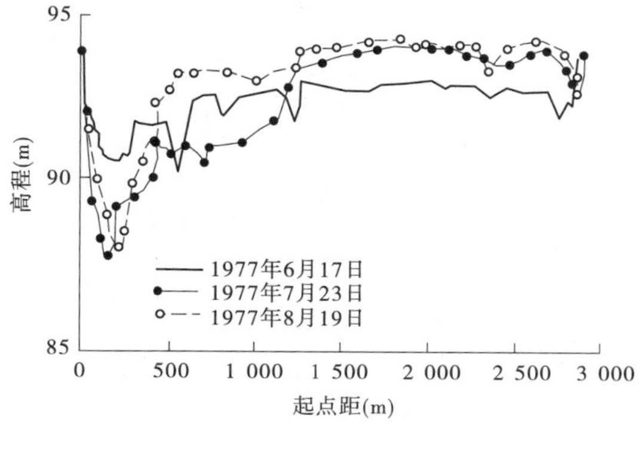


**图1　1977年汛期花园口断面调整变化过程**

## 2　影响揭河底冲刷的因素

揭河底冲刷均发生在水流含沙量较高的情况下，例如北干流冲刷时的含沙量均大于 500 $kg/m^3$，同时水流要有较强的水流强度，例如临潼河段冲刷时流速均大于 2 m/s。揭河底冲刷是河床被成层成片地揭起，再被水流冲散倒入水中，这样淤积物性质必须是具有一定粘性的成层状结构。以渭河临潼河段为例，恰好满足了上述条件，泾河洪水多含粘土，并含有机物、沙砾卵石，进入渭河后，受到稀释淤积下来，层层板结、河床凹凸不平，泾河发生高含沙大洪水时，就有可能发生揭河底冲刷。

因此，流量、含沙量、泥沙的级配、淤积物性质是影响揭河底冲刷的主要因素。揭河底冲刷不同于一般的河床冲刷，但从时均上分析，其基本规律应仍符合不平衡输沙理论。

$$S_o = S_* + (S_1 - S_*)\exp(-\frac{a\omega_{ms}L}{q})$$

$$W_s = Q(S_1 - S_o)\Delta t$$

即河段出口含沙量 $S_o$，取决于水流挟沙力 $S_*$、进口含沙量 $S_1$ 及相应的泥沙沉速 $\omega_{ms}$、时均单宽流量、河段间距及恢复饱和系数 $a$ 等。

## 3　非均匀沙的群体沉速

单个球体在静水中的沉速由于有可靠的试验资料作基础，已有理论公式或精度高的经验公式可以计算，均匀沙的群体沉速因有上冲法及下沉法的试验资料也得出了较满意的解答，唯有非均匀组合沙的群体沉速问题，由于试验难度大，至今未得到满意的解答，笔者认为，这是泥沙数学模型和揭河底冲刷分析计算的关键问题之一。

考虑到现有泥沙分析规范中规定粒径小于 0.1 mm 的泥沙是根据实测的沉速，再由斯托克斯公式反求粒径。因此，当含沙量超过 20 $kg/m^3$ 时，由于浓度的影响，测得的沉速将小于同样的泥沙颗粒在静止清水中的沉速，使反求的粒径变小，若选用的含沙量对沉速影响的公式合理，则通过浓度校正后，两者应当一致。笔者基于上述考虑，经试验和分析得出了非均匀沙群体沉速公式，首先分流区计算各粒径组浑水沉速 $\omega_{mi}$ 和 $\bar{\omega}_m$。

层流区（$\Phi_m<1.554$）

$$\omega_{mi} = \frac{\gamma_s - \gamma_m}{18\mu_m}d_i^2 \tag{1}$$

介流区（$1.554\leqslant\Phi_m<61.68$）

$$(\lg S_{am} + 3.665)^2 + (\lg\Phi_m - 5.777)^2 = 39 \tag{2}$$

$$\Phi_m = \frac{(g\frac{\gamma_s - \gamma_m}{\gamma_m})^{1/3}d_i}{\nu_m^{2/3}} \tag{3}$$

$$S_{am} = \frac{\omega_{mi}}{(g\frac{\gamma_s - \gamma_m}{\gamma_m}\nu_m)^{1/3}} \tag{4}$$

$$\bar{\omega}_m = \sum p_i\omega_{mi} \tag{5}$$

$\bar{\omega}_m$ 相当于均匀沙群体沉速公式中的 $\omega_0$

$$\omega_s = \omega_0(1 - S_V)^{4.91} \tag{6}$$

两相类比，考虑粘性及沉降时相互影响的非均匀沙群体沉速为

$$\bar{\omega}_{ms} = \bar{\omega}_m(1 - S_V)^{4.91} \tag{7}$$

式(1)中 $\mu_m$ 和式(3)、(4)中的 $\nu_m = \frac{\mu_m}{\rho_m}$ 采用费祥俊公式计算[4]，即

$$\mu_{m}=\mu(1-K\frac{S_{V}}{S_{Vm}})^{-2.5} \tag{8}$$

$$S_{Vm}=0.92-0.2\lg\sum\frac{p_i}{d_i} \tag{9}$$

$$K=1+2(\frac{S_{V}}{S_{Vm}})^{0.3}(1-\frac{S_{V}}{S_{Vm}})^{4} \tag{10}$$

以上各式中　$\mu_m$、$\mu$——浑水、清水的粘滞系数；$S_V$，$S_{Vm}$——体积比含沙量、极限含沙量；$d_i$、$p_i$——某粒径组平均粒径及相应的重量百分数；$K$——系数；$S_{am}$——沉速判数；$\Phi_m$——粒径判数；$\nu_m$——浑水的运动粘滞系数；$\gamma_s$、$\gamma_m$——泥沙、浑水容重；$g$——重力加速度。

为验证上述公式的合理性，用金堆城尾矿沙作了6、300、600 kg/m$^3$三种浓度尾矿浆的颗分线，见图2。由于浓度的影响，300 kg/m$^3$的泥沙组成比6 kg/m$^3$的细，600 kg/m$^3$的更细，以$S=6$ kg/m$^3$的颗分线为基础，应用式(1)～(7)计算不同粒径颗粒在300、600 kg/m$^3$尾矿浆中的沉速，再反求出粒径$d$，若计算与实测一致，就说明公式合理。例如$d=0.05$ mm的尾矿沙在$S=300$、600 kg/m$^3$尾矿浆中的沉速$\omega_{ms}$分别计算得0.06、0.015 cm/s，这两个沉速值相当于$d=0.024$ mm和$d=0.012$ mm泥沙在清水中的沉速。查图2中$S=6$ kg/m$^3$的颗分线，得$d\leqslant0.05$ mm的重量百分数为0.448，此百分数相应于$S=300$、600kg/m$^3$颗分线的粒径分别为$d=0.022$ mm和$d=0.005\ 4$ mm，可见$S=300$ kg/m$^3$的计算值$d=0.024$ mm和实测值$d=0.022$ mm吻合，$S=600$ kg/m$^3$的计算值偏大。分析其原因是因为$S=600$ kg/m$^3$的尾矿浆已是非牛顿宾汉体，经毛细管粘度计测定其极限剪切为$\tau_B=1.15$ N/m$^2$，细颗粒以浑液面形态沉降，颗粒的沉速已偏离斯托克斯公式和沙玉清公式。又例如$d=0.025$ mm的尾矿沙在$S=300$ kg/m$^3$尾矿浆中的计算沉速$w_{ms}=0.015$ cm/s，它相当于$d=0.012$ mm的颗粒在清水中的沉速，图2中$S=6$ kg/m$^3$尾矿浆颗分线$d\leqslant0.025$ mm的重量百分数为30%，由此百分数查得$S=300$ kg/m$^3$颗分线中相应粒径为0.01 mm，二者吻合。

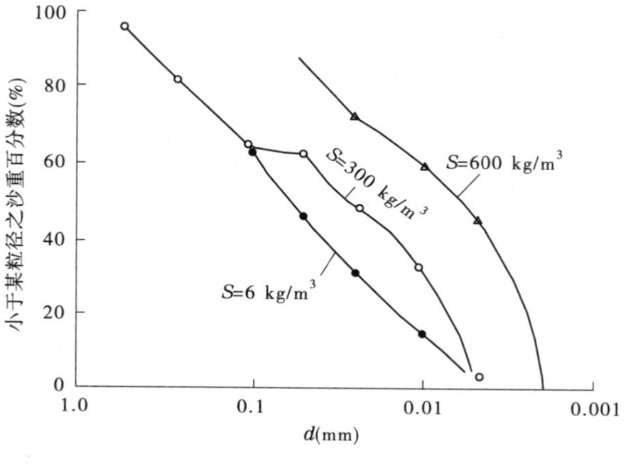


**图2　浓度校正的级配曲线**

## 4　高含沙水流挟沙力

水流挟沙力公式是判别河床冲淤性质的指标，我们在分析水流挟沙力时，区分挟沙水流的流型、流态，高含沙均质流的流态可以是层流也可以是紊流，高含沙非均质流的流态一般是紊流。高含沙均质流没有沉速概念，水流只要能克服阻力就能保持流动，在洛惠渠观测到，高含沙均质流的淤积表现为浑水流量的沿程减小，而含沙量及泥沙组成沿程不变。高含沙非均质流的淤积表现为含沙量沿程减小，泥沙粒径组成沿程细化，而流量沿程不变。

选取饱和平衡输沙资料作为分析的基本资料，将武汉水院的挟沙力公式计入容重影响，沉速公式用式(1)～(7)，这样就得到了有很好适用性的挟沙力公式

$$S_V = 0.000\ 145\,\frac{\gamma_m}{\gamma_s - \gamma_m}\,\frac{V^3}{gR\omega_{ms}} \tag{11}$$

对容重 $\gamma_s = 2\ 650\ kg/m^3$ 的泥沙

$$S_* = 0.385\,\frac{\gamma_m}{\gamma_s - \gamma_m}\,\frac{V^3}{gR\omega_{ms}} \tag{12}$$

式(12)与文献[5]的成果比较,区别为:(1)它不分床沙质和冲泻质,而是全沙;(2)采用的沉速公式不同;(3)资料均为平衡输沙资料。

临界不淤流速为

$$V_C = 18.98\left(\frac{\gamma_s - \gamma_m}{\gamma_m} gR\omega_{ms}\right)^{1/3} S_V^{\ 1/3} \tag{13}$$

式中　$R$——水力半径;$V$——流速;其余符号同前。

图 3 为 $S_V \sim \frac{\gamma_m}{\gamma_s-\gamma_m}\frac{V^3}{gR\omega_{ms}}$ 的关系,可看出,不同 $\gamma_s$ 的资料在 $S_V$ 超过一定值时,$S_V$ 与 $\frac{\gamma_m}{\gamma_s-\gamma_m}\frac{V^3}{gR\omega_{ms}}$ 无关,对照图 4 中的临界不淤流速 $V_C$ 与 $S_V$ 的关系,说明了这种现象的必然性。因为分析资料均为试验资料,无论含沙量大小,颗粒级配组成基本不变,这样当含沙量达到一定值后,水流为高含沙均质流,已没有沉速概念、挟沙力的问题。天然河道中,泥沙组成随含沙量的增加而变粗,达到均质流的临界含沙量随泥沙组成变粗而增大,就不太可能出现这种情况。

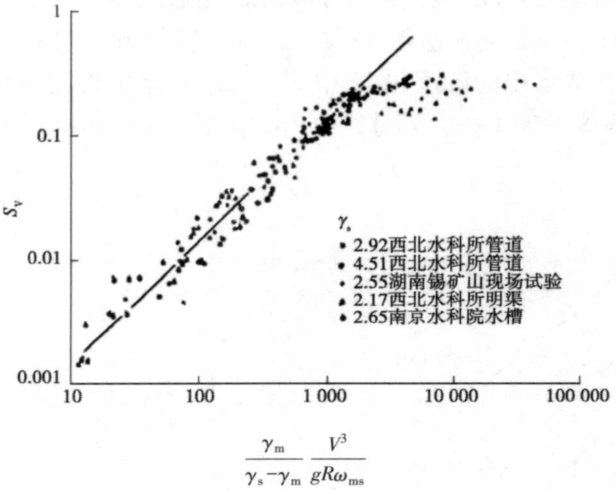


**图 3　$S_V \sim \frac{\gamma_m}{\gamma_s-\gamma_m}\frac{V^3}{gR\omega_{ms}}$ 关系图**

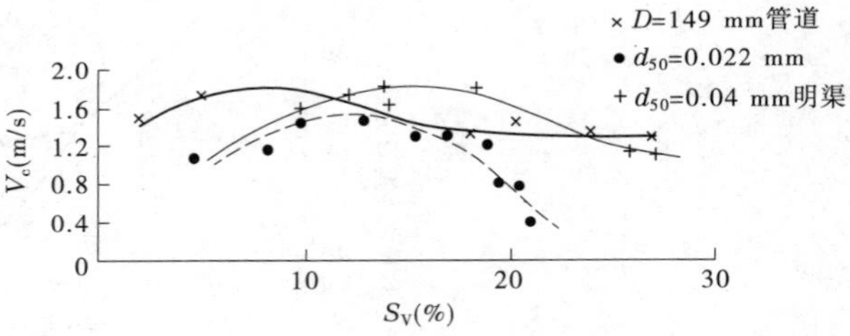


**图 4　$V_C \sim S_V$ 关系图**

## 5　公式验证

前述影响揭河底冲刷的三个主要因素中,河床淤积物为成层结构,它是初始边界条件,而含沙量及流量的影响,则体现在挟沙力公式中。为检验其正确性,用龙门、临潼、朝邑站的资料予以检验。表 2 为这三个站 1977 年 7 月 6—8 日揭河底冲刷水力因子及计算挟沙力过程。图 5 为北洛河朝邑站 1977 年 7 月 6—8 日揭河底冲刷中挟沙力计算值和水力、泥沙因子变化过程。图和表中数字能够确切地说明何以揭河底冲刷只能在含沙量大、流量也大时才能发生的机理。龙门站 No.1、No.2 栏也是冲刷的,但含沙量低,冲起的泥沙颗粒粗,水流负担重,挟沙力增加缓慢,No.5 栏符合流量、含沙量都大的条件,挟沙力达到 3 420 $kg/m^3$ 的高值,它是洪水过程中峰顶 No.4 栏的 3.4 倍,是流量相近的 No.3 栏的 4.9 倍,实测资料说明揭河底冲刷是在峰顶后开始的。图 5 中实测的平均河床高程、最深点河床高程的冲淤变化性质与实测含沙量 $S_m$ 和计算挟沙力的差值所反映的冲淤性质很吻合。这些表明上述沉速公式、挟沙力公式能确切地判别河床冲淤性质,作为判别河床冲淤变化、揭河底冲刷的判数。

表 2　1977 年 7 月 6—8 日龙门站、临潼站、朝邑站揭河底冲刷水力因子及计算挟沙力过程

| 站名 | No. | 月.日.时:分 | $Z$ (m) | $Q$ ($m^3/s$) | $V$ (m/s) | $h$ (m) | $h_{max}$ (m) | $Z_{smax}$ (m) | $Z_s$ (m) | $S_*$ ($kg/m^3$) | $S_m$ ($kg/m^3$) |
|---|---|---|---|---|---|---|---|---|---|---|---|
| 龙门站 | 1 | 7.6.13:28 | 383.67 | 6 890 | 5.47 | 4.60 | 5.0 | 378.67 | 379.07 | 635 | 166 |
| | 2 | 7.6.13:55 | 385.04 | 8 700 | 6.0 | 5.30 | 6.3 | 378.74 | 379.74 | 727 | 160 |
| | 3 | 7.6.15:12 | 385.50 | 10 900 | 6.26 | 6.40 | 6.7 | 378.80 | 379.10 | 702 | 192 |
| | 4 | 7.6.16:11 | 386.66 | 12 200 | 6.42 | 6.90 | 7.0 | 379.76 | 379.66 | 1 017 | 363 |
| | 5 | 7.6.19:00 | 383.95 | 10 100 | 5.43 | 6.80 | 9.9 | 377.15 | 374.05 | 3 420 | 690 |
| | 6 | 7.6.22:52 | 380.23 | 5 440 | 4.60 | 4.64 | 6.0 | 374.23 | 375.59 | 1 319 | 504 |
| | 7 | 7.7.8:50 | 378.14 | 2 900 | 3.33 | 3.18 | 4.4 | 373.74 | 374.96 | 418 | 472 |
| | 8 | 7.8.10:42 | 376.92 | 1 180 | 2.21 | 2.06 | 3.6 | 373.72 | 374.86 | 178 | 130 |
| | 9 | 1987.7.10.12:36 | 381.72 | 742 | 2.15 | 1.28 | 1.6 | 380.12 | 380.44 | 553 | 598 |
| | 10 | 1987.8.27.0:00 | 383.82 | 6 520 | 4.76 | 4.88 | 6.0 | 378.94 | 377.82 | 1 394 | 287 |
| 临潼站 | 1 | 7.6.13:18 | 354.47 | 967 | 2.54 | 1.44 | 2.4 | 352.07 | 353.03 | 964 | 515 |
| | 2 | 7.6.16:00 | 355.22 | 2 080 | 2.43 | 2.72 | 5.0 | 350.22 | 352.50 | 3 223 | 586 |
| | 3 | 7.6.23:00 | 356.32 | 4 020 | 2.59 | 4.06 | 6.5 | 349.82 | 352.26 | 1 213 | 667 |
| | 4 | 7.7.5:06 | 356.97 | 4 710 | 2.60 | 3.96 | 7.0 | 349.97 | 353.01 | 728 | 661 |
| | 5 | 7.7.12:00 | 357.12 | 5 270 | 2.55 | 3.71 | 7.0 | 350.12 | 353.41 | 419 | 482 |
| | 6 | 7.7.18:12 | 356.06 | 3 060 | 2.03 | 4.01 | 6.0 | 350.06 | 352.05 | 176 | 475 |
| | 7 | 7.8.3:00 | 355.03 | 1 750 | 1.65 | 3.48 | 5.1 | 349.93 | 351.55 | 84 | 412 |
| | 8 | 7.8.9:30 | 354.54 | 1 450 | 1.50 | 3.17 | 5.0 | 349.50 | 351.37 | 68 | 387 |
| | 9 | 7.8.23:00 | 354.07 | 903 | 1.21 | 2.62 | 4.5 | 349.57 | 351.45 | 42 | 293 |
| 朝邑站 | 1 | 7.6.18:36 | 332.98 | 94 | 1.25 | 1.37 | 1.82 | 331.16 | 331.61 | 92.4 | 186 |
| | 2 | 7.7.3:18 | 333.78 | 201 | 1.57 | 1.83 | 2.78 | 331.00 | 331.95 | 120 | 264 |
| | 3 | 7.7.7:18 | 335.15 | 608 | 2.03 | 4.05 | 5.30 | 329.85 | 331.10 | 4 276 | 923 |
| | 4 | 7.7.9:48 | 336.98 | 1 040 | 2.33 | 6.00 | 7.50 | 329.48 | 330.98 | 2 169 | 873 |
| | 5 | 7.7.14:18 | 337.66 | 1250 | 1.93 | 8.30 | 11.00 | 326.66 | 329.36 | 891 | 852 |
| | 6 | 7.7.20:48 | 337.76 | 1 490 | 1.95 | 9.70 | 13.00 | 324.76 | 328.06 | 785 | 681 |
| | 7 | 7.8.4:42 | 336.35 | 852 | 1.50 | 7.30 | 9.50 | 326.85 | 329.05 | 296 | 640 |
| | 8 | 7.8.11:00 | 334.91 | 530 | 1.16 | 6.00 | 8.00 | 326.91 | 328.91 | 167 | 654 |
| | 9 | 7.8.19:42 | 333.29 | 293 | 0.90 | 4.50 | 5.70 | 327.59 | 328.79 | 102 | 621 |
| | 10 | 7.9.6:36 | 332.11 | 163 | 0.71 | 3.52 | 4.60 | 327.51 | 328.59 | 73 | 574 |

高含沙大洪水进入宽河段后，滩地淤积，主槽冲刷，滩槽异向发展，塑造出窄深河槽。根据流型、流态的判别，可区分出滩地淤积性质，为泥沙数学模型提供河床边界。

发生揭河底冲刷的历时一般不长，有很大的非恒定性，滩淤槽冲引起的流量增减只能用非恒定流方程描述，图 6 是用一维非恒定流模型计算的 1977 年龙门—潼关河段发生揭河底冲刷时，潼关站的流量、含沙量过程与实测值的比较，两者的符合程度应认为是合理的。

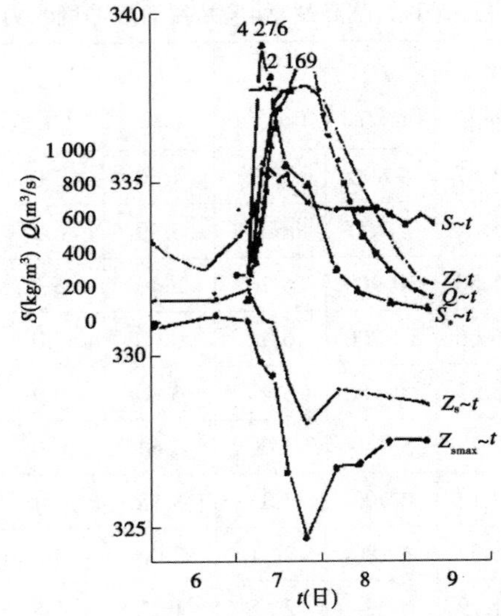


图 5　1977 年 7 月 6—8 日朝邑站高含沙洪水冲刷过程

笔者认为,上述一套计算方法不仅能描述揭河底冲刷这种特殊问题,也应能描述黄河下游发生的被谢鉴衡称为“黄河百慕大”的清水冲刷问题。三门峡水库下泄清水时,下游的流速可达 2 m/s 以上,远大于床沙的起动流速,但并不能发生剧烈冲刷。按本文的论点,这是由于水流含沙量极小,床沙又较粗,冲起的泥沙沉速大,即使流速达 2 m/s 以上,水流挟沙力并不大,不可能发生强烈冲刷。

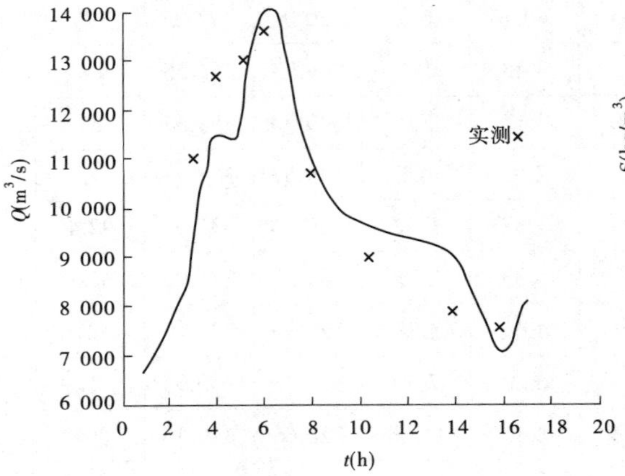


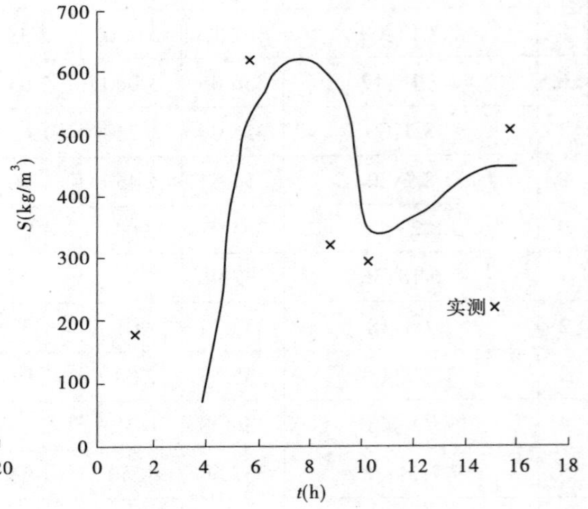


图 6　1977 年 7 月 7 日潼关站流量、含沙量过程

## 参 考 文 献

[1] 万兆惠,宋天成.“揭河底”冲刷现象的分析.泥沙研究,1991,(3).
[2] 赵树起.渭河洪水揭底奇景.陕西水利,1995,(2).
[3] 李勇,张晓华.黄河下游高含沙洪水河床演变模式及异常现象探讨.人民黄河,1994,(8).
[4] 费祥俊.黄河下游含沙水流粘度的计算模型.泥沙研究,1991,(2).
[5] 曹如轩.高含沙水流挟沙力初步研究.水利水电技术,1979,(5).

(本文原载于《人民黄河》1997 年第 2 期)

# 黄河上游宁蒙河道冲淤变化分析

赵文林[1]，程秀文[1]，侯素珍[1]，李红良[2]

（1.黄河水利科学研究院，郑州 450003；2.黄河水利委员会 水文局，郑州 450004）

**摘　要**：黄河上游来水来沙地区分布不均匀，水沙异源。大型水库修建前，来沙多，宁蒙河道淤积，50 年代淤积尤为严重。青铜峡、刘家峡水库运用后，水库大量拦沙，宁蒙河道发生冲刷。龙羊峡、刘家峡水库联合运用后，汛期蓄水削峰，出库中小水流量历时加长，大流量出现机会大大减少，宁蒙河道重新调整，主要表现在：水流挟沙能力降低；河道淤积严重，水位升高，平滩流量减小；河势摆动加剧，滩岸坍塌严重；西柳沟高含沙洪水淤堵干流呈加重趋势。建议加速多沙支流治理，在水资源分配上应减少枯水年用水量，并考虑宁蒙河道输沙用水量。

**关键词**：冲淤演变；来水来沙；水库调节；宁蒙河道

## 1　概　况

黄河上游来水来沙地区分布不均匀，水沙异源。大中型水利水电枢纽建成前的 1952—1959 年，头道拐站天然年径流量 318.8 亿 $m^3$。水量主要来自唐乃亥以上，天然年径流量 181.3 亿 $m^3$，占全上游的 56.9%；其次为循化—兰州区间，天然年径流量 107.9 亿 $m^3$，占上游的 33.8%，该区间主要支流洮河、大夏河、湟水、大通河来水多。黄河上游的水量几乎全部来自兰州以上，兰州天然径流量占上游的 99%。

实测年沙量沿程递增到青铜峡达到最大值（2.88 亿 t），青铜峡以下因河道淤积和灌溉引走部分泥沙，沙量沿程递减。沙量主要来自兰州—青铜峡区间，该区间年来沙量 1.53 亿 t，占青铜峡沙量的 53%，其中支流祖厉河、清水河来沙量多。其次为循化—兰州区间，年来沙量 0.94 亿 t，占青铜峡沙量的 32.4%，支流洮河、湟水的来沙量大。

目前，黄河上游已建成龙羊峡、刘家峡等 6 座大中型水利水电工程。

刘家峡水库（以下简称“刘库”）为不完全年调节水库，调节库容 42 亿 $m^3$，1968 年 10 月 15 日开始蓄水。1969 年 11 月初蓄至正常蓄水位，以后转入正常运用期，每年 6—10 月蓄水，11 月至翌年 5 月泄水。由于水库调节，出库站汛期水量占全年的百分比由建库前的 61%减少到 51%，入库洪峰流量的削峰比一般在 30%左右。水库控制了黄河上游 1/3 左右的来沙量，库容大，有较大的拦沙作用。截止到 1986 年 10 月，水库淤积 10.93 亿 $m^3$，年均淤积 0.547 亿 $m^3$。

龙羊峡水库（以下简称“龙库”）是多年调节水库，调节库容 193.6 亿 $m^3$。1986 年 10 月 15 日开始蓄水，到 1989 年 11 月底共蓄水 160 亿 $m^3$，为初期蓄水运用阶段。之后，转入正常运用期，年内的调节方式与刘家峡水库相近。龙羊峡水库库容大，调节能力强，汛期蓄水削峰比一般为 40%～70%，洪水基本被控制，出库流量过程较为均匀，中小水流量历时加长，流量大于 1 000 $m^3/s$ 的机会大大减少。水库上游为清水来源区，入库沙量少，水库年均淤积量为 0.22 亿 t，拦沙作用较小。

青铜峡水库库容 6.06 亿 $m^3$，调节库容 0.3 亿 $m^3$，调节径流作用很小。1967 年 4 月开始蓄水发电。水库有一定的拦沙作用，截止到 1989 年底，水库淤积 6.396 亿 $m^3$，年均淤积 0.278 亿 $m^3$。

黄河上游灌溉等年用水量 50 年代为 77.8 亿 $m^3$，90 年代增加到 126.0 亿 $m^3$，其中内蒙古、宁夏用水量分别占上游总用水量的 58.8%和 28.2%。

## 2　宁蒙河道冲淤变化分析

兰州—下河沿河段川峡相间，河床为岩石、块石或砂卵石，从较长时间来看冲淤变化不大。

## 2.1　大型水库修建前(1952—1966 年)河道冲淤变化

用沙量平衡方法计算的河道冲淤量如表 1。1952—1966 年宁夏(下河沿—石嘴山)、内蒙古(石嘴山—头道拐)河道(以下简称"宁蒙河道")年均淤积 0.223 亿 t。50 年代河道淤积严重,年均为 0.891 亿 t,来沙量 4 亿 t 以上的 1955 年、1958 年、1959 年等特丰沙年及水量特枯、沙量持平的 1956 年,河道淤积量大,约占 1952—1959 年总淤积量的 80%。1960—1966 年来沙量偏小,再加上盐锅峡水库拦沙,除 1964 年特丰沙年河道发生淤积外,其他年份均冲刷,该时段年均冲刷 0.540 亿 t。

表 1　黄河上游宁蒙河道年均冲淤量

| 时段/年 | 下河沿—石嘴山/亿 t | 石嘴山—头道拐/亿 t | 下河沿—头道拐/亿 t |
|---|---|---|---|
| 1952—1959 | 0.480 | 0.411 | 0.891 |
| 1952—1966 | 0.012 | 0.211 | 0.223 |
| 1967—1986 | -0.099 | -0.246 | -0.345 |
| 1987—1996 | 0.213 | 0.439 | 0.652 |

注:除 1990—1996 年之外,下河沿—石嘴山河段冲淤量不包括青铜峡水库淤积量。

影响河道冲淤的主要因素是来水来沙条件。兰州以上来水与兰州以下来沙的组合对河道冲淤影响很大。图 1 是兰州—头道拐河段汛期平均含沙量的沿程变化。从图中看出,兰州—青铜峡区间加沙少、含沙量较低的 1952 年、1960 年、1965 年,沿程含沙量增加,河道略有冲刷;而兰州—青铜峡区间加沙多、含沙量大的 1956 年、1958 年、1959 年,青铜峡以下含沙量沿程大幅度衰减,河道出现了严重淤积,但头道拐站的含沙量仍略大于兰州站含沙量。这说明,在一般情况下,兰州站来水输送其上游的来沙是有富余的,兰州以下河道的冲淤取决于兰州来水富余的挟沙能力和兰州以下区间加沙的多少。

兰州—青铜峡区间的支流祖厉河、清水河经常出现洪峰不大、洪量小的较高含沙量洪水,汇入黄河干流后对河道很有害。从年最大含沙量的沿程变化可以看出,这种洪水演进不远,到石嘴山时大部分泥沙都已落淤,以下各站含沙量缓慢减少,到头道拐时趋于稳定。

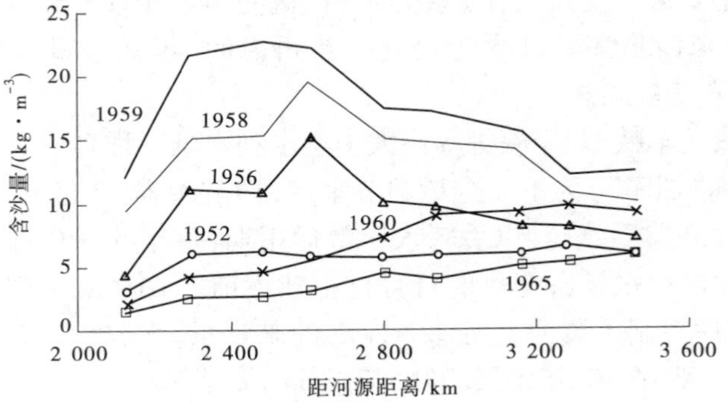


图 1　兰州—头道拐河段汛期平均含沙量沿程变化

兰州—头道拐河段冲淤量 $\Delta W_s$ 与来水来沙的关系可表示为

$$\Delta W_s = 1.222 + 0.839\,5W_s + 0.336\,9W_{s兰} - 0.007\,5W_{兰}$$

式中:$W_s$ 为兰州—头道拐区间加沙量;$W_{s兰}$ 为兰州以上来沙量;$W_{兰}$ 为兰州以上来水量。上式也反映出兰州以下加沙对河道冲淤的影响权重要大得多。

图 2 是兰州以下河道单位水量冲淤量与来沙系数的关系,来沙系数在 0.006 kg · s/m$^6$ 左右时,河道保持冲淤平衡,大于此值发生淤积,反之则发生冲刷。

## 2.2　刘家峡水库运用对河道冲淤的影响

1967 年 4 月和 1968 年 10 月,青铜峡、刘家峡水库相继投入运用。尽管刘家峡水库调节径流降低了河道水流的挟沙能力,但由于两库大量拦沙(截止到 1986 年 10 月,两库拦沙 17.23 亿 m$^3$),来沙量明显减少,宁蒙河道依然发生冲刷,1967—1986 年平均每年冲刷 0.345 亿 t(见表 1)。从河段来说,冲刷主要

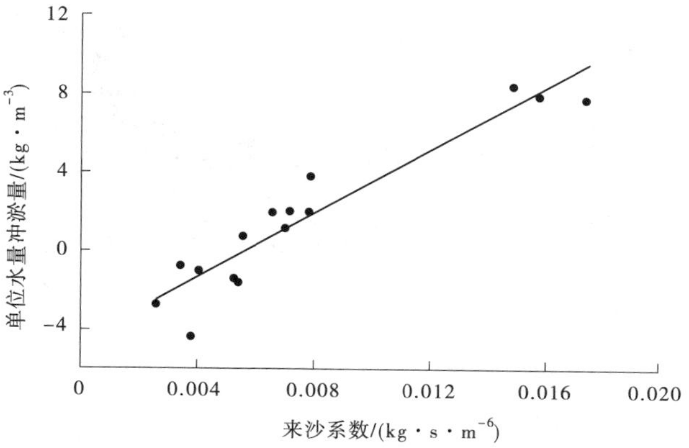


**图 2　兰州—头道拐河段冲淤量与来沙系数的关系**

发生在内蒙古河道。从时间上来看，主要在青铜峡水库拦沙期（1967—1971 年），水库淤积 5.437 亿 $m^3$，出库含沙量小、泥沙细（$d_{50}$为 0.011 mm，粒径计法），由于该库几乎控制了上游的全部来沙，而调节径流的作用非常小，坝址又处在宁蒙冲积河道上部，因而水库蓄水拦沙运用对河道影响比较大，水库以下河道共冲刷 4 亿 t。以后随着河床的粗化，河道输沙能力降低，冲刷减弱。如果没有青铜峡水库，根据实测资料建立的经验关系计算，河道基本处于冲淤平衡（淤积 0.23 亿 t），则青铜峡水库蓄水拦沙期减淤比约为 1.6∶1.0，即水库拦沙 1.6 亿 t，下游河道减淤 1.0 亿 t。青铜峡以下各站沿程含沙量恢复过程与出库水沙条件关系密切。对于汛期特丰水的 1967 年，沿程含沙量恢复快，到三湖河口站达到饱和，以下含沙量基本不变；1968 年、1971 年出库含沙量较小，汛期水量较丰，含沙量沿程增加直到头道拐；1969 年汛期水量很小，虽然出库含沙量不大，但含沙量沿程基本不变。

图 3 是以兰州以下区间加沙量为参数的兰州以下河道冲淤量与兰州站汛期水量的关系。图中点群可分成三条线：最下边的线是 1967—1971 年的点子，反映的是受青铜峡水库蓄水拦沙影响河道冲刷的情况；中间的线是区间加沙量为 0.2 亿~0.9 亿 t，属于中等加沙量的情况；最上边的线是区间加沙量为 0.9 亿~2.0 亿 t，属于加沙量大的情况。同样的汛期来水量，区间加沙量多的年份淤得多或冲得少，反之则淤得少或冲得多。

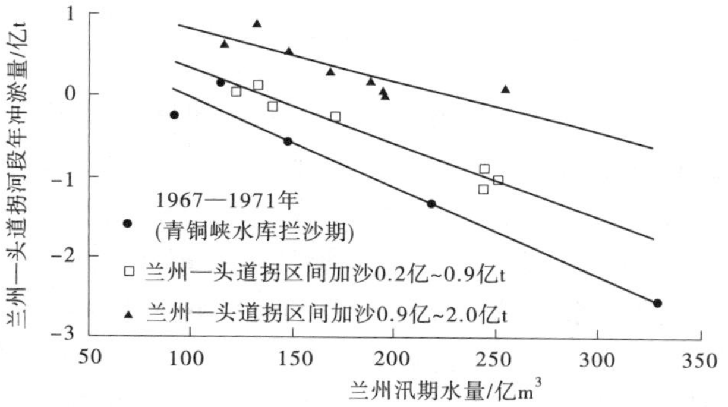


**图 3　冲淤量与来水来沙关系**

## 2.3　龙、刘两库联合运用对河道冲淤演变的影响

### 2.3.1　水流挟沙能力降低

龙、刘水库汛期蓄水削峰的必然结果是降低了水流挟沙能力。由图 4 可见，同一水量，大流量级的输沙量明显大于小流量级的输沙量。在 5 亿~30 亿 $m^3$ 水量范围内，同样的水量，2 000~2 500 $m^3/s$ 流量级的输沙量是 500 $m^3/s$ 以下流量级的 5.5~6.5 倍。头道拐站的年水沙关系也反映出同样的趋势。按平均情况计算，同样的年水量，龙、刘水库联合运用比刘家峡建库前的输沙量减少 20%~50%，年水量越小，减少的比例愈大，即对来水量少的年份，龙、刘水库调节径流的影响相对要大些。

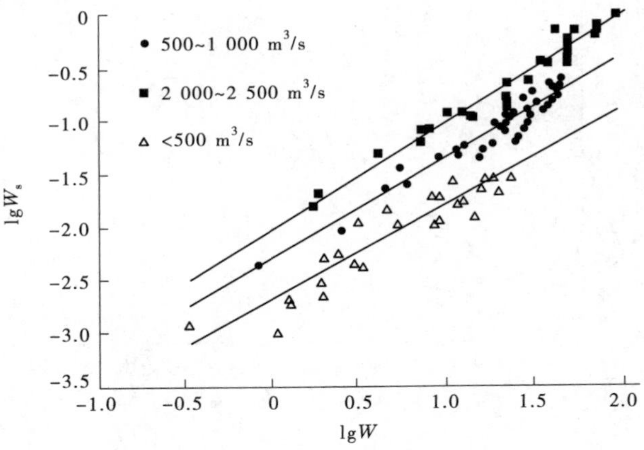


**图 4　头道拐站汛期各级流量水沙关系**

2.3.2　河道淤积严重

龙羊峡水库运用以来，截止到 1996 年底，宁蒙河道年淤积 0.652 亿 t，仅次于来沙多的 50 年代。淤积主要发生在内蒙古河道，年均淤积 0.439 亿 t，占 67%。总的来看，宁蒙河道淤积较严重。

根据龙、刘水库调节运用及来水来沙特点，宁蒙河道大致可分为 3 种情况，见表 2。

**表 2　龙、刘两库汛期蓄水量与宁蒙河道冲淤量**

| 年份 | 龙、刘两库汛期蓄水量/亿 m³ | 下河沿水量/亿 m³ | | 下河沿全年沙量/亿 t | 河道冲淤量/亿 t | | |
|---|---|---|---|---|---|---|---|
| | | 全年 | 汛期 | | 下河沿—石嘴山 | 石嘴山—头道拐 | 下河沿—头道拐 |
| 1989 | 69.83 | 392 | 215 | 1.45 | 0.030 | 1.360 | 1.390 |
| 1987 | 41.02 | 219 | 95 | 0.39 | −0.012 | 0.012 | 0 |
| 1993 | 47.04 | 282 | 131 | 0.80 | −0.219 | 0.314 | 0.095 |
| 1994 | 5.39 | 273 | 115 | 1.88 | 0.481 | 0.470 | 0.951 |
| 1996 | 23.78 | 208 | 82 | 1.95 | 0.640 | 0.561 | 1.201 |

第一种情况是 1989 年，来水特丰，来沙量居中，龙、刘水库汛期蓄水多，十大孔兑大量加沙，局部河道严重淤积。宁蒙河道淤积 1.39 亿 t，主要集中在三湖河口以下，淤积 1.12 亿 t，占 81.3%。图 5 是三湖河口—头道拐河段各月的淤积量及来水来沙量，由图可见，淤积主要集中于 7 月，淤积量为 1.106 亿 t，占该河段全年淤积量的 98%。7 月份三湖河口月平均流量 780 m³/s，含沙量不大，只有 4.2 kg/m³，但毛不浪孔兑和西柳沟发生高含沙量洪水，洪峰流量分别为 5 600、6 940 m³/s，沙量分别为 0.670 亿、0.474 亿 t。从三湖河口和头道拐沙量差不多，而河道淤积量与毛不浪孔兑、西柳沟来沙量相近的情况来看，如果没有支流的大量加沙，该段河道基本可维持平衡，即 700 m³/s 左右的流量可以带走 4 kg/m³ 左右的含沙量，这说明十大孔兑的大量加沙是造成该段河道淤积的直接和主要原因。当然，如果没有龙、刘水库的蓄水，三湖河口流量可加大到 2 000 m³/s 以上，即使有十大孔兑大量加沙，河道也不会淤积这么严重。

第二种情况是 1987 年、1993 年，龙羊峡入库水量偏枯或为平水，龙、刘水库汛期蓄水较多（40 多亿 m³），来沙少（0.8 亿 t 以下），宁蒙河道基本不淤。

第三种情况是 1994 年、1996 年，龙羊峡入库为枯水，龙、刘水库汛期蓄水较少（分别为 5.39 亿、23. 78 亿 m³），来沙多（接近 2 亿 t），宁蒙河道淤积多（1 亿 t 左右），这主要是来水来沙条件不利造成的。

河道淤积后，同流量水位升高，1986—1996 年，巴彦高勒、三湖河口、昭君坟同流量水位分别上升 1. 07、0.81、1.06 m，据此计算，内蒙古河道淤积 3.06 亿 m³，与沙量平衡法计算结果是一致的。

图 6 所示为头道拐与石嘴山年平均含沙量的比值（$S_{头}/S_{石}$）与石嘴山年平均来沙系数关系。由图

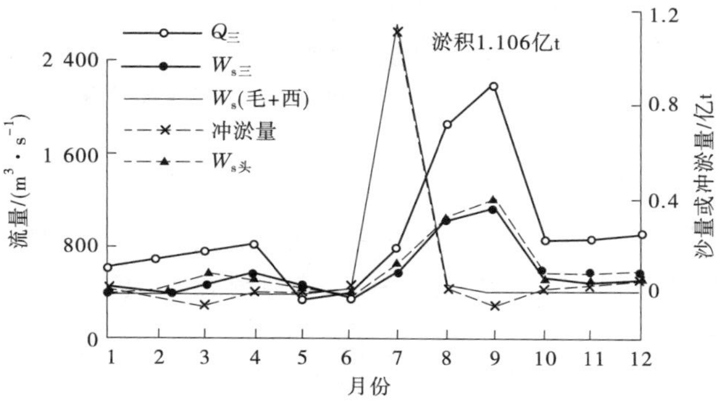


**图 5　1989 年三湖河口—头道拐河段冲淤量及来水来沙量**

看出，$S_{头}/S_{石}$与来沙系数成反比例关系。刘家峡水库运用前，来沙系数临界值为 0.006 kg·s/m$^6$，运用后点群比建库前有所降低，但除个别点子外，$S_{头}$ 都大于 $S_{石}$。龙、刘水库联合运用后，点群落在最下面，$S_{头}$ 都小于 $S_{石}$，从另一个侧面反映了河道淤积及龙、刘水库调节径流等对河道的影响。

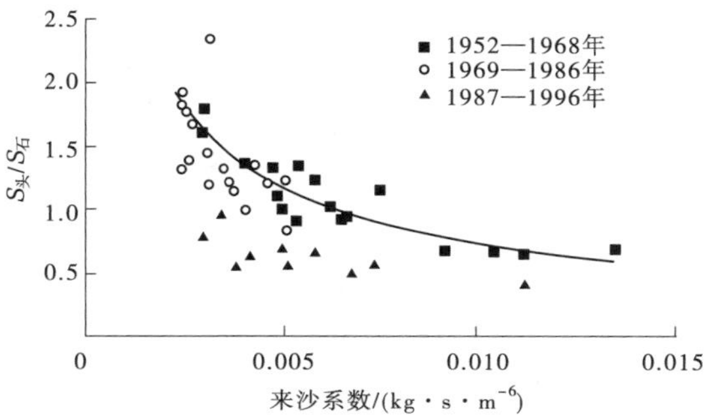


**图 6　$S_{头}/S_{石}$与来沙系数关系**

龙、刘水库汛期调蓄，削减了洪峰流量，中小水历时加长，主槽淤积增多，平槽流量减小。龙羊峡水库蓄水前，河道淤积严重的昭君坟站平槽流量变化在 2 500~3 200 m$^3$/s，1986 年后逐年下降，近几年减小到 1 000 m$^3$/s 左右。

2.3.3　河势摆动加剧，滩岸坍塌严重

龙、刘水库联合运用后，调蓄了洪水，中水持续时间加长，减少了水流大漫滩机会，淤滩作用减弱，水流坐弯顶冲淘刷河岸能力增强，造成滩地大量塌失。内蒙古水科所利用卫星遥感资料分析表明，河道淘岸面积增大，如三盛公—四科河头段，龙羊峡水库运用前的 1973—1986 年向北淘进 25.2 km$^2$，向南淘进 30.6 km$^2$，合计 55.8 km$^2$；而龙羊峡水库运用后的 1986—1990 年向北淘进 87.8 km$^2$，向南淘进 52.0 km$^2$，合计 139.8 km$^2$，是前者的 2.5 倍。主河槽摆动幅度大，摆动速度加快，尤以三盛公—三湖河口段较为严重，1973—1986 年摆动速度为 15~123 m/a，而 1986—1990 年增加到 300~625 m/a，是前者的 5~10 倍。

2.3.4　支流汇合口处局部河段淤堵加重

内蒙古十大孔兑 7 月、8 月份常发生高含沙洪水，把大量粗沙带入干流，进入黄河后，坡度减小，河道变宽，水流挟沙能力降低，有时引起局部河段短时间淤堵，形成沙坝。即使在刘家峡水库运用前，这种现象也时有发生，如 1961 年 8 月、1966 年 8 月在西柳沟入黄口处出现过[1]。

龙、刘水库运用后，洪峰流量调平，中小水时间加长，使这种局部淤堵情况加重。1989 年 7 月 21 日西柳沟发生 6 940 m$^3$/s 洪水，最大含沙量 1 240 kg/m$^3$，黄河流量 1 000 m$^3$/s 左右，在入黄口处形成长 600 多 m、宽约 7 km、高 5 m 多的沙坝，堆积泥沙约 3 000 万 t，使河口上游 1.5 km 处的昭君坟站同流量水位猛涨 2.18 m，超过 1981 年 5 450 m$^3$/s 洪水位 0.52 m，严重影响了包头市和包钢的供水。8 月 15 日主槽全部冲开，水位恢复正常。这次洪水龙羊峡入库流量为 2 300 m$^3$/s，出库流量只有 700 m$^3$/s，加重了河道淤堵。

1998 年 7 月 5 日，西柳沟 1 600 $m^3/s$ 高含沙洪水（黄河流量 100 $m^3/s$）又淤堵黄河，形成沙坝，包钢取水口全部堵塞。7 月 12 日，西柳沟再次出现流量 2 000 $m^3/s$ 高含沙洪水，黄河流量约 400 $m^3/s$，在入黄口处形成长 10 余 km 的沙坝，河床抬高 6~7 m，包钢取水口又一次严重堵塞，正常取水中断。

## 3 建 议

龙羊峡水库运用后，宁蒙河道淤积较严重。建议加强宁蒙河道淤积观测，加速多沙支流祖厉河、清水河的治理。在水资源分配上应减少枯水年用水量，并考虑宁蒙河道输沙用水量。对西柳沟高含沙洪水淤堵入黄口问题应研究对策。

**参 考 文 献**

[1] 杨振业.1961、1966 年内蒙古昭君坟河段泥沙淤积黄河受阻的情况分析.人民黄河，1984，(6).

（本文原载于《人民黄河》1999 年第 6 期）

# 用全沙观点研究黄河泥沙问题

龙毓骞，张原锋

（黄河水利科学研究院，河南 郑州 450000）

**摘　要：**黄河现行的输沙率测验存在系统误差。漏测及计算方法引起的沙量误差虽然占全沙量的百分数较小，但在水库及下游河道的冲淤演变中所起的作用却不能忽视。采用 Einstein 全沙的概念，对实测输沙率进行修正后，用沙量平衡法计算的冲淤量与断面法计算的冲淤量基本一致，改正后的输沙率可作为全沙输沙率用于黄河泥沙问题的研究。

**关键词：**全沙输沙率；悬移质；推移质；修正；断面法；沙量平衡法；冲淤量；黄河

## 1　悬移质与推移质

黄河以多泥沙闻名于世。黄河干支流各水文站均进行了多年的悬移质泥沙观测。原陕县站多年平均悬移质输沙量达16亿t。20世纪50年代后期及60年代初，曾在一些站进行推移质测验。张原锋等[1]用修改后的推移质公式根据部分干流站水力特性估算各站推移质量占全沙的百分比，见表1。

**表1　各站推移质量占全沙的百分比**

| 项目 | 上游 | 中游 | | 下游 | | | | |
|---|---|---|---|---|---|---|---|---|
| | 石嘴山 | 龙门 | 潼关 | 花园口 | 高村 | 孙口 | 泺口 | 利津 |
| 资料组数 | 35 | 106 | 173 | 82 | 44 | 36 | 60 | 57 |
| 最大值/% | 4.20 | 3.05 | 1.69 | 1.91 | 1.29 | 0.87 | 1.00 | 0.97 |
| 平均值/% | 0.88 | 0.70 | 0.36 | 0.57 | 0.43 | 0.40 | 0.31 | 0.32 |

由表1可见，在黄河干流冲积河段，推移质所占百分数很小，就一个较短时段的输沙数量而言，可以忽略，但作为床沙质的一部分，它在河床演变中的作用却不可忽视。就级配而言，推移质级配与床沙相近。潼关站的部分资料统计显示：在床沙中粒径小于0.025 mm的泥沙还不到5%，而悬沙中大约占67%；粒径大于0.05 mm的泥沙在床沙中约占80%，但在悬沙中仅占15%左右。黄河各河段泥沙输移的情况较为复杂，在高含沙时还会出现层流层[2]。目前，黄河上各水文站均进行悬移质输沙率或悬移质含沙量测验，而没有进行推移质测验。经整编后可计算某一时段的悬移质输沙量而不是包括推移质在内的全沙沙量。但是，在研究黄河水库泥沙冲淤问题时，必须考虑全沙沙量。在研究河道河床演变问题时，应以包括推移质在内的床沙质为对象。因此，在研究黄河水库及河道泥沙冲淤演变问题时，应考虑如何估算全部床沙质输沙率的问题。

## 2　Einstein 全沙输移概念

钱宁等曾对 Einstein 输沙理论作过全面介绍[2]。Einstein 的床沙质函数是把床沙、推移质和悬移质结合在一起进行考虑所给出的全部床沙质输沙率的计算方法。以在床面层运动的推移质为基础，取其含沙量作为悬移质垂线分布的下限，再沿垂线积分而求得悬移质输沙率，两者之和即为全部床沙质输沙率。它也反映了在一定的边界条件下一个河段的输沙能力。通过某一断面的泥沙则是全部床沙质和冲泻质之和，就运动方式而言，也是推移质和全部悬移质泥沙之和。

钱宁曾指出原发表的 Einstein 床沙质输沙率公式中的一些不足之处[2]。王士强等通过一些实验研究，在 Einstein 理论的基础上提出了新的输沙能力公式[3]。张原锋等对其中的推移质公式作了一点改进，并用黄河实测资料进行了检验[4]，实测推移质资料与计算值的关系虽较散乱，但基本没有系统偏差。另外还选择约 300 组冲淤变化较小测次的黄河下游实测悬移质输沙率资料，用 MEP 程序计算得出全部床沙质输沙率，用以检验王士强等提出的全沙输沙能力公式对黄河的适用性[5,6]，检验结果如图 1 所示。图中实测及计算值均为粒径大于 0.025 mm 的床沙质泥沙，检验结果较好。在实际应用中还要加上粒径小于 0.025 mm 的冲泻质，那时的计算值与实测值相关关系还会更好。

水文站实测输沙率时收集有测验断面的水力因子、比降、床沙级配及水温等资料。在研究黄河泥沙输移问题时可以用上述公式计算测验时刻的全沙输沙率。但是，在进行单沙测验时没有取得这些资料，还不能用这一方法直接计算任一时刻的全沙输沙率，因此还无法求得一个时段的全沙输沙量。

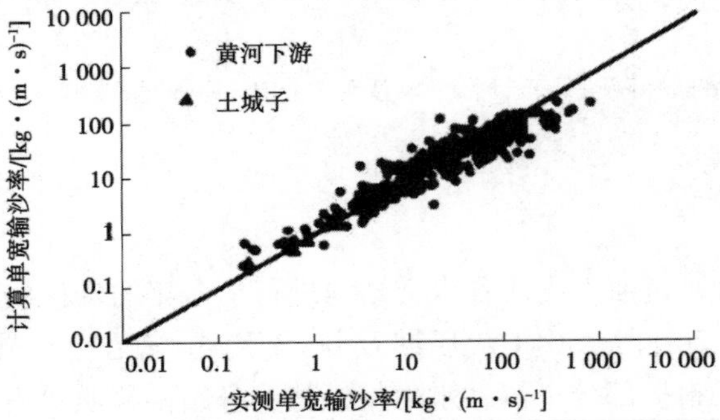


**图 1　计算粒径大于 0.025 mm 的输沙率与实测值比较**

## 3　用 MEP 程序计算全沙输沙率

钱宁等以 Einstein 输沙理论为基础分析了河流泥沙测验问题，指出现行测验方法可能存在系统误差[2]。我们也曾用实测资料对此进行过论证[7]。Colby 等在 20 世纪 60 年代初提出了修正爱因斯坦程序[8]。这一程序实际上不是一种输沙能力公式，而是一种利用实测悬移质资料计算全沙的方法。其原理可用下述公式说明：

$$计算全沙输沙率=\frac{理论计算全沙输沙率}{理论计算实测范围输沙率}\times实测输沙率$$

式中理论值是利用 Einstein 公式并作了一些经验处理求得的。Einstein 也曾对此作过评论[9]。

我们曾引进美国地质调查局 Stevens 编制的 MEP 程序。林斌文等曾对其进行修改以适应我们的情况[10]。原程序适用于积深法泥沙测验资料。现有实验资料说明，积深法所测垂线含沙量相当于 5 点法所测垂线平均含沙量。用这一修改后的程序，根据一些站的实测悬移质输沙率资料来计算其相应的全沙输沙率[11]。为了求得非测验时段的全沙输沙率，还需要找出一种简便方法。

黄河的水沙情况变化很大，水文站的日常测验所收集的资料还不能控制诸如床沙及悬沙级配、比降等因子变化的全过程。为估算通过某一断面的全沙输沙量，可通过对整编后的日输沙率或含沙量进行修正。上述修正比值和含沙量的相关关系可用双曲线来代表，即：含沙量愈大，修正值愈小；含沙量愈小，修正值愈大。图 2 表示的为潼关水文站实测输沙率经修正后，分别用沙量平衡法和断面法计算出的潼关—三门峡河段的冲淤量。

各站水力及河床条件不同，修正的情况也不同。潼关站的多年资料说明修正前后的输沙量平均相差 2%左右，龙门站为 4%左右。用这一程序不仅可以计算全沙输沙率，而且可以求出全沙级配。

研究河流输沙能力时常借助于一些经验性的或半经验性的公式，这些公式的研究对象一般都是床沙质。应用这些公式前常常需要用实测资料加以检验。采用 MEP 程序将实测悬移质计算为全沙输沙率，可以为检验输沙公式或确定其中某些参数提供较好的基础资料。

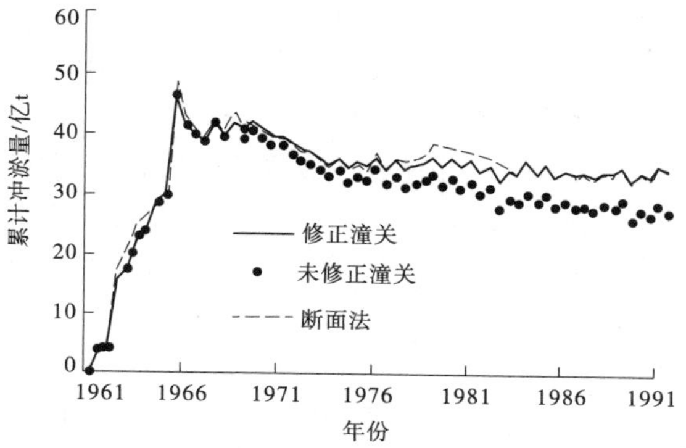


**图 2 用沙量平衡法和断面法分别计算的潼关—三门峡河段冲淤量**

## 4 三门峡水库沙量平衡及冲淤变化

三门峡水库于 1960 年 9 月开始运用。文献[12]列出了 1960—1990 年库区潼关—三门峡段的沙量平衡计算结果。由图 2 可以看出,只有全面考虑沙量平衡各因子后,用沙量平衡法计算出的冲淤量才与断面法实测数值大体符合。采用修正后的潼关沙量和级配与三门峡实测近似于全沙沙量和级配,计算出的粗细泥沙冲淤情况如图 3。可以看出三门峡水库有一些拦粗排细作用,特别是在 1965—1980 年期间比较明显[13]。如不将实测数据修正为全沙输沙量,不仅无法用沙量平衡原则计算冲淤量,甚至还会得出不能反映实际情况的结果。

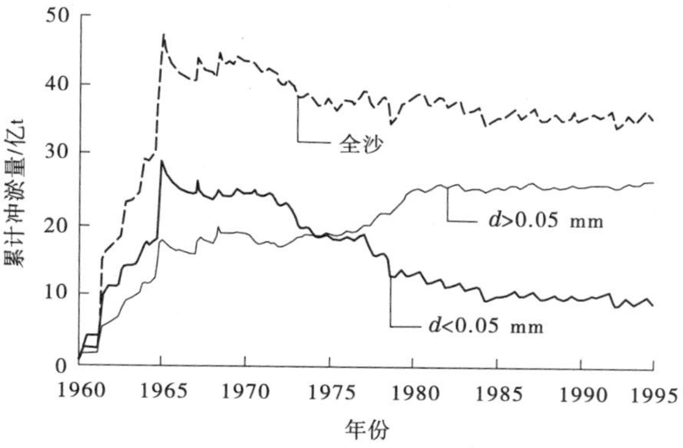


**图 3 潼关—三门峡河段不同粒径组泥沙淤积量**

## 5 黄河下游河道冲淤量

黄河下游河道冲淤变化是人们十分关心的问题。我们进行的一项研究[9]说明,根据重复实测具有一定密度的河道大断面的资料求得的冲淤量能较好地反映实际情况。由于受水文站泥沙测验准确性的限制,用上下两测站输沙量差的方法(习惯上常称之为输沙率法或沙量平衡法)所得出的冲淤量则往往不能反映实际冲淤情况。为研究粗细泥沙的冲淤状态,较好的方法应是沿程进行床沙取样分析。但是,这一方法的野外作业工作量比较大,特别是冲淤变化大的地方如何取得有代表性的样品也是应该予以重视的问题。用水文站实测泥沙级配通过沙量平衡计算分析,则只能大体了解区间河段的情况。李松恒等曾用类似上述的方法,即修正比值和含沙量的相关关系,以断面法实测的河段冲淤量为基础,借助灰理论求出修正系数用于改正水文站的日输沙率。经用修正后的沙量计算出的冲淤量与断面法结果基本一致[14]。

## 6 几点认识

(1)黄河水文站实测输沙率存在系统误差,漏测或计算方法引起的误差及推移质虽然所占全沙量的百分数较小，但在黄河水库及下游河道的河床演变中所起作用很大，不容忽视。

(2)断面法冲淤量基本能反映水库、河道的实际冲淤情况。采用 Einstein 全沙的概念，对水文站实测输沙率改正后，利用沙量平衡法计算的冲淤量与断面法基本一致。

(3)实测输沙率改正后的沙量平衡法，可用于各河段任一时段冲淤情况及不同粒径组泥沙冲淤特性的研究。应继续研究及改进实测输沙率改正方法，这对于研究洪水期河道冲淤规律将是很重要的，对于小浪底水库调水调沙期下游河道特别是艾山以下河道泥沙冲淤规律的研究也有重要的意义。

## 参 考 文 献

[1] 张原锋，龙毓骞.黄河中下游推移质输移规律的研究与应用[R].郑州：黄河水利科学研究院，1998.

[2] 钱宁，万兆惠.泥沙运动力学[M].北京：科学出版社，1984.

[3] 王士强，陈骥，惠遇甲.明槽水流的非均匀挟沙力研究[J].水利学报，1998，(1).

[4] 张原锋，龙毓骞.Einstein 推移质公式的改进研究[J].泥沙研究，1997，(4).

[5] ZHANG Yuan-feng, LONG Yu-qian, SHEN Guan-qing. Adaptability of Sediment Transport Formula to the Yellow River [C]. Proc. of the 7th International Symposium on River Sedimentation, Hongkong, 1998.

[6] 张原锋，龙毓骞，张治平.王士强输沙能力公式在黄河上的应用研究[J].人民黄河，1998，(2).

[7] 龙毓骞.林斌文，熊贵枢.输沙率测验误差的初步分析 [J].泥沙研究，1982，(2).

[8] Colby, B. R., Hembree, C. H. , Computation of Total Sediment Discharge[C]. Niobrara River Near Cody, Nebraska, USGS Water Supply. P1357, 1955.

[9] Einstein, H. A. River Sedimentation[M]. Handbook of Applied Hydrology, A Compendium of Water Resources Technology.

[10] 林斌文，梁国亭.全沙输沙率计算方法的修正和应用[R].郑州：黄河水利科学研究院，1987.

[11] 龙毓骞，梁国亭，吴保生.对输沙能力公式的验证[R]. 郑州：黄河水利科学研究院，1994.

[12] 赵文林.黄河泥沙[M].郑州：黄河水利出版社，1996.

[13] LONG Yu-qian, LI Song-heng. Management of Sediment in the Sanmenxia Reservoir[C]. Proc, of International Conference on Water Science, Beijing, 1995.

[14] 李松恒，龙毓骞.黄河下游输沙率修正方法和应用[J].泥沙研究，1994，(3).

（本文原载于《人民黄河》2002 年第 8 期）

# 再论悬移质变态动床模型试验的掺混相似条件

林秉南

（中国水利水电科学研究院 国际泥沙研究培训中心，北京 100044）

**摘　要**：《对〈悬移质变态动床模型试验中掺混相似条件的剖析〉一文的商榷》一文的主要论点是：在紊动相关矩比尺的演绎中不宜将相关矩“拆开”，从而推导出悬沙水流相似中存在两个相似条件。对此，笔者自然同意。事实上，笔者在相关矩比尺的推导中并未采用“拆开”的措施。为此，给出了推导的具体细节，以此来说明原拙作《对悬移质变态动床模型试验中掺混相似条件的剖析》论定的悬沙水流相似中只存在一个相似条件的结论是成立的。

**关键词**：泥沙模型律；变态模型；紊动相关矩

李昌华同志在《人民黄河》2003 年第 5 期[1]对笔者在《人民长江》1994 年第 3 期[2]已发表的拙作提出了讨论，并进行了大量分析，对此，笔者表示欢迎和感谢。下面就个人的见解提出答复。

## 1　紊动量相关矩的比尺问题

李昌华同志指出，紊动相关矩是不能拆开的，这是正确的。但笔者在各项相关矩比尺的推演中并没有采取这种“拆开”的步骤。下文以 $u'$ 和 $c'$ 的相关矩为例推演其比尺来作一说明。

为了简化符号，在上述推演的局部范围内采用 $U$、$V$、$C$、$T$ 代表原型量，$u$、$v$、$c$、$t$ 代表模型量。根据定义，

$$\overline{U'C'}=\frac{1}{T_1}\int_0^{T_1}U'C'\mathrm{d}T \tag{1}$$

式中：$T_1$ 为在紊流过程中适当截取的积分时段，使积分具有稳定值。因 $U'$ 和 $C'$ 是在流动空间的某一点取值的，所以都是时间的函数。令 $U'C'=F(T)$，则因 $T=\lambda_t t$ 及 $T_1=\lambda_t t_1$，故

$$\begin{aligned}\overline{U'C'}&=\frac{1}{T_1}\int_0^{T_1}F(T)\mathrm{d}T=\frac{1}{\lambda_t t_1}\int_0^{t_1}F(T)\lambda_t\mathrm{d}t\\&=\frac{1}{t_1}\int_0^{t_1}U'C'\mathrm{d}t=\frac{1}{t_1}\int_0^{t_1}\lambda_{u'}u'\lambda_{c'}c'\mathrm{d}t\\&=\lambda_{u'}\lambda_{c'}\left(\frac{1}{t_1}\int_0^{t_1}u'c'\mathrm{d}t\right)=\lambda_{u'}\lambda_{c'}\,\overline{u'c'}\end{aligned} \tag{2}$$

所以得到

$$\lambda_{\overline{U'C'}}=\lambda_{U'}\lambda_{C'}$$

恢复原符号，即得

$$\lambda_{\overline{U'C'}}=\lambda_{u'}\lambda_{c'} \tag{3}$$

同理，可得其他相关量的比尺表达式。

注意到

$$c=C+c' \tag{4}$$

$$u=U+u' \tag{5}$$

$$v=V+v' \tag{6}$$

$$w=W+w' \tag{7}$$

$$\omega=\Omega+\omega' \tag{8}$$

可得

$$\lambda_c = \lambda_C = \lambda_{c'}$$
$$\lambda_u = \lambda_U = \lambda_{u'}$$
$$\lambda_v = \lambda_V = \lambda_{v'}$$
$$\lambda_w = \lambda_W = \lambda_{w'}$$
$$\lambda_\omega = \lambda_{\bar{\omega}} = \lambda_{\omega'}$$
$$\lambda_\omega = \lambda_\Omega = \lambda_{\omega'}$$

代入(3)式得

$$\lambda_{\overline{u'c'}} = \lambda_{u'}\lambda_{c'} = \lambda_u\lambda_c = \lambda_U\lambda_C$$

同理,可得其他相关量的比尺表达式

$$\lambda_{\overline{u'v'}} = \lambda_{u'}\lambda_{v'} = \lambda_u\lambda_c = \lambda_U\lambda_V$$
$$\lambda_{\overline{v'c'}} = \lambda_{v'}\lambda_{c'} = \lambda_v\lambda_c = \lambda_V\lambda_C$$
$$\lambda_{\overline{w'c'}} = \lambda_{w'}\lambda_{c'} = \lambda_w\lambda_c = \lambda_W\lambda_C$$

因此文献[1]第15页左下方的3行表达式都是导出的结果而不是假定。所以从原文方程(12)仍只能推得一个掺混相似条件,即笔者原文的式(2):

$$\lambda_U/\lambda_x = \lambda_V/\lambda_y = \lambda_W/\lambda_z = \lambda_\Omega/\lambda_y$$

文献[1]将上式称为对流相似条件,笔者是不能同意的。首先原文中的(12)式表达了泥沙掺混,而且上文的推导已表明上式是以原文(12)式的整体而不是其局部为依据导出的。所以没有理由否认上式为掺混相似准则。"对流"一词似源自 convective acceleration。如果是这样,则是迁移或位移加速的别称[3,4]。流体力学中"对流"一词(convection)则另有所指。

## 2　讨　论

对于"悬浮相似条件",笔者在原文已说明它不适用于变态模型,在此不赘。顺便说明,现阶段模型相似准则仍只是近似的,例如由(4)~(8)式可得下列比尺关系式:

$$\lambda_C = \lambda_{\bar{C}} = \lambda_{C'}$$
$$\lambda_U = \lambda_{\bar{U}} = \lambda_{U'}$$
$$\lambda_V = \lambda_{\bar{V}} = \lambda_{V'}$$
$$\lambda_W = \lambda_{\bar{W}} = \lambda_{W'}$$
$$\lambda_\omega = \lambda_{\bar{\omega}} = \lambda_{\omega'}$$

由于(4)~(8)式是推出原文方程(12)的条件,所以如要求模型流动也满足方程(12),便需要满足上列5个比尺关系。这是选定方程(12)以后数学演绎的结果,这一步已与力学无关。谢鉴衡教授曾指出:在当前紊流知识的基础上还不能肯定上述5式都能得到满足。对此,笔者是同意的。这标志着模型中的紊动难以与原型严格相似。模型相似准则其实便是对模型设计的要求,要求往往不能得到完全的满足,因而引起误差。除了紊动难以接近相似外,其他如起动、沉降和模型沙特性等的相似也都难以完全满足,由此也往往带来各种误差。这就是在泥沙实体模型中强调运用原型观测成果对模型试验成果进行验证的原因。误差带有随机性,是难以避免的。不正确的模型相似准则已属于错误的范畴,应该而且是可以避免的。

## 3　后　记

长期以来在悬移质变态模型设计中似乎存在着两个互不相容的掺混或扩散相似条件。针对这种情况,李昌华同志提出了经验性的处理方法。在相当长时期内,他的处理方法曾被许多人所采用,起过有益的作用,这一点应得到充分肯定。对李昌华同志长期以来就泥沙变态模型试验所作的有益贡献,笔者深表钦佩。但经验性的处理方法毕竟带有随意性,会引起错误。所以在变态泥沙模型试验中,还是以避

免采用 $\lambda_u = \lambda_\Omega$ 为好。

## 参 考 文 献

[1] 李昌华.对《悬移质变态动床模型试验中掺混相似条件的剖析》一文的商榷[J].人民黄河,2003,(5).
[2] 林秉南.对悬移质变态动床模型试验中掺混相似条件的剖析[J].人民长江,1994,(3).
[3] 夏震寰.现代水力学[M].北京:高等教育出版社,1990.169.
[4] 章梓雄,董曾南.粘性流体力学[M].北京:清华大学出版社,1998.16.

(本文原载于《人民黄河》2003 年第 9 期)

# 对调水调沙理解的几个误区和有关质疑的讨论
## ——“黄河调水调沙的根据、效益和巨大潜力”之十

韩其为

（中国水利水电科学研究院，北京 100044）

**摘　要**：由于黄河输沙和变形复杂，加之调水调沙和清水冲刷改变了原来河道的一些规律，从而使调水调沙一些深刻的机理难以被理解，因此出现了一些不同的看法，这是完全正常的。但是有不少看法，是认识上的误区。对这些误区进行了讨论，力求透过现象揭示本质：对第一个误区“小浪底水库造成下游河道冲刷基本是清水下泄作用，与三门峡水库初期运用并无差别”，指出从冲刷总量、冲淤部位、利津含沙量、洪水位降低、滩槽冲淤差别分析，小浪底运用结果均较三门峡为优，显现出调水调沙的效果；对第二个误区“小浪底水库初期运用坝前水位超高太多，对水库淤积与下游河道冲刷均有不利影响”，指出在以人为本的要求下，尽可能不淹滩地，是小浪底水库调整运用方式的根本原因；对第三个误区“调水调沙作用很小，冲刷 2.764 亿 t，只占总冲刷的 20.9%”，从泥沙搬家的角度分析了调水调沙的冲刷量是可以增值的，从主槽冲刷、洪水位降低以及平滩流量加大等进行了分析，认为调水调沙的作用远不止冲刷总量的 20.9%。

**关键词**：调水调沙；冲刷总量；三门峡水库；小浪底水库；黄河

## 1　三门峡水库初期运用对下游河道的冲刷与小浪底水库的对比

有人认为小浪底水库的调水调沙作用不大，与三门峡初期运用的单纯清水冲刷并无差别。事实究竟如何？

### 1.1　冲刷总量对比

1960 年 9 月 15 日—1964 年 10 月三门峡水库淤积 45.0 亿 t，下游河道冲刷 23.11 亿 t，冲淤比为 0.513[1]。小浪底水库 1999—2006 年淤积 23.28 亿 t，下游河道冲刷 13.23 亿 t，冲淤比为 0.568。可见，小浪底水库的冲淤比要大。其次，三门峡水库入库的沙量为 67.64 亿 t，其排沙比 $\eta_1=0.321$，故按文献[2]的公式(6)：

$$\eta_2 = 0.743\eta_1^{-0.833} \tag{1}$$

求出下游河道排沙比为 $\eta_2=1.91$。注意到进入河道的沙量为 23.3 亿 t，则冲刷量为 23.3 亿 t×0.91＝21.2 亿 t，与下游河道实际冲刷量 23.11 亿 t 非常相近。同样小浪底水库 1999—2006 年入库的沙量为 27.71 亿 t，水库排沙比为 0.160，按上式计算得下游河道排沙比为 2.42，进入下游河道沙量为 4.58 亿 t，则下游河道冲刷量为 2.42×4.58 亿 t＝11.1 亿 t，与实际的 13.23 亿 t 也颇为接近。尽管下游河道实际冲刷量较计算的均偏大，但是三门峡水库的偏大 9.01%，而小浪底水库的偏大 19.1%。显然小浪底水库实际冲刷多，这应与调水调沙有一定关系。

### 1.2　冲淤部位对比

按照文献[3,4]，统计了三门峡水库初期运用的 1961—1964 年及小浪底水库初期运用的 1999 年 11 月—2006 年 10 月黄河下游各河段冲刷资料，见表 1。

从表 1 看出：第一，两水库运用初期，冲刷主要集中在高村以上，这是游荡型河道特性冲刷就会摆动展宽造成冲刷量大所致。第二，三门峡水库运用时，艾山—利津冲刷 1.62 亿 t，仅占总冲刷的 7.64%；而小浪底水库运用时，该河段冲刷 1.86 亿 t，占总冲刷的 14.1%，较之三门峡的几乎大一倍。特别值得注意的是，小浪底水库运用造成该河段的绝对冲刷量也大于三门峡的。至于汛期，艾山—利津河段所占的比例也是小浪底水库运用时的大，为三门峡水库的1.68倍。此外，注意到三门峡水库1961—1962年造

表 1　三门峡与小浪底水库初期运用下游河道冲刷对比

| 水库名称 | 运用时期 | 冲淤量/亿 t | | | | | 艾山—利津段冲刷比例 |
|---|---|---|---|---|---|---|---|
| | | 花园口以上 | 花园口—高村 | 高村—艾山 | 艾山—利津 | 利津以上 | |
| 三门峡 | 1961—1964 年 | -6.06 | -8.98 | -4.56 | -1.62 | -21.22 | 0.076 4 |
| | 1961—1964 年汛期 | -6.96 | -8.05 | -3.85 | -3.92 | -22.78 | 0.173 |
| | 1961—1964 年枯水期 | 0.90 | -0.93 | -0.70 | 2.30 | 1.56 | |
| | 1961—1962 年 | -3.79 | -6.04 | -2.53 | -0.84 | -13.20 | 0.063 6 |
| 小浪底 | 1999 年 11 月—2006 年 10 月 | -4.62 | -5.42 | -1.32 | -1.86 | -13.23 | 0.141 |
| | 1999 年 11 月—2006 年 10 月汛期 | -2.28 | -2.38 | -1.37 | -2.47 | -8.49 | 0.290 |
| | 1999 年 11 月—2006 年 10 月枯水期 | -2.35 | -3.04 | 0.05 | 0.61 | -4.73 | |

成全下游河道冲刷量为 13.20 亿 t，与小浪底几乎相等，但是艾山—利津冲刷量为 0.84 亿 t，仅为小浪底的 45.2%。可见小浪底水库运用使下游河道冲刷均匀，真正使全河贯通。

### 1.3　利津含沙量对比

三门峡水库运用期内，进入下游的水量为 2 322 亿 $m^3$，沙量为 23.32 亿 t，下游河道冲刷 23.11 亿 t，则输走的含沙量为 20.0 $kg/m^3$。当引水的含沙量与黄河相同时，这就是出利津的含沙量。而在小浪底运用期，进入下游的水量为 1 553 亿 $m^3$，出库沙量为 4.58 亿 t，下游河道冲刷 13.23 亿 t，故利津含沙量为 11.5 $kg/m^3$。尽管含沙量小于三门峡水库的 20.0 $kg/m^3$，但是两者的流量差别大，故不能认为小浪底水库排沙效果差。事实上，按上述水量，三门峡运用时进入下游河道的平均流量为 1 893 $m^3/s$，而小浪底水库运用时平均流量为 703 $m^3/s$。根据文献[5]的公式：

$$S^* = 0.000\ 113\ \frac{Q^{0.872}}{0.003\ 00} \tag{2}$$

则前者的挟沙能力为 27.1 $kg/m^3$，后者为 11.4 $kg/m^3$。于是小浪底水库使下游冲刷并已达到挟沙能力，而三门峡则没有达到。可见小浪底水库的排沙效果好。若扣除调水调沙冲刷的 2.764 亿 t，则小浪底水库使出利津含沙量将降至 9.72 $kg/m^3$，同样也小于其挟沙能力。这说明小浪底水库造成的下游河道冲刷效果好，完全是调水调沙的作用。

### 1.4　洪水位降低对比

在表 2 中列出了三门峡水库及小浪底水库初期运用造成下游水位降低的对比。其中小浪底水库运用期水位降低由文献[6]统计，三门峡水库的由文献[3]算出。从表 2 可看出如下几点：第一，尽管三门峡水库 1961—1964 年初期运用使下游、河道冲刷总量较小浪底水库 1999 年 11 月—2006 年 10 月运用时的大 60.3%（见表 1），但两者的水位下降在艾山以上相近，艾山以下小浪底水库运用期的降低要多，特别是利津和罗家屋子。三门峡水库运用期，罗家屋子水位抬高 0.80 m，而小浪底水库运用期，尽管没有河口水位，但是利津—河口冲刷 0.495 亿 t，所以河口水位不可能抬高。显然三门峡水库运用期下游冲刷并未将全河拉通，尾部段水位反而抬高。第二，1961—1962 年三门峡水库造成的下游河道冲刷量为 13.20 亿 t（见表 1），与小浪底水库 1999 年 10 月—2006 年 11 月的相同，但是两者水位下降差别大。在夹河滩以下，三门峡水库运用时水位下降平均仅为小浪底水库运用时的 1/3 左右。第三，1960 年 10 月—1961 年 7 月三门峡水库运用使下游河道水位在高村以上降低，高村以下抬高，反映出“冲河南、淤山东”。此时相应的河道冲刷按 1961 年的一半估计，约为 4.45 亿 t。而小浪底水库在 1999 年 10 月—

2002 年 5 月调水调沙前，造成的下游铁谢—河口冲刷总量为 4.059 亿 t，与三门峡水库的相近。但是小浪底水库在此期间运用时，夹河滩以下水位全部抬高，不仅河段较三门峡水库的长，而且抬高的幅度大(见表 2)。这表明如果不调水调沙，在小浪底水库运用时平均流量小，“冲河南、淤山东”的现象较三门峡运用时的更严重。

**表 2　三门峡水库及小浪底水库初期运用流量 3 000 $m^3/s$ 时下游水位降低情况**　　m

| 水库名称 | 时间 | 铁谢 | 官庄峪 | 花园口 | 夹河滩 | 高村 | 孙口 | 艾山 | 泺口 | 利津 | 罗家屋子 |
|---|---|---|---|---|---|---|---|---|---|---|---|
| 三门峡 | 1960-10—1961-07 | -0.52 | -0.43 | -0.26 | -0.09 | -0.01 | +0.11 | +0.14 | +0.19 | +0.34 | +0.30 |
| | 1960-09-15—1962-10 | -0.99 | -0.90 | -1.49 | -0.61 | -0.38 | -0.55 | -0.30 | -0.31 | +0.16 | -0.05 |
| | 1960-09-15—1964-10 | -2.81 | -2.07 | -1.30 | -1.32 | -1.33 | -1.56 | -0.75 | -0.69 | +0.01 | +0.80 |
| 小浪底 | 1999-10—2002-05 | | | -0.45 | +0.15 | +0.25 | +0.35 | +0.25 | | +0.10 | |
| | 2002-05—2006-04 | | | -0.90 | -1.55 | -1.55 | -1.20 | -1.25 | | -1.10 | |
| | 1999-10—2006-05 | | | -1.35 | -1.40 | -1.30 | -0.85 | -1.00 | | -1.00 | |

注：“-”表示下降，“+”表示抬升。

### 1.5　滩槽冲淤的差别

三门峡水库 1960 年 9 月 15 日—1964 年 10 月运用期间，下游河道总冲刷过程中流量较大，主流摆动游荡发生了大量塌滩，其比例达 46%[7]。而小浪底水库运用时这种现象少[4]。据第三次调水调沙试验结果看，仅在白鹤—高村主槽宽度有所增加，其值为 30~370 m，平均约为 170 m，仅占原河宽 1 026 m 的 16.5%。由文献[8]知，在高村—利津不仅河宽均无增加，而且略有减少。另从首次调水调沙看，全断面冲刷 0.362 亿 t，二滩淤积 0.200 亿 t，河槽冲刷 0.562 亿 t。而河槽冲刷的 0.562 亿 t 中，主槽冲刷 1.063 亿 t，嫩滩淤积 0.501 亿 t。资料表明，二滩与嫩滩均为淤积。结合这两组数据，可见小浪底水库调水调沙较之三门峡运用期间塌滩是很少的，原因是调水调沙中尽量使水不上滩。这一点与三门峡水库运用期间的蓄水与自由滞洪是不一样的。

综上所述，由于小浪底水库初期运用进行了调水调沙，控制了流量，减少了下游河道(山东河道)产生淤积的流量，加大了山东河道冲刷的流量，并且限制了水流基本不上滩，因此使其对下游河道冲刷的上述 5 个方面的效果均优于三门峡水库的。

## 2　小浪底水库实际运用与论证和设计时的差别

小浪底水库在实际运用中，由于原来认识与实际情况存在差距，因此结合调水调沙和实际情况的考虑，对原有运用方式做了一些修改，是完全正确的。对这些改变，有人不理解，提出了一些质疑，诸如，初期蓄水位过高，使水库拦沙过多，淤积部位上延，没有按“拦粗排细”运行等。另外出现新的情况是从以人为本出发，小浪底水库运用必然要考虑滩区安全，从而使水库拦洪流量从原规划的 8 000 $m^3/s$ 大幅下降。而在小浪底开始运行时最小平滩流量仅 1 800 $m^3/s$，若因保滩区而蓄水，来了大洪水，就有很大风险。这是黄河下游防洪的一个瓶颈，保大堤(流量 8 000 $m^3/s$)与保滩地矛盾。下面说明小浪底水库实际运用方式是完全正确的。

### 2.1　调水调沙扩大河流主槽，是保滩的首选，也是最有效措施

显然，在保滩区与保大堤不发生矛盾时，即中小洪水时，可以通过蓄水保滩区，但会增加小浪底水库的淤积，而且减少下游河道冲刷，如按 1 800 $m^3/s$ 就开始蓄水，必然是“冲河南、淤山东”。而对于大洪水，则只能保大堤，滩区无法顾及。此时除非加大调水调沙的力度和规模，以扩大造床流量，提高主槽的过洪能力，否则无其他措施。黄河水利委员会及时调整了小浪底运用方式，把迅速扩大下游河道的造床流量作为最主要目标，7 年的调水调沙实践证明这样做是完全正确的，目前已能在行洪 3 800~4 000 $m^3/s$ 条件下，做到滩区不上水。这一点，河南、山东两省滩区的人民是举双手赞成的，说明调水调沙完成了一项重大民生水利，而且是在不加任何工程的条件下做到的。这种利用水动力，扩大了近 900 km 的河槽，使平滩流量加大 1 000~2 000 $m^3/s$，从而使小浪底工程的主要兴利目标由防洪减淤，升华到防

洪、减淤和改善下游河道，是世界治河史上所没有的。

按照迅速扩大造床流量的目标，水库必须在避开防洪风险的条件下，加大蓄水量，使泥沙在库内多淤一些和加大下游河道冲刷流量，从而加快扩大断面的进程。

## 2.2　小浪底水库实际运用坝前水位是否过高

小浪底水库实际运用的坝前水位的确较设计值过高，一般要高10~25 m。因而有人不理解。当然这首先是贯彻前述以人为本，将迅速扩大主槽、减少中小洪水上滩作为小浪底工程兴利主要目标所决定的。由于不够理解，因此有人对抬高库水位在技术上提出了诸多疑点。诸如：①加大了水库淤积，缩短了水库拦沙减淤运用的寿命和下游河道减淤的效益；②设计水库主汛期排沙比应控制在50%~70%；③水位升高改变了初设的水库为锥体的设想，形成了三角洲淤积，致使泥沙以淤在有效库容和变动回水区为主；④库水位抬高，加速了淤积上延，会影响到三门峡水库电站尾水；⑤加速了异重流向支流倒灌，形成了倒锥体，以至拦门沙，影响支流库容的应用；⑥低水位蓄水，才能做到"拦粗排细"，避免对下游河道冲刷无效的细颗粒淤积。这些问题，有的与水位升高有关，难以避免；有的则是可以调整的；有的是认识上的误区。下面分别予以讨论。

第一，关于排沙减淤效率及寿命的问题。文献[2]中指出，小浪底水库造成下游河道冲刷量最大值为46.11亿t，在水库排沙比$\eta_1=0.171\ 5$处，$\eta_2=3.23$。其次，水库减淤比也有极大值，在$\eta_1=0.70$处。此时黄河下游河道处于不冲不淤状态，故减淤效果最大，减淤比(减淤量对水库淤积量的比值)为0.827。而减淤年限也有极大值，仍在$\eta_1=0.70$处。因此，并不是水库排沙比很大，减淤比就很大。事实上，文献[2]表明，当$\eta_1=0.90$，若年来沙量为15.6亿t，自然条件下下游河道淤积量为3.87亿t时，则下游河道年淤积量为3.33亿t，水库淤积年限为129年，虽然每年河道年均淤积减少了0.54亿t，但是河道始终是淤积的，毫无冲刷效果，显然这时不能认为下游在减淤。

第二，是否能将水库排沙比控制在0.50~0.70。此时下游年排沙比$\eta_2$为1.32~1.00。按最近7年水库来沙情况分析，下游河道仅能冲刷0.634亿t。显然这种冲刷太慢，7年冲刷量也仅4.44亿t，或其平均为2.22亿t。远小于1999年10月—2002年5月下游河道冲刷量4.059亿t。而后者处于"冲河南、淤山东"的难堪局面。

不仅如此，按照初设排沙比的要求，小浪底水库实际蓄水位不是高了，而是低了。按初设结果(表3)[4]，当坝前水位为205 m时，3年水库淤积量为23.93亿t，排沙比$\eta_1=0.130$。实际上，小浪底水库7年来的调水调沙运用，尽管坝前水位很高，但是实际排沙比为0.16。就是说要满足设计的排沙比$\eta_1=0.130$，还应再抬高水位。这也说明实际运用水位不是高了，而是低了。其次，由表3知，小浪底水库初始减淤比为6.89/23.95=0.288；三门峡水库4年冲淤比为23.11/45.0=0.513，而小浪底水库7年来的调水调沙运用冲淤比为13.23/23.28=0.568，若按公式(1)计算，前面已经得到下游河道冲刷量为11.1亿t，故冲刷比为11.1/23.13=0.480。因此，无论从哪方面看初设的冲淤比还是太小，不能满足加大下游河道冲刷量的要求。由于加大冲刷比，必须抬高坝前水位，使淤积加大，出库含沙量降低，从而加大下游河道冲刷量，因此可见，小浪底水库水位不是高了，而是低了。其实从水库排沙比来看，已经很小了，抬高水位作用很小，原因在于表3中计算的冲刷量不可靠。

表3　小浪底水库不同起始运行水位时库区及下游河道淤积量

| 时间 | 起始水位/m | 年序/年 | 水库淤积量/亿t | 水库排沙比/% | 下游淤积量/亿t | | 下游淤积量/亿t | 拦沙减淤比/% |
|---|---|---|---|---|---|---|---|---|
| | | | | | 无小浪底 | 有小浪底 | | |
| 1~3年 | 200 | 3 | 23.95 | 13.0 | 10.21 | -6.89 | 17.10 | 1.40 |
| | 205 | 3 | 25.86 | 10.7 | 10.21 | -6.95 | 17.16 | 1.51 |
| | 220 | 3 | 25.88 | 5.9 | 10.21 | -7.50 | 17.71 | 1.46 |
| | 230 | 3 | 25.88 | 5.9 | 10.21 | -7.50 | 17.71 | 1.46 |
| | 245 | 3 | 25.88 | 5.9 | 10.21 | -7.50 | 17.71 | 1.46 |

第三,质疑者认为水库淤积为锥体淤积,看来并不符合实际。在图1[4]中给出了小浪底水库不同时期3次淤积纵剖面,不论水位高低均为三角洲淤积体。其中,2001年主汛期平均水位为209.8 m,2006年主汛期平均水位为227.4 m,均是较低的。虽然2001年水位与初设考虑的210 m完全一致,但是仍然为三角洲淤积体。

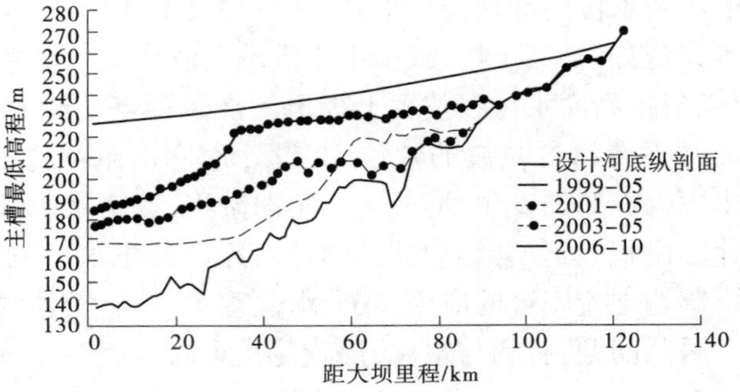


图1　小浪底库区淤积纵剖面形态

第四,水库水位高,自然会加速淤积上延,长期这样发展,可能会影响三门峡水库电站的尾水位。但是调水调沙后,坝前水位变幅很大,也有大幅度下降的。典型的例子是2003年10月,三角洲顶点位于距坝72.06 km处,顶点高程为244.4m。到2004年5月,经一个枯季淤积,顶点位置未变,但高程升至244.86 m。但是至2004年7月,经过汛期低水位(平均为226.8 m)运行,三角洲面发生大量冲刷,三角洲收缩,顶点距坝仅48 km,缩短了34 km,顶点高程仅为221.07 m,下降了23.69 m。更形象的情况可见图2[4]。从图中可以看出,冲刷长度约30 km,厚度约20 m,同时形成了一个新的三角洲淤积体。可见对于年内坝前水位变幅大的水库,变动回水区(三角洲及其尾部段)冲淤调整的幅度也是很大的。在一定条件下,甚至能使整个形态基本适应于新的水位,而与前期水位关系不大。这就是说在一定条件下水位下降,三角洲也会跟着下降,基本保持原有形态[1]。

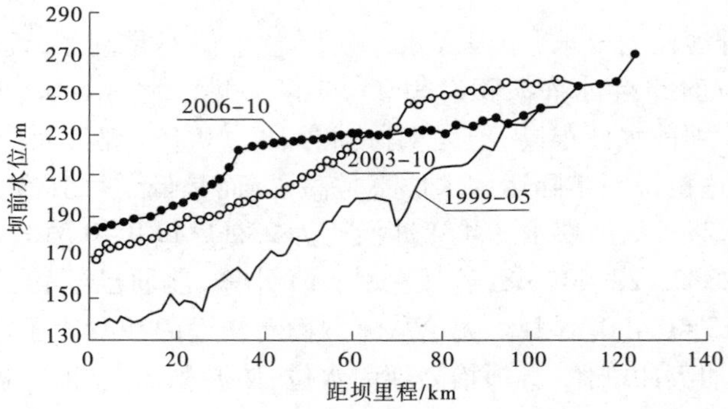


图2　小浪底各个时期库区淤积纵剖面形态

此外,尚需要提到的是,变动回水区的这种冲刷常常会产生明流浑水和异重流(或异重流浑水水库),从而逢调水调沙时,可以将其排出库外。例如2004年8月22—31日,入库沙量1.71亿t,加上在此期间上述三角洲洲面冲刷约1.2亿t,估计其中约1.0亿t泥沙形成异重流[9]。这样在潜入点异重流总沙量为2.71亿t,排出库外达1.42亿t,排沙比达到0.525。若从进库算起,则排沙比为0.832。这是小浪底水库运用以来,排沙效益最大的。

第五,加速了异重流向支流倒灌的问题。支流库容大小除本身特性外,还与支流入口的位置有很大关系。支流汇口愈靠水库下游,它的壅水愈高,库容大;反之较小。因此,若水库的泥沙淤积部位靠上,虽然使库区上段支流倒灌淤积,但是支流库容毕竟小,下段的支流库容还能很好地利用;反之,可能使水库下段支流倒灌先淤,支流库容损失的绝对量可能并不小。

第六,关于"拦粗排细"。这在文献[9]中已详细阐述。当水库排沙比大时,如排沙比达50%,则拦粗排细的效果不很明显,对下游河道冲刷的影响很小;而当 $\eta_1=0.70$ 时,则基本无效果。

## 3　调水调沙与水库下游清水作用分析

文献[9]及本文的前一部分[1],对小浪底水库初期运用对下游河道冲刷的效益做了较全面地分析,不少地方强调了调水调沙的作用。但是由于对黄河下游复杂特性掌握不全面,调水调沙与一般水库下游清水冲刷的差别了解不够清楚,因此有人对其评价往往只从冲淤总量上来比较,认为至 2006 年,调水调沙仅使下游河道冲刷 2.764 亿 t,而自 1999 年 11 月—2006 年 10 月,全部冲刷为 13.23 亿 t,即调水调沙冲刷占 20.9%,而不调水调沙的清水冲刷占 79.1%。单纯从总冲刷量看,调水调沙效果似乎有限。于是认为调水调沙效果不大,甚至可有可无。笔者认为,这种看法是很片面的。2.764 亿 t 仅仅是制造洪峰加大冲刷的数,而不是全部调水调沙的效益。再说即使从冲刷量看,也远不止 2.764 亿 t。

(1)调水调沙冲刷量不单是造峰的冲刷量。如果不调水调沙,只能细水长流,考虑水流不上滩,把出库流量控制在 1 800 $m^3/s$ 以下,河道冲刷量会有明显减少,不仅仅减少 2.764 亿 t。这里举出两个历史资料来分析。第一,1960 年 9 月 15 日—1996 年全部非汛期(共 8 768 d)[3]资料统计,三黑小来水 6 582亿 t,来沙 46.93 亿 t,全下游冲刷 3.02 亿 t,即平均来水流量 910 $m^3/s$,平均含沙量 7.13 $kg/m^3$,排出沙量 49.95 亿 t。假定支流引水含沙量与干流相同,则出利津含沙量估计为 7.59 $kg/m^3$。小浪底水库调水调沙运用 7 年,来水量 1 553 亿 $m^3$,来沙 4.58 亿 t,下游河道冲刷 13.23 亿 t,排出沙量 17.81 亿 t。则平均来水流量 703 $m^3/s$,出利津的含沙量估计为 11.47 $kg/m^3$。由于 36 年的非汛期资料较之 1999—2006 年全年流量大,水力因素强,且冲刷少,因此如果不调水调沙,小浪底细水长流的单纯清水冲刷,其出利津含沙量不应超过 36 年非汛期的。即令取 36 年利津含沙量,如果不调水调沙,不突破大流量限制,则小浪底水库 7 年调水调沙期间估计利津输沙量也只有 1 553 亿 $m^3\times 7.59\ kg/m^3=11.79$ 亿 t,去掉来沙量(4.58 $kg/m^3$),则仅能冲刷 7.21 亿 t。那么除直接调水调沙冲刷 2.764 亿 t 外,尚有多余冲刷量(17.81−11.79−2.764)亿 t=3.256 亿 t。第二,上述 36 年内非汛期低含沙($S<20\ kg/m^3$)水流共 5 388 d[3],三黑小来水 3 996 亿 $m^3$,平均来水流量 858 $m^3/s$,来沙 8.23 亿 t,平均含沙量 2.06 $kg/m^3$。流量在 800~2 000 $m^3/s$(超过 2 000 $m^3/s$ 极少)的水量为 2 712 亿 $m^3$,占总来水量的 67.9%。小浪底水库调水调沙运用 7 年,平均来水流量 703 $m^3/s$,来水含沙量 2.95 $kg/m^3$。而流量在 800~2 000 $m^3/s$ 的水量 59.7 亿 $m^3\times 7=418$ 亿 $m^3$,占总来水量的 26.9%。可见两者的来水含沙量相近,但是小浪底水库运用后的平均流量小,大流量少,不调水调沙,下游流量按不超过 1 800 $m^3/s$ 控制,则下游河道冲刷情况不应超过上述 36 年的冲刷水平。而 36 年非汛期低含沙量水流下游河道总冲刷量为 16.14 亿 t。按冲刷量与来水量成正比分析,则小浪底水库不调水调沙时下游河道冲刷量为 1 553/3 996×16.14 亿 t=6.27 亿 t。

从这两个资料看出,如果不调水调沙,按下泄流量不超过 1 800 $m^3/s$ 控制,则下游河道 7 年冲刷量大体为 6.02 亿~6.27 亿 t,相当于调水调沙(包括 1 800 $m^3/s$ 以上非调水调沙)的冲刷量为 6.96 亿~7.21 亿 t。

(2)调水调沙期在横剖面内的有效冲淤量,不只是 2.764 亿 t。事实上,2002 年首次调水调沙后实现了泥沙横向搬家,“超额”地扩大了主槽,如表 4 和图 3。

**表 4　首次调水调沙试验下游各河段滩槽冲淤量**　亿 t

| 河段 | 全断面 | 二滩 | 嫩滩 | 主槽 | 河槽 |
|---|---|---|---|---|---|
| 白鹤—高村 | −0.191 | 0.044 | 0.357 | −0.590 | −0.235 |
| 高村—艾山 | 0.054 | 0.156 | 0.102 | −0.204 | −1.020 |
| 艾山—河口 | −0.225 | 0 | 0.042 | −0.267 | −0.225 |
| 白鹤—河口 | −0.362 | 0.200 | 0.501 | −1.063 | −0.562 |

从表 4 和图 3 看出如下 3 点:第一,首次调水调沙后,尽管白鹤—河口全河段净冲刷量仅为 0.362 亿 t,但是各部位的变化却很大。例如河槽冲刷 0.562 亿 t,但滩地(二滩)却淤积 0.200 亿 t。河槽净冲刷量虽然为 0.562 亿 t,但是主槽冲刷 1.063 亿 t,而嫩滩淤积 0.501 亿 t。因此,代数和的冲刷量并不能反映河槽与主槽的冲刷效果。第二,从全断面冲刷总量看,虽然仅为 0.362 亿 t,但是扩大主槽的冲刷量却是 1.063 亿 t,几乎为全断面冲刷总量的 2.94 倍,即主槽发生了"超额"冲刷(超过全断面的冲刷)。显然这对冲刷引起的水位降低和挟沙能力加大起到了重要作用。第三,平滩流量的加大,则主要由河槽冲刷来反映,应是冲刷 0.562 亿 t 的作用,也大于全断面冲刷量 0.362 亿 t。

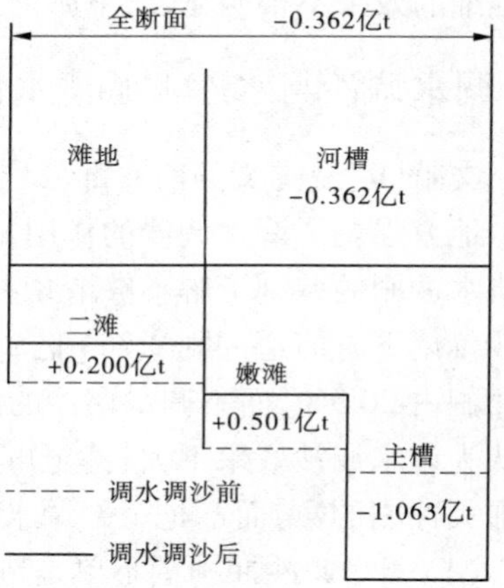


**图 3　首次调水调沙下游河道滩槽冲淤示意**

(3)横断面冲淤调整。冲刷使断面变为窄深,减小了河相系数,加大了挟沙能力。表 5 是根据文献[5,8]估计的河相系数变化和挟沙能力变化情况。挟沙能力变化是按 $\omega$、$J$、$n$、$Q$ 相同时采用下式[4]计算的:

$$S^* = \frac{K}{\omega^{0.92}}\left[\frac{J^{1.255}Q^{0.251}}{n^{2.508}\xi^{0.501}}\right] \tag{3}$$

$$\frac{S^*}{S_0^*} = \left(\frac{\xi_0}{\xi}\right)^{0.501} \tag{4}$$

表 5 显示,不论游荡型河段,还是弯曲型河段,河相系数均减小,而挟沙能力估计加大到原来的 1.16 倍和 1.17 倍。

**表 5　河相系数变化和挟沙能力变化情况**

| 河段 | 河宽/m | | 河底高程变化/m | 2 000 m³/s 流量时水位降低/m | 平滩水深/m | | 河相系数变化 $\xi_0/\xi$ | 估计 $S^*/S_0^*$ |
|---|---|---|---|---|---|---|---|---|
| | 2002 年 5 月 | 2004 年 7 月 | | | 冲刷前 | 冲刷后 | | |
| 白鹤—高村 | 1 026 | 1 195 | -0.63 | -1.02 | 1.40 | 2.03 | 1.34 | 1.16 |
| 高村—利津 | 474 | 460 | -0.90 | -0.90 | 2.68 | 3.58 | 1.36 | 1.17 |

(4)调水调沙改善了纵向冲淤部位,使冲刷很有效,非细水长流可比。如不调水调沙,流量大于 1 800 $m^3/s$ 时蓄水,就会"冲河南、淤山东"。例如,1999 年 11 月—2002 年 5 月,下游河道虽然冲刷了 3.00 亿 t,但是只在高村以上冲刷了 3.42 亿 t,高村以下淤积了 0.42 亿 t。或者说这是冲刷时间短的情况,如果冲刷时间长,就会向下延伸。事实上,由于游荡型河道河宽大,提供的沙多,因此冲刷向下发展是很慢的。河型的差别,反映出流量 2 000 $m^3/s$ 河南河段的挟沙能力是小于山东河段的,如果上游输来的粗颗粒泥沙与该河段细颗粒泥沙交换少,泥沙沉速难以变细,冲刷向下发展就很困难,致使非汛期和中小洪水常常是"冲河南、淤山东"。1960 年 9 月 15 日—1996 年 6 月,全部非汛期(11~翌年 6 月)统计,三黑小至花园口 36 年中仅有 6 年淤(三门峡水库库内冲刷时小水带大沙造成),其余全部冲刷,总冲刷量为 18.49 亿 t;花园口—高村有 8 年淤积,其余全为冲刷,总冲刷量为 10.13 亿 t;高村—艾山有 7 年冲刷,其余全是淤积,总淤积量为 8.42 亿 t;艾山—利津全部淤积,总淤积量为 17.18 亿 t。冲淤抵消,全河尚冲 3.02 亿 t。但是河南河段冲刷 28.62 亿 t,山东河段淤积 25.6 亿 t。这是最典型的"冲河南、淤山东"。长期"冲河南、淤山东"将导致山东河道萎缩,水沙出海受阻,河流无法畅通。不仅山东河道水位抬高,而且河南河道水位降低也会削弱,完全打破了黄河下游河道在天然条件下彼此和谐相处的格局。三门峡水库运用期间,下游河道冲刷部位很不理想,明显反映出"冲河南、淤山东",致使水位下降没有小浪底水库运用期好。

(5)河道纵剖面泥沙搬家,使有效冲刷量大于实际冲刷量。冲积性河道在洪水时常常是窄河段冲得多，宽河段淤积多或冲得少，将河流纵向各段向均匀、平衡方向调整。因此，调水调沙这种大流量调整冲淤的数量，会远大于冲淤代数和的数量。这与前面提到的横剖面调整时主槽冲刷量是净冲刷量（冲刷量代数和）的 2.94 倍类似。例如在窄河段的冲刷实际可能是 $x$+2.764 亿 t，在宽河段的淤积可能是 $x$，两者抵消后，冲刷只有 2.764 亿 t，而最有效的窄断面冲刷常常不只 2.764 亿 t。正是这种宽淤（或少冲）窄冲，导致下游河道过水断面的沿程加大很均匀，宽断面冲深浅，窄断面冲深多，致使上、下河段造床流量变得很均匀。这些现象如表 6，它是根据文献[8]得到的。

**表 6　调水调沙下游各站平滩流量增加情况**　　$m^3/s$

| 时间 | 花园口 | 夹河滩 | 高村 | 孙口 | 艾山 | 泺口 | 利津 |
|---|---|---|---|---|---|---|---|
| 2002 年 | 3 130 | 3 120 | 2 960 | 2 800 | 2 670 | 2 650 | 2 500 |
| 2006 年 | 3 970 | 3 930 | 3 900 | 3 870 | 3 850 | 3 820 | 3 750 |
| 增加 | 840 | 810 | 940 | 1 070 | 1 180 | 1 270 | 1 250 |

从表 6 中看出：第一，黄河从上至下，由宽变窄，平滩流量逐渐加大，反映出窄断面冲得多，宽断面冲得少；第二，经过冲刷，平滩流量沿程均匀变化，为 3 750~3 970 $m^3/s$。可见，从加大平滩流量看，调水调沙的作用，也远不是清水冲刷的 2.764 亿 t 所能做到的。

## 参 考 文 献

[1] 韩其为.水库淤积[M].北京：科学出版社，2003.
[2] 韩其为.小浪底水库淤积与下游河道冲刷的关系[J].人民黄河，2009，31(4)：1-3.
[3] 黄河水利委员会勘测规划设计研究院.黄河下游冲淤特性研究[R].郑州：黄河水利委员会勘测规划设计研究院，1999.
[4] 黄河水利委员会.小浪底拦沙初期运用分析评估报告[R].郑州：黄河水利委员会，2007.
[5] 韩其为.黄河下游输沙能力的表达[J].人民黄河，2008，30(11)：1-2.
[6] 韩其为.黄河调水调沙的效益[J].人民黄河，2009，31(5)：6-9.
[7] 潘贤娣.三门峡水库修建后黄河下游河床演变[M].郑州：黄河水利出版社，2006.
[8] 黄河勘测规划设计有限公司.小浪底水库调水调沙运行情况[R].郑州：黄河勘测规划设计有限公司，2007.
[9] 韩其为，李淑霞.小浪底水库的拦粗排细及异重流排沙[J].人民黄河，2009，31(5)：1-5.

（本文原载于《人民黄河》2009 年第 8 期）

# 小浪底水库淤积形态优选与调控

张俊华，马怀宝，窦身堂，蒋思奇，张防修，李　涛

（黄河水利科学研究院，河南 郑州 450003）

**摘　要**：围绕小浪底水库调度问题，从优化水沙组合、支流库容充分利用、减缓水库淤积等方面对水库淤积形态进行了优选，提出了可长期保持该优选形态的水库调控技术与方式，并科学地评价了水库调控优化方式对库区及下游河床冲淤的影响效果。20 a设计水沙系列数学模型计算与物理模型试验结果表明：与基础方案相比，优化方案可使小浪底水库减少淤积量10.2亿~12.7亿 $m^3$，入海沙量增加6.7亿t，在延长水库拦沙库容使用年限、增大入海沙量等方面效果较优。

**关键词**：调控方式优化；水沙组合；淤积形态；小浪底水库

目前小浪底水库正处于拦沙后期，是发挥其拦沙减淤综合效益的最关键时期。之前研究小浪底水库调水调沙调度往往是通过控制库水位与调节流量过程来优化主汛期出库水沙组合，以达到黄河下游减淤目的，但随着黄河中常洪水过程减少而使得调节效应降低，故有必要顺应黄河水沙情景的改变在研究思路上有所创新突破。依托水利部公益性行业科研专项与国家自然科学基金项目，围绕小浪底水库淤积形态调整、水沙输移和水库调度之间的影响反馈机制等问题开展了研究，论证并提出了更有利于水库拦沙后期调水调沙的优选淤积形态，以及较长时期保持优选形态的水库优化调控方式；构建并完善了可同时模拟小浪底水库明流及异重流运动、干支流倒灌及溯源冲刷过程的水沙耦合数学模型以及黄河下游河道冲淤数学模型体系；设计了未来20 a的水沙系列，利用数学模型与物理模型量化分析了优化方案对小浪底水库与下游河道的减淤效果，以期为延缓水库淤积、充分发挥水库减淤与综合效益提供科技支撑。

## 1　水库淤积形态优选

水库淤积形态对库容分布与输沙流态产生重大影响，进而影响出库水沙过程。一般情况下，水库拦沙期库区淤积形态是由三角洲逐渐向坝前推进而转化为锥体，之后保持锥体形态并不断淤积抬升达到设计指标。如小浪底水库设计淤积过程是205 m高程以下为蓄水拦沙阶段，蓄水拦沙期结束时库区基本形成锥体淤积形态，之后逐步抬高达到设计形态。在水库淤积形态调整与水沙输移和水库调度之间的影响反馈机制等问题研究基础上，提出水库调水调沙过程中，同等淤积量条件下，近坝段（八里胡同以下）保持较大库容的三角洲淤积形态，在优化出库水沙过程、支流库容有效利用、拦粗排细效果、长期保持有效库容等方面更优于锥体淤积形态，见表1。

**表1　三角洲与锥体两种淤积形态对比**

| 淤积形态 | 调水调沙库容分布 | 输沙流态 | 干支流倒灌 |
|---|---|---|---|
| 三角洲 | 集中坝区段 | 均匀流明流+异重流 | 异重流倒灌 |
| 锥体 | 沿程分布 | 均匀流明流+壅水明流+异重流 | 明流倒灌 |
| 三角洲相对于锥体 | 调节库容前移，调度灵活，有利于长期保持有效库容 | 排沙比大，拦粗排细效果好 | 拦门沙坎不突出 |

（1）库容分布。以小浪底水库2008年10月库区地形为例，库区淤积量24.11亿 $m^3$，淤积形态为三角洲。若将相同的淤积量概化为锥体淤积形态，则两者的库区淤积形态特征值见表2。由表2可以看

出,三角洲淤积形态与锥体淤积形态相比,若水库蓄水量相近,则前者蓄水位更低;若蓄水位相同,则前者调节库容前移,回水距离更短。

**表 2　库区不同淤积形态特征值**

| 高程/m | 库容/亿 $m^3$ | | 回水长度/km | |
|---|---|---|---|---|
| | 三角洲淤积 | 锥体淤积 | 三角洲淤积 | 锥体淤积 |
| 215 | 8.228 | 5.142 | 23 | 34 |
| 220 | 10.950 | 8.497 | 24 | 51 |
| 225 | 14.224 | 13.024 | 40 | 68 |

(2)输沙流态与排沙效果。从输沙流态对比分析,若水库处于蓄水状态,对三角洲淤积形态而言,在三角洲洲面上输沙流态基本为均匀流输沙,在三角洲顶点以下形成异重流输沙;锥体淤积形态在回水末端以上接近均匀流输沙,以下为壅水明流排沙或壅水明流加异重流输沙流态。

异重流潜入点水深的计算式为

$$h_0 = \left(\frac{Q^2}{0.6\eta_g g B^2}\right)^{1/3} \tag{1}$$

异重流均匀流水深的计算式为

$$h'_n = \frac{Q}{v'B} = \left(\frac{\lambda' Q^2}{8\eta_g g J_0 B^2}\right)^{1/3} \tag{2}$$

式中:$\eta_g$ 为重力修正系数;$Q$ 为流量;$v'$为异重流流速;$g$ 为重力加速度;$B$ 为异重流过流宽度;$J_0$ 为水库底坡;$\lambda'$为异重流阻力系数,取 0.025。

若 $h'_n<h_0$,则潜入成功,否则异重流厚度将超过清水水面而上浮消失。当 $h'_n/h_0=1$ 时,相应临界底坡 $J_{0,c}=J_0=0.001\ 88$。一般来讲,异重流除满足潜入条件(式(2))之外,还应满足水库底坡 $J_0>J_{0,c}$。小浪底库区形成锥体淤积形态后,由于底坡在大多时段小于临界底坡,因此难以形成异重流。

相对而言,相同水沙与蓄水条件下异重流排沙比大于壅水明流排沙比,且拦粗排细效果更好。利用小浪底水库实测资料可量化分析两者的排沙效果。小浪底水库运用以来均为异重流排沙,场次洪水过程入库沙量、排沙量和排沙比见表 3。假设相应的时段为壅水明流排沙,利用相应公式计算排沙量与排沙比同列入表 3。由表 3 可以看出,异重流排沙效果明显优于壅水明流,原因是异重流过流面积小而流速较快,特别是 2007 年之后三角洲顶点距坝较近,意味着异重流潜入后运行距离短,甚至出现“冲刷型”异重流,排沙效果更为显著。锥体淤积形态下即使可以形成异重流,由于入库水流悬沙经长距离沿程分选淤积,形成异重流含沙量大幅度降低,因此异重流流速较小,排沙效果差。由此表明,锥体形态在水库蓄水状态下排沙效果较差,而且会拦截大量细颗粒泥沙而淤损库容。

**表 3　壅水排沙计算值同异重流排沙实测值对比**

| 年份 | 时段 | 入库沙量/亿 t | 出库沙量/亿 t | | 排沙比/% | |
|---|---|---|---|---|---|---|
| | | | 壅水明流 | 异重流 | 壅水明流 | 异重流 |
| 2006 | 06-25—06-28 | 0.230 | 0.052 | 0.071 | 22.6 | 30.9 |
| 2007 | 06-26—07-02 | 0.613 | 0.161 | 0.234 | 26.3 | 38.2 |
| | 07-29—08-08 | 0.834 | 0.153 | 0.426 | 18.3 | 51.1 |
| 2008 | 06-28—07-03 | 0.741 | 0.157 | 0.458 | 21.2 | 61.8 |
| 2009 | 06-29—07-03 | 0.545 | 0.019 | 0.036 | 3.5 | 6.6 |
| 2010 | 07-04—07-09 | 0.418 | 0.092 | 0.553 | 22.0 | 132.3 |

续表 3

| 年份 | 时段 | 入库沙量/亿 t | 出库沙量/亿 t | | 排沙比/% | |
|---|---|---|---|---|---|---|
| | | | 壅水明流 | 异重流 | 壅水明流 | 异重流 |
| | 07-24—08-02 | 0.898 | 0.159 | 0.258 | 17.7 | 28.7 |
| | 08-11—09-04 | 1.596 | 0.293 | 0.542 | 18.4 | 34.0 |
| 2011 | 07-04—07-08 | 0.275 | 0.060 | 0.309 | 21.8 | 112.4 |
| 2012 | 07-03—07-09 | 0.430 | 0.094 | 0.656 | 21.9 | 152.6 |

（3）干支流倒灌。水库拦沙初期干流淤积过程往往是三角洲逐步向坝前推进，一般情况下，入库浑水在三角洲顶点附近产生异重流。当支流口门位于干流三角洲顶点下游时，干支流为异重流倒灌，支流淤积面沿流程方向较为平整，只是因泥沙沿程分选而呈现出一定的坡降。当干流三角洲顶点推进并越过支流沟口，特别是快速推进时，支流口门附近淤积面骤然大幅抬升，形成明显的拦门沙，见图 1。距坝 18 km 的支流畛水河，2009 年之前，干流三角洲顶点距坝 24.43 km 以上，干支流为异重流倒灌，支流纵剖面较为平整，纵向高差基本不大于 3 m；2010 年之后，干流三角洲顶点推进至距坝 16.39 km 处，拦门沙坎骤然抬升。距坝 4 km 的大峪河尚未出现拦门沙，这是因为至 2016 年汛前干流三角洲顶点仍位于距坝约 16 km 处。这表明库区保持三角洲淤积形态且控制三角洲顶点位置下移速度可抑制其下游支流拦门沙的形成。

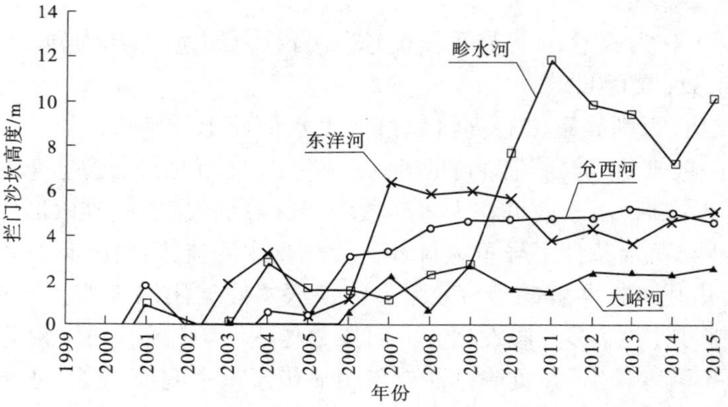


**图 1　小浪底库区支流历年拦门沙高度的变化**

## 2　水库调控方式

### 2.1　调控措施

小浪底水库拦沙过程中优选淤积形态为三角洲，而较长时期维持三角洲淤积形态需通过水库优化调度。

近坝段河床质大多为细颗粒泥沙，在尚未固结的情况下可看作宾汉体，基本可用流变方程描述。当淤积物沿某一滑动面的剪应力 $\tau$ 超过极限剪切力 $\tau_b$ 时产生滑塌，有利于滩库容恢复。因此，维持三角洲淤积形态可通过水库溯源冲刷来实现。当较大洪水入库时迅速且大幅下降库水位，使局部库段水深小于平衡水深，甚至水位低于其上游淤积面高程，库区将产生剧烈的溯源冲刷，局部出现跌水并逆流而上快速发展，河床变形剧烈，具有较强的紊动动能。溯源冲刷不仅可以排走上游来沙，而且还能冲刷前期淤积物，是水库重要的排沙方式之一，也是迅速恢复库容特别是近坝段库容的有效措施。

### 2.2　调控方式

以小浪底水库拦沙后期推荐方案“多年调节泥沙，相机降水冲刷”为基础，将黄河上中游、小浪底水库、黄河下游一体化考虑拟定水库调控方式。在水库降水冲刷过程中关注黄河上游来水过程对小浪底水库回蓄作用,以及高含沙水流对黄河下游河道影响与泥沙年际调节效果等,提出小浪底水库拦沙后期保持优选形态的水库优化调控指标与方式。

优化措施包括:①根据黄河头道拐水文站的基流确定水库造峰后期预留蓄水量,若预测头道拐未来 6 d 来水量超过 4 亿 $m^3$,则意味着水库泄空后可以得到有效补给,水库将不再保留蓄水,以获得较好的冲刷效果;②泄空冲刷以近坝段调节库容是否达到设定值为准,建立水库形态判别指标,主要包括三角洲顶点位置、近坝段比降、近坝段库容、淤积三角洲面积及平均水深等关键参量,并将其与水库调控指令相关联,以确定泄空冲刷历时;③主汛期的后期视库区淤积状况确定调度方案,若 8 月底前近坝段调节库容小于设定指标,则根据水库蓄水或来水情况在 9 月上旬实施降水冲刷过程,出库小流量高含沙水流对黄河下游上段造成的不利影响可待翌年水库汛前或汛期造峰期消除。

## 3　水库调控效果

### 3.1　水沙条件

通过分析黄河水沙变化趋势,提出了 2020 年水平设计水沙条件,在设计的 1956—2000 年水沙系列中选取了前 10 a 水沙偏枯的 1990 系列进行研究。20 a 系列年均水量为 249.29 亿 $m^3$、年均沙量为 9.38 亿 t。

### 3.2　数学模型与物理模型

(1)小浪底水库一维水沙调度模型。以一维恒定水沙数学模型为基础,引入本次研究的基础研究成果,补充了跌水冲刷、干支流倒灌、异重流计算、水库调度计算等模块,设立了描述水库淤积形态参量的判别指标,并与水库调控指令耦合,建立了小浪底水库一维水沙调度模型,为水库淤积形态优选与调控效益分析奠定了基础。

(2)黄河下游河道一维非恒定水沙数学模型。在黄河下游一维水沙数学模型基础上进行了标准化设计,引入悬移质挟沙级配等最新理论成果,重新构建模型,用于量化分析水库淤积形态优选与调控方式对黄河下游的影响。

(3)小浪底水库物理模型。小浪底水库模型平面上覆盖了库区 100%的干流及各支流大部分库段,垂向涵盖了 285~155 m 高程之间部分。模型平面比尺为 1∶300,垂直比尺为 1∶60,含沙量比尺为 1∶1.5,河床变形时间比尺为 1∶45,分别选用 2002 年黄河首次调水调沙过程与 2004 年 6—8 月实测水沙过程进行了验证试验。物理模型与小浪底水库数学模型平行开展系列年试验。

### 3.3　优化效果量化分析

平行开展了本次研究提出的调控方案(优化方案)与小浪底水库拦沙后期推荐方案(基础方案)小浪底库区 20 a 系列数学模型计算与物理模型试验,20 a 系列黄河下游河道数学模型计算,对比分析了小浪底水库干支流淤积过程、淤积形态、库容变化以及水库下游淤积等。

(1)小浪底水库。基于基础方案和优化方案的数学模型计算与物理模型试验结果表明,优化方案较基础方案水库淤积量分别减少 10.2 亿 $m^3$(数学模型计算)、12.7 亿 $m^3$(物理模型试验),其中,数学模型计算两方案累计淤积过程见图 2。基础方案在第 17 年拦沙期结束进入正常运用期,而优化方案 20 a 过后仍处于拦沙期,且在坝前保持较大的调控库容。物理模型试验两方案第 18 年的干流纵剖面见图 3。支流拦门沙优化方案明显低于基础方案,见图 4。

(2)水库下游。优化方案与基础方案相比,小浪底—花园口、花园口—夹河滩河段均发生淤积,但由于计算采用的初始边界花园口—夹河滩河段河槽排洪能力远大于其下游的“瓶颈”河段,因此河槽的排洪输沙能力仍相对较强。夹河滩以下河段只是冲刷量略有减少,河道排洪输沙能力相差不大,两种调节方案各河段冲淤量对比见图 5(图中小花、花夹、夹高、高孙、孙艾、艾泺、泺利分别指小浪底—花园口、花园口—夹河滩、夹河滩—高村、高村—孙口、孙口—艾山、艾山—泺口、泺口—利津)。优化方案较基础方案入海沙量增加 6.7 亿 t。

总体而言,优化方案在延长小浪底水库拦沙库容使用年限、增大入海沙量等方面优于基础方案。

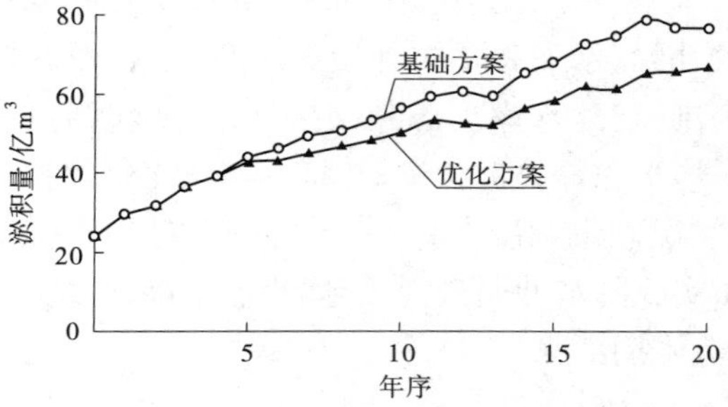


图 2　系列年计算两种方案小浪底水库淤积过程对比

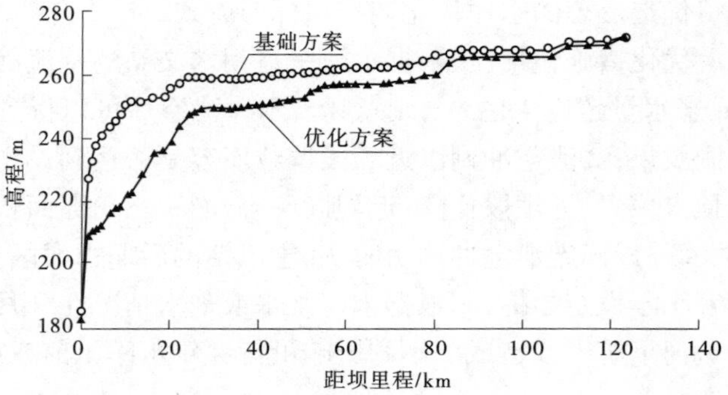


图 3　系列年试验两种方案干流淤积纵剖面对比

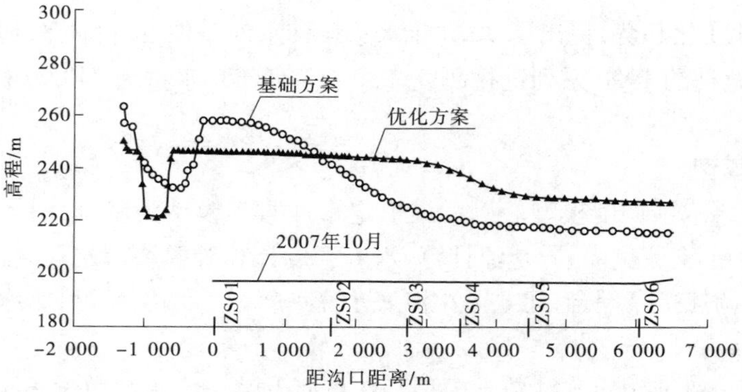


图 4　系列年试验两种方案支流畛水河纵剖面对比

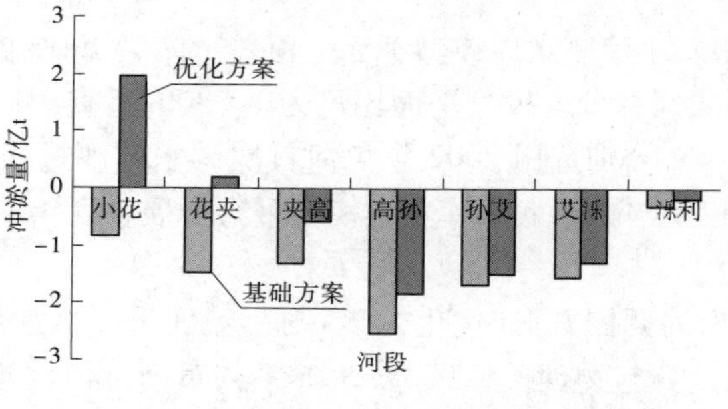


图 5　系列年计算两种方案黄河下游各河段冲淤量

## 4　结　语

从优化水沙组合、充分利用支流库容、减缓水库淤积等方面比选了小浪底水库淤积形态；将黄河上游来水、小浪底水库与下游一体化考虑，拟定了可较长时期保持优选形态的水库调控方式与指标；完善了具有模拟小浪底水库复杂边界水沙输移及水库调度等功能，以及适用于黄河下游复杂断面形态的洪水传播与河床调整的水沙耦合模型，为量化分析水库水沙调控效果提供了可靠的方法；利用数学模型与物理模型科学评价了水库不同调控方式对库区及下游河床冲淤的影响效果。20 a 系列优化方案与基础方案相比，小浪底水库减少淤积量 10.2 亿 $m^3$（数学模型计算）、12.7 亿 $m^3$（物理模型试验），入海沙量增加 6.7 亿 t，在延长水库拦沙库容使用年限、增大入海沙量等方面效果较优。

（本文原载于《人民黄河》2016 年第 10 期）

# 第6篇　水资源利用与保护

# 黄河中游地区近 1 500 年水旱变化规律及其趋势分析

陈家其

（中国科学院 南京地理研究所）

研究黄河水旱变化规律，籍以分析变化趋势，对农业、水利以及气候变化的研究等方面具有重要意义。但是研究这些问题，要有较长的气候资料，而黄河流域实测降水资料大多不超过 30 年，因此发掘气候记载史料是回溯气候历史，研究气候变化的好办法。

笔者在徐近之先生指导下，对黄河中游地区历史水旱资料作了较为系统的整理，并建立了长达 1 500年的历史水旱等级序列。用周期分析方法，对中游地区水旱变化规律以及变化趋势进行了初步分析。

## 一、历史水旱等级序列的建立

黄河中游地区历史水旱等级序列（下简称序列）从公元 482—1981 年，全长 1 500 年。序列采用 5 级划分法表示，即 1 ~ 5 级分别表示大水、水、正常、旱及大旱，水旱分级标准同中央气象科学研究院主编的《中国近 500 年旱涝分布图集》。

序列以徐近之先生所编有关省的“气候历史记载初步整理”为基础，同时参考了当地气象、水文部门整编的有关气候历史资料[①]。在以上资料出现矛盾时，作了考证与校勘工作，处理的原则：史书与地方志记载有矛盾时以史书为准，史书记载间有矛盾时以正史为准；不同版本的地方志记载有矛盾时以距灾年最近的版本为准。

洛阳、西安、延安、临汾地处黄河中游的核心部分，控制了中游主要支流泾、洛、渭、延、汾河的大部分水量，地形破碎，水土流失严重，人口密集，经济发达，是中游地区历史水旱最频繁，也是威胁最严重的地区之一。其间的西安、洛阳在很长历史时期内，曾是我国政治、经济、文化中心。气候史料十分丰富。因此，本序列以上述四个单站的气候史料为主要依据。首先，为便于资料的取舍，规定它们的优选级。把控制中游地区泾流量较大的，史料较丰富且通常认为史料可靠性较大的单站，给以较高的优选级。据此，优选级由高到低依次是洛阳、西安、延安、临汾。然后，根据大量的水旱史料，分别确定各单站历年的历史水旱等级。最后，按以下原则将单站历年的历史水旱等级汇总成中游地区历年的历史水旱等级，从而建立起黄河中游地区历史水旱等级序列。

1. 只有一个单站有等级资料的，则以此为准。

2. 有二个单站有等级资料的，则以优选级较高的为准。

3. 有三个以上单站有等级资料的，则以同等级个数较多的为准，若同等级个数相等，则再以优选级较高的为准。

4. 四个单站都没有等级资料的，若有可能，则以邻近单站的等级资料为准。否则，通常以“正常”年论处，即对等级资料缺失年，通常以“3 级”替代。对于少数缺失年较为集中的时段，若确有资料说明该时段较“干旱”或“湿润”，则对该时段的资料缺失年也可适当以“4 级”或“2 级”替代。

按以上原则建成的序列中，公元 1470—1981 年段，史料依据最充分。其中，缺失年占 10% ~15%，缺失年的最大连续年数不超过 5 年。

公元 1261—1469 年以及 482—1130 年两段，史料依据尚充分，其中缺失年占 20% ~25%，缺失年的最大连续年数不超过 6 年。公元 1131—1260 年，史料残缺，缺失年占 50% ~60%，缺失年的最大连续年数除有 2 段达 8 年外，一般也不超过 6 年。

## 二、历史水旱变化规律

气候变化过程可看作是一组多层次的准周期振动叠加的结果。因而周期分析是气候变化研究中最常用的方法之一。

本项研究，首先使用了目前应用较多的功率谱分析。以最大滞后为650、460、440、400、200年作5次计算。其次，为了求得周期的位相及振幅，以便作拟合外延，又先后对经50、30年平滑后的序列作谐波分析。

周期分析结果表明：功率波与谐波分析所显示的主要周期比较一致（表1）。说明黄河中游地区，公元6世纪以来的水旱变化是一种复合振动。其主要周期是130～140年，其次是60～70年及10～11年，低频部分还有700多年及300多年的周期（图1）。

**表1　历史水旱变化主要周期**

| 周期分析方法 | | 主要周期（按显著性排列） | | | | | |
|---|---|---|---|---|---|---|---|
| 功率谱 | 滞后650年 | 130.0 | 144.4 | 72.2 | 11.3 | 10.3 | 10.4 |
| | 滞后460年 | 131.4 | 153.3 | 70.7 | 11.2 | 11.4 | 10.3 |
| | 滞后440年 | 146.6 | 125.7 | 73.3 | 11.3 | 10.4 | 67.7 |
| | 滞后400年 | 133.3 | 160.0 | 72.7 | 11.3 | 10.4 | 66.7 |
| | 滞后200年 | 133.3 | 11.1 | 66.7 | 200 | 80 | 10.5 |
| 谐波 | 经50年平滑 | 130.0 | 159 | 716 | 143 | 477 | 358 |
| | 经30年平滑 | 132 | 72 | 161 | 145 | 111 | 726 |

水旱变化的10～11年周期，可能与太阳活动有关。130～140年周期可能受地球自转速率变化的影响[②]。

周期分析所显示出来的其他周期，虽然物理成因尚不清楚，但在相应的工作中都有所反映。如：早在数十年前，丁文江先生就发现陕西历代干湿更迭，为期各历400年[③]。张先恭等（1976年）[④]得出我国气候有600～700、300～400、180～220，110～150年等周期。郑大伟等（1978年）[⑤]得出太阳活动有59年周期。H. H. Lamb（1963年、1965年、1967年）[⑥]得出英国的温度、降水以及西南风频率都具有叠置在800年量级变化周期背景上的100～200年周期。龚高发等[⑦]得出北京地区冬小麦收成以及冬小麦收成期间的降水量具有准120、80年周期。它与本序列所显示的130～140、60～70年周期也比较接近。提示本序列所显示的变化周期，在北方可能有一个较大的影响范围。旱涝起因于降水变化，影响冬小麦收成是合理的。

在周期分析基础上，为了突出130～140年的主周期，用平滑方法滤去部分高频振动。结果在50年平滑曲线上显示主周期最清楚（图2）。通过分析，得出以下黄河中游地区历史水旱变化规律：

1. 从公元591—1875年的1 285年间，水旱变化经历十个整周期（表2）。周期长度在85～160年间，平均129年，大致与130～140年的主周期相当。

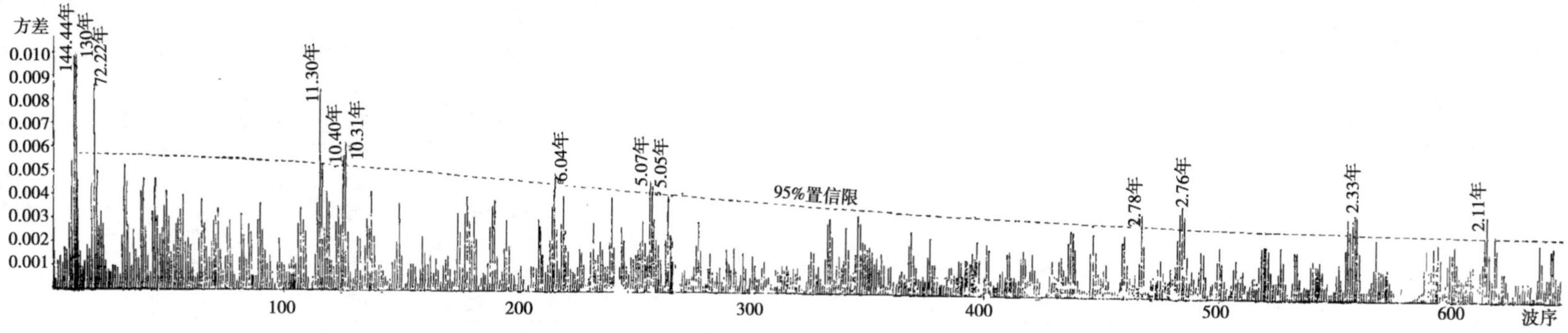


图 1　历史水旱等级序列功率谱

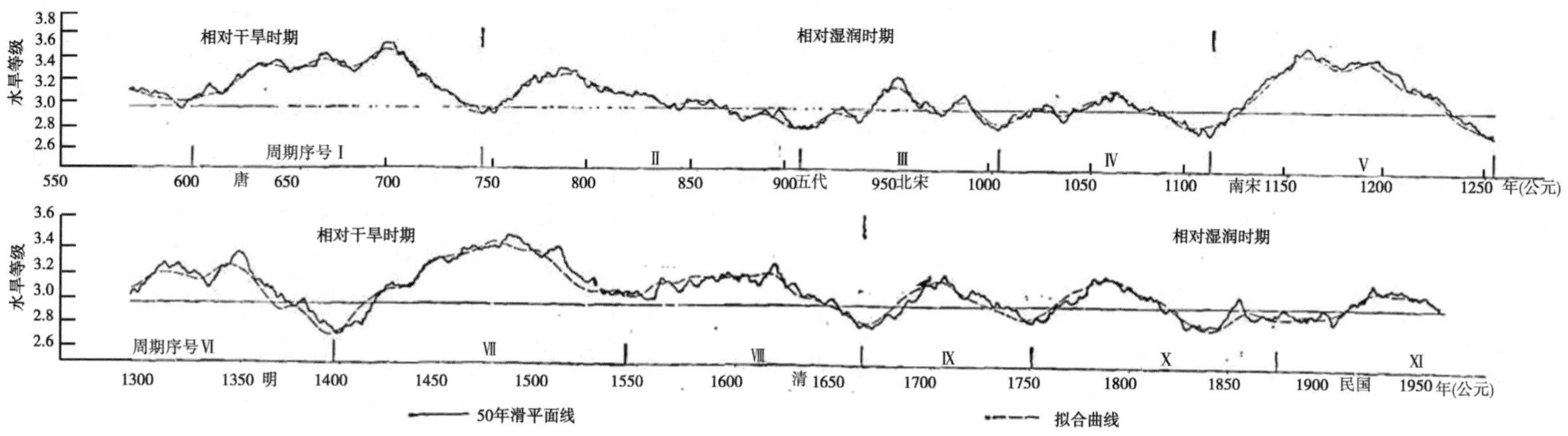


图 2　历史水旱等级序列的 50 年平滑曲线及拟合曲线

表 2　公元 591—1875 年间的十个 130 ~ 140 年周期

| 周期变化背景 | 周期序号 | 周期起止年（公元） | 周期长度 | 周期期间的干湿变化 | | |
|---|---|---|---|---|---|---|
| | | | | 偏湿段 | 偏旱段 | 偏湿段 |
| 相对干旱时期 | 1 | 591—740 | 150 | 591—620（30） | 621—710（90） | 711—740（30） |
| 相对湿润时期 | 2 | 741—900 | 160 | 741—760（20） | 761—820（60） | 821—900（80） |
| | 3 | 901—1005 | 105 | 901—940（40） | 941—990（50） | 991—1005（15） |
| | 4 | 1006—1110 | 105 | 1006—1045（40） | 1046—1075（30） | 1076—1110（35） |
| 相对干旱时期 | 5 | 1111—1255 | 145 | 1111—1130（20） | 1131—1220（90） | 1221—1255（35） |
| | 6 | 1256—1395 | 140 | 1256—1280（25） | 1281—1370（90） | 1371—1395（25） |
| | 7 | 1396—1545 | 150 | 1396—1425（30） | 1426—1520（95） | 1521—1545（25） |
| | 8 | 1546—1665 | 120 | 1546—1560（15） | 1561—1640（80） | 1641—1665（25） |
| 相对湿润时期 | 9 | 1666—1750 | 85 | 1666—1690（25） | 1691—1730（40） | 1731—1750（20） |
| | 10 | 1751—1875 | 125 | 1751—1765（15） | 1766—1815（50） | 1816—1875（60） |

注：括号里数字是偏湿（旱）段年数。

2. 在以上十个整周期中，第 1、5、6、7、8 五个周期振幅较大（平滑值 2.61 ~ 3.69）平滑序列均值较高（3.23），而第 2、3、4、9、10 五个周期振幅较小（平滑值 2.21 ~ 3.44），平滑序列均值较低（2.89）。说明前五周期期间，即大致公元 790 年（唐 · 贞元六年）以前及公元 1135—1635 年间（南宋绍兴五年—明崇祯八年），历史气候比较干旱，水旱变化也较大。而后五个周期期间，即大致公元 790—1134 年间及 1635 年以后，历史气候比较湿润，水旱变化也较小。可见公元 6 世纪以来黄河中游地区，经历了两个相对干旱时期和两个相对湿润时期。前后大致相隔 800 年，与周期分析显示的 700 多年周期相当。这个周期就是 130 ~ 140 年主周期的变化背景。

3. 公元 1875 年以后，水旱变化进入第 11 个主周期。当今仍处在该周期之中。分析第 11 个主周期可以看出：本世纪初，周期变化位相正处于 19 世纪 30 年代以来的一段较长湿润时期以后，由波谷向波峰过渡的时期。因此，本世纪初至 20 年代干旱频增，20 年代以后持续干旱，40 年代以后趋于缓和。从整个序列期间的水旱变化来看，本世纪 30 年代前后的干旱期，其强度与持续期都没有超越历史时期。

## 三、趋势分析试验

趋势分析方法是：在周期分析的基础上，选出强度超过平均强度的显著周期，用这些周期，通过傅里叶级数叠加的方法对序列作拟合。在拟合满足信度要求的情况下，将拟合外延作趋势分析。

$$F_{(t)} = C_0 + \sum_{\lambda=1}^{M} \cdot C_\lambda \cdot \sin\left(\frac{2\pi}{T_\lambda} \cdot t + \phi_\lambda\right)$$

式中　$F_{(t)}$——拟合值(当序列年号 $t>$ 序列长度时,则为趋势分析值);$C_0$——序列均值;$M$——参加叠加的周期个数;$\lambda$——参加叠加的周期序号;$C_\lambda$、$T_\lambda$、$\phi_\lambda$——$\lambda$ 的周期的振幅、周期值、相角。

为了验证趋势分析效果,先作趋势分析试验。即将序列截去 132 年,以剩余的 482—1849 年段作为试验序列,对 1824 年后作趋势分析试验。然后用水旱史实对试验作验证。

通过对试验序列的周期分析,选出显著周期共 31 个,其强度较大的前 6 位依次是 130、162、433、144、650、92 年。拟合后,拟合率达 98.13% 说明这些显著周期,足以客观地反映历史水旱的振动。因而,有可能将拟合外延作趋势分析试验。

试验结果表明:外延曲线与原序列的 50 年平滑曲线基本一致,都显示试验段是个相对湿润时段(图 3)。为了进一步弄清试验段的历史水旱实况,又查阅了 18 世纪以来黄河万锦滩、宁夏峡口的实测水文资料[8]。它们都证实,此间确是比较湿润的时段(图 4)。在我们确定的黄河流域 131 次流域性大水中,19 世纪占 24 次,而流域性大旱只有 8 次[9]。这些历史水旱记实,为验证试验效果增添了佐证。

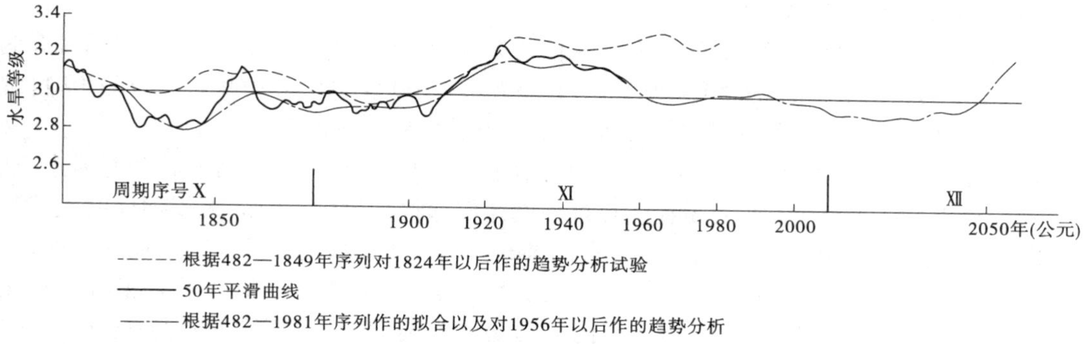


图 3　预报试验以及预报图

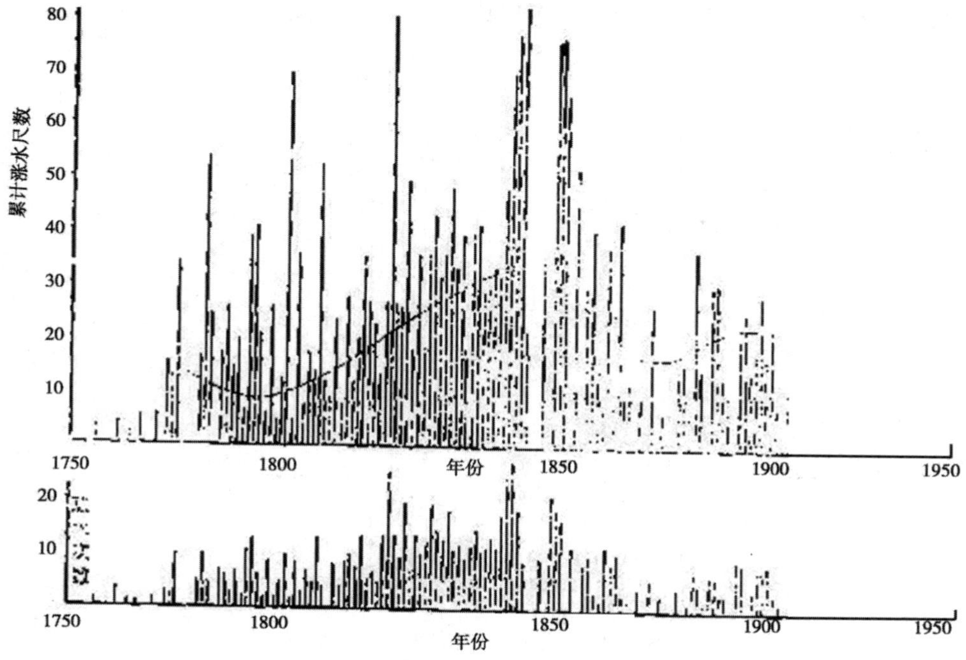


图 4　黄河万锦滩历史洪水实录

为进一步测定外延曲线与平滑曲线的相关性和合适的外延长度，计算了不同长度的外延曲线与平滑曲线的相关性。结果指出：外延长度在100年左右开始，$P<0.01$ 呈显著正相关（表3）。

表3　各外延长度的相关系数及置信度

| 外延长度(年) | 25 | 50 | 75 | 100 | 125 |
|---|---|---|---|---|---|
| 相关系数($\gamma$) | 0.075 | 0.250 | 0.162 | 0.718 | 0.882 |
| 置信度($P$) | >0.05 | >0.05 | >0.05 | <0.01 | <0.01 |

通过以上试验，可见以序列中的482—1849年段对其后作长度为一个世纪左右的水旱趋势分析尚有一定的正确性。那么，由此推论，将以上试验序列延长132年，即恢复用黄河中游地区历史水旱等级序列，以同样的方法和外延长度，作水旱趋势分析是有意义的。

## 四、公元2000年前后的一百年间水旱变化趋势分析

通过对黄河中游地区历史水旱等级序列的周期分析，选出显著周期32个，其中强度较大的前6位依次是130、159、716、143、477、385年。由这些周期叠加而成的拟合曲线与50年平滑曲线非常一致（图2），拟合率高达98.26%，有较好的外延基础。

趋势分析表明：公元2000年前后的一百年间是继本世纪前半叶的干旱时期以来的相对湿润时期，其前50年属正常或正常偏湿润，后50年偏湿润（图3）。该100年总的湿润状况大致与19世纪相仿。若以本世纪30年代作为第11个主周期的波峰，那么其波谷大致在本世纪末。

根据以上分析，在今后半个多世纪里，黄河中游地区的干湿状况，对于发展农牧和开展水土保持基本有利，但是，对于黄河水患应有足够重视。在规划设计如即将兴建的小浪底大坝那样的大工程时，对于诸如1843年那样的特大洪水的再现更应有充分准备。当然外延曲线只是反映主周期时间尺度的水旱变化。因此，对于那些小于主周期尺度的水旱变化，特别是隐含在湿润期里的干旱，仍不可丧失警惕。

由于对序列作50年平滑，使外延起始年比序列终端提前25年。这段外延与实测相重的25年（1957—1981年）为验证趋势分析创造了条件。于是，对比分析了实测资料较长的洛阳、西安两站50年代前后数十年间的降水资料，发现50年代以来，气候比30—40年代湿润（图5，表4）。

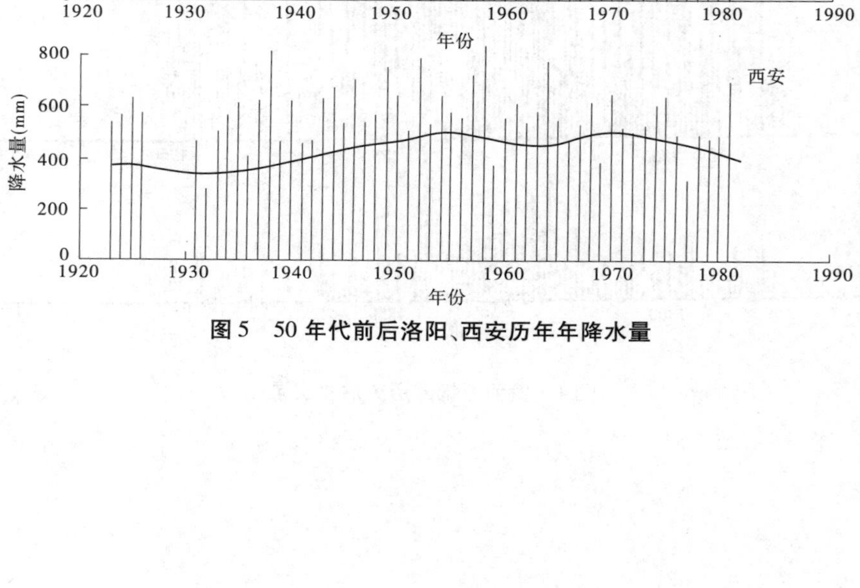

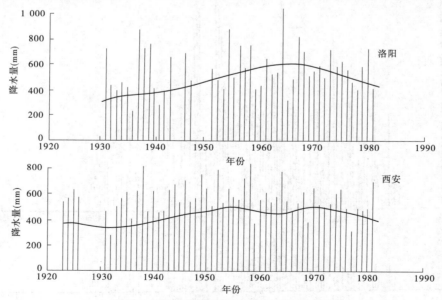

图5　50年代前后洛阳、西安历年年降水量

表4　50年代前后洛阳、西安年降水量比较

| 时间 | 洛阳 | | 西安 | |
|---|---|---|---|---|
| | 年平均值(mm) | 统计年数 | 年平均值(mm) | 统计年数 |
| 1950年前 | 540.0 | 15 | 565.5 | 24 |
| 1950年后 | 602.2 | 31 | 584.8 | 31 |

注:

①主要有:1. 河南省水文总站编、河南省历代旱涝等水文气候史料,1982

2. 河南省气象局科研所、河南省西汉以来历代灾情史料,1976

3. 陕西省气象局、气象台,陕西省自然灾害史料,1976

②罗时芳,地球自转速率变化机制的探讨——一个初步的设想

③么枕生,气候学原理　P391

④张先恭等　祁连山园柏年轮与我国气候变化趋势、全国气候变化学术讨论会文集　科学出版社 1981

⑤郑大伟　赵铭　自回归谱技术用于天文和地球动力学、天文学报20　1979,3P301

⑥H H LAMB Climate: present, past and future VOL 1 P212—239, 1972

⑦龚高发等,气候变化对作物产量收成的影响

⑧黄河水利委员会同志抄录、黄河万锦滩清代历史洪水水情整理　徐近之、陈家其、宁夏峡口(青铜峡)水志的科学价值

⑨王涌泉、林观海、杨迈里、陈家其、汪稼兴,黄河流域历史大水大旱年表

(本文原载于《人民黄河》1983年第5期)

# 南水北调西线工程与后续水源

陈效国[1],席家治[2]

(1.黄河水利委员会,郑州 450003;2.黄河水利委员会 勘测规划设计研究院,郑州 450003)

西北地区干旱缺水,为创造开发西北地区的条件,在水利部的领导下,黄河水利委员会(以下简称黄委会)早在50年代初到60年代初就开展过西部调水研究,通过大规模的考察和勘测,提出了西部调水总体布局的框架和多种引水线路方案。70年代,黄委会又进行了一些查勘和研究。在西部调水总体布局框架的基础上,提出先期从长江干支流通天河、雅砻江、大渡河调水的开发战略。1987年,国家计委决定开展从通天河、雅砻江、大渡河调水200亿 $m^3$ 的超前期规划研究,此任务已于1996年6月完成,目前正在抓紧进行规划阶段的工作。最近,有关社会人士提出了大西线调水一些新的设想,我们根据黄委会西部调水的工作经历和近年来对总体布局的研究成果,对南水北调西线工程与后续水源提出一些看法。

## 1　西部调水的工作历程

早在1952年,黄委会就组织查勘了从通天河引水入黄河的路线,同年10月,当毛泽东同志听取黄委会领导关于引江济黄设想的汇报后,曾说:"南方水多,北方水少,如有可能,借点水来也是可以的"。

1958—1961年,根据上级指示,黄委会组织了1 000多人次到西部地区进行查勘,范围东至四川盆地西部边缘、西达黄河长江源头河段、南抵云南石鼓、北到甘肃定西,约115万 $km^2$;研究的引水河流有怒江、澜沧江、金沙江、通天河、雅砻江、大渡河、岷江、涪江、白龙江;供水范围除黄河上中游流域外,东至内蒙古乌兰浩特、西抵新疆喀什;引水方案上线有通天河引水到黄河卡日曲线路,下线布设在西藏沙布—金沙江虎跳峡—大渡河康定—岷江茂汶—甘肃定西一线,在上下线之间研究了大量的方案(现在社会上提出的大西线调水设想,基本都在这个范围内,或带有当年方案的痕迹)。当时主要代表性方案有从金沙江玉树引水至积石山贾曲入黄河的玉—积线;从金沙江恶巴引水到洮河的恶—洮线;从怒江下游调水到黄河定西、洮河并送水远到新疆、内蒙古的多条引水线路,如怒江沙布—甘肃定西的自流线路。各引水线路年引水220亿~1 400亿 $m^3$。

与此同时,由原水电部和中科院牵头,组织了中国西部南水北调引水地区综合考察队,有工程地质、矿产地质、地貌、气候、水文、土壤、植物、森林、动物、水生动物、工业、农牧业、交通运输等专业700多人参加,对整个引水区的自然条件、自然资源、经济状况进行调查;原水电部水利科学研究院还为西线南水北调进行了渠道渗漏试验。

通过几年的研究,外业工作完成地形测量47 425 $km^2$,地质测绘44 814 $km^2$,线路查勘62 888 km,勘查大型建筑物地址405处,并取得大量的自然环境、社会经济资料。

这项工作,由于1960年起国家遇到暂时困难,经济发展受到严重影响,加上西部调水工程浩大,要求技术高,困难大等因素,到1962年,各项外业工作基本停顿,而内业资料整理却延续了若干年。

黄委会和中科院以及有关单位进行了3 a多的西部调水勘测考察,研究范围之广,投入单位、人员之多,规模之大都是空前的。从现在北方缺水、黄河断流和西线调水规划的情况看,当时对西部水资源南丰北缺的宏观估计是正确的,开展南水北调的研究工作是有远见卓识的;当时提出的西部调水总体布局框架,从宏观上控制了调水的范围和供水的区域,为以后分期开发规划奠定了基础;当时大范围的调水研究初步了解了工程技术上的难度和存在的问题,为以后进行工程方案的研究提供了有益的经验。

1978年以后,黄委会又组织多次西线调水查勘,并对1958—1961年的西部调水方案和研究工作进行了认真的分析，认为：其一，通过以往大量的工作，对西部调水已有一个宏观、全面的认识，提出的总体布局框架有较好的控制作用；其二，引水点愈靠近下游，可引水量愈大，则工程规模愈大，从技术经济的现实考虑，调水量和工程规模应有一个适当的限度；其三，西北地区缺水是一个不断增长的过程，与之相适应，调水工程也应由小到大，分期开发，逐步扩展。因此，在原西部调水的大范围、大工程规模、大调水量的总体布局框架下，宜缩小研究范围，从距黄河较近、调水量适宜、相对工程难度较小的通天河、雅砻江、大渡河调水，并为今后西部大规模调水积累相应的工作和建设经验。本着这个思路，提出现规划的引水线路方案。

国家计委、水利部和专家们肯定了这个思路，于 1987 年 7 月，决定将西线调水超前期规划研究列入“七五”“八五”计划，经过 10 a 时间，黄委会于 1996 年完成了超前期规划研究工作。1996 年下半年开始进行规划阶段的工作，要求于 2000 年完成南水北调西线工程规划报告，并提出先期工程开发方案。

## 2　南水北调西线工程与后续水源初步研究情况

### 2.1　南水北调西线工程与后续水源的总体构想

目前，正在进行规划的南水北调西线工程，即从长江干支流通天河、雅砻江、大渡河年调水 200 亿 $m^3$ 的方案，是西部调水的一个组成部分。后续水源是从长江干支流调水的延伸，可以扩展到从澜沧江、怒江调水，进而扩展到从雅鲁藏布江调水，从而形成从通天河、雅砻江、大渡河、澜沧江、怒江、雅鲁藏布江 6 条江河调水的西部调水方案。

这 6 条江河的水源丰沛，有水可调，其多年平均年径流量：通天河 124 亿 $m^3$，雅砻江 604 亿 $m^3$，大渡河 470 亿 $m^3$，澜沧江 740 亿 $m^3$，怒江 689 亿 $m^3$，雅鲁藏布江 1 654 亿 $m^3$，共 4 281 亿 $m^3$。当然，引水点不可能设在河口地区和河流出国境处；考虑本河流的开发，下游的用水和技术上的难度，也不能设在低海拔的下游区；只能设在适当的高程处，以适当的工程规模，调取适宜的水量。除南水北调西线工程年调水 200 亿 $m^3$ 外，初步研究，设想从怒江、澜沧江年调水 200 亿 $m^3$，还设想远期从雅鲁藏布江年调水 200 亿 $m^3$，6 条江河年共调水 600 亿 $m^3$。

考虑分期开发调水工程。以与黄河相邻的、开发建设条件相对较好的、目前正在规划的通天河、雅砻江、大渡河调水工程为现实的第一期工程，与黄河相距较远、地质条件复杂、基础工作较少的怒江、澜沧江调水工程设想为第二期工程，将更远、更艰巨的雅鲁藏布江调水工程设想为第三期工程。

这样，可以满足我国在不同的发展时期对水资源的需求，适应国家经济承受能力，逐步积累在高海拔、寒冷缺氧、技术复杂条件下的前期工作和建设经验，确保各阶段分期工程技术经济可行。

### 2.2　西部调水现实的第一期工程

1987 年，在西部调水研究 30 a 的工作基础上，国家计委决定将西线调水列入“七五”“八五”项目，要求黄委会用 10 a 时间进行超前期规划研究工作，着重研究每年从长江上游通天河调水 100 亿 $m^3$、雅砻江调水 50 亿 $m^3$、大渡河调水 50 亿 $m^3$，共调水 200 亿 $m^3$ 的可能性和合理性。国家计委的文件中将从长江干支流通天河、雅砻江、大渡河年调水 200 亿 $m^3$ 的方案，定名为南水北调西线工程。

按照任务要求，黄委会组织勘测、规划、设计等专业数百人，在调水区和临近地区 40 多万 $km^2$ 范围内，克服高海拔寒冷缺氧、自然环境恶劣等困难，进行了大量的测量、地质、地震、水文、气象和社会环境等方面的基础工作。

国家计委为加强南水北调西线工程工作，统一部署地矿部、国家地震局、国家测绘局、中科院、长江水利委员会、四川省国土局、国家计委国土规划研究所和青海、甘肃、宁夏、内蒙古、陕西、山西 6 省（区）计委、水利厅，以及有关高等院校、科研单位参加工作，大力协同配合，参与工作的有 1 000 多人，其中参与现场勘测考察的有 500 多人。

按照任务要求，黄委会于 1989 年提交了《南水北调西线工程初步研究报告》，该报告为开展超前期规划研究提出了轮廓意见，经水利部审查通过。于 1992 年 9 月提交了《雅砻江调水工程规划研究报告》，经水利部审查通过。于 1996 年 6 月完成了《南水北调西线工程规划研究综合报告》，已报水利部。同时，开展了各项专题研究，完成专题报告 138 份。超前期规划研究工作已于 1996 年上半年完成，并及时转入了规划阶段的工作。

经研究，从雅砻江、通天河、大渡河调水比选了多条引水线路方案。其中，主要的一组为，从雅砻江、通天河和大渡河、雅砻江支流自流引水年调水 190 亿 $m^3$ 的方案，见图 1。该方案有 3 条引水线路，第一条是从雅砻江长须坝址引水到黄河支沟恰给弄，简称长—恰线；第二条是从通天河同加坝址引水到雅砻江再到黄河的自流方案，简称同—雅—黄自流方案，此方案包括同—雅线和雅—黄线两段，其中雅—黄线与长—恰线并行；第三条是从雅砻江支流达曲、泥曲，大渡河支流色曲、杜柯河、马柯河、阿柯河引水到黄河支流贾曲，简称达—贾线。该组合方案有如下特点：

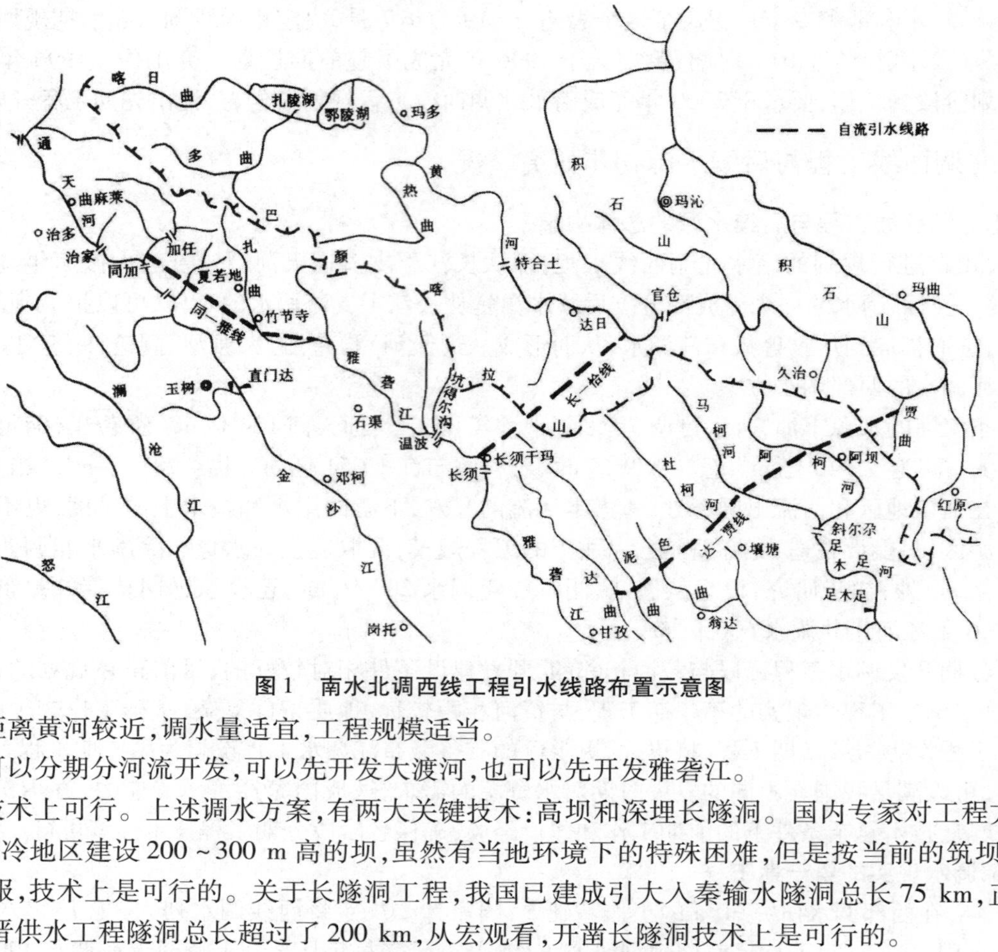


图 1　南水北调西线工程引水线路布置示意图

（1）距离黄河较近，调水量适宜，工程规模适当。

（2）可以分期分河流开发，可以先开发大渡河，也可以先开发雅砻江。

（3）技术上可行。上述调水方案，有两大关键技术：高坝和深埋长隧洞。国内专家对工程方案审议认为，在寒冷地区建设 200～300 m 高的坝，虽然有当地环境下的特殊困难，但是按当前的筑坝技术，困难可以克服，技术上是可行的。关于长隧洞工程，我国已建成引大入秦输水隧洞总长 75 km，正在建设的引黄入晋供水工程隧洞总长超过了 200 km，从宏观看，开凿长隧洞技术上是可行的。

（4）工程方案有较强的可扩展性，可与后续水源怒江、澜沧江相接。

实施第一期工程，即从长江干支流调水 190 亿 $m^3$，可解决黄河流域青、甘、宁、蒙、陕、晋 6 省（区）主要缺水地区缺水问题，并解决黄河下游断流问题。可获得显著的城镇生活供水和工业供水效益、农业灌溉效益、发电效益。社会效益和环境效益更为显著，对推动西北地区丰富资源的开发，加快地区经济的发展，缩小东西部差距，加强民族团结，保障社会稳定，促进全国的经济发展具有重要战略意义。同时，可增加植被面积，控制水土流失，遏制土地沙化，改善生产、生活条件，促进生态环境的良性循环。

### 2.3　西部调水设想的第二期工程

黄委会在进行西线调水 190 亿 $m^3$ 研究的同时，未放弃对怒江、澜沧江调水的研究。

怒江发源于西藏北部唐古拉山南麓安多县境内的吉热格帕附近，在我国境内流域面积 135 984 $km^2$，干流长度 1 659 km，年径流量 689 亿 $m^3$。

澜沧江发源于唐古拉山北麓青海省杂多县境内，在我国境内流域面积 164 376 $km^2$，干流长度 1 826 km，年径流量 740 亿 $m^3$。

根据地形特点，怒江加玉桥河床高程 3 100 m，澜沧江昌都河床高程 3 200 m，比调水到黄河入口贾曲高程低 200 ~ 300 m，要自流引水到黄河，必须从怒江加玉、澜沧江昌都上游适宜的高程引水。在此以下河段调水，不仅需抽水，而且扬程高，工程规模大。而怒江加玉、澜沧江昌都以上地质条件相对较好，河流年径流量约 300 亿 $m^3$，可调水约 200 亿 $m^3$，占两江出境水量的 14%。

从怒江、澜沧江引水到通天河侧坊后，与南水北调西线工程有两种衔接方式，一是自流衔接，从侧坊沿金沙江左岸输水到雅砻江的热巴，再经达—贾自流线路入黄河；另一个是抽水衔接，从侧坊以 220 m 扬程抽水入通天河至雅砻江的同—雅自流线路，然后经长—恰自流线路入黄河。

实施第二期工程，即从怒江、澜沧江年调水约 200 亿 $m^3$，可继续补充解决青、甘、宁、蒙、陕、晋 6 省（区）的缺水需求，并可解决新疆部分地区的缺水问题。

### 2.4　西部调水设想远期的第三期工程

从雅鲁藏布江干流调水北送，难度很大，海拔高程低、距离远、工程相当艰巨。现设想从雅鲁藏布江北边的支流尼洋河调水，在该河选白巴坝址，河床高程 3 100 m，年径流量 184 亿 $m^3$，筑 320 m 高坝，年调水约 150 亿 $m^3$，以 65 km 的隧洞，输水到雅鲁藏布江支流易贡藏布的笨多，笨多河床高程 3 000 m，年径流量 120 亿 $m^3$，在此筑 330 m 高坝，年调水约 50 亿 $m^3$。

以上工程每年共调水约 200 亿 $m^3$，以 740 m 扬程，180 km 隧洞（笨多到永巴为 115 km 隧洞）输水到怒江永巴。

从以上指标可以看出，从雅鲁藏布江调水北送，工程异常艰巨，如果引水点移向干流下游，则河床高程更低，工程规模更大；移向上游，则水量有限，何况调水地区地处高寒缺氧、气候恶劣地带，引水线路还要穿过念青唐古拉山，地震烈度高、断裂多，工程技术可行性和经济合理性都有待研究，因此，我们在这里提及的仅是一个远期的设想。

如能实施第三期工程，可基本解决我国包括新疆在内的西北 7 省（区）的缺水问题。

第一期工程与第二期工程衔接，每年可调水 400 亿 $m^3$ 左右，需建坝 7 ~ 8 座，最大坝高 330 m，最小坝高 150 m，输水隧洞长 729 ~ 789 km。第一、二、三期工程衔接，每年可调水 600 亿 $m^3$ 左右，需建坝 9 ~ 10 座，输水隧洞长 888 ~ 969 km。

## 3　几点认识

### 3.1　要积极慎重地开展西部调水研究工作

西部调水是我国经济可持续发展的重大战略举措，涉及大半个中国的面积，关系到子孙后代的长远大计，要充分认识西部调水的战略意义，采取有效措施，开展一些必要的前期工作。同时，也要看到，青藏高原自然环境恶劣，寒冷缺氧，人烟稀少，交通不便，山高谷深，地质条件非常复杂，调水工程艰巨，难度很大。黄委会研究西部调水，迄今已有 40 a 的工作经历，对工程的长期性、复杂性、艰巨性体验很深。因此，研究中要实事求是，冷静思考，坚决贯彻江泽民主席的批示："南水北调的方案，乃国家百年大计，必须从长计议、全面考虑、科学选比、周密计划"。

### 3.2　必须严格按照基本建设程序做好各项前期工作

西线调水工程是超大型的跨流域调水工程，不仅工程规模宏大，而且涉及社会经济和技术问题十分复杂，加上青藏高原基础资料非常薄弱。为此，黄委会承担的南水北调西线工程，在以往 30 多 a 工作的基础上，国家计委于 1987 年下文还安排了 10 a 的超前期规划研究。而西部调水工程涉及的范围更大，河流更多，问题更复杂，前期工作所需的时间也更长。因此，建议按照基本建设程序，先开展前期的调查研究，通过几年的工作，提出西部调水的整体布局和轮廓设想。

### 3.3　要研究西北地区可能的需水量

西北地区辽阔、缺水，好像调来多少水都嫌不足，这只是一般的概念。作为科学的研究，应以西北地区国土开发规划为基本依据，宏观研究西北地区远景社会经济的发展目标，包括规划城市发展、工业发展、农业发展等用水，以及改造沙漠、改善生态环境用水的必要性和可能性。显然，对未来几十年、上百年的发展预测，是一个十分复杂的问题，但总得有个宏观的估计。再者还要考虑未来节水技术的发展，以预测西北地区可能的需水量。此项工作，南水北调西线工程已作过一些研究，预测了 2030 年黄河上中游6省(区)社会经济发展的需水量,可作为进一步分析的基础。

## 4 结 语

目前,正在进行的南水北调西线工程规划工作,是西部调水比较现实的第一期工程,其调水量适宜,工程规模适当,可满足西北地区未来一个时期的用水需求。本着先小后大、先易后难、先近后远、摸索经验、分期开发的规划思路,要抓紧工作,按要求提出第一期工程的先期开发方案,加快前期工作步伐,早日兴建。后续水源的第二、第三期工程,即从澜沧江、怒江、雅鲁藏布江调水,只是一个概略的设想。由于该地区自然条件恶劣,基础工作十分薄弱,有很多未知因素,因此为统筹考虑、从长计议,可先开展调查研究工作。

(本文原载于《人民黄河》1999年第2期)

# 对南水北调西线工程调水河流生态问题的思考

谈英武,崔　荃,曹海涛

(黄河水利委员会 南水北调西线工程办公室,河南 郑州 450003)

**摘　要**:南水北调西线工程是调引长江上游的部分水量入黄河上游河道,为维持黄河健康生命和保护干旱、半干旱西北地区补充水源。以科学发展观和人与自然和谐相处的理念,从统筹兼顾、南北两利出发,科学评价、正确认识调水对调水河流地区的负面影响,从而提出调水河流地区与受水区生态良性循环的思考:①应尽可能避免或减少调水水库对当地土地的淹没和移民安置;②在工程设计中宜重点研究全隧洞输水方案;③统筹安排第一、二期工程调水量;④在引水坝址下游临近河段,有选择地兴建生态保护工程;⑤国家应采取相应的政策,弥补对调水河流地区产生的不利影响等。

**关键词**:生态环境;水资源;南水北调西线工程;西北地区;黄河

我国水资源空间分布不均,南方水多,北方水少。黄河和西北地区严重缺水,水已成为黄河和西北地区的生命线。南水北调西线工程调引长江上游部分水量供给黄河和西北地区,修复和保护生态,改善环境,促进当地经济的可持续发展,意义重大,效果显著。但是,必须重视调水对调水河流地区带来的负面影响,应采取措施,缓解或减免对调水河流地区生态与环境的影响。

## 1　南水北调西线工程是遏制黄河和西北地区生态和环境恶化的重大举措

### 1.1　西北地区生态和环境恶化关键在于干旱缺水

黄河上中游的青海、甘肃、宁夏、内蒙古、陕西、山西 6 省区,地处我国内陆,海洋季风影响微弱,气候干燥,降水少,大部分地区年降水量为 200 ~ 300 mm,有些地区在 100 mm 以下,属干旱、半干旱地区。近 50 多年来,由于人口增加和人类活动不断增强,西北地区生态和环境呈逐渐恶化的趋势。据有关资料统计,在干旱的气候背景下,水资源和土地资源利用不合理,已造成有条件可能治理的荒漠化土地面积约 60 万 $km^2$[1]。生态和环境恶化,表现在工农业用水大量挤占生态用水;一些河流,特别是内陆河流断流加剧和尾闾干涸长度逐年递增;牧区草原退化速度加快,绿洲衰退沙化;一些湖泊水位下降、面积缩小、水质矿化度增加;有些地区沙尘暴天气增多。20 世纪 70 年代宁夏未出现过强沙尘暴天气,1982—1997 年涉及宁夏的强沙尘暴天气多达 24 次。2000 年鄂尔多斯地区发生沙尘暴达 18 次。

从大的环境演进过程看,西北地区恶劣的自然地理条件是千万年来自然演变形成的,不是人类可以抗拒的。但是由于人类活动的影响,不断地干预、甚至局部破坏了当地的自然环境。西北地区社会发展史说明,局部改善环境,以适宜于人类生存是有可能的,但关键取决于水资源。因此,必须把解决水资源的问题放在第一位。有水才有绿洲,有绿洲才能谈得上生存和发展,保护绿洲,才能遏制生态和环境的恶化,这是西北地区的地理特征所决定的。

### 1.2　黄河虽是西北地区的重要水源,但本身缺水严重

黄河是我国第二大河,流域面积 79.5 万 $km^2$,流经我国干旱、半干旱的西北地区,是我国西北地区的重要水源。但黄河严重缺水,并且属资源性缺水。黄河多年平均河川径流量 500 多亿 $m^3$,根据水利部全国水资源综合规划水资源调查评价结果,近 20 年黄河流域来水量减少 15%,减少的幅度相当大。20 世纪 50 年代年均耗水 122 亿 $m^3$,到 90 年代年均耗水 307 亿 $m^3$,比 50 年代年均增加了 185 亿 $m^3$。20 世纪 50 年代年均入海水量 480 亿 $m^3$,90 年代年均 120 亿 $m^3$,比 50 年代减少 360 亿 $m^3$。2001 年和 2002 年黄河全年的入海水量不到 50 亿 $m^3$。

严重缺水造成黄河干流和支流河道频繁断流、水污染加重、生态和环境恶化。

据预测,在大力节水的条件下,正常来水年份,黄河上中游地区2010年缺水40亿$m^3$,2030年缺水110亿$m^3$;偏枯年份,缺水量将更大。

### 1.3 南水北调西线工程势在必行

面对黄河和西北地区严重缺水的形势和不容乐观的前景,解决的办法:一是大力节水,二是从外流域调水,节流与开源同时并举。

从长江上游调引部分水量到黄河上游,以丰补欠,调水补源的南水北调西线工程,已走过了53年的历程,这是解决黄河和西北地区缺水的根本措施。

2001年5月水利部审查通过黄委提交的《南水北调西线工程规划纲要和第一期工程规划》,2002年12月国务院批复的《南水北调工程总体规划》,提出南水北调西线工程分三期实施:从雅砻江、大渡河5条支流调水40亿$m^3$为第一期工程;从雅砻江干流调水50亿$m^3$为第二期工程;从金沙江调水80亿$m^3$为第三期工程。三期工程共调水170亿$m^3$,规划2050年前实施完成。

南水北调西线工程是一项从湿润、半湿润区向干旱、半干旱区调水的跨流域调水工程,是向黄河增补水源的工程,是水资源合理配置的工程,也是一项保护、改善生态和环境的工程,为维持黄河的健康生命,保护西北地区的生态和环境,南水北调西线工程势在必行。

## 2 调水对调水河流生态影响的分析

### 2.1 调水占河川径流量和引水坝址处径流量比例的分析

西线工程与生态的关系,重点表现在调水量上。第一期工程从雅砻江调水15亿$m^3$,大渡河调水25亿$m^3$;第二期工程从雅砻江干流调水50亿$m^3$,即第一、二期工程从雅砻江调水65亿$m^3$,从大渡河调水25亿$m^3$,分别占雅砻江和大渡河多年平均径流量604亿$m^3$和495亿$m^3$的10.7%和5.0%;第三期工程从金沙江调水80亿$m^3$,占金沙江渡口多年平均径流量570亿$m^3$的14.0%。

对一条河而言,调多少水才算适度,当前还没有通用的标准。由于河流所处国家的国情不同、地区条件不同,很难用一个取水率给予概括。西线调水河流的水量丰沛,人均水资源占有量为2.2万~2.3万$m^3$,农田每公顷平均占有29.7万~35.6万$m^3$,调水河流区人烟稀少,社会经济发展滞后,现状各种用水量不大,用水主要在河流下游,特别是河口地区。预测2030年,三条调水河流域工农牧业、生活用水量,分别占三条河河川径流量的3%~5%。因此,从调水河流调取5%~14%的水量,大渡河、雅砻江、金沙江仍余有足够的河川径流量,能满足下游经济发展和生态对水的需求。

虽然调水占整条河流的径流量比例不大,但占引水坝址处水量的比例为65%~70%。也就是说,调水后引水坝址下游临近河道的水量,只有原水量的30%~35%。对此,有关人士认为调水比例太大。简单地用调水量占引水坝址处河流径流量的比例,作为衡量调水对河道下游生态和环境影响的指标,并不一定适合当地实际。有关资料表明,调水工程引水坝址处调水比例较大的有:希腊雅典调水二期工程为72%~85%,澳大利亚雪山调水工程为85%,莱索托调水工程为74%,我国掌鸠河调水工程为64%。西线调水引水坝址地处于河流上游河段,河谷形态以峡谷型为主,年降水量700 mm,人烟稀少,用水很少。经分析,引水坝址处调水比例65%~70%是适宜的。三条河调水地区河流纵横,水系发育,两岸支流汇入较多,在距离引水坝址10~15 km下游河段,水量增加14亿~20亿$m^3$;在距离引水坝址下游100 km左右,调水占河川径流量的比例为20%~40%。

### 2.2 引水坝址下游临近河段生态需水量研究

生态需水量,系指能够提供维系一定生态系统与环境功能所必须的基本水资源量。这个概念为引水坝址下游临近河段应维持的生态水量提供了依据。生态需水可理解为维护河道内和河道外生态不会恶化并有所改善的地表水和地下水资源量。河道内生态需水包括维持水生生物生存、防止河流水质污染、防止河流断流等所需的最小径流量。河道外生态需水则主要指维持河道外植被群落稳定所需的水量。

生态系统是一个复杂的、相互制约的平衡体系,因而没有一个统一标准来衡量特定流域的生态需水量究竟是多少。我们请国内著名专家和科研单位配合计算生态需水量,采用了国内外有代表性的10种方法进行比较，根据实地考察的感性认识，探索改进了 TEXAS 法认为较其他方法更接近于调水地区的条件。根据分布式生态水文模型模拟和调水河流生物用水及居民生存用水分析，提出了河道内生态需水量的下限值，即引水坝址不同季节的下泄流量，应达到或超过调水前最小月平均流量。只有这样，才能维持河道河川径流量在自然生态下可承受的最小水量。

通过采用水文法和同位素水文法水样测定分析，认为调水对河道水量—地下水—植被关系的影响微弱。河道外两岸植被生长所需的水分主要依赖于大气降水，对植被生长起决定作用的局地气候、土壤、地下水量均无显著变化。所以调水对植被区系、植被构成、森林资源的影响微弱[2]。

陆生动物对植被资源有较强的依赖性，因此调水对陆生动物的区系组成、种群结构及资源不致产生影响。西线工程的建设，不会阻断陆生动物的自然迁徙和觅食路线，对其繁衍栖息环境基本不影响。

对水生生物而言，调水后坝址下游河道水量减少，大坝也拦截了河流中部分营养物质，河道内水生生物栖息环境缩小，水生生物的种群结构会缩小，生物量会降低。调水对坝址下游临近河段的水生生物会有一定的影响，但该区域未发现有珍稀物种。为减少调水对坝址下游水生生物的影响，对下游流量可进行科学调度，适当加大泄量，再者，随着两岸支流的汇入，区间来水得到大量补充，对水生生物的影响程度会逐渐减少。

综合分析认为，调水河流和河流上游河段的水量有足够的水资源承载能力，支撑现有的调水规模。根据生态需水量，在充分利用丰水流量的条件下，计算的调水量与规划的调水量基本一致。

## 3　统筹兼顾，南北两利，促使受水区和调水河流地区的生态良性循环

早在 1959 年，水电部和中科院共同提出了南水北调西线工程的 32 字指导方针："蓄调兼施，综合利用，统筹兼顾，南北两利，以有济无，以多补少，水尽其用，地尽其利"。其中提到"统筹兼顾，南北两利"，这是 40 多年前的调水指导方针，也是当今的调水思路。

从总体上看，实施南水北调西线工程，把长江部分水量调入黄河，为维持黄河健康生命，为干旱、半干旱的西北地区注入新的生机，其作用是不言而喻的。很难想像，如果不实施我国古今已建的跨流域调水工程和南水北调工程，以及当代应急向几近干涸的白洋淀、南四湖、塔里木河、黑河等湖泊、湿地、下游河道应急补充生态水，生态和环境又会是什么样子。

从全局看，受水区是调水工程的主要受益者，调水河流地区是主要付出者，调水可能对当地利益造成一定的损失，应当尽量避免、减缓，或给予必要的补偿。从局部看，调水河流河段虽然计算了维持引水坝址下游生态功能不会受到较大影响的生态需水量，但是，河流自然状态下的一部分水量调出了，改变了河流的原有生态状态，其负面影响是客观存在的。从长远看，应着重考虑调水河流地区生态保护和经济发展，以南北两利的思路，指导南水北调西线工程前期工作的整个过程，采取措施，缓解或减免对调水河流地区生态与环境的影响。

(1)调水河流地区高山峡谷密布，居住着以藏族为主的少数民族。其中多为游牧民，属贫困地区，当地建有寺庙和宗教设施，应尽可能避免或减少水库淹没和移民安置。如尽量避免淹没有 3 000 人居住的班玛县城。

(2)目前研究的调水工程方案，主要有全隧洞方案和隧洞加明渠方案，为减少工程建设对调水河流工程区高原草甸和森林植被造成破坏，工程设计中宜重点研究全隧洞方案。

(3)引水枢纽的溢洪等输水建筑物，应根据地质条件，减少地面大开挖，以隧洞型式输水；即使局部需要开挖，也要重视植被的恢复。

(4)第二期工程调水 50 亿 $m^3$，输水线路与第一期工程平行、紧靠，第二期工程建成后，第一、二期工程共调水 90 亿 $m^3$，可对水量统筹安排，优化配置，各引水河流的调水量可作适当调整。

(5)可在引水坝址下游临近河段，有选择地兴建生态保护工程，以保护河道生态，促进当地经济发展，提高群众生活水平。

(6)南水北调西线工程规模宏大，是国家的重大基础设施，是涉及西南和西北地区水资源配置的战略性工程。调水对调水河流地区的生态和环境以及经济、社会等方面会带来负面影响，原有的利益格局

可能随之改变，国家应采取相应的政策，弥补调水河流地区产生的不利影响。协调调水河流地区和受水区之间的利益关系，是一项十分复杂和庞大的系统工程，应加强政府的宏观调控职能，以保证实现水资源的合理配置。

## 4 结 语

南水北调西线工程补水黄河和西北地区，是保护、改善生态和环境的需要。要用科学发展观和人与自然和谐相处的理念，正确认识调水与调水河流地区的生态关系，科学评价调水对调水河流地区的负面影响，达到统筹兼顾，南北两利，共同可持续发展。

### 参考文献

[1] 中国工程院"西北水资源"项目组．西北地区水资源配置、生态环境建设和可持续发展战略研究项目综合报告[R]．北京：中国工程院，2003.
[2] 中科院地理科学与资源研究所．南水北调西线一期工程引水枢纽下游生态环境需水量研究[R]．北京：中国科学院地理科学与资源研究所，2005.

（本文原载于《人民黄河》2005 年第 10 期）

# 黄河水沙调控体系规划关键问题研究

王　煜,安催花,李海荣,万占伟

(黄河勘测规划设计有限公司,河南 郑州 450003)

**摘　要**:根据黄河水少、沙多,水沙关系不协调的基本特征,统筹考虑防洪、防凌、减淤、水资源配置等方面需求,分析提出了建设黄河水沙调控体系的任务、总体布局、联合运用机制。根据工程建设现状和存在的问题、待建工程在水沙调控体系中的任务和作用,分析了待建骨干工程的建设时机。结果表明:①目前已建的龙羊峡、刘家峡、三门峡和小浪底4座控制性骨干工程在协调水沙关系方面还存在较大局限性;②龙羊峡、刘家峡、黑山峡、碛口、古贤、三门峡、小浪底等干流骨干水库构成了黄河水沙调控体系的主体,其主要任务是对洪水、泥沙、径流进行有效调控,以满足维持黄河健康生命和经济社会发展的要求;③黄河水沙调控体系中各工程的任务各有侧重,但又具有紧密的系统性和关联性,必须做到统筹兼顾、密切配合、统一调度、综合利用;④要加快古贤、东庄水库的前期工作,深入论证黑山峡河段开发方案,并做好碛口水库的关键技术研究工作。

**关键词**:运用机制;建设时机;水沙调控体系;黄河

## 1　构建黄河水沙调控体系的任务

### 1.1　黄河水沙特点

"水少、沙多,水沙关系不协调"的基本特性,是黄河成为世界上最复杂难治河流的根本原因。黄河水沙关系不协调主要体现在以下几方面。

(1)水少、沙多、水流含沙量高。黄河多年平均天然径流量为534.8亿 $m^3$,径流量不及长江的5%,来沙量为16亿t,为长江的3倍,实测多年平均含沙量为38 $kg/m^3$(1919—1960年,陕县站)。与世界多沙河流相比,孟加拉国的恒河年沙量为14.5亿t,但水量达3 710亿 $m^3$,约为黄河的7倍,含沙量只有3.9 $kg/m^3$。

(2)水沙异源。黄河水量主要来自上游,上游地区面积占全流域的51%,来水量占全河的62%,而来沙量仅为全河的8.6%;泥沙主要来自中游,河口镇—三门峡区间流域面积仅占全河的40.2%,来水量占全河的28%,而来沙量却占全河的89.1%,是全河的主要产沙区。

(3)水沙的年际和年内分配不平衡。天然情况下汛期水量占全年的60%左右,而沙量占全年的85%以上,且常常集中于几场暴雨洪水期;从水沙的年际分布看,黄河干流(三门峡站)最大年水量为最小年水量的4倍,最大年沙量为最小年沙量的13倍。

(4)来沙系数(含沙量和流量之比)大。河口镇—龙门区间来水的年均含沙量高达123.10 $kg/m^3$,来沙系数为0.67 $kg\cdot s/m^6$;支流渭河华县站来水含沙量为50.2 $kg/m^3$,来沙系数为0.22 $kg\cdot s/m^6$。

黄河下游大洪水主要来自中游的河口镇—三门峡和三门峡—花园口两大区间,来自这两大区间的洪水是下游的主要致灾洪水,历史上洪水灾害给中华民族带来了极其深重的灾难。

### 1.2　构建水沙调控体系的主要任务

根据黄河的水沙特性、资源环境特点,统筹考虑防洪、减淤、协调水沙关系、水资源合理配置和高效利用、河道水生态保护等综合利用要求,构建黄河水沙调控体系的主要任务如下。

(1)科学控制、利用和塑造洪水,协调水沙关系,为防洪、防凌安全提供重要保障,即:有效控制大洪水,削减洪峰流量,减轻黄河洪水威胁;合理利用中常洪水,联合调水调沙,减轻河道淤积,塑造和维持中水河槽;通过水库群联合调控塑造人工洪水过程,防止河道主槽萎缩,维持水库长期有效库容和中水河槽;有效调节凌汛期流量,减小河道槽蓄水增量,减轻防凌压力。

(2)充分利用骨干水库的拦沙库容拦蓄泥沙,特别是拦蓄对下游河道淤积危害最大的粗泥沙。

(3)合理配置和优化调度水资源,确保河道不断流,保证输沙用水和生态用水,保障生活、生产供水安全。

## 2 黄河干流骨干工程建设现状及局限性

目前黄河干流已建、在建(包括龙羊峡、刘家峡、三门峡和小浪底4座骨干水库)的干流梯级水库共有28座,总库容为577.5亿 $m^3$,在防洪(防凌)、减淤、供水、灌溉、发电等方面发挥了巨大的综合效益,但现状工程在协调经济社会发展和维持黄河健康生命需求方面还存在较大的局限性,主要表现在以下几方面。

(1)现状工程联合调节水沙比较困难。中游已建的万家寨、三门峡水库调节库容较小,能够提供的水流动力条件不足,现状主要依靠小浪底水库调水调沙运用,在协调水沙关系方面比较困难,表现在单库调水造峰时水位较高、出库含沙量低,不能充分发挥水流的输沙能力,而排沙运用时水位低,不能调节足够的水量满足"大水带大沙"的要求,且小浪底水库拦沙库容淤满后,仅靠10亿 $m^3$ 调水调沙库容,不能满足协调水沙关系的要求,下游河槽将逐步回淤萎缩。

(2)现状水库协调宁蒙河段水沙关系和供水、发电之间的矛盾存在较多局限,造成宁蒙河道严重淤积萎缩,防凌防洪形势十分严峻。1986年以来,龙羊峡、刘家峡水库在发挥巨大兴利效益的同时,也改变了径流分配状况,加上经济社会用水增加、气候变化等因素的影响,使有利于河道输沙的水量和大流量过程被大幅削减,宁蒙河段水沙关系严重恶化,导致河道特别是主槽严重淤积萎缩,严重威胁防凌、防洪安全。2003年内蒙古河段大河流量为1 000 $m^3/s$ 时堤防发生决口,2008年3月20日三湖河口流量为1 450 $m^3/s$ 时内蒙古杭锦旗独贵特拉奎素段两处溃堤。

(3)潼关高程居高不下。潼关高程对渭河下游河道淤积具有重要影响,近年虽然采取了诸如河道整治、三门峡库区裁弯以及清淤疏浚等一系列降低潼关高程措施,但尚不能有效控制潼关高程。

## 3 黄河水沙调控体系总体布局

根据干流各河段的特点、流域经济社会发展布局,统筹考虑洪水管理、协调全河水沙关系、合理配置和高效利用水资源等综合利用的要求,按照综合利用、联合调控的基本思路,构建以干流龙羊峡、刘家峡、三门峡、小浪底等骨干水库为主体,以海勃湾、万家寨水库为补充,与支流上的陆浑、故县、河口村等控制性水库共同构成完善的黄河水沙调控工程体系。其中龙羊峡、刘家峡等水库主要构成黄河上游以水量调控为主的子体系;三门峡和小浪底等水库主要构成中游以洪水泥沙调控为主的子体系。同时,还需要构建由水沙监测、水沙预报和水库调度决策支持等系统组成的水沙调控非工程体系,以便为黄河水沙联合调度提供技术支撑。

(1)上游水沙调控子体系。黄河径流主要来自上游兰州以上,占全河水量的62%,且60%以上径流主要来自7—10月;中游支流的来水主要集中在汛期,且以洪水形式出现,含沙量非常大。黄河径流年际变化也非常大,最小年径流量为323亿 $m^3$,仅为多年均值的60%。同时黄河还出现了1922—1932年、1969—1974年、1990—2000年的连续枯水段,其年径流量分别相当于多年均值的74%、84%、83%。

随着经济社会的快速发展,预计2020年流域内需水量将达到521亿 $m^3$(未包括流域外约98亿 $m^3$ 的供水),其中农业需水量为362亿 $m^3$,且约90%的用水主要集中在兰州以下的宁蒙河段两岸地区和中下游地区,非汛期用水占全年用水的63%。由于流域用水的地区分布与径流来源不一致,因此用水过程与天然来水过程不一致,经济社会用水和河道生态环境用水矛盾突出,特别是枯水年的水量远不能满足生活、生产、生态用水的需求。为了解决非汛期用水的供需矛盾,特别是保障连续枯水年的供水安全并提高上游梯级发电效益,需要在黄河上游布局大型水库对黄河径流进行多年调节。

已建的龙羊峡、刘家峡水库拦蓄丰水年水量补充枯水年水量,并将汛期多余来水调节到非汛期,对于保障黄河供水安全发挥了极为重要的作用,并提高了上游梯级电站的发电效益,同时调节凌汛期下泄流量,在减轻内蒙古河段凌汛灾害方面发挥了重要作用。但由于水库汛期大量蓄水,因此汛期输沙水量大幅度减少,造床流量减小,导致了内蒙古河道严重淤积、中水河槽急剧淤积萎缩,且刘家峡水库受地理位置局限,防凌运用的灵活性和有效性较差,使得目前内蒙古河段防凌防洪形势十分严峻。

为了消除目前上游梯级水库调度方式带来的负面影响,需要在宁蒙河段以上规划建设一个大库容水库(即海勃湾水库),根据黄河水资源配置的总体要求对宁蒙河段的水量进行调节,改善进入内蒙古河段的水沙条件,并调控凌汛期流量,保障内蒙古河段防凌防洪安全。

上游水沙调控子体系以水量调节为主,主要任务是对黄河水资源和南水北调西线入黄水量进行合理配置,为保障流域的供水安全创造条件,协调进入宁蒙河段的水沙关系,长期维持宁蒙河段中水河槽,保障宁蒙河段的防凌、防洪安全及上游其他沿河城镇的防洪安全,为上游城市的工业、能源基地建设和农业发展供水,提高上游梯级电站发电效益,并配合中游骨干水库调控水沙。

(2)中游水沙调控子体系。由于进入黄河下游的洪水、泥沙主要来自于河口镇—三门峡区间和三门峡—花园口区间,因此为保障黄河下游防洪安全,需要在黄河中游的干支流修建大型骨干水库来控制和管理洪水,合理拦减进入黄河下游的粗泥沙,联合调控水沙,同时承担工农业用水的调节任务,支持经济社会可持续发展。

目前已建的三门峡、小浪底水库通过拦沙和调水调沙遏制了下游淤积抬高的趋势,恢复了中水河槽的行洪输沙功能,通过科学管理黄河洪水为保障下游防洪安全创造了条件,通过调节径流保障了下游的供水安全。但相对于黄河的大量来沙,小浪底水库的拦沙和调水调沙能力有限,为满足黄河下游的长远防洪减淤要求,还必须在干流继续兴建大型骨干水库拦沙并进行联合调水调沙运用。根据黄河干流来水来沙条件和地形地质条件,在来沙较多特别是粗泥沙产沙量较为集中的北干流河段,规划建设古贤、碛口水库,与三门峡、小浪底水库共同构成中游水沙调控子体系的主体。

中游水沙调控子体系以调控洪水泥沙为主,主要任务是科学管理洪水,拦沙和联合调控水沙,减少黄河下游泥沙淤积,长期维持中水河槽的行洪输沙功能,为保障黄河下游防洪(防凌)安全创造条件,调节径流为中游能源基地、中下游城市以及工业、农业发展供水,合理利用水力资源。

## 4　水沙调控体系联合运用的机制

(1)上游水沙调控子体系的联合运用机制。龙羊峡、刘家峡水库联合对黄河水量和南水北调西线一期工程入黄水量进行多年调节,以丰补枯,提高梯级发电效益。黑山峡水库主要对上游梯级电站下泄水量进行反调节,结合防凌蓄水,在满足全河经济社会用水配置和宁蒙河段经济社会用水的基础上,将非汛期富余的水量调节到汛期泄放,以消除龙羊峡、刘家峡水库汛期大量蓄水运用对宁蒙河段造成的不利影响,恢复和维持中水河槽的行洪输沙能力。海勃湾水库主要配合上游骨干水库防凌运用,在凌汛期和封河期避免宁夏灌区退水和海勃湾以上河段封河造成进入内蒙古河段的流量发生波动,在开河期遇严重凌汛险情时应急防凌蓄水。

(2)中游水沙调控子体系的联合运用机制。一是联合管理洪水,在黄河发生超标准洪水时进行削峰;在发生中常洪水时,联合对中游洪水过程进行调控,尽量塑造协调的水沙关系,充分发挥水流的挟沙能力,减少河道主槽淤积,并为中下游滩区放淤塑造合适的水沙条件;在黄河较长时期没有发生洪水时,联合调节恢复和维持中水河槽的流量过程,尽量维持中水河槽的行洪输沙能力。二是利用水库拦沙库容进行联合拦粗排细运用,尽量拦蓄对黄河下游河道淤积危害最为严重的粗泥沙,减轻下游河道淤积。三是联合调节径流,保障黄河下游防凌安全,发挥供水和发电等综合效益。

(3)上游、中游水沙调控子体系的联合运用机制。黄河水沙异源的自然特点决定了上游水沙调控子体系必须与中游水沙调控子体系进行有机的联合运用,构成完整的水沙调控体系。在协调黄河水沙关系方面,上游水沙调控子体系需要根据黄河水资源配置的要求,合理安排汛期下泄水量和流量过程,为中游水沙调控子体系联合调水调沙提供水流动力条件;当中游水库需要降低水位冲刷排沙、恢复库容时,上游水沙调控子体系进行大流量下泄,形成适合河道输沙的水沙过程;中游水沙调控子体系对上游水沙调控子体系下泄的水沙过程、河道冲淤调整出来的泥沙及区间来水来沙过程进行再调节,形成有利于下游河道输沙的水沙过程,以减轻水库及下游河道淤积;中游和上游水沙调控子体系联合调控运用,可为小北干流放淤创造有利条件。

## 5　待建工程的开发时机

### 5.1　待建工程开发次序

古贤、黑山峡水库都是黄河水沙调控体系中的重要骨干工程,彼此之间有密不可分的联系,但承担的任务各有侧重，古贤水库的作用主要是协调黄河水沙关系，减少下游河道泥沙淤积、长期维持中水河槽过流能力，降低潼关高程，以及促进附近地区经济社会发展；黑山峡水库的作用主要体现在改善宁蒙河段水沙条件、减少河道淤积、长期维持中水河槽、减轻凌汛灾害以及合理配置水资源等方面。可见，两者的作用互不替代，从协调黄河水沙关系、支持黄河流域及其相关地区经济社会可持续发展的总体要求出发，应尽早兴建古贤、黑山峡两座水库。

碛口、古贤水库均位于黄河北干流河段，开发任务基本相同，均以防洪减淤为主，即通过水库拦沙和调水调沙使黄河下游河道今后 50 a 基本不淤积抬高，并满足龙门灌区近期水量调节和两岸能源基地的供水要求。从构筑完善的水沙调控体系方面分析，两个工程都是必需的，但古贤水库可以更好地控制河口镇—龙门河段的洪水和泥沙，对禹门口—潼关河段的防洪、减淤及降低潼关高程的作用比碛口水库的大，与三门峡、小浪底水库联合运用，对维持黄河下游的中水河槽和长期减淤的作用也较大。在现阶段研究成果的基础上，考虑两岸各省（区）的意见，推荐把古贤水库作为继小浪底工程建成之后的先期开发项目。

### 5.2　建设时机分析

（1）古贤水库。在小浪底水库拦沙后期尽快建设古贤水库，通过水库拦沙并与小浪底水库联合调水调沙，可以充分延长小浪底水库拦沙运用年限，减轻黄河下游河道淤积，长期维持下游中水河槽，保障下游防洪安全并降低潼关高程，减轻渭河下游洪水威胁。要深化古贤水库的前期工作，争取在“十二五”期间立项建设，2020 年前后建成生效，初步形成黄河中游水沙调控子体系。

（2）黑山峡水库。目前黄河上游已建工程难以协调宁蒙河段减淤、供水、防凌和发电之间的矛盾，防凌运用也存在较大的局限性。从保障内蒙古河段防凌安全、附近地区经济社会发展的供水需求、改善水沙关系等方面分析，需要建设黑山峡水库，完善上游水量调控子体系。经过 50 多 a 的论证，黑山峡河段开发的前期工作已经具备一定基础，但仍存在重大分歧。应进一步协调开发与保护的关系，对黑山峡河段开发方案进行科学论证，审慎决策，根据维持黄河健康生命和促进经济社会发展的要求，研究确定其合理的开发时机。

（3）东庄水库。目前渭河流域缺乏控制性骨干水库工程，为了减轻渭河下游河道淤积，保障防洪安全，需要建设东庄水利枢纽，当前要加强前期工作，力争 2020 年建成生效。

（4）碛口水库。碛口水库是黄河水沙调控体系的控制性骨干工程，规划安排在古贤水库之后开发建设。由于碛口水库与古贤、小浪底水库联合运用对协调水沙关系、优化配置水资源等具有重要作用，因此应加强前期工作，做好重大关键技术问题研究，促进立项建设。

## 6　结　语

（1）黄河“水少、沙多，水沙关系不协调”的基本特性是黄河复杂难治的症结所在。为维持黄河健康生命，谋求黄河长治久安，促进流域及相关地区经济社会可持续发展，必须建设完善的黄河水沙调控体系。目前已建的龙羊峡、刘家峡、三门峡和小浪底 4 座控制性骨干工程，在防洪、防凌、减淤、调水调沙和水量调度等方面发挥了巨大的综合利用效益，但现状工程运用在协调水沙关系方面还存在较大局限性。

（2）龙羊峡、刘家峡、黑山峡、碛口、古贤、三门峡、小浪底等干流骨干水利枢纽构成了黄河水沙调控体系的主体。其主要任务是对洪水、泥沙、径流（包括南水北调西线工程调水量）进行有效调控，以满足维持黄河健康生命和经济社会发展的要求。

（3）黄河水沙调控体系中各工程的任务各有侧重，但又具有紧密的系统性和关联性，必须做到统筹兼顾、密切配合、统一调度、综合利用。

（4）要加快古贤、东庄水库的前期工作，深入论证黑山峡河段开发方案，做好碛口水库的关键技术研究工作。

（本文原载于《人民黄河》2013 年第 10 期）

# 气候变化对黄河水资源的影响及其适应性管理

夏　军[1,2]，彭少明[3]，王　超[1]，洪　思[4]，陈俊旭[4]，雒新萍[4]

（1. 武汉大学 水资源与水电工程国家重点实验室，湖北 武汉 430072；
2. 水资源安全保障湖北省协同创新中心，湖北 武汉 430072；
3. 黄河勘测规划设计有限公司，河南 郑州 450003；
4. 中国科学院 陆地水循环及地表过程重点实验室，北京 100101）

**摘　要**：气候变化将直接影响降水、蒸散发和径流等水文要素，并在一定程度上改变水资源量及其时空分布，进一步影响水资源利用格局及水安全形势。气候变化对水资源安全的影响是国际上普遍关心的全球性问题，也是我国可持续发展面临的重大战略问题。黄河作为中华民族的母亲河，在全球气候变化的条件下，水资源的供需矛盾日益尖锐。结合黄河的水资源特点，研究和评价了气候变化情景下黄河水资源的脆弱性，并从配置、利用、调度、管理方面系统地提出了适应性对策：探讨有序适应的黄河流域水资源优化配置方案；完善水沙调控体系，探讨高效输沙模式；合理开发非常规水资源；优化调整梯级水库运用方式；实施最严格的水资源管理制度；积极实施外流域调水。

**关键词**：气候变化；适应；对策；水资源管理；黄河

## 1　黄河水资源面临的形势及存在的主要问题

黄河是中国第二大河，流域面积79.5万$km^2$。黄河流经地区大部分属于干旱半干旱地区，具有不同于其他江河的水少沙多、水沙异源、水土流失严重、洪旱灾害频繁的显著特点。当前黄河水资源问题突出表现在以下几个方面。

（1）水资源总量不足。黄河多年平均河川天然径流量为534.8亿$m^3$，仅占全国河川径流量的2%，人均年径流量为473 $m^3$，为全国人均年径流量的23%，却承担着占全国15%的耕地面积和12%人口的供水任务，同时还有向流域外部分地区远距离调水的任务[1]。黄河又是世界上泥沙最多的河流，有限的水资源还必须承担一般清水河流所没有的输沙任务，使可用于经济社会发展的水量进一步减少。

（2）水沙关系日益恶化。20世纪80年代以来，受工农业用水的大幅度增加、人类活动加剧和降水量减少造成的径流量大幅度减少，以及龙羊峡等水库对径流的调节等因素的影响，黄河来水来沙条件发生了较大变化，使本来已经不协调的水沙关系进一步恶化。

（3）生态环境日趋恶化。20世纪70年代以来，随着黄河流域的经济发展和用水量增加，加上降水偏少等原因引起的水资源量减少，黄河入海水量大幅度减少，河流生态环境用水被挤占。据统计，1991—2000年黄河多年平均天然径流量为437.00亿$m^3$，利津断面下泄水量119.17亿$m^3$，河流生态环境用水被挤占60.60亿$m^3$。河道内生态环境用水被大量挤占导致黄河断流频繁，1972—1999年28 a间黄河下游22 a出现断流[2]。

（4）用水效率偏低。与世界发达国家和全国先进地区相比，黄河流域水资源利用方式还很粗放，用水效率较低，水资源浪费现象仍较严重，与流域水资源总量缺乏、供需矛盾突出的形势形成强烈反差。节水管理与节水技术还比较落后，主要用水效率指标与发达国家和全国平均水平尚有较大差距。

（5）水污染形势严峻。黄河流域匮乏的水资源条件决定了极为有限的水体纳污能力，水环境易被人为污染。随着流域经济社会和城市化的快速发展，黄河流域废污水排放量由20世纪80年代初的21.7亿t增加到目前的42.5亿t，总量翻了一番，大量未经任何处理或有效处理的工业废水和城市污水直接排入河道，造成流域内23%的河长劣于Ⅴ类水质，将近一半的河长达不到水功能要求。

# 2　气候变化对黄河水资源的影响

## 2.1　黄河流域气候变化特征

### 2.1.1　气温变化

黄河流域气温在正常的年际和年代际波动中呈上升趋势，与全球升温一致。1961—2000 年，黄河流域年平均温度升高了 0.6 ℃[3]。冬季升温趋势非常明显，夏季升温趋势最弱。黄河流域气候 20 世纪 80 年代中期之前偏冷，之后则以偏暖为主，尤其 90 年代中后期之后持续偏暖且幅度较大，进入 21 世纪以后这种趋势尤为显著。

由于地理位置的差异，因此流域内不同区域温度对全球变暖的响应程度也不尽相同。其中河源区变化幅度最大，近 40 a 来黄河上游气温平均上升了 0.32 ℃，唐乃亥以上地区 20 世纪 90 年代年平均气温均较多年平均偏高 0.5 ℃左右，气温升幅最大的区域在泽库一带，该区平均气温上升 0.58 ℃。黄河流域不同年代温度变化见表 1[4]。

表 1　黄河流域年气温年代际变化　　℃

| 区间 | 1956—1959 年 | 1960—1969 年 | 1970—1979 年 | 1980—1989 年 | 1990—1999 年 | 2000—2003 年 |
|---|---|---|---|---|---|---|
| 全流域 | 7.3 | 7.4 | 7.5 | 7.5 | 8.1 | 8.4 |
| 上游 | 4.6 | 4.7 | 4.8 | 4.9 | 5.5 | 5.7 |
| 龙羊峡以上 | 0.8 | 0.9 | 1.1 | 1.1 | 1.4 | 1.8 |
| 龙羊峡—兰州 | 3.8 | 3.8 | 3.9 | 4.0 | 4.5 | 4.9 |
| 兰州—河口镇 | 6.8 | 7.0 | 7.0 | 7.2 | 8.0 | 7.9 |
| 中游 | 10.0 | 10.1 | 10.1 | 10.0 | 10.7 | 11.1 |
| 河口镇—龙门 | 8.2 | 8.3 | 8.3 | 8.2 | 8.9 | 9.3 |
| 龙门—三门峡 | 10.2 | 10.3 | 10.4 | 10.4 | 11.1 | 11.1 |
| 三门峡—花园口 | 12.8 | 12.9 | 12.9 | 12.6 | 13.1 | 13.4 |
| 下游 | 11.6 | 12.0 | 12.0 | 12.0 | 12.6 | 12.6 |

### 2.1.2　降水变化

黄河流域 1956—2010 年多年平均降水量为 446.3 mm，自东南向西北逐渐减少。黄河流域降水量年际变化大，总体呈波动下降趋势，20 世纪 90 年代降水减少尤为明显，仅为 425.3 mm。21 世纪以来，降水略有增加。黄河流域不同年代降水量变化见表 2。

表 2　黄河流域年降水量年代际变化　　mm

| 区间 | 1956—1959 年 | 1960—1969 年 | 1970—1979 年 | 1980—1989 年 | 1990—1999 年 | 2000—2010 年 | 1956—2010 年 |
|---|---|---|---|---|---|---|---|
| 全流域 | 475.4 | 469.7 | 444.6 | 443.9 | 425.3 | 437.4 | 446.3 |
| 龙羊峡以上 | 461.3 | 494.9 | 482.7 | 507.9 | 475.7 | 480.3 | 485.9 |
| 龙羊峡—兰州 | 476.1 | 491.4 | 486.8 | 480.0 | 464.9 | 473.0 | 479.4 |
| 兰州—河口镇 | 285.5 | 273.8 | 265.9 | 239.4 | 265.0 | 232.2 | 257.5 |
| 河口镇—龙门 | 512.6 | 462.3 | 429.4 | 414.8 | 405.1 | 429.3 | 434.4 |
| 龙门—三门峡 | 584.0 | 576.7 | 530.7 | 552.2 | 491.8 | 526.2 | 538.6 |
| 三门峡—花园口 | 740.5 | 687.6 | 641.9 | 667.0 | 603.9 | 651.6 | 656.8 |
| 花园口以下 | 702.7 | 684.1 | 649.5 | 568.3 | 660.7 | 670.3 | 650.2 |

庞爱萍等[5]基于黄河流域827个降水监测站1951—1998年的逐月监测数据，重点研究了1951—1998年典型降水等值线（200 mm、400 mm和800 mm）的空间移动情况。黄土高原一带干旱化趋势十分明显，典型降水等值线南移，流域降水减少幅度最大的区域在黄土高原大部和黄河下游，但是在黄河源头、伊洛河流域、汾河源头及其下游等则呈增加趋势[5]。

### 2.1.3　蒸散发变化

大量观测事实和研究表明，黄河流域近40 a的蒸发皿蒸发呈下降趋势，且以春季和夏季下降最为明显[6]。黄河流域局部区域与整个流域的气候变化趋势并不完全同步，上游和下游蒸发皿蒸发量呈下降趋势，中游呈持平并略有上升趋势[3]。蒸发皿蒸发下降的主要原因是近年来全球辐射的下降。

与蒸发皿蒸发相反，黄河流域实际蒸发呈逐年增大的趋势[7]。黄河上游日照时数、气温及饱和差的增加使草地的蒸散量增大。尽管太阳辐射有所减弱，但在比较干旱的地区，灌溉用水量增大，供水条件才是决定陆面蒸发的主要因素。

## 2.2　气候变化对径流的影响

近年来黄河流域地表径流有明显的减少趋势。1919—1975年黄河多年平均天然径流量（花园口水文站）为580亿$m^3$，1956—2000为534.8亿$m^3$，减少了8%。径流量总体变化情况自20世纪50年代以来缓慢减少，80年代末到90年代减少的趋势加剧[8]。黄河流域的径流存在显著的年代际变化趋势，径流的显著特征是从20世纪80年代开始的减少趋势，在下游比上游更显著[9]。天然径流量变化趋势与降水变化趋势大体一致，说明在年代际尺度上，径流的变化主要受气候的控制。径流和降水总体上均呈减少的趋势，径流减幅大于降水。黄河流域花园口站降水和天然径流变化见图1。

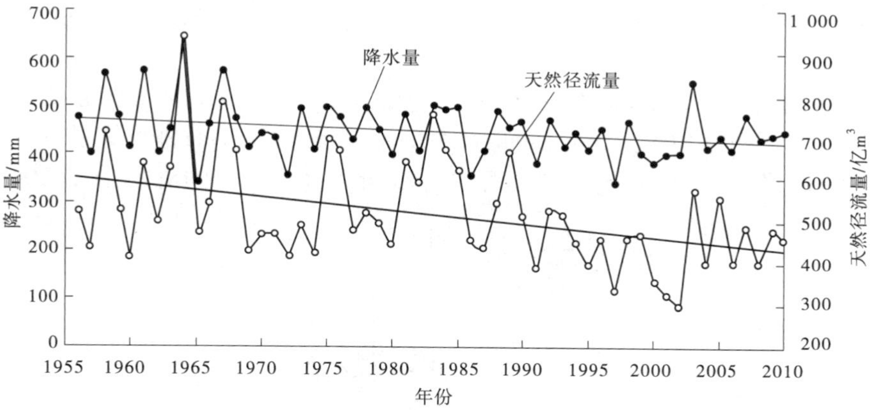


**图1　花园口站降水和天然径流变化**

## 2.3　气候变化对水文极值的影响

黄河的暴雨洪水主要来自中游河口镇到花园口区间和兰州以上区间。其中，三花间无控区的暴雨洪水最为严重，是气候变化影响研究的重点之一。20世纪80年代以来，黄河上中游地区暴雨洪水的量级和频次均明显减少。进入21世纪以来，少有5 000 $m^3/s$以上的洪水出现。如果以花园口洪峰流量大于平滩流量的洪水为下游漫滩洪水，20世纪50年代为9次，接近每年一次；而1986—2000年的15 a期间只有3次。从2002年至2014年调水调沙以前，下游最大洪峰流量只有4 200 $m^3/s$。气候变化和水利工程的调节都会影响洪水的频次和强度。

干旱缺水是黄河流域的主要问题。据观测资料记录，黄河流域从1965年起连续干旱，自19世纪90年代以来，干旱程度不断加剧，范围逐渐扩大。气候变化导致的来水量减少是流域干旱的重要原因。

# 3　黄河流域水资源脆弱性分析

水资源脆弱性$V$是水资源相对气候变化等影响因子的暴露度$E$、敏感性$S$与抗压性$C$的组合。夏军等给出以下公式[10-13]：

$$V = PE(t)[S(t)/C(t)] \tag{1}$$

式中：$P$ 为风险；$E$ 为暴露度，指人员、生计、环境服务和各种资源、基础设施，以及经济、社会或文化资产处在有可能受到不利影响的位置；$S$ 为敏感性，指气候变化条件下的水资源变化率，等同于弹性系数的概念；$C$ 为抗压性，指可恢复性或弹性，与适应性直接相关。

夏军等将 $C(t)$ 的非线性变化关系通过水资源脆弱性公式，以水资源供需基本平衡即 $Q/P=1$ 等控制点脆弱性进行标准化，得到了水资源脆弱性的分布（见图2）。

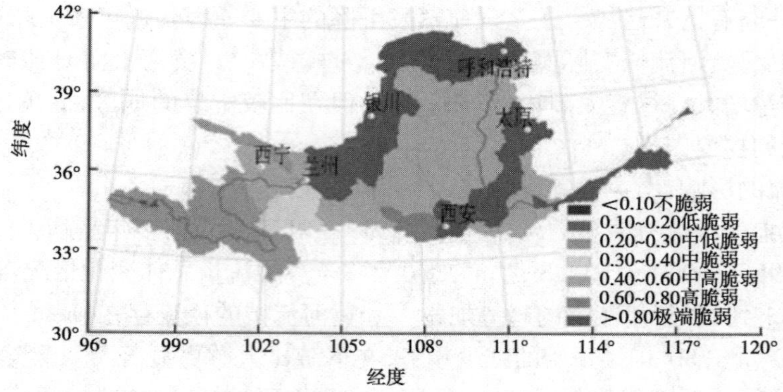


**图2　黄河流域2000年水资源脆弱性分布**

由图2可以看出，黄河流域水资源脆弱性整体处于中高脆弱状态（$V=0.59$），其中，兰州至河口镇北岸、汾河、龙门至三门峡干流区间、大汶河、花园口以下干流处于极端脆弱状态，其他区间处于中低、中或中高脆弱状态。

为评估未来气候变化影响和人类活动（经济发展模式）所导致的黄河水资源供需变化，未来气候变化情景采用"典型浓度路径"（RCP，Representative Concentration Pathways）排放情景，黄河流域在未来不同RCP情景下水资源脆弱性评估如图3、图4所示（考虑来水用水均变的情景，以2030s为例）。

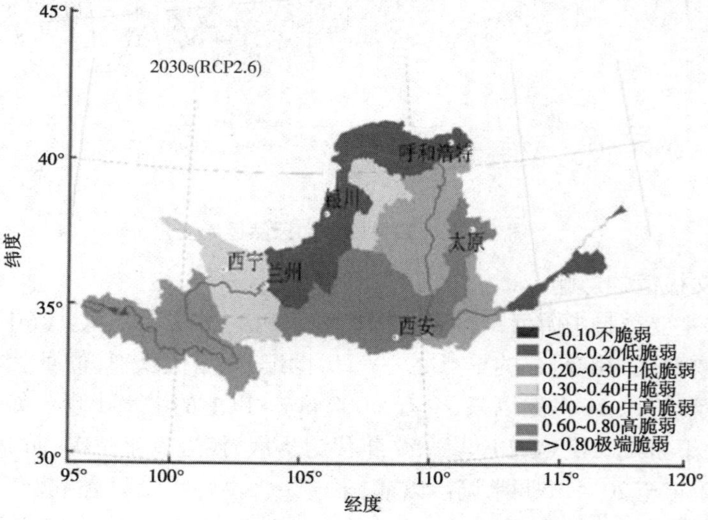


**图3　未来RCP2.6情景下黄河流域水资源脆弱性变化**

与2000年相比，RCP2.6低排放情景下2030s来水增加的幅度为14.31%，用水增加的幅度为30.98%（约132亿 $m^3$），脆弱性增加21.46%（$V=0.58$）。与2000年相比，RCP4.5中排放情景下2030s来水增加的幅度为7.42%，用水增加的幅度为30.98%（约132亿 $m^3$），脆弱性增加40.43%（$V=0.66$）。由于RCP4.5最有可能接近中国实际的排放控制情景，相对黄河现状的水资源脆弱性而言，未来2030s黄河流域水资源脆弱性有进一步加剧的态势。

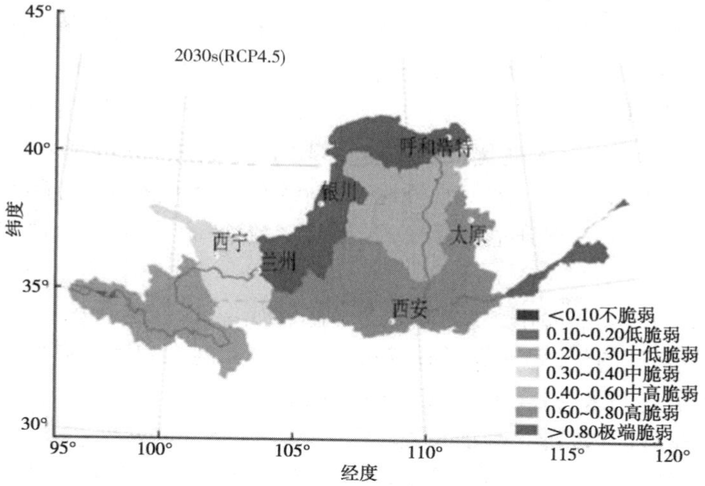


**图4 未来 RCP4.5 情景下黄河流域水资源脆弱性变化**

## 4 适应气候变化的水资源管理与调配策略

气候变化和高强度人类活动的影响打破了传统水资源规划与管理基础的水文序列平稳性的基本假定,即不能由过去具有平稳性假定的样本推断未来。实际工作中也经常面临"水资源规划赶不上实际的变化"、水资源配置与工程设计、实际应用、工程运行差距大等实际问题。因此,气候变化影响和人类活动导致了水资源规划与管理的挑战与变革,即气候变化影响的非稳态特性和影响的不确定性风险,迫切需要采取一种适应性水资源管理的方式和对策。

笔者通过变化环境下水资源适应性管理的相关研究,认为水资源适应性管理能够被定义为"对已实施的水资源规划和水管理战略的产出,包括气候变化对水资源造成的不利影响,所采取的一种不断学习与调整的系统过程,以改进水资源管理的政策与实践",目的在于增强水系统的适应能力与管理政策,减少环境变化导致的水资源脆弱性,实现社会经济可持续发展与水资源可持续利用。

### 4.1 黄河水资源变化带来的挑战

气候变化背景下,黄河水资源量减少趋势显著,而需水量不断增加,未来水资源供需矛盾将日益尖锐,水安全面临重大挑战。统筹考虑未来气候变化对黄河流域水沙情势的影响,关注适应对策与管理的需求及脆弱性的识别,系统研究水资源综合调配策略,是黄河流域适应性管理的战略选择。从提高黄河流域水资源适应气候变化的能力和水平的角度,需要重点关注以下3个层面的问题。

(1)黄河径流减少、时空分布更加不均影响流域水资源利用格局和调配,需根据变化的水资源情势提出新的水资源调配策略。

(2)洪水、干旱等水文极端事件发生的频度和强度增加,流域防洪安全和供水安全面临新挑战,需以洪水预报、干旱预警为基础实施洪水资源化利用和应对干旱的水资源调配。

(3)气候导致黄河中游产水产沙量锐减、水沙关系发生了显著变化,影响了黄河中下游水沙调控,需深化水沙综合利用的模式研究,构建完善的水沙调控体系。

### 4.2 适应性水资源管理的应对策略

为应对气候变化背景下,黄河流域水资源短缺形势加剧、洪旱频发、水资源的脆弱性增加等重大问题,针对变化环境下黄河水资源的问题,提出有序适应的水资源管理6个应对策略。

#### 4.2.1 探讨有序适应的黄河流域水资源优化配置方案

(1)建立与流域水资源承载能力相适应的经济社会需水布局。黄河水资源供需矛盾表现在水资源总量不足和用水需求量增长过快两方面,缓解水资源矛盾必须从供水管理转向需水管理,合理抑制流域需水无序增长。以可持续利用为目标,统筹水资源承载能力、水资源开发利用条件和工程布局等因素,研究多种用水(节水)模式下的国民经济需水方案,优化提出与水资源承载能力相适应的需水方案,建立与水资源承载能力相适应的需水布局,促进经济社会发展与水资源承载能力相协调。

(2)基于“87 分水方案”优化水资源配置方案。为缓解日趋紧张的水资源供需矛盾,1987 年国务院批准了黄河可供水量分配方案(简称“87 分水方案”),作为黄河水资源开发利用的依据,对黄河水资源的合理利用及节约用水起到了积极的推动作用。20 世纪 80 年代以来,在气候变化和人类活动影响下,黄河流域水资源条件发生了巨大变化,需根据新时期水资源供给和需求变化,提出包括各种水源的流域不同时期水资源优化配置方案。统筹水资源变化、经济社会发展和生态环境保护需求,研究流域水资源合理开发、有效保护的方案,保证适宜规模的经济社会发展需求,满足合理的生态环境需水量,实现流域水资源的优化配置。

(3)建立基于水权自由流动机制的水资源高效利用模式。根据水资源优化配置方案,综合运用经济杠杆对用水结构进行合理调整,完善黄河流域初始水权分配制度和水权自由流动转换制度,建立水资源高效利用模式,推进节约用水,提高水资源利用效率和效益。

#### 4.2.2 完善水沙调控体系,探讨高效输沙模式

受气候变化和人类活动的双重影响,黄河水沙情势发生变化,中游来沙量持续减少。当前黄河输沙需水量的分析是基于年来沙量 9 亿 t、淤积 2 亿 t 提出的,在新的来沙情势(2000 年以来,黄河年均来沙量不足 3 亿 t)和小浪底水库现状运用模式下,应深入剖析变化环境下的水沙演变规律,探索下游水库合理运用的高效输沙模式,科学提出黄河输沙需水量。根据黄河的水沙特性、资源环境特点,统筹兼顾黄河治理开发保护的各项任务和目标,构建完善的水沙调控体系,对黄河洪水、泥沙、径流进行有效调控,满足维持黄河健康生命和经济社会发展的要求。通过小浪底水库的科学控制、利用和塑造洪水,协调水沙关系,联合调水调沙,减轻河道淤积,塑造和维持中水河槽。

#### 4.2.3 合理开发非常规水资源

黄河流域地表水资源匮乏,地下水可开采量有限,现状河川径流消耗率已超过 70%,超过了水资源的承载能力。现状地下水开采量约 140 亿 $m^3$,部分地区地下水超采严重,引起一系列环境地质问题。非常规水资源相对丰富,应积极开发各种非常规水资源,增加可供水量,缓解水资源供需矛盾。例如,河源区可实施云水资源利用;宁蒙灌区微咸水丰富,合理利用微咸水有利于降低土地盐渍化程度,提高灌溉水利用效率;中游晋陕地区煤炭开采的矿井疏干水量大,可统一收集利用;中游缺水地区可积极收集雨水利用。将非常规水源纳入到水资源配置体系中,形成各种水源联合调配、丰枯互补、分质供水、优水优用、高效利用的模式,构建从流域到区域不同层级的水资源安全保障体系。

#### 4.2.4 优化调整梯级水库运用方式

目前黄河干流已建水库总库容超过 700 亿 $m^3$,调节库容 330 余亿 $m^3$,现行黄河水量调度下,水调、电调、防洪调度之间矛盾重重,不能充分发挥水库的调节作用,不利于水资源的高效利用。应提高河川径流预报和流域干旱实时监测水平,通过合理设置龙羊峡水库旱限水位、优化小浪底水库汛限水位,调整黄河控制性水库的运用方式、优化梯级水库群的蓄泄规则,实现梯级水库统一调度,充分挖掘水库调控潜力,科学应对气候变化引起的水资源变化及极端水文事件。通过梯级水库运用方式的调整优化调度水资源,确保河道不断流,保障输沙用水、生态用水和生活、生产供水安全。

#### 4.2.5 实施最严格的水资源管理制度

气候变化背景下,黄河水资源短缺、供需矛盾尖锐、水环境恶化加重,必须实施最严格的水资源管理和保护制度。根据黄河水资源和水环境承载能力,科学划定三条红线,加强对取水、输水、用水和排水的监测,建立和完善二元水循环监测与评估体系,合理限制人类活动对水资源的消耗,维护水资源的可再生性。加强流域机构对流域的统一管理,理顺管理体制,建立权威、高效、协调的流域统一管理体制,落实以水功能区管理为基础的水资源保护制度,严格控制污染物排放,建立基本生态用水保障制度。

#### 4.2.6 积极实施外流域调水

黄河自身水资源条件差,流域经济社会发展和生态环境改善对水资源需求旺盛,加之近年来水资源衰减加剧,在强化节水条件下,黄河流域尤其是上中游地区国民经济水资源供需缺口仍然较大,供需矛盾极为尖锐。对于黄河流域这样一个严重缺水、且水资源已过度开发的流域而言,节水量是有限度的,

只有实施跨流域调水方可有效缓解黄河流域严峻的水资源供需矛盾。南水北调西线工程从长江上游调水入黄河源头地区,供水范围覆盖黄河上中下游的广大地区,可利用黄河干流骨干工程调节作用,最大限度地缓解黄河流域的国民经济缺水问题。

## 5 结　语

气候变化将直接影响降水、蒸散发和径流等水文要素,并在一定程度上改变水资源量及其时空分布,进一步影响水资源利用格局及水安全形势。黄河作为我国西北和华北的重要水源,气候变化背景下黄河水资源的脆弱性不断深化,流域水资源利用和水安全面临重大挑战。笔者结合黄河的水资源特点,研究和评价了气候变化情景下黄河水资源的脆弱性,并从配置、利用、调度、管理方面系统地提出了适应性对策,可为流域水资源的综合管理提供参考。

## 参考文献

[1] 张海敏,牛玉国,王丙轩,等. 黄河水资源问题与对策探讨[J]. 水文, 2004, 24(4): 26-31.

[2] 冯利华. 黄河断流与黄河的水资源承载力[J]. 灾害学, 2002, 17(1): 81-84.

[3] 邱新法,刘昌明,曾燕. 黄河流域近40年蒸发皿蒸发量的气候变化特征[J]. 自然资源学报, 2003, 18(4):437-442.

[4] 夏军,刘昌明,丁永健,等. 中国水问题观察(第一卷):气候变化对我国北方典型区域水资源影响及适应对策[M]. 北京:科学出版社,2011.

[5] 庞爱萍,李春晖,杨志峰,等. 近50年黄河流域降水变化的时空特征[J]. 北京师范大学学报, 2008, 8(4):420-424.

[6] 徐宗学,和宛琳. 黄河流域近40年蒸发皿蒸发量变化趋势分析[J]. 水文,2005,25(6):6-11.

[7] 李林,张国胜,汪青春,等. 黄河上游流域蒸散量及其影响因子研究[J]. 地球科学进展,2000,15(3):256-259.

[8] 刘昌明,郑红星. 黄河流域水循环要素变化趋势分析[J]. 自然资源学报, 2003, 18(2):129-135.

[9] 马柱国. 黄河径流量的历史演变规律及成因[J]. 地球物理学报, 2005, 48(6):1270-1275.

[10] 夏军,陈俊旭,翁建武,等. 气候变化背景下水资源脆弱性研究与展望[J]. 气候变化研究进展,2012 (6):391-396.

[11] 夏军,邱冰,潘兴瑶,等. 气候变化影响下水资源脆弱性评估方法及其应用[J]. 地球科学进展,2012,27(4):443-451.

[12] Xia Jun. Special Issue: Climate Change Impact on Water Security & Adaptive Management in China [J]. Water International, 2012, 37(5):509-511.

[13] Xia Jun, Qiu Bing, Li Yuanyuan. Water Resources Vulnerability and Adaptive Management in the Huang, Huai and Hai River Basins of China[J]. Water International, 2012,37(5):523-536.

(本文原载于《人民黄河》2014年第10期)

# 从黄河演变论南水北调西线工程建设的必要性

王 浩[1],栾清华[1,2],刘家宏[1]

(1. 中国水利水电科学研究院,北京 100038;
2. 河北工程大学,河北 邯郸 056021)

**摘 要**:深入分析黄河演变特征和流域经济发展历程,诊断未来黄河流域及其相关区域经济发展面临的水资源问题。从解决未来黄河泥沙、生态问题,保障国家能源安全、城市化战略格局、粮食安全等各个角度进行了战略思考,论证了南水北调西线工程建设的必要性;描绘了西线工程建成后的健康河湖体系的新蓝图。最后就工程建设的一些争议和建议进行了讨论。

**关键词**:黄河演变;水资源;泥沙;生态安全;经济发展;应对战略;南水北调西线工程

黄河因其两岸悠长灿烂的文化被华夏儿女尊称为"母亲河",但她又是一条饱经忧患的河流,上游干旱、下游水患,给沿岸炎黄子孙带来了无尽苦难。新中国伊始,成立不久的黄河水利委员会(以下简称黄委)就研究了从长江上游引水济黄的路线。随着水库、堤防等各种水利工程设施逐步完善,黄河水患基本得以遏制,但上中游区域的水资源短缺问题并没有得到根本解决,黄河流域的可持续发展仍是一大难题,亟需外调增水进行破解。笔者从剖析黄河演变的历史过程入手,着眼于黄河健康发展的长远战略,论证了南水北调西线工程建设的必要性和紧迫性。

## 1 南水北调西线工程概述

黄河和南水北调有着密不可分的关系,早在1952年,黄委在进行黄河源查勘时,为解决黄河流域水资源不足的问题,就展开了通天河色吾曲至黄河多曲的引水线路研究,这是南水北调的首次科学调研,也是西线工程的雏形。随着科学技术的进步、实地踏勘的深入、历代水利学者的刻苦钻研,设计形成了西线工程的最终方案,即:在长江上游通天河、支流雅砻江和大渡河上游筑坝建库,开凿穿过长江与黄河的分水岭巴颜喀拉山的输水隧洞,调长江水入黄河上游。工程前期的年设计引水量为80亿 $m^3$,主要解决黄河流域上中游青海、甘肃、宁夏、内蒙古、陕西和山西6省(区)和关中平原的缺水问题,也可向下游进行补水[1]。南水北调西线工程是服务于黄河流域社会经济发展的战略性工程,因此剖析黄河的演变历史和诊断流域未来发展瓶颈是论证该工程的首要科学前提。

## 2 黄河演变的历史过程

从地质史演变考证,黄河属于较为年轻的河流,在距今约10万至1万年间的晚更新世,才逐步演变成为大河。然而自从有了文字记载,就有了黄河的水沙灾害记录,黄河以"善淤、善决、善徙"而著称[2];一条滚滚浊河同时又养育了两岸的华夏子孙,滋润了博大精深的中华文明。可以说,黄河的演变史就是一部黄河决口改道史,也是一部民族自强不息的奋斗史。

### 2.1 黄河演变的历史规律

黄河基本情势概括起来就是水少沙多,以多年平均约535亿 $m^3$ 的年径流量却输送了多年平均高达16亿t的沙量[3],水沙关系极不协调。黄河中游流经水土流失严重的黄土高原,每遇暴雨大量泥沙汇入,使得下游河道不断淤积、河床不断抬高而形成地上悬河,一旦遭遇大洪水极易决口改道。自有历史记载的2 540多a来,黄河决口泛滥达1 593次,较大的改道有26次,改道最北经海河,最南经淮河入长江,故有"三年两决口,百年一改道"之说[2,4]。由于黄河水少沙多的基本特征,因此整个黄河在演变的历史过程中形成了决口、改道、再决口、再改道的基本规律。同时,黄河流域也是干旱的易发区,历史上的崇祯大旱使得“赤地千里、饿殍遍野”，给两岸人民带来了深重的苦难。

新中国成立以来，黄河的各种水问题受到了历届国家领导人的高度重视。1949 年正当开国大典之时，40 万抗洪大军正在黄河大堤上迎战洪水，治理黄河的序幕就此拉开。在党的领导下，经过几十年的艰苦努力，通过修建水库、巩固下游堤防险工、开辟滞洪区，建成了有效的防洪工程体系，加上沿河军民的严密防守，战胜了历年的伏秋大汛，彻底改变了历史上黄河频繁决口泛滥的局面，换取了半个多世纪黄河的岁岁安澜[4]。加上一批引黄灌区的建设，保障了黄河两岸的工农业发展。

## 2.2　黄河流域的经济发展历程

黄河流域自古以来就是我国农业经济开发和人口聚集区，全国 0.16 亿 $hm^2$ 的耕地和 1.4 亿的人口都集中在该流域，沿岸大中型城市 50 多个。在防洪工程的保障下，改革开放以来黄河两岸经济飞速发展，特别是在西部大开发的政策推动下，黄河上中游 6 省(区)经济增速位居全国前茅。据 2013 年国民经济统计年报数据，仅陕西省的天然气产量就占全国的近1/3；而上中游 6 省(区)的原煤产量、原油产量以及发电量占全国的比例分别高达 7/10、1/4 和 1/5[5]。经过多年建设，该区域已经成为我国重要的能源基地，并形成了以包头、太原等城市为中心的钢铁生产基地和铝生产基地。然而经济快速发展也给“母亲河”带来了许多“伤害”，使得河流演变出现了许多新问题。

## 2.3　黄河演变带来的新挑战

首先，黄河尽管是我国第二长河，但其水资源量非常有限，河川径流量仅占全国总量的 2%。1972—1999 年，由于气候变化，黄河降水整体偏少，两岸经济、城市和人口耗水的急剧增加，加之缺乏科学的管理，因此黄河出现经常性断流[6]，且每年几乎平均一次；仅 1997 年断流竟达 226 d，断流河段长 704 km[7]。尽管新中国成立以来通过封山育林、退耕还林等一系列水土保持手段以及水库拦沙等工程手段，每年入河泥沙量大幅减少，但由于入河水量也在减少，因此水少沙多的局面并未得到根本改变，水沙的空间分布更趋不合理，致使下游主河槽萎缩、“二级悬河”加剧、河口退蚀[8]。虽然近些年通过调水调沙大大缓解了河床的淤积，但黄河下游干涸时有发生，断流威胁仍然存在，泥沙问题并未得到根本解决。

其次，两岸经济发展给“母亲河”带来的另一大伤害就是水污染和水生态的破坏，且水污染程度已经非常严重，其治理紧迫性和重要性毫不亚于淮河和海河[9]。尽管经过各项治理，2013 年流域水质特别是干流供水水源地水质有显著好转，但统计的重点水功能区的达标率仅为 42.2%，省界整体水体水质依然较差[10]。水污染已经成为继泥沙之后制约黄河健康发展的最大威胁。入河水量锐减和水体污染使得黄河上游河源区草地和湿地严重退化，沿河不少湿地甚至出现逆向演替现象，黄河水系的鱼类组成也发生了很大变化。

最后，经济发展引起的水资源短缺，更恶化了黄河原有的本底条件，降低了河流的抗旱能力，加大旱灾损失风险，危及国家能源和粮食安全。2014 年伏夏，黄河流域晋、陕、蒙、宁、豫、鲁 6 省(区)共计 50 个市 242 个县近 2 800 万人遭受罕见的旱灾，近 320 万人因干旱需要生活救助，其中因干旱饮水困难的达 216 万人；农作物受灾面积近 400 万 $hm^2$，近 40 万 $hm^2$ 绝收；直接经济损失高达 135.7 亿元[11]。

综上可知，新中国成立以来，黄河下游洪水灾害基本得到遏制，但经过半个世纪的发展和演变，新老问题交错，带给了我们三大挑战：① 黄河水沙空间分布更趋不合理，泥沙问题没有得到根本解决，下游防洪形势依然严峻；② 水污染治理和生态恢复是黄河可持续发展的又一难题；③ 黄河水资源短缺加剧，干旱风险不断提高，严重制约了流域经济发展，危及国家能源和粮食安全。

# 3　保障黄河健康发展，有序建设西线工程

随着老百姓经济生活的殷实，对生态环境的诉求不断提高，人民在满足物质生活的同时，更期待一片蓝天、一块绿地和一池净水，健康河流和生态河流的理念不断深入人心。党的十八大，更是把构建山青水秀的美好家园作为国家重大战略规划写进了报告。未来，构建和保障河流健康，将是我国所有江河湖泊治理的根本目标和终极目标。然而黄河面临的上述三大挑战却严重阻碍了黄河的可持续发展，要构建健康黄河、和谐流域，必须站在战略性高度、具有前瞻性视野并进行一系列长远性的考虑。南水北

调西线工程正是几代水利人反复调研论证的心血和精华，是既能增加黄河输沙动力、根治黄河泥沙问题、恢复沿黄生态，又能保障国家能源安全、城市化战略格局以及粮食安全的重大举措。

### 3.1 根除黄河泥沙灾害，促进黄河长治久安

泥沙淤积是黄河的首要隐患，“治黄百难，唯沙为首”，沙患不除，黄河问题就得不到根治；唯有解决黄河水的输沙问题，才能确保黄河的长治久安。我国的降水分布格局是由大洋季风运动和地势基本条件共同决定的，降雨带随着气候波动在纬向上发生小范围的上下偏移是可能的，但“南方水多、北方水少”这一大的空间格局不会发生逆转。这就意味着，未来几百年甚至上千年，自然条件下中游黄土高原的地貌和流域水资源量都不会得到根本性改变，那么黄河水沙关系也不会发生根本性变化。而黄河水沙关系的不变，就意味着黄河决口、改道、再决口、再改道的规律客观存在。黄河现行河道基本是1855年黄河在河南兰考决口后自然改道而成，距今已有近160 a之久，已经大大突破了百年历史周期，突破的背后暗含危急的情势。

预计到21世纪30年代，小浪底水库淤沙库容用尽，大量的泥沙将恢复排泄到下游河道，黄河现有其他水利工程的调水调沙水量不足以将这些新增的泥沙输送到渤海。南水北调中东线工程尽管已经开通，但调水成本极高，不可能直接引入黄河作为输沙用水；由于黄河下游的“地上河”特征，其受水区退水范围与河道分离，退水也不可能当作输沙用水。小浪底水库淤满后，如果没有新的输沙动力，在现有水沙情势下，下游河床将不断抬高，历史规律的再现将不可避免，决口改道一旦发生，将是黄淮海平原甚至整个中华民族的巨大灾难。

南水北调西线工程布设在我国最高一级台阶青藏高原的东南部，调水入黄河源头河段海拔超过3 000 m，一期、二期合并后的设计调水量超过80亿 $m^3$。工程的第一大优点是充分利用地形优势，使得长江水进入黄河后可以自流，并与黄河河道水沙自然融合；第二大优点是调水水量较大，是黄河多年平均天然河川径流量的15%，可极大改善流域水资源短缺的局面；第三大优点是可与黄河的大型水利工程结合运用。考虑小浪底水库调沙库容有限的问题，可在北干流建设古贤水库，水库地理位置绝佳，位于汾渭平原结合点，控制着65%的黄河流域面积、66%的黄河泥沙，特别控制着80%的黄河粗泥沙，是控制泥沙的关键性工程。如此，黄河干流上外调水和梯级水利工程结合的水沙调控体系将逐渐完备。通过科学运用该调控体系，可大幅度提高黄河的输沙动力，协调黄河的水沙关系，使“水畅其流，沙畅其道”；黄河的断流之痛、淤积之痛也就迎刃而解，最终将保障黄河的长治久安。

### 3.2 保障国家能源安全，加速城市战略格局

黄河流域矿产资源丰富，是我国重要的能源化工基地。在建成的煤炭、钢铁和铝产品基地的基础上，未来黄河流域将形成以兰州为中心的上游水电能源基地，以蒙、陕、甘三省区为重点的稀土生产基地和以山西省和鄂尔多斯盆地为重点的能源化工基地[3]。经济的发展也带动了城市的建设，在全国“两横三纵”城市化战略格局中，18个国家重点开发区域中有7个在黄河流域，其中5个又在黄河的上中游地区。无论能源规划还是城市化战略格局，黄河流域特别是上中游地区都是国家重点发展区域。

然而根据《全国水资源综合规划》，黄河区域的水资源供需缺口近69亿 $m^3$[12]。在充分考虑节水型社会建设、尽可能降低各行业用水定额的条件下，到2020年和2030年流域内国民经济总缺水量分别为106.5亿 $m^3$ 和138.4亿 $m^3$[3]；并且由于气候带分布的差异性，黄河上中游地区水资源更为紧缺，因此区域的供需矛盾更为突出。黄河流域能源和城市化两大战略布局和当地水资源布局的匹配更趋逆向性，严重制约了整个国民经济的发展。在黄河流域水资源挖潜不足的背景下，调引水量丰沛的长江水、补充偏枯的黄河水，是解决整个黄河流域缺水的根本途径，特别是破解上中游6省（区）缺水的重要战略举措。从改善整个流域的水资源情势和配置，支撑流域经济发展来说，应该建设西线调水工程：①工程通水后，可保障煤炭、电力、石油、天然气等能源重化工基地以及原材料工业产业体系的建设，满足国家对能源和原材料的需求；② 配合古贤水库，可以破解陕西省黄河水指标用尽的难题，保障西部发展桥头堡“关中－天水”经济开发区的用水需求；③ 随着黄河水量的增加，下游各省引黄指标必将改变，确保下游能源化工产业的水资源供给；④ 结合黄河干流上的骨干水利枢纽工程，将深度优化黄河流域供水水源结构，使得整个流域特别是上中游区域的水资源配置格局更趋科学合理。由此可见，西线工程建成

后，将极大改善两大战略布局和水资源布局匹配的逆向性，有效提升黄河水资源的承载力，保障国家能源安全和城市化战略布局。

### 3.3　确保农业产业格局，保障国家粮食安全

黄河流域是我国最早从事农业活动的区域，目前总耕地面积约0.16亿$hm^2$，农村人均0.23 $hm^2$，约为全国农村人均耕地的1.4倍[3]，是我国小麦和玉米的主产区。2013年，仅河南省小麦产量占全国总产量的近27%，玉米产量占全国总产量的百分比超过了11%[5]。在国家"七区二十三带"的农业战略格局中，七大农业主产区黄河流域涉及到4个，五大优质专用小麦产业带黄河流域涉及到4个，三大专用玉米产业带黄河流域涉及到2个。另外，相邻黄河流域下游的华北平原同样是我国的粮食主产区以及专用小麦、专用玉米的产业带。可以说，黄河流域及华北平原是保障国家粮食安全重点区域的重点。

然而，随着城市和交通线路的快速建设以及分散耕作效益的日趋低下，我国土地资源日趋紧张，土地大量撂荒，严重危及国家粮食安全。要想扭转这一局面，激发农民耕作的积极性，集约机械化生产将不可避免。相对于南方水稻生产区而言，北方地区具有较为丰富的土地资源和较好的机械化耕作条件，农业的集约化生产易于实施和开展。

在这样的背景下，未来北方地区仍将担负我国粮食生产的主要任务；短期内，北粮南运和水资源分布的逆向性难以改变，依靠地下水持续超采的供需平衡将难以为继。目前，尽管在这些区域实施了南水北调中东线以及引汉济渭等引江工程，但这些调引水规划用于农业生产的非常有限、甚至为零。就华北平原而言，尽管有引黄入冀，但从位山灌区调引的多年平均水量只有1.9亿$m^3$左右；从濮阳调引路线仍在可研论证阶段，且调水指标仅6.2亿$m^3$，可谓杯水车薪。在北方地区农业用水保证率不高的常态下，一旦重现大范围、长历时特大干旱，若无外调水源，农业损失将不可估量。

南水北调西线工程具有居高临下、供水覆盖面广、调水成本相对较低的优势，适合对黄河上中游区域进行农业供水和黄河下游的农业补充供水。与工业用水不同，农业用水具有退水较多的优势，沿着河道"引用—退水—再引用—再退水"可反复使用。一次调水量加上黄河区间来水量，结合水沙调控体系的调节，可使黄河水"一水用八次"，供青、甘、宁、蒙、陕、晋、豫、鲁8省(区)沿黄灌区使用，保障河套灌区和部分黄淮平原主产区的农业用水。工程通水增加陕西引黄指标后，可以运用汾渭平原旱涝异步的特征，充分发挥古贤水库"一点"挑"两边"的优点，使得两平原互补供水、以丰补歉，保证汾渭平原农业主产区的用水需求[12]；另外，工程亦将保证引黄入冀工程的水量，提高华北平原粮食主产区的农业用水保证率。更为关键的是，西线工程具有调引水与北方本底水丰枯显著异步的优势，即使历史上的崇祯大旱再现，配合引黄入冀工程，可大大提高整个北方区域的农业抗旱能力。由此可知，南水北调西线工程的建设不仅可确保国家"七区二十三带"的农业战略格局，还可从根本上保障国家的粮食安全。

### 3.4　构建健康河湖体系，建设美好生态家园

西线工程的建设，还将有利于黄河流域生态恢复和水环境改善。通过科学调配水沙调控体系以及利用沿黄灌区的农田退水，黄河河道生态用水增加，河道纳污能力增强；通过地表水、地下水的置换，让大家多用"一盆"地表水、用好"一盆"地表水，就可为后代多留"一盆"地下水，使得沿黄区域的地下水源可以休养生息，超采区地下水位逐渐恢复。对华北平原而言，西线工程建成则引黄入冀后期配套工程必将加速跟进，增加黄河与海河水系的连通路径，配合现阶段规划实施的地下水压采政策，将逐渐解决华北平原的地下水超采问题。这样，西线调引进入黄河的长江水将被充分利用，其生产、生态作用将发挥至尽。

从国家宏观层面而言，南水北调西线工程建成后，可大大增加南北方水系的水力联系；加上已建成运行的南水北调中东线工程，长江、淮河、黄河、海河四大水系将完全连通，并形成"四横三纵"的总体格局。配合节水型社会建设、治污减排和水土保持等基本措施，黄淮海流域生活、生产和生态缺水问题得以基本解决，大幅提高的水资源承载能力可基本适应区域经济社会的可持续发展。届时，相信在华夏腹地乃至全国，将蓝天常在、青山常在、绿水常在，处处将是山青水秀的美好家园。

## 4 争议和建议

### 4.1 有关工程建设的一些争议

#### 4.1.1 设想最早,暂停半世纪,为何现在重提?

南水北调西线工程是我国的战略性工程,是关乎国计民生的重大举措,一旦启动必将涉及社会的方方面面。因此,工程上马应该慎之又慎,路线设计、经济财力、施工技术、移民安置等因素,只要一项不能解决,工程就无法开工建设。由于西线工程布设在人烟稀少的西北地区,因此其工程所需的水文、气象、地质地貌等基本资料有个搜集过程;调引地点海拔高,增加了施工的技术难度;加上我国没有跨越大流域调水施工的经验,使得西线工程搁浅至今。

事实上,从1952年黄河河源踏勘并形成路线雏形以来,黄委从未停止过对西线工程的研究。目前的调水调沙可以说就是黄委为未来构建完备的水沙调控工程体系所做的探索性研究。随着国力增强,科研基础设施投入逐年增多,气象站网和水文站网密度都明显增加,水文地质等各项研究也蓬勃展开。经过60多a的累积和培厚,论证西线工程所需资料的基本条件已经满足。现有方案更是在上百个方案中反复质疑、不断论证后最终选出的,具有较大的科学性。

现在,南水北调中线和东线都已建成通水,且已在受水区的生活、生产和生态等方面逐渐发挥作用、产生效益。这两条线路的建成投入就标志着我国具备了长路线、跨大流域调水工程的综合实力,也意味着我国累积了从调研到方案设计、到可行性研究、再到实施的一整套成熟经验。另外,西南地区水电的开发,积累了高海拔地区水利工程作业的经验。这些经验是我国水利工程建设的又一大笔财富;西线工程一旦上马,利用这些宝贵经验,可以有效避免工程失误和事故,有力保障工程如期安全实施和开展。

如果把南水北调西线工程比喻成一场治理黄河问题的战争的话,可以说各位工程师和学者在后方为这个"战争"已然储备了足够的"马匹粮草",而中、东线工程的建成投入就是良好的战机。所以,在黄河的水沙情势危急、水资源短缺严重制约国家能源、粮食安全和一系列重大战略布局的形势下,现在重提并启动西线工程,可谓万事和东风均已具备,吹响这场"战争"号角的时候已经到来。

#### 4.1.2 有关工程的生态影响问题

任何调水工程建成后都会对调水区和受水区的生态产生影响,西线工程也不能避免。但是与其他工程相比,西线工程建成后的生态影响较小。就黄河而言,工程实施河段都位于上游偏河源附近,河流水源相似,所处海拔、地质地貌相似,纬度带和气候带相似,这就意味着工程两边的河流水生态生物分布的差异性较小,外调水微生物对受水河道水生态本底结构的扰动较小。就长江而言,流域水量丰沛,工程规划调水量并不能从根本上改变整个流域的水资源本底情势;另外工程只是在上游的一个支流上,和在干流上建设工程相比,其生态影响要小得多。

#### 4.1.3 有关水电开发和投资效益的问题

由于工程是从长江上游引水,势必会影响长江流域的水电能源开发布局,但由于黄河水量的增加,损失的水电能源完全可以从黄河流域补齐,因此从国家层面而言,水电能源总量并没有减少多少,发电效益基本不受影响,只是布局改变而已。

西线工程的建设投资重在前期,工程海拔高、地质情况相对复杂,前期工程投入较高;但调引水是顺黄河自流,不需要像中东线那样建设输水渠道,几乎不涉及泵站、渡槽、倒虹吸等水利工程;工程一旦通水后,沿线所需的维护费用较少。另外,西线移民的区域也相对集中,移民数量相对较少,因此相关费用相对较少。

如前所述,工程建成后将根治黄河的泥沙问题,并从能源、重工业和农业以及生态上产生巨大效益,保障国家的各项战略布局。作为国家层面的重大举措,建设南水北调西线工程不能一味考虑经济效益,还要顾及生态、社会等其他方面的作用。黄河流域处于祖国腹地,一旦下游水沙隐患根除,流域人民安居乐业,黄河宁则天下平,那么工程毫无置疑地将在维护国家社会稳定上发挥重大作用。

### 4.2　建　议

#### 4.2.1　调水更需严格实施其他手段

黄河问题复杂，不仅涉及到水利和林业，而且涉及到工、农、牧、渔、电等多个方面。流域发展应遵循“节水优先、空间均衡、系统治理、两手发力”的治水方针，进行统筹规划。不能把调水工程作为解决区域水资源短缺的唯一举措而放松其他手段；与之相反，节水型社会建设、污染物防治和水土保持等基础性措施更应加大力度开展，坚持不懈地开展。南水北调西线工程是在黄河流域严格实施各种水资源管理措施后依旧严重缺水的前提下，所采取的一项宏观战略布局，也是流域发展最后的措施和保障。要想让黄河“水畅其流、水清其河、沙畅其道”，外调增水、节水、治污、减沙、调水调沙几项措施缺一不可；西线工程也只有在严格实施这些基础性管理措施的前提下，才能更好地发挥其生产、生活和生态效益，才能确保黄河的长治久安。

#### 4.2.2　工程建设应该有序进行

跨流域调水是国家层面的重大工程，不是一蹴而就的事情，方案涉及到的各个方面都应该谨慎对待。笔者赞同一些水利学者的观点[14]，建议工程建设遵循从近到远、由小到大、分期开发的原则有序进行，工程前期进度不宜过快、调水量也不宜过大。工程的循序渐进还将有利于建设过程中的不断摸索和总结，在此基础上再进行逐步扩展，将有力保障工程安全。

“他山之石，可以攻玉”，施工中要充分吸取南水北调中、东线工程的经验教训；对于反对者的意见，不能一味排斥，应认真聆听并进行判别和吸收。通过不断总结改进，避免造成重大失误，最终确保工程质量和安全。

## 5　结　论

(1)“决口、改道、再决口、再改道”是黄河水沙演变的历史规律，尽管黄河下游洪水基本遏制但流域水资源短缺日趋严重，水沙空间分布日趋不合理，水沙情势危急，洪水隐患严重。根除黄河泥沙问题，永保黄河安宁亟需南水北调西线工程，这也是论证西线工程建设的首要因素。

(2)黄河流域是国家的能源基地、重化工基地、粮食主产区以及大中型城市聚集地，但区域水资源短缺严重，为保障国家能源粮食安全和城市战略格局，需要南水北调西线工程。

(3)改变中华腹地水资源状况，构建健康河湖水系，完成国家山青水美、生态家园的战略布局，需要南水北调西线工程。

(4)西线工程是艰巨而又必需的战略任务，外调水必须在黄河流域节水、治污和水土保持等各项手段扎实的基础上才能发挥其最大效应；工程不能一蹴而就，必须循序渐进。

## 参 考 文 献


[1] 张新海，何宏谋，陈红莉，等. 南水北调西线工程供水目标及范围[J]. 人民黄河，2001，23(10)：15-16.

[2] 维基媒体基金会. 维基百科[EB/OL].［2014－11－20］. http://zh. wikipedia. org/wiki/黄河.

[3] 水利部黄河水利委员会. 黄河流域综合规划(2012—2030 年)[M]. 郑州：黄河水利出版社，2013.

[4] 水利部黄河水利委员会. 世纪黄河[M]. 郑州：黄河水利出版社，2001.

[5] 中华人民共和国国家统计局. 2013 年中国统计年鉴[M]. 北京：中国统计出版社，2014.

[6] 黄河断流成因分析及对策研究组. 黄河下游断流及对策研究[J]. 人民黄河，1997，19(10)：1-9.

[7] 沈凤生，谈英武. 南水北调西线工程规划纲要[J]. 人民黄河，2001，23(10)：4-5.

[8] 胡春宏，陈绪坚，陈建国. 黄河水沙空间分布及其变化过程研究[J]. 水利学报，2008，39(5)：518-527.

[9] 杨振怀. 黄河治理方略的若干思考——在《黄河的重大问题及其对策》专家座谈会上的讲话[J]. 人民黄河，2000，22(1)：1-4.

[10] 黄河流域水资源保护局. 2013 年黄河流域地表水资源质量公报[R]. 郑州：水利部黄河水利委员会，2014.

[11] 中国气象局公共气象服务中心. 中国天气网[EB/OL].［2014－11－20］. http://news. weather. com. cn/2014/08/2172507. shtml.

[12] 中华人民共和国水利部. 全国水资源综合规划(2010—2030 年)[R]. 北京：中华人民共和国水利部，2009.

[13] 康绍忠，山仑，刘家宏，等. 汾渭平原旱涝集合应对研究[R]. 北京：中国水利水电科学研究院，2014.

[14] 沈凤生，洪尚池，谈英武. 南水北调西线工程主要问题研究[J]. 水利水电科技进展，2002，22(1)：1-5.


(本文原载于《人民黄河》2015 年第 1 期)

# 黄河中游植被变化对水量转化的影响分析

刘昌明[1]，李艳忠[1,2]，刘小莽[1]，白　鹏[1]，梁　康[1]

（1. 中国科学院 地理科学与资源研究所 陆地水循环及地表过程重点实验室，北京 100101；
2. 中国科学院大学，北京 100049）

**摘　要**：基于遥感数据分析了黄河中游植被变化特征，借助自主构建的 HIMS-VIH 模型，模拟了黄河中游 11 个子流域 1980—2013 年的蓝水—绿水动态转化过程。结果显示，与退耕还林（草）工程实施前相比，2000 年以来 11 个子流域的叶面积指数（*LAI*）、归一化植被指数（*NDVI*）均呈增大趋势，其中以河口镇—龙门区间变化最为显著。对蓝水（径流）而言，与 1980—1999 年相比，2000—2013 年大部分子流域的径流和径流系数显著减小。植被的增加导致绿水（蒸散发）明显增加，从而使蓝水下降。随着 1999 年以来水土保持措施大幅度的持续实施，目前黄河中游水热条件与植被状况已达到一个阶段性相对稳定状态，如果退耕还林（草）等水土保持措施维持现状，那么今后林草植被耗水将随气候（降水）变化而波动并维持在一定的水平，黄河水量可能会因水热条件的制约而不再大幅度地减少。

**关键词**：蓝水；绿水；水量转化；HIMS 系统；植被变化；黄河中游

众所周知，2000 年以来黄河来水量锐减，与以往多年平均来水量相比，大约减少了 100 亿 $m^3$。减少的水量到哪里去了？这是当今人们热切关注的一个问题。学者们尝试从气候变化以及人类活动的角度解释黄河流域径流减少的原因[1-3]。一方面，气候变化通过降水、气温、日照、风、相对湿度等因子直接或间接地影响着该区域的水循环过程[4]；另一方面，人类活动通过日益增长的经济社会用水和土地利用/覆被变化[5-7]，剧烈地改变着陆地表层能量和水分分布格局[8]，使得天然水循环系统背景条件的状态变量发生变化，从而改变了水循环过程[9-10]。黄河水沙异源，兰州以上流域是主要的水源地，水量变化相对不大。但是，黄河中游受取用水与水土保持等人类活动的影响，大量的蓝水转化为绿水，观测到的径流（蓝水重要组分）呈现显著下降的趋势。多项研究结果表明，黄河中游水土保持等人类活动对径流变化的影响大于气候变化的影响。对黄河中游人类活动，刘晓燕等[11]已作了较为详细的划分与定量计算。从水保措施的空间分布来看，以退耕还林为主的林草恢复最为广泛。笔者选择林草恢复较为显著的河口镇—三门峡区间作为研究区，揭示植被恢复对蓝水—绿水转化的影响机理，旨在理清新形势下黄河中游水循环过程的变化机理，为治黄方略的谋划、流域水资源的配置与管理等提供参考。

## 1　黄河中游植被覆盖的变化

### 1.1　退耕还林（草）的效果

朱镕基总理 1999 年在陕西考察时，针对水土保持工作提出了“退田还林（草）、封山绿化、个体承包、以粮代赈”的方针。在此方针的指导下，国家推出了退耕还林（草）、天然林保护等一系列生态恢复政策[12]。这些政策实施以来，以黄河流域为代表的我国大部分地区的植被覆盖得到了十分显著的恢复（图 1）。黄河中游是植被恢复工程的重点区域，其植被状况在 2000—2013 年间发生了剧烈变化（图 2）。与 1980—1999 年相比，2000—2013 年黄河中游的归一化植被指数（*NDVI*）增大明显，其中以窟野河下游、秃尾河、佳芦河、无定河、清涧河、湫水河等流域（编号为 01 ~ 06）变化最为显著。

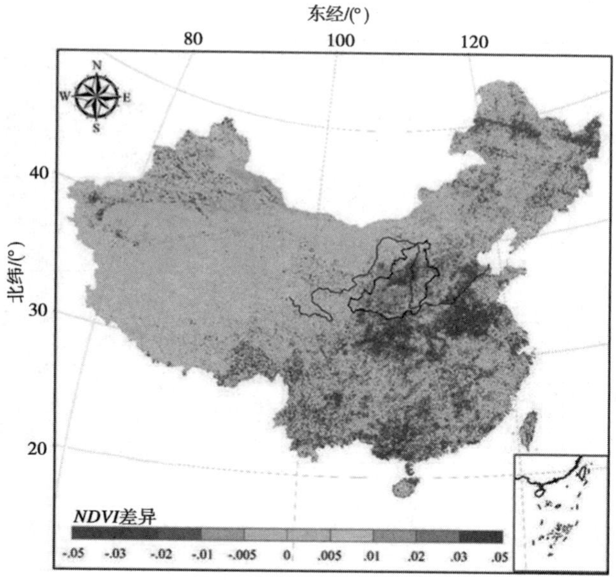


图 1 全国 1980—1999 年与 2000—2013 年归一化植被指数(*NDVI*)差异

注:*NDVI* 来自第 3 代 Global Inventory Monitoring and Modeling Studies(GIMMS3g)植被指数数据集

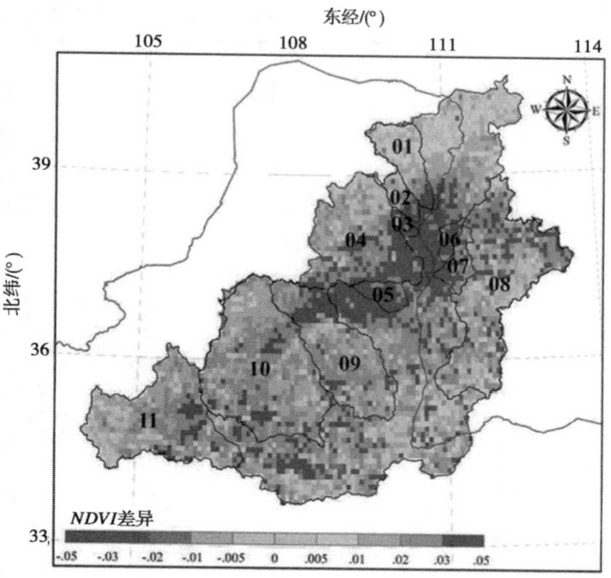


图 2 黄河中游 1980—1999 年与 2000—2013 年归一化植被指数(*NDVI*)差异

## 1.2 植被变化的特征

图 3 反映了 20 世纪 80 年代末和 2010 年土地利用/覆被变化(*LUCC*)的情况。比较两个时期的 *LUCC* 可知,林草地类型并未发生转换型的显著变化。然而,通过分析黄河中游 11 个子流域生态恢复工程实施前后归一化植被指数(*NDVI*)和叶面积指数(*LAI*)的变化情况(表 1),发现这两个植被指数在 2000—2013 年均呈现明显增大趋势。*LAI* 在佳芦河流域变化率最大,达到 109.46%,其次为清涧河、秃尾河和窟野河,分别达到了 95.68%、85.82% 和 77.93%;*NDVI* 也在佳芦河流域变化率最大,达到了 16.69%,其次为清涧河、秃尾河和湫水河,分别达到了 14.04%、12.07% 和 11.68%。由此可知,植被状态恢复良好的区域均出现在河口镇—龙门区间,这些区域恰好是植被恢复、水土保持工程重点实施区域。

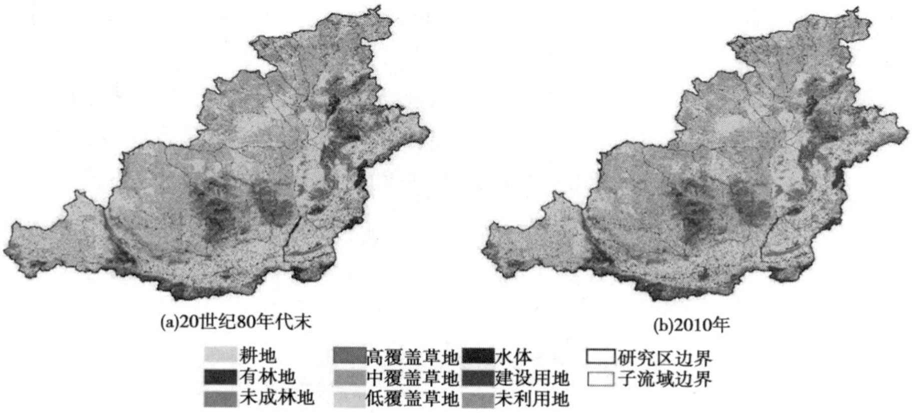


图 3 黄河中游土地利用/覆被变化

**表 1　黄河中游生态恢复工程实施后植被变化情况**

| 子流域编号 | 名称 | 控制水文站 | 植被指数的变化率(%) | |
|---|---|---|---|---|
| | | | *LAI* | *NDVI* |
| 01 | 窟野河 | 温家川 | 77.93 | 4.65 |
| 02 | 秃尾河 | 高家川 | 85.82 | 12.07 |
| 03 | 佳芦河 | 申家湾 | 109.46 | 16.69 |
| 04 | 无定河 | 白家川 | 73.67 | 11.42 |
| 05 | 清涧河 | 延川 | 95.68 | 14.04 |
| 06 | 湫水河 | 林家坪 | 48.69 | 11.68 |
| 07 | 三川河 | 后大成 | 32.39 | 7.05 |
| 08 | 汾河 | 河津 | 36.75 | 3.82 |
| 09 | 北洛河 | 洑头 | 35.80 | 4.95 |
| 10 | 泾河 | 张家山 | 54.50 | 6.17 |
| 11 | 渭河 | 林家村 | 33.80 | 4.59 |

**注**:比较时段分别对应 1980—1999 年和 2000—2013 年;*LAI* 由 GIMMS 数据集的 *NDVI* 产生

## 2　蓝水与绿水

### 2.1　定义商榷

蓝水即传统水资源评价中可利用的常规水资源总量,等于地表水资源量与地下水资源量之和减去重复计算量。蓝水主要指液/固态水,由重力赋存、受重力及其水平分力驱动的水分。绿水主要指土壤或大气中汽态或分子态的水,受分子力约束,由热力作用驱动转化,并通过森林、草地、湿地等自然生态系统和农田生态系统逸散于大气,参与水汽循环,其数量即实际蒸散发量。由于绿水大量来自地表,因此有些学者概括绿水量即土壤含水量[13]。应当指出,土壤或包气带中的水作为绿水的概念是比较粗略和不确切的。其实,土壤中赋存的液态或固态水转化为汽态水前并非是绿水。土壤水的类型繁多,按其力学性质的不同,至少分为吸湿水、膜状水、毛管水与重力水等。吸湿水一般不为植物蒸腾所利用;膜状水指由土壤颗粒表面所吸附的水层;毛管水与重力水在水分超过田间持水量后,受重力作用向下渗漏并转化为地下水的补给来源,成为地下水,属于蓝水。

绿水流量是森林、草地、河湖、湿地和农田及各种农作物等通过蒸腾与蒸发,把液态蓝水转化为汽态绿水的水量,是支撑陆地生态系统和雨养农业不可或缺的部分。近年来,笔者在我国开展了一系列有关绿水的研究工作,图 4 表述了蓝水与绿水的基本概念,并阐明了绿水管理的涵义[14]。对处于我国半干旱半湿润过渡区的黄河中游而言,基于绿水和蓝水的统一评估和管理是全面提高水资源综合管理水平的重要内容之一。

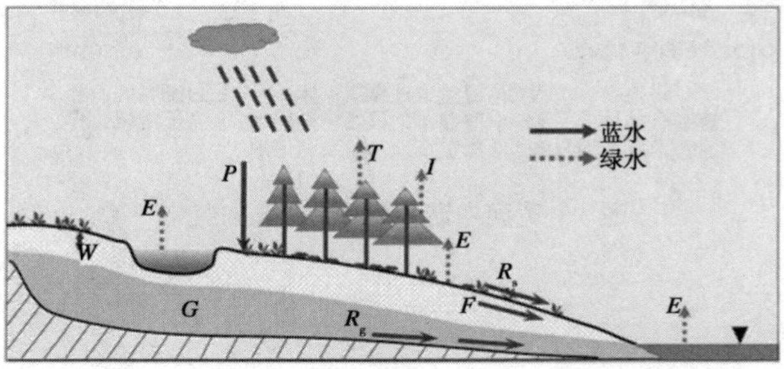


**图 4　蓝水 - 绿水转化示意**

图 4 给出了蓝水与绿水各要素以及相互转化关系与过程。其中:蓝色实线箭头为液态蓝水流;绿色

虚线箭头为汽态绿水流；$P$ 为降水（包括凝聚水），视为蓝水总水源，地面的其他要素均为其派生；$W$ 为年地表入渗总量，$W = P - R_s$；$R = R_g + R_s + F$，其中 $R$ 为河川年径流量，$R_g$ 为地下水径流量，$R_s$ 为地表水径流量，$F$ 为年壤中流或快速表层流径流量；$G$ 为饱和带地下水蓄水量；绿色虚线与符号表示年绿水流与绿水量，绿水总量为 $W_g = I + E + T$，其中 $I$ 为各种林草的年截留量，$E$ 为土壤、湿地以及河湖水面的年蒸发量，$T$ 为各种林草地类的年蒸腾量。

根据年水量平衡方程，可以得到区域年蓝水、绿水的简单计算公式：

$$W_b = R_s + R_g - \Delta \tag{1}$$

$$W_g = P - W_b \tag{2}$$

式中：$W_b$ 为蓝水量；$W_g$ 为绿水量；$\Delta$ 为地表水与地下水相互交换的重复计算量。

根据式（1）、式（2）可估算区域绿水资源量。但蓝水－绿水的转化机制十分复杂，揭示蓝水－绿水转化机理还需要借助分布式的水循环过程模拟，而蒸散发计算是其中的核心。因此，笔者采用自主研发的分布式水文模型对黄河中游11个典型流域植被变化影响下的蓝水－绿水动态转化过程进行模拟。

## 2.2　模拟计算方法

笔者基于水循环综合模拟系统 HIMS（Hydro-Informatic Modeling System）[15-16]，构建了耦合植被变化影响的分布式水文模型 HIMS-VIH（Hydro-Informatic Modeling System-Vegetation Impacts on Hydrology）。HIMS 系统曾在国外（澳大利亚、美国、日本、荷兰、尼泊尔等）不同气候流域得到广泛应用，取得了较好的模拟效果。HIMS-VIH 模型能够模拟植被变化对实际蒸散发等水文过程的影响，模型结构如图5所示。HIMS-VIH 模型强调植被在水循环过程的作用，以蒸散发过程为纽带，细致描述植被影响下的蒸散发过程。该模型基于能量平衡、水量平衡原理模拟实际蒸散发过程，通过根系层土壤湿度约束蒸散发过程参数，考虑了能量在植被冠层和土壤的分配比例，能够模拟植被动态变化对蒸散发及其组分（截留蒸发、植被蒸腾以及土壤蒸发）的影响。模型以网格为单元进行水文过程模拟，基于水量平衡模拟蓝水水文过程（包括径流、土壤水动态以及地下出流等），并根据单元网格内的能量和水分平衡，考虑了不同水分存储，即蓝水与绿水之间的水分交换（见图5）。

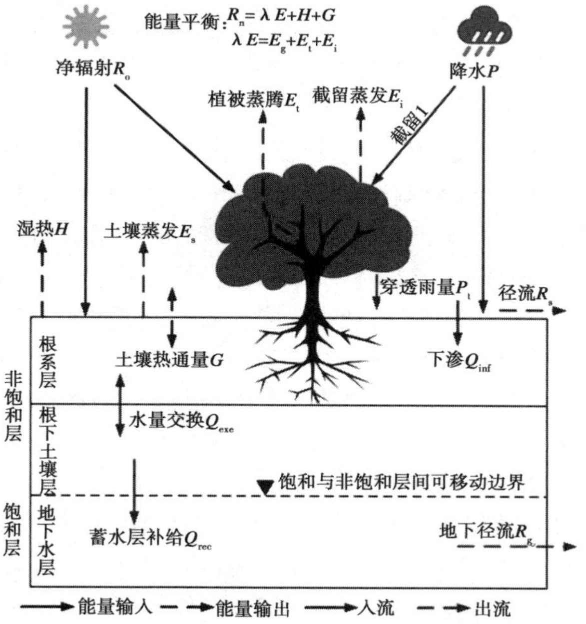


图5　HIMS-VIH 模型单元网格内能量和水量平衡模拟

需要指出的是，基于 HIMS-VIH 模型计算所得的绿水耗散总量避免了通过各种水土保持措施分项叠加计算获取绿水耗散的繁复计算量。

## 3 植被变化对蓝水 - 绿水转化的影响

在黄河中游 11 个重点子流域(图 2)模拟植被变化对蓝水 - 绿水转化过程的影响,各子流域的基本特征见表 2,其中流域面积最小的为佳芦河(1 121 $km^2$),最大的流域为泾河(43 216 $km^2$)。多年平均径流深空间分布差异较大,从汾河的 13.52 mm 到秃尾河的79.56 mm;年降水量从北到南逐渐增加,其中窟野河为 379 mm,北洛河以及渭河上游区域达到 500 mm 左右,而参考蒸散发则与降水空间分布相悖,从北到南呈现减少趋势;干燥指数为 1.65 ~2.59,属于典型的半干旱半湿润区域。

**表 2　黄河中游 11 个子流域的基本特征**

| 编号 | 河名 | 站名 | 面积($km^2$) | 多年平均径流深(mm) | 年降水量(mm) | 参考蒸散发($mm \cdot a^{-1}$) | 干燥指数 |
|---|---|---|---|---|---|---|---|
| 01 | 窟野河 | 温家川 | 8 515 | 42.83 | 379 | 942 | 2.49 |
| 02 | 秃尾河 | 高家川 | 3 253 | 79.56 | 396 | 950 | 2.40 |
| 03 | 佳芦河 | 申家湾 | 1 121 | 33.06 | 412 | 953 | 2.31 |
| 04 | 无定河 | 白家川 | 29 662 | 30.63 | 389 | 964 | 2.48 |
| 05 | 清涧河 | 延川 | 3 468 | 35.87 | 460 | 927 | 2.02 |
| 06 | 湫水河 | 林家坪 | 1 873 | 21.87 | 449 | 932 | 2.08 |
| 07 | 三川河 | 后大成 | 4 102 | 39.55 | 460 | 916 | 1.99 |
| 08 | 汾河 | 河津 | 38 728 | 13.52 | 477 | 896 | 1.88 |
| 09 | 北洛河 | 洑头 | 25 645 | 27.74 | 515 | 868 | 1.69 |
| 10 | 泾河 | 张家山 | 43 216 | 31.52 | 484 | 859 | 1.77 |
| 11 | 渭河 | 林家村 | 30 661 | 48.94 | 491 | 786 | 1.60 |

注:参考蒸散发由 Penman-Monteith 模型计算而来;干燥指数定义为参考蒸散发与降水之比;数据统计年限为 1980—2013 年

### 3.1 蓝水的变化

表 3 显示了 2000 年后还原径流深和还原径流系数的变化情况。相对于 1980—1999 年而言,2000—2013 年还原径流深(天然径流)变化量为 - 31.93 ~4.11 mm,平均为 - 11.19 mm,变化率为 - 54.16% ~10.98% ,除汾河、湫水河外均减小,减小幅度最大的为窟野河,其次为渭河上游区和泾河,变化率分别为 - 54.16% 、- 40.31% 和 - 32.08% 。2000 年后,还原径流系数在 11 个子流域均减小,减小范围为 - 0.088 ~ - 0.001,平均为 - 0.031,减小幅度最大的为窟野河,相对变化率达到 - 55.77% ,其次为渭河上游区和佳芦河,相对变化率分别为 - 40.81% 和 - 33.96% 。对比 2000 年后植被指数变化率与蓝水变化率的关系(表 1 和表 3),可知植被恢复越好的流域,其径流减小的程度愈明显,说明黄河中游植被增加具有显著的减水效应。

### 3.2 绿水的变化

利用构建的基于单元网格内能量和水量平衡的 HIMS-VIH 模型,模拟黄河中游蒸散发形式的绿水变化过程,结果如图 6 所示。HIMS-VIH 模型所模拟的实际蒸散发能够较好地捕获水量平衡蒸散发的年际波动和均值,且相关系数($R^2$)达到 0.966,纳什效率系数($NSE$)为 0.891,表现出较好的模拟性能。就流域而言,2000—2013 年所有子流域的蒸散发量(绿水)较 1980—1999 年均有所上升(表 3),增加量为 15.66 ~51.36 mm,相对变化率为 3.55% ~17.54% ,增加幅度最大的子流域为秃尾河,其次为窟野河和佳芦河,三者变化率分别为 17.54% 、14.49% 和 12.05% 。2000—2013 年蒸散发系数在 11 个子流域均增大,增大量为0.001 ~0.088,相对变化率为 0.12% ~10.47% 。其中,窟野河、秃尾河和渭河上游增大最为显著,变化率分别达到10.47% 、9.95% 和 6.38% 。由表 1 和表 3 可知,植被指数增大显著的子流域的绿水变化率也相对较大，表明植被恢复越好，绿水增加的程度越明显。

**表 3　黄河中游生态恢复工程实施后蓝水绿水的变化**

| 编号 | 河名 | 还原径流深 | | | 还原径流系数 | | | 蒸散发量 | | | 蒸散发系数 | | |
|---|---|---|---|---|---|---|---|---|---|---|---|---|---|
| | | $P_1$ (mm) | $P_2$ (mm) | 变化率 (%) | $P_1$ | $P_2$ | 变化率 (%) | $P_1$ (mm) | $P_2$ (mm) | 变化率 (%) | $P_1$ | $P_2$ | 变化率 (%) |
| 01 | 窟野河 | 58.96 | 27.03 | -54.16 | 0.158 | 0.070 | -55.77 | 314.06 | 359.56 | 14.49 | 0.842 | 0.930 | 10.47 |
| 02 | 秃尾河 | 92.20 | 67.43 | -26.86 | 0.239 | 0.164 | -31.59 | 292.82 | 344.18 | 17.54 | 0.761 | 0.836 | 9.95 |
| 03 | 佳芦河 | 40.18 | 28.64 | -28.71 | 0.101 | 0.067 | -33.96 | 358.67 | 401.87 | 12.05 | 0.899 | 0.933 | 3.80 |
| 04 | 无定河 | 37.11 | 35.24 | -5.03 | 0.098 | 0.087 | -11.41 | 340.55 | 369.59 | 8.53 | 0.902 | 0.913 | 1.24 |
| 05 | 清涧河 | 41.61 | 33.67 | -19.09 | 0.092 | 0.072 | -21.91 | 411.95 | 436.25 | 5.90 | 0.908 | 0.928 | 2.21 |
| 06 | 湫水河 | 37.38 | 41.48 | 10.98 | 0.089 | 0.088 | -1.27 | 397.99 | 426.06 | 7.05 | 0.911 | 0.912 | 0.12 |
| 07 | 三川河 | 50.88 | 48.98 | -3.73 | 0.114 | 0.102 | -11.05 | 393.79 | 432.30 | 9.78 | 0.886 | 0.898 | 1.43 |
| 08 | 汾河 | 39.70 | 40.03 | 0.84 | 0.085 | 0.082 | -3.23 | 429.21 | 448.59 | 4.51 | 0.915 | 0.918 | 0.30 |
| 09 | 北洛河 | 34.75 | 27.26 | -21.55 | 0.068 | 0.052 | -23.23 | 476.14 | 494.79 | 3.92 | 0.932 | 0.948 | 1.70 |
| 10 | 泾河 | 41.79 | 28.38 | -32.08 | 0.087 | 0.059 | -32.40 | 441.03 | 456.70 | 3.55 | 0.913 | 0.941 | 3.07 |
| 11 | 渭河 | 66.15 | 39.48 | -40.31 | 0.135 | 0.080 | -40.81 | 423.35 | 454.09 | 7.26 | 0.865 | 0.920 | 6.38 |

注：$P_1$ 表示时段 1980—1999 年，$P_2$ 表示时段 2000—2013 年

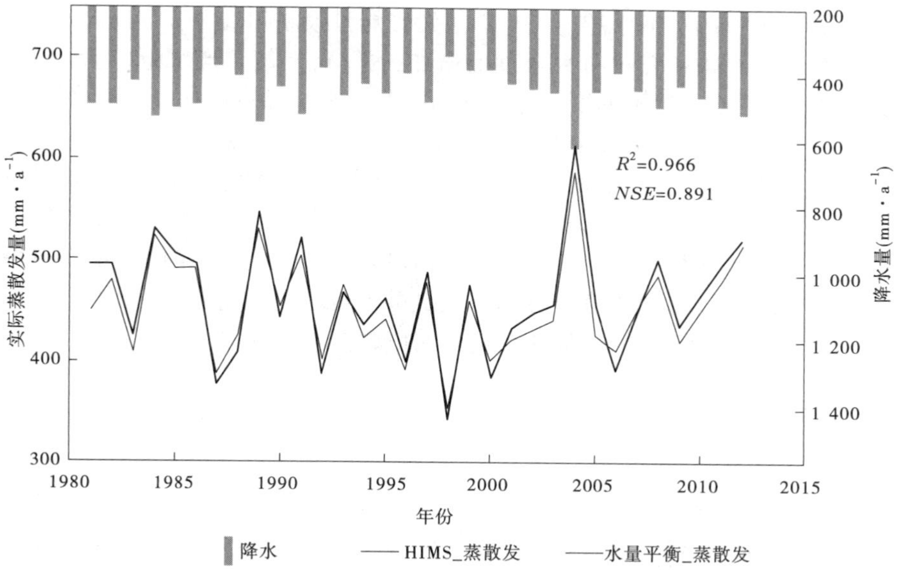


**图 6　黄河中游 HIMS 模拟的蒸散发与水量平衡计算的蒸散发对比**

### 3.3　蓝水－绿水转化的分析

通过上述讨论可知，影响蓝水－绿水转化的动因主要是蒸散发，而蒸散发的变化需要从能量限制和水分限制两个角度进行分析。本研究基于 HIMS-VIH 模型模拟蒸散发的三个组分：①土壤蒸发（包括河湖、库坝、湿地水面各种地类的蒸发）；②植被蒸腾；③截留蒸发，其变化情况如图 7 所示。1980—2013 年，蒸散发的三个组分中土壤蒸发占总蒸散发的比例最大，为 50.3%，其次为植被蒸腾，比例为 44.3%，截留蒸发比例最小，仅为 5.4%。植被蒸腾和截留蒸发均呈现增加趋势，分别为 1.13 mm/a 和 0.23 mm/a，而土壤蒸发则呈现下降趋势，为 -0.71 mm/a。1980—1999 年和 2000—2013 年两个时段对比，后一时段植被蒸腾占总蒸散发的比例由 43.0% 增大到 46.0%，土壤蒸发则由 51.9% 减小到 48.0%，而

截留蒸发则由 5.1% 增大到5.8%。由此可知,植被恢复增大了植被蒸腾量和截留蒸发量。与此同时,植被下层受到日趋恢复的植被遮蔽,地表接受的太阳辐射减少,可用于植株棵间土壤蒸发的能量减少,从而减少了土壤蒸发量(图 7)。然而,由于植被蒸腾量和截留蒸发量的增加量大于土壤蒸发的减少量,因此总蒸散发量占降水比例增大,径流占降水的比例相应减小,即绿水量增加、蓝水量减少。

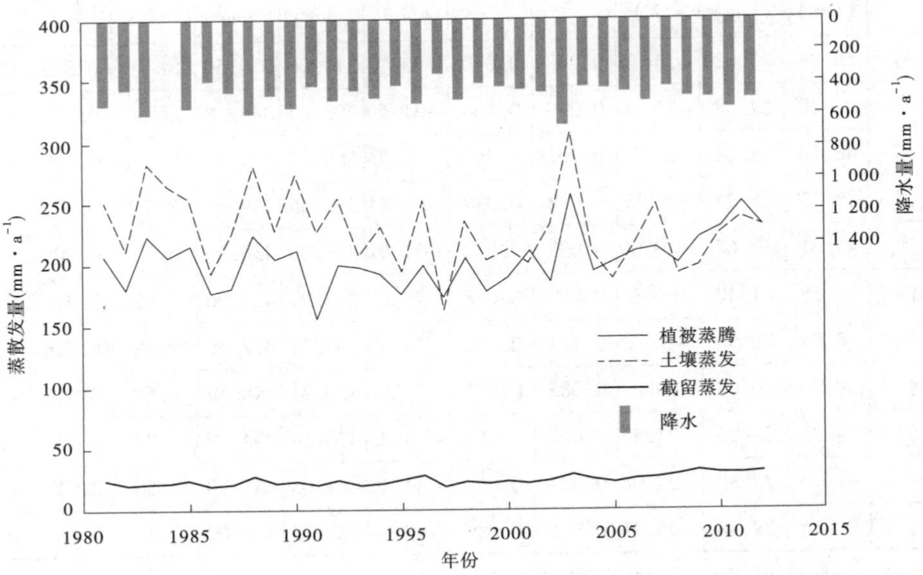


**图 7　HIMS-VIH 模型模拟的黄河中游蒸散发(绿水耗散总量)组分**

应当指出,半干旱半湿润的黄河中游地区与蒸散发受能量限制的南方湿润地区不同,比如珠江或者赣江流域,虽然这些区域的植被覆盖也有大幅度的增加(图 1),但其年产水量(蓝水)并未表现出类似黄河流域的迅速下降趋势。南方植被的恢复也可使植被截留和蒸腾量增加,土壤蒸发量下降,但是南方区域降水量丰富,水分供应充足,蒸散发主要受到能量(热量)限制,即湿润区蒸散发量随潜在蒸发量波动,能量的年变化相对稳定,实际年蒸散发量变化不大。蓝水的多少主要随降水变化,因而南方多水区的降水—径流关系一般表现出较高的相关性。另外,通过比较水文学的分析发现,与半干旱半湿润的黄河中游地区不同,南方湿润地区植被减少蓝水的作用相对较小,对径流的年内分配有较好的调蓄作用。在降雨丰沛的赣江上游湿润区,增加的植被覆盖表现出对年内径流分配的调蓄作用,即汛期各月的径流量随植被覆盖的逐年增加而减少,枯季各月的径流量随植被覆盖的逐年增加而增加,即呈现丰减枯增的现象[17]。

## 4　结　语

1999 年以来,我国在黄土高原地区实施了一系列生态恢复策略,使得黄河中游土地利用/覆被发生了显著变化,导致流域水循环过程及其要素发生了深刻的变化,直接表现为径流量锐减。径流的锐减不仅使流域水资源供需矛盾加剧,而且给流域生态环境带来了一系列挑战。在各种水土保持措施中,植被恢复是引起黄河流域径流减少的一个重要因素。本文基于耦合植被变化影响的分布式 HIMS-VIH 水文模型,定量评估了植被变化对蓝水 - 绿水动态转化的影响。分析表明:黄河中游 11 个子流域的植被覆盖增加,使得蒸散发上升,流域大量蓝水转化为绿水,导致蓝水显著减少;与 1980—1999 年相比,2000—2013 年以蒸散发形式的绿水增加幅度为 3.6%~17.5%,平均值为 8.6%,引起的径流变化幅度为 -54.2%~11.0%,平均值为 -19.97%。模型模拟结果表明,植被的恢复改变了蒸散发组分(植被蒸腾、土壤蒸发和截留蒸发)的比例,使绿水占降水比例增大,而蓝水占降水比例减小。近期,诸多学者一致认为,黄河流域的水热条件决定了该区域植被恢复不会无限制的发展[18-20]。笔者根据多年开展的相关研究工作和实践经验,认为目前黄河中游植被状况与水热条件基本达到了相对平衡状态,植被恢复的效应趋于稳定。未来黄河中游蓝水 - 绿水转化关系将随气候变化而有所波动,黄河水量可能会因水热条件的制约而不再大幅度地减少。绿水耗散的现象将成为必然，从未来科技研究工作来看，如何有效地管理绿水、控制绿水耗散将是黄河流域水量转化研究的重要内容。

植被变化对水量转化的影响可以采用水文学与水土保持学等不同方法研究。考虑到水土保持资料获取的困难性，笔者基于 RS 与 GIS 技术，采取分布式水文模型拓展了植被变化影响下的蓝水－绿水转化研究，初步的探索难免有其不足，还有待以后开展更多的工作进一步研究。

## 参考文献


[1] LIU C M, XIA J. Water Problems and Hydrological Research in the Yellow River and the Huai and Hai River Basins of China[J]. Hydro. Process, 2004,18(12): 2197-2210.

[2] 刘昌明."黄河流域水资源演化规律与可再生性维持机理"研究进展[J]. 地球科学进展,2006,21(10):991-998.

[3] 刘昌明,张学成. 黄河干流实际来水量不断减少的成因分析[J]. 地理学报,2004,59(3):323-330.

[4] 刘昌明,张丹. 中国地表潜在蒸散发敏感性的时空变化特征分析[J]. 地理学报,2011,66(5):579-588.

[5] LIANG K, LIU C M, LIU X M, et al. Impacts of Climate Variability and Human Activity on Streamflow Decrease in a Sediment Concentrated Region in the Middle Yellow River[J]. Stochastic Environmental Research & Risk Assessment, 2013,27(7): 1741-1749.

[6] ZHANG D, LIU X M, LIU C M, et al. Responses of Runoff to Climatic Variation and Human Activities in the Fenhe River, China[J]. Stochastic Environmental Research & Risk Assessment, 2013,27(6): 1293-1301.

[7] 杨胜天,刘昌明,孙睿. 近 20 年来黄河流域植被覆盖变化分析[J]. 地理学报,2002,57(6):679-684.

[8] 刘纪远,匡文慧,张增祥,等. 20 世纪 80 年代末以来中国土地利用变化的基本特征与空间格局[J]. 地理学报,2014,69(1):3-14.

[9] STERLING S M, DUCHARNE A, POLCHER J. The Impact of Global Land-Cover Change on the Terrestrial Water Cycle[J]. Nature Climate Change, 2013,3(4): 385-390.

[10] WANG S, FU B J, PIAO S L, et al. Reduced Sediment Transport in the Yellow River due to Anthropogenic Changes[J]. Nat. Geosci., 2016,9(1): 38-41.

[11] 刘晓燕,杨胜天,李晓宇,等. 黄河主要来沙区林草植被变化及对产流产沙的影响机制[J]. 中国科学(E 辑:技术科学),2015,45(10):1052-1059.

[12] ZHANG P C, SHAO G F, ZHAO G, et al. China´s Forest Policy for the 21st Century[J]. Science, 2000, 288: 2135-2136.

[13] FALKENMARK M, ROCKSTRÖM J. The New Blue and Green Water Paradigm: Breaking New Ground for Water Resources Planning and Management[J]. Journal of Water Resources Planning and Management, 2006,132(3): 129-132.

[14] 刘昌明,李云成."绿水"与节水:中国水资源内涵问题讨论[J]. 科学对社会的影响,2006(1):16-20.

[15] 刘昌明. 基于 HIMS 的水文过程多尺度综合模拟[J]. 北京师范大学学报(自然科学版),2010,46(3):268-273.

[16] 刘昌明. HIMS 系统及其定制模型的开发与应用[J]. 中国科学(E 辑:技术科学),2008,38(3):350-360.

[17] 刘昌明,钟骏襄. 黄土高原森林对年径流影响的初步分析[J]. 地理学报,1978,33(2):112-127.

[18] CHEN Y Y, WANG K B, LIN Y S, et al. Balancing Green and Grain Trade[J]. Nature Geoscience, 2015,8(10): 739-741.

[19] FENG X M, FU B J, PIAO S L, et al. Revegetation in China's Loess Plateau is Approaching Sustainable Water Resource Limits[J]. Nature Climate Change, 2016, doi:10.1038/nclimate3092.

[20] 刘晓燕,刘昌明,杨胜天,等. 基于遥感的黄土高原林草植被变化对河川径流的影响分析[J]. 地理学报,2014,69(11):1595-1603.


（本文原载于《人民黄河》2016 年第 10 期）

# 南水北调西线一期工程调水配置及作用研究

景来红

（黄河勘测规划设计有限公司，河南 郑州 450003）

**摘　要**：南水北调西线工程是从长江上游干支流调水入黄河上游，补充黄河与邻近西北内陆河地区水资源的不足，保障该地区经济社会可持续发展的战略性水资源配置工程。按照突出重点、效益优先、先易后难的配置原则，初步拟定了调入水量配置方案。在此基础上，从保障供水安全、恢复区域生态环境、促进经济社会发展、维持河流功能等多个方面，系统研究了调水的作用和效果。

**关键词**：水资源配置；生态环境；河流功能；南水北调西线工程

## 1　南水北调西线工程概况

南水北调西线工程是从长江上游通天河、雅砻江、大渡河调水，通过输水隧洞穿过巴颜喀拉山，进入黄河上游的大型跨流域调水工程。工程区位于青藏高原东南部，涉及青海省玉树州、果洛州与四川省甘孜州、阿坝州和甘肃省甘南州。建设南水北调西线工程是补充黄河水资源不足，缓解我国西北地区干旱缺水状况，保障西北地区经济社会可持续发展的重大战略措施。该工程是生态建设和环境保护、落实西部大开发、"一带一路"战略的重大基础设施。

南水北调西线工程与南水北调东线、中线三条调水线路及长江、黄河、淮河、海河四大江河共同构成我国北方地区"四横三纵"水资源配置总体布局，形成我国巨大的水网，基本覆盖黄淮海流域、胶东地区和西北内陆河部分地区，对实现我国水资源南北调配、东西互济的合理配置格局具有重大的战略意义。

对该工程的研究工作开始于 1952 年，历经初步研究、超前期规划、规划、项目建议书等四个阶段，历时已 60 余 a。

在长期研究基础上，按照"下移、自流、分期、集中"的思路，逐步形成从海拔 3 500 m 左右的通天河、雅砻江、大渡河干支流调水 170 亿 $m^3$ 的总体工程布局方案。工程分三期实施，一、二、三期调水量分别为 40 亿、50 亿、80 亿 $m^3$。2002 年 12 月，国务院以国函(2002)117 号批复了《南水北调西线工程总体规划》。2001 年水利部布置开展西线第一期工程项目建议书编制。2005 年将第一期、第二期工程水源合并后仍作为第一期工程，开展第一期工程项目建议书编制，目前已提出初步成果。两期工程水源合并后形成的第一期工程由 7 座水源水库和 325.6 km 的输水线路（其中 321 km 为隧洞）组成，从雅砻江、大渡河干支流调水 80 亿 $m^3$，工程静态总投资 1 584 亿元，下文中第一期工程均指水源合并后的第一期工程[1-2]。

## 2　调入水量配置研究

### 2.1　配置原则

由于第一期工程调水规模有限，不能全部解决黄河流域及西北地区的缺水矛盾，因此为充分发挥调水的作用和效益，调入水量配置时主要遵循以下原则。

（1）坚持统筹协调、突出重点的原则。统筹考虑生活、生产、生态用水需求，选择缺水程度比较严重、用水效率和效益较高的地区作为受水区。

（2）坚持高水高用的原则。从黄河干流直接供水和从支流供水相结合，对于能够从水量富裕的支流供水的用户，支流供水减少的入黄水量由西线一期工程调入水量补充，实现高水高用，减少配套工程建设投资和建设难度。

(3)坚持河道内生态用水与河道外经济社会用水统筹兼顾的原则。目前黄河河道外国民经济用水挤占河道内生态用水,黄河缺水同时表现为河道外经济社会用水和河道内生态用水的不足,因此调入水量配置要兼顾河道内外缺水要求,部分弥补国民经济用水挤占的河道内生态水量。

(4)坚持效益优先、突出重点、先易后难的原则。由于黄河流域和邻近的河西内陆河地区缺水量较大,而南水北调西线一期工程调水量有限,不足以解决所有缺水问题,因此应充分考虑西线一期工程调入水量的有限性和配套工程的难易程度,本着效益优先、突出重点、先易后难的原则对受水区进行选择。

### 2.2　配置方案

对西线一期工程80亿 $m^3$ 调水量的配置,既要考虑向重点城市、重要工业园区、石羊河流域、黑山峡生态灌区和"三滩"生态治理区供水,也要弥补国民经济用水挤占的河道内生态环境用水。河道外水量配置:首先,将水量配置在用水需求增加较快的重要城市,基本满足2030年水平重要城市的用水需求;其次,将水量配置在发展快、潜力大的工业园区;再次,水资源短缺、生态环境恶化的石羊河流域补水,为改善当地生态环境和居民生存环境增补水源;最后,综合平衡各行业用水需求,兼顾黑山峡生态灌区和"三滩"生态治理区供水。初步拟定了三个配置方案。

(1)方案一。河道外配置水量60亿 $m^3$,基本满足重点城市的用水需求。在黄河流域水资源综合规划的基础上,考虑新形势下黄河流域的供需形势和黑山峡生态灌区的用水要求,配置重点城市和工业园区水量52.2亿 $m^3$,黑山峡生态灌区3.8亿 $m^3$;河道内配置水量20亿 $m^3$。

(2)方案二。河道外配置水量70亿 $m^3$,较方案一增加10亿 $m^3$,主要用于减小工业园区用水缺口,适当增加黑山峡生态灌区和"三滩"生态治理区供水量;河道内配置水量10亿 $m^3$。

(3)方案三。河道外配置水量80亿 $m^3$,较方案一增加20亿 $m^3$,进一步减小重点工业园区用水缺口,增加黑山峡生态灌区水量和"三滩"生态治理区水量。

## 3　调水作用研究

南水北调西线一期工程调水入黄河,供水范围覆盖整个黄河流域,对缓解黄河流域及邻近地区的水资源供需矛盾,确保供水安全,支撑西部大开发战略实施和西北地区经济社会可持续发展,恢复和改善西北地区生态环境,确保黄河干流河道防凌、防洪安全及保护生态环境等,将产生十分重要的作用。

### 3.1　调水对保障经济社会可持续发展的作用

黄河水资源不仅对黄河流域及其下游流域外引黄地区的发展具有巨大的支撑作用,而且对我国经济社会发展全局也有极其重要的保障作用。黄河水资源用水区(包括流域内及流域外的引黄地区)总人口1.66亿,占全国总人口的12.2%,支撑国内生产总值4.85万亿元,占全国总量的9.7%;工业增加值为2.28万亿元,占全国总量的11.5%;粮食总产量7 462万t,为全国总量的12.7%。南水北调西线工程调水入黄后,可以在缓解流域水资源短缺、提高供水安全、支撑区域经济社会可持续发展、保障生态移民搬迁扶贫等方面产生十分重要的作用。同时,调水后一方面增补水量,另一方面通过黄河干流多个水库的"蓄丰补枯"运用,为黄河水资源统一调度和管理提供更大调控空间,有利于全面协调河道内、外,上、中、下游,生活、生产、生态之间的用水关系,为黄河流域供水安全、能源安全、粮食安全和生态安全提供水资源保障[3]。

(1)有力促进西北地区城市化。随着黄河流域城市化进程的加快,地下水超采严重,水源受到不同程度的污染,导致城市供水缺口不断加大。据预测分析,青海西宁,甘肃兰州、白银、天水,宁夏银川、石嘴山、吴忠、青铜峡、中卫,内蒙古呼和浩特、包头、乌海、鄂尔多斯、巴彦淖尔等城市2030年缺水28.86亿 $m^3$,南水北调西线调入水量可以全部满足这些城市2030年水平用水需求,可大大加快城市化进程。

(2)有效支撑国家能源安全。黄河流域煤炭等能源资源丰富,是国家重要的能源基地,受水区包括甘肃陇东能源化工基地,宁夏宁东煤炭基地,内蒙古神东煤炭基地、鄂尔多斯能源与化工产业基地,陕西省陕北能源化工基地和神东煤炭基地,山西省晋北、晋中、晋东煤炭基地等能源基地,以及多个经济技术开发区和工业园区,这些能源基地和工业园区对全国经济发展和建设支撑作用大,在本省(区)经济发展格局中地位重要,发展前景广阔,水资源需求旺盛。据预测,2030年这些能源基地与工业园区缺水将达 39.01 亿 $m^3$，通过南水北调西线工程可实现供水 23.34 亿 $m^3$，大大缓解供需矛盾，作用十分巨大。

(3)有力支撑农业发展。黄河流域是我国重要的农业区之一，农业耕作区主要集中在平原及河谷盆地，上游宁蒙河套平原是干旱地区建设"绿洲农业"的成功典型，中游汾渭盆地是我国主要的农业生产基地之一，2012 年黄河流域农田有效灌溉面积 552.6 万 $hm^2$，占耕地面积的 40%，灌溉地粮食单产为旱作的 2.0 ~ 5.8倍，流域内灌溉地的粮食产量超过全流域粮食总产量的 60%。但黄河流域水资源短缺，农业用水得不到保障，特别是枯水年和用水紧张的时期，农业用水往往被挤占，从而造成作物减产，农民利益受到影响。西线调水可以置换或减少工业生活挤占的农业用水量，从而提高农业供水保证率，为保证粮食安全提供水资源保障。

(4)有效增加黄河干流水电站梯级发电量。南水北调西线一期工程调水 80 亿 $m^3$后，通过黄河干流水库的调蓄作用，各河段分配水量可以根据水量配置要求进行分配，同时调水还可以增加入黄口以下黄河干流梯级电站的电能指标。根据计算，西线一期工程生效后，龙羊峡以上干流梯级电站保证出力增加 771 MW，多年平均发电量增加 65.3 亿 kW · h；龙羊峡以下全部干流梯级电站可增加保证出力 1 869 MW，年发电量增加 182.0 亿 kW · h。可见，西线一期工程对增加黄河干流梯级的发电量和保证出力有很大的作用[4]。

### 3.2　调水对于维持和改善区域生态环境的作用

南水北调西线工程是解决西北地区和黄河流域缺水问题，改善当地生存、生活条件，消除贫困，实施西部大开发战略的重要基础工程，是国家南水北调工程的重要组成部分，在黄河治理开发中具有重要的作用，对西北地区和黄河流域生态环境将产生极其深远的影响。

(1)改善黑山峡河段生态环境状况。黑山峡河段附近地区土地平坦连片，光热资源丰富，是我国十分宝贵的后备耕地资源。水资源短缺是导致这一地区生态环境恶化的直接原因，有水即为绿洲，无水则为荒漠，水资源的配置与利用对于干旱地区环境改善与社会经济发展有着根本作用。建设"小绿洲"、保护"大生态"是恢复和改善黑山峡附近地区生态环境的根本途径，而且是解决当地人民饮水困难和脱贫致富的关键措施。南水北调西线一期工程实施后，可向黑山峡附近地区增供 3.80 亿 ~ 9.57 亿 $m^3$水量，使生态灌区的建设得以实施。一方面可以帮助当地贫困人口脱贫致富和促进社会主义新农村建设；另一方面新建生态灌区与宁夏平原灌区和内蒙古河套灌区连在一起，形成西北地区最大的连片人工绿洲，构成长城沿线生态脆弱带上重要的生态屏障，有效减少沙尘暴发生频率，对保障我国的生态安全具有重大的战略意义。

(2)有效恢复石羊河流域生态系统。南水北调西线一期工程可向石羊河流域补水 4.0 亿 $m^3$，相当于石羊河流域水资源总量 17.8 亿 $m^3$的 22.5%，给水资源的利用和配置提供更大的协调空间。外调水量的增加可以限制地下水的过量开采，使地下水位得到一定程度的恢复，从而恢复下游植被。据分析，通过外流域调水和当地水资源的统一配置，可基本实现 2030 年水平当地水资源开发利用程度控制在 50% 左右，基本满足下游绿洲区植被生态用水的需要，使当地人居环境大大改善。同时，下游民勤绿洲的恢复和维持，可有效阻止我国第三大沙漠巴丹吉林沙漠和第四大沙漠腾格里沙漠合拢的趋势，对维持国家生态安全具有战略意义。

(3)促进青海"三滩"生态区治理。青海省三江源国家生态保护综合实验区是国家生态环境保护和建设的战略要地，是国家重要的水源地和生态屏障，是青海省生态建设的重要组成部分。依据生态功能特性和资源环境承载能力，实验区被划分为重点保护区、一般保护区和承接转移发展区。"三滩"生态治理区位于青海省三江源国家生态保护综合实验区范围内，且大部分位于承接转移发展区内，该区气候干旱，植被稀疏，水土流失严重，生态环境治理任务艰巨。

南水北调西线一期工程建成后，向"三滩"生态治理区供水，将有效减轻地表风蚀，使植被覆盖度和沙化土地表层的附着物增加，减少流沙对龙羊峡库区的影响，同时降低沙尘暴发生的强度和频率，减轻其对共和盆地及西宁市、海东地区的沙尘危害。同时，将有效减轻、转移生态负荷，保护和促进植被恢复，提高和恢复草地生产力以及生态容量，充分发挥其生态功能，最终实现三江源国家生态保护综合实验区生态良性维持的目标。

### 3.3　调水对黄河河道内生态环境的作用

南水北调西线一期工程调水对黄河河道内(干流及河口三角洲地区)生态主要有两方面的作用:一是通过对黄河干流补水增加非汛期河道基流和河口入海水量,对干流河道和河口地区具有重要的生态效益;二是增加的水量通过汛期调水调沙等措施减轻黄河干流重点防洪河段的河道淤积。

(1)调水对河口三角洲生态的作用。黄河河口三角洲是我国暖温带最完整、最广阔、最年轻的新生生态系统,处于大气、河流、海洋与陆地的交接带,多种物质交汇,多种动力系统交融,陆地和淡水、淡水和咸水、陆生和水生、天然和人工等多类生态系统交错分布,是典型的多重生态系统。

黄河三角洲湿地地处水陆交界的生态脆弱带上,地势平坦,形成时间晚,湿地群落结构简单,特殊的生态特征及水文条件等决定了其生态系统较为脆弱、稳定性差。自20世纪80年代以来,黄河流域缺水问题突出,黄河河口三角洲所需适宜生态水量难以得到保证,黄河三角洲自然湿地出现了面积急剧萎缩和功能退化的问题。

西线一期工程生效后,向黄河河道内补水,用于弥补国民经济用水挤占的河道内生态水量,现状情况下黄河上游地区国民经济用水挤占黄河河道内生态水量约21.5亿$m^3$。西线一期工程河道内配置水量最大可达20亿$m^3$,可基本满足利津断面入海水量要求,对黄河下游河道和河口生态具有积极影响。

(2)调水对黄河干流减淤作用分析。南水北调西线一期工程通过向黄河干流河道补水,自上而下流经黄河干流水沙调控体系工程,利用干流水库群联合调度运用,进行全河调水调沙,利于塑造黄河干流协调的水沙过程,对减轻黄河干流淤积将产生积极的作用。

采取实测资料类比分析和数学模型计算等多种方法进行河道泥沙冲淤计算分析,得到西线调水河道内配置水量20亿~0亿$m^3$方案黄河干流宁蒙河段、小北干流河段和下游河段年均淤积量为1.687亿~2.285亿t,年均减淤量为0.680亿~0.083亿t,见表1。

**表1　黄河干流淤积量及减淤量计算结果**　(亿t)

| 项目 | 方案 | 宁蒙河段 | 小北干流 | 黄河下游 | 宁蒙河段+小北干流+下游 |
|---|---|---|---|---|---|
| 淤积量 | 无西线工程 | 0.258 | 0.441 | 1.669 | 2.368 |
| | 河道内20亿$m^3$ | 0.050 | 0.237 | 1.400 | 1.687 |
| | 河道内10亿$m^3$ | 0.110 | 0.329 | 1.534 | 1.972 |
| | 河道内0亿$m^3$ | 0.175 | 0.441 | 1.669 | 2.285 |
| 减淤量 | 河道内20亿$m^3$ | 0.207 | 0.204 | 0.269 | 0.680 |
| | 河道内10亿$m^3$ | 0.147 | 0.112 | 0.135 | 0.394 |
| | 河道内0亿$m^3$ | 0.083 | 0 | 0 | 0.083 |

## 4　结　语

历经几代人半个多世纪的调查研究,南水北调西线工程前期工作取得了丰硕的成果,也为工程的决策实施奠定了坚实的基础。南水北调西线第一期工程从雅砻江、大渡河干支流调水入黄河源头地区,供水范围覆盖整个黄河流域与西北内陆河广大区域,通过对调入水量的科学配置,将产生十分重要的作用。一是可大大缓解黄河流域及西北地区水资源供需矛盾、保障供水安全;二是可为西部大开发和“一带一路”等国家发展战略提供水资源支撑,保障经济社会的可持续发展;三是能退还被大量挤占的生态环境用水,维系和修复黄河流域及西北地区的生态环境;四是为西北欠发达地区和少数民族地区经济发展、社会稳定提供新的动力,加快国家精准扶贫措施的推进,具有巨大的生态、经济、社会效益。因此,应加快南水北调西线工程前期工作的步伐,早日建设该项利国利民的重大战略工程。

## 参 考 文 献

[1] 谈英武,刘新,崔荃.中国南水北调西线工程[M].郑州:黄河水利出版社,2004:40-51.
[2] 谈英武,崔荃,曹海涛.对南水北调西线工程调水河流生态问题的思考[J].人民黄河,2005,27(10):9-11.
[3] 张会言,谢宝萍.黄河供水地区和南水北调西线工程受水区水资源短缺程度分析[J].人民黄河,1999,21(2):29-31.
[4] 陈效国,张会言.黄河水资源可持续利用思路与对策[J].水利发展研究,2001,7(1):27-31.

(本文原载于《人民黄河》2016 年第 10 期)

# 第 7 篇　水土保持

# 试论黄土丘陵区水土保持科学的内在规律性

陶　克

（绥德水土保持科学试验站站长）

和别的单项科学一样，我们认为即使像水土保持这样综合性的科学，也有自己的内在规律。研究这一规律，有利于看清许多复杂的矛盾，得出正确的方针，不至在众说纷云中眼花缭乱，也不至继续存在相持不下的悬案，可以节省许多科学研究的精力，进一步深入寻求绿化祖国和澄清河流的更多方法。我们根据西北黄土高原和丘陵区的自然现象和工作中的许多遭遇，从水土保持科学规律方面，试作如下论列，看法不一定全面，缺点错误还是难免的，希望有关专家和科学工作者同志多多批评指正。

水土保持工作的科学研究对象，基本上是水土冲刷中的水蚀部分（我们的工作还未真正涉及风蚀范畴，所以这一观点可能还有一定的片面性），所以，水土保持科学的内在规律，首先该当与土壤水蚀的客观规律联系起来。什么是土壤水蚀的规律呢？就黄土地区来说，就是各趋极端化的干旱和暴雨相交替的大陆性气候所控制的，结构疏松和植被贫乏的高原，特别是坡度陡峻的丘陵沟壑区所日常进行着的径流冲刷，表土层顺坡滑动与心土总体的泻溜崩塌。这个冲、滑、崩三种流失形式虽然不同，有的明显些，有的隐蔽些，有的比较经常些，有的比较突然些，不管有着这些表面上的差别，但要具体确定哪种形式严重与否，却比较困难。我们不妨就先举泻溜崩塌这个似乎带有偶然性的形式来看吧：一个人如果步不出本村，虽然可能几十年中根本没有见过这种现象，但看远些，看宽些，却可能发现惊人的数量和普遍性。因为土山一旦崩塌，少则一二十万公方，多至上百万公方，这样崩塌移位的庞大土体，除非有特殊便利的宽谷地形，可以形成一些"塌地"而外，一般只能残留有限的一些塌积陡坡，极大部分土方均被此后一二年或三四年中的山谷洪水冲洗入河。有一个典型在无定河流域西部的子洲县李银家沟村，1954年崩塌了半架土山，土体纵长约500公尺，土方多达80万公方，转瞬之间改变了地形，我们在研究这一崩山时，转到山后去看看，原来那一半土山早已崩塌过了，崩塌规模也很可观，只是已隔多年，以至原有塌积的影踪也看不出来了。再回头看看现在新形成的巨大塌积体，这种形式的输沙数量真是惊人极了。至于由崩塌形成的所谓"湫"（山谷湖）和"湫滩"（淤平了的谷湖）以至徒留空名的"湫"（淤平了、又冲成山谷之后）是很多的；没有名字的残"湫"痕迹（如陡峭沟坡上残留的，多至上千层的淤积剖面）就更多了。至于冲和滑两种流失，则是日常存在和大家都可感受的常事，就不必多说了。以上这些现象，基本上属于自然的范畴，但有了人类社会的开拓经营，社会历史因子在这一总规律中，产生了不可忽视的重要作用。有些同志以为水土流失不能过分责备人类社会的滥用坡地；也有些同志以为千百年前封建制度下尚且能够经营农业的陡坡，难道在今天社会主义时代反而无法再用了的观点，我们以为是不很恰当的，因为水土冲刷（包括风蚀）中的人为因子是非常明显的。有一个典型在北洛河最大支流葫芦河流域。由鄜县张村驲经黑水寺，太白镇，苗村越子午岭到甘肃合水县旧城一带，至今依然是被覆最好的森林和疏林高草区。在1946年以前，曾是当日革命根据地联系延安和庆阳的交通孔道，丘陵坡地上的森林草地被大量地斩伐开垦，一度发展到相当繁荣的地步。后来，经过1947年战争与西安地区解放，主要交通线移至咸阳—邠县—庆阳（或西峰）一线，葫芦河上游地区又荒芜了，原先垦种的坡田很快绿化成了极周密的白草坡，甚至幼林也复兴起来了。因此，这条纵长200公里的小河下游张村驲河滩稻田，出现了一个完全合乎规律的显著变迁。原来这一带住着一些四川移民，带来低地种水稻的习惯。这些河湾稻田最低的部分，田面高出葫芦河的常水位大部不及一公尺。据两位老大爷谈，在上游开荒兴农很旺盛的年代，这种稻田是三年两不收的。自从大西北解放与上游停垦以来，洪水就不再出河槽了，因而稻田能够年年丰收了。（1952年调查）自然，这里1942—1946年的伐林开垦，当时起过撑持革命大厦的光荣作用，在敌人封锁企图饿死我们的时代，是完全不可非议的。如果没有反帝反封建革命的胜利，是什么也谈不到的。可是张村驲稻田丰收的经验，也是非常应该记取的。因为看看这一地区，起码可以看清：自然条件是可以单独作到周密绿化的。另一个典型在无定河中部米脂城北郊的孙家山，这是坐落在森林久已不见了影踪的老牌农业区小村，调查时有三十户（1949 年），这个小村在 1946 年时原有羊七群（约 200 头），可以不必出村去放牧；因为那时许多 30 度左右的沟坡地都是好草场。所以肥源充沛，农业生产相当稳定。可惜在 1947 年胡宗南匪军流窜过程中把羊全部杀光了，牛驴也残余无多。畜牧业的破产使农田失去了肥源，在战后恢复过程中，从苜蓿地到陡坡草地一一开垦，大大加强了原就存在的广种薄收倾向，自然也就大大强化了原来已经存在着的水土流失倾向。后来，省农厅贷给一群山羊（三十多头）做种子，企图恢复 1946 年时的农牧环节，可惜因为荒坡已开垦到 35 度左右，留下的崖坡没有可能生长好草，这个原本能养肥 200 头羊的山村，现在只好吆着三十多只羊打半径五公里的运动战！有时甚至还到十五公里以外的李郝山（村名）去长期寄牧，至今无法挽回 1946 年的旧观。类似这样战前有羊数百，战后断了羊种的村子是十分普遍的，孙家山绝非特殊典型（因为 1947 年的战争是遍及丘陵区所有县区的、持续一年的大运动战）。可见一环破裂，要再补上是多么困难的事。今天，以绥德为中心的地区，坡地垦拓的平均指数已超过 50%，荒弃的陡坡不超过 35 度的，已只是个别小块的情况，有些同志一听说“停耕还林还牧”就惊异不已，积极反对合理利用坡地，盲目强调“陕北已穷到这步田地，绝对不能缩小耕地。”岂不知这种主张正好就是因循广种薄收；甚至客观上限制陕北农业发展的保守观点。因为无数实例证明，多收不一定就要多种地。榆林王昌沟村杭天堂同志年年缩减垦种面积，却年年增涨全村粮食总产量，就是最好的一证。有些同志既以为水土流失即使在最好的自然被覆下也是存在的；人力只能减轻而无法“停止”水土流失。这些同志的极好依据是广大的黄河三角洲冲积平原，在史前与更古的有人类活动以前已经存在了，如果没有水土冲刷，这个占及五省的平原怎能从浅海中升起。我并且还想为这些同志补充一个也是十分可信的依据：这就是远在 50 万年以前的西北高地红胶土层，除了今天平顶的高原部分（即所谓“高原沟壑区”）如甘肃董志塬与陕北洛川塬等之外，都显现极端破碎的古代侵蚀面。因此，虽然红胶土层位低于黄土（有时黄土厚达百余公尺，其下才是红胶土），但也往往能在今天的黄土丘顶暴露出来，四周低处反是很厚的黄土。这种高峻的“胶泥峁子”是到处可以找到的。有时由于近代冲刷，我们也可以看见非常陡峻的红黄土接合面，这种高达数十公尺的接合剖面甚至可以接近 40 度。所以，可以这样说：今天的黄土地形，是由更古老的红土地形决定的。当黄土从空中落下时，下面是一片广大破碎的红色丘陵，极厚的风沙埋没了它们，正如大雪改变地貌，形成不规则的波浪型高原（但这个高原与现今青海或四川毛儿盖大草原不同，因为那边的波浪是宽广低夷而简单的；陕北的原始地形则是起伏频率很短促，坡度较陡而且复杂），后来，浪谷中“新的”水土流失由小型的个别 V 形谷变成大型的普遍 V 形谷，直到今天的深沟密布状态。从这里的 50 万年以前红胶土地面惊人的冲刷，才能说明为什么淮河以北大平原地下有如此多的姜石存在。当然，那时不可能有什么滥垦滥牧的社会因子，因为人类社会发展的总因子有可能还只在我们动物祖先活动中潜伏着；充其量到这一冲刷后期，即黄土堆积前夕（估计距今 40 万～50 万年），原始人中间也决无农垦和驯畜事业的可能。但可以推知的一点，在于今天的气候环境不能与 50 万年以前相提并论。因为如果当时也有 400 公厘的年雨量，按葫芦河实例，红胶土坡也是可以成为密林高草的。哪能有如此疯狂的水土大流失？所以我们估计当时的内陆气候比现代要严重，很长的干季既不允许草木生长和存在；紧接而来的狂暴雨季则有极重的水土流失，源源送到华北浅海中去填建大平原。可是，后来气候出现了半径极长的大变局，陕北、陇东、晋西、晋北等地几乎进入以十万年为计算单位的无雨或基本无雨状态；因此，往日奔腾澎湃的河流如无定河、北洛河与泾河等，都处在非常长远的无水状态，所有大小河谷都为黄土填平了！因为可以想见，风成黄土在开始堆积以前是很疏松的，如果地面上有下雨和流水，是不可能从容堆积得如此丰厚和完整的。而这些风积地形未遭沟蚀破坏的标本，今天依然在定边、镇原、环县一带局部残留着。但我在这里所说的“无雨”也不是极对的，它的中期（可能距今 30 万～40 万年之间）也间有微弱的雨季。因此，这些河谷两岸台地剖面上才有风积厚层与冲积薄层相间存在的现象。这种微弱的挟泥径流虽然也不妨称作洪水，但完全与近代洪水的涵义不同，因为流量很小，只能在宽阔的黄土平谷中流行一小段，即渗透失踪了的。这时有限的雨量,似乎也达不到草木生长的要求,这在今天几乎没有深藏十公尺以下的埋藏草原土的现象就是证明。可能是一个寒冷与极端干燥的漫长岁月。但是,越接近现代,气候越变得比较多雨,大小河槽逐渐恢复了往日的流水状态,河川两岸残留了今日所谓的许多台地。有些台地的原有平顶,现在已被冲刷成圆顶的浅山和塌地(无定河、清涧河两岸很多,外形似风积的,剖面却是有水平层次的,但也不是完全水成的),这些冲洗而去的黄土,盖上了华北大平原。河谷两岸和原顶凹处的草原植物大大兴盛起来,形成大片大片的草原土壤(如黑钙或栗钙土)。但黄土的风积过程还继续着(事实上从一定意义上说,至今仍未停止),所以在气候波动变旱的情况下(这种波动,每次旱期可能达到几千年),这些草原土壤又被深深埋入黄土中,就是现今到处存在的分割残存下来的丘陵区埋藏草原土。从上述很多根据看,没有人为因子干涉的自然冲刷,并不是一定很轻微的,也是可能达到非常严重程度的。在没有人为破坏的自然情况下,地面同样可能十分光秃和毫无覆被;没有覆被也可能出现并无水蚀的特殊状况。地面是否有较多的侵蚀,或侵蚀程度严重与否,是要许多因子结合起来决定的。我们特别不应该脱离历史观点只以今天具备较好天然植被的山地高原做例子,一般地以为"生物大循环与水分大循环"相结合的情况下,古代黄土地区的发展也是每年均衡冲刷一二公厘地稳步前进。因而单纯地只去考虑:"今天水分大循环既然是因为失去生物覆被环节的配合而引起了恶性冲刷,所以任务只在于恢复植被,补上生物大循环的环节就行了"。因为我们今天所处的环境是不能与一万年前(即可能林草丰茂,风雨调和的时代)同日而语的。第一,那时虽然不一定根本没有山沟,至少也应是没有多少山沟的;但今天我们却面对着远远超过世界任何国度的沟壑密度。因此,那时虽然也有陡坡,但基本上大多数只是原有的风积陡坡;现在,却已面对着多达50%以上的冲刷陡坡(即通常所说的沟坡)。坡度和数量远非昔比。第二,那时虽然肯定有了古民族的地面活动,但至多也不过是人口分布异常稀疏的、追逐草地野牛找肉吃的原始狩猎者,农业还远未出现;现在这个破碎不堪的残余黄土层,却承担着如此众多的、基本上全赖农垦为生的人民。所以,如果在今天还只会学"葛天氏之民"说话,是不顶事的。当然,我们处在今天的时代,祖国社会主义建设也不能以百年为期,谈论治理黄河和改建西北,也不必考虑地质时代曾经有过的或几万年几十万年之后可能还会出现的气候大变局,而是完全应该从今天的现实出发。今天的现实是什么呢?我们以为就是:(一)地被物早经几乎彻底的破坏,以致土壤失去了结构状态,在原已疏松的土壤母质和坡度普遍陡峻的基础之上,产生既难迅速吸收雨水,又不能有效防止恶性蒸发的困难状态。(二)雨量虽然足够植被生长,而且在季节分配上也是基本合理的(夏秋草木主要生长期正好比较多雨),缺点在于干旱与暴雨交替。这种气候特点与上述地面因子相结合,就产生了不可收拾的水土流失。因为植被消减了,所以径流冲刷极度地加强了;因为耕地窄97%~98%是坡地,其中又有半数以上超过25度,这些人民借以为生的和年年由劳动培植的耕作土层,不得不在雨水饱和时逐渐向下坡滑动移位;因为丘陵地形系由土质高原分割形成,所以不同于石质丘陵,而是陡坡削壁和大小V谷在下半部,山顶反较平坦,造成头重脚轻的破碎地形,在红黄土接合面坡度陡,历来地震摇晃所遗留的深部劈裂等等内部因子加上连阴雨水分特别饱和或秋雨较多的次年解冻,成千上万以至成百万公方的大规模泻溜崩山就不可避免了。

现在,我们可以进一步考虑:已有的黄河流域水土保持治理方针(措施方面)是否切合实际了。这个方针给我们指示的,是农业技术(包括耕作技术改革,牧草地改良与草田轮作的)措施,农业改良土壤(即梯田等田间治理的)措施、森林改良土壤措施、水利改良土壤(即沟壑筑坝等等)措施,四者的全面综合治理。按照去年郑州水土保持会议上的说法,就是"坡地梯田化,沟壑川台化、川地水利化,荒山荒地绿化"的所谓"四化"。自从公布了这个方针之后,国内有关科学界和热心治河与山区建设方面的同志,提出了许多议论。我们首先必须肯定,和别的学问一样,在水土保持问题上的百家争鸣,只有好处,没有坏处。因为有相互间的差别看法,问题才能深刻,认识才能接近真理。从几年争论中看,基本上存在(或存在过)两种论点:以工程措施为主和以生物措施为主的论点;或者治沟与治坡的论点。这些争论的一一出现,都起了加深认识的良好作用。我想根据陕北丘陵区水土流失规律提出关于水土保持方针上的一些看法,所谓"千虑一得",也许有益于更好地认清水土保持内在规律;有益于工作的正常推进。

从具体工作来看,我们一贯所做的各项措施,无论对于治理黄河与山区生产,都有一定程度的矛盾性;任何一种措施被孤立起来,这种矛盾就会显现出来。现在可以逐项地加以分析研究。以往我们采取“突破一点”的做法,从沟壑打坝开始,企图打开全面水土保持局面,遭到严重的挫折。许多淤地坝冲毁了,大型土坝也比预期寿命缩短很多,被很快淤平了。当时我们的思想是在土坝的培高扩淤过程中逐步补上坡面治理;从临时性的防止泥沙入河到持久地防止泥沙下山;从相对改变走到完全的改造。在急于大量拦泥、本部门农林干部缺乏和山区整个农、林、牧、水技术推广力量的投入和使用不平衡的情况下,第一步跨出去了,第二步老是走不出去,土坝满了冲了的确实不在少数。这说明了沟壑筑坝留淤,虽然确有改善地形稳定角和增加生产面积和提水浇田等等一系列的积极作用;但也有连同坝体的土方冲走,反而增加河水含沙量和决口冲毁场外田禾等消极作用。当它孤立存在的时候,矛盾的消极面就会应时而现。再看看坡面治理的一些措施:大家都清楚,沟垅耕作(或者叫做垅作区田),是一项减少径流和降低径流含沙量最有效的农技措施,如果做得好,按理论计算甚至可以达到停止坡面径流,使地水真正不出地。在夏秋间息性亢旱为害严重的陕北有很好的防旱增产作用。可是,如上所述,在坡度很大的情况下,雨季表土层向下滑动速度与滑动量,正好取决于耕作层水分饱和的程度。越饱和,就越快越多!是用不着怀疑的。所以坡地耕作沟垅化,在雨季不但有防冲和增强渗透的防旱增产作用;也同样有加强表土滑动移位的消极作用。技术上的标准越高,增产越有效;滑动也越严重。而这种渐进移位的表土层,最后无例外地落入沟坡,自然是沟壑输沙入河的重要部分(当然这种滑动在耕作沟垅化以前也存在着的)。因此,沟垅耕作必须结合修梯田埂,以拦挡下滑移位的表土层。再看梯田(包括地边埂),这在坡地占耕地压倒多数的情况下,是一项突出的重要措施,因此无论从投入的劳动量或从作用上看,都是近三年来陕北第一位的重大任务。它的目标在于节节拦截坡面径流和滑动,逐渐变坡地为台阶式平田。虽然展开不久,可是发展得特别迅速,其原因就在简易而有效。可见是一项无可非议的方法了吧?岂知正因为坡地梯田化的成熟度越高,坡水不下坡的部分越大,甚至可能做到坡水真正不下坡,越多的雨水渗入土丘深部,滑塌崩解的可能性就越大!所以有些同志以为坡地梯田化有加强土坡崩解的趋势,从理论上考虑,并非“杞人忧天”之谈。自然,这种趋势,也有因地而异的一面,例如自然坡度平缓,沟壑密度较小的地区,可能是不明显的。问题在于黄土丘陵区十分严重的分割破碎和各个土丘地貌上的头重脚轻状态。所以,梯田化这项措施,既不能脱离耕作改良(结合沟垅耕作或防冲犁沟才安全,不至被较大洪水冲断地埂),也不能脱离沟壑筑坝留淤,因为只有沟壑川台化了,化深沟为浅沟了,新的沟谷侵蚀基点巩固下来了,削壁崖坡的高度相对缩减了,才能改善这种头重脚轻、善崩易塌的形势。有的同志会说,沟坡造林不也可能改善泻溜崩塌的趋势吗?但事实上这种可能性很有限。因为第一,不管多好的深根性树种,也无法把自己强大的根系穿过土丘深部的裂纹;虽然已为森林覆盖了的部分可以达到表土层高度组织状态与巩固成整体,但由于土丘顶上还保留着(而且是永远保留着)农作梯田,当这些远离森林带几十公尺到上百公尺之处发生崩解,良好的森林覆被层只会一齐崩去,即所谓“皮之不存,毛将焉附?”第二,何况这些森林环境久经破坏了的地带,气候、土壤和微生物等因子都很不利于高级森林。因此,深根性大林形成之前,还有颇长的灌木丛林或其他先锋林阶段(甚至还须通过草皮改良土壤的阶段),这些小东西的统一特性就是覆盖和固结地面的作用极强;但更无能力减轻土丘的深部崩塌。所以,生物学方式的治理也有一定的有效边际,并非无往不利的。其重要原因之一就在这些地区今后国民经济上不允许从山顶到沟底,做到子午岭天然林区的形式。但是,林草被覆在与沟谷川台化和坡地梯田化联系起来看时,其作用就不能同日而语了。因为不管沟坡林草地以上的农作梯田带和林草地以下的沟谷川台带,都有逐步抑制沟坡径流冲刷的要求。因为沟坡的不断冲刷,势必使沟谷扩张(即峁坡边缘向分水岭退让),上部梯田就要因为架空而崩堕;坝系则受冲刷而来的山洪威胁,唯有林草绿化沟坡,才能克服这些不利的倾向。何况林草生产本身既能大力支援农业发展(如供应丰富的饲草和绿肥等);又能开辟山区多种经济和建立许多轻工业发展的原料基地;最后将因大地的部分绿化引起大陆气候的一系列变化。从理论上看,既然一块密林所能蒸腾的水气与同面积海洋相当,我们如果把这个破碎地区绿化了三成,不就等于有30%的海洋了。人力既然无法搬移大海,所以真正“移山倒海”的伟大力量,还是在于林和草。忽视生物学治理方法,自然是极大的错误。但今天的具体治理中,真正存在的还不是谁反对生物学方法绿化大地;而是因为推行林草在千百年来毫无林草经营基础(包括自然和社会因素)的情况下,有它必经的过程。例如 1951—1953 年时我们引种各种牧草,还引起附近群众的反感,直至现在才开始正式接受草木樨轮作法。但是工作都是人做的,只要今后农、林、牧、水各机关齐心合力,坚持下去,绿化还是可能很快完成的。川地水利化,也不是简单的,在干旱特点下浇水可以克服旱灾和保苗增产;甚至像甘肃某些苦水地区的重盐碱水也能勉强救旱,这就是它的正面作用。可是第一,从水源问题上,它是全部依赖坡面与沟壑治理的,治理不好,韮园坝库第一次库容已被很快淤平,如不立即加高坝顶,水源不能保证原有灌区就是现例。其次,山区小型灌溉,虽则地亩少,可是渠线很长;山外大渠如泾洛二惠,更长达数十公里。山洪未曾控制,渠线淤塞冲毁,多有妨碍;渠道输沙又限制极大,往往棉花遭旱正须抢灌,河水含沙大大超过渠道承载能力,不能利用。又何况西北大小河水多少都含盐碱,川旱地下层也都夹碱层,长期浇水势必泛碱。如果不考虑适当周期的草田轮作,单指望灌水量的合理控制与结合排水洗碱,是不能真正解决问题的,特别是苦水地区如此。所以说,原来川地水利化是为了快速增产,减轻陡坡地的垦种压力,以利推进绿化;但只要我们不事先提防这种消极发展因子,却完全可能得出相反的结果:把肥美的川旱地碱化成只长碱蒿柽柳的无用之地,自然只好更用劲地回过头去开垦陡坡了！所以我们说,自然科学的研究和处理,必须站在马列主义哲学基础之上,高度细密地纵横联系着考虑问题;无论如何不应该自己孤立起来,幻想拿出包医百病的仙药灵丹。我们祖国是个大陆上的农业古国,坡地农垦的历史很久,特别是黄土区,水土流失的病根是深重的,可以说是举世无双的。工程措施好比外科医生的手术,生物措施正如内科医生的滋养饮片,双管齐下,才有可能真正做到山青水秀,人物兴隆,变灾区为乐园,永远送走自古以来的贫困命运。由于近年来中央和山区党政领导的坚持推动,这种变迁已可看出端倪,来日大有可为,是肯定的。自然,要战胜如此深刻的自然破坏力量,前进道路上的障碍是很多的。治理实施与科学试验还存在着无数缺点与错误,需要我们农、林、牧、水和其他有关的自然科学工作者共同努力,更进一步反复研究和讨论,把科学理论提得更高些,更通俗些,面向群众,面向生产,使声势浩荡的水土保持运动更加旺盛起来。

以上这些看法,总括起来,我们以为水土保持的综合性内容,并非草率的杂凑,而是一个十分紧凑的完整体系。各个措施之间有着不可否认的内在联系,从上述分析的相互依赖一点上看,这种联系是有必然性的。孤立强调任何一方面,都不够妥当,有机地结合起来,实行名符其实的综合治理,才真正无懈可击。不但可能战胜自然,甚至可能役使自然,使人民群众成为大自然的真正支配者。由于作者自然科学水平极低,这些议论自然不可能没有缺点和漏洞;虽然积累了一些粗浅的常识性素材,提出水土保持科学内在规律方面的点滴意见,不但绝不是“玉”,甚至也不是什么好“砖”。重要的是大家既已十分重视这一问题,我想谈一谈自己的意见,求正于同志们,也是有一定用处的吧。

(本文原载于《黄河建设》1957 年第 5 期)

# 黄河中游水土流失地区的沟壑治理

李赋都

（黄河水利委员会副主任）

黄河中游三门峡以上，占流域面积78%的黄土高原区，水土流失十分严重。这里雨量小而集中，又多暴雨，每年都有大量的土壤被水冲走，使肥沃的黄土高原变成瘦瘠的丘陵、沟壑，耕地面积不断缩小，土壤肥力日益降低，人民生活极为贫困。中游地区的土壤被水冲到河里，带到平缓的黄河下游又大量地沉积下来，使河身不断抬高，成为"地上河"，加重了整个黄河下游的危机，一遇较大洪水，就要发生决口、泛滥以至改道的灾害，所以黄河在历史上以水灾严重和频繁闻名于世。

河流的除害与兴利无非是在河流上修坝、拦洪蓄水，发展灌溉和水电，并通过河道治理及梯级开发等工作，达到防洪、发展农业、航运、水力等综合利用的目的。但是在黄河这些办法都行不通。修坝蓄水，水库很快地就被淤满了。强行梯级开发更加速了河道的淤积，减小了泄洪的能力。河道整治在泥沙特多的情况下也无济于事，河道仍然不免于堆积和抬高。

从历史经验和十几年治黄经验说明：黄河问题的症结在于泥沙，要根治黄河就必须首先解决泥沙问题。这就需要在黄河中游广大水土流失地区有效地减少泥沙的生成，拦截泥沙的下泄，并在下游进行河道整治工作，充分利用河道的排洪排沙能力，把泥沙输入深海。只有这样才能为黄河除害兴利打下基础。

在黄河中游水土流失地区减少泥沙的生成和拦截泥沙不外乎三种方法，即：水土保持、沟壑治理和支干流拦泥水库。现在我仅就沟壑治理，特别就沟壑治理中的大型淤地坝的作用、前途和其与水土保持及拦泥水库相结合的问题，略陈个人的认识和意见。

谈到黄河的治理，从前我们多着重于下游河道的整治和下游的防洪，而疏忽了中游水土流失地区的沟壑治理和沟壑生产。没有认识到河流治理的全面性和上下游统筹兼顾的必要性。在黄河这样多泥沙的河流，沟壑治理有着非常重要的意义。

黄河中游黄土高原被水切割成为高原沟壑区，甚至演变成为丘陵沟壑区的这一事实，已经说明了沟冲在土壤侵蚀中的严重性。河流的治理随着河段的不同，治理的目的和所采用的方法也根本不同。黄河下游的治理在于固定河槽，增加河流的排洪排沙能力，把从上游带下来的水和泥沙送到海里去；黄河中游水土流失地区的沟壑治理，则在于减少沟壑的泄洪流量和输沙量，防止沟身的淘刷和沟壑的扩大与发展，并发展沟壑的农、林、牧、副、渔业生产，改造沟壑的面貌。

沟壑治理的措施是多种多样的，例如沟头防护，沟身防冲，沟坡防塌等等。但沟壑治理中最主要的措施就是修建大、中、小型淤地坝。在黄土地区的沟壑里，大力推进大、中、小型淤地坝工程，不但可防止沟冲，减少泥沙的生成，控制沟壑的发展和拦截出沟的泥沙，而且还可淤出大量的肥沃平地，增加水土流失地区的耕地面积，发展农业生产。

中、小型淤地坝指的是没有控制面积或者控制面积很小的淤地坝。中、小型淤地坝和大型淤地坝不同，它们的主要作用不是拦截已经移动了的泥沙，而是减小沟底比降和沟水的冲刷力，防止沟身的淘刷。在淤地坝的前面，流水失去了它的一部分力量而发生淤积，在淤积所及的沟段里，就能够停止沟底下切，同时在淤出来的土地上就可以发展农业生产。

陕北榆林专区解放以来就开展了群众性的打坝运动。从1951年到1960年一共打了17 959道淤地坝（包括大型淤地坝），除3 979道被洪水冲毁以外，绝大部分是好的，共淤出土地达60 000多亩。1963年又出现了打坝的高潮，一年内共打坝6 644道，占12年来打坝总数的27%。小淤地坝春季打成，夏季拦淤，第二年便可入种夏田。中型坝拦淤，三年可以入种。坝地的淤土是最肥的土地，一般亩产可达200斤，甚至300~400斤，超过当地山地亩产2~5倍，旱年可达七倍。

为了发展沟内农业生产，第一是在一条沟里不是只打一道淤地坝，而是需要打一群淤地坝，要尽量地多打淤地坝。第二是必须促使淤地坝逐次加高。坝越多、越高，淤的地就越多。上下游各坝越加高则每一道坝控制的沟段越长，需要加高的坝数就会越来越少，每次加高后上游每年淤积的高度，因为淤积面积增加而越小，加高的程度也越来越小，到了最后只剩下少数较高的坝，这些坝也就成了大型淤地坝。

为了防止沟身淘刷，我们也不应当在一条沟里只修一道淤地坝，而是要修许多淤地坝，使下游坝前的淤积范围达到上游的坝脚，实现沟底梯台化。

由此可见，沟壑治理与农业生产是可以相结合的，而且也必须密切结合。只有这样才能发挥沟壑治理的最大效益。

## 大型淤地坝是建设社会主义新西北和根治黄河的主要措施之一

大型淤地坝指的是控制流域面积在10平方公里以上的淤地坝。

在1963年全国农业科学技术工作会议上，我曾提出西北地区“万库化”的建议。所谓“万库化”就是在水土流失地区的千沟万壑里广泛地修建大型淤地坝或堵沟坝，来控制全沟的水土流失。

黄河中游从河口镇到潼关段的支流，是供给黄河泥沙最多的河流。粗略估计，这些河流的主要泥沙来源河段的流域面积约为20万平方公里，年平均输沙量约为14亿吨，占年平均输入三门峡库区泥沙量16亿吨的88%。根据以上情况，那时我曾假定每一座坝控制流域面积平均为30平方公里，求出需要修建大型淤地坝7 000多座，若在一些别的河流再修上3 000多座，合起来就有10 000多座。

大型淤地坝必须随着库里的淤积而逐次加高。加得越高就淤得越慢，加高到了一个相当的程度，可以说也就没有很显著的淤积了。

在黄河中游水土流失区广泛地修建大型淤地坝，或者说实现“万库化”有很多好处：

（1）除蒸发、渗漏外可以把全部雨水拦在沟里。拦蓄雨水的时间虽然是暂时的，但是增加了渗漏的机会，也就增加了地下水，起着润湿土地的功效，对沟内农、林、牧、副业的发展都有很大好处。

（2）渗入地内的地下水最后也是流到河里，大型淤地坝暂时停蓄洪水起着调节流量的作用。这都会增加河流在枯水季节的流量，而削减洪水流量，除有利于防洪外，对河流两旁的农业生产和灌溉是有好处的。

（3）大型淤地坝设有泄水管洞，可以将库内的水放出，发展坝下游河川地带的灌溉。

（4）大型淤地坝修得多了，就可以显著地减少河流的洪水流量而增加其枯水流量，缩小河流洪枯水流量的差值。最重要的则是能够很快地和最多地减少黄河的输沙量，延长三门峡水库的寿命。

（5）西北水土流失地区的沟壑面积越来越大，修了大型淤地坝抬高了沟壑的侵蚀基准，削减了地表的切割强度，也就停止了沟壑的发育和发展，把沟底变成平川地，增加了西北的耕地面积。我们须要提出向丘陵沟壑和高原沟壑要地和还我原地的口号，实现沟壑原地化，这对改变黄河中游水土流失地区的面貌，建设社会主义新西北有着非常重大的意义。

（6）在沟里修坝淹没损失比较小，迁移的人口也比较少。

## 大型淤地坝的拦泥效益

大型淤地坝一般应当修在干沟下游最后一个支沟沟口的下游，或者修在干沟沟口附近，也可以修在干沟离沟口较远的沟段（干沟冲刷段以下），而在坝下游汇入的支沟里修支沟坝。这样就可以全部或者基本控制整个沟壑流域的水土流失，拦泥效益最为突出。

为了初步估计大型淤地坝的拦泥效益，即在某一流域可以利用大型淤地坝控制的面积占该流域面积的百分数，或者可以控制河流输沙量的百分数，我们曾以泾河支流的蒲河和无定河支流的小理河流域为对象，在流域地形图上勾出不能利用大型淤地坝控制的面积（包括沟壑比较小不宜于修建大型淤地坝的地区），求出大型淤地坝的拦泥效益约为70%。事实上在一些小沟里若是修建中小型淤地坝，逐次加高,也同样可以收到拦泥的效益。因此,可以提出由沟壑治理工作所控制的面积可以达到80%。考虑到从淤地坝还要下泄10%的入库泥量,则大型淤地坝的拦泥效果约为70%。自然在计算黄河中游水土流失区大型淤地坝的拦泥效益时,我们可以根据地形图把各河流域可以利用大型淤地坝控制的面积都比较准确地求出来。但是为了初步估算暂以70%为标准。

## 大型淤地坝的拦泥增产作用

中、小型淤地坝的坝地能够增产,大家已通过实践取得了一致的认识。大型淤地坝的坝地能否增产呢?能否成为稳产、高产的基本农田呢?回答是肯定的。实际上,榆林专区过去由国家投资、坝高在25米左右、库容在100万立米左右的沟壑土坝就是大型淤地坝,现在都已淤满成地,很多都已耕种了。横山县就有73道这种大型淤地坝,共淤地2 630亩,已耕种1 786亩,占淤地面积68%。1964年在子洲、米脂、清涧及绥德调查的14道大型游地坝(这14座坝大多是1956—1958年修的,控制流域面积最小为11平方公里),土地利用情况是:自1958年起到目前共淤出3 383亩地,可利用的有2 677亩,占淤地面积79%,已耕1 365亩,占淤地面积51%,保收率78%,平均亩产120斤,高的达300斤。今后坝地的利用率及保收率随着对耕种大型淤地坝坝地经验的增加是会提高的。至于拦泥的作用,这14道坝在淤到溢洪道高程以前,平均拦泥效果是60%,淤积面超出溢洪道高程后,还能拦14%。如果设计及管理运用得当,拦泥效益还可大为增加。

## 大型淤地坝的加高问题

为了长期收到拦泥的效益,为了扩大坝地面积,增加坝地农业生产,大型淤地坝同中、小型淤地坝一样,在坝上游库容被淤满后也必须逐次加高。

为了达到多快好省的要求,坝体能不能在坝上游淤积土上加高呢?这是大家最关心的问题。在实践上如韭园沟坝、十八亩台坝等,在坝上游淤积土上都加高过,经过多年运用后,并没有发生任何破坏或垮坝的问题。现在我们还准备以甘肃蒲河巴家嘴土坝作为试验坝,进一步试验研究在坝上游淤积土上加高坝体这一问题。

大型淤地坝淤满后不加高而扩大溢洪道与加高而不要溢洪道的问题,经过在控制面积为11~96平方公里的王家岔等六座坝的对比和估算,我们得到以下的初步认识:

加大溢洪道的每亩坝地的投资比较大,最大达1 320元。这是因为加大溢洪道坝地面积就不能增加(当然拦泥作用也就消失了),而采取逐步加高不要溢洪道的办法,随着坝地的加高,坝地面积不断扩大(当然拦泥作用也长期存在)。到了坝地淤到每年淤积高度仅为0.2~0.5米的较小程度以后,每亩坝地投资最多才280元,低的只94元(包括窑洞迁移费在内)。所以无论从增产或拦泥的效益着眼,大型淤地坝都是应该加高的。

不要溢洪道可不可以?已有大型淤地坝大都有溢洪道,但溢洪道如何随着坝的加高而加高呢?这就引起了许多困难。从一些洪水漫坝的资料分析,初步认为可以考虑不要溢洪道,而是把设计保证率略为提高,把泄水洞的排泄能力略为加大些,并使其能以控制运用,这样既减少了洪水漫顶的机遇,也增加了拦泥效果和增加坝地的增长率和保收率。

分析了已有大型淤地坝洪水漫顶而没有被严重冲毁的原因后认为,只要施工质量达到要求,并采取适当的生物护坡措施,在洪水漫顶后,由于黄河中游沟壑洪水历时短的特性,坝体本身可以避免严重破坏,修复工程量较小,可以为受益群众所负担。

洪水漫顶而没有严重冲坏的例子,有定西县安家坡坝。坝高20.5米,长100米,最大漫顶水深0.4米,历时50分钟,土坝却屹然未动。据调查,除工程质量好以外,主要是坝面上种了柠条,洪水滚坝时柠条枝叶全部倒伏,并且拦挂了很多枯枝烂草,上层还落一层淤。在每平方米有18丛柠条的地段,坝面只有轻微的片蚀。在每平方米7丛柠条和春季平过茬的地段,在柠条空隙间只有深10厘米、宽20厘米的小冲沟,可见坝面上种植柠条就可以大大增强坝面的抗冲能力。此外还有子洲的王家岔坝。坝顶过水约0.6米深,最大泄流量估计有250秒立米,历时约为两小时,只将坝面冲成坑和沟,而没有冲毁。其他还有卜家沟、老山茆、王家崖子等坝均曾过水，而未被冲毁，只是坝面上冲一些坑和沟，修复工作量是很小的。这些坝面均没有植物保护，否则损失还要小些。即使冲毁比较严重的靖边席湾公社的30里长涧，流域面积100平方公里，坝地有10 000余亩，相应坝高30～40米，于1959年曾遇百年以上的暴雨，由于防护不善，破了坝，拉开一条深沟，深达30米左右，长1 500米左右，但目前群众已自动堵复，国家只补贴1 000多元，工程量也是不大的。从这些实例可以证明，只要施工时能保证质量，修好后，加以适当的生物措施的保护，以及妥善的管理养护，在超过设计洪水的条件下而漫坝时，由于历时短，冲毁损失也是不大的，甚至可以不冲毁。这种漫坝的机遇按照洪水设计频率一般也只有10～50年才会发生一、二次，影响不大。

大型淤地坝的洪水设计标准，可以根据各坝的具体条件采用一般小水库的规定，泄水洞的设计可考虑能在一、两天内泄空一次设计洪水量，并使在夏收前的期间能排泄5～10年一遇的洪水的标准，以保证作物收成。泄水洞应考虑坝体加高，并应安装闸门，以便于控制坝前水位，既有利于保证生产，又能最大限度地拦截泥沙，增加淤地速度（关于具体结构形式应指定专门设计机构定出标准式样，并交由专门工厂加工、安装、负责到底）。第一次坝高以及以后每次加高的规模，可按5～10年加高一次考虑，至于实际加高时机，则应根据实际淤积情况确定。

第一次修建以及以后各次加高的标准，除应满足上述洪水、排水要求外，容许较细的泥沙泄流出去。设计时即可按全部拦截计算。每年淤积厚度随来沙量及水位、面积关系而异，如果来沙量不变，则随着坝身的加高逐渐减少。实际上来沙量也将随水土保持的开展而逐步减少。因而将来每年实际淤积厚度比设计的要小得多。

据对清涧、子洲等县12座（其中六座为现有的）大型淤地坝的资料分析（这些坝控制面积为11～168平方公里），经过46～112年，坝高加到43～80米，就可以夏、秋两季利用坝地。即使10年一遇洪水全部拦蓄起来，坝地上水深亦不超过0.5米。此后每3～5年加高0.6～0.8米，即可防御50年一遇的洪水。这时淤积面积为控制面积的1/20～1/25，土坝总土方量为9万～65万立方米，为初建时的1.6～11倍。每加高一次只需土方1 200～4 800立方米，相当于初建时（坝高19～37米）土方量的2%～11%。淤地面积760～13 000亩，为第一次加高时的2～15倍。拦泥量0.1亿～2亿立方米，为初建时的7～100倍。每拦泥一方投资0.007～0.026元，为初建时的9%～30%。每淤地一亩107～380元，为初建的20%～81%。

从这些数字不难看出，加高比不加高无论在拦泥效益、淤地增产效益以及投资经济方面均有无比的优越性。

上面论证了当淤地坝加高到一定高程后，每年或每几年加高的高度就很少了，成为受益群众经常维修的性质了，而坝地可以夏秋两熟，保证率能提高到80%以上，坝地面积的利用率也比较高了。这时是否就是加高停止的时候呢？不是的，只要上游还有泥沙下来，对下游来说还需要拦；这样，就避免不了淤积，因而也就避免不了加高。不过由于坝地面积大了，来沙量也减少了，每年需要加高的高度是微小的。

黄河中游，无论哪种类型侵蚀区，沟壑都是一二百米深，如上所述，在来沙不减少，控制面积达10～168平方公里的条件下，坝高加至43～83米（还不及沟壑深度的一半）以后，淤积速度每年就只有几分米，继续加高，地形完全是允许的，而且越加高，淤积的速度越慢。

榆林专区无定河的支沟韭园沟，是黄土丘陵沟壑区的一个典型。流域面积71平方公里，侵蚀模数达到17 500吨/平方公里/年。如果把现有的韭园沟坝逐步加高到70米的高度以上，坝前淤积高度达到70米的话，则库内淤积总容量为6 400万立方米，淤积面积为2.8平方公里。今按库内淤土容量为1.3吨/立方米计算，每年淤到库里的泥沙，在全流域来沙不减少而且全部落淤在库里的条件下为95万立方米。坝前淤到70米的高度就得经过67年，这时库内一年的淤积厚度只有0.34米，也就是一年内坝身加高的高度。这个高度还会逐年减小。现在韭园沟坝只控制19平方公里，每年淤到库里的泥沙是330 000吨，等于255 000立方米。韭园沟库淤到上游马连坝坝脚的高程时，坝前淤积高度约为60米，库容是42 000 000立方米，淤积面积是2 000 000平方米，等于2平方公里，所需要的时间是165年，这时一年只需加高0.13米。事实上经过这样长的时间，上游来沙量经过水土保持工作会减少很多，库内淤积是非常缓慢的。

再如甘肃蒲河支沟南小河沟，是黄土高原沟壑区的一个典型。流域面积36平方公里。在沟口附近修坝，控制面积30平方公里。这个流域的侵蚀模数是4 800吨/平方公里/年，合成淤土容积为4 000立方米/平方公里/年（按1.2吨/立方米计算）。若将坝加高到50米的高度以上，坝前淤积高达50米时，所需要的时间是84年，此时每年库内的淤积厚度将是0.27米。当坝前淤积高度达到80米时，库容可达3 300万立方米，面积为1.2平方公里，要经过275年，这时每年只需加高0.1米，若考虑上游来沙可以减少一半，则每年只需加高0.05米，再经过千年也只需再加高50米，还远没有达到原顶的高程。也即是说，实际上是淤不满的。

## 大型淤地坝可以淤出多少地

黄河中游按不同的水土流失程度可以分为各种类型的区域。这些区域除干燥草原区外，每年每平方公里的土壤侵蚀量（即侵蚀模数）在1 000至5 000吨之间的有14.01万平方公里，在5 000至10 000吨之间的有15.72万平方公里；在10 000吨以上的有5.68万平方公里。共计35.4万平方公里。以上地区可以利用大型淤地坝控制的面积，粗略估计假定约占70%，如果在这70%的地区都修了大型淤地坝，并假定有90%的泥沙被淤地坝拦蓄在库里，有10%下泄，到了淤地坝逐步加高到坝地每年淤积厚度只有0.2米的时候，就可以淤出坝地889万亩。设坝地利用系数为80%，则可以耕种的坝地是700多万亩。在控制面积内全部泥沙拦蓄在库里的情况下，则可以淤出的坝地是1 000万亩。设坝地利用系数为80%，则可耕种的坝地是800万亩。

根据以上的计算，在黄河中游水土流失地区广泛地修建大型淤地坝，不但可以达到控制70%的下泄泥沙量，使其不至于泄流到三门峡水库和黄河下游，还可以淤出肥沃土地800多万亩。这个坝地面积是按照水平库容计算的。实际上淤出来的坝地都是倾斜的。坝越高，坝地水平面积与倾斜面积的差数越大。今假定倾斜面积为水平面积的4/3，则坝地面积就可以达到1 000多万亩，就等于现在全陕西省1 000万亩可以灌溉的耕地面积。淤出以上坝地面积所需要的时间估计为数十年到百年以上，但是从淤地坝修建几年以后，就可以淤出土地开始生产，随着淤地坝库区的淤积，坝地面积也逐年增加。

## 需要修建多少大型淤地坝

大型淤地坝的高度，起初修建时，一般可按20～30米考虑，库容可按50万～500万立方米考虑。为了便于初步估计修建大型淤地坝的座数，可以假定每坝淤积容积平均为100万立方米，五年加高一次。这样，在前述不同侵蚀模数的地区里，每座坝可以控制的面积是：在侵蚀模数为15 000吨/平方公里/年的地区是17平方公里；在侵蚀模数为10 000的地区是26平方公里；在侵蚀模数为5 000的地区是52平方公里；在侵蚀模数为2 000的地区为130平方公里；在侵蚀模数为1 000的地区为260平方公里。在黄河中游水土流失地区的各侵蚀区可以利用大型淤地坝控制的面积以全区面积的70%计算，除侵蚀模数在2 000吨/平方公里/年以下的地区不计外，计共需修大型淤地坝5 800座。

根据初步设想在1965年增建大型淤地坝23座，1966年到1970年新增2 723座，1971年到1980年新增2 320座，连同1964年已有的854座，共达5 067座。这个数字和上面估算的5 800座是出入不多的。据此，在25万平方公里的控制面积中（35万平方公里的70%），平均每坝的控制面积是43平方公里。对大型淤地坝的数量，初建时的高度以及各项规格，在不同流域，不同侵蚀地区略有不同的要求，因此，建议对现有854座大型淤地坝很好地进行调查总结，以期在这个基础上提高规划、设计和施工质量，提高管理养护和坝地利用的水平并及时加高，以充分发挥大型淤地坝的拦泥和增产的作用。

## 投资、产权和迁移问题

大型淤地坝在目前条件下，除有些社队外，第一次修建，由于工程量较大，修好后当年不能增产，必要时还得由国家投资。建议由县社施工和管理养护，淤出坝地后，即交由附近社队耕种。第一次加高时工程虽然比初建时大为减少，但一般说来依然可能超过群众力量，故可根据工程量及群众力量大小的对比情况，采用国家投资或国家补助的办法，由县社或社队负责施工管理养护。第二次加高，一方面由于工程量进一步减少了，增产效益也较显著了，即可根据具体情况，采取国家补助或不补助，由受益社队负责施工管理养护。此后的加高即可由受益社队自己负责了，只在必要时国家给以适当的补助。所淤出的坝地产权，则属于受益社队。土坝加高过程也是由国家帮助逐步转变为群众自办的过程。

在加高过程中多数大型淤地坝将会遇到迁移问题，由于加高是逐渐的，五至十年，最少也得三几年才加高一次，每次加高最多亦不过十几米，因此，每次所能影响到的住户是不多的，群众是能够自己解决的。在实践中已经有过这样的例子：靖边龙洲淤地坝，共淤地200亩，为了加高，影响8户居民、24个窑洞，由受益社队主动出工3 000工日，打了新窑洞，协助迁移，没有伸手向国家要钱，也没有形成不可解决的问题。1964年在支援榆林专区规划大型淤地坝时，当向群众及地方干部讲明逐步加高过程之后，他们也表示，逐渐迁移，一次迁得不多，自己完全能解决。

## 水土保持，沟壑治理，支干流拦泥水库相结合

水土保持、大型淤地坝和支干流拦泥水库是贯彻“上拦下排”的治黄方针中解决“上拦”问题的整套措施，必须根据各河流域的特性，因地制宜，互相配合，以达到拦泥生产最大的效益。

水土保持是拦截泥沙改变黄河中游水土流失地区自然面貌，进一步发展山区农、林、牧业生产和根治黄河的根本措施。必须自始至终特别重视，以愚公移山的决心，大力推进，不能丝毫松懈。

解放以来，经过多年的努力，黄河中游的水土保持工作取得了很大的成绩，初步治理了约60 000平方公里，培养了成百的好典型，证明农业生产可以成倍地增长，提高了农民战胜水土流失灾害的信心。黄河中游水土保持委员会的成立对水土保持工作的开展势将起着更大的作用。初步估计，黄河中游地区经过水土保持工作，从1965年到1980年16年可以拦截三门峡平均年输泥沙16亿吨的35.5%，远景拦泥效果为57%。

以上黄河中游水土保持拦泥效果中已经包括着大、中、小型淤地坝的拦泥效果。据各种措施拦泥效益的资料分析，除淤地坝以外，全部水土保持措施的拦泥效益到1980年为18%，远景为36.8%。可以看出，水土保持工作只靠植树、种草、修梯田、引洪漫地以及进行田间工程等等，其拦泥作用是有一定限度的，而且收效也是较为迟缓的。为了使水土流失能够迅速地得到有效的控制，更好地解决当前三门峡水库的淤积问题，黄河水利委员会建议近期在黄河中游水土流失比较严重的几条支流和黄河干流上修建三座拦泥水库，控制流域面积50万平方公里，拦截这些地区总来沙量平均9.2亿吨的80%，减少三门峡入库泥沙的50%。这些坝的运用年限都在30年以上，对控制三门峡水库的入库泥沙有着决定性的作用。争取这样一个长的运用时间，是有特别意义的。这样我们就可以腾出手来，积极进行水土保持和沟壑治理工作，要求在这个时期以内把拦泥坝上游控制流域里的这些工作做好，这样即使拦泥水库淤满了，进入三门峡水库的泥沙也能由于水土保持和沟壑治理发生拦泥效果而大大地减少。同时，随着以上三个拦泥水库的修建，还要修建第二批干支流拦泥水库工程，这就更加延长了拦泥的时间并提高了拦泥的效益。

现在我们提出一个需要大家研究的重要问题，就是是不是需要修建这样多的大型淤地坝?

上面已经提到，水土保持1965—1980年和远景拦泥效果指标分别为拦截泥沙35.5%和57%，其中就包括了大型淤地坝的拦泥效益。在拦泥效果中，大、中、小型淤地坝所占拦泥效益在1980年是17%，远景是20%。这个估计从其分析方法看是偏低的。因为它假定一大部分的淤地坝不能加高，到了一定时期其拦泥效果就逐渐减少，而在可以加高的坝中又假定每年有一部分被冲毁，不起拦泥作用；在可以起作用的坝中又按建筑年代减少了拦泥效益。经过这样的大打折扣之后，淤地坝依然有20%左右的拦泥效益，这也说明了淤地坝的拦泥效益是很显著的。

水土保持和沟壑治理与拦泥水库有着不可分割的关系。只修拦泥水库而不注意水土保持和沟壑治理，则黄河泥沙问题仍然得不到解决。水土保持与沟壑治理的实施，一方面延长了拦泥水库的寿命，而且在拦泥水库淤满后，还需视其拦泥的效益保持拦泥水库对减少黄河泥沙所起的作用，以达到保证长期拦泥的要求。

从以上的分析来看，为了长期保证减少黄河泥沙的效果，彻底解决黄河的泥沙问题，只靠水土保持是难以达到的；在同一沟壑流域利用水土保持控制泥沙绝不能像大型淤地坝那样解决问题来得快而彻底。也不难看出，大型淤地坝在拦泥、生产中所起的作用。这些作用是：(1)可以把只用水土保持所控制的泥沙37%提高到70%以上。这个数字与黄河中游初期修建三个拦泥水库所拦截的80%的泥沙是相近的。(2)可以延长拦泥水库运用的时间达到一倍左右，即将原来30年的运用时间延长到60年左右，这对拦泥水库在发展灌溉和发电等各方面的经济效益起着很大的作用。(3)在缺乏修建拦泥水库有利条件的各河流域，例如无定河流域，水土流失非常严重，修建王家河拦泥水库只有10年的运用期限。在这个地区为了增加耕地面积和解决人民缺粮的问题和拦截泥沙以代替王家河拦泥水库或延长王家河拦泥水库的寿命，就更加需要我们大力推进沟壑治理和大型淤地坝。(4)大型淤地坝还可以逐年淤出很多肥沃的耕地，增加粮食生产，这对地瘠民贫的西北来说意义是很大的。

我们不能否认水土保持、沟壑治理等工作在西北经济条件差、劳动力缺乏情况下的艰巨性，但是我们也必须认识到，治黄事业在我国国民经济和社会主义建设上的重要性。这就需要我们加强信心，埋头苦干，克服一切困难，为实现这一改造自然的伟大事业而奋斗！

（本文原载于《黄河建设》1965年第2期）

# 黄土地貌的垂直变化与水土保持措施的布设

甘枝茂

（陕西师范大学地理系）

黄土高原严重的水土流失是在黄土地表形态上进行的，它不仅塑造地表形态，同时也受到黄土地貌形态特征的影响。探讨黄土地貌与水土流失的关系，可以帮助我们认识水土流失的某些规律以及黄土侵蚀地貌的发展过程，为进一步改造地貌条件，因地制宜地布设水土保持措施，控制水土流失，提供一些科学依据。

## 一、黄土地貌形态特征的垂直变化

黄土高原地区最基本的地貌单元可划分为沟间地和沟谷两类，以沟（谷）缘线（即峁、梁、塬、边线）为界，其上为沟间地，其下为沟壑（谷）。沟间地主要包括各种梁、峁顶面和斜坡以及塬面；沟谷主要指沟（谷）缘线以下的条形凹地，如冲沟、干沟、河沟等。发育在上述地貌各种坡面、陡壁上的次一级个体地貌形态，如细沟、浅沟、切沟、悬沟、陷穴、碟状地、崩塌、滑坡、泻溜等，种类繁多。各种沟间地及沟谷在水平方向上，随着地域的变化，又组合成各具有特点的不同的黄土地貌类型区。

黄土地貌类型区及黄土微地貌虽然繁多，但它们的形态特征以及微地貌的组合与分布，在垂直方向上却有一定的规律性。在黄土高原地区，由沟间地顶部到沟（河）床可以作许多的垂直剖面，这些剖面图在各个地貌类型区是不一样的，但根据基本形态的相似性，可以把黄土地貌垂直剖面分为两类：

①黄土丘陵沟壑区地貌垂直剖面（见图1）其共同特征是有比较明显的三个缓坡段与相间的两个陡坡段，即由上而下为梁峁顶缓坡坡段、梁峁斜坡陡坡段、梁峁边坡缓坡段（此段较窄，有的因沟坡扩展而被蚀去）、沟谷坡陡坡段、沟（谷）底缓坡段。

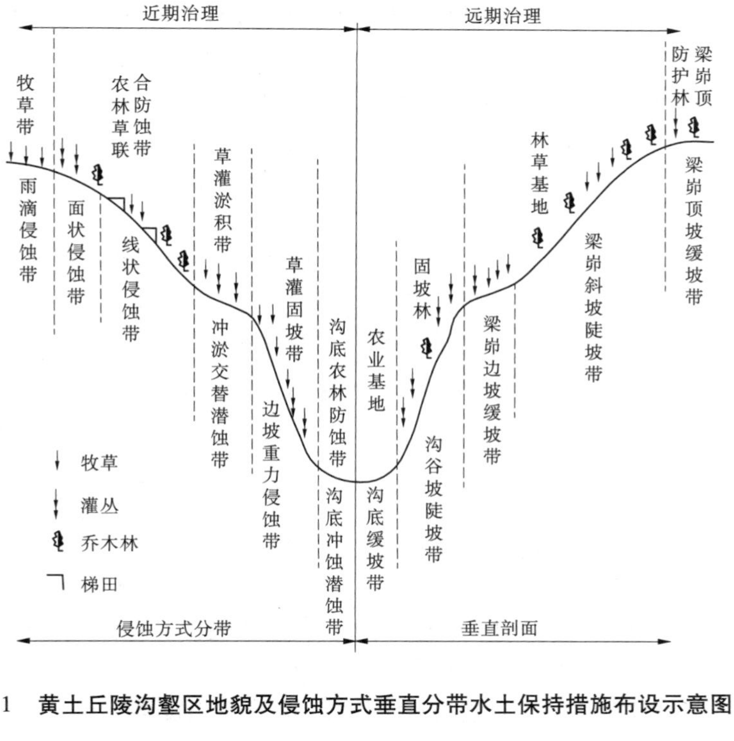


**图1　黄土丘陵沟壑区地貌及侵蚀方式垂直分带水土保持措施布设示意图**

②黄土塬区(包括残塬、平梁区)地貌垂直剖面(见图2)其共同特征是有比较明显的两个缓坡段与一个陡坡段,即塬梁面及边坡缓坡段、沟谷坡陡坡段、沟(谷)底缓坡段。

这里需要说明的是:其一,所取垂直剖面系指冲沟、干沟、河沟等沟谷底部到临近沟间地顶部的剖面;其二,陡缓坡段是相互比较而言的,无绝对数量界限;其三,所分坡段是指大范围而言,舍去了局部微地貌的变化。

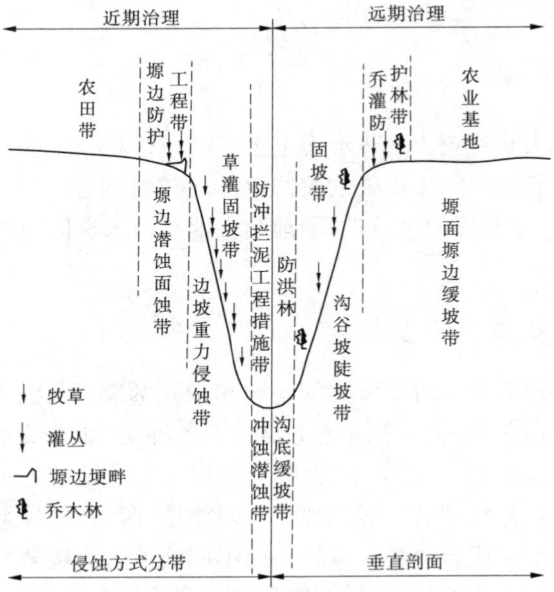


**图2　黄土高塬沟壑区地貌及侵蚀方式垂直分带水土保持措施布设示意图**

以上两类剖面,基本反映了黄土高原地区地貌形态在垂直方向上的变化,而每一坡段则代表了不同地区同一地貌部位的共同特征。随着垂直剖面的变化,黄土地貌特征及微地貌的分布与组合也在有规律地变化。

在黄土丘陵沟壑区,处在最高部位的是梁峁顶面,它们一般地都表现得比较平缓,远离梁峁顶面中心,坡度逐渐增大,通常变化于0°~10°。由梁峁顶面向沟谷方向延伸,经过一凸形坡折便进入梁峁斜坡段,这段一般较长,可达十数米至数十米,坡度一般变化于15°~25°,多呈凸形坡,其上分布有细沟、浅沟、切沟等小的黄土侵蚀地貌形态。梁峁边坡宽数米至十数米,一般坡度0°~8°,因坡度较缓,地表径流速度变小,增加了入渗时间,在溶蚀、潜蚀作用下,陷穴、漏斗等微地貌发育。沟谷坡多在25°~45°,边坡重力地貌发育,40°以下坡面常见有撒落、泻溜,40°以上坡面多崩塌、滑坡。干沟、河沟、冲沟底部一般宽十数米至数十米,常有冲积、洪积并为坡积及重力堆积物相混杂的1~2级小阶地,以2°~5°向沟床倾斜。

在黄土塬区(包括破碎塬、平梁区),处在最高部位的是塬、梁面,其共同突出的特点是地面较为平坦,一般在5°以内,接近沟缘线附近,地面坡度稍有增加,可达5°~10°。除在塬边见有切沟、细沟侵蚀外,常有溶蚀、潜蚀微地貌分布。沟谷坡多在45°~75°,边坡重力地貌发育,以崩塌、滑坡较常见。黄土塬区除较大河流谷地较宽外,一般沟道狭窄,沟床下切、侧蚀严重,阶地不发育。

## 二、土壤侵蚀方式及其组合的垂直分带

所谓土壤侵蚀方式,是指在一定的外营力作用下,地表土体包括沙石移动的形式、规模和过程。黄土高原地区常见的土壤侵蚀按营力可分为流水侵蚀、重力侵蚀、风蚀等,而每一种营力的作用,依据它们所处部分、规模大小、作用过程及其形成的形态特征等,又可分为许多不同的方式。这些侵蚀方式的分布、组合规律,虽然受多种因素的影响,但就黄土地区而言,地貌特征起了重要的作用,随着地面形态的垂直变化,土壤侵蚀方式及形态的组合,呈现出有规律的带状分布。

①丘陵沟壑区:在沟间地顶部,地面平缓,降雨时一般不产生地表径流,只有雨滴的击溅侵蚀,为雨

滴侵蚀带。在多风地区则有明显的风蚀。在梁峁斜坡，因坡度增大，雨时开始产生薄层地表径流，随着汇水面积的增加，薄层水流转化为流路极不固定的细小股流，即细沟侵蚀。薄层水流及细小股流主要是面蚀地表，称为面状侵蚀带，所留侵蚀形态主要是细沟。在梁峁斜坡中下段，细沟进一步发展为流路相对稳定的浅沟、切沟侵蚀，称线状侵蚀带，所留形态以线形浅沟、切沟为主。在沟缘缓坡段，因坡度较上部为缓，较小的细沟、浅沟由较大坡度坡面进入较小坡度坡面，流速减小，侵蚀减弱，甚至发生淤积，只有一些切沟因具有较多的径流，虽然活力较上部变小，但仍可继续侵蚀。在沟缘缓坡段，因地表径流速度变小，增加了入渗时间，部分径流便沿沟缘附近垂直裂隙及洞穴下渗，不断潜蚀、溶蚀土体，形成明显的潜蚀带，陷穴、漏斗、浅凹地较多，进一步发展便成为屹塄凹坡。沟缘线以下陡坡段，多在35°以上，因土体内摩擦角减小，很不稳定，在其他因素参与下，崩塌、滑坡、泻溜经常发生，三度空间的重力侵蚀居于主要地位，可称为边坡重力侵蚀带。沟底缓坡多为重力堆积、坡积和洪积物，有的形成小阶地，其上常有潜蚀、细沟侵蚀，沟床则以流水的下切、侧蚀为主，统称为沟底冲蚀潜蚀带。

②黄土塬区：大部分沟间地较为平坦，一般无明显侵蚀，为微弱侵蚀带。在接近沟缘线附近，地面坡度稍有增加，降雨时可产生微小径流，以面蚀为主剥蚀地表，同时径流沿裂隙、洞穴下渗，潜蚀、溶蚀显著，形成许多陷穴、落水洞、漏斗、浅凹地等，称为塬边潜蚀、面蚀带。在沟坡，因坡陡以及上部潜蚀的影响，崩塌、滑坡屡见不鲜，形成以重力侵蚀为主的地带。沟谷底部以侧蚀、下切为主，同时潜蚀发育，形成沟底冲蚀潜蚀带。

上述侵蚀方式的垂直分带，是根据主要侵蚀方式的不同而划分的，不能理解为在一个侵蚀带内，只能有某一两种侵蚀方式。

## 三、因地制宜地布设水土保持措施

只有合理布设水土保持措施，才能充分发挥水土保持措施的作用，有效地控制水土流失。所谓“合理”，就是要做到因地制宜、因害设防，充分利用土地资源。现依据地貌和土壤侵蚀方式的不同，对黄土高原地区水土保持措施的布设，提出以下看法：

（1）水土保持措施布设的原则

①由于地貌和土壤侵蚀方式的垂直分带，因此水土保持措施的布设，可依小流域为单位，统一规划，由沟间地顶部至沟床，呈相应的水平带状布设，即水土保持措施也要垂直分带。

②每个垂直带水土保持措施的确定，应以能适应该带地貌的普遍特点和对该带水土流失的主要方式的发展有明显的控制作用为原则，适当地辅以其他措施。因此，措施的确定必然是多样的，而不是单一的。

③具体措施的布设，可以分为两步：当前应着重从控制水土流失、减少黄河输沙和满足当地人民生活的需要出发，如停止轮荒和耕种陡坡，对不能立即退耕的大面积的坡耕地先采取简易措施，支毛沟适当采取工程措施等。然后逐步过渡到尽量地合理利用土地，使各类土地资源能各尽其力，使农、林、牧等用地能各得其所，各项措施有机配合，更有效地控制水土流失。

（2）水土保持措施的具体布设

①在丘陵沟壑区（图1）：梁峁顶部地势高，面积小，易于干旱，植树造林一般生长不良，可先种植草类，待土壤水分和肥力状况改变以后，再视其情况发展乔、灌林。梁峁斜坡是线状侵蚀和坡耕地的主要分布地带，也是该区地表径流的主要源地。可先采取林、草、粮（农田）水平带状布局，并广泛采用水平阶（沟）造林、梯田（坡式梯田、隔坡梯田、水平梯田）耕种等措施，形成坡面联合防蚀网。然后逐步退耕坡地，形成以林草为主的梁峁斜坡林草带。梁峁边坡地势缓平，水分状况较好，但这里是坡面泥沙汇集沟谷前必经的最后地段，应采取有效措施使泥沙就地停息，以减少沟道泥沙来源。因此不宜耕种，可种植牧草和灌丛，迅速拦蓄泥沙，形成梁峁边坡草灌淤积带，并逐步可发展为乔木林带。沟谷陡坡，直接造林不易成活，可先进行封育，发展草灌，逐步过渡到以林为主，有效地控制重力侵蚀。沟底斜坡，土质、水分条件较好，可建设基本农田、发展经济林、护岸林，形成沟（谷）底林粮带。

②在黄土塬沟壑区（图2）：塬面建设基本农田。塬边先筑地埂、修沟头防护工程，逐步发展乔灌林，形

成塬边防护林带。沟谷陡坡，因是该区泥沙主要源地，应立即采取封禁措施，发展草灌，逐步过渡为乔灌林，以有效地控制三度空间的重力侵蚀。多数沟底狭窄，侵蚀严重，同时也是泥沙汇集河流的主要运输渠道，把大量泥沙拦蓄在这里，对减少河流泥沙有重要意义，应先采取能迅速见效的沟底防冲拦泥措施，如谷坊工程、淤地坝等，逐步过渡到以林为主，形成沟底防护林带。

以上措施的布设，仅是从一般规律出发考虑的，还应结合各地具体情况和其他因素的影响，对上述图式作出修正。

（本文原载于《人民黄河》1980 年第 3 期）

# 略论黄河流域水土保持基本概念

吴以敩,张胜利

(黄委会水科所)

治黄的根本措施在于水土保持,已为很多人所接受。从一九五二年政务院发布"关于发动群众继续开展防旱、抗旱运动并大力推行水土保持工作"的指示,到最近恢复黄河中游水土保持委员会,成立陕西省水土保持局,水利部批准推行小流域综合治理的试点工作,三十年来,水土保持工作虽多经波折,但它从无到有,由点到面,逐渐得到了发展,确实取得了不小成绩,也积累了不少经验。同时还修建了一些坝、库等水利工程,减少的入黄泥沙粗估可达百亿吨之多。然而,土壤侵蚀量则由五十年代前的十三亿多吨,增加到五十年代的十六亿吨,六七十年代又进一步增加到二十二亿吨,而且还在继续恶化。人们不禁要问,黄河流域土壤侵蚀不断恶化的根源究竟在哪里?

回顾三十年来黄河流域水土保持的发展可以看到,土壤侵蚀加剧的原因在于对水土保持的核心——防治土壤侵蚀有所忽视,对水土保持的科学技术性认识不足,盲目指挥较多,以致出力不小,实际收效不大;另一方面有些地方的水土保持还在遭受破坏。这就造成了似乎水土保持是难以收效的,甚至有人从此得出结论,认为水土保持不可靠。为此,在讨论水土保持在治黄事业中的作用时,首先对黄河流域水土保持的基本概念作些探讨是十分必要的。

## 一、水土保持与其他治理的区别与联系

多年以来,对水土保持任务的提法摇摆多变,扩大开来,可以大得无边无际,紧缩起来,又小到几乎可以等于零。那么,究竟水土保持是什么,它和其他治理有什么区别和联系?现就以下诸问题作一探讨。

### (一)水利与水保应加以区分

水利工程主要在于水流集中以后防其害兴其利,属于水利学的范畴。水土保持的核心是防治土壤侵蚀,属于水土保持学。

在一个小流域治理中,水利与水土保持既要严格区分又要密切协作。有些水利工程虽由水土保持单位承担,那只是任务分工问题,但不能因此把水利工程作为水土保持措施,池塘、水库、淤地坝、用洪用沙等工程,如对土壤侵蚀起到防治作用则属于水土保持措施,否则应属于水利工程。多年来所做的大量水库及淤地坝等工程大多只起拦截泥沙的作用,没有或基本没有起到防治土壤侵蚀的作用,这就是为什么多年来中游减少入黄泥沙百亿吨,而土壤侵蚀量却由十六亿吨增加到二十二亿吨的原因。由于水利与水保不分,以水利当水保,论工作成绩很大,实际这不是水土保持而是水利。因此不能说搞了三十年水土保持,泥沙未见减少,水土保持无效。

### (二)造林种草与水土保持加以区分

林、草等增加地面覆被无疑是重要的水土保持措施,然而造林种草的本身也需要水土保持,这点则多被忽略。所谓"在粮食自给有余的基础上退耕还林还牧",似乎认为"还林还牧"之后,土壤侵蚀即自然得到防治,事实并非如此。开始造林时就应搞水平沟、鱼鳞坑等水保工程措施,而重要的是以后的管理措施,管理得当林草才能成长,免遭破坏。当林、草对地面覆盖达到一定程度,才能起到防治侵蚀的作用,也才能算作水土保持措施。但这种管理措施直至现在还没有得到重视,甚至只要林草一种上就认为是初步治理了,算作水土保持的成绩,因而造成了假象。

### (三)基本农田建设与水土保持应加以区分

基本农田——水地、坝地及梯田已成为公认的重要的"水土保持"措施,事实上除梯田有防治土壤

侵蚀的作用，是一项有效的——尽管是昂贵的——水土保持措施外，现有坝地基本上不起防治侵蚀的作用，它和水地一样应同属水利工程范畴。即使在梯田上也还要有排水道等水土保持措施才能达到防治侵蚀的目的。如不加区分地把建设基本农田和水土保持等同起来，必然在实际上起着防碍水土保持工作开展的作用，因为劳力、资金有限，把投入水保的人力、物力、财力去搞水利，就把水土保持挤掉了。

**（四）小流域综合治理与水土保持应加以区分**

早在1952年政务院"关于发动群众继续开展防旱、抗旱运动并大力推行水土保持工作的指示"中指出，在进行水土保持的时候，"应当首先集中在一个或几个地区和流域。在一个地区和流域，应当首先集中在一条或几条支流"。1957年农、林、垦、水四部"关于农、林、牧、水密切配合做好水土保持工作争取1957年大丰收的联合通知"中更进一步明确指出"首先在整个集水面积上消除水土流失的原因"，"在开展工作时要以集水区为单位，从分水岭到坡脚，从毛沟到干沟，由上而下，由小到大，成沟成坡集中治理，以达到治一坡成一坡，治一沟成一沟"。如果再回顾到四十年代天水水土保持实验站对吕二沟和大柳树沟的实验，黄河水利委员会的关中水土保持试验区以荆峪沟为对象的治理等，以及五十年代的韭园沟、南小河沟等都是以流域为单位进行水土保持工作的，以后逐渐发展成为今日的流域综合治理。因此，水土保持应为流域治理的重要组成部分是很自然的。但是，两者不能等同起来，流域综合治理除水土保持外还包括农、林、牧、水等各项建设事业，而水土保持必须具有防治土壤侵蚀这样显明的特点，这是必须注意加以严格区分的。回顾过去正是在这个问题上出了问题，水土保持单位制定的小流域综合治理规划，虽然主观愿望上是在努力通过综合治理达到水土保持的目的，而在客观实际上忽视甚至否定了水土保持。

**（五）保水保土不等于水土保持**

当地面有足够的植物被覆减缓地表径流流速不致发生土壤侵蚀时，那么对于这样的水就没有保的必要。至于保土，并没有空间的限制，把土保在什么地方呢？淤地坝及水库中都拦了不少泥沙，对其下游来说是保土，但这不能算水土保持，因为这样并没有防治土壤侵蚀，只是不使其进入下游而已，况且坝库的容积有限，多则十年八年，少则一个雨季连土也不能保了。

**（六）合理利用土地与水土保持应加以区分**

根据土壤侵蚀情况及土地生产能力而合理利用土地，宜农则农，宜牧则牧，宜林则林，从而减少土壤侵蚀充分发挥土地的生产能力，从这个意义上来说，似乎合理利用土地确实是一项水土保持措施。然而，正如前面所论述的农地需要水土保持一样，林地、牧地上也需要水土保持，土地利用合理，则比较容易防治土壤侵蚀；土地利用不合理，有时则很难有经济合理的防治土壤侵蚀的措施。因此，合理利用土地不能与水土保持等同起来，而只是应该密切联系。

**（七）开荒搞粮食与水土保持**

要多搞粮食就要开荒，开荒就会造成水土流失，于是有人认为搞粮食与水土保持是对立的。

众所周知，粮食生产靠土壤的肥力，而水土保持——防治土壤侵蚀正是保持土壤肥力同时也增加土壤水分，所以搞粮食与搞水土保持是一致的，而且在黄河流域水土流失区，离开水土保持搞粮食是没有前途的。为生产粮食而开荒之所以造成水土流失，那是开荒没有同时搞水土保持，那叫滥垦。搞粮食是要开荒的，但必须同时做到防治土壤侵蚀，不能禁止开荒，但必须禁止滥垦。

## 二、水土保持的基本概念

什么是水土保持？从以上几个基本概念的对比分析中不难看出，如果把水土保持的基本概念归纳为"合理利用土地，防治土壤侵蚀，提高或保持土壤稳定的生产能力"，这就体现了水土保持的特殊性，从而保持了它应有的学科地位。这样的概念有利于防治土壤侵蚀，增加生产，也有利于水土保持学科的发展，使水土保持工作者有明确的主攻方向，促使水土保持工作不断深入和提高。

## 三、水土保持措施和工作步骤

### （一）水土保持措施

水土保持的基本概念明确了，水土保持措施就可根据实际情况科学地进行规划设计和比较选择。从分水岭起首先是防治面蚀的措施，如水保耕作法、林草、等高埂、导流埂、草皮排水道等均属之；依次而下为防治沟蚀的措施，如沟头防护、导流埂、谷坊、草皮排水道、鱼鳞坑、等高沟、造林种草等属之。所有这些都应与土地合理利用规划布置一起绘制在图纸上，以便有次序地逐步实施。对于这些措施的规格也必须根据客观规律经过科学分析计算来确定，不能由群众随意确定，这样才能保证质量。除这些工程和植物措施之外，还有十分重要的土地管理措施，如封育林草，限制放牧头数和放牧时间等。小流域的管理，首要的在于防，已经治理的，则要强调维修养护，有了管理措施，才可以多快好省地完成并巩固水土保持——防治土壤侵蚀。

### （二）水土保持工作步骤

三十年来水土保持工作很重要的一条教训是没有严格按照科学技术要求去做。黄河中游地区情况复杂，同一个小流域，阴阳坡固然有别，就是土壤类型出入也是很大的，地貌变化就更大了。对于不同的条件需要采取不同的措施，并且需要坚持科学试验—中间试验—普遍推广—维修养护的工作步骤。为了实施上述步骤，还必须充实、加强科学试验的技术力量，充实或建立独立的水土保持推广机构。

笔者认为，只要按照自然规律和实际情况去做，水土保持是可以稳步而迅速地前进的。

（本文原载于《人民黄河》1981 年第 6 期）

# 黄土高原现代侵蚀环境及其产沙效应

景　可[1],王斌科[2]

(1. 中科院地理研究所,北京 100101;
2. 中科院西北水保所,陕西 杨陵 712100)

**摘　要**:自然因素和人为因素是构成黄土高原侵蚀环境的两大主导因素。时间上的继承性、空间上的明显区位分异、大陆性季风气候以及独特的侵蚀产沙因素的区域组合等构成了该地区侵蚀环境的基本特征,尤以植被和降雨这两个主要侵蚀因子的地带性分异明显,属于地带性因素;其他自然因素和人为因素则属非地带性因素。受这一环境的影响,该地区的侵蚀产沙的时空分布也表现出明显的分异规律,其中的多沙粗沙区就是诸因素独特组合的结果。

全世界土壤侵蚀面积约占地球陆地面积的16.8%①。我国黄土高原的现代侵蚀强度之大、范围之广、历史之久更是世界罕见。这种现象的形成完全是自然和社会两大因素共同作用的结果。但两大因素中哪个是主导因素,目前认识上尚存在很大分歧,概括起来有三种不同的观点:一种认为它主要是由于自然因素的作用,另一种认为主要是人为因素的作用,第三种认为是上述两种因素共同作用的结果。这三种观点分歧的焦点在于对影响侵蚀的环境因素的作用与环境因素的区位特征的看法上不同。本文就与此有关的黄土高原土壤侵蚀环境的基本特征及其产沙效应作一概要分析。

## 一、侵蚀环境的基本特征

笔者认为,自然因素和人为因素是构成黄土高原侵蚀环境的两大主导因素。前者包括地形、降雨、地表物质组成、植被等要素,后者包括人类不合理的活动。这两大因素各有特点,但又相互联系,其构成的环境基本特征如下。

### (一)环境的继承性

根据地质环境和古地理环境的研究,黄土高原侵蚀的自然环境形成由来已久。新生代前的生物气候带较宽,我国大部分地区处于热带、亚热带。当时亚热带的北界在N60°左右。黄土高原全地区为干热的亚热带气候环境。新生代初期,我国大陆处于燕山运动之后的相对稳定期,大部分地区为平原、剥蚀缓丘和散布其间的堆积区。在内蒙古高原上平原广泛分布,在西北许多山地红色风化壳的存在,证明大部分地区处于副热带高压控制下,盛行干燥的东北信风,再加上地势平坦,地形雨较难产生,因而从台湾、福建沿岸向西北往长江中下游直至甘肃、新疆形成一条广阔的干旱气候带,以亚热带稀疏草原景观为主[1]。

西北地区干旱的加剧伴随着东西信风的形成而出现,至晚第三纪时,由于强烈的喜马拉雅造山运动,使得青藏高原及其周围山地大面积强烈抬升,达到3 500～4 500 m。与此同时,东西方向的秦岭山脉强烈抬升,从而使我国季风环流系统得以建立与加强,东南沿海及长江流域趋于多雨,而西北地区更为干旱,奠定了我国现代气候的基本格局。这种气候变化至第四纪中晚时期更加明显;第四纪黄土高原虽然冷暖气候交替,但总的趋势逐渐干旱,广大地区的黄土沉积就是最好的例证。现代自然侵蚀环境即是对上述环境的继承与演化的结果。

### (二)侵蚀环境的区位分异明显

黄土高原面积约40万 $km^2$,占据5个纬度,11个经度,东西向的海陆位置相差显著,受湿热气流的

① 水利部黄河水利委员会水土保持处,水土保持时代趋势,1989。

影响程度较为悬殊,因而构成侵蚀环境的主要自然因素——植被及气候因子,产生明显的地带性分异;大致自南至北可以分为:暖湿带落叶阔叶林带、半干旱 - 半湿润森林草原带、半干旱 - 干旱草原带。每个生物气候区内又受到非地带性因素如地形、地质条件的影响而形成若干亚区(见图 1)。

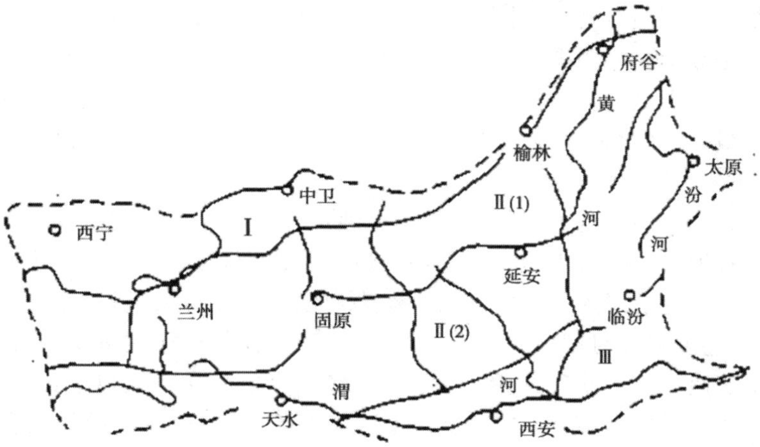


注:图中Ⅰ为干旱荒漠草原,Ⅱ为半干旱草原(其中Ⅱ(1)为黄土丘陵,Ⅱ(2)为黄土丘陵与山地),Ⅲ为半湿润森林草原(山区以落叶阔叶林为主)

**图 1　黄土高原自然环境区位略图**

**(三)大陆性季风气候明显**

黄土高原东部离海最近点的距离也有 400 多公里。加之周围地形的影响,因而黄土高原与其称高原倒不如说盆地更为确切:它的南部是海拔 3 000 多米的东西走向的秦岭,东面是南北走向,海拔 2 000 多米的太行山脉,北部是阴山山脉,西部是祁连山,中间还横卧着六盘山、吕梁山等。夏季从海洋吹来的湿气流,由于远离海洋,又受到周围地形的阻挡,到了黄土高原便明显减弱,为高空干燥空气所代替,因而气候变化大,具体表现:(1)降雨的区域变化大,年降雨量由南部的 700 mm 左右,逐渐减少到北部的 400 mm 左右,由东部的 600 mm 左右逐渐减少到西部的 300 mm 左右,离海洋的距离越远降雨越少;(2)降雨的波动性大,多雨年和少雨年的雨量可相差 3 ~ 5 倍;(3)干湿季分明,夏季受东亚季风影响较大,冬季受西伯利亚的寒流影响大。因而降雨的年内分配不均匀,高度地集中在 7—9 月,这三个月降雨量占全年的 50% ~70%,且多集中于几场大暴雨。一般年最大一日降雨量要占到年降雨量的 1/9 ~ 1/10,甚至一场大暴雨的雨量可占年雨量的 50%。

**(四)地貌类型复杂,地面切割强烈**

黄土高原的地貌类型复杂多样,有各种类型的山地(如中山、低山)和不同成因的丘陵(如堆积丘陵、剥蚀丘陵)及平原(冲积平原、洪积平原),其中黄土地貌对侵蚀的影响最大。黄土地貌的形成、演化和发展都直接地影响到侵蚀的发生发展。黄土高原大约覆盖了 25 万 $km^2$ 的黄土,形成了各种独具特色的黄土地貌,其中正地形主要是黄土梁、黄土峁、黄土塬和台塬。黄土地貌,尤其前三者的最大特点是地形破碎,沟壑纵横。沟谷密度一般 3 ~5 $km/km^2$,最大可达 6 ~7 $km/km^2$,地面裂度 40% ~50%,沟谷的切割深度都在 80 m 以上。作为负地形的沟谷系统无论是形态结构还是发育过程更是别具一格。有干沟、冲沟、切沟等以及发育于丘陵坡面上的浅沟、细沟和悬沟。

**(五)侵蚀产沙地层复杂**

过去乃至现在都有人认为黄土地层是黄土高原的唯一产沙地层。80 年代的研究认为,黄土高原有多种产沙地层,黄土就可分为三个亚类型,每个亚类型黄土都具有不同的抗蚀性能。基岩产沙地层的岩性更为复杂,有坚硬的基岩和未成岩的基岩。不同产沙类型的地层,由于它们的抗蚀性能不同,产沙的效果也不相同。风成沙相对简单,影响范围也比较小。总之,黄土高原的产沙地层是复杂的,其分布除风成沙外,其余地带性不甚明显。

**(六)有助于侵蚀产沙的因素区域组合独特**

坡陡、暴雨、土松、无植被这四项自然因素同时存在,才能产生严重的侵蚀产沙后果。只要其中一项处于反向状态，则情况即有好转，如植被盖度很大，或坡度很缓，侵蚀产沙都可以大大减轻。在上述四项因素中，植被与降雨属地带性因素，对侵蚀的加剧作用都是由南向北趋于增大，且二者的变化是同步、同地发生的。而陡坡和土松虽属非地带性因素，但在黄土高原这两项因素的区域分布与上述两因素迭加，从而形成不利的地带性区域组合特征。因为陡坡是由于新构造抬升、侵蚀基面下降而形成的。而黄土高原新构造抬升量也是自南向北由弱增强。地表组成物质的松散程度除了与胶结有关，还与地面物质的风化程度关系极大。黄土高原盛行热力风化，因而地表物质的风化程度也是由南向北增强。由此可以看出黄土高原植被最差、降雨强度大、新构造抬升量很大、地表物质松散、地形坡度大等不利因素都集中到一起，集中地就是多沙粗沙区。

构成侵蚀环境的另一大因素为人为因素，属于非地带性因素。人为因素在黄土高原的区位特点不很明显。因为人类对侵蚀的影响很难用一个具体的量表示，我们曾经在假设黄土高原的人类经济活动以农业为本的前提条件下提出以人口密度的大小作为侵蚀的影响因素，但由于土地承载量和自然忍耐力的不同，人口密度不能反映其对侵蚀的影响程度。在黄土高原侵蚀最强的地区不是人口密度最大，而是在人口密度相对小的地方[2]。研究认为某一区域侵蚀强度的变化与人口增长速率成正相关，即侵蚀强度是随着人口增长率的增加而增加的[2]。这里值得一提的是现在侵蚀最强的多沙粗沙区是我国未来的能源重化工基地，随着建设的发展，人类活动强度的增加势必要影响到侵蚀产沙的增加。

## 二、侵蚀环境的产沙效应

### （一）产沙效应的空间分布特点

上述各因素相互作用、相互制约所产生的环境效应是侵蚀产沙。这些因素的区位差异导致侵蚀产沙强度的空间差异，而侵蚀产沙强度空间上的区位差异可以相差数倍乃至数十倍（见图2）。从图2中可看出黄土高原的侵蚀产沙空间分异的规律性。

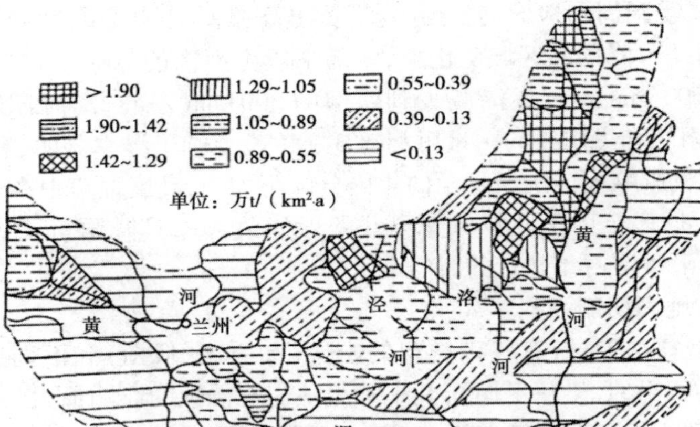


**图2　黄土高原侵蚀强度**

（1）由南向北侵蚀由弱逐渐增强（限六盘山以东、吕梁山以西）。渭河北山以南及渭河谷地侵蚀强度小于1 300 t/（km$^2$·a），而延河、洛河上游、马莲河（泾河上游）增加到8 000～10 000 t/（km$^2$·a），无定河以北地区大于10 000 t/（km$^2$·a）。

（2）由东向西由强变弱。由晋陕峡谷向六盘山方向，侵蚀强度由大于10 000 t/（km$^2$·a）减少到六盘山的小于1 300 t/（km$^2$·a）。

（3）六盘山以西侵蚀强度的纬向分异规律不如其东部明显，但经向分异是由东向西由强变弱。

（4）存在几个强烈的侵蚀中心，如晋陕峡谷、散渡河、清水河的折死沟等。

### （二）产沙效应的时间分布特点

在影响侵蚀产沙的诸因素中，地形、植被、地表物质组成、人为活动四大因素在相当长的时间内是相对稳定的，但降雨因素的波动性比较大。所以，在其他条件相似的情况下，降雨特征是影响侵蚀产沙的决定性的自然因素，所表现出来的产沙特点是：

(1)年际间的波动大。通常所说黄河年输沙量 16 亿 t，这是平均而言，实际上波动很大，如陕县站 1954—1970 年输沙量为 18.6 亿 t/a，而 1971—1985 年为 10.67 亿 t/a，这是大流域情况。中小流域产沙的年际变化更为显著，如窟野河流域，其出口站温家川的多年平均年输沙量是 1.16 亿 t，而最大年输沙量和最小年输沙量可以相差 57 倍，约有 64% 的年份的年输沙量小于平均值。

(2)年内高度集中。黄土高原侵蚀产沙量的年内分配高度集中在汛期 7、8、9 三个月；这三个月的产沙量要占到年产沙量的 95%。在汛期产沙又高度集中几场暴雨，最大五日产沙约占年产沙量的 30% ~60%，有时一场暴雨的产沙量占年总量的 50%。1977 年 7 月延河的一次历时两天的降雨，甘谷驿的输沙量达到 1.63 亿 t，是年均输沙量的 3.5 倍。孤山川 1977 年 8 月 2 日一次特大洪水，其输沙量 0.84 亿 t，相当于该流域年产沙均值的 3.5 倍。1976 年 8 月 2 日窟野河温家川一次洪水输沙量 1.76 亿 t，是年平均输沙量的 81%。实测晋陕峡谷主要河流产沙的部分特征值见表 1。

**表 1　实测晋陕峡谷主要河流产沙的几个特征值**

| 流域 | 测站 | 年输沙量($10^8$ t) | 最大五日输沙量 | | 汛期输沙量 | | 最大一日输沙量 | | 年份 |
|---|---|---|---|---|---|---|---|---|---|
| | | | 量($10^8$ t) | 占年量的百分比(%) | 量($10^8$ t) | 占年量的百分比(%) | 量($10^4$ t) | 占年输沙量百分比(%) | |
| 无定河 | 白家川 | 1.92 | 0.64 | 33.5 | 1.82 | 94.9 | 2 030.4 | 10.6 | 1973 |
| 孤山川 | 高石崖 | 0.36 | 0.16 | 45.2 | 0.35 | 99.4 | 1 157.2 | 32.6 | 1976 |
| 皇甫川 | 皇甫 | 0.59 | 0.19 | 32.2 | 0.57 | 97.2 | 1 814.4 | 30.7 | 1976 |
| 窟野河 | 温家川 | 2.88 | 1.80 | 63.2 | 2.86 | 99.4 | 17 625.6 | 61.2 | 1976 |
| 秃尾河 | 高家川 | 0.28 | 0.01 | 32.1 | 0.26 | 87.2 | 452.7 | 15.2 | 1976 |
| 延河 | 甘谷驿 | 0.47 | 0.25 | 52.5 | 0.44 | 94.5 | 4 347.8 | 28.7 | 1979 |

## 参 考 文 献

[1] 赵松桥等. 中国的干旱区. 科学出版社，1990.
[2] 景可. 黄土高原侵蚀与地理环境的关系. 地理学与国土研究，1986(1).

(本文原载于《人民黄河》1992 年第 4 期)

# 黄土高原人类活动对土壤侵蚀的影响

唐克丽[1],王斌科[1],郑粉莉[1],张胜利[2],时明立[2],方学敏[2]

(1. 中科院水利部西北水保所,陕西 杨陵 712100;
2. 黄委会水科院,河南 郑州 450003)

**摘　要**:对天然林草植被开垦前后土壤侵蚀变化进行的研究表明,无论林地或砍伐基地的地形因素如何,基本上不发生侵蚀或侵蚀极微弱;而相同地形情况下,开垦地或裸露休闲地的年侵蚀模数多出 1 万 t/km$^2$ 以上,且受坡度及雨强因素的影响最为明显。人类开荒作用的结果,北洛河上游、延河中上游地区 1950—1984 年间年均新增产沙模数 3 000 t/km$^2$。晋陕蒙接壤区大型煤田的开采,使得土壤侵蚀进一步加剧,如不积极采取防治措施,到 2030 年后,每年将增加入黄沙量 1 亿 t 以上。

**关键词**:土壤侵蚀;林草植被;人类活动;黄土高原

据研究[1],无论是自然侵蚀或人为加速侵蚀,均是大气圈、岩石圈、水圈、生物圈有机联系、综合作用的结果。人类社会介入生物圈与全球系统的相互作用后,在同样的太阳黑子活动周期、地壳构造运动、地形地貌等自然因素作用下,人为地砍伐森林、开垦林草地等活动,使原来的下垫面遭到破坏,导致侵蚀速率数十倍、数百倍的增大。本文就人类活动对生态环境破坏而造成的加速侵蚀加以论述。

## 1　子午岭林区植被的破坏与恢复对土壤侵蚀的影响

子午岭林区是残留的黄土高原天然次生林区,为研究自然侵蚀和人为加速侵蚀的演变,提供了理想的场所。通过对典型区的考察、大型径流场的定位观测和人工降雨试验等[2],研究得出,无论是林地、砍伐迹地或草地,当地面为植被所覆盖,或土壤被密集的根系所固结时,降雨、坡度等自然因素对侵蚀的作用很微弱;而土壤表层一旦失去植被保护或根系的固结,降雨和地形等因素对侵蚀的作用则十分明显,侵蚀速率可增至原来的数百倍,甚至更多。

### 1.1　植被恢复前后土壤侵蚀的演变

子午岭天然次生林区的地貌类型为黄土丘陵沟壑区,总面积 2.3 万 km$^2$,包括甘肃的华池、合水、正宁、宁县及陕西的富县、黄陵、宜君、铜川、耀县和旬邑 10 个县。据历史记载,自明清以来,该地区的森林曾遭到严重的破坏,1866 年后,又因战乱和民族纠纷,大量人口逃亡或外迁,植被又逐渐自然恢复,形成了现在的梢林景观,林木郁闭度 0.7 ~0.9。

据对林区内任家台林场进行的典型考察和综合调查(包括林区内残留的居住窑洞、坡面开垦的残留地埂痕迹、浅沟分布密度、滑坡分布密度和天然聚湫等),经分析推算,1866 年前该区的垦殖指数高达 25% ~30%,其侵蚀强度相当于现在的延安一带,年侵蚀模数约为 8 000 ~10 000 t/km$^2$。

对林区不同地形部位土壤剖面发育特征进行比较的结果表明,在原流水冲刷最强烈的浅沟和沟谷部位,土壤剖面发育最为深厚,土壤有机质含量达 5% ~8%,浅沟沟床淤积厚达 50 cm,年均约 0.4 cm,沟谷沟床淤积厚 130 cm,年均约 1 cm;在地形比较平缓,侵蚀较轻微的梁顶部位,土壤剖面发育最浅。有机质含量低于 5%。可见,在人为加速侵蚀地区,人为活动一旦停止,影响土壤侵蚀最敏感的因子已不是地形,而是决定于植被恢复的速率和程度。土壤水分状况较好的沟谷部位首先恢复植被,土壤侵蚀强度随之减弱;地形较平缓的梁峁顶部和斜坡,土壤水分状况较沟谷部位差,植被恢复和侵蚀减小的过程较慢,其流失的土壤则被先期恢复植被的沟谷所拦蓄,致使沟谷部位土壤剖面发育比较深厚。反之,植被的自然退化和侵蚀的发展,先由水分状况差的梁峁坡开始,再发展到沟谷。自然界植被和侵蚀的演变是缓慢的,而人类活动则可在很短的时间内(甚至旦夕间)发生很大影响。

## 1.2　人为破坏植被情况下的加速侵蚀

为了弄清天然林草植被开垦前后发生的土壤侵蚀的变化,我们利用子午岭林区的天然场所,设置了不同地形部位林地与开垦地的大型径流场,并进行 2 ~3 年的对比观测,见表 1。由表可知,无论林地或砍伐迹地的地形部位、坡度、坡长如何,基本上不发生侵蚀(或侵蚀极微弱);而相同地形情况下,开垦地或裸露休闲地的年侵蚀模数多在 1 万 $t/km^2$ 以上,甚至达 2 万 $t/km^2$,且以坡度因子对侵蚀的影响最为明显。另外,开垦地的径流模数也较林地大几十到百倍以上。利用各组观测资料,对年降雨量、次降雨量等降雨特征值与产流产沙关系进行分析的结果表明,降雨特征值对林地的侵蚀影响不大;而开垦农地或休闲地的径流量($E$)、侵蚀量($R$)均与 10 分钟和 15 分钟最大平均雨强($I$)关系密切,其中,梁坡开垦休闲地侵蚀量($t/km^2$)的相关方程为 $R=5\ 077.37I_{15}^{3.973\ 8}$,$r=0.962\ 7$;谷坡开垦休闲地为$R=5\ 207.48I_{15}^{3.484\ 0}$,$r=0.945\ 5$。

**表 1　林地与开垦地侵蚀强度比较**

| 小区号 | 地形 | 土地利用方式 | 观测年限 | 观测次数 | 坡长(m) | 坡度(°) | 小区面积($m^2$) | 径流模数[$m^3$/($km^2$·a)] | 侵蚀模数[t/($km^2$·a)] |
|---|---|---|---|---|---|---|---|---|---|
| 5 | 梁坡 | 林地 | 1989—1991 | 22 | 80.2 | 14 ~32 | 965.8 | 215.26 | 1.29 |
| 7 | | 开垦农地 | 1990—1991 | 22 | 99.2 | 14 ~32 | 1 144.3 | 32 335.16 | 9 703.70 |
| 6 | | 开垦裸露 | 1990—1991 | 22 | 86.3 | 5 ~34 | 995.2 | 27 479.50 | 10 324.50 |
| 1 | 谷坡 | 林地 | 1989—1991 | 28 | 38.2 | 37 ~42 | 253.5 | 1 481.50 | 14.41 |
| 8 | | 开垦农地 | 1990—1991 | 24 | 41.0 | 38 ~41 | 406.5 | 39 109.59 | 13 179.35 |
| 2 | | 开垦裸露 | 1990—1991 | 24 | 48.8 | 37 ~42 | 243.8 | 41 123.98 | 21 774.12 |
| 4 | 梁坡+谷坡 | 林地 | 1989—1991 | 20 | 93 +48 | 14 ~42 | 1 664.8 | 296.01 | 0.98 |
| 9 | | 砍伐迹地 | 1989—1991 | 17 | 122 +30 | 5 ~40 | 2 262.1 | 47.91 | 0.48 |
| 3 | | 开垦裸露 | 1990—1991 | 24 | 84 +52 | 14 ~42 | 1 409.7 | 2 425.84 | 15 286.94 |

表 2 给出了林地与开垦地土壤侵蚀人工降雨(侧喷式)试验观测结果(径流小区面积为 1.5 × 5 $m^2$)。由表看出,坡度和雨强对林地的侵蚀基本上不起作用;一旦林地开垦后,其侵蚀量随坡度和雨强的增大而增多,其中雨强的影响更明显。三种雨强在 20°和 30°开垦地中的侵蚀增长比值分别为 1∶5.5∶12.3 和 1∶2.4∶5.7。草地与开垦地人工降雨试验结果表明,无论是草地(包括去除地上部分后),还是 4 年以上的撂荒地,由于地表覆盖及根系对土壤的固结,其控制土壤侵蚀的作用和效益类同于林地。当前世界各国在坡耕地上采用的密植、草田带状间作、覆盖残茬等措施,就是利用了这一原理。

**表 2　林地与开垦休闲地人工降雨试验**

| 雨强(mm/min) | | 1.26 | | | 1.91 | | | 2.37 | | |
|---|---|---|---|---|---|---|---|---|---|---|
| 降雨历时(min) | | 30 | | | 30 | | | 30 | | |
| 处理 | | 林地 | 开垦地 | 林地效益(%) | 林地 | 开垦地 | 林地效益(%) | 林地 | 开垦地 | 林地效益(%) |
| 20° | 径流模数($m^3/km^2$) | 0 | 34 533.3 | 100 | 0 | 52 666.7 | 100 | 3 200 | 68 533.3 | 95.3 |
| | 侵蚀模数($t/km^2$) | 0 | 406.7 | 100 | 0 | 2 244 | 100 | 6.67 | 4 994.7 | 99.9 |
| 30° | 径流模数($m^3/km^2$) | 4 666.7 | 35 466.7 | 86.8 | 12 933.3 | 55 733.3 | 76.8 | 6 533.3 | 70 133.3 | 90.7 |
| | 侵蚀模数($t/km^2$) | 38.67 | 2 000 | 98.1 | 9.33 | 4 826.7 | 99.81 | 49.33 | 11 450 | 99.6 |

## 2　现代人类开荒对加速侵蚀的影响

为了取得人为开荒加速侵蚀的时空特征数据[3]，我们选择黄土丘陵区为主要对象，通过对典型县和典型小流域进行的野外调查，并结合不同时期航片对照判读和统计资料进行分析。

### 2.1　人类开荒加速侵蚀的时空特征

黄土丘陵区，每年因开荒新增的耕地约占总耕地的1%～2%，而人口增长是造成这一现象的主要原因。据对神木、子洲、定边、安塞、延长、富县的调查统计，每增1人，新增耕地达0.2公顷，最高达1.06公顷。位于林区的富县，年人口增长率达3.1%，因开荒使境内林线年均后退2.4 km。林区的开垦，一般从边缘开始，首先集中在沟间地的梁峁坡面，然后再发展到沟谷坡。在水土流失严重区，梁峁坡面大多被开垦，且已发展到沟谷坡，其坡度愈来愈陡。对延河流域典型小流域开荒和植被破坏的动态分析表明，在水土流失严重的韩家沟（非林区），新开垦地在沟谷部位和大于25°的陡坡地有明显增长；在林区的新庄沟，沟谷部位的植被无明显变化，沟间地的植被破坏率达33.8%。应当指出，新庄沟的植被破坏总数虽低于韩家沟，且新开垦地的坡度大都小于15°，但按现有人口计算，人均却达0.67公顷，较韩家沟人均大0.26公顷。由此可见，一方面，水土流失严重区的开垦已导致生态环境恶化和沟谷侵蚀的发展；另一方面，因林区的人口增长大于非林区，人均毁林开垦的强度远大于非林区，必须引起高度重视。

黄土丘陵区各县出现的开荒高峰期比较集中的有两次。第一次为1959—1962年，其强度相当于多年平均值的2～5倍；第二次为1977—1981年，其强度为多年平均值的1.2～2.2倍。开荒集中时间，土壤侵蚀模数可高达2～5万 t/(km$^2$·a)。

### 2.2　人为开荒加速侵蚀的区域特征

利用1950—1986年的资料，依照自然与人文社经因素的综合分析，可把河—龙区间范围划分为9个区。其中人少地多的黄土丘陵第Ⅱ副区开荒发展较快，人均开荒0.67～1.13公顷，这里坡度陡，地形破碎，坡耕地占总耕地的80%～90%，生产力低下。此外，长城沿线水蚀风蚀交错地区，生态环境脆弱，开荒与过度放牧，加剧了土地沙化和粗泥沙输移，干旱、洪水、风沙灾害频繁，并影响到该地区煤、气、油田的开发和经济发展。近年来，虽然毁林毁草开荒的现象得到了基本控制，但治理大面积坡耕地开垦导致的沟谷侵蚀发展，需付出极高的代价。

经对北洛河上游、延河中上游地区不同坡度开荒面积、部位、坡度及地面组成物质等的调查，并参考有关观测资料进行粗略估算，1950—1984年间年均新增侵蚀产沙模数约3 000 t/km$^2$，而且这还不包括因开垦诱发和加剧的沟谷侵蚀和重力侵蚀的产沙量。

## 3　黄河泥沙来源区森林覆盖率与产流产沙的关系

人类活动对植被的破坏，是致使自然生态失去平衡，加速侵蚀的主导因素。为了进一步探讨这一影响的程度，我们又收集了黄河流域干、支流6 450个水文站年、461个小流域年和1 413个径流小区年的观测资料，并建立了数据库[4]，从中选择有代表性的资料进行分析和估算。

大量径流小区资料表明，与坡耕地比较，人工草地和林地减少径流的效益为60%～90%，减少侵蚀量的效益为70%～100%。林下生长有茂密草灌的林地，森林覆盖率达60%时，即能有效地控制土壤侵蚀。

以黄河泥沙主要来源区为对象，选择若干代表性区间水文站的观测资料（表3），对森林覆盖率与产流产沙关系进行分析的结果表明，其相关性很显著。当森林覆盖率为82.5%时，输沙模数仅147.50 t/(km$^2$·a)，侵蚀已得到有效控制。

现代生物气候条件说明，黄土高原绝大部分地区应覆盖天然林（包括乔、灌）和草被，特别在沟谷部位植被生长应更繁茂，无论是坡面侵蚀、沟谷侵蚀还是重力侵蚀，均能得到有效控制。因此，忽视生物圈作用，特别是人类活动的影响，就可能对自然侵蚀与人为加速侵蚀作出不确切的评价。

表3　代表性区间森林覆盖率与产流产沙量对比

| 水文站 | 控制面积 ($km^2$) | 森林覆盖率 (%) | 径流模数 [$m^3/(km^2 \cdot a)$] | 输沙模数 [$t/(km^2 \cdot a)$] |
|---|---|---|---|---|
| 洪德至庆阳间 | 1 577 | 0 | 23.46 | 6 812.48 |
| 子长 | 913 | 0 | 43.35 | 10 585.17 |
| 甘谷驿 | 5 891 | 13.0 | 37.17 | 7 844.59 |
| 刘家河 | 7 325 | 18.3 | 33.19 | 9 976.51 |
| 交口河—张村驿 | 12 456 | 39.4 | 30.56 | 5 869.52 |
| 交口河 | 17 180 | 55.5 | 28.56 | 2 855.99 |
| 板桥 | 807 | 66.0 | 25.60 | 2 035.89 |
| 交口河—刘家河 | 9 855 | 82.5 | 25.12 | 147.50 |
| 张村驿 | 4 715 | 97.0 | 22.23 | 126.25 |
| 龙门+河口+洑头+张家山 | 197 662 | | 41.04 | 5 450.04 |

## 4　现代煤田开发对加速侵蚀的影响

### 4.1　煤田开发与人为加速侵蚀

黄土高原蕴藏有丰富的煤炭资源，据晋、陕、蒙三省（区）统计，煤炭储量就达2万亿t。近年来开发的神府东胜煤田，已探明含煤面积31 172 $km^2$，储量2 236亿t，准格尔煤田含煤面积1 365 $km^2$，储量268亿t。该两大煤田均为优质煤炭，且为露天开采。但在开采过程中，由于地表原有植被遭到破坏，随意弃土弃渣的现象十分普遍，结果导致大量排弃物进入沟道河流、农田毁坏、已固定沙丘活化、水蚀风蚀发展和生态环境进一步恶化，反馈过来又影响了本区经济的发展。同时，因煤田开发而相应发展的铁路、公路、城镇等基本建设，由于在规划和施工过程中未注意水土保持，也增加了新的水土流失。

神府东胜矿区一、二期工程的开采，主要集中于窟野河神木以上至转龙湾区间的干支流两侧，土石排弃量达6.3亿t。据1987—1989年的实例资料，每年增加入黄沙量约2 000万t，一次洪水增沙量可达50%~80%。准格尔煤田的开采主要集中在17 $km^2$的范围内，但排弃土石、植被破坏等受影响面积达200多$km^2$。准格尔煤田第一期工程开发的前5年，移动土石5.1亿t；开工后的20年内预计移动土石达10.8亿t[5]。

### 4.2　煤田开发对水沙变化的影响及其趋势预测

煤田开发过程中，由于破坏了地表的结构，致使土壤容重由14.9 $kN/m^3$减为12.7~13.7 $kN/m^3$，泥沙起动拖曳力减小为原生地面的1/2~1/4.6，即土壤抗冲强度仅为原来的1/2~1/4.6。据开矿前后相似年径流输沙量和年洪水输沙量变化比较，煤田开发增沙20%~30%，洪水输沙量增加45.4%，且颗粒变粗，高含沙洪水出现机遇增加。据王道恒塔水文站开矿前后相同输沙量的比较，泥沙颗粒组成$d_{50}$由1979年的0.047 mm变为1989年的0.23 mm；1988—1991年，高含沙水流连续出现，每年出现的高含沙量顺序分别为1 630 $kg/m^3$、1 360 $kg/m^3$、1 550 $kg/m^3$及1 250 $kg/m^3$，为该站罕见现象。

不合理开采使大量排弃物输入河道，不仅增加入黄泥沙，而且对当地危害严重。例如马家塔露天矿，排土场侵占河道后，使原来近500 m宽的乌兰木伦河河道缩窄为100 m左右，致使"89·7"洪水中该矿区采坑淹没，淤泥厚6~7 m，总量达17万$m^3$；1987年建成的神木县大柳塔乌兰木伦公路桥，三年内行洪能力即由原设计的11 000 $m^3/s$降为7 000 $m^3/s$[6]。

晋、陕、蒙煤田开发区，生态环境脆弱，水蚀风蚀交加，自然灾害频繁，不合理的开采，使得土壤侵蚀和灾情进一步加剧，已直接威胁到矿区本身的发展（甚至生存），如不积极采取防治措施，随着煤炭开采量的扩大，预估到2030年后，每年将增加入黄沙量1亿t以上。

## 5 结　语

土壤侵蚀是最严重的环境问题,而不合理的人类活动则是加速现代土壤侵蚀最主要的因素。进一步查明人类活动对加速土壤侵蚀和增加入黄泥沙量的影响,可为黄河的治理开发,提供重要的科学依据。

露天煤矿开采的合理规划和实施,在国外已有成功的经验,我国也制定了专门的法规。但由于执法不严,导致了晋陕蒙接壤区的环境恶化和土壤侵蚀的加剧。

### 参 考 文 献

[1] 唐克丽,张平仓,王斌科. 土壤侵蚀与第四纪生态环境演变. 第四纪研究,1991(4).
[2] 唐克丽,张科利,郑粉莉,等. 子午岭林区自然侵蚀和人为加速侵蚀剖析. 土壤侵蚀与生态环境演变研究论文集. 中科院西北水保所集刊,1993(17).
[3] 王斌科,唐克丽. 黄土高原区开荒扩种时间变化的研究. 水土保持学报,1992(2).
[4] 刘宝元,唐克丽,焦菊英,等. 黄河水沙时空图谱. 北京:科学出版社,1993.
[5] 张胜利,时明立,张利铭,等. 神府东胜煤田开发对侵蚀产沙的影响. 水土保持学报,1992(2).
[6] 张胜利等. 从窟野河“89 · 7”洪水看神府东胜煤田开发对水土流失和入黄泥沙的影响. 中国水土保持,1990(1).

(本文原载于《人民黄河》1994 年第 2 期)

# 黄河中游多沙粗沙区水土保持减沙趋势分析

许炯心

（中国科学院 地理科学与资源研究所，北京 100101）

**摘　要**：在1950—1997年长系列水文资料和面雨量资料的基础上，分析了黄河中游河口镇至龙门区间年输沙量和年降水量的时间变化趋势：1970年以来，在多沙粗沙区入黄泥沙量减少的总体背景之下，出现了1986—1997年间入黄泥沙量增加的近期趋势。这一增加趋势，与20世纪80年代以后淤地坝修建量大为减少，70年代修建的筑地坝与拦沙库已大部分失效有密切关系。此外，20世纪90年代人为增沙量大幅度增加，已占水土保持减沙量的22%左右，部分抵消了水土保持措施的减沙效益，这也是同期入黄泥沙增加的重要原因。因而得出的结论是：①要重视淤地坝的后续建设，实现其拦沙作用的可持续性；②造林种草措施不能代替淤地坝拦沙的作用；③新增水土流失问题不容忽视。

**关键词**：水土保持；淤地坝；水沙变化；多沙粗沙区；黄河中游

黄河中游多沙粗沙区是黄河流域的主要产沙区。如以河口镇至龙门区间（以下简称河龙区间）代表这一地区，则其面积仅占全流域的14.8%，1950—1989年间的实测年产沙量为9.08亿t，占全流域总产沙量的55.7%。对于对黄河下游河道淤积影响最大的粗颗粒泥沙（$d \geq 0.05$ mm）而言，来自该区的粗泥沙占全河粗泥沙来量的73%[1]。因此，从20世纪50年代末以来，国家一直将这一地区作为黄河流域水土流失的重点治理区，40余年来取得了十分显著的成效，来自多沙粗沙区的入黄泥沙量大幅度减少。但是，还应充分认识水土保持工作的长期性、艰巨性和复杂性，因为这一地区处于由干旱向半干旱-半湿润气候的过渡区，生态环境十分脆弱，人类活动对环境的压力很大，且这种压力还在日益增大。为此，应该深入分析这一地区水土保持减沙的现状和趋势，以发现深层次的问题，为进一步提高黄土高原水土保持减沙的有效性和可持续性提供决策依据。

## 1　河龙区间水土保持减沙趋势

### 1.1　降水量和产沙量的时间变化

为了揭示河龙区间产沙量的变化趋势，在图1(a)中点绘了河龙区间产沙量（以龙门站年输沙量与河口镇站年输沙量之差代表）的历年数值。为了便于比较，图1(a)中也点绘了河龙区间面平均年降水量的历年数值。可以看到，1950—1997年河龙区间的产沙量呈明显的减少趋势，可以用3条直线来拟合。1970年以前，数据点上下波动很大，但总体上并无明显的单向变化趋势。1970—1986年拟合直线的斜率很大，产沙量迅速减少，且年际间的波动幅度也减小。然而，值得注意的是，从1986年以来，拟合直线呈明显的上升趋势，说明产沙量有所增加。

图1(a)中叠加的年降水量变化曲线表明，1950—1997年间河龙区间的年降水量呈减少的趋势，说明降水特别是汛期降水的减少是河龙区间产沙量减少的原因之一。值得注意的是，如果将降水曲线与产沙量曲线进行比较，可以发现1970年以来，降水在总体上是减少的，看不出从1970—1986年减少而从1986—1997年增加的趋势。如果按年代计算产沙量和降水量，那么20世纪80年代的年均产沙量为3.72亿t/a，90年代（1990—1997年）增加为5.08亿t/a；而80年代的年降水量平均为412.1 mm，90年

注：2004年4月28日，全国政协原副主席钱正英致信黄河水利委员会主任李国英："建设治黄报刊转载《泥沙研究》2004年第二期许炯心的文章《黄河中游多沙粗沙区水土保持减沙的近期趋势及其成因》，以引起黄委及有关地方同志的重视和开展调研讨论。"该文是由本刊约请许炯心同志在原文基础上修改而成的。

代为 411.2 mm,基本上持平。

由于图 1(a)中降水量和产沙量的单位不一样,因而不能对于二者的变化斜率进行直接的比较。为此,对数据进行了标准化换算,将换算后的数据点绘在图 1(b)中,可以分别用下列直线来拟合:

$$P = -0.0031T + 6.6579$$

$$Q_s = -0.0034T + 6.8997$$

式中:$P$ 为年降水量;$Q_s$ 为年产沙量;$T$ 为年份。

可以看到,总体上降水曲线的斜率为 -0.003 1,产沙量曲线的斜率为 -0.003 4。如果分段考虑,1970—1986 年间产沙量曲线的斜率远大于降水曲线,说明水土保持措施是使入黄泥沙减少的重要因素。然而 1986 年以后,入黄泥沙曲线的斜率变为正值,而降水曲线的斜率仍为负值。还可以看出,进行数据标准化换算以后,1986—1997 年间产沙量的增加更为迅速。

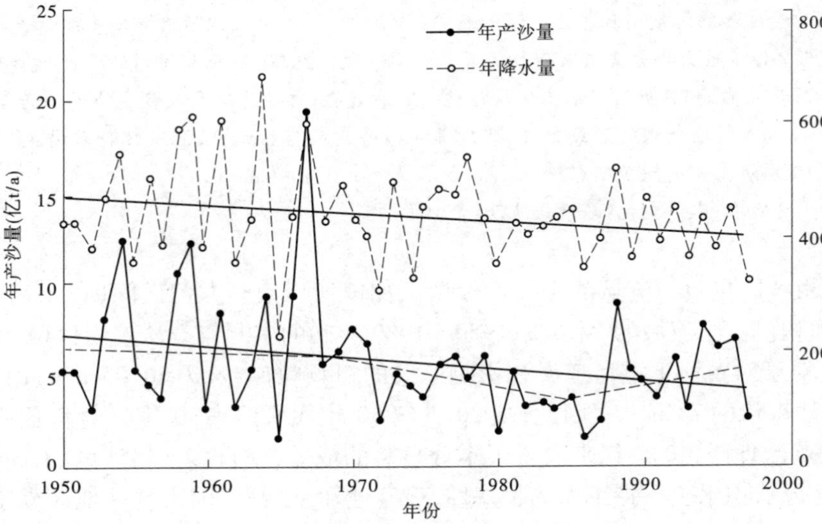

(a)实测值

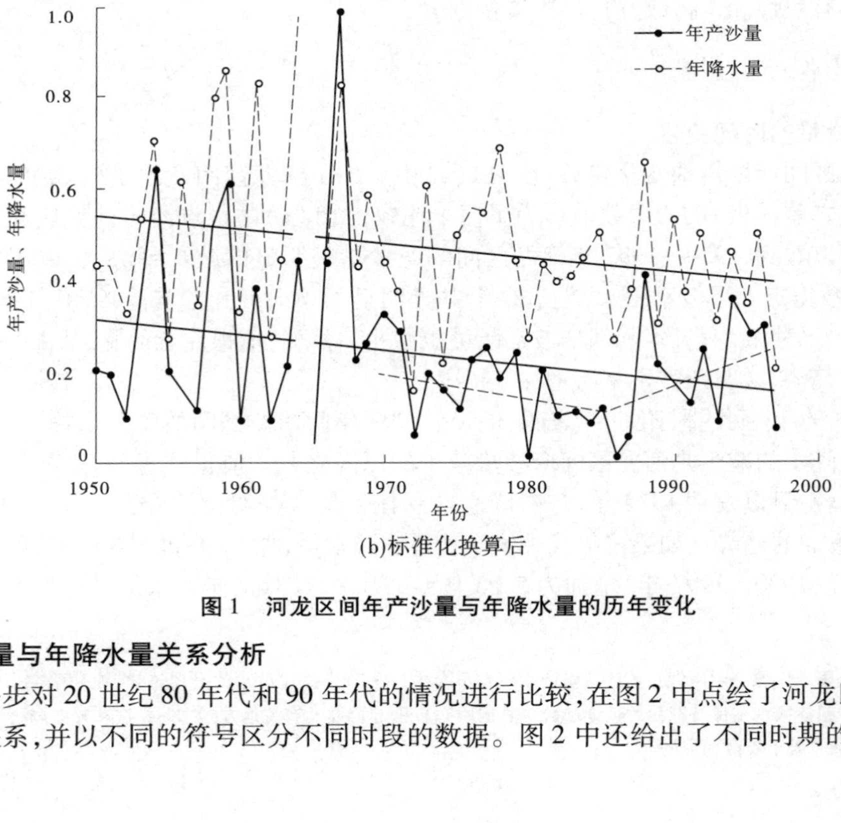

(b)标准化换算后

**图 1 河龙区间年产沙量与年降水量的历年变化**

### 1.2 年产沙量与年降水量关系分析

为了进一步对 20 世纪 80 年代和 90 年代的情况进行比较,在图 2 中点绘了河龙区间的年产沙量与年降水量的关系,并以不同的符号区分不同时段的数据。图 2 中还给出了不同时期的拟合直线,并且计算出了回归方程式。可以看到,代表大规模水土保持开展以前的基准期的1950—1969年间的回归线位置最高。1970—1979年间的回归线有所下降,但年产沙量与年降水量之间的相关系数较低,说明二者的关系正在进行剧烈的调整。20世纪80年代的拟合直线向下方大幅度移动,说明在相同降水条件下,入黄泥沙量大幅度减少,水土保持已显著生效。20世纪80年代回归线延长后与基准期回归线有一交点,与之对应的年降水量为580 mm左右,超过此点后,80年代回归点即高于基准线,说明雨量很大时(通常是特大暴雨发生年份),减沙效益仍然十分有限。

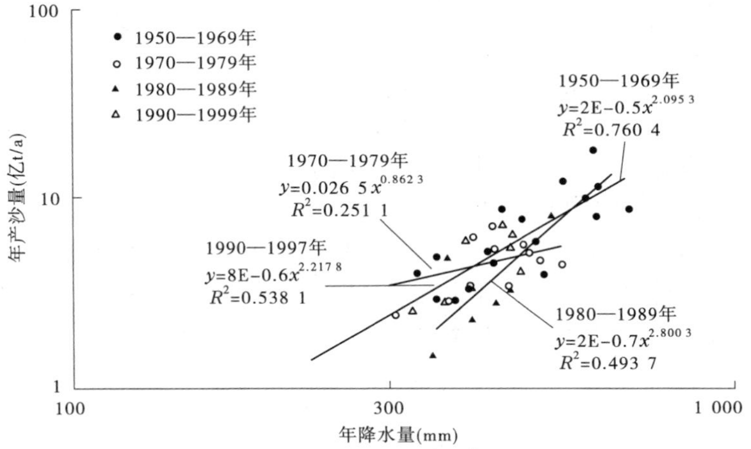


(a)1950—1997年

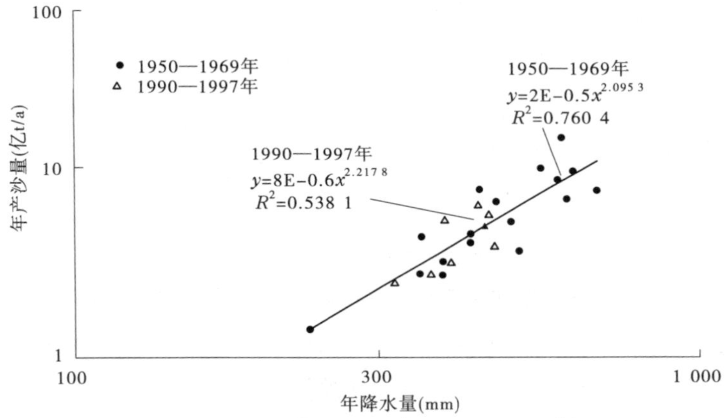


(b)1950—1969年,1990—1997年

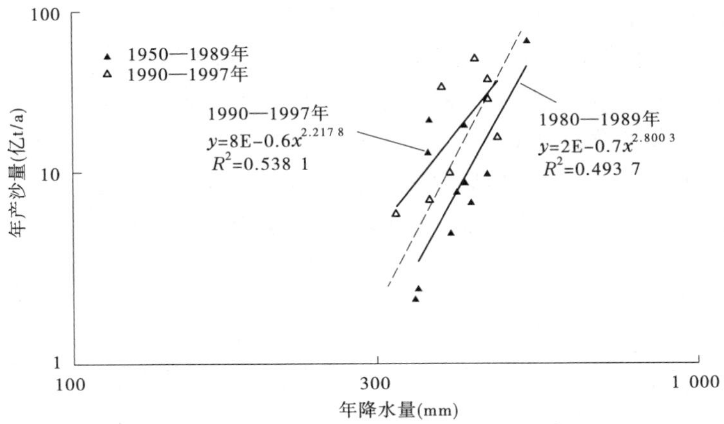


(C)1980—1989年,1990—1997年

**图2　河龙区间的年产沙量与年降水量的关系**

值得注意的是,图2(b)中1990—1997年间的回归直线与基准期1950—1969年间的直线几乎重合,说明这一阶段中同降水条件下的产沙量也基本相同,意味着水土保持的减沙效益明显衰减。

图 2(c)中对 1980—1989 年和 1990—1997 年间年产沙量与年降水量关系进行了比较。可以看到，20 世纪 90 年代的回归直线位于 80 年代直线的上方，说明在相同的降水条件下，入黄泥沙量明显增大。进一步分析还表明，20 世纪 80 年代的数据点与 90 年代的数据点可以用一条直线分开，90 年代的数据点除 1990 年外，均位于该直线以上，而 80 年代的数据点除 1989 年外，均位于该直线以下。

## 2　河龙区间近期泥沙增多的原因

### 2.1　淤地坝减沙作用减弱

黄河流域的水土保持措施包括开垦梯田、造林、种草和淤地坝建设等。减沙效益取决于这些措施的综合作用，而减沙效益的持久程度则取决于各项措施的可持续性。

依据黄河水沙变化研究基金第二期的研究成果，点绘了各年代各项水土保持措施的保存面积[2]，见图 3(a)。可以看出，20 世纪 70 年代以来林草、梯田的面积增加十分迅速，淤地坝形成的坝地面积的增加速率却十分缓慢，增幅呈递减趋势。1969—1979 年坝地增加量为 3.3 万 $hm^2$，1979—1989 年增量为 1.9 万 $hm^2$，1989—1996 年增量仅为 1.4 万 $hm^2$。依据黄河水沙变化研究基金第二期的研究成果[2]，点绘了各年代淤地坝减沙量的变化，见图 3(b)。可以看出，20 世纪 70 年代中游坝地减沙量达到高峰，此后则不断衰减，这成为制约多沙粗沙区水土保持减沙效益持续发挥的重要因素。

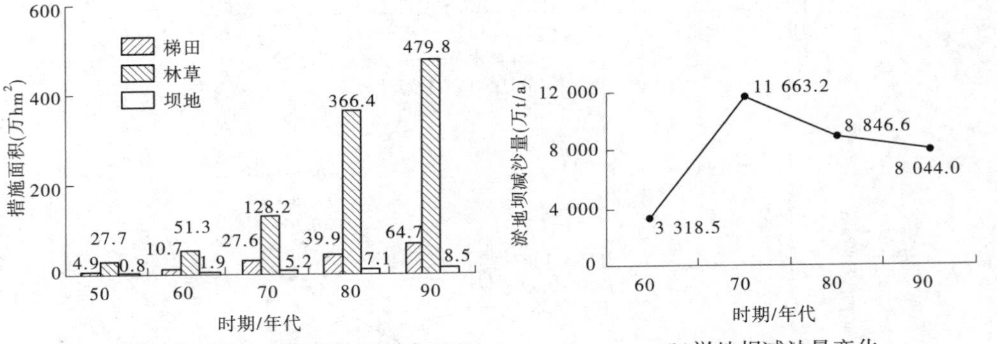


(a)河龙区间各年代水土保持措施保存面积　　(b)淤地坝减沙量变化

**图 3　河龙区间各年代水土保持措施的保存面积和淤地坝减沙量的变化**

以往各家的研究成果都表明，在各项水土保持措施中，对减少入黄泥沙量贡献最大的是淤地坝。依据文献[3]的分析结果，在图 4 中点绘了不同措施的减沙量和对水土保持减沙量的贡献率(以各项措施减沙量占 4 项水土保持措施减沙总量的百分比来表示)，并且在 20 世纪 80 年代和 90 年代之间进行了比较。可以看出，淤地坝对于入黄泥沙减少的贡献率远远高于其他措施：80 年代高达 90.7%，90 年代有所下降，但仍占 70.8%。造林的贡献率居第二位，梯田的贡献率居第三位，种草的贡献率最小。就各措施的减沙量而言，20 世纪 80～90 年代有所变化，淤地坝拦沙量由 0.97 亿 t/a 下降为 0.695 亿 t/a；造林减沙量由 20 世纪 70 年代的 0.046 亿 t/a 增加为 90 年代的 0.171 亿 t/a，增加的百分比很大，但绝对数量仍较小。因此，淤地坝拦沙的减少不足以被其他措施减沙量的增加所抵消，与 20 世纪 80 年代相比，90 年代的水土保持措施合计减沙量由 1.07 亿 t/a 减少为 0.981 亿 t/a。

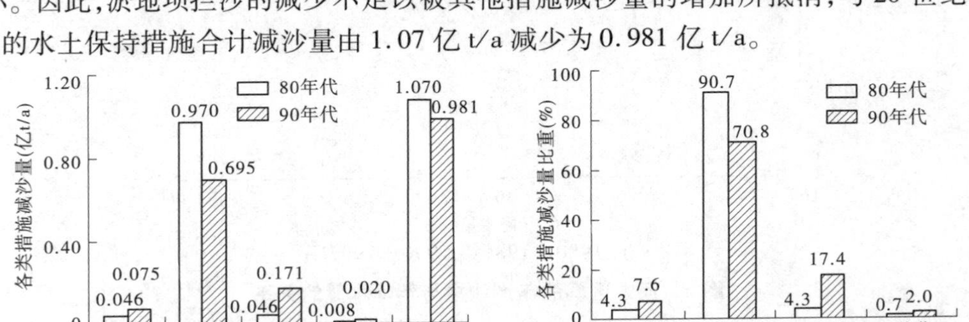


(a)减沙量　　(b)贡献率

**图 4　河龙区间不同措施的减沙量和对水土保持减沙量的贡献率**

陕西省水土保持局 1993 年曾对陕北淤地坝的数量和质量进行过系统的调查研究。20 世纪 50—70 年代,陕北大、中、小型淤地坝数量都迅速增多,70 年代达到最高峰。70—80 年代,除兴修了 93 座骨干坝外,新修淤地坝数量锐减。淤地坝的拦沙效益是随时间而衰减的,其拦沙寿命仅为 10 年左右。70 年代大量修建的淤地坝,在 70—80 年代发挥了巨大效益。然而,80 年代中修建的淤地坝甚少,70 年代所建的淤地坝到 90 年代初库容淤损率达 77%,其拦沙有效库容已大部分丧失,故 90 年代淤地坝拦沙量大幅度减少。除了大型骨干坝质量完好以外,其余坝型的质量状况是十分令人担忧的,如病坝、险坝和病险坝的数量占淤地坝总数的 75.8%。修建淤地坝较多的子洲县,1977 年前建有淤地坝 2 007 座,到 1993 年仅存 968 座;1994 年 8 月的暴雨又破坏了其中的 821 座,使全县可以发挥良好拦沙效益的淤地坝所剩无几[4]。在这场暴雨中,无定河流域发生了 3 次洪水,冲毁淤地坝 3 432 座,水库 8 座,共产沙 1.47 亿 t,较 20 世纪 80 年代白家川水文站汛期平均沙量增加 1 亿 t 以上,使该年白家川站汛期沙量高达 2.034 亿 t。

### 2.2　人为增沙

人为增沙量是指人类活动所引起的土壤和地表物质流失量,如陡坡开荒、毁林开荒、开矿、修路、建房等。人为增沙量在 20 世纪 50 ~ 70 年代主要表现为毁林开荒;80 ~ 90 年代则主要表现为开矿、修路等大规模基本建设。据调查[2],由于开发煤田,使得晋陕蒙接壤区弃土弃渣量达 6 300 万 $m^3$,开发初期的 10 年,来自该区的入黄泥沙以每年 31% 的速度递增;晋陕蒙接壤区因开矿直接破坏植被 482.3 $km^2$,弃土弃渣量达 3 774.4 万 $m^3$。

在有关研究中,曾对人为增沙量进行了估算[5]。依据所获成果,在图 5 中点绘了人为增沙量及人为增沙量与水土保持减沙量之比(以百分比计)的时间变化[6]。可以看到,20 世纪 70 年代以来,人为增沙量和人为增沙与水土保持减沙之比值均呈增加趋势。20 世纪 90 年代,人为增沙已相当于水土保持减沙量的 22%,即将近 22% 的水土保持减沙效益已被人为增沙所抵消。

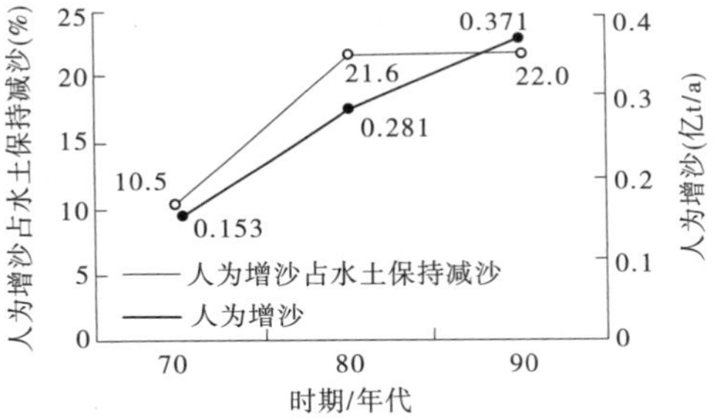


**图 5　人为增沙量及人为增沙量与水土保持减沙量之比的时间变化**

## 3　结　论

(1)重视淤地坝的后续建设,实现其拦沙作用的可持续性。淤地坝的减沙效益是随时间而衰减的,故就单个淤地坝而言,其拦沙效益是不可持续的。针对这一特点,应该不断地进行后续淤地坝的建设,以空间上的可持续性来弥补单个淤地坝时间上的不持续性。应该进行完整的规划,以骨干坝为重点,大、中、小配套,形成完整的体系;一次规划,分期实施,在前一期淤地坝最佳拦沙期尚未过去时,即着手下一期淤地坝的施工,以实现"接力式"的、可持续的拦沙效益。目前,陕北一些地方所实行的淤地坝使用权拍卖的做法,对于实现淤地坝的有效管护起到了良好作用,应予以推广。

(2)造林种草措施不能代替淤地坝的拦沙作用。黄土高原水土流失治理是一项长期、艰巨的任务,有赖于各项措施的综合配套。20 世纪 80—90 年代,造林面积增加很快,造林的减沙效益迅速增加。随着西部大开发战略的实施,在黄土高原生态环境建设中退耕还林还草已大规模开展,造林种草的措施受到前所未有的重视。在黄土高原地区,由于以重力侵蚀为主导的沟谷侵蚀所产生的泥沙量占总量的 53.6% ~93.2%,而坡面侵蚀量仅占总侵蚀量的 6.8% ~46.4%,即以沟谷侵蚀为主[7],因此造林种草措施不能代替淤地坝的拦沙作用。如果只强调造林种草、开垦梯田等措施,那么最多只能控制入黄泥沙量的一半,故在退耕还林还草的同时,必须高度重视淤地坝的建设[8]。

(3)重视新增水土流失问题。20 世纪 80—90 年代,人为新增水土流失数量呈急剧增大态势。为此,必须严格执行《中华人民共和国水土保持法》,强化监督预防,尽量减少和避免西部大开发基建工程中的人为水土流失,使经济建设与生态环境得以协调发展。

## 参 考 文 献

[1] 叶青超. 黄河流域环境演变与水沙运行规律[M]. 济南:山东科技出版社,1994.

[2] 冉大川,柳林旺,赵力仪,等. 黄河中游河口镇至龙门区间水土保持与水沙变化[M]. 郑州:黄河水利出版社,2000.

[3] 张胜利,王云璋,兰华林,等. 黄河中游水土保持减水减沙作用分析[R]. 郑州:黄河水利科学研究院,1999.

[4] 张胜利. 黄河中游多沙粗沙区 1994 年暴雨后水利水土保持工程作用和问题的调查报告[R]. 郑州:黄河水利委员会,1994.

[5] 水利部黄河水沙变化研究基金会. 黄河水沙变化及其影响的综合分析报告[A]. 黄河水沙变化研究(第二卷)[C]. 郑州:黄河水利出版社,2002.

[6] 冉大川,柳林旺,赵力仪,等. 河龙区间水土保持措施减水减沙作用分析[A]. 黄河水沙变化研究(第二卷)[C]. 郑州:黄河水利出版社,2002.

[7] 唐克丽. 黄土高原地区土壤侵蚀区域特征及其防治途径[M]. 北京:中国科学技术出版社,1990.

[8] 许炯心. 黄土高原生态环境建设的若干问题与研究需求[J]. 水土保持研究,2000(2).

(本文原载于《人民黄河》2004 年第 5 期)

# 砒砂岩区二元立体配置治理技术及示范效果

姚文艺[1],时明立[1],吴智仁[2,3],王立久[4],杨才千[2]

(1.黄河水利科学研究院 水利部黄土高原水土流失过程与控制重点实验室,河南 郑州 450003;
2.东南大学,江苏 南京 210096;3.江苏大学,江苏 镇江 212013;4.大连理工大学,辽宁 大连 116024)

**摘　要**:针对黄河流域砒砂岩地区立地条件差、水土流失剧烈,以及砒砂岩孔隙率大、颗粒间黏性差而使常规的植物与工程治理措施难以有效实施的问题,探索了砒砂岩区水土流失治理的抗蚀促生与改性筑坝新技术,集成多措施多技术建立了综合治理模式,并开展了关键技术应用示范研究。研究表明:基于砒砂岩区水土流失规律提出的水土保持材料－工程－生物措施、坡面－沟道系统二元立体综合治理措施配置模式,治理效果明显;研发的抗蚀促生材料具有良好的抗蚀促生性能,具有减少土壤侵蚀、促进植物生长的作用;利用砒砂岩原岩改性材料建设的淤地坝,各项主要力学性能指标满足工程建设规范要求;研发的抗蚀促生复合生态材料措施可以作为我国生态环境极度脆弱区水土流失治理、生态建设的一条有效的新途径。

**关键词**:砒砂岩;抗蚀促生;改性材料;二元立体配置;水土保持;黄河

位于内蒙古自治区鄂尔多斯市、陕西省府谷县及山西北部部分地区的砒砂岩区,水土流失极为强烈,侵蚀模数可达30 000~40 000 t/($km^2$·a),是黄河下游淤积物的主要来源区,多年平均进入黄河的泥沙量为2亿t,其中造成黄河下游淤积的粒径大于0.05 mm的粗泥沙占1亿t,约为黄河下游河道平均每年淤积量的25%,成为黄河安全的首害。因此,有效治理砒砂岩区水土流失,对于实现黄河长治久安和保障黄河流域生态安全极为重要。国家非常重视黄河砒砂岩地区的治理,在多项重大工程建设和科研计划中均将其列为生态脆弱区治理与研究的重点项目。多年来,有关学者对砒砂岩区治理措施与效果评价等开展了大量研究工作,尤其是在利用沙棘构筑沟道柔性坝治理沟床下切及拦截上游来沙等方面取得了不少具有突破性的成果[1-11]。

由于砒砂岩地区气候干旱、立地条件差,加之砒砂岩颗粒粗、孔隙率大、沙粒间黏性差,遇水极易崩解,而且极易发生风蚀、冻蚀,现有的植树种草等植物措施、修建淤地坝等工程措施在该区适应性差,难以有效实施,因此砒砂岩区水土流失治理必须另辟蹊径。针对该区水土保持生态建设中急需突破的重大关键技术,国家在"十二五"科技支撑计划中设立了"黄河中游砒砂岩区抗蚀促生技术集成与示范"重点项目,组成包括水土保持、泥沙、化学、材料、工程结构、生物、地质、农业等多学科的科研队伍,集中开展砒砂岩固结促生技术、砒砂岩原岩改性筑坝技术及抗蚀促生措施立体配置模式等关键技术研究,力求在砒砂岩地区水土流失治理的关键环节和核心技术上实现新突破。项目组经过科技攻关,已取得多项成果和显著成效[12-13]。本文归纳整合现已取得的部分主要成果,对砒砂岩成分特征、抗蚀促生技术、原岩改性筑坝技术及示范效果进行系统介绍,并提出今后需要进一步拓展研究的问题,以期为形成砒砂岩区水土流失治理的成套技术,全面实现黄土高原生态建设以及其他生态极度脆弱区治理的国家目标提供技术支撑。

## 1　研究对象、目标及示范内容

### 1.1　研究对象

研究对象为黄河一级支流皇甫川流域的砒砂岩地区。砒砂岩是指古生代二叠纪、中生代三叠纪、侏罗纪和白垩纪的厚层砂岩、砂页岩和泥质砂岩组成的互层岩体,分布的主要区域为晋陕蒙接壤地区。在漫长的地质时期,砒砂岩地区几经海陆变迁,到第二纪时形成了鄂尔多斯盆地,至第三纪时受喜马拉雅运动的作用而不断上升形成侵蚀地貌。不同时期的海相沉积物不同,加之成岩的环境条件差异,砒砂岩外观色差较大，有红、黄、紫、灰、白等不同颜色，并以不同颜色呈水平层状分布，故又俗称为“五花肉”，也有人称其为“羊肝石”。另外，由于侵蚀环境的差异造成覆盖层物质不同，因此砒砂岩区又有盖沙区、盖土区和裸露区三个亚区之分，本项目研究的区域为盖土区。一般来说，盖土区砒砂岩出露面积在30%以上，地貌形态多呈黄土丘陵沟壑，上覆黄土或浮土，研究区砒砂岩上覆土层厚度多为 2 m 以上。

### 1.2　研究总体目标

通过对砒砂岩特性及侵蚀过程的研究，揭示砒砂岩与抗蚀促生材料的亲和机理，建立砒砂岩特性及侵蚀基础数据库；研发砒砂岩固结促生和砒砂岩原岩改性等核心技术，并建立示范工程；提出砒砂岩地区抗蚀促生措施立体配置模式，形成抗蚀促生集成技术系统，并建立示范区；建立砒砂岩地区抗蚀促生技术示范区监测评估方法和抗蚀促生综合效益预测模型，提出抗蚀促生立体配置优化模式，为砒砂岩区水土流失治理、生态修复和黄河治理开发提供技术支撑。

### 1.3　示范区布设及示范内容

示范区位于皇甫川流域纳林川右岸的二老虎沟小流域（见图 1），该流域面积为 3.23 $km^2$，地理坐标为东经 110°35′30″～110°37′32″、北纬 39°46′30″～39°48′20″，属典型的砒砂岩严重裸露区。示范区主要土壤为砂岩及泥岩土，沟坡有大面积裸露砒砂岩，梁峁顶及梁峁坡零星分布有黄土和栗钙土，土层厚度一般为 0.3～1.0 m，坡面坡度集中分布在 35°～45°，沟坡裸露基岩为白色、红色砒砂岩交错组合体，胶结程度差、结构松散、抗蚀力差。在二老虎沟上游选取面积约 0.1 $km^2$ 的支沟作为示范小流域，其中示范区面积 2 万 $m^2$。在示范研究中，首先开展了抗蚀促生材料的现场试验研究，为此布设了 2 个宽度均为 3.5 m、从坡顶至坡底长 43.5 m（包括长 2 m、基本为水平的坡顶）的径流观测小区，小区坡面上段的最大坡度达 70°，每个小区水平投影面积约 106 $m^2$，其中一个为抗蚀促生材料试验小区，另一个为空白对比试验小区，两个小区毗连，其地形地貌及地质条件一致。在此试验基础上开展更大范围的示范研究，具体内容包括抗蚀促生材料应用及效果观测、砒砂岩改性修筑淤地坝及其力学参数观测、二元立体配置模式示范等。根据试验研究的需要，在示范区内布设气象园 1 处、水沙监测站 1 处，并另建雨量站 1 处，观测参数包括降雨量、温度、湿度、风速、风向、径流量、产沙量等。

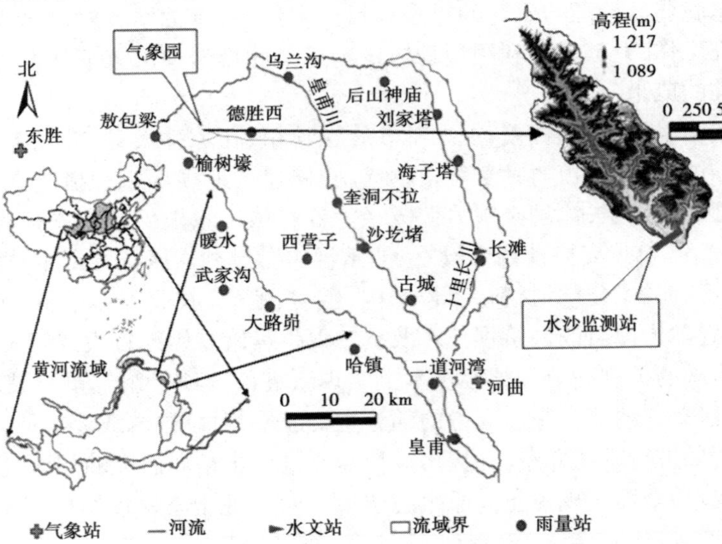


图 1　示范区位置示意

## 2　砒砂岩成分特征

根据 X 射线衍射仪（型号为 D/max－2500PC）及吸蓝量试验测试，砒砂岩所含矿物包括石英、钾长石、斜长石、蒙脱石、伊利石、高岭石、方解石、白云石及赤铁矿等，其中主要矿物成分是石英、长石、蒙脱石和方解石。不同颜色的砒砂岩其矿物含量不同，例如白色砒砂岩的石英含量最高（平均为 45%），而粉色砒砂岩的石英含量相对较低（平均为 19%）；相同颜色砒砂岩的钾长石、斜长石的含量相差不大，其中含量最高的是粉色砒砂岩(钾长石、斜长石含量分别为23%和19%),含量最低的是紫色砒砂岩(钾长石、斜长石含量分别为16%和18%);蒙脱石含量最高的是灰色砒砂岩(平均为23%),含量最低的是白色砒砂岩(只有8%),而紫色、粉色砒砂岩的蒙脱石含量基本上处于同一水平(17% ~18%)。另外,除灰色砒砂岩外,其他颜色砒砂岩的方解石平均含量都在7%以上,最大含量为25%。从岩石性质来说,石英的物理性质和化学性质均十分稳定,不易发生分解;蒙脱石遇水会迅速膨胀,使岩体结构遭受破坏,这是砒砂岩吸水膨胀的主要原因;方解石易与水中二氧化碳发生化学反应,被水流带走;白云石含游离氧化钙,易与二氧化碳反应,发生崩解;长石类成分极易风化,结构易被破坏,抗蚀能力较弱。因此,根据组成成分判断,紫色、灰色和粉色砒砂岩都更易发生水蚀及风蚀。但是,白色砒砂岩的层间离子交换容量较红色的约大7%,说明白色砒砂岩的水化、膨胀和分散能力仍很强。

采用盐酸脱水法、EDTA法、铝锌盐回滴法分析表明,砒砂岩的化学成分以$SiO_2$、$Al_2O_3$、$Fe_2O_3$为主。白色砒砂岩中$SiO_2$含量最高(平均为62.3%),紫色、粉色和灰色砒砂岩中$SiO_2$含量较为接近(51.2% ~54.9%);各色砒砂岩的$Al_2O_3$含量基本上在同一水平,为11.3% ~14.3%;紫色、粉色砒砂岩的$Fe_2O_3$含量基本相同(4.6% ~4.9%),白色的含量最低(只有1.8%)。另外,各色砒砂岩的CaO、MgO含量相当,前者的含量为1.4% ~3.9%,后者的含量为2.1% ~4.3%,其中灰色砒砂岩的CaO含量相对较低(1.4%)。$SiO_2$是一种非常稳定的化合物,是形成岩石力学性能和稳定性的主要成分,其含量低也说明砒砂岩成岩程度较低,导致砒砂岩的稳定性差。因此,白色砒砂岩相对来说稳定性较其他颜色的强,其他颜色砒砂岩的$SiO_2$含量均不足60%,低于普通岩石的含量。各色砒砂岩都含有CaO、MgO、$Na_2O$及$K_2O$等不稳定成分,这些不稳定成分与水、$CO_2$等在常温常压下易发生化学反应,导致内部结构改变,尤其是遇水易析出流失,这是砒砂岩抗蚀性差的重要原因之一。$Fe_2O_3$含量不同,是造成砒砂岩显示不同颜色的主要原因。

砒砂岩总体养分含量非常低,按全国土壤养分含量分级标准划分,其有机质、全氮、全磷、全钾、速效磷含量和pH值均为六级,速效氮为五级,速效钾为四级,说明砒砂岩土壤营养成分少,不适合植物生长,从而导致砒砂岩区岩石裸露、植被稀少。

需要说明的是,现场取样检测表明,砒砂岩岩石组成、化学成分、土壤养分等的空间分异性极为突出,即使在同一取样区位的不同取样点,其岩石特征也会有很大区别,甚至所含矿物成分都不同。

## 3　抗蚀促生技术

为解决砒砂岩区易产生水蚀、风蚀及重力侵蚀且立地条件差的严峻生态问题,开发了抗蚀促生成套技术,包括抗蚀促生材料、施工设备及工法等。

### 3.1　抗蚀促生材料及性能

抗蚀促生材料是一种基于W-OH的高新抗蚀促生复合材料。W-OH属于亲水性聚氨酯,与水反应可迅速聚合为弹性凝胶体,与土、砂等多种材质的附着力强,同时具有高度的安全性和无毒性,对环境不会造成污染。比选的添加剂有硅胶、乳化沥青、聚乙烯醇(PVA)和乙烯－醋酸乙烯共聚物(EVA),其中:PVA无毒、无味、无污染,可溶于水,水温越高其溶解度越大(完全醇解的PVA在温度达到240 ℃时才分解),但几乎不溶于有机溶剂,其水溶液有很好的黏结性和成膜性,具有长链多元醇酯化、醚化、缩醛化等化学性质;EVA不含臭味、重金属和邻苯二甲酸盐,柔软及坚韧性能好,具有超强的耐低温性能,可适应砒砂岩地区易结冰的环境,同时抗水、盐及其他物质,具有高透明、高热贴性。

以W-OH为基质,添加上述不同物质,并测试分析了不同添加剂在不同添加浓度条件下复合材料的力学性能。测试结果表明:添加硅胶对复合体的抗压强度影响不明显,复合材料固结体的硬度增大,但降低了其柔性和变形能力,从而在外力作用下易发生破坏;添加乳化沥青的复合体抗压强度变化不大,形变率呈现先降低后升高的趋势,随后再增加添加量也不会明显改善砒砂岩的柔性,说明乳化沥青和W-OH复合不适合作为砒砂岩的抗蚀固结材料;添加PVA、EVA后,复合体具有较好的抗压及形变性能,适宜作为抗蚀促生复合材料的添加剂。通过室内试验,进一步研究了W-OH、W-OH + PVA、W-OH + EVA三种复合材料对砒砂岩的包裹、固结促生及抗老化等基本特性。

(1)渗透性能。渗透试验表明,单独使用 W-OH 时,渗透厚度随着 W-OH 浓度的增大而减小,当 W-OH浓度大于 5% 时,渗透厚度在 W-OH 乳液固化后达到最大;如果添加 2% 的 PVA 和 3% 的 EVA,最大渗透厚度基本不变,而加入 PVA 后渗透平衡时间有所缩短,说明对于坡度较大的地方,添加 PVA 效果更好。

(2)抗蚀性能。利用土壤团聚体水稳定性系数表征抗蚀性。所谓水稳定性系数是不同龄期饱水抗压强度与干抗压强度的比值,数值越大,则水稳定性越好。试验表明,砒砂岩原岩的抗蚀性与颗粒大小关系不大,在浸水 10 min 后,所有颗粒全部水蚀溃散。而喷洒 W-OH 后,颗粒大小、W-OH 浓度及喷洒量对砒砂岩的水稳定性系数皆有影响。加入 W-OH 后,原岩颗粒水稳定性系数由 0.2 左右提高到 0.8 以上,主要原因是喷洒 W-OH 可以在砒砂岩表面形成固结层,并渗入砒砂岩表层包裹其颗粒,增强黏结性,提高整体抗水蚀性能。此外,当颗粒粒径较小时,喷洒相同浓度和质量的 W-OH 溶液时,其抗蚀能力会相对提高。然而试验表明,并不是喷洒量越多越好,当 W-OH 喷洒量为 1.5 $L/m^2$ 时,对产流产沙的控制效果相对最好,若喷洒量大于 1.5 $L/m^2$,则其效果反而降低。

(3)微观结构特征。根据 SEM 扫描图(图 2)可以看出:砒砂岩原岩内部结构松散,颗粒形状棱角分明(见图 2(a)),黏结性差,且无密集性;喷洒 W-OH 溶液后,在颗粒表面形成包裹层,砒砂岩颗粒胶结形成大颗粒体,相对提高了原岩颗粒间的接触面积(见图 2(b)),说明抗蚀促生材料可以改善砒砂岩表层的颗粒胶结结构,同时 W-OH 在砒砂岩表面形成了一层具有弹性的凝胶体(见图 2(c)),可以提高其整体性和抗水流剪切能力。

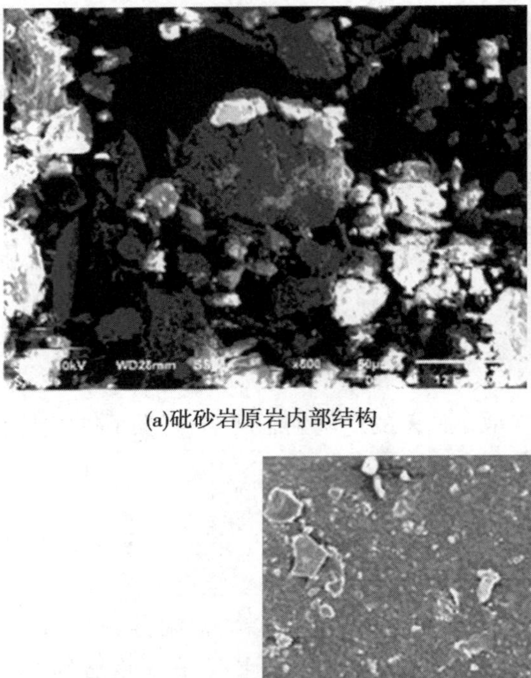

(a)砒砂岩原岩内部结构

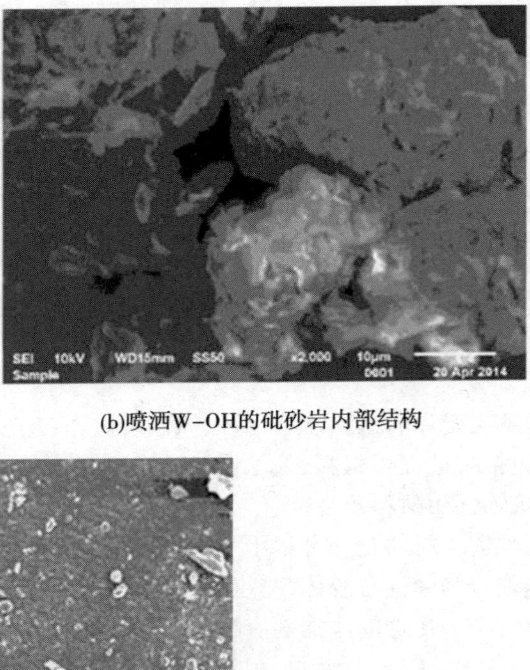


(b)喷洒W-OH的砒砂岩内部结构

(c)喷洒W-OH的砒砂岩表面

**图 2　砒砂岩原岩和复合体的微观结构**

(4)抗紫外耐久性能。通过紫外线耐候试验,证明喷洒 W-OH 可降低固结体的质量损失率,W-OH 浓度越高固结体的质量损失率越低,浓度达到 7% 时质量损失率相对最低,质量亏损与喷洒量关系不大。如果再添加一定量的 EVA,那么质量损失率会明显降低,例如光照 32 d,仅喷洒 W-OH 的质量损失率是添加1% EVA的近2倍,但是并不是EVA添加越多效果越显著,添加比例超过2%以后,质量损失率下降已不太明显。添加一定量的PVA,也可有效减少质量亏损,如光照时间为32 d,未添加PVA的质量亏损达到0.053 41 g/cm$^2$,添加1% PVA后的质量亏损是0.024 97 g/cm$^2$,仅为前者的1/2。与添加EVA所表现的规律相同,当浓度高于2%后,PVA浓度的继续提高对质量损失影响不大。

(5)保水性能。在含水率为30%的砒砂岩试样表面分别喷洒浓度为3%、4%、5%的W-OH和0.5%的保水剂Aquabsorb,同时设置无W-OH的空白对照试样,分别在0、6、18、42、90、162、258、618、810、1 050、1 290 h后测定其含水率,结果(见图3)表明:喷洒W-OH试样的含水率随时间延长下降非常缓慢,与空白试样相比,时间越长保水效果越明显;相同时间内,各喷洒浓度试样的含水率相差不大,说明喷洒浓度为3%就可以取得较好的保水效果。其保水机理是,W-OH溶液喷洒在砒砂岩表面时,通过对砒砂岩颗粒的包裹而形成保护层,减少了水分从砒砂岩中的蒸发。

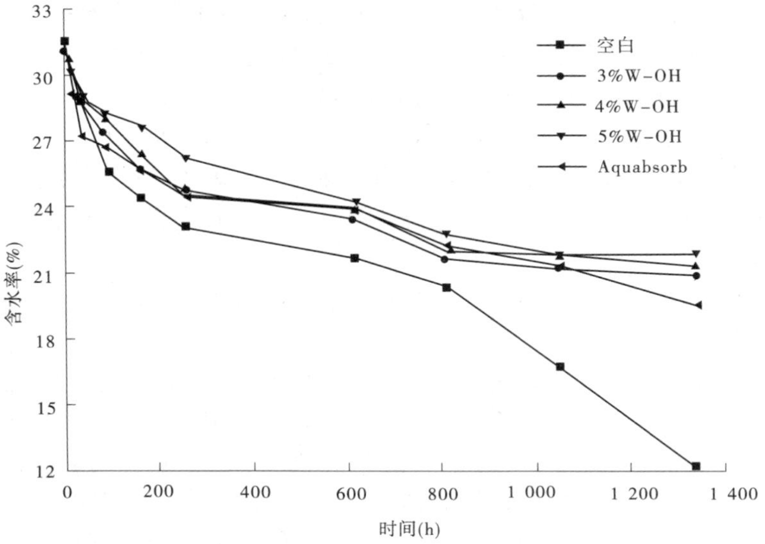


**图3　砒砂岩表面喷洒W-OH后的保水效果**

(6)植生性能。以砒砂岩地区常见的沙打旺、野牛草、黑麦草、紫花苜蓿为试验对象,分别在4个砒砂岩种植槽中撒播100粒种子,对播撒有草籽的砒砂岩试样先后喷洒3%、4%、5%的W-OH抗蚀促生材料,另设一个空白对比种植槽,开展16组次试验。试验发现:喷洒抗蚀促生材料后,种子发芽率提高且发芽时间提前,而不喷洒抗蚀促生材料的对比种植槽第6 d的种子发芽率才相当于喷洒抗蚀促生材料第4 d的发芽率;喷洒抗蚀促生材料对紫花苜蓿、黑麦草、野牛草的促生效果良好,发芽较快,发芽率高,长势好,草茎高且粗,但对于沙打旺的促生效果不是太明显,且10 d后沙打旺开始出现萎蔫现象,并不是喷洒抗蚀促生材料的浓度越高越好,种子的发芽率随着浓度的提高呈递减趋势,最大可递减30%,综合比较来说,4%的浓度较为适宜植生;在未浇水的情况下,不喷洒抗蚀促生材料的对比种植槽中的植被在15~20 d基本萎蔫死亡,而喷洒抗蚀促生材料的可以保持到30~40 d,说明抗蚀促生材料具有明显的保水促生作用。

抗蚀促生材料对植物种子发芽率影响的机理主要是,与水反应生成了网络状高分子结构物质,该物质具有高弹性模量、高渗透性,其在土壤表层的渗透和附着,增加了土壤表层孔隙,提高了土壤入渗率,使土壤含水量增加,从而有利于植物生长。但是,当抗蚀促生材料W-OH浓度高于6%时,其形成的网状结构孔隙会影响到水分的正常渗透,使得砒砂岩内土壤水分和空气的补给变得困难,难以提高土壤的含水率,同时固结体的硬度和强度提高,反而不利于植物的发芽和生长。

### 3.2　施工工法

该工法的基本原理是通过在砒砂岩边坡表面喷涂W-OH抗蚀促生复合材料溶液,使裸露的坡面形成一定厚度的柔性固结层,改善地表土壤结构,增强边坡坡面整体稳定性。对此,编制了柔性坡面结构的《砒砂岩固结促生生态护坡工法》，主要内容：适用范围和工艺原理；砒砂岩生态护坡工法设计，包括自然边坡柔性护坡工法设计、人工边坡柔性护坡工法设计；施工工艺及操作要点，包括工艺流程、施工准备、放线定位、施工操作要点、成品保护；材料及设备，包括抗蚀促生材料制作、草种及苗木、主要施工设备等；质量控制，包括控制项目、交工验收；安全措施、环保措施，以及后期管理措施等。另外，编制了《W-OH 检测方法》《喷涂施工设备参数及操作手册》《砒砂岩固结促生生态护坡工程施工质量控制体系》等。

## 4 砒砂岩改性筑坝技术

### 4.1 改性原理

前述测试结果表明，砒砂岩的矿物组成主要为蒙脱石、长石、碳酸钙及少量高岭石、伊利石等，其中蒙脱石、高岭石和伊利石遇水均会发生膨胀，尤其是蒙脱石的自由体积膨胀率远远大于伊利石和高岭石的，因而蒙脱石是引起砒砂岩膨胀溃散的矿物根源。那么，要把砒砂岩改性为可以修建淤地坝的建筑材料，首先必须解决其膨胀溃散的问题。为此，在测定砒砂岩中各种膨胀矿物含量的基础上，人为引入含有大量阳离子成分的物质，以增大蒙脱石等膨胀矿物石晶层表面的电荷密度，控制膨胀源的自由膨胀。为取得较好的抑制膨胀效果，需要对不同的阳离子物质抑制自由膨胀率的作用进行试验，在此基础上选择抑制性能相对较好的添加剂加入砒砂岩中，从而达到有效抑制砒砂岩膨胀的目的。

### 4.2 改性材料

为解决砒砂岩易膨胀分散、颗粒粗、黏性差的问题，改性材料主要有两类，一是膨胀抑制剂，二是胶结材料。

通过膨胀试验，先后对 $CaCl_2$、NaCl、$MgCl_2$、NaOH、KCl 等抑制砒砂岩自由膨胀率的效果进行了试验。试验结果证明，在砒砂岩中引入金属阳离子、增大晶体表面的电荷密度，可以降低砒砂岩自由膨胀率，添加剂浓度由 0 增加到 500 mmol/L 时的膨胀率降低幅度见表 1。从抑制砒砂岩自由膨胀率效果来看，NaCl 对红色、白色砒砂岩自由膨胀率的抑制作用均比较明显，但是当 NaCl 的浓度由 0 增加到 10 mmol/L 时，两种颜色砒砂岩的自由膨胀率均出现反弹现象，红色砒砂岩的由 5.00% 增加到 6.10%，白色砒砂岩的由 2.24% 增加到 2.92%，因此把 NaCl 作为改性添加剂是不合适的。由于在野外现场的砒砂岩改性施工中，所改性的对象往往是红色、白色等各色砒砂岩的混合体，因此考虑到选择的添加比例对各色砒砂岩改性效果都应相对较好的要求，相对来说 NaOH 的改性效果最为明显，当溶液中 NaOH 浓度达到 0.5 mol/L 时，对红色、白色砒砂岩自由膨胀率可分别降低 44.0% 和 41.9%，故可选择 NaOH 作为添加剂。

**表 1 不同添加剂抑制砒砂岩膨胀率试验结果**

| 添加剂 | 砒砂岩膨胀率降低幅度(%) | |
|---|---|---|
| | 红色砒砂岩 | 白色砒砂岩 |
| $CaCl_2$ | 34.6 | 46.8 |
| NaCl | 60.1 | 46.8 |
| $MgCl_2$ | 36.0 | 36.2 |
| NaOH | 44.0 | 41.9 |
| KCl | 40.0 | 32.1 |

砒砂岩颗粒主要依靠亲水黏土和颗粒间摩擦力结合在一起，其结构强度非常低。为了增强砒砂岩结构强度，需要向砒砂岩中加入胶结材料，形成较强的胶结体，以满足修筑淤地坝对改性砒砂岩材料强度和耐水性能的要求。为此，通过向砒砂岩基体中加入一定量的石灰等胶凝材料，提高砒砂岩的结构强度，以达到提高砒砂岩强度及耐水性能的目的。

淤地坝排水卧管、消力池的改性材料，主要是硅酸盐水泥等胶凝材料、改性砒砂岩和添加物组成的混合物,施工时加水拌和、适当养护即可。

### 4.3　淤地坝施工工法

施工工法主要包括施工准备、坝体施工、过水工程施工等,要点如下。

施工准备:除常规的施工准备工作内容外,还需要选择坝体改性材料的原岩挖取场地,其不应在坝区内,同时也不能对环境造成较大影响,不能形成新的侵蚀区,对生态造成新的破坏。另外,要准备足够的改性添加剂,不能因材料不足而造成间断性施工。

坝体施工:第一是清基,对坝基和坝肩边坡进行处理,边坡不能陡于1.0∶1.5,坝基和坝肩边坡开挖结合槽,深度以0.5 m为宜,槽壁边坡1.0∶1.0较合适,底宽不小于1.0 m;第二是砒砂岩原岩开采;第三是摊铺,先将推入工作面的砒砂岩展平,松铺厚度应等于压实厚度乘以松铺系数(机械施工时松铺系数一般为1.2左右),每层不得大于30 cm,然后布散成岩掺合料,再均匀喷洒成岩剂,用拌和机将坝料拌和均匀,拌和层底部不得留有素土夹层;第四是碾压,用搅拌机将砒砂岩、改性掺和料(剂)搅拌均匀,然后碾压至设计土料干容重;第五是整型,即碾压结束后用平地机进行整型;第六是养护,不能连续施工时对施工面要进行养护,可采取覆盖塑料薄膜等措施。

过水工程施工:过水建筑物主要有排水卧管和消力池,除添加胶凝材料、防膨胀剂等改性材料外,可以按照常规的预制方法进行施工。

### 4.4　改性材料筑坝试验效果

2015年在二老虎沟小流域主沟沟掌建设了一座改性材料淤地坝(见图4),由坝体和放水工程两大件组成,其坝高10.03 m,总库容3.26万$m^3$,拦泥库容0.44万$m^3$,控制流域面积0.31 $km^2$,设计淤积年限为10 a。

图4　砒砂岩改性材料淤地坝

通过力学性能的现场测试和实验室试验,测定了改性材料在筑坝碾压完毕后的湿容重、含水率、渗透系数、黏聚力$c$、内摩擦角$\varphi$等关键指标。击实试验表明,干密度随击实次数的增加而增大,在击实65次以后,干密度可以达到2 $g/cm^3$,满足坝体干密度的要求。改性材料的最优含水率$\omega_{op}=11.20\%$,最大干密度$\rho_{dmax}=2.06\ g/cm^3$。当含水率超过11%时,击实干密度降低较快。

若保持最大干密度$\rho_{dmax}\geq1.95\ g/cm^3$,则材料的含水率在6.8%~14.6%范围内均可满足要求;若压实系数$R_d=0.95$,最大干密度$\rho_{dmax}=1.96\ g/cm^3$,则含水率为7.1%~14.2%均可满足要求。根据坝体不同碾压层渗透性观测,各层渗透系数都在$1.8\times10^{-7}$ m/s以下,符合淤地坝施工规范要求。另外,$c$、$\varphi$值分别可以达到48~92 kPa、30.6°~48.9°。总之,现场测试及试验表明,改性砒砂岩材料的力学强度性能、耐水系数、耐腐蚀性能均得到大幅提高,可以满足修建淤地坝对材料的要求。

## 5　二元立体配置模式及其效果

### 5.1　配置模式

砒砂岩地区大部分区域的地形地貌特点是坡陡沟深，坡面与沟道之间的沟缘线不是十分明显，坡顶相对平缓（坡度多在10°以下）、覆盖有黄土，坡面坡度为30°～70°，坡顶与坡面相接部分的坡度为70°以上，沟坡多在60°以上，沟底有多处来自沟坡上方侵蚀物质形成的坡积裙。砒砂岩地区侵蚀类型多，包括水蚀、冻融侵蚀、风化侵蚀以及泻溜、崩塌等重力侵蚀。水蚀是主要侵蚀类型，分布面积大，一般发生在坡顶、坡面；重力侵蚀主要发生在坡度大于40°的陡坡和沟坡上，其中泻溜主要发生在35°～60°的陡坡上，崩塌主要发生在60°以上的沟坡上[14]；冻融、风化侵蚀也非常普遍，尤其是在裸露的陡坡、沟坡上最为严重，这两种侵蚀往往是交互发生的。

基于砒砂岩区的侵蚀环境及其侵蚀规律，提出了砒砂岩区治理的二元立体配置模式，即根据砒砂岩区地形地貌、侵蚀特征，构成水土保持材料措施－工程措施－生物措施有机组合的措施单元、坡面－沟道系统地貌单元相适配的水土流失治理与生态修复集成技术的架构。把砒砂岩小流域按空间结构分为5个区，即较为平缓的梁峁顶（A）、70°以上的坡面（B）、35°～70°的坡面（C）、35°以下的缓坡（D）、沟道（E），以此空间结构配置相应的治理措施（见图5）。

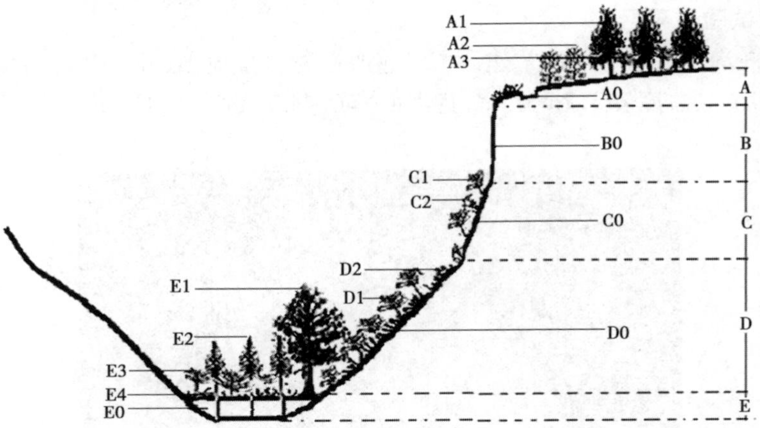


**图5　二元立体配置模式示意**

梁峁顶：梁峁顶地势平坦，治理思路是收集雨水、防止径流下坡对坡面造成冲刷，因此配以人工林和截流沟。人工林选择油松（A1）＋沙棘（A3）；为保护沟缘，在距离沟缘2～3 m处营造2行柠条护崖林带（A2）；距沟缘1.5～2.0 m处挖截流沟（A0），并喷施浓度为6%以上的固化剂，称之为固结截水区。

坡面：70°以上的坡面只喷洒浓度大于6%的固化剂，加以完全固化（B0），防止水蚀、风蚀的发生，称之为固结区；35°～70°的坡面采取植物措施与工程措施相结合的治理方式，挖鱼鳞坑整地，种植沙棘（C1）＋冰草（C2），林间挖浅坑条播草籽，喷施浓度为4%～6%的固化剂W-OH（C0），鱼鳞坑坑埂采用砒砂岩改性材料，称之为抗蚀促生区；35°以下的坡面通常由坡面上部的沙土滑落堆积而成，土壤松软，适宜植物生长，因此以植物措施为主，选择沙棘（D1）＋冰草、披碱草（D2），坡脚植沙柳疏林，同时在坡面开挖水平沟种植沙棘，喷施浓度为2%～4%的固化剂W-OH，称之为促生滞水拦沙区。

沟道：采取柳树（E1）＋沙柳（E2）、沙棘（E3）＋披碱草、冰草（E4）组成的植物措施，在沟道内呈V形栽种沙柳（沙棘），在沙柳（沙棘）林行间挖浅坑撒播草籽，形成林草高低冠层配置的立体柔性坝；在示范区下游二老虎沟小流域的干流修建砒砂岩改性淤地坝（E0），用于拦沙造地。

### 5.2　抗蚀促生效果

野外径流小区试验和二老虎沟0.1 $km^2$的大面积示范试验均表明，抗蚀促生材料具有很好的防治砒砂岩区水土流失、保水促生的生态效果。根据2014年7—10月4场降雨期间的径流小区观测，径流量减少70%～92%，产沙量减少91%以上[12]，且植被长势非常好，覆盖度可以达到90%以上。2015年7月18日试验区出现一场降雨，降雨强度为52.8 mm/h，其产流量减少80%，产沙量减少95.1%（见

表2)。大面积示范试验表明,经过4个月的生长期,种植的植物生长高度超过50 cm,覆盖度大于65%,在示范区沟口的水沙监测站没有观测到产流,根据以往的观测实践,与之相当强度的降雨是会产生径流的。因此,研发的抗蚀促生材料具有较好的保水促生功能,大面积实施效果已初步达到了设计目标。

**表2　2015年抗蚀促生材料减水减沙试验观测结果**

| 小区类型 | 径流 | | 泥沙 | |
|---|---|---|---|---|
| | 径流量($m^3$) | 减幅(%) | 泥沙量(kg) | 减幅(%) |
| 自然区 | 0.10 | | 8.1 | |
| 措施区 | 0.02 | 80.0 | 0.4 | 95.1 |

## 6　结　论

(1)对研发的抗蚀促生材料、砒砂岩改性材料的现场试验表明,利用水土保持材料措施可以实现修复砒砂岩地区生态和防治水土流失的目的,是一项治理"地球生态癌症"的关键技术突破。

(2)研发的抗蚀促生材料具有良好的渗透、抗蚀、抗老化、保水、植生性能,其使用存在喷洒浓度、喷洒量双临界指标,在试验条件下,喷洒浓度、喷洒量的临界指标分别为6%、1.5 L/$m^2$,当超过该临界值时,抗蚀促生效果反而会降低。

(3)在砒砂岩中加入阳离子物质及胶结物质,增大砒砂岩中蒙脱石等矿物石晶层表面的电荷密度和砒砂岩颗粒间黏结力,从而抑制砒砂岩膨胀、提高结构强度。根据这一原理研发出的砒砂岩改性筑坝材料具有良好的力学性能,修建的淤地坝各项主要工程指标满足相关规范要求,表明改性是可行的。

(4)现场示范观测表明,基于地貌学、水土保持学的基本原理,创建的砒砂岩区二元立体配置治理模式可以达到抗蚀促生、快速有效修复生态的目的,对砒砂岩地区是适用的。

(5)抗蚀促生材料、改性材料在砒砂岩区水土流失治理、生态修复方面具有良好的效果,在道路边坡防护、建筑材料等方面也具有广阔的应用前景,对此需要进一步开展应用研究。

另外,今后对砒砂岩岩性空间分异性、砒砂岩区多相侵蚀交互关系及耦合侵蚀机理、砒砂岩区强烈人类活动环境下生态快速修复关键技术、砒砂岩区生态修复与砒砂岩资源利用效益评价技术、砒砂岩区生态恢复与保护和资源开发间的区域生态安全保障技术、区域生态产业技术等也有必要开展深入研究,形成适合不同类型砒砂岩区域生态综合治理与生态-经济协调发展的技术体系。

### 参 考 文 献

[1] 毕慈芬,乔旺林.沙棘柔性坝在砒砂岩地区沟道治理中的试验[J].沙棘,2000,13(1):28-34.
[2] 毕慈芬,邰源林,王富贵,等.防止砒砂岩地区土壤侵蚀的水土保持综合技术探讨[J].泥沙研究,2003(3):63-65.
[3] 曹全意.砒砂岩区沙棘模拟飞播试验初报[J].沙棘,1996,9(4):24-25.
[4] 曹全意.砒砂岩地区林草植被建设途径的研究[J].水土保持通报,1997,17(7):2-5.
[5] 王俊峰,薛顺康,高峰.裸露砒砂岩地区沙棘治理成效、经验及发展战略问题[J].沙棘,2002,15(1):1-4.
[6] 夏静芳.沙棘人工林水土保持功能与植被配置模式研究[D].北京:北京林业大学,2012:107-127.
[7] 苏涛.砒砂岩地区EN-1固化剂固化边坡抗冲稳定性的机理[D].杨凌:西北农林科技大学,2011:69-122.
[8] 郭建英,何京丽,殷丽强,等.砒砂岩地区人工沙棘群落结构及多样性分析[J].国际沙棘研究与开发,2011,9(1):24-29.
[9] 刘丽颖.内蒙古准格尔旗砒砂岩区复合农林系统及设计[D].北京:北京林业大学,2007:35-50.
[10] 王俊峰,张永江,赵旭波.论沙棘治理砒砂岩的突出贡献[J].沙棘,2002,15(2):36-38.
[11] 王举位.砒砂岩区沙棘人工林生态系统服务功能评价研究[D].北京:北京林业大学,2012:49-74.
[12] 姚文艺,吴智仁,刘慧,等.黄河流域砒砂岩区抗蚀促生技术试验研究[J].人民黄河,2015,37(1):6-10.
[13] 冷元宝,姚文艺.砒砂岩特征及其资源利用[J].中国水利,2015(8):15-17.
[14] 王愿昌,吴永红,李敏,等.砒砂岩地区水土流失及其治理途径研究[M].郑州:黄河水利出版社,2007:1-2.

(本文原载于《人民黄河》2016年第6期)

# 黄河输沙量研究的几个关键问题与思考

穆兴民[1,2],胡春宏[3],高　鹏[1,2],王　飞[1,2],赵广举[1,2]

(1. 西北农林科技大学 黄土高原土壤侵蚀与旱地农业国家重点实验室,陕西 杨凌 712100;
2. 中国科学院 水利部 水土保持研究所,陕西 杨凌 712100;
3. 中国水利水电科学研究院,北京 100038)

**摘　要**:近十几年黄河输沙量的突兀性减少是社会各界人士普遍未曾预料到的。黄河输沙量减少原因和未来趋势亟待研究,也需结合现状进一步提出新的适应策略。基于对黄土高原水土保持与黄河水沙变化等的长期研究,提出黄河输沙量研究需要关注的几个关键问题和认识:考虑到学科特点及发展水平,黄河输沙量以及人类活动对输沙量变化影响的研究"宜粗不宜细";黄河输沙量变化研究可以年代为时段开展对比分析,1979年之前可作为基准期;在流域及区域侵蚀产沙性降雨的相关研究中,宜把12 mm日降雨量作为临界侵蚀降雨量指标;加强淤地坝淤积记录反演研究,揭示土壤侵蚀强度变化,以解析坡面土壤侵蚀减少与沟道坝库工程拦蓄对黄河输沙量减少的贡献,明确当前黄土高原水土流失治理方向;强化黄河未来输沙量变化趋势及治理对策研究。

**关键词**:输沙量;降雨;人类活动;黄土高原;土壤侵蚀;黄河

黄土高原的独特性质决定了黄河泥沙研究是一个永恒的课题。进入21世纪以来,黄河输沙量突兀性减少,输沙量和含沙量之低是社会各界普遍未曾预料到的,黄河泥沙减少这一重大问题再一次摆在科技工作者面前。黄河泥沙变化原因及未来状态关系到黄河及黄土高原的治理对策和决策,受到广大科技工作者和管理部门的高度关注。目前,有关高校及科研单位正在组织各方力量开展深入研究,笔者认为,当务之急是从宏观方面研究和解决如下几个关键问题。

## 1　黄河输沙量变化的阶段性与基准期确定问题

黄河输沙量的年际变化过程具有显著的阶段性特征,其阶段可以采用累计距平法、双累积曲线法、有序聚类方法等[1-3]清晰辨识。不同阶段的输沙量均值、变差系数等存在显著差异。就黄河中游吴堡、龙门以及潼关水文站而言,输沙量突变点均发生在1979年;中游各支流水文站年输沙量发生突变的年份虽有所差异,但主要集中在20世纪70年代中后期[3-5]。不同学者采用不同方法辨识黄河干流或支流输沙量发生突变的更精确年份,结果往往大同小异。

目前,在水土保持措施等各种人类活动对产沙影响研究的定量评估中,参考期(基准期)及变化期各时段具体年份的划分"五花八门"。通过绘制面平均降雨量与输沙量的双累积曲线,分析发现黄河河口镇至潼关区间(简称河潼区间)输沙量存在三个显著的阶段(见图1),即20世纪70年代之前、80—90年代以及21世纪以来三个时段。

根据我国使用年代的习惯,特别是在各种研究和政府文件中广泛使用年代的习惯,以及水土保持学科本身并非能达到很高精度,更出于便于比较同类研究成果,因此笔者建议:采用年代制,把基准期(参照期)临界年份确定为1979年,重点研究1979年之前、1980—1999年以及2000年以来三个阶段黄河及其支流输沙量变化情况。对个别支流,2000年(临界年份)输沙量突变并不显著,可以采用两段制进行分析。河潼区间输沙量阶段特征见表1。

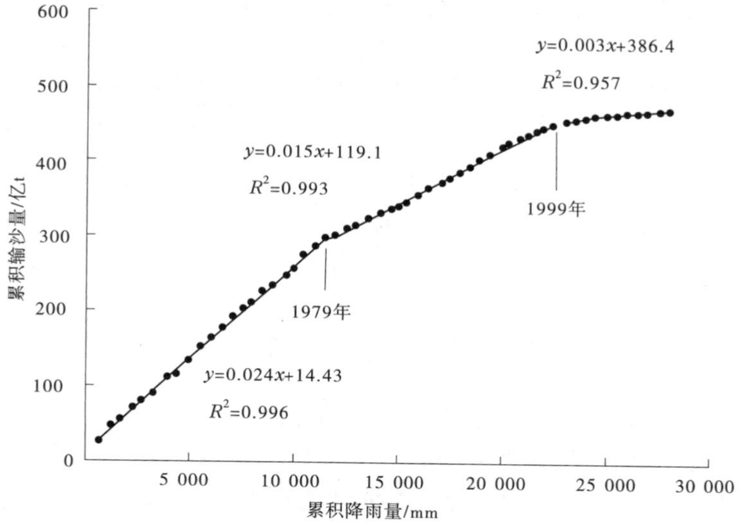


**图 1　黄河河潼区间降雨量与输沙量双累积曲线**

**表 1　河潼区间年输沙量阶段性变化特征**

亿 t

| 时段 | 平均 | 最大(年份) | 最小(年份) |
|---|---|---|---|
| 1958—1979 | 13.48 | 27.83(1958) | 3.72(1965) |
| 1980—1999 | 7.16 | 13.32(1988) | 3.18(1987) |
| 2000—2013 | 2.40 | 5.90(2003) | 0.65(2009) |

## 2　黄河流域降雨及人类活动对输沙量影响作用辨识问题

河流输沙量受气候、地质地貌和人类活动等因素影响，理论上讲，可表示为气候、地质地貌和人类活动这 3 个因素的函数[6]：

$$S = f(C,H,G) \tag{1}$$

式中：$S$ 表示输沙量；$C$ 表示气候因素；$H$ 表示人类活动因素(包括各种引起下垫面条件改变的因素，如水土保持工程、植被变化、开发建设项目等)；$G$ 表示土壤及地质地貌因素。

对于黄河流域或其他区域，在不足百年时间尺度的条件下，流域的土壤及地质地貌条件($G$)可认为相对不变，即河流输沙量变化主要取决于气候和人类活动两大因素，因此式(1)可简化为

$$S = f(C,H) \tag{2}$$

黄土高原土壤侵蚀以水蚀为主，气候因素常用降雨特征来表征，如降雨量、降雨日数以及降雨强度等。在坡面土壤侵蚀研究中，周佩华等[7]、王万忠[8]分别根据径流小区等小尺度上的试验结果，提出了小尺度侵蚀性雨量标准和雨强标准，其中土壤侵蚀雨量标准大致为 1 h 雨量 10～13 mm、6 h 雨量 25～30 mm、24 h 雨量 50～60 mm。

对于大中尺度流域的河流输沙问题，基于小尺度的降雨指标进行研究显然不妥。另外，基于小尺度的试验结果，在中大尺度开展研究时，其资料的获取非常困难，流域尺度上的各站点降雨指标整合更是一个难以实现的问题。之前有关研究者提出用年降雨量、汛期降雨量或月降雨量作为降雨指标，但对降雨特征信息的表征都不够全面和准确。根据气象资料共享平台，日降雨资料可以直接获得。基于此，提出"流域侵蚀产沙性降雨"概念及流域侵蚀产沙雨量标准[8]。基于流域日降雨量，根据参考期的面平均日降雨量—输沙量累积百分关系曲线，按照流域侵蚀产沙性降雨所引起的输沙量占总输沙量的 90%，确定流域侵蚀产沙性降雨的日雨量阈值。以皇甫川流域研究为例，考虑到资料的易获得性和降雨侵蚀力计算需要，确定日降雨12 mm为流域侵蚀产沙性降雨标准[9]。以 1979 年以前为参照期，其年径流量

和输沙量与降雨指标的决定系数见表 2，分析表明用大于等于 12 mm 的日降雨量可以较好地表征降雨对侵蚀产沙的作用。

**表 2　皇甫川流域径流量、输沙量与降雨指标的决定系数**

| 降雨指标 | 年径流量 | 年输沙量 |
| --- | --- | --- |
| 年侵蚀产沙性降雨量 | 0.71 *** | 0.74 *** |
| 年侵蚀产沙性降雨日数 | 0.62 *** | 0.65 *** |
| 年降雨量 | 0.60 ** | 0.68 ** |
| 年降雨日数 | -0.20 | -0.08 |

注：*** 表示达到 0.01 的显著水平，** 表示达到 0.05 的显著水平

降雨径流是黄土高原土壤侵蚀的核心驱动因素，河流输沙量与流域降雨量关系密切，采用双累积曲线法可以解析降雨和人类活动(下垫面变化)对输沙量变化的作用程度(见图 2)，因此建议采用双累积曲线法区分降雨和人类活动的作用，尽管各种人类活动的作用是一笔复合在一起的"混账"。黄河中游不同时段降雨及人类活动对输沙量减少的作用分析结果见表 3。由表 3 可知：20 世纪 80—90 年代人类活动对黄河输沙量减少的贡献率接近 80%，进入 21 世纪后人类活动的作用已超过 90%。20 世纪 80—90 年代输沙量的减少与黄土高原梯田、淤地坝的规模化建设相对应，而进入 21 世纪以来黄河输沙量的减少则主要与退耕还林(草)植被恢复过程相对应。

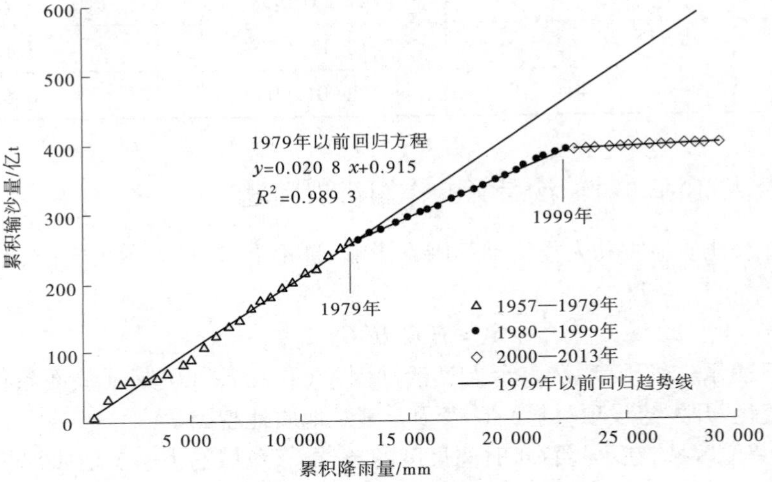


**图 2　1957—2013 年黄河中游降雨量与输沙量双累积曲线**

**表 3　黄河中游不同时段降雨及人类活动对输沙量减少的作用**

| 时段 | 实测年输沙量(亿 t) | 计算年输沙量(亿 t) | 实测输沙量变化情况 | | 降雨影响 | | 人类活动影响 | |
| --- | --- | --- | --- | --- | --- | --- | --- | --- |
| | | | 减少量(亿 t) | 减幅(%) | 减少量(亿 t) | 占比(%) | 减少量(亿 t) | 占比(%) |
| 1979 年以前 | 11.25 | 11.16 | | | | | | |
| 1980—1999 年 | 6.60 | 10.30 | 4.65 | 41.3 | 0.95 | 20.4 | 3.70 | 79.6 |
| 2000—2013 年 | 0.61 | 10.53 | 10.64 | 94.6 | 0.72 | 6.8 | 9.92 | 93.2 |

## 3　坡沟系统土壤侵蚀与坝库拦蓄作用辨识问题

人类活动对流域侵蚀产沙量的影响非常复杂，既有减少土壤侵蚀量的作用，也有增加土壤侵蚀量的作用。就黄河输沙量减少的原因，如果能够明确是坡面土壤侵蚀量减少还是河道坝库拦蓄，那么就能明确黄土高原水土保持的基本方向。理论上，就水土保持措施而言，相同数量某项措施因其空间配置不

同、水文连通性也不同，故其减沙贡献度会产生显著差异。如淤地坝会因其在沟道上下游位置的不同而产生差异，但这种差异目前仍然难以测度和验证。因此，鉴于目前水土保持措施等人为活动的作用机制尚不十分清楚以及受学科发展水平的限制，人类活动对土壤侵蚀产沙作用贡献率的研究"宜粗不宜细"，不必纠缠于各项措施作用贡献率的"精确"辨识。如果能够明确人类活动的作用在减少坡沟系统（即沟沿线以上的坡面及沟沿线以下的沟坡）土壤侵蚀和河道坝库淤积的程度，那么就可明确黄土高原水土流失治理的方向或对象。

一般来说，流域土壤侵蚀产沙量平衡方程可以表示为

$$SES = OS + BS + SS + PS \tag{3}$$

式中：*SES* 表示流域土壤侵蚀产沙量；*OS* 表示水文站测定输沙量；*BS* 表示坝库拦蓄量；*SS* 表示河道冲淤变化量；*PS* 表示灌溉等引沙量。

流域土壤侵蚀产沙量（*SES*）实际上也是不可测度的，传统的径流小区所测定的侵蚀产沙量并不能代表一个流域或区域的土壤侵蚀产沙量。如果说可以测度的话，那么就可以在支毛小沟上设置卡口站进行测定，若干个支毛小沟测定的均值可以代表一个区域或流域的土壤侵蚀产沙水平。

对于黄土高原中小流域，式（3）中的水文站测定输沙量（*OS*）可采用实测值，河道冲淤变化量（*SS*）对多数流域可忽略不计，灌溉等引沙量（*PS*）可以相对准确测算，因此估算人类活动的作用就可以简化为测定河道坝库（其上游无坝库影响）的拦蓄量。

通过淤地坝（坝地）的泥沙淤积信息研究小流域土壤侵蚀产沙，是目前研究流域或区域土壤侵蚀的重要方法。通过对淤地坝沉积旋回的研究，结合库容曲线获取淤地坝内泥沙淤积量，反演控制区内的土壤侵蚀产沙强度[10-11]（见图 3，图中从左至右分别为淤积剖面的 $^{137}Cs$ 活度、泥沙颗粒组成、沉积旋回层剖面、采样剖面），进而利用泥沙理化性质识别其主要来源。通过空间上若干个淤地坝淤积过程的研究并结合淤地坝建设情况，进而推算流域或区域的坝库拦蓄泥沙量。如果可以调查和统计淤地坝及水库泥沙淤积数量，进一步明确黄河泥沙减少的原因主要是坡沟系统土壤侵蚀产沙量减少还是河道坝库工程的拦蓄，那么就可以明确治理黄河泥沙的重点是加强坡沟系统的水土流失治理还是沟道（河道）坝库工程建设。

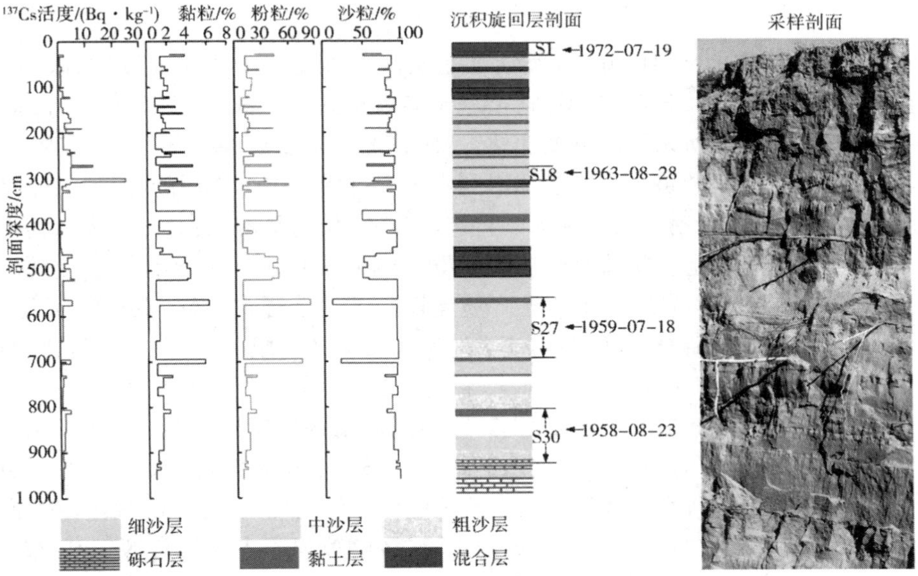


**图 3　皇甫川小石拉他坝泥沙淤积信息**

## 4　黄河适宜输沙量及未来输沙状态问题

解决泥沙问题是黄河治理的关键，而黄河适宜输沙量及未来输沙状态是黄河治理开发规划的重要基础。黄河年输沙量从 1919—1959 年的年均 16 亿 t 减少至近年来最小不足 1 亿 t，这种现象或事实已

经颠覆了人们对黄河泥沙现象的传统认识。在黄河输沙量减少原因分析的基础上，有关学者关注并预测了维持黄河健康的输沙量、未来黄河输沙的状况，但所得结果迥异。有的学者认为未来黄河的年输沙量可能在 6 亿 t 左右，也有学者认为在 8 亿 t 左右（修建三门峡水库时，预估全面实施水土保持后黄河输沙量减少一半），还有学者认为黄河的年输沙量未来将稳定在 3 亿 t 左右[12]。现实情况是，在降雨量没有显著减少的情况下，2000—2015 年黄河潼关水文站年输沙量平均为 2.56 亿 t，其中最大值出现在 2003 年（6.08 亿 t），其余各年均不超过 5 亿 t，而最小仅为 0.55 亿 t（2015 年），如图 4 所示。

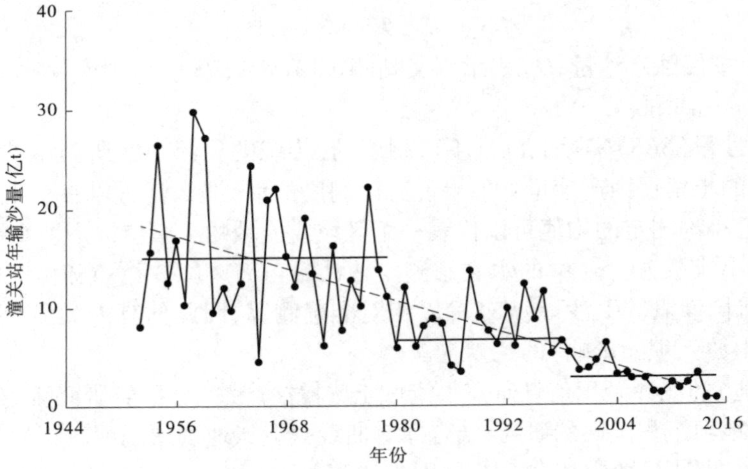


图 4　黄河潼关站年输沙量变化情况

30 a 前，几乎没有人预测到黄河输沙量会降低到目前的状态。黄河输沙量变化已经打破人们的传统思维，受气候、政策及下垫面条件变化不确定性的影响，黄河未来输沙量变化存在更大的不确定性，应该加强对未来治理和开发规划下、不同降雨频率下黄河输沙量状态的研究。

## 5　黄河及黄土高原的治理及资源利用策略调整问题

系统分析黄河输沙量变化原因可知，人类活动是黄河输沙量减少的主要原因，政策是降低土壤侵蚀、减少入黄泥沙的根本驱动力，各项水土保持措施是表现形式。在气候变化与人类活动共同作用下，近百年来黄河水沙呈现出了前所未有的剧烈变化。进入 21 世纪以来，黄河输沙量呈现出新的状态。黄河输沙量的大幅减少是黄河中游黄土高原各项水利水土保持措施综合作用的结果。针对生态环境脆弱的黄土高原地区，考虑到人类活动与自然和谐的特殊性，必须长期坚持保育水土，维系其生态和谐，才能维持该地区的自然生态环境稳定。实践经验证明，尊重科学、尊重自然、科学认识自然规律，是人类改造自然过程中必须遵循的真理。在黄土高原生态环境建设与黄河治理中，必须在科学研究的基础上做好相关的调研、规划，进行科技创新与制度创新，慎重对待入黄泥沙锐减引起的一系列新问题，保障区域水资源安全、防止洪涝灾害，确保为国家和区域社会经济发展与粮食安全提供支撑。

针对目前黄河输沙量大幅减少的现状，黄土高原治理措施格局应进行相应调整。在新的水沙条件下，黄土高原生态环境建设与黄河治理应注重以下两点：首先，黄河水沙异源、水少沙多、水沙关系不协调的问题仍未解决。在考虑黄河不同区间影响水沙关键要素的基础上，合理配置调控措施，有效控制水土流失，在尽可能减少入黄泥沙的同时较小影响径流量，缓解黄河干支流水资源短缺问题。其次，黄河流域是我国人口集中、经济社会快速发展的重要区域。在新的水沙条件下，要在继续大力开展流域水土保持和生态建设的基础上，提高自然资源利用率，建立区域经济可持续发展新模式，促进区域生态功能与社会经济协调可持续发展。

## 参考文献


[1] 穆兴民，张秀勤，高鹏，等. 双累积曲线方法理论及在水文气象领域应用中应注意的问题[J]. 水文，2010，30

(4):47-51.
[2] 穆兴民,王万忠,高鹏,等.黄河泥沙变化研究现状与问题[J].人民黄河,2014,36(12):1-7.
[3] 岳晓丽.黄河中游径流及输沙格局变化与影响因素研究[D].杨凌:西北农林科技大学,2016:18-32.
[4] 何毅.黄河河口镇至潼关区间降雨变化及其水沙效应[D].杨凌:西北农林科技大学,2016:122.
[5] 李二辉.黄河中游皇甫川水沙变化及其对气候和人类活动的响应[D].杨凌:西北农林科技大学,2016:14-23.
[6] 穆兴民.黄土高原水土保持对河川径流及土壤水文的影响[D].杨凌:西北农林科技大学,2002:22-59.
[7] 周佩华,王占礼.黄土高原土壤侵蚀暴雨标准[J].水土保持通报,1987,7(1):38-44.
[8] 王万忠.黄土地区降雨特性与土壤流失关系的研究Ⅲ——关于侵蚀性降雨的标准问题[J].水土保持通报,1984,4(2):58-63.
[9] 毕彩霞.黄河中游皇甫川流域产沙性降雨及其对径流输沙的影响[D].杨凌:中国科学院教育部水土保持与生态环境研究中心,2013:29-34.
[10] ZHAO G J, KLIK A, MU X M, et al. Sediment Yield Estimation in a Small Watershed on the Northern Loess Plateau, China[J]. Geomorphology, 2015, 241:343-352.
[11] 穆兴民,李朋飞,高鹏,等.土壤侵蚀模型在黄土高原的应用述评[J].人民黄河,2016,38(10):100-110,114.
[12] 胡春宏.黄河水沙变化与治理方略研究[J].水力发电学报,2016,35(10):1-11.

(本文原载于《人民黄河》2017年第8期)